건강기능식품학 개론

대표저자 허석현, 양주홍
공동저자 하혜진, 강은주, 장문정

도서출판 효 일
www.hyoilbooks.com

머리말

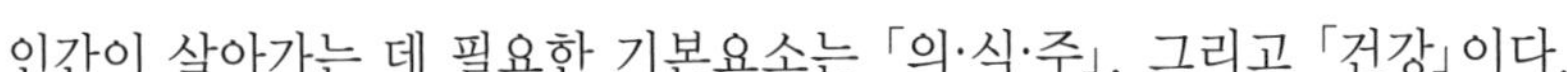

인간이 살아가는 데 필요한 기본요소는 「의·식·주」, 그리고 「건강」이다.

예로부터 동서양을 막론하고 인간의 생로병사(生老病死)에서 무병장수(無病長壽)로 건강한 삶을 영위하는 것은 인간 제일의 행복조건이며, 영원한 소망이라 할 수 있을 것이다.

현대인이 균형 잡힌 식사, 적당한 운동, 금연·금주 등의 올바른 식생활과 적절한 환경여건에서 살 수만 있다면 건강하게 오래 살 수 있을 것이다. 그러나 현대 사회를 살아가는 인간은 불규칙한 식사, 과도한 스트레스, 운동부족, 음주, 흡연과 환경오염으로 인해 하루하루 건강을 파괴하며 건강과 질병의 양극단 사이를 좌우로 이동하면서 일생을 살아가고 있는지도 모른다.

오늘날 대부분의 사람들이 특별한 질병상태도 아니면서 건강하지도 않은 반쪽 건강상태 즉 반건강인으로 살아간다. 완전한 건강인은 신체적 건강뿐만 아니라 정신적, 사회적으로도 건강한 사람을 의미하므로 현대인은 자신의 건강상태를 올바르게 인지하여 완전한 건강인이 될 수 있도록 노력해야 할 것이다.

현대의학이 평균수명을 많이 연장해 주고, 건강수명도 어느 정도 늘려 준 것은 사실이지만, 건강하지 못한 생활습관과 환경오염으로 인한 만성퇴행성질환이 조기에 시작되어 건강수명의 연장은 우리가 생각하는 기대치에 훨씬 못 미치고 있다. 한국인의 평균수명은 78.5살(여성 82살, 남성 75살) 이고, 건강수명은 68.5살(여성 70살, 남성 68살)로 일생 동안 약 10년 이상 질병이나 사고로 인한 고통, 신체적 불편, 정서적 불안 등에 시달리며 힘겨운 삶을 살고 있다.

건강수명은 전체 평균수명에 질병이나 부상으로 고통받는 기간을 제외한 건강한 삶을 유지하는 기간을 의미하는 것으로 인간의 삶의 질과 밀접한 연관을 지니고 있다.

P R E F A C E

고령화 사회에서 건강수명을 늘리기 위해서는 식생활에 의한 만성퇴행성질환인 고혈압, 당뇨, 비만 등을 줄이고 건강하게 오래 사는 것이 중요하다. 그러므로 질병 발생 후의 치료보다도 질병의 사전예방 차원에서 건강관리가 필요하다.

이런 의미에서 건강기능식품의 필요성이 더욱 강조되고 있다. 건강기능식품은 현대인의 건강을 유지·증진시키고 질병을 사전 예방하여 각종 만성퇴행성질환과 국민의 보건의료비 부담을 줄일 수 있으며, 사회적으로는 삶의 질적 향상에 크게 이바지할 수 있기 때문이다.

건강기능식품학은 일반적으로 식품영양학, 식품공학, 생명과학, 약학, 의학 등의 종합적인 학문을 바탕으로 식품과 건강과 관련하여 인체의 구조 및 기능에 대한 식품영양학적, 생리학적 기능성을 연구하는 학문이라 할 수 있을 것이다.

따라서 본 「건강기능식품학 개론」은 건강기능식품을 공부하는 데 필요한 현대인의 식생활과 건강, 건강기능식품의 품목별 기능성 및 과학적 평가방법, 법률 및 관련제도 등에 대한 내용을 이해하기 쉽게 설명하기 위해 건강기능식품 관련 책자와 연구논문, 식약청 연구과제 및 건강기능식품정보 등을 광범위하게 연구·조사하여 기술하려고 노력하였다.

끝으로 올해 건강기능식품 역사 20주년을 맞이하면서 건강기능식품산업과 협회 발전에 커다란 업적을 남기시고, 개인적으로는 제 삶에 자연과 건강에 대한 참된 철학과 신념을 가질수 있도록 큰 가르침을 주신 (주)풀무원 남승우 회장님과 (주)유니베라 이병훈 회장님, 협회 김영웅 부회장님께 이 글을 통해 진심으로 감사의 말씀을 드린다.

2009년 5월

대표저자 허석현

••• 목 차

제1부 현대인의 식생활과 건강

C O N T E N T S

목 차

C O N T E N T S

••• 목 차

C O N T E N T S

목 차

CONTENTS

목 차

C O N T E N T S

현대인의 식생활과 건강

chapter 01

건강과 식생활

제1절 건강과 반건강

1 건강의 정의

사람이 살아가는 데 필요한 기본요소는 의·식·주, 그리고 건강이다. 예로부터 동서고금을 막론하고 무병장수를 인간 제일의 행복조건으로 꼽아왔다. 흔히 사람은 이상을 추구하는 합리적인 동물임과 동시에 만물의 영장이며, 우주를 지배하는 사회적 존재라고 하지만 이러한 모든 것은 건강할 때에만 가능한 것이다. 이렇듯 우리의 삶에 있어서 건강이란 즐겁고 행복한 삶을 살아갈 때에만 성립되는 필요충분조건이다. 그러나 건강에 대한 관심이 높아지고 건강이 구체적 연구대상이 된 것은 그리 오래되지 않았다. 심지어 학자들 사이에서도 건강에 대한 정의는 각각 다른 실정이다.

이제까지는 건강을 질병의 반대라고 생각하는 경향이 많았다. 그 결과 건강은 생리적인 측면에서만 파악되는 일이 많았고, 또한 조금이라도 몸의 상태가 좋지 않으면 건강하지 않다고 하듯이 건강의 범위를 아주 좁게 파악하는 경향이 있었다. 그러나 건강은 좁은 의미에서 파악되어서는 안 된다. 사람은 단순히 생물적으로만 생존해 있는 것이 아니라 여러 형태로 사회활동을 영위하는 가운데 생활의 보람을 느끼며 살고 있기 때문이다.

건강에 대한 비교적 체계적인 정의는 1948년 세계보건기구(WHO)가 보건헌장의 전문에서 내린 정의로부터 시작된다. 이 보건헌장에서는 'Health is a complete

state physical, mental and social well-being and not merely the absence of disease or infirmity' 즉 '건강이란 단순히 질병이 없거나 허약하지 않은 상태를 말하는 것이 아니라 신체적, 정신적 및 사회적으로 완전히 안녕한 상태'라고 정의하고 있다.

여기에서 말하는 신체적 건강이란 질병이 없고 생활에 불편함이 없는 상태이며, 신체적·생산적인 노동에 부자유스럽지 않은 상태를 의미한다. 이것은 바로 활동능력이며 동시에 체력에 결함이 없는 상태를 유지하여 사회활동에 지장이 없도록 할 수 있는 신체적 적응력이라고 할 수 있다.

정신건강의 경우도 마찬가지이다. 정신적으로 일상생활에서 언제나 홀로 서서 처리해 나갈 수 있고 질병에 대한 평소의 저항력과 정신적 성숙을 유지하여 원만한 가정생활 및 사회생활을 할 수 있는 상태를 건강하다고 할 수 있다.

또한 WHO의 정의에서 'Social well-being'은 '사회적 안녕'으로 번역된다. 이것은 각 개인의 사회생활에 있어 그 사람 나름대로의 역할을 충분히 수행하고 자신에게 부과된 사회적 기능을 다하여 사회생활에 잘 적응하고 있는 상태를 말한다.

그 이후 1957년 WHO는 건강은 '유전적으로나 환경적으로 주어진 조건하에서 적정한 생체기능을 나타내고 있는 상태'라고 실용적 정의를 내린 바 있다. 즉 연령, 성별, 지역사회 및 지리적 조건 등 기본적인 특성에 따라 정해진 기준가치의 범위 내에서 정상적으로 기능을 영위하고 있는 사람을 건강하다고 보는 것이다.

이 외에 여러 학자가 내린 건강에 대한 정의를 살펴보면 Claude Bernard는 건강이란 '외부환경의 변동에 대하여 내부환경의 항상성이 유지되는 상태'라고 정의하였으며, Talcott Person은 '각 개인이 사회적인 역할과 임무를 효과적으로 수행할 수 있는 최적의 상태'라고 정의하였다. 또한 Smith는 건강을 '인간이 자신에게 주어진 일상적인 역할을 수행하는 데 아무 어려움이 없는 역할수행개념, 환경의 스트레스에 유동적으로 잘 적응하는 적응건강개념, 일반적인 안녕과 자아실현을 말하는 행복론적 건강개념, 의학적으로 내려진 질병이나 불능이 없는 임상건강개념' 등 4개의 개념으로 정의하였다.

이상에서 볼 때, 건강의 정의는 과거의 신체적 질병이 없는 단순한 차원에서 현재는 점차 신체적, 정신적, 사회적으로 통합된 단계로 다양화되었음을 알 수 있으며, 건강한 생활의 모든 면에서 각각 생의 단계에 따라 어떻게 하면 사는 보람을 갖고 충

실한 생활을 할 수 있을까라는 점에서 파악되어야만 한다. 이제부터는 생활습관 및 사회참여의 자세, 가정, 지역 등 사회환경과의 관련이라는 여러 가지 면에서 건강이란 무엇인가를 생각하고 그에 대응해 나가는 적극적인 건강행위가 요구되고 있다.

건강한 삶에 영향을 미치는 요인

1. **유전**(Heredity)
   - 부모로부터 물려받은 유전인자
2. **환경**(Environment)
   ① 물리적 환경 : 인간생활의 기본이 되는 의식주나 기후적 요소
   ② 생물학적 환경 : 생물, 미생물 및 병원체
   ③ 정신적 환경 : 산화적 스트레스와 산업화 현상
   ④ 사회적 환경 : 문화적 가치, 습관, 행동과 정치, 경제, 사회적 구조
   ⑤ 인적 환경 : 지역사회, 이웃, 직장 등 매일 접촉하는 모든 사람들과의 인간관계
3. **능력과 계발**(Ability and development)
   - 개인의 소질과 능력을 발휘하여 자신을 계발하고 성취하며 사회에 기여할 수 있는 여건 등
4. **의사결정**(Decision making)
   - 자기 자신이 의사결정을 할 수 있어야 한다. 의사결정은 건강한 정신에서 가능하며 확실한 근거를 토대로 하여 과학적인 방법으로 문제를 해결할 수 있다.
5. **상호작용**(Interaction)
   - 자신과 환경의 상호작용이 건강생활에 필수적인 요소이다. 생활환경, 사회환경, 가족 관계 등 건전한 생활의 필수적인 요건이 된다.

2 반건강

지금까지의 의학은 주로 질병의 치료만을 대상으로 해왔다. 오랜 기간 전염병 등 감염증으로 고생했던 시대에서는 당연한 결과이다. 그러나 오늘날은 건강 유지와 증진의 입장에서 질병을 예방하려면 어떻게 해야 하는가의 문제가 새롭게 요구되고 있다. 결국 치료의학에서 예방의학으로 새롭게 바뀌어 가고 있으며 이것은 의학에서의 논의대상으로 치료가 필요한 환자들뿐만 아니라 그 외의 건강해 보이는 사람들

도 포함시켜야 한다는 의미인 것이다.

여기서 건강과 질병과의 관계를 새로운 관점으로 살펴보고자 한다. 질병 쪽에서 보면 병을 가지고 있는 사람(환자)가 잠재적인 병을 가지고 있는 사람(반환자)으로 나눌 수 있다. 한편, 건강 쪽에서 보면 완전히 건강한 사람(건강인)과 현재는 건강상에 문제가 없어 보이나 병에 걸리기 쉬운 상태인 사람(반건강인)으로 나눌 수 있다. 이것을 순서대로 늘어놓으면 건강, 반건강, 반환자, 환자 4단계가 된다. 이 4단계는 딱딱 끊어지는 것이 아니고 상호연관을 가지고 있는 연속적인 흐름을 이루고 있다. 즉, 인간은 건강과 질병의 양극단 사이를 좌우로 이동해 나가면서 일생을 보내고 있는 것이다.

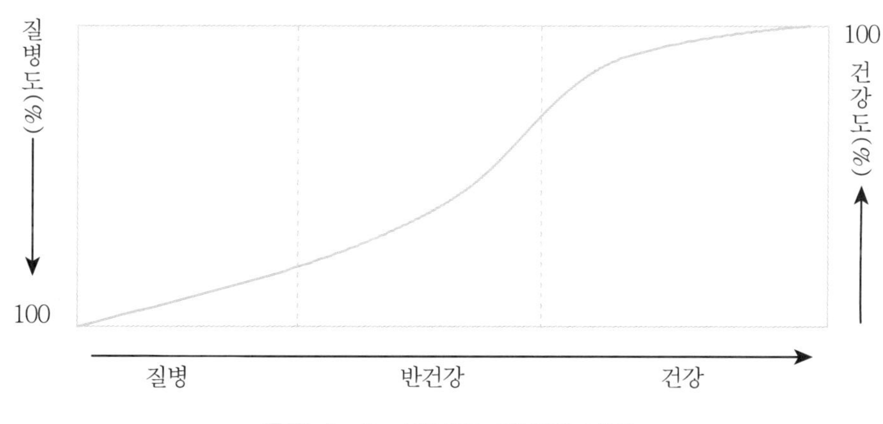

그림 1-1 건강과 질병의 관계

오늘날 대부분의 현대인들은 공업화, 도시화의 진전에 따라 복잡한 사회환경으로 인해 항상 심신이 조화를 이루는 최상의 상태를 유지한다고는 할 수 없다. 몸이 좋지 않다, 나른하다, 졸리다, 피곤하다, 기력이 없다, 속이 좋지 않다, 짜증이 난다, 머리가 무겁다, 일의 능률이 오르지 않는다 등 여러 가지 자각증상을 앓고 있다.

그러나 병원을 찾아가 진단을 받아보면 의사는 별 이상이 없다고 하며, '신경성입니다.', '스트레스성입니다.'라는 말만을 한다. 이렇게 확실하지 않은 몸의 이상을 '부정수소(不定愁訴)'라고 부르는데 이것은 확실히 뭔가 건강에 대한 불안한 것이 있어서 건강을 해칠 우려가 있다는 것을 예고하고 있는 것이다.

현대의학에서는 객관적인 증상과 의학검사에서 표준 이상의 값이 나오는 경우가 아니면 병이라고 진단하지 않는다. 앞에서 서술한 자각증상만으로는 질병의 치료가 불필요하다고 인정하고 있다. 그러나 정작 이러한 자각증상을 앓고 있는 사람들에게 물어보면 뭔가 이상이 있다고 하는 경우가 많다. 즉, 건강한 편인데 때때로 몸이 좀 이상하고 그렇다고 해서 병은 아닌 이러한 상태가 바로 「반건강 상태」이다.

표 1-1 질병과 건강개념

의 학	질병치료		건강증진의 보건	
건강상태	질 병 (환자) Disease	반질병 (반환자) Pre-disease	반건강 (반건강인) Poor-health	건 강 (건강인) Health
의학적 대책	의 료		건강증진	

반건강상태는 건강한 상태에서 질병상태로 이행되는 과정의 중간 단계를 의미한다. 건강한 사람의 혈압은 수축기 혈압 120mmHg 미만이고 이완기 혈압이 80mmHg 미만이지만, 질병상태인 고혈압은 수축기 혈압이 140mmHg 이상이거나 이완기 혈압이 90mmHg 이상인 경우로 정의하고 있다.

정상혈압과 고혈압의 중간단계에 존재하는 수축기 혈압 120~139mmHg와 이완기 혈압 80~89mmHg을 고혈압 전단계로 분류하는데 이 고혈압 전단계를 「반건강 상태」라 말할 수 있다.

표 1-2 혈압수치에 따른 건강인, 반건강인, 환자

상태	정 상 건강인	고혈압 상태 반건강인	고혈압 환 자
수축기 혈압	$<$120mmHg	120~139mmHg	$\geq$140mmHg
이완기 혈압	$<$80mmHg	80~89mmHg	$\geq$90mmHg

제2절 건강위해행위, 건강증진행위

1 건강위해행위

우리나라 보건복지가족부는 국민건강의 궁극적 목표를 '건강수명의 연장'으로 설정하고, 이의 달성을 위한 건강생활 실천 분야로 금연, 절주, 운동, 영양을 선정하여 이에 관한 구체적 목표를 제시하는 국민건강증진 종합대책(Health Plan 2010)을 수립하여 발표하였다. 이는 세계적인 추세와 맥락을 함께하는 것으로서 우리보다 먼저 고령화와 질병구조의 전환을 경험한 미국(Healthy People 2010), 영국(Our Healthier Nation 2010), 일본(건강일본 21 ; 1998~2010년) 등 선진국에서는 1980년대부터 본격적으로 국가 차원의 10년 단위 건강증진전략을 수립, 부문별 건강목표를 설정하고 이의 달성을 위하여 범국민적인 건강증진 실천운동을 전개하고 있다.

특히 세계보건기구는 '건강위해행위를 감소함으로써 건강수명을 연장하자(Reducing Risk, Promoting Healthy Life)'라는 제목으로 세계보건총서(World Health Report 2002)를 발간하여 인류의 건강을 위협하는 흡연, 음주 등 10가지 건강위해행위에 관한 실태와 건강생활실천전략, 건강위해행위의 비용 효과적인 관리방안을 제시하는 등 21세기 인류의 건강향상을 위해서는 무엇보다도 건강행태가 중요함을 강조하고 있다.

1) 흡 연

일반적으로 물질이 연소할 때에는 연소물 성분이 산화하는 과정에서 탄산가스 이외에도 연소 성분이 발생한다. 담배에는 수천 가지 화학물질이 포함되어 있는데, 그중 적어도 200가지 이상은 유해작용을 한다고 알려져 있다. 대부분은 질소, 산소, 수소, 탄산가스, 수분 등의 무해한 성분이긴 하지만, 그 가운데 10% 정도의 유해 물질이 미량 포함되어 있다. 가스 성분 중 문제가 되는 것은 일산화탄소와 미량의 유해가스, 입자성분 중의 타르를 비롯해 니코틴, 수종의 발암물질 등이다.

담배연기는 담배를 피울 때 들이마시는 연기인 주류연과 담배가 타들어 가면서 직접 대기로 확산되어 나가는 연기인 부류연으로 구분한다. 이 주류연과 부류연은 그 성분에 차이가 있는데 부류연 쪽이 여러 성분의 농도가 주류연보다 높다. 니코틴 및 타르가 약 2배, 일산화탄소는 5배, 눈을 자극하는 암모니아는 46배나 많이 포함되어 있다. 특히 담뱃잎이나 필터를 통과하는 주류연보다 직접 대기 속으로 확산되는 부류연 중에 니코틴, 벤조피렌, 니트로소아민 등의 유해물질이 많이 포함되어 있으므로 담배를 피우는 사람 옆에 있으면 담배를 피우지 않더라도 피우는 것과 다름이 없는 결과가 된다.

WHO에 의하면 전 세계적으로 성인의 약 30%(남자의 48%, 여자의 12%)가 습관적 흡연자라고 한다. 우리나라의 경우 연도별 흡연율의 변화를 살펴보면 남자의 경우 1980년 79.3%에서 1999년 65.1%로, 2004년에는 57.8%로 점차 감소하였으나, 미국(29%), 프랑스(38%) 등의 OECD국가와 비교해볼 때, 전체 31개 국가 중 가장 높은 수준이다.

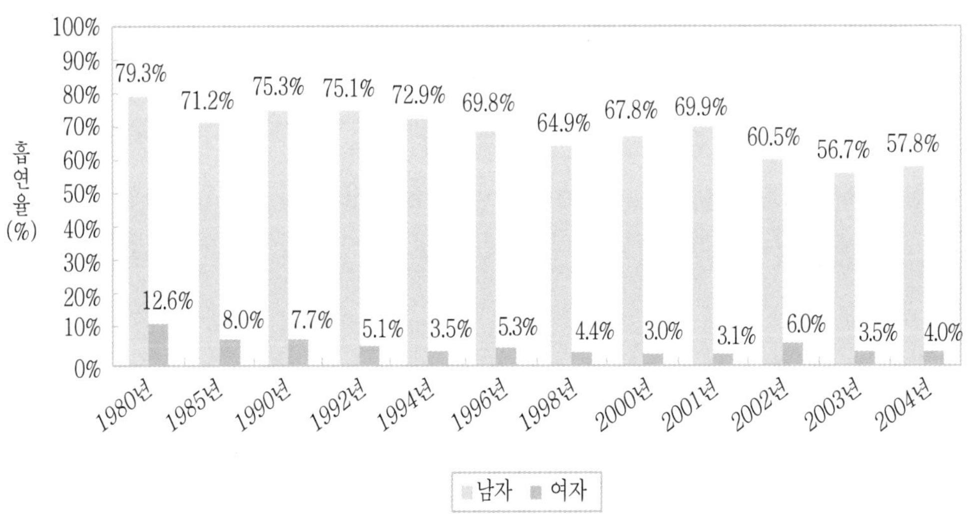

출처 - 한국금연운동협의회

그림 1-2 우리나라 남여 흡연율 추이

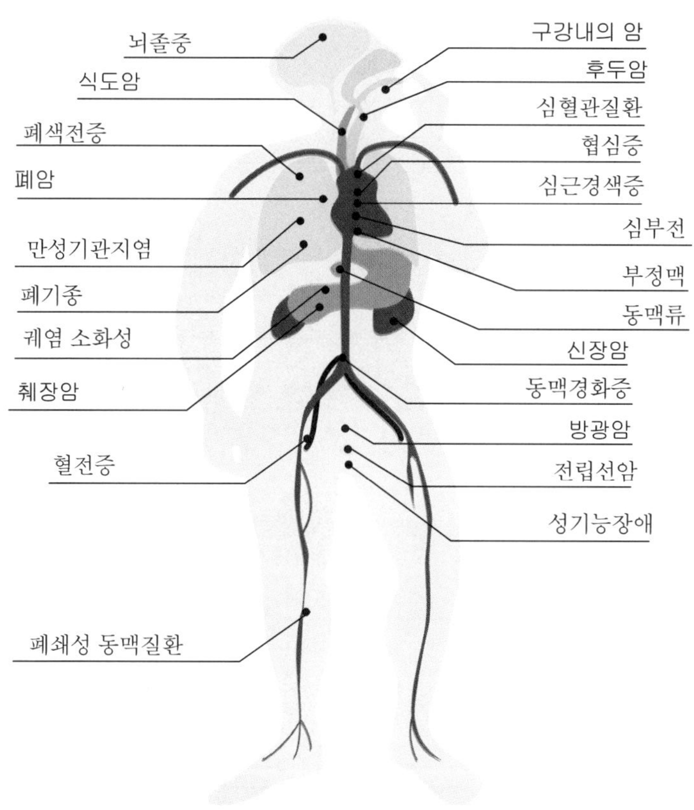

그림 1-3 흡연으로 인한 건강피해

흡연은 일차적으로 우리 몸의 모든 세포, 장기 그리고 조직들의 조기 노화를 일으켜 수명을 단축시키고, 성인병, 노쇠현상, 피부노화, 정력감퇴 등 많은 질병의 원인이 되고 있다. 또한 흡연은 육체적으로뿐만 아니라 정신적으로도 의존증을 생기게 하여 정신과에서는 담배를 끊지 못하는 사람들을 마약중독 환자로 분류하여 치료하고 있다.

2) 음 주

흔히 우리가 말하는 술이란 에틸알코올(ethyl alcohol)로 에탄올(C_2H_5OH)이라고도 한다. 술이 인체에 미치는 영향은 술을 얼마만큼 마시는가, 즉 술을 마심으로써 인체에 들어오는 알코올의 양에 따라 다르다.

표 1-3 술 종류별 알코올 함량

종 류	용 량(cc)	알코올 농도(%)	알코올(g)
맥 주	작은 병(334)	4.5	15.0
	큰 병(633)	4.5	28.5
와 인	한 병(700)	13.0(9.3~14.0)	91.0(65.1~28.0)
	1홉(180)	15.5(15.0~15.9)	27.8(27.0~28.6)
청 주	3홉(540)	15.5(15.0~15.9)	83.4
	5홉(900)	15.5(15.0~15.9)	139.0
소 주	1홉(180)	30.0(25.0~35.0)	53.0(45.0~63.0)
브랜디	한 병(700)	40.0	280.0
위스키	한 병(750)	43.0	323.0

대부분의 알코올은 간에서 분해되므로 음주 때문에 간이 혹사당하면 아무리 재생능력이 크고 해독작용이 강한 간일지라도 이를 감당하지 못하고 모든 화학반응을 중지하게 된다. 따라서 간으로 모여든 지방질을 대사시키지 못해 결국 지방간을 초래하게 되며, 간 내의 유독성 물질이 배설되지 못하여 간세포가 파괴된다.

그러므로 적당량의 술 섭취는 현대인의 생활에 여유와 정신적인 안정과 즐거움을 주지만 과음은 신체기능을 마비시키고 신경계를 마취시켜 이성을 잃게 할 뿐만 아니라 많은 사고의 원인이 되기도 한다.

2005년 국민건강·영양조사에 의하면 전체 성인의 평생 음주 경험률은 87.7%였고(남 94.7%, 여 80.8%), 지난 1년간 술을 한 잔 이상 마신 사람의 비율은 54.6%였다. 이 중 1회 음주량이 남자 소주 1병 이상, 여자 소주 5잔 이상인 고위험음주자의 비율이 남자는 80.0%, 여자는 37.6%인 것으로 나타났다.

습관적으로 과도한 음주를 하게 되면 여러 가지 건강문제가 발생될 수 있다.

WHO에서는 이를 사회적, 심리적, 물리적 문제로 분류하고 있다.

사회적 문제로는 이혼이나 가족 내의 불화 등 가정 내에서의 가족관계에서 발생하는 문제, 직업과 관련하여 직장에서 발생하는 장애, 실업 등의 문제가 해당되며, 경제와 관련하여 파생되는 어려움, 사기, 채무문제 등이 해당된다. 심리적 문제로는 불면, 우울, 근심, 자살기도나 자살 등의 문제와 도박, 약물남용의 문제 등이 해당된다. 신체적으로는 지방간, 간경병증, 간암 등의 간질환과 위염, 췌장암, 구강·후두·식도암 등의 소화기계 질환을 비롯하여 영양결핍, 비만, 당뇨, 심근병증, 혈압상승, 뇌손상, 성기능 이상, 불임, 태아손상 등의 다양한 건강문제를 일으킬 수 있다.

표 1-4 술이 인체에 미치는 영향

장 기	작 용
반사작용	• 구강점막자극 : 점액 및 타액의 분비가 증가 • 국소혈관확장 : 혈압, 호흡, 맥박이 일시 증가
순 환 기	• 혈관 확장에 의한 발적(發赤)이 일어남
소 화 기	• 식사 전 칵테일이나 포도주를 한두 잔 마시면 식욕이 증가 • 식사 후 독한 술을 마시면 소화가 늦어짐 • 많은 양의 술을 마시면 식욕 감소 • 술로 인해 위장장해가 나타나면 소화불량 증세
중추신경계	• 전체적으로 억제 • 억제기전을 차단시켜 흥분시키는 것처럼 보임 • 심해지면 졸리고 혼수상태까지 나타남
신 경 계	• 주의력, 집중력, 창조력, 판단력, 기억력 등 모든 정신작용이 감퇴 • 감각도 둔화
진통 및 최면작용	• 독한 술은 중추신경계나 감각기의 작용을 둔화시켜 최면작용 및 진통작용
생식기 기타	• 성욕은 증가시키나 성기능은 오히려 감퇴 • 각종 감염증에 대한 저항력이 감소 • 독성물질에 대한 저항력이 감소 • 각종 사고 발생

3) 스트레스

현대인은 대기오염, 소음공해, 교통체증, 복잡한 인간관계 등 여러 가지 불쾌한 자극들이 강해짐에 따라 신경질적인 상태로 되어가고 있다. 스트레스란 말이 의학용어로 도입된 것은 최근의 일로 「생물체 내에서 생기는 불균형의 상태」라고 표현할 수 있다. 좀 더 자세히 말하면 몸의 외부로부터 여러 가지 자극이 가해지면 체내에서는 상해가 생기고 또한 이것을 막기 위한 반응들이 나타나게 되는데 스트레스란 이 두 가지 반응 즉, 상해와 방어반응을 합해서 말하는 것이다. 상해는 우리 몸 안에 가해지는 상처를 뜻하며, 베인 상처와 화상, 마음의 상처까지도 포함한다.

표 1-5 20세 이상 성인의 평소 스트레스 인식도(%)

구 분	계(N)	대단히 많이 느낌	많이 느낌	조금 느낌	거의 느끼지 않음
전 체	100.0(7,802)	7.03	27.07	51.31	13.58
성					
남	100.0(3,510)	7.25	27.74	51.96	13.05
여	100.0(4,292)	6.82	28.40	50.67	14.11
연 령					
19~29세	100.0(1,336)	6.09	26.82	57.07	10.02
30~39세	100.0(1,742)	7.64	28.82	56.58	6.96
40~49세	100.0(1,878)	6.46	29.41	52.38	11.76
50~59세	100.0(1,229)	7.94	28.34	47.62	16.11
60~69세	100.0 (970)	8.89	29.50	38.98	22.63
70세 이상	100.0 (647)	5.53	23.05	37.08	34.34

출처 - 한국보건사회연구원, 「2005년도 국민건강·영양조사·보건의식행태조사 부문」

우리들의 몸에 가해지는 자극 곧 스트레스는 수없이 많다. 기후, 날씨의 춥고 더움, 통증, 상처, 임신, 피로, 수면부족, 정신불안, 실망, 놀람, 공포, 슬픔 그리고 사랑의 병 등 이 외에도 수없이 많지만 이러한 자극에 대하여 우리의 몸은 항상 반응을 되풀이하고 있는 것이다. 자극이 가해지면 몸이 반응하여 항상성 유지를 위한 방어기구가 작동하게 된다. 스트레스가 가해질 경우 우리의 몸은 어떠한 타격을 받게 되는지 또한 어떠한 방어기구를 작동시켜 그 스트레스를 극복해 나가는지 그리고 스트

레스가 어떤 질병을 가져오는지는 3단계로 나누어 설명할 수 있다.

그 첫 번째 단계는 쇼크로부터의 경고반응기이다. 이 방어기구의 주역은 내분비계로 특히 뇌하수체와 부신피질계이다. 스트레스는 뇌의 시상하부를 통하여 뇌하수체로 전달된다. 뇌하수체는 많은 호르몬선을 자극시키는 호르몬을 내고 있는데, 스트레스가 가해지면 부신피질을 자극하는 호르몬을 분비하게 된다. 부신피질은 이것을 받아서 코르티코이드(corticoid)라고 하는 부신피질 호르몬을 생산하고, 이것이 전신의 각 조직에 흘러가서 작용을 하여 몸의 방어 반응인 「경고반응」을 일으키게 되는 것이다. 경고반응은 쇼크를 받았기 때문에 일어나는 증상이라고 생각하면 좋다. 즉 체온저하, 저혈압, 저혈당, 신경계활동의 저하, 근육긴장도의 감퇴, 혈액의 농축, 모세혈관과 세포벽 사이의 혈액출입의 감퇴, 임파구의 감소, 급성위궤양 등이 그것이다. 예를 들면, 놀랐을 때 혈색이 좋지 않아 얼굴이 파랗게 된다든지, 야구 등의 스포츠에서 점수 싸움이 맹렬하여 어느 쪽이 이길지 알 수 없을 때가 되면 위가 아프기도 하는데 이런 것들이 「경고반응」인 것이다.

두 번째 단계는 적응 안정화된 상태의 저항기이다. 스트레스의 작용인자가 계속되면 몸에 준비되었던 적응반응들이 여러 가지로 일어나서 몸의 상태를 보호하고, 영양소를 동원하여 세포의 보수와 호르몬의 생산을 돕는다. 이를 위하여 부신피질 호르몬이 대량으로 생산되어야 하기 때문에 부신피질의 세포가 증가하고 크게 부풀어 오르게 된다. 그래서 다른 스트레스의 자극이 있어도 거기에는 상관하지 않고 목표대상인 스트레스 자극에 대해서 전력투구를 계속하게 된다. 결국 다른 스트레스 자극에 대한 저항을 하지 못하게 되기 때문에 문제가 되는 것이다.

이러한 때에 나타나는 구체적인 몸의 이상이 피로와 권태라고 하는 상태이다.

① 아침부터 몸이 나른하고 피로감이 있다.

② 항상 귀찮고 일의 능률이 저하된다.

③ 신경이 과민하여 쉽게 화를 낸다.

④ 어지러움, 두통, 어깨결림, 메스꺼움, 불면.

⑤ 변비와 설사, 식욕부진

이른바 「부정수소(不定愁訴)」라고 하는 것으로 병이 되기 일보직전, 즉 반건강 상태이다.

여기에 스트레스가 강렬히 지속되면 몸은 적응반응의 능력을 계속 유지할 수 없는 상태에 이르게 된다. 몸은 점점 쇠약하게 되고, 체내의 영양소는 위험수준까지 저하된다. 이 상태가 바로 마지막 단계인 인체의 피로시기이다.

이 시기에는 뇌하수체와 부신피질의 호르몬 분비의 조화가 무너져, 기관의 장애가 나타나서 특정 질병이 생기게 된다. 류머티스, 고혈압, 당뇨병, 신장염, 심장병, 위궤양, 간장병, 신경장애 등이 나타나게 된다. 이 시기의 부신피질은 매우 과로하여 파열 직전의 상태가 되며, 호르몬의 분비도 극도로 저하된다.

이 피로가 계속 악화되면 최후의 방어능력이 붕괴되어 부신피질은 파열되고 호르몬 생산이 멈추게 되며, 이 시점을 지나면 죽음에 이르게 된다.

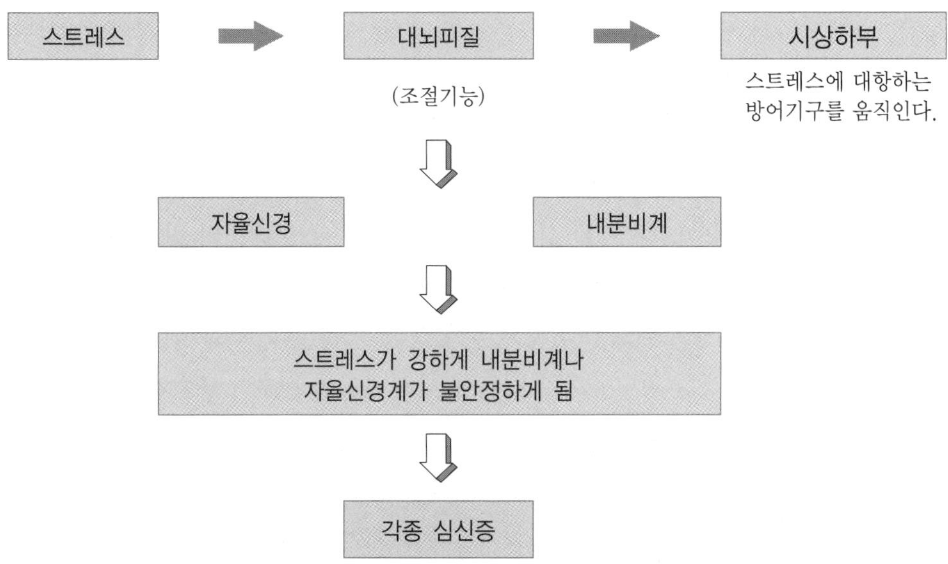

그림 1-4 스트레스로 심신증이 일어나는 기전

4) 영양의 불균형

과거에는 단백질과 지방 등의 절대량이 부족한 영양실조시대가 있었으나 오늘날에는 단백질, 지방, 탄수화물(당질)의 열량 및 영양소 과잉 특히, 동물성 지방이나 동물성 단백질의 섭취가 현저히 증가하였으며, 비타민, 미네랄류의 대사 영양소 결핍시대가 되었다. 이전에는 무공해 식품과 해산물 등 영양소가 골고루 들어있는 자연식품을 먹음으로써 일반적인 비타민, 미네랄류의 부족은 그리 많지 않았다. 따라서 만성

적 퇴행성질환은 거의 없는 상태였다. 그러나 현재에는 식품공급의 풍족과 가공품의 범람으로 열량 영양소는 충분히 섭취하는 반면 비타민, 미네랄 등 미량 영양소가 가공과정에서 거의 손실되며, 화학비료와 하우스재배 등으로 영양가가 저하된 식품을 섭취하게 되어 급기야 「미량영양소 결핍시대」라고 말해도 과언이 아니게 되었다.

이것은 우리의 생활습관 즉 흡연, 음주, 과식, 운동 등과 매우 밀접하게 관련되어 있다. 미국의 한 연구발표에 따르면 종이필터 담배 한 개를 피우면 25mg의 비타민 C를 소비한다고 한다. 다시 말해 담배 한 갑이면 500mg의 비타민 C가 손실된다는 결론으로 이런 상태가 지속되면 분명 비타민 C의 균형이 무너져 건강에 이상이 생기는 것은 당연한 일인 것이다.

술의 경우도 마찬가지이다. 과음하는 사람은 보통 충분한 식사를 하지 않기 때문에 단백질 섭취가 불충분하게 되며 비타민류와 미네랄류가 손실되어 체내에서는 영양부족의 상태에 이르게 되는 것이다. 그리고 비만인 사람은 겉보기에는 건강해 보여도 영양의 균형이 무너져 있는 경우가 많다. 비만은 지방이 과잉된 상태로 탄수화물과 단백질, 지방질로부터 체내에서 합성되는 것이다. 따라서 어느 종류의 음식이라도 과식을 하게 되면 비만이 되는 것이다. 특히 탄수화물을 과잉섭취하게 되면 비만이 될 확률이 높고, 이에 따라 비타민과 미네랄류의 부족도 일어나게 된다.

한편 격렬한 육체노동이나 운동을 한 경우에는 물과 소금, 과즙 등을 보충해 주어야 한다. 근육운동이 격렬하게 되면 대사활동이 높아져 땀을 통해 많은 양의 수분과 염분, 칼륨이 빠져나가기 때문이다. 이때 목이 마르다고 해서 물만 계속해서 마시게 되면 땀을 통해 손실된 미네랄을 보충해 줄 수가 없기 때문에 탈수증이 일어나기 쉬운 위험한 상태가 된다. 따라서 미네랄류도 함께 보충해 주는 것이 중요하다. 이 밖에도 항생제를 장기간 복용한다든지, 열이 심하게 난다든지 여러 가지 경우에 영양의 불균형이 일어나게 되고, 이에 따라 비타민과 미네랄의 부족이 일어나게 되는 것이다.

이처럼 영양이 불균형하게 되면 생명활동을 하는 대사작용이 영향을 받게 되고, 대사작용의 근본인 효소가 만들어지지 않게 되어 세포재생작용이 원활하지 않게 되므로 세포가 서서히 죽어가는 형태 즉 노화현상이 촉진된다. 그리하여 여러 내부기관과 혈관조직의 변성퇴행을 일으키는데, 이것이 심혈관에서 일어나면 동맥경화증, 췌장에서 일어나면 당뇨병, 간에서 일어나면 간경병, 심장에서 일어나면 심근경색으로 그리고 면역계가 손상되면 암으로 됨으로써 만성적 퇴행성질환을 유발하게 되는 것이다.

표 1-6 영양소의 과·부족증

구 분	과잉섭취	섭취부족
단백질	• 지방의 과잉섭취 유발 • 어린이 경우 체성분 변화 • 신장 및 간의 비대 • 아연, 칼슘 등 미네랄 배출	• 단백질-에너지 영양부족 (Protein-Energy malnutrition, PEM) • 콰시오카(kwashiokor) - 발육지연, 피부와 모발의 색소변화, 부종 등 유발 • 성장지연, 면역력 부족, 학습능력부족
탄수화물	• 다른 요인과 함께 혈당 상승작용을 함 • 비만, 당뇨병, 신장순환계질환과 관련	• 저혈당 증세 : 어지러움, 두통, 근육무기력
지 방	• 체중 증가(지방간 위험) • 혈중 콜레스테롤 증가 • 동맥경화, 고혈압	• 성장발육 지연 • 피부염 • 쉽게 피로를 느낌 • 추위를 많이 느낌

표 1-7 미네랄, 비타민 부족증

구 분	증 세
• 미네랄	
칼슘(Ca)	• 성장지연, 골격이 약해짐, 치아의 기형, 구루병
인(P)	• 허약, 식욕감퇴, 골격의 통증
마그네슘(Mg)	• 신경장애
나트륨(Na)	• 식욕감퇴, 근육경련
칼륨(K)	• 근육쇠약
염소(Cl)	• 식욕감퇴, 성장정지, 근육경련
• 비타민	
비타민 A	• 각막 건조증, 각막 연화증
비타민 D	• 구루병(유아와 어린이)
비타민 E	• 신생아 출혈
비타민 C	• 괴혈병
비타민 B_1(티아민)	• 각기병(습성 또는 건성)
비타민 B_2(리보플라빈)	• 구각염, 구순염, 설염, 음부염증
비타민 B_{12}	• 악성빈혈

현대과학은 이러한 만성적 퇴행성질환의 대부분은 영양의 불균형이 직·간접의 원인이라 하여 생활습관병으로까지 불리워진다. 따라서 건강한 생활을 누리기 위해 생활환경의 개선과 더불어 올바른 식사지침 마련과 영양보충 및 건강증진을 위한 건강기능식품의 섭취 등 식생활 개선대책이 절실히 요구되고 있다.

2 건강증진행위

건강증진은 우리들 각자가 신체적·정서적으로 각기 다른 능력을 물려받고 태어났다는 데서 출발한다. 개인의 건강상태는 끊임없이 변화하며 그 변화는 유전, 환경, 건강관련 행위의 세 가지 요인에 의해 좌우된다.

첫째, 유전적인 원인은 환경이나 건강관련행위와는 달리 개인의 노력에 의하여 변화될 수 없다. 당뇨병이나 색맹의 가계력을 가진 집안에서 태어난 사람은 어쩔 수 없이 이러한 유전적인 질환에 걸릴 위험성이 높아진다. 반대로 장수가정에서 태어난 사람은 똑같은 환경 속에 살더라도 다른 동료들보다 더 오래 살 수 있다. 그러나 어떤 유전적인 질환의 경우에는 본인의 위험원인을 줄이고 긍정적인 방향으로 건강행위를 실천함으로써 그 위험을 극복할 수도 있다.

둘째, 환경원인 역시 매우 중요한 건강의 결정인자이다. 대기의 오염 정도, 경제수준, 음용수의 오염 정도 등 다양한 원인들이 이에 속한다. 다른 중요한 환경원인으로 의료제도와 의료의 질이 있다. 자신이 속한 지역사회가 어떤 종류의 의료제도를 가지고 있으며, 얼마나 많은 의료시설을 갖고 있으며, 얼마나 의료시설의 이용이 쉬우며, 어떤 수준의 의료를 제공할 수 있는지가 중요하다. 또한 건강행위를 장려하느냐 혹은 억압하느냐 하는 가족환경 역시 개인의 건강상태에 중요한 영향을 준다.

셋째, 건강 관련 행위로서 일상적 생활의 부분을 형성하는 통상적인 개인의 실천행위를 말한다. 이들 행위는 의도적으로 특정 건강목표를 지향하지 않더라도 건강에 효과를 준다.

규칙적인 건강실천이 장래의 건강에 주는 효과에 관한 신빙성이 가장 높은 증거는 아라메다 지방(Alameda County)의 연구에 의하여 제시되었다.

1960년 중반에 캘리포니아의 버클리에 있는 보건국의 인구연구실에서 캘리포니아 주 아라메다 지방의 주민들을 대상으로 실시한 전향적인 연구결과에 따르면 7개의 건강행위(흔히 '아라메다 7'이라고 칭함)가 건강상태 및 평균수명과 높은 연관성이 있음이 밝혀졌다.

이들 7가지 건강행위는 금연, 절주, 7~8시간의 수면, 운동, 적정체중유지, 간식제한, 규칙적인 아침식사 등이다. 이들 7가지 건강행위의 실천자는 그렇지 않은 사람보다 더 오래 사는 경향이 있었으며 더 나아가서 그 효과는 누적적이었다. 즉 건강행위의 실천 수가 많은 사람은 실천 수가 적은 사람보다 더 오래 사는 경향이 있었다.

그 이후 각종 임상적 연구, 사망통계, 인구에 기초를 둔 조사연구 등은 건강행위의 중요성에 대해 많은 증거를 제시하였고, 건강행위의 중요성을 급격히 부각시켰다.

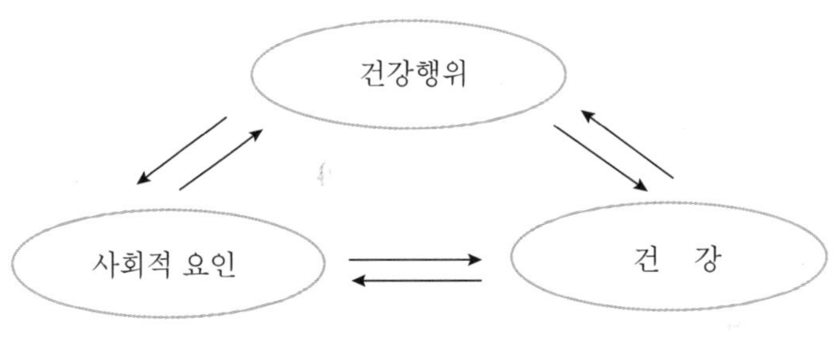

그림 1-5 건강과 건강행위

1) 운 동

운동이 체력과 건강증진에 가장 효과적인 행동인 것은 사실이나 아무렇게나 하는 무계획적, 비합리적, 비과학적인 운동은 오히려 건강을 손상시키는 직접적인 원인이 되기도 한다. 따라서 운동의 효과를 극대화하기 위해서는 '건강 및 체력진단', '운동프로그램', '실행'의 3단계를 단계적으로 반복 실행하고, 대상자의 건강검진 및 체력검진의 결과를 토대로 구체적인 운동목표, 운동종목, 운동강도, 운동빈도, 운동시간, 운동기간 등을 결정하여 시행하는 것이 바람직하다.

운동에는 유산소 운동과 무산소 운동의 두 가지가 있는데 우리들의 건강을 증진시키는 목적에는 심폐기능을 증가시킬 수 있는 유산소 운동을 하는 것이 좋다.

평상시에는 끊임없이 움직이며 일하고 있는 사람들은 실제로 의자에 가만히 앉아서 일을 하는 사람들보다 에너지 소모도 많고 운동량이 상대적으로 많은 것은 틀림

없지만, 심폐기능을 강화시키는 유산소 운동을 하라는 이야기의 진정한 뜻은 평상시 하고 있는 운동량보다 더 많은 운동을 하여야 한다는 것이다. 따라서 유산소 운동을 할 때는 운동을 일주일에 얼마나 자주 해야 할지(운동의 빈도), 한 번 운동할 때 얼마나 오랫동안 해야 할지(운동시간)를 설정해야 할 필요가 있다.

표 1-8 일반적인 운동의 장점과 단점

종류	장 점	단 점
조깅	• 누구든지 언제 어디서나 할 수 있다. • 자기 몸에 맞는 기준을 지키기 쉽다. • 특별한 시설과 기구가 없어도 된다. • 심장 등에 대한 부담과 조절이 쉽다.	• 다리, 무릎과 하체일부에 통증 • 때로는 급성심장사와 열사병에 위험 • 상반신 단련이 안 된다. • 재미와 즐거움이 적다.
수영	• 몸의 일부에 강한 힘을 주는 것이 없다. • 심장에 강한 자극을 준다. • 비만, 요통, 기침, 임산부에 좋다. • 피부와 유연성이 단련된다.	• 하반신 단련이 부족하다. • 시설과 계절 등 운동에 제한을 받는다. • 귀병, 눈병에 걸리기 쉽다. • 기분이 좋을 때도 있고, 힘들 때도 있다.
구기	• 게임이 즐겁다. • 종목이 많아 선택의 폭이 크다 • 유연성, 민첩성, 평형성이 단련된다.	• 자기 기준의 조절이 힘들다. • 몸에 무리하기 쉽고 부상이 생긴다. • 상대 팀 구성, 기구가 필요하다.

건강유지를 위한 운동의 적정량은 1주간의 총운동시간이 20대에서는 180분, 60대에서는 140분으로 연령에 따라 다르다. 1회의 운동시간은 몸이 유산소 운동으로 반응하기 위한 시간을 고려하여 적어도 30분 이상 계속하는 것이 필요하며, 1일 운동의 합계 시간은 60분 이상으로 매일 실시하는 것이 바람직하다.

이 밖에 날씨가 지나치게 덥고 습기가 너무 많을 때, 아주 추울 때나 공기오염이 심할 때도 운동량을 줄이고, 전문가와 상의를 한 후에 운동량을 결정하는 것이 안전하다. 또 비만증, 담배 피우는 사람, 심장병, 고혈압, 당뇨병 등이 있는 사람들도 운동량과 강도, 시간을 아주 조심해서 증가시켜야 하며 절대로 무리를 해서는 안 된다.

운동을 안 하던 사람이 운동을 하면 근육이 뭉치고 쥐가 나는 수가 있다. 그 원인은 몸 안의 전해질 균형이 깨졌을 경우와 직접적으로 근육을 다쳤거나 지나치게 근육을 사용하여 피로와 젖산의 축적 때문에 생긴 근육과 신경의 손상 때문인데 이러

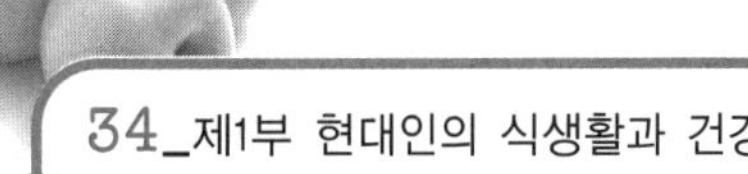

한 것은 준비운동을 잘 함으로써 사전에 예방할 수 있다.

식사 시간은 대개 운동 3시간 전이면 좋다. 음식물이 적당히 소화되어 배고픔을 느끼지 않는 시간이기 때문이다. 운동 직전에 음식이나 사탕을 많이 먹으면 소화 장기 쪽으로 체액이 이동을 하여 탈수를 심하게 할 수도 있으므로 주의해야 한다.

흔히 근골격계에 손상이 생겨서 통증을 호소하는 경우가 제일 많지만 자신에게 맞지도 않는 운동을 준비운동도 없이 무리하게 강행했다가는 심장부정맥이나 심근경색이 와서 생명이 위태로울 수도 있으므로 중년에 안 하던 운동을 시작하려는 사람들은 미리미리 건강검진을 의사에게 받고 운동을 시작하도록 해야 한다.

2) 체중조절

체중과다와 비만은 오래전부터 질병 및 사망과 밀접하게 연관된 것으로 알려져왔다. 비만은 에너지 대사의 불균형 상태로서 고혈압 및 심혈관질환, 당뇨병, 근골격계질환 등에 대한 주요 위해인자가 되고 있으며, 단일 요인이 아닌 여러 요인들의 상호작용에 의해 나타나는 것으로 밝혀지고 있다.

청소년기 비만은 성인기 비만으로 이행될 가능성이 높고 일단 이행된 후에는 치료가 어려운 것으로 알려진 가운데 2005년 국민건강·영양조사에 의하면, 7~19세 비만율은 남자의 경우 11.5%, 여자의 경우 9.7%이며, 20세 이상 성인 비만율은 남자의 경우 35.2%, 여자의 경우 28.3%인 것으로 나타났다.

비만이 건강에 미치는 주요한 영향에 대해 요약하면 다음과 같다.

① 고혈압, 인슐린비의존성당뇨병, 심혈관질환, 담낭질환과 대장암과 유방암과 같은 질병이 과체중과 비만이 건강에 미치는 주요 질병에 해당된다.

② 비만상태가 장기간일수록 사망의 위험은 더욱 높다. 고도비만은 20~35세에서 같은 연령의 마른 사람보다 12배 이상 사망위험이 높으며 이러한 사실들이 성인에서 체중증가를 예방해야 하는 중요성을 말해주고 있다.

③ 청소년기의 체중증가는 대부분 체지방의 증가이며 건강에 미치는 위험이 높다.

④ 비만에 의해 치명적이지는 않지만 삶의 질을 하락시키는 질환들이 있고, 사람들은 의료서비스를 찾게 되며 이러한 경우 중등도의 체중감소만으로도 불편한 상태가 개선될 수 있다.

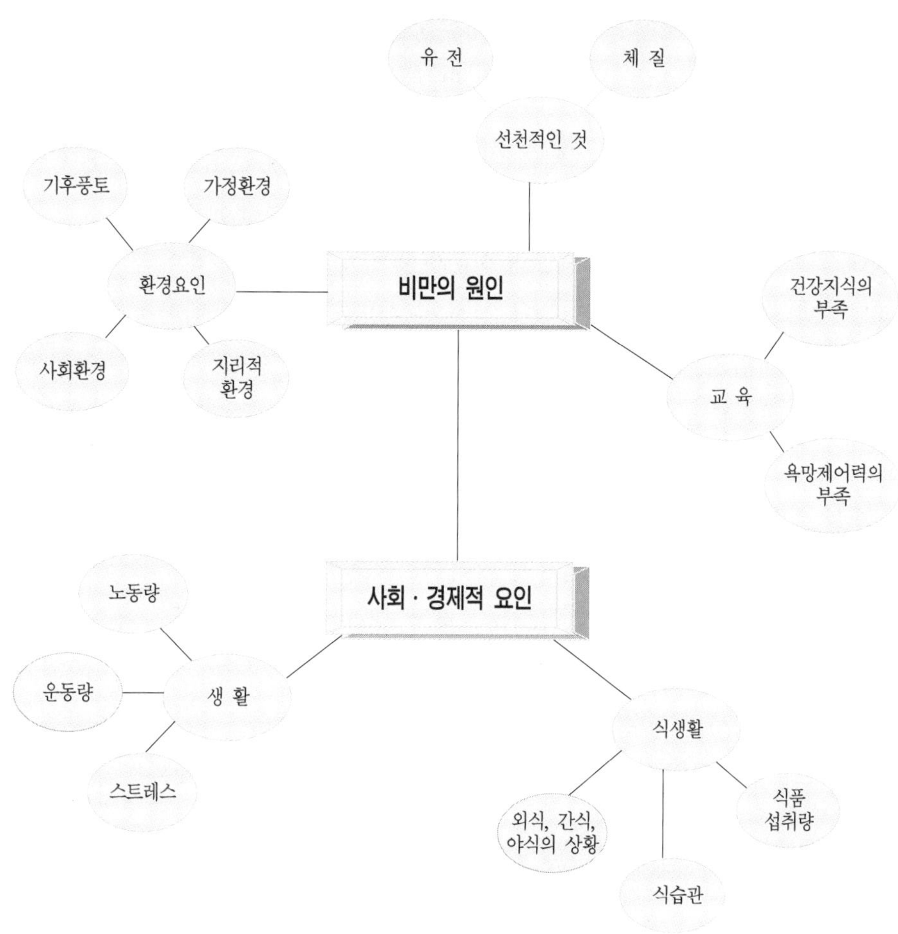

그림 1-6 비만과 인간관계

표 1-9 비만과 관련된 질병의 상대적 위험비

매우 높음(위험도>3배)	중등도(위험도=2~3배)	약간 높음(위험도=1~2배)
인슐린 비의존성 당뇨병	관상동맥성 심장질환	암(유방암, 자궁내막암, 대장암)
담낭질환	중 풍	생식기 호르몬 이상
이상 지혈증	고혈압	다낭종성 난소증후군
인슐린 저항	골관절염(슬관절)	수정이상
수면무호흡증	고요산증, 통풍	요 통

자료 - WHO. Obesity Preventing and the Global Epidemic-Report of a WHO Consultation On Obesity. 1997

체중을 바꾸기 위해서는 식사습관이나 운동패턴 그리고 음식 분위기에 대한 사고방식과 신체적 활동 모두를 변화시켜야 하는데 체중조절의 방법은 다음과 같다.

① 원하는 체중을 달성하고 유지하기 위해 칼로리 섭취량은 운동과 균형을 유지해야 한다. 과식이나 운동부족은 칼로리의 균형을 망쳐 놓는다.
② 단백질과 복합탄수화물 및 지방의 섭취량을 균형 있게 유지해야 한다.
③ 영양적 다양성을 극대화하기 위해 식사에 다양한 음식을 선택하는 것이 좋다.
④ 야채, 과일, 감자, 고구마 등 신선하고 가공되지 않는 음식을 고르는 것이 좋다.
⑤ 규칙적인 식습관을 들여야 한다. 이것은 건전한 영양을 증진하고 스트레스를 줄이며 에너지를 증가시켜 과실을 막아주기 때문이다.
⑥ 소화를 위해서 그리고 결장암과 같은 소화계통의 문제를 예방하고 혈당과 콜레스테롤을 조절하기 위해 식이섬유를 많이 섭취하는 것이 좋다.
⑦ 지방은 g당 탄수화물과 단백질보다 두 배 이상의 칼로리를 가지고 있으므로 지방이 적은 식품과 포화지방산보다는 불포화지방산을 섭취하는 것이 좋다.
⑧ 편안한 환경에서의 여유 있는 식사는 소화와 체중조절을 도와주고 식사를 좀 더 안정적으로 만들어준다. 어떻게 식사를 하는가는 무엇을 먹는가만큼이나 중요하다.
⑨ 그 밖에 당, 염분, 카페인, 알코올의 섭취를 줄이는 것이 좋다.

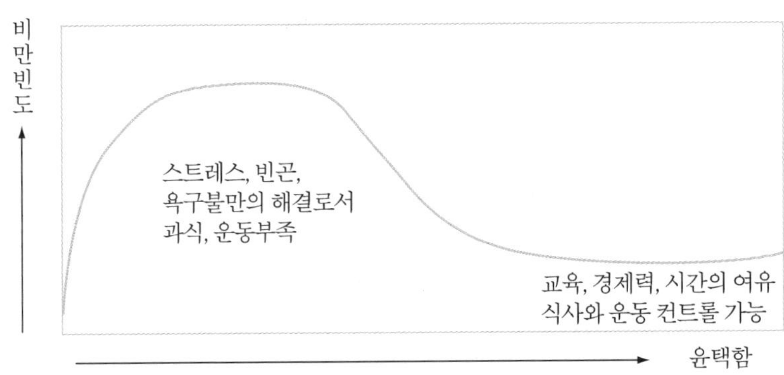

그림 1-7 비만과 윤택함의 관계

3) 휴 양

휴양이란 신체 혹은 마음을 편안한 상태로 유지하는 것을 말한다. 휴양의 목적은 매일의 일이나 생활활동에 따른 피로를 회복시키고 일상의 일과 생활활동에 적극적으로 임할 수 있는 기력과 활력을 충전하는 데 있다.

휴양은 쉬는 시간의 길이에 따라서 휴식(休息), 휴게(休憩), 사적(私的)시간, 주휴(週休), 휴가(休暇)의 5단계로 분류할 수 있다. 이 중 휴식과 휴게는 노동위생영역에 속하지만 사적시간, 주휴, 휴가는 지역사회에서 영위되는 시간으로 노동재생산, 피로의 회복과 함께 건강생활의 유지, 문화적 생활, 자기회복, 자기발견, 자기실현 등 일상의 생활 중에서 잊히고 있는 자신의 부분을 소생시킬 수 있다.

휴양방법에는 일상의 생활을 중지하고 신체를 쉬게 해서 피로를 회복하는 소극적인 휴양법과 일상의 일과는 전혀 다른 행동을 한다든지 일에서 사용하지 않은 신체의 부분을 움직임으로 해서 피로회복을 도모하는 적극적인 휴양법이 있다.

소극적 휴양법으로는 입욕, 마사지, 수면, 안정 휴양 등이 해당되며, 적극적 휴양법으로는 레크리에이션과 그 외에 각종 스포츠 등이 해당된다. 건강을 증진시키기 위해서는 소극적 휴양뿐만 아니라 적극적인 휴양으로 활력을 높이는 것이 중요하다.

(1) 휴식을 취하는 방법

피로회복에는 휴식이 가장 중요하며 피곤할 때, 아! 아! 소리를 질러서 잠시 쉬거나, 목을 끄떡이며 돌린다든지, 손목을 흔들기, 화장실에 가서 씻기, 일의 종류를 바꾸기, 같은 자세를 오래 계속하지 않기 등으로 피로의 회복을 도모한다.

(2) 휴게를 취하는 방법

휴게는 다음 일의 양과 질을 확보하므로 적극적으로 활용하고 1회의 휴식시간을 길게 하는 것보다 짧게 여러 회로 나누어 실시하는 것이 좋다. 휴게시간에는 이야기를 한다든지 일에 사용되지 않았던 몸의 부분을 사용한다.

(3) 수 면

수면은 인간의 가장 자연스러운 휴양이다. 근육의 피로는 자리에 누워 휴양하고 있는 것만으로도 회복되지만, 몸의 피로는 자지 않으면 회복되지 않는다. 결국 수면이란 마음이 요구하는 「뇌의 휴식」이라 말할 수 있다. 일반적으로 성인의 경우 수면 시간은 7~8시간을 표준으로 하고 있다. 그러나 수면을 그 사람의 생활습관이나 체질, 건강상태 등의 차이에 따라 달라지므로 그다지 얽매일 필요는 없다. 그러므로 푹 자고 상쾌한 기분으로 눈을 뜨는 것이 이상적인 수면방법이다.

(4) 식 사

인간관계와 업무상의 실패 등에 의해 심리적, 사회적 스트레스를 받았을 때 기분이 우울해지고 식욕이 저하되는 등 섭식, 흡수를 포함한 영양대사가 저해받고 체중의 감소를 보이는 것은 일상생활에서 경험하는 일이다. 또한 심리적 스트레스를 받았을 때 그 욕구불만, 기분전환을 식사로 해결하려고 과식해서 비만이 되는 경우도 종종 있다. 스트레스를 극복하기 위해서는 적당한 음식물 섭취로 영양상태를 유지하는 것이 중요하며 특히 양질의 단백질과 비타민 C를 충분히 섭취할 필요가 있다.

(5) 운동과 스포츠

현대사회의 일은 자동화의 영향으로 신체적인 피로보다는 정신적인 긴장이나 스트레스에 따른 피로가 축적되기 쉽다. 이와 같은 상태일 때는 휴일에 잠을 자도 피로가 풀리지 않는다. 오히려 가벼운 운동이나 스포츠를 즐기는 등 적극적으로 신체를 움직이는 편이 적당히 교감신경을 높여주고 스트레스를 발산시켜 주어 피로회복에 큰 도움이 된다.

(6) 취 미

취미란 사람이 즐길 수 있는 일이며 누구라도 어떤 취미를 갖고 있는 것이 보통이다. 취미는 그 사람이 좋아하는 것이므로 취미에 빠져 있는 동안에는 시간 가는 줄 모르고 골칫거리 등을 잊을 수 있어 여유 있는 마음을 가질 수 있다. 또한 취미활동을 함께할 수 있는 사람과 사귀는 일도 일상생활의 인간관계와는 달리 정신위생상 좋은 관계를 가질 수 있다는 점에서 뛰어난 휴양법의 하나라고 말할 수 있다.

4) 건강진단

병에는 두 가지 유형이 있다. 열이 나거나, 기침을 하거나, 복통을 일으키거나 하는 등의 자각증세가 병의 초기부터 발생하는 경우와 고혈압, 당뇨병, 암, 동맥경화증과 같이 병의 초기에는 전혀 자각증세가 없다가 자신도 모르는 사이에 건강이 나빠지는 경우이다. 특히, 자각 증세가 없는 성인병을 예방하기 위해서는 정기적으로 건강진단을 받아서 몸의 이상을 초기에 발견하도록 노력하지 않으면 안 된다. 이 예방의 목적으로 고안된 것이 건강진단이다.

초등학교부터 대학까지의 학령기에는 학교보건법에 의한 건강진단이 있고, 사회인이 되면 근로기준법에 의한 직장건강진단이 있다. 이러한 건강진단도 그 나름대로 효과를 올리고는 있으나 검사항목에 한도가 있는 등 성인병의 조기발견에는 충분치 못한 실정이다. 그래서 건강진단센터나 각종 건강진단이 필요한 것이다. 의무적으로 건강진단을 받을 기회가 없는 가정주부나 자영업을 하는 사람도 이용하면 좋다. 또 건강에 자신을 가지고 병과는 인연이 없다고 자부하는 사람도 정기적으로 건강진단을 받아서 건강을 수시로 점검할 필요가 있다.

건강진단은 환자를 대상으로 한 진단치료가 아니라 어디까지나 건강인을 대상으로 하여 건강상태를 점검하고 만일 이상이 발견되면 그 대응방법을 지도하는 것이 목적이다. 그 때문에 고통이나 위험을 수반하는 검사 등은 행하지 않는다.

그러나 의사의 진찰 등을 포함하여 상당히 다양한 검사를 하므로 자각증세가 있고 치료를 필요로 하는 병은 거의 놓치는 일이 없다.

건강진단의 목적은 주로 성인병의 조기발견에 국한되지만 이 밖에도 여러 가지 병을 발견하는 데에 효과를 발휘한다.

혈압, 심전도, 안전검사에 의하여 고혈압증, 심장병, 동맥경화증 등의 유무를 알 수 있고 위장관 촬영에 의하여 위, 십이지장궤양 등도 포착할 수 있다. 이 밖에 위암, 폐암, 자궁암 등도 조기에 발견되는 일이 있다.

① 고지혈증 검사

고지혈증 검사는 동맥경화나 심장병 등의 순환기장애의 진단이나 경과를 판단하는 데 필수적인 검사이다.

증상은 수치가 높아져도 고혈압처럼 어지럽거나 머리가 무거운 특별한 증세가 없다. 콜레스테롤이 상당히 높은 경우에는 피부에 콜레스테롤이 쌓여 작은 종양같이 보이는 일명 황색종이라는 것이 나타난다. 황색종이 있으면 하나의 위험신호로 생각할 필요가 있다. 연령에 관계없이 흡연을 하거나 고혈압, 당뇨병, 비만이 있는 사람은 콜레스테롤에 관심을 갖고 해마다 검사해 볼 필요가 있다.

표 1-10 고지혈증의 위험도

지 질	경계치 혈청농도(mg/dl)	고-위험 혈청농도(mg/dl)
총콜레스테롤	200~239	≥240
고밀도 콜레스테롤	35~45	<35
저밀도 콜레스테롤	130~159	≥160
중성지방	150~200	>200

② 당뇨병 검사

현대인에게 많이 발생되는 비전염성 만성질환으로 소변(요)에 포도당이 나와 소변 맛이 달다는 데서 그 이름이 지어진 병이지만 실제로는 소변으로 당이 나오지 않더라도 혈액 속에 포도당의 농도가 정상 이상으로 높은 상태를 의미한다.

포도당은 피 속을 돌아다니는데 우리 몸의 세포 하나하나에 들어가서 마치 자동차의 휘발유와 같이 우리 몸의 가장 중요한 에너지원으로 쓰이게 된다. 포도당이 각 세포에서 이용되려면 췌장에서 나오는 '인슐린'이라는 호르몬의 도움을 받아야 되는데 당뇨병 환자에게는 인슐린이 모자라 몸의 세포를 위해서는 제대로 이용되지 못하고 혈액 중에 쌓이게 된다. 공복 시 혈액의 정상 혈당은 70~110mg/dl로 150dl 이상이면 당뇨병으로 진단된다. 110~150mg/dl 사이인 경우는 잠재성 당뇨의 가능성이 있으므로 정밀검사가 필요하다.

③ 간기능 검사

간염, 간암, 간경화, 담낭염, 영양부족, 간경화, 만성간질환, 염증 등 각종 간 질환에 의한 간기능 상태를 볼 수 있는 1차적인 혈액검사다. 간의 무게는 900~1,300g

으로 체중의 약 1/45을 차지하며 총혈류량의 1/3 정도의 많은 혈류가 흐르는 가장 중요한 기관의 하나이다. 간은 우리 몸에서 가장 큰 장기로서 각종 대사작용, 제독, 분해합성 및 분비를 담당하는 매우 중요한 장기이며 거대한 화학공장단지로 비유될 수 있다.

표 1-11 **간기능 검사 주요항목**

항 목	내 용	기준범위
GOT (AST)	생체의 여러 가지 장기 세포 가운데 있는 효소로 몸의 중요한 구성요소인 아미노산을 형성하는 작용을 한다. 건강한 사람의 혈액 중에도 세포에 함유되어 있는 AST가 소량 유출되고 있으나 장기의 세포가 파괴되면 대량 흘러나오게 된다. 주로 간, 심장, 뇌에 고농도로 존재한다.	0~40 (IU/l)
GPT (ALT)	AST와 마찬가지로 아미노산을 형성하는 효소의 하나이다. ALT양은 AST에 비해 적고 가장 많이 포함된 간에서도 AST의 약 1/3 정도이다. AST에 비해 ALT는 간 특이성이라고 할 정도로 간에 많이 포함되어 있다. 주로 간에 존재하는 효소, 신장 골격근육에도 소량 존재, 간세포 손상이 대부분 심한 경우 혈청으로 다량 유입된다.	0~40 (IU/l)
T-Protein	혈청 내에 존재하는 단백의 총합을 말하며 영양상태를 알 수 있다. 혈청단백의 주요성분은 알부민과 글로불린이며 각각 다른 기능을 가지고 생체 중의 대사를 원활하게 하는 작용을 하는 동시에 생체의 항상성을 유지하는 역할을 한다. 간 기능이나 신장기능의 장애 등으로 체내의 대사에 이상이 생기면 혈청단백 농도는 변동하게 된다. 변화된 농도를 측정하여 질환을 밝힐 수 있다.	6.5~8.0 g/dl
Albumin	알부민은 본래 간에서 만들어지는 물질로 분자량은 69,000 지름은 7.5나노미터(10억분의 1센티미터) 정도 되는 단백질이다. 정상적인 경우 하루에 6g에서 15g 정도의 알부민이 만들어지는데 우리 몸에 있는 전체 양은 300g 정도 된다. 알부민은 혈액 속에서 여러 물질과 결합하거나 혈관의 삼투압 조절 및 수분함량을 유지시키는 중요한 역할을 한다.	3.5~5.3 g/dl
T.Bilirubin	간세포에서 만들어져 담즙이 되어 담도를 따라 소화관으로 들어가며 용혈성 빈혈(혈색소파괴), 담도이상 상태를 파악할 수 있다.	0.2~1.4 mg/dl

간은 모든 해로운 이물질들을 도맡아서 처리하기 때문에 이러한 제독과정 중에 간세포가 손상되기 쉽고 따라서 약물성, 독성 알코올성 간질환 등이 흔히 발생하게 된다.

④ 간염 검사

간염이란 말 그대로 간세포 조직의 염증을 의미한다. 우리나라는 현재 총인구의 8% 가량이 B형 간염 바이러스 보유자인 것으로 보고되고 있는데, B형 바이러스는 주로 간과 혈액 속에 많이 있지만 체액이나 분비물을 통해서 나올 수 있기 때문에 수혈이나 접촉에 의해서도 옮겨질 수 있다. B형 바이러스 양성인 사람은 몸의 모든 분비물에서 바이러스가 나온다. 타액, 눈물, 모유, 월경혈, 정액, 소변 및 복수라든지 척수액, 관절액 등에서도 증명됐기 때문에 B형 바이러스는 여러 경로로 전염될 수 있는 것이다. B형 바이러스 검출방법은 RPHA(역수신 적혈구 응집반응)라는 간단한 혈액검사를 통하여 감염 여부를 알아낼 수 있다. 검사결과 음성인 사람은 B형 바이러스 면역 여부에 따라 예방주사(B형 간염 백신)를 3회에 걸쳐 접종해야 하며, 면역이 생겼다고 평생 동안 안심할 수 없고 3년에 한 번은 검사를 통하여 면역이 약화되거나 없어지면 재접종을 실시해야 한다.

C형 간염은 주로 HCV-Ab(C형 간염 바이러스 항체) 양성으로 진단되고 간기능 수치가 증가되어 있는 경우 C형 간염으로 진단한다. 정밀검사로 HCV-RNA(C형 간염 바이러스 RNA)검사를 시행하여 지금 현재 C형 간염 바이러스가 증식 중임을 확인해야 한다. 6개월 이상 간기능 수치가 오르락내리락하고 HCV-Ab 양성이고 HCV-RNA 양성이면 만성 C형 간염으로 진단한다. 우리나라에서 HCV-Ab 양성률은 1.0~1.8% 미만으로 보고되고 있다. 최근에 원인이 규명된 간염 바이러스로 혈액, 성접촉 등을 통해 전염되며 C형 환자의 70% 이상이 간경화, 간암으로 전이된다.

5) 건강지향적식품

건강지향적식품은 선진국에서부터 그 필요성이 점진적으로 대두되었다. 그 배경을 살펴보면 가장 먼저 Q.O.L(Quality of Life : 삶의 질)의 개념이 확산된 것을 볼 수 있다. 질병발생 후에 질병을 관리하고 치료하는 것은 이미 경제적인 손실일 뿐만 아니라 치료과정에서 환자에게 발생하는 고통은 결국 삶의 질을 떨어뜨리는 원인이 된다. 또한 치료가 늦어지면 늦어질수록 완치율이 낮아지게 된다. 미리 건강을 유지하거나 질병으로 진행되는 과정에 있는 사람의 건강을 증진함으로써 환자가 되지 않도록 하여 삶의 질을 지키고 더 크게는 경제적 손실까지 방지하는 것이 중요한 것이다.

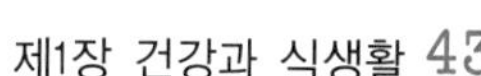

선진국에서는 건강을 유지하고 증진하기 위해 의료기관이나 의약품에 의존하기 보다는 대체의학으로 건강지향적식품을 통해 해결하려고 하는 것이 최근의 추세이다. 게다가 식품분야의 과학기술 진보와 함께 식품 및 기능성 성분과 건강과의 관계가 과학적으로 증명되고 있는 가운데 보건효과가 기대되는 건강지향적식품들이 출현하고 있다.

고령화 사회의 도래로 질병으로 이행되기 쉬운 대상자가 증가하고 있어 질병을 예방하는 것뿐만 아니라 건강 유지 및 증진에 대한 필요성이 증대되고 있다. 또한 서구형 식생활이 확산되면서 식생활 패턴이 변화하여 과잉 지방섭취, 식이섬유 섭취부족, 만성적 비타민 · 미네랄 부족, 영양과잉, 불필요한 미용다이어트로 인한 영양부족 등 여러 가지 원인들로 인해 성인병 증가 혹은 질병으로 이행되기 쉬운 대상자가 증가하고 있기 때문에 건강지향적식품은 무엇보다도 필요하다고 하겠다.

chapter 02

인체의 영양생리와 만성퇴행성질환

제1절 인체 구조와 기능

사람이 식품을 섭취하게 되면 영양소가 인체에 들어오게 되고, 일단 사람의 몸에 영양소가 들어오면 이것은 효소나 호르몬에 의해 작용을 받게 되어 각종 생리적 기능에 관여하게 된다. 또한 우리의 몸은 우리가 섭취하는 음식이 그대로 반영되어 형성되기 때문에 올바른 영양의 섭취를 위해서는 인체에 대한 연구와 이해, 그리고 실천이 따라야 한다. 따라서 평균수명이 늘어나고 있는 요즘 튼튼한 몸을 가지고 건강한 생활을 유지하려면 건강과 밀접한 관련이 있는 인체 기관의 구조나 기능에 대한 기본적인 이해가 우선되어야 할 것이다.

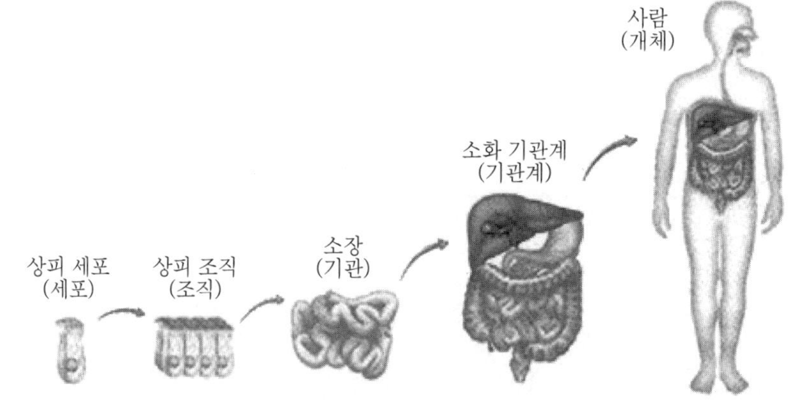

그림 2-1 인체의 구조적 단계

1 인체 구조적 체계

인체의 구조적 체계는 세포(cell), 조직(tissue), 기관(organ), 계통(system), 유기체(individual body)로 되어 있다. 가장 작은 구조적 단위가 세포이며, 유사한 세포가 모여 조직을 구성하고, 조직이 모여 기관을 이루고, 많은 계통이 모여 인체라는 유기체를 형성한다.

1) 세 포

세포는 구조적, 기능적 기본단위일 뿐만 아니라 세포분열의 단위이며, 유전 정보를 전달하는 유전 단위이기도 하다. 인체는 약 60~100조의 세포로 구성되어 있고 우리 몸의 표면은 세포와 세포로 구성되어 있다. 세포의 크기나 모양은 일정하지 않고 기관의 위치나 기능에 따라 다양하다.

2) 조 직

조직은 동일한 기능을 수행하기 위해 비슷한 형태의 세포들이 집단을 이룬 것으로 같은 방향으로 분화된 세포와 세포간질로 구성된다. 세포간질은 세포로부터 만들어진 것인데 세포와 세포 사이에 위치하며 형태 면에서는 세포를 지지해 주고 기능적으로는 세포가 신진대사를 하는 데 필요한 여러 여건을 구비해 준다. 인체의 조직은 상피조직, 결합조직, 근육조직, 신경조직으로 나눌 수 있다.

3) 기 관

두 가지 이상의 조직이 모여서 특별한 기능이나 일련의 관련된 기능의 수행에 있어 결합된 조직 집단을 기관(organ)이라고 한다. 기관은 네 가지 종류의 조직이 관(tubes), 층(layers), 다발(bundles), 조각(strips) 등의 모양으로 배열되어 구성된다. 예를 들어 위(stomach)는 4가지 기본조직(상피조직, 근육조직, 신경조직, 결합조직)으로 구성되어 음식을 받아서 저장하고, 소화시키며, 다음 과정을 위해 부분적으로 소화된 음식을 이동시키는 등 임무는 달라도 모두가 합쳐져야 기관으로서의 공동임무인 소화기능을 수행한다.

4) 계

신체의 다른 부위에 위치하고 상호 관련된 생리적 기능을 수행하는 기관들을 묶어 계(system)라고 한다. 하나의 기관으로 어떤 특정한 기능은 할 수 있지만, 몸의 다른 부분과는 서로 유기적인 관계를 맺을 수 없어서 기관 하나만으로는 개체의 생명유지에 도움이 되지 못한다. 몸 안에는 여러 종류의 기관계가 있다. 기관계는 각각 기능은 다르나 하나의 생명체인 인간의 몸이 생활해 나갈 수 있도록 분업화한 기능을 수행하고 있으며 그중에는 각 기관계 사이의 균형 잡힌 기능을 유지하기 위한 특수 임무(신경, 내분비계통)를 맡고 있는 것도 있다.

표 2-1 계를 구성하는 기관과 주요기능

계	기관 또는 조직	주요기능
순환기계	심장, 혈관, 혈액	혈액과 림프의 이동
소화기계	입, 위, 장, 간, 췌장	소화, 흡수, 영양분의 처리
내분비계	뇌하수체, 갑상선, 부신	호르몬 분비
면역계	골수, 흉선, 비장, 림프기관	이물질에 대한 방어
피부계	피부	보호, 체온조절
근골격계	근육, 뼈	지지와 운동
신경계	뇌, 척수	인체기능 조절
생식기계	생식소, 생식기	종의 번식
호흡기계	폐, 기도	산소와 이산화탄소 교환
비뇨기계	신장, 방광, 요관, 요도	노폐물 제거, 혈액량과 구성 조절

② 골격계

인체의 수많은 경골과 연골 및 결합조직이 서로 결합되어 몸을 지탱하고 기본적인 구조를 이루는 것을 골격(skeleton)이라고 한다. 골격은 뼈(bone), 연골(cartilage), 인대(ligament) 등으로 구성되며, 뼈 및 연골은 관절(joint)의 형태로 서로 연결되고, 인대가 이들 관절을 지탱해 준다.

1) 뼈

뼈는 골세포(bone cell)와 골질의 세포간질(세포 사이 물질)로 되어 있는 특수결합조직으로 유기질 30%와 Ca, P, Mg과 Na을 포함하는 미네랄 45%, 그리고 물 25%로 이루어져 있다. 골질은 칼슘과 인의 저장창고로 85%의 인산칼슘($Ca_3(PO_4)_2$)과 10%의 탄산칼슘($CaCO_3$)을 포함하고 있어 다른 조직과는 달리 단단한 물리적 성질을 가진다. 또한 체내 칼슘의 99%를 함유하고 있어서 필요할 때마다 혈액을 통해 체내로 공급해 주며 각종 칼슘대사에 중요한 역할을 하고 있다. 완전히 성숙한 뼈는 계속적으로 침착과 유출을 반복함으로써 체내의 각종 미네랄의 균형을 이루는 데에 중요한 역할을 하고 있다.

(1) 뼈의 기능

① 지지작용(supporting) : 신체의 코 등의 연부조직을 지탱하는 지주의 역할
② 보호작용(protecting) : 내부 조직과 기관을 보호
③ 운동작용(movement) : 수동적인 운동기관으로 근육의 부착점이 됨
④ 조혈작용(erythropoiesis) : 골수에서 혈구를 생산
⑤ 저장작용(reservoir) : 미네랄, 염화물 저장하고 필요에 따라 혈액에 방출

(2) 뼈의 분류

인체의 골격은 모두 206개의 뼈로 이루어지며 그중 중축골격(axial skeleton)이 80개, 부속골격(appendicular skeleton)이 126개이다. 중축골격은 머리와 몸통의 뼈로 두개골, 늑골, 흉골 등이 있고 부속골격은 사지의 뼈들로 쇄골, 견갑골, 상완골, 골반 등이 포함된다. 또한 뼈는 형태에 따라 다음과 같이 분류할 수 있다.

표 2-2 뼈의 형태에 따른 분류

분 류	형 태	종 류
장골(long bone)	길게 생기고 양끝 또는 한쪽 끝에 관절부가 있는 뼈	팔과 다리의 뼈, 대퇴골, 경골, 척골, 비골
단골(short bone)	짧고 불규칙하게 생긴 뼈	손목과 발목의 뼈
편평골(flat bone)	납작하고 편평한 뼈	어깨뼈, 늑골 두개골
불규칙골(irregular bone)	모양이 복잡하고 특이한 뼈	척추, 하악골
종자골(sesamoid bone)	난원형의 작은 뼈	무릎골

(3) 뼈의 구조

장골은 일반적으로 골간(diaphysis), 골단(epiphysis), 골막, 골수강(marrow cavity)으로 크게 나눌 수 있다.

골간은 중량을 지지하기에 적당하도록 벽이 두꺼운 치밀골(compact bone)로 만들어지고, 속은 한 개의 커다란 골수강이 있는 수도관 모양을 하고 있다.

골단은 장골의 양 끝의 부푼 구형 부분이다. 속은 골수강이 수많은 작은 방으로 불규칙하게 나누어진 해면골(spongy bone)로 되어 있고, 겉은 얇은 치밀골로 싸여 있다. 이러한 모양은 관절의 안정성을 높여 주고 관절 주위에 많은 인대와 근육이 부착될 수 있게 넓은 표면을 제공한다.

뼈의 내, 외부 표면은 막과 연결되어 있다. 골외막(periosteum)은 연골이 덮여 있는 관절면을 제외한 부분을 덮고 있는 막으로 조골세포(osteoblast)와 혈관을 가지고 있어서 뼈의 성장 및 재생기능을 수행한다. 골내막(endosteum)은 골수강 표면을 싸고 있는 얇은 결합조직 층으로 필요할 때는 조골세포로 분화될 수 있는 세포들로

구성되어 있다.

골수강은 뼈의 안쪽 표면으로 골수를 포함하는 곳으로 이 골수에서 혈액이 만들어진다. 골수강의 양단은 해면과 같은 다공질 조직으로 조혈작용을 하는 적색골수(red marrow)가 가득 차 있다. 반면 공동은 적색골수의 조혈작용이 정지되고 주로 지방으로 대치된 상태인 황색골수(yellow marrow)로 가득 차 있다.

(4) 뼈의 발생 및 성장

인체의 골조직은 처음에 연골조직이 있던 곳에 골세포가 들어와서 만들어지는데, 이것을 골화(ossification)라고 한다. 뼈는 막내 골화(intramembranous ossification)와 연골내 골화(endochondral ossification) 두 가지 방식으로 형성된다. 두개골을 형성하고 있는 편평골은 간엽성 세포들이 증식하여 막을 형성하고, 막의 중심 부분에서부터 뼈로 바뀌기 시작하여 연골화되지 않고 직접 뼈로 변화되는데 이러한 현상을 막내 골화라고 한다. 막내 골화 현상은 출생 때 대부분이 뼈로 바뀌지만 일부분은 완전히 골화되지 않은 채 출생된다.

뼈가 일단 생겨난 뒤에도 뼈는 계속 성장을 한다. 뼈의 길이 성장은 골간부와 골단부 사이의 성장판(골단판, epiphyseal plate)에서 이루어진다. 즉 골간부와 골단부에 있는 골화중심(ossification center) 사이의 연골을 골단연골(epiphyseal cartilage)이라고 하는데 이 연골은 계속 증식하여 두꺼워지고 연골내 골화 방식으로 계속 골화되어 점차 뼈가 길어진다. 결국은 연골의 증식이 중지되고 남은 성장판이 완전히 골화가 되어 닫혀서 골단선(epiphyseal lines)으로 되면 뼈의 길이 성장은 더 이상 일어나지 않는다.

뼈의 부피성장은 조골세포(osteoblast)와 파골세포(osteoclast) 2가지 세포의 기능에 의해 이루어진다. 조골세포는 뼈를 형성하는 세포로 새로운 뼈를 축적시키며 파골세포는 오래된 뼈의 구조를 분열시키고, 전에 형성된 뼈로부터 나오는 물질(칼슘, 인)을 재흡수하여 조골세포가 새로운 뼈를 다시 만들도록 한다. 파골세포가 골내막에서 분화되어 골내면의 낡은 뼈를 재흡수하여 골수강을 확장시키면 조골세포는 골외막에서 분화되어 골조직을 형성하여 뼈의 외면에 새로운 뼈를 첨가시킨다. 이렇게 하여 작은 골수강을 가진 가느다란 뼈는 큰 골수강을 가진 굵은 뼈로 성장한다.

(5) 성장호르몬

골격 성장에 미치는 성장호르몬의 촉진효과는 성장하는 소아와 청소년의 장골에 존재하는 연골 성장판의 유사분열 촉진에 의한 것이다. 이와 같은 작용은 연골세포의 분열과 더 많은 연골기질의 분비를 촉진시키는 소마토메딘, IGF-1과 IGF-2 등에 의해 일어난다. 간은 성장호르몬 자극에 반응하여 IGF-1을 생산하고 분비하며 이 분비된 IGF-1은 호르몬으로 작용한다. IGF-1의 주요 표적은 연골이고 세포분열과 성장을 촉진한다. 또한 연골세포 자체가 성장호르몬 자극에 반응하여 IGF-1을 생산하기도 한다. 이렇게 성장하는 연골의 일부가 뼈로 전화되며 뼈의 길이가 성장하도록 만든다.

2) 연 골

연골은 치밀 결합조직으로 질기고 젤과 같은 물질로 된 섬유를 함유한다. 딱딱한 뼈와는 달리 연골은 유연성(flexibility)이 있다. 연골은 형태를 유지하고 지지하는 기능을 하고 쿠션과 같이 충격을 흡수하여 뼈가 직접적으로 손상을 당하지 않게 보호한다. 연골에는 혈관이나 신경이 분포하지 않는다.

3) 관 절

우리가 몸을 지탱하고 다양한 활동을 할 수 있는 것은 몸 안에 있는 206개의 뼈들이 서로 맞물려 있으면서 마치 정교한 기계와 같이 움직이기 때문이다. 관절은 2개 혹은 그 이상의 뼈가 연결되는 부위로, 수많은 뼈와 뼈를 자유롭게 움직일 수 있게 연결하는 역할을 한다.

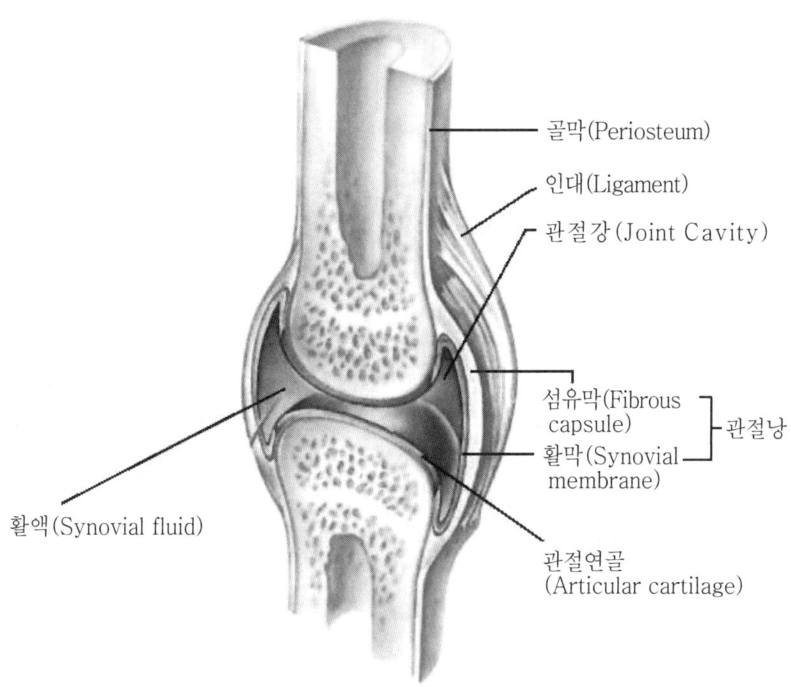

그림 2-2 관절의 구조

4) 인대, 건, 활액낭

인대는 조밀하고, 강하며, 유연성이 있는 섬유성 결합조직으로 뼈끼리 서로 연결시킨다. 인대의 역할은 관절에서 뼈의 결합을 돕고 관절운동을 조절하는 것이다.

건은 섬유성 결합조직의 띠(band)로 한쪽은 근섬유에 유합되고 다른 한쪽은 골외막에 부착된다. 즉, 근육의 끝은 질긴 건이 뼈와 부착되어 있는 것이다. 골격근이 수축하는 동안 근육은 건을 잡아당기고, 건은 부착된 뼈를 잡아당겨서 움직이게 한다.

활액낭(활액이 들어 있는 작은 주머니)은 관절 주위의 마찰 지점과 건, 인대와 뼈 사이에 위치한다. 어깨와 무릎과 같은 관절에서 활액낭은 완충제 역할을 하여 근접 구조로부터 받는 스트레스를 감소시킨다.

3 내분비계

내분비계란 생체의 항상성, 생식, 발생, 행동 등에 관여하는 각종 호르몬을 생산, 방출하는 기관으로서 선(gland), 호르몬(hormones), 표적세포(target cell) 3가지 부분으로 나눠진다. 내분비선으로부터 생산된 화학적 신호인 호르몬은 혈액을 통해서 체내를 순환하며 표적이 되는 각 세포, 조직에 정보 및 명령을 전달한다. 즉, 내분비계는 호르몬을 매개로 세포의 기질대사를 변동시키거나 세포막을 통한 물질이동을 변경시킴으로써 신체기능을 조절하며 이 외에도 성장, 분비 생식 등에 광범위하게 관여하고 있다.

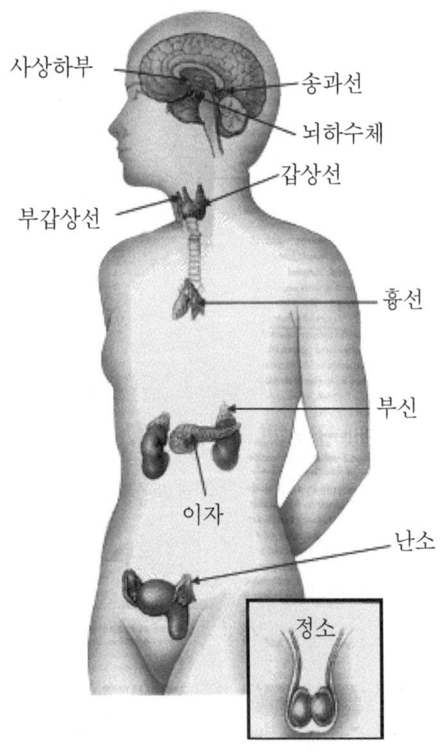

그림 2-3 내분비선의 위치

1) 호르몬

호르몬은 체내의 내분비선에서 생성되며 도관 없이 직접 혈액이나 조직으로 분비된다. 혈액으로 분비된 호르몬은 성장과 발육, 물질대사, 세포내 물질흡수, 생식, 체액평형유지 등에 꼭 있어야 하는 물질로 매우 중요한 일을 한다. 호르몬은 특정기관에만 작용하기 때문에 극히 적은 양으로도 체내의 생리작용을 조절하며 체내에서 일정량 존재해야만 한다. 만일 그 이하의 양으로 떨어지면 결핍증을 나타낼 수도 있고 양이 너무 과다하게 존재하면 과다증을 나타낼 수 있다.

표 2-3 주요 호르몬의 과잉 분비 및 결핍에 의한 질환

내분비선		호르몬	분비과다	분비부족
뇌하수체	전엽	성장호르몬	거인증, 말단거대증	왜소증
	후엽	항이뇨호르몬	vasopressin	요붕증
갑상선		티록신(T4), T3	갑상선종, 그레이브스병	점액수종, 크레틴병
부갑상선		부갑상선호르몬	골연화증, 신결석	테타니병
부신	피질	코티졸	쿠싱증후군	에디슨씨 병
췌장		인슐린	저혈당증	당뇨병
생식선	정소	안드로겐	이차성징의 조기출현	무정자증
	난소	에스트로겐	자궁내막증, 유방암	월경불순

2) 뇌하수체

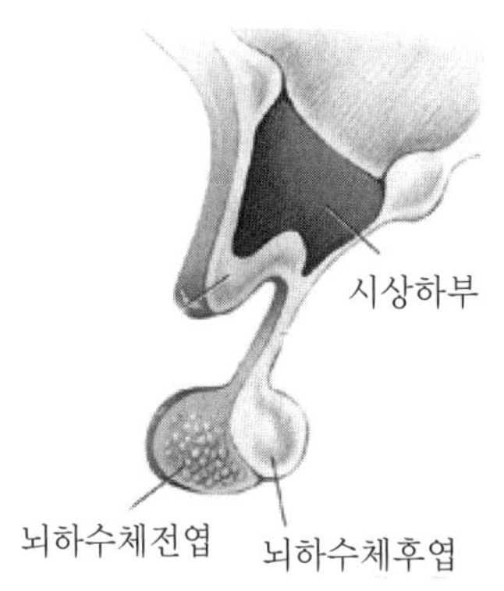

뇌하수체는 뇌 아래쪽에 붙어 있는 무게 0.5g 정도의 작은 조직으로, 그 형태와 기능에 따라 전엽과 후엽으로 나누어지고 시상하부와 연결되어 있다. 뇌하수체 전엽의 호르몬 분비는 시상하부에서 생성된 방출호르몬(releasing hormone)이나 억제호르몬(inhibiting hormone)이 모세혈관을 통하여 뇌하수체 전엽에 도달하여 작용한다. 반면 뇌하수체 후엽은 직접 호르몬을 생성하는 것이 아니라 시상하부의 호르몬이 저장되었다가 신경흥분이 전달

되면 혈액 내로 방출한다. 이처럼 뇌하수체는 전·후엽이 모두 시상하부의 지배하에서 활동하고 있다.

(1) 뇌하수체 전엽

뇌하수체 전엽에서 분비되는 호르몬은 6종류가 있는데 그중 4종은 다른 내분비선의 활동을 촉진시키는 자극호르몬(trophic hormone)이고, 성장호르몬과 프로락틴만이 종말호르몬(분비될 때 효과를 나타내는 호르몬)의 역할을 한다.

표 2-4 뇌하수체 전엽 호르몬

호르몬	주요작용	분비조절(시상하부호르몬)
부신피질자극호르몬	당류코르티코이드 분비자극	부신피질자극호르몬 - 방출호르몬
갑상선자극호르몬	갑상선호르몬 분비자극	갑상선자극호르몬 - 방출호르몬
성장호르몬	단백질합성과 성장촉진	성장호르몬 - 방출호르몬
여포자극호르몬	여성 난자 생성촉진	성선자극호르몬 - 방출호르몬
프로락틴	젖 생산 촉진	프로락틴 - 억제호르몬
황체형성호르몬	성호르몬 분비자극	성선자극호르몬 - 방출호르몬

① 성장호르몬

성장호르몬은 191개의 아미노산으로 조성된 단백질호르몬으로 다른 호르몬과는 달리, 일정한 표적기관 없이 거의 모든 조직에 영향을 주어 성장을 촉진한다. 세포부피와 수를 증가시켜 성장기 어린이의 뼈와 근조직의 성장을 촉진하므로 키를 결정하는 주요 호르몬이다. 성장호르몬의 작용기전은 간과 근육에서 인슐린 성장인자(IGF, somatomedin)를 생성하는 것으로, 이는 골조직을 비롯한 모든 조직의 성장을 촉진한다. 또한 성장호르몬은 대사작용으로써 단백질합성의 증가, 탄수화물 이용의 감소 및 지방분해 촉진효과를 갖는다. 혈중 성장호르몬 농도는 13~17세 즉 사춘기에 최고치를 보이다가 그 후에는 떨어져 일정한 수준을 유지한다.

② 프로락틴

유즙의 생성과 분비를 촉진하는 프로락틴은 임신 5주 후부터 분비가 증가하기 시작하여 분만 직후에 최고에 달한다. 프로락틴은 분만 후 수 주일이면 임신 전의 수준으로 감소하지만 아기가 젖을 빨면 이에 반응하여 분비가 증가한다.

(2) 뇌하수체 후엽

뇌하수체 후엽에서 분비되는 호르몬은 항이뇨 호르몬과 옥시토신인데 모두 9개의 아미노산으로 구성된 펩티드 호르몬이다. 이들은 뇌하수체 후엽에서 형성된 것이 아니라, 시상하부에서 생산된 호르몬이 이곳에 저장되어 있다가 시상하부에서 시작하는 신경흥분이 전도되면 혈액 내로 방출되는 것이다. 그러므로 뇌하수체 후엽은 호르몬의 일시적인 저장장소 역할을 한다.

① 항이뇨 호르몬(antidiuretic hormone, ADH)

ADH은 신장에서 수분의 재흡수를 촉진하는 호르몬으로 소변 속의 수분 손실을 감소시키고 혈액의 수분 보유를 증가시킨다. ADH의 분비조절은 혈액 내 삼투농도와 혈액량에 의해 이루어진다. 만일 인체가 수분을 상실하면 전체 혈액부피가 감소하여 삼투농도가 증가한다. 삼투농도의 증가는 시상하부 뉴런의 삼투압 수용기(osmo receptor)를 자극하여 갈증을 유발한다. 그 결과 수분 흡수의 증가와 함께 ADH의 합성과 분비가 증가되어 신장에서 수분 재흡수가 촉진되고 소변량은 감소한다.

반대로 삼투농도가 감소되면 혈중 ADH의 양은 감소되고 소변량이 증가되면서 삼투농도와 혈액량을 조절한다.

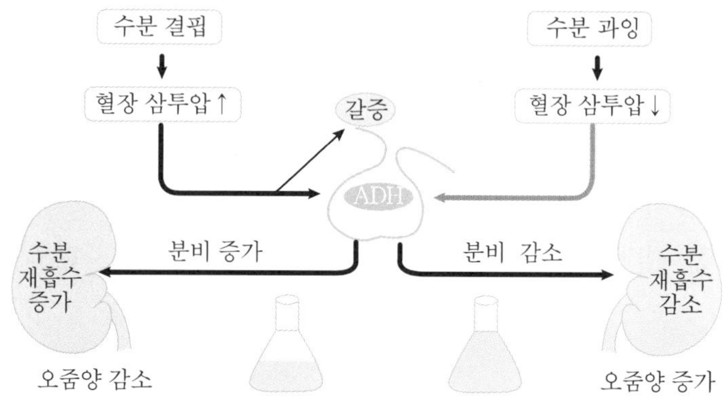

그림 2-4 혈장농도의 항상성

② 옥시토신(oxytocin)

옥시토신은 유방의 근상피세포를 수축하여 유즙분비를 촉진하고 분만 시기에 자궁평활근의 수축작용에 관여하여 분만을 촉진한다. 또한 분만 후에는 자궁을 수축시켜 자궁출혈을 방지한다. 아기가 젖꼭지를 빨면 촉각신경이 시상하부에 전도되며, 이 전도가 뇌하수체 줄기를 따라서 뇌하수체후엽에 작용하여 옥시토신을 분비시킨다.

3) 갑상선

갑상선은 목의 후두 바로 아래에 위치하며 내분비선 가운데 가장 큰 기관이다. 갑상선은 갑상선호르몬을 합성, 저장, 분비하는 기능적 단위로서 여포세포(follicular cell)와 여포낭세포(parafollicular cell) 2가지 형태의 호르몬 생성세포로 구성된 기관이다. 여포세포는 갑상선호르몬을 분비하고 여포낭세포에서는 칼시토닌을 분비한다.

4) 부갑상선

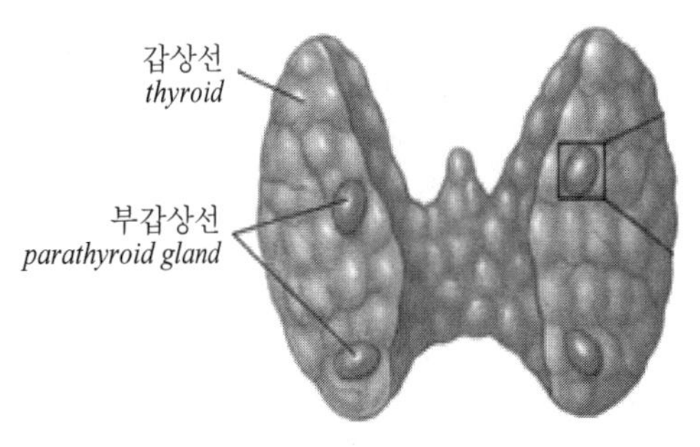

부갑상선은 상부에 2개, 하부에 2개 모두 4개로 갑상선의 뒤쪽 표면에 묻혀 있고 신체의 가장 작은 내분비선으로 부갑상선호르몬(parathyroid hormone, PTH)을 분비한다. 부갑상선호르몬은 표적기관인 뼈, 신장 및 소화관에 작용하여 혈액 내 Ca^{2+}농도를 높이고 PO_4^{2-}를 낮춘다. PTH의 작용은 혈액의 Ca^{2+}농도 감소 시에, 골조직의 Ca^{2+} 방출 증가, 장에서 Ca^{2+}흡수 촉진, 신장에서 Ca^{2+}의 재흡수 촉진을 통한 혈액 내 Ca^{2+}농도 증가로 요약될 수 있다.

5) 부 신

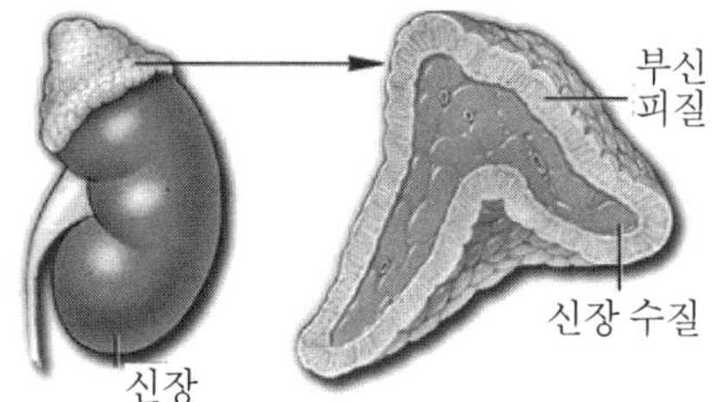

부신은 신장 위에 위치하는 작은 조직으로 구조적으로나 기능적으로 서로 다른 두 부분으로 구성되어 있어 외부를 피질(cortex), 내부를 수질(medula)이라고 한다.

(1) 부신피질

부신피질은 콜레스테롤을 재료로 만들어지는 코르티코이드(corticoid)라 불리는 스테로이드호르몬(steroid hormone)을 분비한다. 이것은 주요기능에 따라서 염류코르티코이드(mineral corticoid)와 당류코르티코이드(glucocorticoid)로 분류된다.

(2) 부신수질

부신수질은 80%의 에피네프린(adrenaline)과 20%의 노르에피네프린(noradrenaline)을 분비하는데, 두 호르몬의 작용은 본질적으로 같으나 기관에 따라 약간의 차이를 보인다. 에피네프린은 심장기능 촉진, 혈당상승작용이 강하고, 노르에피네프린은 혈관수축에 의한 혈압상승작용이 강하다.

6) 췌 장

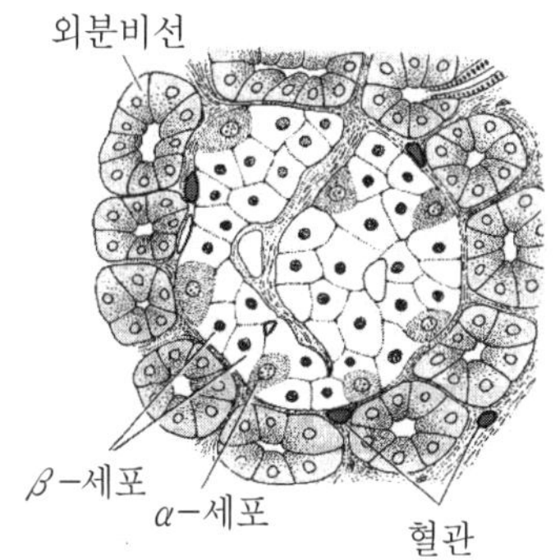

췌장은 위의 뒷부분에 위치하고, 소화효소를 분비하는 외분비선이면서 혈당을 조절하는 내분비선이다. 내분비선의 기능은 호르몬을 생성, 저장, 분비하는 세포들로 구성된 랑게르한스섬(Langerhans islet)에 의해 이루어진다. 랑게르한스섬은 α, β-세포로 구성되어 있는데 인슐린(insulin)을 분비하는 β-세포가 60~70%를 점유하고 있고 글루카곤(glucagon)을 분비하는 α-세포는 20~25%를 차지하고 있다.

① 인슐린(insulin)

β-세포는 혈당농도가 증가하면 인슐린을 분비한다. 인슐린은 탄수화물 이외에도 지방, 단백질 등 모든 기질대사에 깊이 관여하나, 주로 포도당을 조직 세포 내로 운반, 저장, 이용하는 데 관여한다. 특히 간, 근육 및 지방조직 등에서의 작용이 뚜렷하다. 또한 인슐린은 포도당의 글리코겐(glycogen)과 지방으로의 전환을 촉진하고 아미노산 중 valine, leucine, isoleucine, tyrosine 및 phenylalanine 등의 흡수와 단백질합성을 촉진한다.

② 글루카곤(glucagon)

α-세포에서 분비되는 글루카곤은 인슐린과 반대되는 기능을 가지고 있다. 즉, 글루카곤은 혈당량을 상승시키는 작용을 갖고 있다. 글루카곤의 중요 표적기관은 간으로, 간을 자극하여 글리코겐을 포도당으로 분해해 혈당농도를 증가시킨다. 또한 지방분해를 자극하여 유리지방산이 혈액으로 방출하여 다른 기관의 에너지원으로 사용되도록 한다. 이와 같은 효과는 혈당농도가 감소하는 단식(fasting) 중 에너지를 공급하는 데 도움을 준다.

③ 혈당 항상성

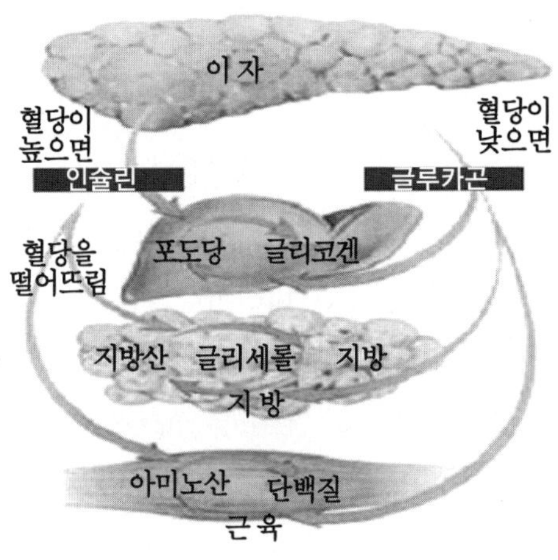

그림 2-5 혈당 항상성

인슐린과 글루카곤 분비는 주로 포도당의 혈장농도에 의해 조절된다. 포도당과 아미노산의 혈장농도가 식사 중 증가하고 단식 중에 감소하기 때문에 인슐린과 글루카곤 분비는 흡수상태와 흡수 후 상태 사이에서 변한다.

인슐린과 글루카곤 분비의 변화와 작용은 보통 식사 후 혈장 포도당 농도가 100㎖당 170mg 이상 증가하는 것을 방지하고 식사 사이에는 100㎖당 50mg 이하로 감소하는 것을 방지한다. 이 조절은 매우 중요한데, 그 이유는 비정상적으로 혈당농도가 증가하면 조직의 손상이 일어나고 반대로 혈당농도가 비정상적으로 감소하면 뇌 손상이 일어날 수 있기 때문이다.

4 심혈관계

순환기계(circulatory system)는 몸 안에서 피와 림프액이 순환하는 데 관련된 모든 구조물을 말하며 심혈관계와 림프계 두 부분으로 구성된다. 심혈관계(cardiovascular system)는 혈액이 순환될 수 있게 하는 펌프 역할을 하는 심장과 혈액이 흐르는 관인 혈관, 그리고 혈관 속을 흐르는 혈액을 포함한다.

1) 혈 액

혈액은 액체성분인 혈장(plasma)과 유형성분(formed element)인 세포부분으로 구성된다. 유형성분은 총혈액량의 약 45%를 차지하고, 나머지 55%는 혈장이 차지한다. 혈장은 혈액의 액체부분으로 몸에 필요한 물질을 전신으로 운반하고, 신진대사에 의한 노폐물을 제거하는 기능을 한다. 또한 혈장에는 단백질이 있어 교질삼투압(albumin)과 면역기능(globulin), 응고기능(fibrin ogen)을 보유하고 있다. 유형성분에는 적혈구와 백혈구 및 혈소판이 있으며, 세포 중 99% 이상은 적혈구이다. 적혈구는 산소를 운반하고, 백혈구는 암과 감염에 대한 면역작용을 하며, 혈소판은 혈액응고에 관여한다.

혈관이 손상되면 지혈(hemostasis)을 촉진하는 수많은 생리적 기전들이 활성화된다. 혈액의 응고는 지혈현상에서 최종적으로 나타나는 현상이다. 이것은 일시적으로 만들어진 혈전에 불용성 단백질섬유인 피브린(fibrin)이 그물망으로 응고물을 단단하게 변화시키는 복잡한 과정을 거친다. 혈액응고에서 가장 중요하고 기본적인 반응은 가용성 혈장단백질인 피브리노겐이 불용성인 피브린으로 전환되는 과정이다. 혈장에 피브린이 생성되기까지는 여러 응고인자들이 단계적으로 활성화 과정을 거친다.

2) 심 장

심장은 양쪽 폐 사이의 공간에 위치하며 몸의 중심보다 약간 좌측에 놓여있는 자기 주먹만 한 크기의 기관이다. 심장은 주기적으로 수축과 이완을 반복하면서 신체의 각 부위로 혈액을 수송하고 혈액량을 조절하여 각 기관으로 보내는 작용을 한다.

(1) 심장 구조

심장의 외부는 심낭(pericardium)이라는 섬유성 주머니로 싸여 있는데, 심낭과 심근 사이에는 심낭액이 있어서 심장이 박동할 때 마찰을 적게 하는 윤활유 역할을 해준다.

심장의 벽은 심근으로 세 층으로 이루어져 있다. 즉, 가장 내층인 심내막과 가운데층인 심근, 그리고 가장 외층인 심외막이다. 심내막은 직접 혈액과 접촉하는 곳으로 심내막이 연장되어 판막을 형성한다. 가운데 층인 심근은 심벽 두께의 75%를 차지하며, 심장박동을 위한 힘을 제공한다.

심장은 4개의 방으로 구성되는데 심중격(septum)에 의해 우심장과 좌심장으로 나누어진다. 위쪽에 있는 두 개의 심방(atrium)은 정맥으로부터 혈액을 받고 아래쪽에 있는 두 개의 심실(ventricle)은 동맥으로 혈액을 분출한다. 심실근은 심방근에 비하여 매우 두껍고 특히 좌심실벽은 폐를 제외한 몸 전체에 혈액을 보내기 위하여 훨씬 큰 압력을 필요로 하므로 가장 두껍다.

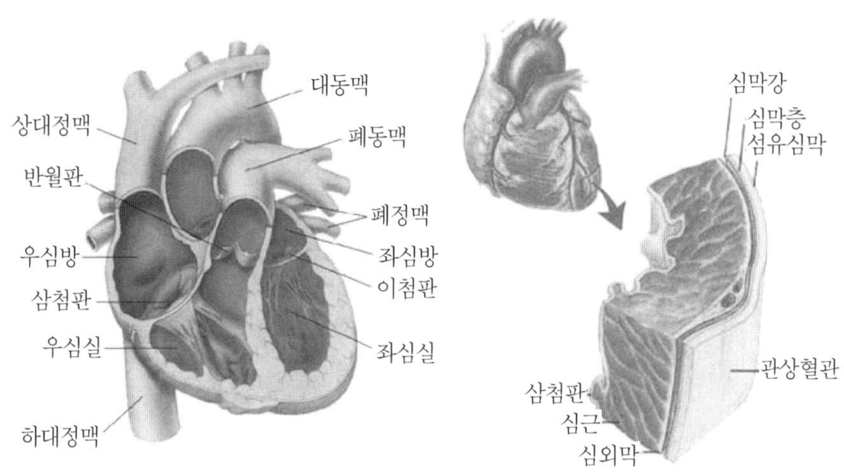

그림 2-6 심장의 구조와 심벽

심방과 심실 사이의 연결은 방실판막(atrioventricular valve)으로 경계가 지어지는데, 우심방과 우심실 사이에는 삼천판(tricuspid valve)이, 좌심방과 좌심실 사이에는 이첨판(bicuspid valve)이 있다. 이러한 방실판막은 심실이 수축할 때 혈액이 심실에서부터 심방 쪽으로 역류하는 것을 막아 준다. 방실판막 외에도 심장에는 2개의 반월판막(semilunar valve)이 있으며, 대동맥 입구에 있는 것은 대동맥판막, 폐동맥 입구에 있는 것은 폐동맥판막이라고 한다.

(2) 심장주기

심장주기(cardiac cycle)는 심장 수축과 이완이 반복되는 양상을 의미한다. 심근이 수축하는 기간을 수축기(systole)라고 하고, 이완하고 다음 수축까지 쉬는 기간을 합쳐 확장기(diastole)라고 한다. 심장수축으로 발생되는 에너지는 심장 내의 혈액에 전달되어 피를 흐르게 한다. 수축기가 시작되면 심실은 수축한다. 심실 혈압의 상승은 방실판막을 닫히게 하고 반월판은 열리게 하여 심실은 대동맥과 폐동맥으로 혈액을 분출한다.

이완기 초기에 반월판은 심실로 혈액이 역류되는 것을 예방하기 위하여 닫히고 방실판은 심방에서 심실로 혈액이 유입되도록 열린다. 심장이 다시 수축기로 들어감에 따라 새로운 심장주기가 시작된다.

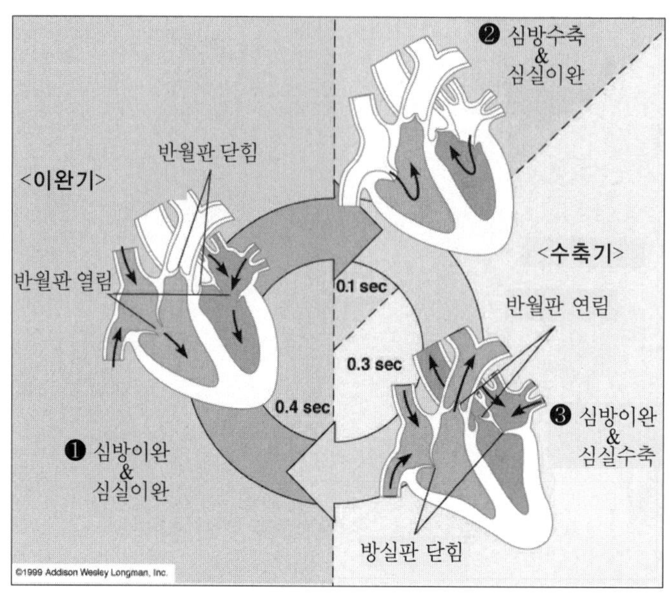

그림 2-7 심장주기의 단계

3) 혈관계

동맥, 모세혈관 및 정맥 등으로 구성된 혈관계는 심장의 펌프작용에 의해서 심장으로부터 구출된 혈액을 수송하는 신축성 있는 폐쇄회로 도관이다. 혈관계의 주된 기능은 온몸에 혈류를 공급하고 혈액과 간질액 사이의 물질교환을 도와주는 것이다.

(1) 동 맥

동맥은 심장에서 밀려나온 혈액이 흐르는 혈관으로 대동맥, 동맥, 소동맥으로 구분한다. 심장에서 강한 압력에 의해 밀려나오는 혈액을 운반하므로 탄력성이 좋고 두꺼운 벽으로 되어 있다. 특히 대동맥벽은 주로 탄력섬유로 중막층이 잘 발달되어 높은 압력을 유지할 수 있어서 압력혈관(pressure vessel)이라 한다.

(2) 정 맥

정맥은 신체 말초나 모세혈관부터 심장으로 되돌아가는 혈관으로, 각 조직으로 오는 동맥과 병행하여 존재한다. 동맥에 비해 중막의 두께가 얇기 때문에 쉽게 확장

하여 동맥보다 4배나 많은 혈액을 수용하고 혈액을 저장할 수 있어 저장혈관(volume vessel)이라고 한다. 정맥의 혈액 수송은 정맥압이 낮고 혈류 속도가 느리므로 중력의 영향을 받아 사지정맥의 경우 판막이 혈액의 역류를 방지해준다.

(3) 모세혈관

동맥계와 정맥계의 혈관과 달리, 모세혈관의 벽은 한 층의 내피세포로 이루어진 망상구조를 한 관조직으로 혈액 중에서 단백질을 제외한 모든 액체성분은 손쉽게 모세혈관벽을 통과할 수 있다. 모세혈관은 조직에서 필요로 하는 산소나 영양물질을 공급하고, 조직에서 대사과정에서 형성된 불필요한 대사산물을 모세혈관 내로 이동시키는 혈관이어서 교환혈관(exchange vessel)이라고도 한다.

(4) 혈액 순환

체순환(systemic circulation)은 모든 조직에 산소가 풍부한 혈액을 공급하여 주고 조직에서 생성된 이산화탄소를 받아들이고, 폐순환(pulmonary circulation)은 폐에서 이산화탄소를 내보내고 산소를 받아들이는 역할을 하는 순환이다.

표 2-5 체순환과 폐순환의 비교

	기 시	동 맥	동맥의 O_2 함량	정 맥	정맥의 O_2 함량	종 료
폐순환	우심실	폐동맥	낮 음	폐정맥	높 음	좌심방
체순환	좌심실	대동맥	높 음	상대 및 하대정맥	낮 음	우심방

(5) 혈압 조절

혈압(blood pressure)은 혈관 내의 압력으로 혈관의 내경과 위치에 따라 큰 차가 있다. 일반적으로 우리가 혈압이라고 부르는 것을 동맥혈압(arterial pressure)을 의미한다. 혈압은 심장 박동에 연유한 것이고 혈액순환의 원동력이 된다. 심장에서 신체 말단부위로 혈류가 지속적으로 공급되는 것은 인체의 각 장기가 적절히 기능하는데 매우 중요하다. 따라서 심혈관계에서 혈압을 유지하는 항상성 기전이 가장 중심적인 것이라 할 수 있다. 혈압에 영향을 미치는 주요 요인으로는 혈액량, 혈액점도, 심박출량과 심박수, 혈관 내경 및 혈관 탄력성 등을 들 수 있다.

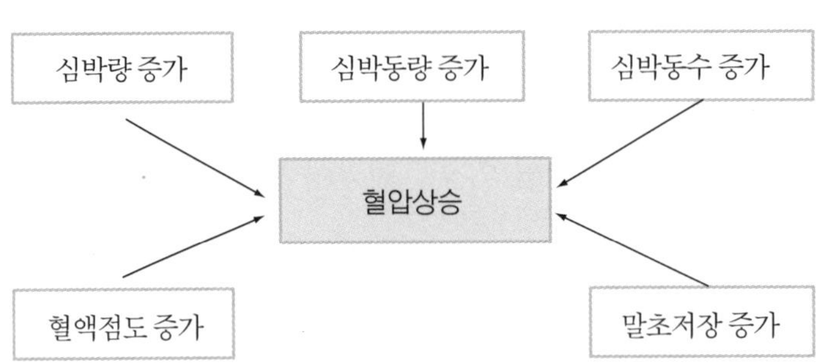

그림 2-8 혈압에 영향을 미치는 요인

일상생활에서 혈압의 변동은 일정한 범위 내에서 유지되고 있는데, 이것은 혈압 변동 요인이 발생하였을 때 대처하는 여러 기전이 있기 때문이다. 이러한 혈압조절 기전에는 신경성 조절기전과 체액성 조절기전이 있다.

① 신경성 조절

신경을 거쳐서 일어나는 혈압조절은 매우 강력하고, 신체 상황에 따라 신속하게 조절될 수 있는 기전이다. 즉, 전신에 분포되어 있는 혈관을 축소 또는 확장시켜서 혈관의 저항을 변화시키고, 심장활동도 촉진 또는 억제시키므로 심장 박출량에 영향을 미쳐 혈압을 조절한다.

② 체액성 조절

순환혈액 중에 있는 물질들 가운데에는 심혈관 운동에 영향을 끼치는 것들이 많이 있는데, 호르몬에 의하여 혈압이 변화되는 것을 체액성 조절이라 한다. 신장의 혈류량이 감소되면 신장의 세뇨관 부분에서 레닌(renin)이라는 효소가 안지오텐시노겐(angiotensinogen)을 안지오텐신Ⅱ(angiotensinⅡ)로 전환시킨다. 안지오텐신Ⅱ는 혈관수축 작용이 있어 혈압을 상승시키며 부신피질에도 작용하여 알도스테론의 분비를 촉진한다. 알도스테론은 신장에서 Na^+의 재흡수를 증가시켜 물의 배출을 억제한다. 따라서 소변의 양은 감소되고 혈액량은 증가하여 혈압이 높아지게 된다. ADH는 시상하부에서 생성되어 신장에 작용하며 물을 보유하도록 한다. ADH은 단기 혈압 조절에는 중요하지 않지만 심한 출혈 시와 같이 혈압이 떨어질 때 다량 유리되어 강력한 혈관수축을 일으켜 혈압이 회복되도록 한다.

5 면역계

면역계(immune system)는 면역기능에 관여하는 세포나 조직이 모여서 이루어진 하나의 체계로 몸을 보호하는 방어계통이라고 할 수 있다. 우리 몸의 골수, 흉선, 비장, 림프절 등의 림프기관이 면역계를 이룬다.

림프기관(lymphoid organ)은 면역세포들이 모여서 만들어진 것으로 1차 림프기관과 2차 림프기관으로 분류된다. 1차 림프기관(primary lymphoid organ)은 중추림프기관으로 주요한 림프구 생성장소인 골수와 흉선이 있다. 면역을 담당하는 면역세포들은 적혈구와 마찬가지로 골수(bone marrow)에서 분화되어, 세포분열을 통해 일부는 림프구(lymphocyte)로, 일부는 대식세포(macrophage)로 정해진다. 이와 같이 생성된 림프구는 순환계를 따라서, 혈액, 림프절, 비장 및 여러 조직에 분포하는데 흉선에 들어간 림프구는 T-림프구로 전환되고 골수에서는 B-림프구가 성숙된다. 흉선(thymus)은 T-세포가 체내의 물질에 대해서는 반응하지 않고 몸 밖에서 들어온 이물질에 대해서만 반응할 수 있도록 교육하고 성숙시킨다.

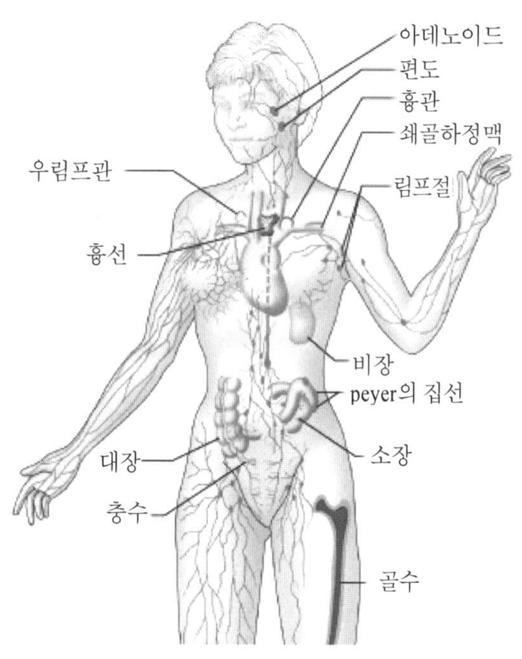

그림 2-9 면역계의 위치

2차 림프기관(secondary lymphoid organ)에는 림프절(lymph node), 비장(spleen) 및 편도선 등 점막에 둘러싸인 림프기관들이 포함된다. 2차 림프조직은 림프구끼리 또는 항원과 반응할 수 있는 환경을 만들어 주며, 일단 유발된 면역반응을 넓혀 갈 수 있는 역할을 한다.

인체의 면역체계는 비특이적 면역반응과 특이적 면역반응 두 가지로 구분된다. 비특이적 면역반응은 출생과 동시에 물려받게 되는 선천적 면역반응으로 체내에 침입한 이물질을 개체별로 인지하지 못하며, 여러 번 같은 개체로부터 공격을 받을 경우에도 방어능력이 강화되지 않는다. 그 반면에 특이적 면역반응은 어떤 특정한 병원체에 대해서 특이성을 갖고 있어서 개체별 방어가 가능하며, 동일한 병원체에 계속적으로 공격당할 때마다 방어능력은 더욱 효과적으로 빠르게 강화된다.

1) 비특이적 면역반응

(1) 물리적, 화학적 방어기전

외부환경에 노출되어 있는 신체표면, 즉 피부, 눈, 소화관 및 호흡관의 상피세포 표면에는 미생물의 침입에 대한 1차 방어선의 역할을 할 수 있는 구조와 요소가 있다. 피부는 상처를 입지 않은 경우 표피의 케라틴(keratin)으로 인해 미생물이 쉽게 침투할 수 없다. 또한 피부에서 분비되는 땀과 피지는 세균의 세포벽을 분해하는 효소인 라이소자임(lysozyme)을 포함하고 있어 병원성 세균의 성장을 저해한다. 호흡관이나 소화관의 표면을 덮고 있는 상피세포에서 분비되는 점액(mucus)에는 항균성 물질이 포함되어 있어 세포막을 보호할 뿐만 아니라, 끈적끈적한 성질로 미생물을 가두어 버리는 효과도 있다. 그 밖에 위산은 강산으로서 살균작용을 나타내고 코털, 기침 및 재채기 반사도 미생물의 침입을 방어한다.

(2) 비특이적 면역세포

백혈구로부터 유래된 세포는 면역계에 있어서 가장 중요한 요소이다. 미생물이 피부를 통과하거나 소화계, 호흡계의 조직으로 들어온 경우 백혈구의 식작용(phagocytosis)에 의해 제거된다.

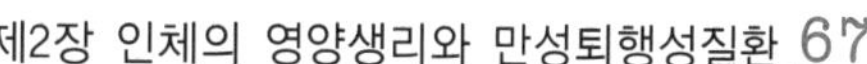

면역세포 중 호중구는 감염부위에 제일 먼저 도착하고 단핵구는 나중에 도착한 다음 대식세포로 변형된다. 비특이적 면역반응을 나타내는 면역세포는 다음과 같다.

표 2-6 비특이적 면역세포의 종류

종 류	기 능
호중구	식균작용, 급성염증 시에 증가
호산구	알레르기, 기생충 감염 시 증가, 염증반응을 억제하는 쪽으로 작용
호염기구	히스타민과 헤파린 함유, 즉시형 과민반응을 일으키는 데 필수적
비만세포	피부, 세관지와 장점막에 농축, 헤파린 함유
	히스타민을 저장하였다가 염증과 알레르기 반응 시에 방출
대식세포	식균작용, 만성염증 시에 작용
	죽은 호중구의 처리 및 감염후기 식균작용의 대부분을 책임
자연살생세포	세포 매개 방어의 첫 방어선을 구축, 세포독성(cytotoxicity) 보유

(3) 염 증

염증은 감염이나 조직손상에 대한 인체의 국소적인 생체반응이다. 염증반응은 식세포(phagocyte)에 의한 식작용(phagocytosis)과 보체활성에 의해 시작된다. 보체(complement)는 항원-항체작용의 효과를 증진시키는 혈청단백질로서 혈장에서 불활성화 상태로 존재하지만 항체가 항원과 결합하면 활성화된다. 세균감염 시 단계적으로 나타나는 국소적 염증반응은 발작, 열, 부종과 통증 등의 증상을 동반한다.

① 상해를 입은 세포, 호염기구, 비만세포 등은 히스타민을 방출하여 감염되거나 손상 받은 부위의 혈관을 확장시키고 모세혈관의 투과도를 증가시킨다. 이 과정에서 피부는 붉어지고 화끈화끈해진다.
② 혈중 호중구와 대식세포 등 여러 가지 식세포들이 모세혈관을 빠져 나와 감염부위의 조직으로 들어간다. 이로 인해 혈액에서 조직으로 물질의 흐름이 증가하여 국소적으로 조직이 붓거나 부종을 일으킨다.
③ 식세포들은 상해세포, 활성화된 보체 단백질, 림프구로부터 분비된 화학물질에 의해 상해조직이 있는 영역으로 집결하여 식작용을 통해 손상부위를 복구시킨다.

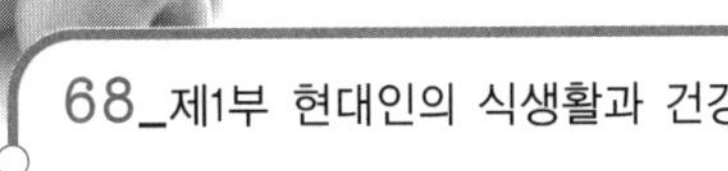

즉, 염증반응이란 위와 같은 기전을 통하여 병원체로부터 생체를 방어하고, 병원체가 다른 조직으로 퍼져 나가거나 더 이상 해를 입히지 못하도록 방어하는 중요한 수단이다.

2) 특이적 면역

비특이적 면역으로 이물질을 완전히 막지 못했을 때, 특이적 면역이 활동을 개시하게 된다. 특이적 면역은 이물질을 인지하고 기억하며 특이적으로 반응하는데, 특이적 면역반응을 유발하는 분자들을 항원(antigens)이라고 부른다. 특이적 면역은 세포성 면역과 체액성 면역으로 나뉘며, 이 반응은 림프구들에 의하여 이루어진다.

(1) 세포성 면역

세포성 면역반응은 T-림프구와 대식세포의 협력 작용에 의한 것이며, 세포 내에 침입한 바이러스 또는 세균 등의 이물질에 대한 가장 효과적인 면역반응이다. T-림프구에 의한 면역은 혈청 내에 항체생산이 이루어지기 전에 먼저 나타나는 일차적인 방어로 지연성 알레르기 반응과 이식된 조직에 대한 거부반응 등을 불러일으키는 기전이다.

(2) 체액성 면역

B-림프구는 항원(antigen)이라는 특정한 표적분자를 특이하게 인지하고 그것과 결합하는 분자인 항체(antibody)를 생산하여 방출한다. 항체(antibody)란 특이적인 항원에 대하여 B-림프구에 의해 생산되어 분비되는 당단백질이다. 면역글로불린(immunoglobulin)이라고도 불리는 항체의 기본구조는 중사슬(heavy chain) 2개와 경사슬(light chain) 2개가 연결된 Y자 모양이다. B-림프구가 분비하는 항체는 체액 안으로 방출되므로 이들이 매개하는 면역반응을 체액성 면역이라고 한다. 체액성 면역은 생리적으로 생체방어 역할을 하지만, 반대로 알레르기와 같은 과민증을 일으키기도 한다.

3) 알레르기

알레르기란 환경의 무해한 항원에 대한 면역반응이 염증과 인체에 손상을 유발시키는 질환을 말하는데 꽃가루나 옻나무 독, 담쟁이 독 등 알레르기를 일으키는 항원을 allergen이라고 한다. 알레르기 반응에는 두 가지 형태가 있는데, 즉시형 과민증(immediate hypersensitivity)은 접촉 후 수분 내에 증상이 나타나고 항체 IgE-매개 알레르기이며 지연성 과민증(delayed hypersensitivity)은 접촉 후 1~3일 후에 증상이 나타나는 T-세포 매개 알레르기이다.

표 2-7 즉시형과 지연성 과민증의 비교

특징	즉 시 형	지 연 성
증상발현 시간	접촉 후 수분 이내	1~3일
관련된 림프구	B-세포	T-세포
면역반응	IgE 항체	세포성 면역
알레르기 형태	건초열, 알레르기성 천식, 알레르기성 비염, 결막염	옻나무 독, 담쟁이 독 접촉성 피부염
치 료	항히스타민제 아드레날린 작동성 약물	부신피질 호르몬 제제 (코르티코스테로이드)

6 소화기계

입에서 식도, 위, 장을 경유하여 항문에 이르는 약 9m의 통로를 총칭하여 소화관이라고 한다. 소화관의 역할은 영양물질을 흡수가 가능하도록 작은 형태로 분해하는 기계적, 화학적 작용과 외부로부터 몸의 구성요소나 에너지로 사용하기 위해 영양물질을 흡수하는 것이다. 음식물이 분해, 흡수되는 일은 특정한 어느 한 곳에서 이루어지는 것이 아니고 긴 관을 지나가는 동안에 서서히 단계적으로 진행되는 현상이다.

해부학적으로 그리고 기능적으로 소화계는 위장관과 부속소화기관으로 나뉜다.

구강, 인두, 식도, 위, 소장, 대장 등은 위장관의 기관이고 치아, 혀, 타액선, 간, 담낭, 췌장 등은 부속소화기관으로 소화효소를 분비하여 소화를 돕는다.

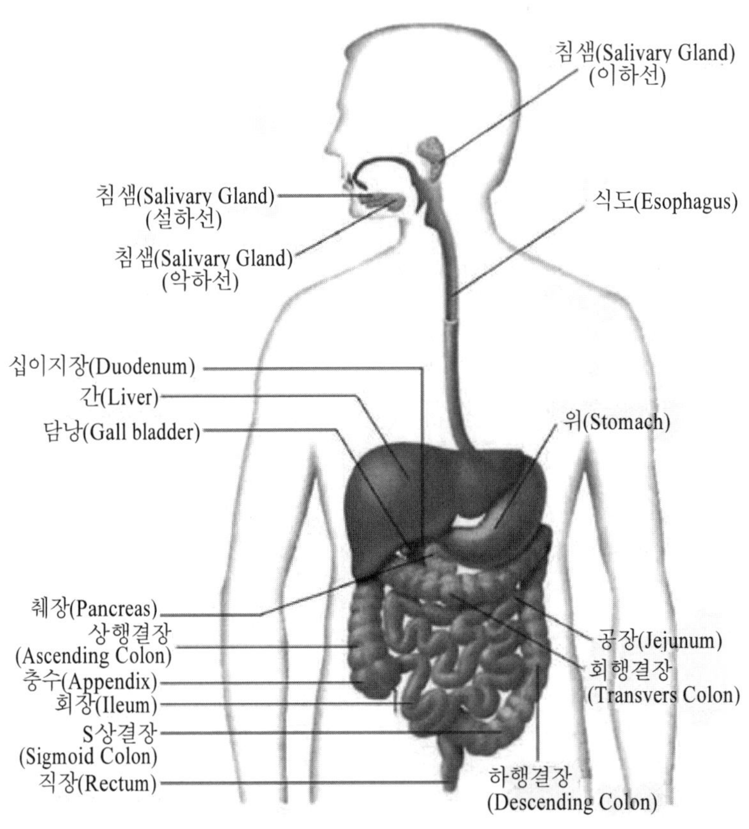

그림 2-10 소화계의 기관

1) 구강과 식도

소화과정은 구강에서 시작된다. 치아나 근육의 운동에 의한 저작운동(mastication)과 타액 분비는 음식을 부드럽게 하고, 삼키기 쉽도록 만든다. 타액 속에 들어있는 효소인 프티알린(ptyalin)은 전분을 부분적으로 분해하여 탄수화물의 소화작용을 시작한다.

식도(esophagus)는 인두와 위를 연결하는 길이 약 25cm의 근육관으로 음식을 위로 운반하는 역할을 한다. 음식이 지나가지 않을 때에는 앞뒤로 납작한 모양을 유지하고 있다가, 음식물이 지날 때에만 크게 팽창된다. 음식물은 소화관 벽의 연동운동(peristalsis)에 의해 위로 보내진다. 이때 식도 내벽에서는 점액이 분비되어 음식물이 통과하기 쉽게 해 준다. 식도에서 위로 통하는 부분을 분문이라 하고 괄약근이 있어 위로 들어간 음식물이 식도로 역류하지 않도록 평소에는 닫혀 있다. 음식물이 식도를 통하여 분문 앞까지 오면 분문이 자동적으로 열려서 위로 들어가게 된다.

2) 위

위는 위장관 중에서 가장 잘 확장되는 신축성 있는 기관으로 위쪽은 식도와 아래쪽은 십이지장과 연결되어 있다. 위는 음식물을 위액과 섞고, 소량씩 십이지장으로 배출하여 본격적인 소화, 흡수를 준비하는 것이 주요 역할이다.

위의 기능은 음식물을 저장하고, 단백질 소화를 개시하고, 음식물을 유미즙(chyme) 형태로 소장에 보내는 것이다. 위에서 흡수되는 것은 알코올 이외에는 거의 없다.

위 내벽에는 많은 분비선이 있어 음식물의 교반을 돕기 위하여 위액을 분비한다. 위액은 위점막에 있는 배상세포, 주세포 및 벽세포에서 나오는 염산, 점액 및 효소의 혼합액으로 pH가 1.0~1.5 정도이다. 배상세포(goblet cell)는 분문 부위에 특히 많고 점액을 분비하여 위의 내벽이 강한 염산에 침식되지 않도록 보호하는 작용을 한다.

위 운동은 음식물의 저장, 교반 및 이동에 영향을 주게 된다. 음식물이 위로 들어오게 되면 위벽이 늘어나면서 연동운동이 시작된다. 연동에 의해서 위 내의 음식물과 소화효소, 염산, 점액 등이 잘 혼합하여 유동성 있는 유미즙으로 된다. 음식물이 위 안에 남아 있는 시간은 섭취량과 그 내용에 의해서 달라진다. 물이나 수프 등을 섭취했을 때는 단시간에 위에서 나오지만, 보통의 혼합식을 섭취할 경우에 체위시간은 3~4시간이다. 탄수화물이 가장 체위시간이 짧고, 단백질은 2배 정도 길며, 지방은 위의 소화운동을 억제하여 체위시간이 길어진다.

3) 소 장

소장은 약 7~8m의 길이를 가진 인간의 체내에서 가장 긴 장기로, 거의 모든 소화가 소장에서 일어난다. 췌장액 중의 효소와 상피세포의 효소들이 담즙과 더불어 대부분의 소화과정에 참여한다. 소화가 진행됨에 따라 소화산물은 장 점막의 상피를 통해 흡수되는데 탄수화물, 아미노산, 칼슘, 철은 십이지장과 공장에서, 담즙산염, 비타민 B_{12}, 물과 전해질은 회장에서 주로 흡수된다.

음식물은 십이지장과 공장에서 소화를 거의 끝내고 회장에서는 주로 소화된 영양소의 흡수가 일어난다.

소장벽의 구조는 점막은 융모(villus)로 덮여 있고, 융모의 표면은 약 6천 개의 영양흡수세포로 덮여 있으며 그 표면에는 가는 미세융모(microvilli)로 형성되어 있다. 따라서 소장의 흡수 표면적은 소장 내부 면적의 약 600배 정도가 되어 흡수 능력이 증가하게 된다. 이것은 소화물과 접촉하는 면을 가능한 넓게 하여 수분이나 영양분의 소화흡수 활동을 헛되지 않게 하기 위한 것이다.

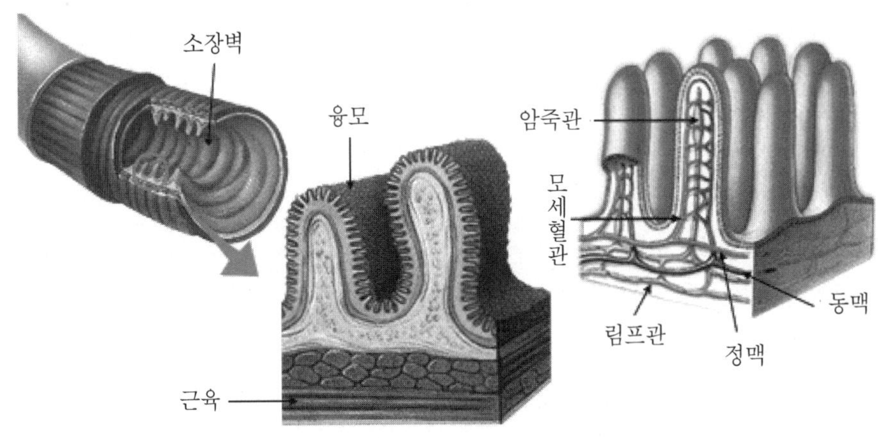

그림 2-11 소장점막의 구조

미세융모의 세포막은 흡수를 위해 넓은 표면적을 제공할 뿐만 아니라 이당류, 다당류와 다른 기질들을 분해하는 소화효소를 갖고 있다. 미세융모 표면에는 영양소를 최종적으로 분해하는 효소가 내강으로 분비되지 않는 대신 미즙에 노출된 활성부위와 함께 세포막에 붙어 있다. 그 효소와 만난 영양소는 최소 사이즈로 분해되어 재

빨리 흡수된다. 이것은 중요한 영양소를 미세융모 주변에 있는 세균에 빼앗기지 않기 위해서이다.

표 2-8 소장에서 분비되는 효소와 그 작용

효소 및 분비물질	작 용
• 말타아제(maltase)	엿당 포도당
• 수크라아제(sucrase)	설탕 포도당과 과당
• 락타아제(lactase)	젖당 포도당과 갈락토오스
• 펩티다아제(peptidase)	폴리펩타이드 아미노산
• 엔테로키나아제(enterokinase)	트립시노겐을 트립신으로 활성화

융모는 그 안에 모세혈관과 암죽관을 갖고 있어 영양분은 이 표면에 있는 흡수상피라는 조직에 흡수된다. 단당류와 아미노산은 모세혈관을 흐르는 혈액에 녹아 간장으로 운반되고 지방은 암죽관으로 들어간다.

소장의 소화운동에는 유미즙과 소화액을 혼합시키고 대장 쪽으로 이동시켜 주는 분절운동, 연동운동, 융모운동이 있다.

연동운동은 상부는 수축하고 하부는 이완하는 것처럼 수축과 이완 운동이 아래쪽으로 전파되는 현상이다. 연동에 의해 음식물이 항문 쪽으로 운반되며, 소화흡수가 일어나게 된다.

4) 대 장

대장은 소화관의 말단부위를 형성하는 기관으로 수분을 흡수하고 배설물을 내보내는 역할을 담당한다. 대장의 구성은 회장과 연결되는 부위인 맹장과 그 밑의 충수, 대장의 대부분을 형성하는 결장, 그리고 소화관의 끝부분인 직장 및 항문으로 구성되어 있다.

대장 점막은 소화효소를 포함하고 있지 않은 알칼리성 점액만을 분비하므로 소화는 거의 일어나지 않고 흡수만 이루어진다. 회맹판을 통해 소량씩 이동한 소화물은 대부분 소화되지 않는 물질들로 구성된 액체 상태이다. 그러나 대장에서 수분과 전해질(나트륨과 염소)을 흡수하여 혈액으로 보내고 남은 찌꺼기는 고형으로 된 후에 항문을 통해 체외로 배출된다.

대장 내에는 여러 종류의 미생물들이 있는데, 이들은 대장의 내부가 알칼리성이므로 쉽게 증식할 수 있다. 대장에는 박테리아인 Aerobacter aerogenes, Escherichia coli 및 비병원성 구균 등이 있으며, 대장의 내용물들은 이 미생물에 의해 쉽게 부패한다. 대장 내 미생물의 기능은 다른 미생물의 감염에 대하여 저항하는 역할(유산균)을 하고 엽산과 비타민 K의 생산을 돕는다.

5) 부속소화기관

(1) 간

간은 생체에서 가장 큰 샘이고 횡격막 오른쪽 아래에 위치하고 있다. 간은 생체에서 가장 필수적인 장기 중의 하나로서 당원의 저장 및 해독작용, 담즙의 생산 등을 담당하며 그 외에도 혈액응고인자의 생성 및 비타민 K의 합성 등의 역할을 담당한다.

간은 인체 내에서 일어나는 화학반응, 즉 물질대사의 중심기관으로 탄수화물, 지방, 단백질, 미네랄, 비타민 대사에 있어서 중요한 역할을 하고 있다. 예를 들어 장내에서 탄수화물은 단당류로 분해되어 간 내에서 포도당으로 전환되고 에너지원으로서 전신으로 공급된다. 이때 여분의 포도당은 글리코겐으로 전환되어 간에 저장된다. 이와 같이 간은 글리코겐, 지방, 단백질을 비롯하여 철분, 코발트와 같은 미네랄이나 각종 비타민을 저장하였다가 필요시에 이들을 체내외의 기관과 조직에 공급해 준다.

또한 간은 지방의 소화와 흡수에 중요한 성분인 담즙(bile)을 생산한다. 담즙은 담즙산염과 콜레스테롤, 레시틴 등으로 구성된 황갈색의 알칼리성 액체이다. 담즙의 가장 중요한 성분으로 지방의 소화와 흡수에 작용을 하는 담즙산염(bile salt)은 콜레스테롤을 재료로 간세포에서 생산된다. 담즙산염은 친수성 부위와 소수성 부위를 함께 갖고 있어 지방과 물 사이의 표면장력을 감소시켜 유화작용을 한다. 유화된 지방은 표면적이 넓어짐으로써 리파아제의 작용을 쉽게 받고, 담즙산과 결합하여 가용성이 되므로 장에서 흡수되기 쉬운 형태가 된다.

표 2-9 간 기능의 주요 작용

기 능	작 용
• 혈액 해독	암모니아를 요소로 전환, 호르몬과 약물의 화학적 변화
• 당질 대사	포도당을 글리코겐과 지방으로 전환
	글리코겐으로부터 포도당 생산, 당신생 합성에 의한 포도당 생산
	단식 중 혈액으로 포도당 분비
• 지질 대사	중성지방과 콜레스테롤 합성
	담즙으로 콜레스테롤 배설, 지방산으로 부터 케톤체 생산
• 단백질 합성	알부민 생산, 혈장 운반단백질 생산
	응고인자(피브리노겐, 프로트롬빈) 생산
• 담즙 분비	담즙산염 생산, 담즙색소의 결합과 배설

(2) 담 낭

담낭은 가지 모양을 한 기관으로 간의 아래에 위치하며, 담낭관으로 간과 연결되어 있다. 담낭의 역할은 간에 의해 생성된 담즙을 저장하고 농축하는 일이다. 간소엽에서 나온 담즙은 간관에 모여 총담관을 거쳐 담낭관을 통하여 담낭 내로 들어가서 일시적으로 저장된다. 간세포에 의해 만들어진 담즙은 97%가 수분이지만, 담낭에 저장되면서 5~10배로 농축된다. 담즙은 담낭 내에서 농축될 때 무기염과 전해질, 특히 HCO_3^-가 흡수되어 중성 혹은 약알칼리성이 된다. 담낭벽의 평활근이 수축하면 담낭에 저장된 담즙이 담낭관을 통하여 총담관 내로 들어간 후 췌관과 만나서 십이지장의 유두로 배출된다.

(3) 췌 장

췌장은 위 뒤쪽에 위치하고 있고 head, body 및 tail로 구성되어 있다. 췌장은 내분비선과 외분비선을 공유하고 있는 기관으로서 외분비선은 소화효소를 관을 통해 소화기계로 분비하고 내분비선은 인슐린, 글루카곤 등을 혈액으로 분비한다. 췌장액은 소화효소와 알칼리성 수용액의 혼합액으로서 췌장 전체에 산재해 있는 선세포로부터 만들어진다. 췌장액은 췌관을 통해 총담관을 경유하여 십이지장으로 분비된다. 따라서 췌장액은 위에서부터 십이지장으로 넘어온 산성의 미즙을 중화시켜 소

화물과 소장의 내부 환경을 약알칼리성으로 만들어 주게 되고, 소장에서 소화효소의 작용을 높여 주는 역할을 한다. 또한 췌장액 중에는 탄수화물, 지방, 단백질 및 핵산 등을 소화시킬 수 있는 소화효소가 포함되어 있다. 췌액 중의 단백질 분해효소는 불활성 전구체(precursor) 형태로 분비되지만, 탄수화물과 지방분해효소는 활성 형태(active form)로 분비된다.

표 2-10 췌장액 속에 포함된 효소

기 능	효 소	작 용
• 단백질 분해	트립신	내부 펩티드결합 절단
	키모트립신	내부 펩티드결합 절단
	엘라스타아제	내부 펩티드결합 절단
	카르복시펩티다아제	폴리펩티드 말단으로부터 아미노산 절단
• 지질 분해	포스포리파아제	인지질로부터 지방산 절단
	리파아제	글리세롤로부터 지방산 절단
	콜린에스테라아제	콜레스테롤 방출
• 당질 분해	아밀라아제	전분을 맥아당과 포도당으로 분해
• 핵산 분해	리보누클레아제	RNA를 절단하여 짧은 사슬 형성
	디옥시리보누클레아제	DNA를 절단하여 짧은 사슬 형성

제2절 인체와 영양

생명을 유지하여 건강한 일상 생활을 영위하고 또 성장 발육을 정상적으로 하기 위하여 우리 몸은 외부로부터 계속적으로 여러 가지 물질을 받아들여 이용하고 있다. 이러한 물질을 이용한 생리작용을 통틀어서 영양(nutrition)이라 하며, 영양을 유지하기 위하여 외부로부터 섭취하는 물질을 영양소(nutrients)라 한다. 영양소는 생명체의 성장, 발달 및 유지에 필수적인 물질이며, 영양소의 급원은 식품으로 체내 모든 세포를 만들고 유지시키는 데 필요한 물질과 에너지를 제공한다. 식품에 함유된 영양소는 에너지 생성 영양소인 탄수화물, 지질, 단백질과 체내 대사 조절에 필요한 비타민, 미네랄, 물로 나눌 수 있다.

1 탄수화물

탄수화물(carbohydrate)은 자연계에 다량으로 존재하는 중요한 유기물질로 C, H, O 등의 원소로 구성되어 있으며 주로 식물체에 의해 형성된다. 식물의 엽록소에서 광합성으로 포도당이 합성된 후에 뿌리, 줄기, 잎 등에 전분과 섬유소의 형태로 저장된다. 이것을 우리가 섭취하면 우리 몸속에서 일련의 화학반응을 거쳐 완전히 분해되면서 에너지를 방출하게 된다. 따라서 탄수화물은 신체에 에너지를 공급하여 주는 주요 성분으로서 우리 식생활에서 아주 중요한 위치를 차지하고 있다.

1) 탄수화물의 분류

탄수화물은 분자 크기와 구조에 따라 단당류와 이당류, 올리고당, 다당류로 분류할 수 있다.

단당류(monosaccharide)에는 포도당(glucose), 갈락토오스(galactose), 과당(fructose) 등이 있는데 특히 포도당은 인체의 가장 기본적인 에너지 급원으로 사람의 혈액 중에도 약 0.1% 정도 함유되어 있다.

이당류(disaccharide)는 기본적으로 2개의 단당류가 결합한 형태이다.

표 2-11 이당류의 종류

이당류	구 성	급 원
• 서당(sucrose)	포도당 + 과당	과즙, 설탕
• 맥아당(maltose)	포도당 + 포도당	식혜
• 유당(lactose)	포도당 + 갈락토오스	유즙

올리고당(oligosaccharide)은 단당류가 3~10개 결합된 당으로 당단백질이나 당지질의 구성성분으로 세포 내에서는 주로 생체막에 부착되어 있다.

다당류(polysaccharide)는 에너지의 저장형태이며 소화성 다당류인 전분, 글리코겐과 난소화성 다당류인 섬유소로 구분된다. 전분(starch)은 포도당이 중합하여 형성된 식물에 있는 저장성 다당류로서 곡류, 근채류 및 두류에 많이 함유되어 있다. 글리코겐(glycogen)은 동물의 저장성 다당류로 약 9,000개 이상의 포도당으로 구성되며, 간 100g, 근육 250g 정도 에너지의 저장 형태로 존재한다. 섬유소(cellulose)는 식물체 세포의 세포벽을 구성하는 성분으로 포도당으로 구성되어 있으며 사람의 체내 소화효소로는 분해되지 않는 고분자화합물이다.

2) 탄수화물의 소화와 흡수

탄수화물의 소화는 음식물이 입에 들어가서 타액과 섞였을 때 타액에 있는 프티알린(ptyalin)에 의하여 전분이 맥아당과 포도당으로 가수분해되는 것으로부터 시작된다. 탄수화물의 본격적인 소화는 소장에서 이루어지며 췌장액 중의 소화효소인 췌장 아밀라아제(amylopsin)는 대부분의 다당류를 이당류까지 분해시키는 강력한 소화효소이다. 이렇게 하여 이당류까지 분해되면 소장점막에서 분비되는 말타아제(maltase), 수크라아제(sucrase), 락타아제(lactase)에 의해 포도당, 과당, 갈락토오스와 같은 단당류로 분해된다. 탄수화물은 단당류로 분해된 후 소장의 융모를 통해 흡수되고 간으로 운반되어 포도당으로 전환된다. 그러나 식이섬유에 속하는 셀

룰로오스(cellulose) 등은 소화효소가 존재하지 않기 때문에 소화되지 않은 그대로 대장으로 들어가 세균의 작용을 받아 일부 소화되지만 흡수되지는 않는다.

3) 탄수화물의 일반 기능

(1) 에너지 공급원

탄수화물의 주된 기능은 체내에 필요한 에너지를 공급하는 것으로 1g당 4kcal의 에너지를 공급한다. 따라서 탄수화물로부터 소화, 흡수된 포도당 일부는 즉시 연소하여 에너지를 공급하고 나머지는 간과 근육에 글리코겐으로 저장되며 남는 것은 지질로 전환되어 지방조직에 저장된다. 탄수화물은 섭취되어 소비될 때까지의 시간이 짧기 때문에 급히 피로회복을 필요로 할 때 섭취하면 매우 효과적이다.

(2) 혈당 유지

조직 중의 적혈구와 뇌의 에너지 대사는 주로 포도당에 의존하므로 혈당 농도를 70~115mg/dl에서 일정하게 유지하는 항상성 조절기전이 존재한다. 혈당은 간에 의해 유지되는데 혈당이 증가하면 간에서 글리코겐 합성이 활발히 일어나며 혈당이 떨어지면 글리코겐은 포도당으로 분해되어 혈류 속에 유리된다.

(3) 단백질 절약작용

탄수화물의 섭취가 부족하면 인체는 단백질 등으로부터 포도당을 생성한다. 따라서 체조직의 구성과 보수에 사용되어야 할 단백질이 에너지원으로 이용되므로 탄수화물의 적절한 공급은 단백질 고유의 기능을 행하도록 하는 단백질 절약작용을 한다.

(4) 케톤증 예방

불충분한 탄수화물의 섭취는 지질을 분해하여 중간 대사산물인 케톤체(ketone body)를 형성한다. 케톤체가 혈액 중에 축적되어 케톤증이 생기면 체액은 산성화되고 호흡과 소변에서 냄새가 나며 식욕감퇴, 피로, 호흡곤란 등이 발생한다. 이러한 케톤증을 방지하기 위해서는 하루에 50~100g의 탄수화물 섭취가 필요하다.

4) 기능성 탄수화물 소재

다당류는 여러 가지 종류의 단당류가 결합하여 이룬 고분자물질로 구성당의 종류, 결합방식, 분지상태에 따라 물리화학적 성질이 다르며 용도가 다양하다. 특히 식품분야에서는 소량만을 첨가하여도 식품의 점성, 유동성이 변화하고 물성개량에 유용하여 중요성이 인식되고 있으며 인체에 유용한 기능성을 가지고 있어 기능성식품소재로 더욱 각광을 받고 있다. 즉, 식이섬유는 식품 중 난소화성 성분인 섬유를 이용하여 영양성분의 이용률을 저하시켜 식품의 칼로리를 저하시키는 식품소재로 유용한 소재이다. 또한 올리고당은 인체의 유용 장내세균인 Bifidus균을 증식시키는 증식인자로 알려져 있어 기능성식품으로 개발되고 있다.

(1) 식이섬유

식이섬유 섭취량의 감소가 만성질환의 이환율 증가와 관련이 높다는 것이 알려지면서 식이섬유에 대한 관심이 크게 높아졌다. 식이섬유는 '인간의 소화효소에 의해 가수 분해되지 않는 식품 중의 난소화성 성분의 총체'로 정의할 수 있고 영양소로서의 기능은 거의 없으나 여러 가지 물리·화학적 및 생리적 기능을 가지고 있다. 현재까지 알려진 식이섬유의 종류와 그 범위는 아주 넓으며 가용성(soluble)과 난용성(insoluble)으로 분류된다.

표 2-12 식이섬유의 분류와 생리적 기능

특 성	기 원	종 류	급원식품	생리적 기능
• 가용성	비구조 물질 (저장다당류)	펙틴	감귤류, 사과	만복감 부여
		검(gum)	두류, 귀리	포도당 흡수 지연
		해조다당류	해조류	혈청 콜레스테롤 감소
• 난용성	세포벽의 구조물질	리그닌	호밀, 쌀, 채소	포도당 흡수 지연
		셀룰로오스	밀, 현미, 보리	분변량 증가
		헤미셀룰로오스	통밀	소화관 체류시간 단축

가용성은 물과 친화력이 커서 쉽게 용해되거나 팽윤되어 겔 형태를 잘 이루며, 이로 인해 당, 콜레스테롤, 미네랄 등의 영양성분의 흡수를 방해할 수 있다. 난용성은

쌀겨, 통밀, 배추 등 식물의 질긴 부위를 구성하는 부분으로 장내 미생물에 의해서도 분해되지 않고 배설되므로 배변량과 배변속도를 증가시키는 생리작용이 있다.

식이섬유의 생리적 효과는 주로 물리적 성질에 기인한다. 식이섬유의 수분보유력(water holding capacity)과 점도(viscosity)는 위의 공복 시간을 늦추고, 소장에서 겔을 형성하여 영양소의 흡수를 지연시키며, 대변의 부피를 증가시킨다. 또한 식이섬유의 결합력과 흡착력은 담즙산과 결합하여 미셀 형성을 억제함으로써 지방산과 콜레스테롤의 흡수를 저해하고 담즙산의 재흡수를 억제하여 혈청 콜레스테롤의 농도를 낮춘다. 식이섬유의 체내 작용과 이러한 작용이 인간에게 어떠한 영향을 미치는가를 살펴보면 다음과 같다.

표 2-13 **식이섬유와 건강의 관계**

질 병	역 할	체내 작용
• 당뇨병	◦공복 혈당을 낮춤 ◦인슐린 예민도 증가 ◦식후 고혈당증 예방	◦위장 비우는 속도 완만 ◦펙틴 등은 탄수화물을 감싸 겔 상태로 만듦 ◦탄수화물 흡수속도를 느리게 함
• 관상심장병	◦담즙산의 재순환 방해 ◦혈중 중성지방과 콜레스테롤의 감소	◦췌장과 소장의 소화효소작용 변화 ◦콜레스테롤과 결합하여 재흡수 방해 ◦소장에서 겔을 형성하여 지방흡수 방해
• 비 만	◦포만감 증가 ◦영양소 체내 이용률 저하 ◦신진대사율 변경	◦음식물을 씹고 삼키는 데 시간 필요 ◦지방 배설량 증가, 대장 통과시간 단축 ◦고섬유소 식사로 탄수화물 흡수방해

그러나 고섬유소 식사(하루 60g 정도)는 칼슘, 아연, 철분과 결합하여 미네랄 흡수를 감소시키기도 하고 장내 가스를 생성하며, 위장에 섬유소 덩어리(phytobezoars)를 만들어 소장의 흐름을 막을 수 있다.

(2) 올리고당

올리고당은 3~10개의 단당류로 구성된 소당류에 대한 총칭으로 단맛을 내는 수용성의 결정성 물질이다. 대부분의 탄수화물이 인체 내 소화효소에 의하여 단당류로 분해되어 흡수되는 데 반하여 기능성 올리고당은 소화효소에 의해 거의 분해되지 않고 대장에 도달되어 건강증진 효과를 보인다. 비슷한 기능을 가지는 식이섬유와는 물성이 다르고 고분자물질이 아니므로 식품에 첨가하여도 조직과 물성에는 큰 변화를 주지 않는 장점이 있다. 올리고당은 점점 그 사용량 및 사용범위가 늘어나고 있고 주로 많이 사용하는 올리고당의 종류와 특징은 다음과 같다.

표 2-14 올리고당의 종류와 특징

종 류	구 성	특 징
• 이소말토올리고당	포도당 + 포도당	청주, 된장, 간장 등의 발효식품에 함유
		부분소화성, 비피더스균 증식 활성, 변비 개선
• 프락토올리고당	서당 + 과당	바나나, 마늘, 양파, 우엉, 꿀 등에 함유
		난소화성, 충치예방, 비피더스균 증식
		변비 개선, 지질대사 개선, 당뇨병 개선
• 갈락토올리고당	유당 + 갈락토오스	모유 중에 존재
		난소화성, 충치예방, 지질대사 개선
		비피더스균 증식(드링크, 요구르트 이용)
• 대두올리고당	raffinose, stachyose	대두 유청(whey)을 원료로 분리, 정제
		난소화성, 비피더스균 선택 증식
		장내 부패생성물 억제, 변비 개선

올리고당은 기존 당류가 갖고 있는 비만, 충치 원인, 당뇨병, 콜레스테롤이나 중성지방 증가 등의 생리적 기능을 보완한 기능성 탄수화물이다. 올리고당은 효소에 의하여 분해되지 않기 때문에 소장에서 체내로 흡수되지 않고 대장에 도달한다. 대장에서 올리고당은 대장에 존재하는 장내세균의 영양원이 되어 휘발성 지방산 등의 유기산을 생성하고 이것이 체내에 흡수되기 때문에 칼로리가 낮으며 식이섬유와 같은 생리적 역할을 한다.

또한 올리고당은 비피더스균은 잘 이용하나 다른 균들은 거의 이용하지 못하므로 비피더스균을 선택적으로 증식시키는 기능이 있어 비피더스 인자(bifidus factor)라 한다. 장내 균에서 비피더스균이 우세해지면 변비가 개선되는 정장작용 등의 효과가 나타난다.

충치 유발균 streptococcus mutans는 점질성 당을 합성하여 치아 표면을 덮어 내부에서 유기산이 축적되어 치아의 에나멜을 부식시킴으로써 충치를 일으킨다. 올

리고당은 충치 유발균인 streptococcus mutans에 의하여 이용되지 않는 특징이 있어 충치를 예방할 수 있다.

2 지질

지질(lipid)은 3대 영양소 중의 하나로 물에 녹지 않으며, 유기용매에만 녹는 물질로서 주로 동물의 피하조직과 식물 종자에 함유되어 있다. 화학적으로는 탄수화물과 같은 C, H, O로 구성되어 있는 유기화합물이다. 지질은 탄수화물보다 g당 열량 발생량이 많아 에너지 급원으로 중요하며, 필수지방산을 공급하여 체내의 모든 막 조직의 구성분인 인지질의 필수 요소가 된다.

1) 지질 분류

지질 구조와 종류는 지질을 구성하고 있는 화합물의 성분에 따라 단순지질과 복합지질, 유도지질로 분류된다.

표 2-15 지질의 분류

- 단순지질(simple lipid) - 지방산과 글리세롤의 결합 예) 유지(oil and fat), 왁스(wax)
- 복합지질(compound lipid) - 지방산과 글리세롤 외에 다른 성분이 결합된 지질
  - 인지질(phospholipid) : 인산을 함유하고 있는 복합지질 예) 레시틴
  - 당지질(glycolipid) : 당을 함유하고 있는 복합지질
  - 지단백질(lipoprotein) : 단백질을 함유하고 있는 복합지질
- 유도지질(derived lipid) - 단순지질과 복합지질이 가수분해되어 생성된 물질
  예) 지방산(fatty acid), 스테롤(sterol), 탄화수소, 알코올 등

유지는 중성지방(triglyceride, TG)이라고도 하며, 글리세롤(glycerol)에 3개의 지방산이 결합한 것으로 식품 중에 존재하는 지질과 인체 안에 저장되어 있는 지질의 95%가 중성지방의 형태로 존재한다. 지방산은 카르복실기(-COOH)와 메틸기

(-CH_3)를 가진 긴 탄소사슬로 이중결합의 유무에 따라 포화지방산(saturated fatty acid)과 불포화지방산(unsaturated fatty acid)으로 나뉜다. 지방산 메틸기의 탄소를 오메가 탄소라 할 때, 이중결합은 오메가 탄소로부터 3, 6, 9번째의 탄소위치에 자리 잡고 있다. 영양상 중요한 불포화지방산은 이중결합이 3번째와 6번째 탄소에 위치한다.

```
     O H H H H H H H H H H H H H H H H H
HO - C-C-C-C-C-C-C-C-C-C-C-C-C-C-C-C-C-C - H
       H H H H H H H H H H H H H H H H H
```

포화지방산 : 스테아르산

```
     O H H H H H H H     H H H H H H H H
HO - C-C-C-C-C-C-C-C-C-C-C-C-C-C-C-C-C-C - H
       H H H H H H H H H H H H H H H H H
```

불포화지방산 : 올렌산

그림 2-12 지방산의 구조

인지질(phospholipid)은 중성지방과 유사한 구조를 갖고 있으나 글리세롤의 3번째 수산기에 지방산 대신 인산이 결합한 것으로 레시틴(lecithin)이 대표적이다. 콜레스테롤(cholesterol)은 스테롤(sterol)이며, 생체조직의 필수물질로서 특히 뇌와 신경조직에 다량 함유되어 있고 동물 조직에서만 발견된다.

2) 지질 소화와 흡수

지질의 소화는 위에서 지질분해효소(gastric lipase)의 작용으로부터 시작되지만 이 효소의 최적 pH는 5~6이므로 위에서 소화는 미약하다. 위에서 일부의 지질이 소화된 상태로 소장으로 들어가면 담낭에서 유화제인 담즙이 분비되어 산성을 중화한다. 담즙은 소화효소는 포함하지 않으나 지질의 큰 지방구를 작게 분쇄함으로써 지질분해효소와 접할 수 있는 표면적의 넓이를 최대한으로 넓혀주어 소화가 쉽도록 하는 작용이 있다. 담즙에 의해 잘 유화된 지질은 췌장지질분해효소(pancreatic lipase)에 의해 지방산과 글리세롤로 분해된다.

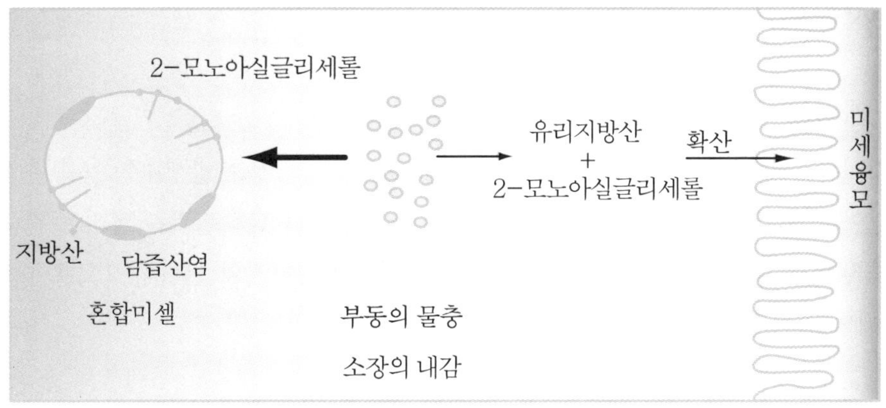

그림 2-13 **담즙에 의한 지질의 유화와 소화**

지질의 흡수는 소장점막 세포에 의하여 일어나며 두 가지 과정에 의해 흡수된다. 지방의 분해산물 중 글리세롤과 짧은 사슬 및 중간 사슬 지방산은 소장세포로 쉽게 확산되어 들어가는 반면 담즙과 혼합된 모노글리세라이드와 콜레스테롤과 인지질은 한데 뭉쳐서 미셀(micelle)을 구성하여 소장세포로 확산되어 들어간다. 소장 점막세포 내에서 흡수된 약 70%의 지방산은 중성지방으로 재합성된다. 중성지방으로 재합성된 지질은 소수성이므로 소장세포 내에서 혈액으로 이동되기 위해서 지단백질이라 불리는 특수 단백질을 통하여 각 조직으로 운반된다. 지단백질은 중성지방이나 콜레스테롤같이 물에 녹지 않는 부분은 안쪽에 있고 물에 녹을 수 있는 단백질이나 인지질은 바깥 부분에 있어 지질이 혈액 내에서 자유롭게 이동할 수 있게 구성되어 있다.

표 2-16 **지단백질의 조성과 특징**

종 류	단백질(%)	지 질(%)			특 징
		TG	콜레스테롤	인지질	
Chylomicron	1	90	7	2	식이의 중성지질을 운반
VLDL	10	60	15	14	간에서 합성된 중성지방을 조직에 운반
LDL	25	10	44	20	콜레스테롤을 조직으로 운반
HDL	50	3	16	30	조직에서 간으로 콜레스테롤 운반

3) 지질의 일반 기능

(1) 에너지 급원

지질은 탄수화물과 단백질에 비해 1g당 9kcal의 에너지를 발생하는 농축된 에너지원이다. 지질이 체내에 저장될 때, 글리코겐이나 근육 단백질과는 달리 수분을 결합하지 않은 형태로 축적되므로 단위 부피당 축적된 에너지가 훨씬 많으므로 효율적인 에너지 저장원이다.

(2) 필수지방산 공급

필수지방산은 인체의 성장과 유지, 여러 생리적 기능을 정상적으로 수행함에 있어서 체내에서 합성되지 않거나 합성되는 양이 부족하기 때문에 음식을 통해 공급되어야 하는 지방산이다. 주된 기능은 생체막의 구조적 완성과 막의 기능, 아이코사노이드(eicosanoid)의 생성, 피부 보전 등으로 뇌 조직 성분이 되는 여러 가지 다가불포화지방산 합성에 필요하다.

표 2-17 필수지방산의 종류와 급원식품

종 류		탄소수/이중결합수	급원식품
ω-6계	리놀레산	$C_{18:2}$	옥수수유, 대두유, 면실유, 참깨
	아라키돈산	$C_{20:4}$	동물의 지방, 육류
ω-3계	리놀렌산	$C_{18:3}$	콩기름, 견과류, 종자류(호두, 대두)

(3) 체조직의 구성성분

지질은 체지방조직과 세포막, 신경보호막, 호르몬과 비타민 D, 소화분비액, 프로스타글라딘(prostaglandin) 등의 구성성분이다. 인지질 및 콜레스테롤은 세포의 구성성분으로 특히 뇌, 신경계통, 간, 기타 인체의 주요기관에 많이 존재하여 중요한 역할을 한다.

세포막은 대부분은 2층의 인지질로 이루어지는데, 이때 인지질의 인산과 염기성의 극성인 부분은 밖의 수용성 환경에 접하고, 비극성 부분인 지방산은 안쪽으로 배

열된다. 이러한 인지질의 성질은 혈액 내 지질을 운반하는 지단백질을 둘러쌈으로써 혈액 내에서나 체액 내에서 떠돌고 있는 지질들을 혈액과 체액에 안정되게 존재할 수 있도록 만든다.

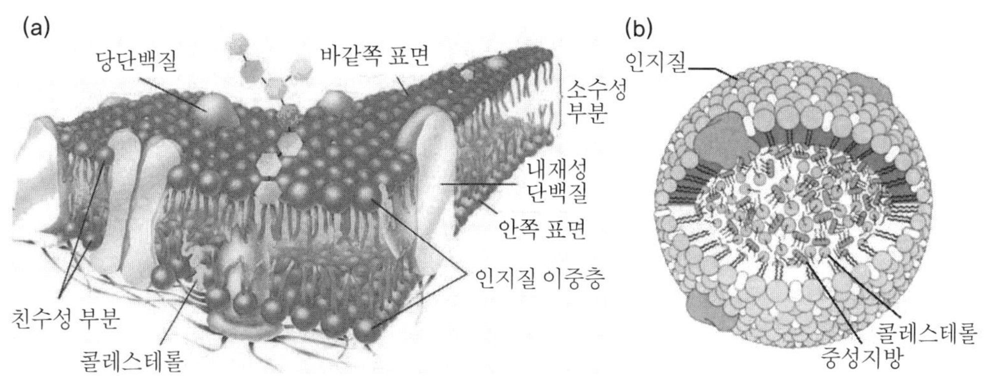

그림 2-14 a. 세포막에 있는 지질 b. 지단백질의 구조

4) 기능성 지질 소재

최근 우리나라의 식생활이 서구화되면서 뇌혈전, 심근경색 등 순환기계 성인병에 의한 사망률이 증가되는 현실에 직면하고 있다. 이들 순환기계질병은 식사 내용 즉 칼로리, 동물성 지방의 과잉섭취 등과 관계가 깊은 것으로 밝혀져 지질 섭취 시 지방산 조성의 질적인 내용이 매우 중요한 것으로 인식되고 있다. 따라서 지질을 섭취하였을 때 생기는 여러 가지 건강상의 문제점을 줄이고 지질의 기호성을 그대로 지니는 필수지방산 및 기능성 물질을 함유하는 기능성 지질의 필요성이 점차 커지고 있다. 지질 중에 생리활성을 가지는 기능성 식품소재는 다음과 같이 분류할 수 있다.

표 2-18 **기능성 지질의 종류**

구 분	종 류
다가불포화지방산	리놀레산(linoleic acid), 리놀렌산(linolenic acid), DHA, EPA
복합지질	인지질 - 대두레시틴, 난황레시틴
스테롤	스쿠알렌, 식물성 스테롤(phytosterol)
단순지질	옥타코사놀, 알콕시글리세롤

(1) ω-3/ω-6계 지방산

그림 2-15 ω-3/ω-6계 지방산의 구조

생리적으로 중요한 기능을 하는 다가불포화지방산(polyunsaturated fatty acids, PUFA)에는 ω-3계 지방산과 ω-6계 지방산이 있다.

ω-3와 ω-6계 지방산은 필수지방산인 동시에 생체막 인지질의 구성요소로 항체형성, 정상적인 시력 유지, 세포막 형성, 호르몬 유사물질의 생성 등 우리의 인체에서 중요한 생리작용을 담당하고 있다. ω-3계 지방산은 혈청 중성지방이나 콜레스테롤의 농도를 낮추며 관상동맥질환, 혈전증의 유발을 억제하는 것으로 알려져 있으며, DHA는 망막 및 뇌조직의 주요 성분이 된다. 또한 ω-3계와 ω-6계 지방산들이 생합성하는 대사산물들도 순환기계, 호흡기계, 소화기계, 신장 및 면역기능의 조절에 상호보완적으로 필요한 다양한 역할을 수행함으로써 생체의 항상성을 유지하게 된다.

표 2-19 오메가 지방산의 기능

분 류		체 내 기 능
ω-3계	리놀렌산	혈청 콜레스테롤 저하, 유방암, 대장암의 예방, 고혈압 억제, 알레르기 체질개선 효과
	DHA	학습기능 향상, 암 증식억제, 혈중지질저하, 혈압저하, 항알레르기, 항염증, 혈당치 저하, 망막 반사기능 향상작용
	EPA	중성지방 저하, 혈청 콜레스테롤 저하, 혈압저하, 혈소판응집 억제작용, 대장암 및 전립선암의 억제작용
ω-6계	리놀레산	체지방 합성 억제, 콜레스테롤 저하, 동맥경화증, 고혈압 예방
	아라키돈산	세포막의 구조와 기능을 유지, 항피부염인자

각 계열의 지방산은 각각 독특한 기능을 하므로, 두 계열의 지방산의 섭취가 균형을 잃게 되면 순환기계, 면역계 질병, 뇌와 안구의 미발달, 그리고 암의 발생에까지 이르게 된다. 즉, ω-6계 지방산의 결핍은 성장지연, 피부염증, 생식불능, 지방산 등을 유발하고, 과다 섭취 때는 면역기능이 억제되고 혈전 형성이 증가되어 심혈관계 질환이 증가될 수 있다. 반면에 ω-3계 지방산의 결핍은 정상적인 성장, 생식, 피부 등을 유지하면서 학습적 감퇴, 비정상적인 망막기능과 시각장애 등을 유발하고 섭취가 증가하면 ω-6계 지방산에 대해 경쟁을 하므로 ω-6계 지방산이 독특한 기능을 수행하지 못하여 결핍증상이 악화되고 항산화 관련 영양소가 감소된다. 또한 이중결합이 많은 ω-3와 ω-6계 지방산의 섭취가 과다할 때에는 산소와 쉽게 결합할 수 있어 과산화물, 유리라디칼(free radical) 등의 생성으로 조직에 해를 줄 수 있다. 따라서 다가불포화지방산은 그 필수성에도 불구하고 섭취량을 총열량 섭취량의 10% 이하로 권장하고 있다.

(2) 레시틴

레시틴은 동물, 식물, 곰팡이류에 널리 분포하며 포유동물에서 전체 인지질의 약 절반을 차지한다. 레시틴은 세포막 등의 생체막 형성에 중요한 역할을 하고, 세포를 활성화시키며, 신경전달물질의 원료 물질인 콜린의 주된 공급원으로 기능을 가진다. 또한 친수성과 소수성의 양쪽성 성질을 가짐으로써 물과 기름을 유화시키는 성질이 있기 때문에 콜레스테롤을 간으로 운반해 줌으로써 혈관벽에 콜레스테롤이 침착하는 것을 방지해 준다.

(3) 식물성스테롤

식물성스테롤은 유지의 정제과정에서 검화(saponification)되지 않는 성분으로 식물의 배아에 존재하며 함량이 높은 식물로는 옥수수, 대두, 참깨, 현미, 유채 등이 있다. 대표적인 식물성스테롤로는 β-sitosterol, β-sitostanol 및 이들의 지방산 유도체가 있다. sitosterol 및 그 유도체가 콜레스테롤보다 소수성이 강하므로 담즙산 존재 시 장의 점막에 대한 친화도가 콜레스테롤보다 높아 콜레스테롤의 흡수를 저해하여 혈액 중의 LDL-콜레스테롤의 수준을 감소시킨다고 보고되면서 주목받기 시작하였다. 따라서 식물성스테롤은 혈중 콜레스테롤을 저하시켜 심장병을 예방하는 작용을 하고 대장에서 콜레스테롤의 대사물질인 담즙산과 같은 해로운 물질로부터 장을 보호함으로써 암 발생을 억제하는 것으로 추정하고 있다. 일반적으로 결장암 발생률이 낮은 나라를 보면 식물성스테롤 섭취가 높다.

3 단백질

단백질(protein)은 C, H, O, N을 구성원소로 하고 단백질의 기본단위인 아미노산이 여러 개 모여 단백질이라는 거대한 구조를 구성하게 된다. 우리 몸의 구성을 볼 때 ⅔는 물이며, 나머지의 반을 차지하고 있는 것이 단백질로 정상 체중의 약 16%를 차지한다. 단백질은 생명유지에 필수적인 영양소로서, 인체 내에서 근육, 피부, 골격, 혈액, 신경, 호르몬, 항체 등 주요한 세포의 구성요소가 되고 있다. 또한 단백질은 유전정보가 발현되는 분자기구(molecular instrument)로 작용하므로 여러 가지 생물학적 역할을 한다.

1) 단백질의 분류

(1) 단백질의 구성단위

아미노산(amino acid)은 단백질을 구성하는 기본단위이며, 강한 공유결합인 펩타이드 결합(peptide bond)으로 연결되어 단백질을 이룬다. 단백질에서 볼 수 있는 20종류의 아미노산은 비슷한 구조를 형성하고 있다. 즉 한 개의 탄소에 아민기($-NH_2$)와 카르복실기(-COOH), R기, 수소원자가 결합되어 있다.

인체가 필요로 하는 20여 개의 아미노산 중 9개의 아미노산은 체내에서 합성이 이루어지지 않는다. 이와 같이 신체에서 합성될 수 없는 아미노산을 필수아미노산(essential amino acid)이라 하며, 나머지 인체에서 합성될 수 있는 아미노산을 불필수아미노산(nonessential amino acid)이라 한다.

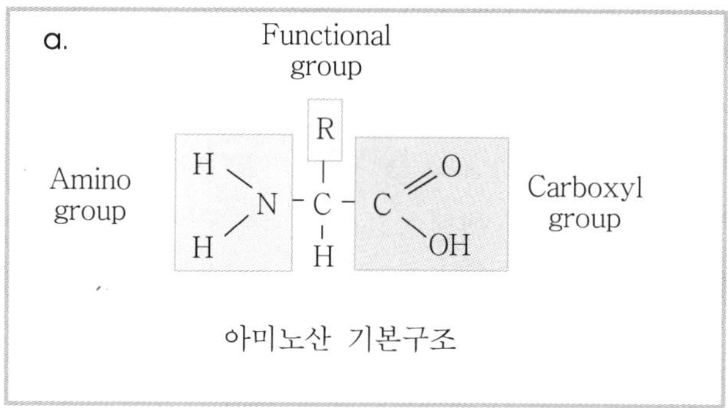

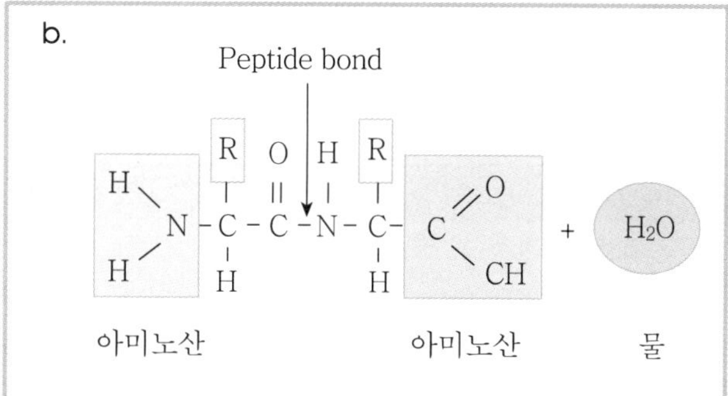

그림 2-16 a. 아미노산의 구조, b. 펩타이드 결합

표 2-20 체내합성 여부에 따른 아미노산의 분류

필수 아미노산	불필수 아미노산
• 이소류신(isoleucine)	• 알라닌(alanine)
• 류신(leucine)	• 아스파르트산(asparticacid)
• 라이신(lysine)	• 아스파라긴(asparagine)
• 메티오닌(methionine)	• 시스테인(cysteine)
• 페닐알라닌(phenylalanine)	• 글루탐산(glutamicacid))
• 트레오닌(threonine)	• 글루타민(glutamine)
• 트립토판(tryptophan)	• 글리신(glycine)
• 발린(valine)	• 프롤린(proline)
• 히스티딘(histidine)	• 세린(serine)
• 아르기닌(arginine)	• 티로신(tyrosine)

* 아르기닌(arginine)은 영아에게 필수아미노산이다 (출처 : Nutrition 4th edit. 2003)

(2) 단백질의 분류

인체 내에 수천 가지의 다른 형태로 존재하는 단백질은 그 구성성분에 따라 단순단백질, 복합단백질과 유도단백질로 분류할 수 있다. 단순단백질(simple protein)은 아미노산으로만 이루어진 단백질이고 복합단백질(conjugated protein)은 단백질이 당질, 지질, 인산과 색소 등 단백질 이외의 물질과 결합한 것이다. 유도단백질(derived protein)은 단백질이 물리적, 화학적 변화를 받은 것으로 그 변화 상태에 따라 변성단백질, 분해단백질로 구별한다.

표 2-21 단백질의 분류

분 류	예
• 단순단백질 (simple protein)	난백, 혈청, 우유 중의 알부민(albumin)
	밀의 글루텐(gluten)
	근육과 혈청의 글로불린(globulin)
• 복합단백질 (conjugated protein)	핵단백질(핵산+단백질) - DNA, RNA
	당단백질(당질+단백질) - 뮤신(mucin)
	인단백질(인+단백질) - 우유 중의 카제인(casein)
	색소단백질(색소+단백질) - 헤모글로빈(hemoglobin)
	지단백질(지질+단백질) - LDL, HDL
• 유도단백질 (derived protein)	변성단백질 - 젤라틴, 응고단백질
	분해단백질 - 펩톤(peptone), 펩타이드(peptide)

2) 단백질의 소화와 흡수

단백질이 소화되기 위해서는 먼저, 단백질 특유의 기능적 형태를 잃고 긴 사슬이 되어 효소의 작용을 잘 받을 수 있도록 변성이 되어야 한다.

단백질의 소화는 위에서 시작된다. 단백질이 위산에 의해 변성되면 단백질을 분해하는 효소인 펩시노겐(pepsinogen)이 펩신(pepsin)으로 활성화되어 단백질의 소화가 시작된다. 위에서 음식물이 십이지장으로 이동하면 췌장에서 키모트립신(chymotrypsin), 카르복실 펩티다아제(carboxy peptidase), 트립신(trypsin) 등의 효소가 불활성 형

태로 분비되어 최종산물인 아미노산으로 분해한다.

아미노산의 흡수는 단당류의 흡수와 비슷하다. 아미노산이나 단당류는 수용성이므로 단순 확산이나 또는 능동적 운반을 통해 소장의 흡수세포를 통하여 모세혈관을 거쳐 간으로 운반된다. 간으로 운반된 아미노산은 여러 조직과 세포로 운반되거나 신체에 필요한 새로운 단백질을 합성하는 등 여러 가지 대사과정을 거치며 작용을 한다.

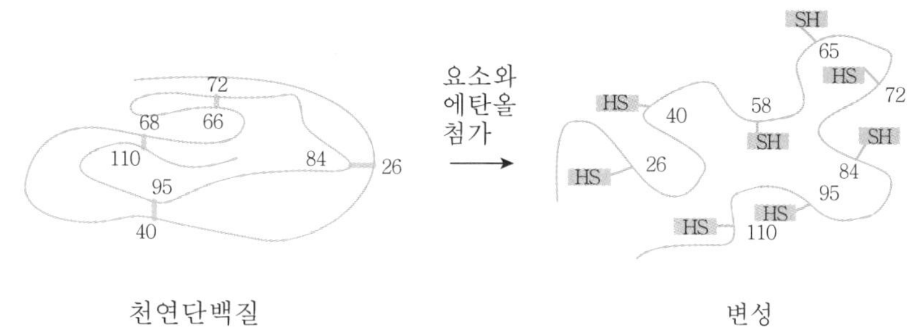

그림 2-17 단백질의 변성

3) 단백질의 체내 기능

(1) 체조직의 성장과 유지

단백질은 세포, 근육, 세포막의 구성성분이 되고 뼈, 피부, 결체조직 등의 기초조직(matrix)을 형성한다. 성장기에 있는 어린이뿐만 아니라 성인도 체내의 모든 세포에서 계속적으로 새로운 단백질이 합성되고, 오래된 단백질은 분해되므로 단백질의 교체(turnover)를 위해 지속적인 단백질 공급이 필요하다.

(2) 체내 대사과정의 조절

① 체액의 균형 유지

세포와 혈액, 세포조직 사이의 체액의 균형은 다양한 요인에 의해 평형을 유지하고 있으며 그중 가장 중요한 역할을 혈액 단백질인 알부민과 글로불린이 담당한다. 단백질을 충분히 섭취하지 못하는 경우, 체액이 혈액으로부터 근처의 조직 세포로 들어가 말초 모세혈관이 있는 조직(특히 손, 발)에 부종이 나타난다.

② 산과 염기 평형 유지

단백질은 한 분자 내에 카르복실기와 아미노기를 함께 가지고 있는 양성물질로서, 인체 대사과정에서 발생하는 산이나 알칼리와 결합하여 혈액과 체액을 항상 약알칼리성인 pH 7.35~7.45 정도로 일정하게 유지해 준다.

$$COOH \underset{\text{산 성}}{\overset{\text{염기성}}{\rightleftharpoons}} COO^- + H^+ \qquad NH_3^- \underset{\text{산 성}}{\overset{\text{염기성}}{\rightleftharpoons}} NH_2 + H^+$$

(3) 호르몬과 효소의 합성

인체 기능을 조절하는 효소와 호르몬의 주성분은 단백질이다. 갑상선 호르몬과 부신 호르몬인 에피네프린, 노르에피네프린은 아미노산의 유도체로 구성되어 있고 인슐린, 글루카곤은 폴리펩티드의 형태로 구성되어 있다. 또 효소는 단백질 촉매제로 인체 내의 물질을 분해, 합성 또는 전환하는 대사과정에서 중요한 조절작용을 한다.

4) 기능성 단백질 소재

식품에서 펩타이드(peptide)는 영양, 맛, 그리고 기능성에 영향을 미침으로써 식품에 매우 중요한 역할을 한다. 식품성분을 대상으로 한 기능성식품소재에 대한 연구 중에서 특히 식품단백질에서 유래되는 펩타이드(peptide)가 생리활성기능을 나타낸다고 밝혀졌다. 단백질은 각종 효소에 의하여 가수분해되면 여러 가지 생리활성을 나타내는 펩타이드를 생성하게 된다. 펩타이드는 보통 2~50개의 아미노산이 결합한 형태이고 단백질과는 다른 여러 가지 물리화학적, 영양학적 특성을 갖고 있을 뿐 아니라 기능성식품소재로서 다양한 생리활성을 갖고 있어 건강식품, 병원식, 유아식 등으로 광범위하게 활용되고 있다. 생리활성 펩티드는 그 작용에 따라 다음과 같이 분류할 수 있고 대표적으로 대두단백질, 우유단백질의 효소 소화물 중에 많은 생리활성 펩티드가 발견되고 있다.

(1) 실크펩타이드

실크(silk)란 누에고치(cocoon)를 말하며 주성분은 피브로인(fibroin)과 세리신(sericin) 두 종류의 천연단백질이다. 이 천연단백질을 가수분해하면 필수아미노산

표 2-22 생리활성 펩타이드의 종류와 기능

종 류	식품성분	생체조절기능
• 미네랄 흡수촉진 펩티드	CPP, CPOP	◦ 우유 카제인을 트립신으로 가수분해한 것 ◦ 소화관에서 칼슘과 철의 흡수를 촉진
• 콜레스테롤 흡수저해 펩티드	대두(7S, 11S globulin)	◦ 장내 스테롤에 결합하여 재흡수를 저해 ◦ 배설촉진으로 혈중 콜레스테롤 저하
• 혈압저하 펩티드	계란흰자(ovokinin) 우유(casein) 정어리근육(actin)	◦ 안지오텐신 변환 효소(ACE)활성을 저해 ◦ 안지오텐신II에 의한 말초 혈관의 수축 ◦ 심박출량의 증가에 따른 혈압 상승 저해
• 면역활성 펩티드	쌀(oryzatensin) 대두(11S globulin)	◦ 대식세포의 식작용 활성화, 항체생산증가 ◦ 병원균 감염에 대한 방어작용

8종을 포함하는 18종류의 아미노산과 펩타이드가 생성된다.

자연상태의 실크피브로인은 매우 큰 단백질로 생체에 흡수되지 않기 때문에 작은 크기의 실크펩타이드(silk peptide)로 분해하는 것이 필요하다. 저분자량으로 가용화된 실크펩타이드는 알라닌(alanine) 30%, 글리신(glycine) 45%, 세린(serine) 22% 등의 아미노산으로 구성된 올리고펩타이드를 대량 함유하고 있다.

실크펩타이드와 관련하여 연구된 바에 의하면 실크 가수분해물이 콜레스테롤 침착을 억제하여 세포막 유동성을 매우 효과적으로 증가시킬 뿐만 아니라 강력하게 활성산소의 생성을 저해하여 산화적 스트레스를 억제한다고 하며 이 외에도 실크 가수분해물의 혈당강하 효과 및 노인성치매 억제효과가 있는 것으로 연구·보고되고 있다. 또한 최근에 누에고치에서 추출한 실크펩타이드 성분이 암 발생을 초기단계에서 차단하는 효과가 있다고 연구·보고되어 성인병 예방의 기능성 소재로서의 활용 가능성이 제시되었다.

(2) 글루타티온

글루타티온은 글루탐산(glutamic acid), 시스테인(cysteine), 글리신(glycine)의 세 가지 아미노산으로 구성되는 트리펩티드(tripeptide)로 자연계에 널리 분포하며, 효모, 간, 근육 등에 특히 많이 함유되어 있다. 글루타티온은 포유동물의 세포가 증식되는 동안 아미노산의 수송, 단백질합성과 DNA의 전구물질합성, 효소활성, 시스테인의 저장과 운반 및 유리라디칼과 활성산소 화합물에 대한 세포의 보호작용 등 많은 생물학적인 기작에 있어 중요한 역할의 수행하는 아미노산 유도체이다.

글루타티온은 반응성이 강한 '활성산소' 분자로 인해 유발될 수 있는 세포 손상(cellular damage)을 감소시키는 항산화 효능을 갖는다. 세포는 글루타티온과의 반응에 의해 정상적으로 제거되는 활성산소 화합물을 생산하고 산소가 없는 상태에서 글루타티온은 유래된 라디칼과 반응할 수 있는 능력이 높아진다. 최근 미국 에모리대학(Emory Univ.)의 과학자들은 글루타티온이 이 유행성 감기 바이러스(influenza virus)로 인한 감기를 예방하는 데 좋은 효능을 보인다는 새로운 연구결과를 미국 샌디에고에서 개최된 실험생물학(Experimental Biology) 학술대회에서 발표하였다.

글루타티온이 많이 들어 있는 식품은 소, 돼지, 닭 등의 간과 꽁치, 고등어 등의 등푸른생선과 생굴, 조개 등이다.

4 미네랄

자연계에 존재하는 물질 중 탄소를 함유하는 물질을 유기질, 탄소를 함유하지 않는 물질을 무기질 또는 미네랄이라 한다. 탄수화물, 지질, 단백질, 비타민 등의 영양소는 탄소, 수소, 산소, 질소 등의 원소들이 서로 결합하여 구성되어 있는 화합물인 반면 미네랄은 한 개의 화학 원소로 그 자체가 영양소이다. 미네랄은 분자구조에 탄소를 함유하지 않기 때문에 에너지를 내지 못하며, 태우면 회분, 또는 재의 형태로 남는다.

인체의 약 96%는 유기물질을 구성하는 탄소, 수소, 산소 및 질소로 구성되어 있으며 나머지 4%가 미네랄로 구성되어 있다. 미네랄은 극소량이지만 인체의 성장과 유지 및 생식에 중요한 역할을 하는 필수영양소이다. 탄수화물, 지질, 단백질, 또는 비타민의 일부는 생물체 내에서 합성이 가능하지만 미네랄은 합성되지 못하므로 반드시 식품을 통해서 섭취되어야 한다.

1) 미네랄의 분류

미네랄은 체중의 4~5%를 차지하는데 성인 여성과 남성에 약 2.8~3.5kg 정도 들

어있다. 미네랄은 인체가 하루에 필요로 하는 양의 정도에 따라 다량 미네랄과 미량 미네랄로 분류된다.

일반적으로 체중의 0.05% 이상을 차지하고, 하루에 100mg 이상을 필요로 하는 미네랄을 다량 미네랄(macromineral)이라고 하며, 체내에 존재하는 다량 미네랄은 모두 7가지로 칼슘(Ca), 인(P), 나트륨(Na), 염소(Cl), 칼륨(K), 마그네슘(Mg), 황(S)이 이에 속한다. 반면, 하루에 식사를 통하여 섭취해야 하는 권장량이 100mg 이하인 미네랄을 미량 미네랄(micromineral)이라 한다.

표 2-23 미네랄의 분류와 체내 함량

다량미네랄	체내함량 (체중 %)	미량미네랄	체내함량 (체중 %)
칼 슘	1.5~2.2	철	0.004
인	0.8~1.2	아 연	0.002
칼 륨	0.35	셀레늄	0.0003
황	0.25	망 간	0.0002
나트륨	0.15	구 리	0.00015
염 소	0.15	요오드	0.00004
마그네슘	0.05	크 롬	0.00003

인체의 생명유지에 필수적인 미량 미네랄에는 철(Fe), 요오드(I), 망간(Mn), 구리(Cu), 아연(Zn), 불소(F)와 코발트(Co)가 있다. 미량 미네랄은 체내에서 워낙 적은 양이 존재하기 때문에 다른 영양소와는 달리 필요량이나 권장량을 정하는 데 어려움이 많다.

미네랄이 인체 내에 존재하는 양은 미네랄의 종류에 따라 다르다. 다량 미네랄 중 가장 많은 것은 칼슘과 인인데, 신체의 체액과 조직에 널리 분포되어 골격과 치아의 중요한 구성성분이 된다. 그 다음에 많은 것이 칼륨으로서 나트륨, 염소, 칼슘, 인 등과 함께 생체 내의 조직에 널리 분포하여 중요한 생리작용을 하고 있다. 미량 미네랄인 철은 0.004%, 요오드는 0.00003%로 매우 적은 양이 존재하지만 혈액이나 체액에 유리 이온으로 존재하기도 하고 호르몬의 일부분으로서 중요한 기능을 하기도 한다.

2) 미네랄의 소화와 흡수

미네랄은 식품 중에 단일원소로 존재하므로 소장에서 흡수되기 위해 따로 소화과정을 거칠 필요는 없고 단지 식품성분으로부터 미네랄을 분리하는 과정이 필요하다. 미네랄은 소장 점막세포에서 수동 또는 능동운반 체계에 의해서 흡수된다. 철분의 경우는 운반단백질인 페리틴(ferritin)과 결합되어 흡수되고 칼슘은 비타민 D의 작용에 의해 합성된 칼슘결합단백질에 의해서 흡수된다.

소장에서 흡수되는 미네랄은 식품에 함유된 양뿐만 아니라 생체이용률에 따라 체내로 흡수되고 이용되는 정도가 다르다. 생체이용률(bioavailability)은 섭취된 영양소의 양과 그것이 체내에서 유용된 양의 비율로, 특정한 미네랄이 체내에서 얼마나 잘 흡수되어 생화학적 기능에 유효한지를 나타내는 것이다. 미네랄의 생체이용률은 여러 요인의 영향을 받는데 미네랄과 미네랄 간의 상호작용, 비타민과 미네랄 간의 상호작용, 식이섬유와 미네랄 간의 상호작용 등이 주된 요인이다.

많은 미네랄은 비슷한 분자량과 원자가를 가지고 있다. 비슷한 크기와 같은 전하를 지닌 미네랄은 흡수를 위하여 서로 경쟁을 하기 때문에 서로의 생체이용률에 영향을 준다. 예를 들면 인체 내에 많은 양의 아연이 존재하게 되면 구리의 흡수를 저해하게 되고, 구리는 철분대사에 필요하기 때문에 아연은 철의 유용성에 연쇄적으로 영향을 미치게 된다.

여러 비타민은 특정한 미네랄을 각각의 구조나 기능 유지를 위해 필요로 하는데, 비타민 C와 철분을 동시에 섭취할 경우 철분의 흡수는 향상되며, 비타민 D인 calciferol은 칼슘의 흡수를 증진시킨다. 또한 곡류에 포함되어 있는 피틴산(phytic acid)과 시금치, 차 등에 들어있는 수산(oxalate)은 미네랄과 결합하여 대변으로 배출되기 때문에 미네랄의 흡수를 감소시킨다. 반면, 식빵과 같이 효모로 발효된 식품을 섭취하는 경우 효소는 피틴산과 미네랄 사이의 결합체를 끊어 미네랄의 흡수를 증가시킨다.

3) 미네랄의 체내 기능

체내에서 각 미네랄의 기능은 다르나 대체로 구성성분과 조절성분으로 작용한다.

① 신체 구성성분의 미네랄

미네랄은 신체의 각 부분을 형성한다. 신체를 구성하는 미네랄 중에서 칼슘과 인은 골격과 치아와 같은 단단한 조직을 구성하므로 정상적 골격의 성장은 미네랄의 적당량 섭취 여부에 달려 있으며, 성장이 끝난 후에도 골격의 건강유지에 필요하다. 연결조직은 연골, 피부, 뼈 주위 조직으로 아연, 구리, 망간 등이 연결조직 형성에 필수적이다. 또한 신체에서 중요한 기능을 하는 호르몬, 여러 금속효소의 구성성분 또는 조효소의 생합성 재료로 이용된다.

② 조절성분의 미네랄

인체 내에서 미네랄은 체액에 녹아 이온의 형태로 존재하며 산 또는 알칼리를 형성하여 대사반응에 필요한 산성 혹은 염기성을 정상 수준으로 유지하도록 조절한다. 또한 세포막을 투과하여 세포 내외로 이동하는 물의 방향과 양은 미네랄의 농도에 의해서 결정되며 다량 미네랄 중 나트륨, 칼륨, 염소는 체내의 주된 전해질로 삼투압에 따라 체내 수분의 흐름을 조절하는 작용을 한다. 구리, 칼슘, 망간, 아연 등 많은 미네랄들은 체내의 이화작용(catabolism) 및 동화작용(anabolism)에서 촉매 기능을 한다.

(1) 다량 미네랄

종 류	체내 기능	급원식품
칼 슘 (Ca)	골격과 치아 형성 : 콜라겐 기질 위에 칼슘을 포함한 미네랄이 침착해서 기질이 단단해짐(석회화) 혈액응고 : 출혈시 프로트롬빈을 트롬빈으로 전환시켜 피브린을 형성 신경전달 : 신경계의 신경전달물질 방출하는데 필요 근육의 수축, 이완작용의 조절	우유 및 유제품, 뼈째 먹는 생선, 해조류 및 채소 두부, 콩
칼 륨 (K)	수분과 전해질의 평형유지 당질대사에 관여 : 혈당이 글리코겐으로 전환될 때 글리코겐은 칼륨을 저장 단백질합성에 관여 : 근육단백질과 세포단백질 내에 질소를 저장하기 위해 필요	녹엽채소, 단호박, 오렌지, 바나나, 우유

마그네슘 (Mg)	골격과 치아의 구성성분 : 탄산이나 인과 복합체를 이루어 골격과 치아의 표면을 구성 ATP의 구조적인 안정유지 및 에너지 대사에 관여 신경의 근육조절기능에 필요 : 근육을 이완시키고 신경을 안정시키는 효과	코코아, 견과류, 대두, 전곡, 시금치

(2) 미량 미네랄

종 류	체내 기능	급원식품
철 (Fe)	적혈구에서 헤모글로빈의 헴 성분과 근육의 미오글로빈 성분 형성 산소 이동과 저장에 관여 : 헤모글로빈은 폐로 들어온 산소를 조직의 세포로 운반하고 미오글로빈은 근육조직 내에서 산소를 일시적으로 저장	육류, 어패류, 가금류, 곡류, 진한 녹색채소, 콩류
아 연 (Zn)	인체 내 여러 금속효소의 구성요소 : 체내에서 주요한 대사과정이나 반응을 조절하는 데 관여 핵산과 아미노산의 대사에 관여 : 성장 및 상처치유에 관여, 면역기능을 원활히 하는 데 필요	쇠고기, 간, 굴, 게, 새우, 배아, 외피
셀레늄 (Se)	항산화 작용 : 항산화 효소인 글루타티온 과산화효소의 성분으로 작용하여 과산화물을 알코올 유도체와 물로 전환시켜 세포막을 보호 항산화 작용에 요구되는 비타민 E의 절약 작용	육어류, 내장류, 전밀, 밀배아, 종실유, 견과류
망 간 (Mn)	여러 효소를 활성화시키는 기능 : 탄수화물, 단백질, 지질의 대사에 관여하여 영양보급 요의 형성 : 암모니아의 축적으로 일어나는 해를 막기 위해 요의 형성과정에 관여	호두, 땅콩, 귀리, 쌀겨, 콩류
구 리 (Cu)	여러 금속효소의 구성성분 : ATP의 형성에 기여 철분의 흡수와 이용을 도움 : 철분의 흡수와 이동을 돕고, 저장된 철분이 헤모글로빈 합성장소로 이동하는 데 관여하므로 헤모글로빈의 합성을 도움	간, 견과류, 콩류, 굴, 가재, 해산물
요오드 (I)	갑상선 호르몬의 성분 및 합성 : 갑상선 호르몬은 아미노산인 티로신에서 합성되며 요오드는 활성형의 호르몬이 되도록 하는 데 필수적	미역, 김, 해산물
크 롬 (Cr)	당내성인자의 성분으로 당질대사에 관여 : 인슐린 작용을 강화하여 세포 내로 포도당이 유입되도록 도움	간, 계란, 밀겨, 밀배아
몰리브덴 (Mo)	여러 효소의 보조인자로서 대사 작용에 관여 : 피리미딘과 퓨린 화합물의 산화를 억제	밀배아, 말린 콩, 우유 및 유제품

비타민(vitamin)

사람이 생명을 유지하는 데는 효소, 비타민, 호르몬이라 하는 미량의 유기화합물이 촉매로서 작용한다. 그중에서 비타민은 신체에 매우 소량 필요한 미량 영양소이지만 생명과 건강을 유지하고 정상적인 생리기능을 조절하며 성장 및 대사과정에 필수적으로 요구되는 유기화합물로서 체내에서 합성되지 않기 때문에 음식물로서 섭취해야 하는 필수영양소이다. 단, 카로티노이드(carotenoid)를 섭취하면 체내에서 비타민 A로, 에르고스테롤(ergosterol)은 비타민 D_2로 변하게 된다. 즉 카로틴이나 에르고스테롤과 같이 체내에서 비타민으로 변할 수 있는 물질을 전구체(provitamin)라고 한다. 비타민은 대부분 단일물질이 아닌 다양한 화학 조성을 가진 물질의 그룹으로 그 자체로 에너지를 내지 못하며 탄수화물, 단백질, 지질로부터 에너지를 얻는데 조효소(coenzyme)로 작용하여 대사에 관계되는 것이 많다.

1) 비타민의 역사

비타민에 관한 연구는 19세기 말에서 20세기 초에 활발하게 진행되었는데 비타민 발견의 직접 동기는 사람 및 조류의 각기병의 영양학적인 연구에서 비롯되었다. 1912년 폴란드의 화학자 C. Funk가 각기병은 음식물 중 어떤 물질의 결핍으로 발생된다는 것을 독자적으로 밝히고, 유기화학적인 방법으로 그 유효성분을 분리하였다. 즉, 그는 쌀겨로부터 항각기성 효과를 나타내는 어떤 물질을 분리해내었는데, 이 물질이 질소를 함유하는 작은 분자량의 유기화합물이라는 뜻에서 'vitamine'이라 명명하였다. 라틴어에서 vita는 생명을 의미하며, 생화학 용어인 아민(amine)은 아민기를 가진 질소함유 유기물질을 의미한다. 결국 아민기를 가진 물질로서 동물의 생존을 위하여 필수적이라는 의미에서 vital + amine = vitamine이라 하였다. 이후 연구자들이 생명에 필수적인 다른 식품인자들을 발견하기 시작함에 따라 이 물질들이 모두 아민은 아님이 밝혀져 1920년 영국의 생화학자 J.C Drummond가 'vitamin'이란 용어를 도입하여 오늘날까지 사용하기에 이르렀다.

2) 비타민의 분류

1915년 McCollum은 일종의 눈병을 예방할 수 있고, 정상적인 성장에 필요한 물질이 우유나 버터의 유효 성분에 존재한다는 것을 알고 이를 fat soluble A라 하였고, 각기병 치료의 성분은 수용성이므로 water soluble B라 하여 비타민을 수용성 비타민과 지용성 비타민으로 분류하게 되었다.

표 2-24 지용성과 수용성 비타민의 일반적 성질

구분	지용성 비타민	수용성 비타민
• 종 류	비타민 A, D, E, K	비타민 B 복합체, 비타민 C
• 용해도	기름과 유지용매에 용해	물에 용해
• 흡수성	체내로 흡수되기 어려움	체내로 흡수되기 쉽고 흡수가 빠름
• 저장성	필요량 이상의 섭취량은 체내저장 (예외 : 비타민 E)	필요량 이상의 섭취량은 체외로 방출 (예외 : 비타민 B_{12})
• 결핍증	결핍증세가 서서히 나타남	결핍증세가 빨리 나타남
• 독 성	과량섭취 시에 독성 유발	독성 유발 가능성 드묾
• 전구체	비타민의 전구체가 존재	일반적으로 전구체가 존재하지 않음

용해성에 따른 비타민의 분류방법은 비타민의 체내 흡수, 운반, 저장, 배설에 영향을 미친다. 수용성 비타민은 물에 녹는 성질로 인해 체내의 흡수, 저장, 배설속도와 건강을 위해 필요한 섭취빈도, 식품의 가공조리에 의해 영향받는 정도나 독성의 가능성들이 지용성 비타민과 다르다.

화학구조에서 지용성 비타민은 거의 전적으로 탄소, 수소, 산소로 구성되나 대부분의 수용성 비타민은 이 외에 질소, 황, 코발트 등의 원소를 포함한다. 인체에서 수용성 비타민은 혈액으로 직접 흡수되어 자유로이 돌아다니지만 지용성은 먼저 림프로 들어간 후 혈액으로 들어가고 운반을 위해 단백질 운반체를 필요로 한다. 일단 흡수가 되면 지용성 비타민은 간과 피하지방에 상당량 저장될 수 있기 때문에 과잉증 또는 독성의 위험이 있는 반면, 수용성 비타민은 체내에 저장되는 양은 얼마 되지 않기 때문에 필요량 이상 과다하게 섭취하면 대부분 소변으로 배설된다. 따라서 일상식사를 통해서 매일 충분히 섭취하지 않으면 쉽게 결핍증이 발생할 수 있다.

3) 비타민의 소화와 흡수

지용성 비타민은 이름에서도 나타나듯이, 그 섭취나 흡수 및 대사과정은 식이지방의 양이나 형태, 체내 지방 흡수 및 대사와 관련이 있다. 지용성 비타민은 식이지방과 마찬가지로 담즙에 의해 유화된 후 미셀(micelle)을 형성하여 지방과 같이 소화되어 소장 상피세포를 통해 흡수되고 림프를 통해 혈류로 들어와 지단백질과 결합하여 필요한 조직으로 운반된다. 따라서 지방의 흡수에 영향을 미치는 요인들에 의하여 지용성 비타민의 흡수도 영향을 받게 되므로 지방흡수가 손상되면 지용성 비타민의 흡수도 감소된다. 건강한 성인의 경우 식사를 통해 섭취한 지용성 비타민의 흡수율은 40~90% 정도이고, 흡수된 지용성 비타민은 간(비타민 A, D, K) 또는 지방조직(비타민 E)에 저장된다.

수용성 비타민은 물과 함께 쉽게 소장 상피세포를 통해 능동수송(active transport)에 의해서 흡수되어 문맥을 통해 간으로 운반된다. 식품 내 수용성 비타민의 장내 흡수율은 50~90% 정도로 높은 편으로 몸에 필요한 양이 매우 효율적으로 흡수된다. 그러나 지나치게 많은 양을 섭취했을 때는 비타민 운반체계가 포화상태가 되므로 수동확산(passive diffusion)에 의해 흡수되고 흡수율도 떨어진다. 비타민 B_{12}는 다른 수용성 비타민과는 달리 흡수될 때 당단백질의 일종인 내적인자(intrinsic factor, IF)와 결합된 후 능동수송에 의해 회장에서 흡수되며 기타 모든 수용성 비타민은 십이지장과 공장에서 주로 흡수된다.

4) 비타민의 체내 기능

비타민은 인체 전반의 생화학적 반응에 필수적인 역할을 하며 강력한 효력을 나타내는 유기화합물이다. 인간의 영양에 있어서 비타민의 역할은 인체 내의 기능조절에 관여하는 일과 각기병(beriberi), 괴혈병(scurvy), 펠라그라(pellagra), 구루병(rickets) 등의 결핍성 질환을 예방하는 일이다.

수용성 비타민들은 대부분 인체 내에서 일어나고 있는 열량대사 및 여러 화학반응에 관여하는 효소의 작용을 촉진하는 조효소(coenzyme)로서의 기능을 가진다. 조효소가 결합되지 않은 효소는 활성이 없기 때문에 불완전효소(apoenzyme)라고 하며, 불완전효소에 조효소가 결합되면 완전효소(holoenzyme)라고 한다.

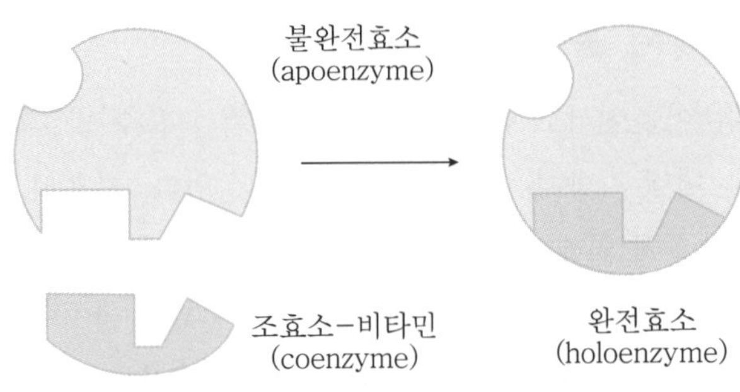

그림 2-18 효소와 조효소의 상호작용

티아민, 리보플라빈, 나이아신, 비오틴, 판토텐산 등은 열량 영양소로부터 에너지를 생산하는 과정에서 조효소기능을 하고 엽산과 비타민 B_{12}는 적혈구를 형성하는 과정 중에 조효소로 작용한다. 비타민 B 복합체는 특정 이온이나 원자단을 옮겨주는 반응을 도와 세포 내의 대사과정이 정상적으로 진행되도록 도우므로 비타민 B군 없이 인체는 에너지를 생성할 수 없다.

(1) 지용성 비타민

종 류	체내 기능	급원식품
·비타민 A retinol retinal retinoic acid 전구체 carotenoid (β-carotene)	시각관련기능(retinal) : 눈의 간상세포에서 단백질인 옵신과 결합하여 로돕신을 형성, 어두운 곳에서의 시각기능에 필수적 세포분화(retinoic acid) : 상피세포와 점액을 합성, 분비하는 배상세포의 분화를 증진 성장, 발달, 생식(retinol) : 세포성장과 발달을 자극하는 단백질 합성과 DNA 합성에 필요	비타민 A 간, 버터, 치즈, 계란, 전구체 당근, 녹황색채소, 늙은 호박
·비타민 D 비타민 D_2 비타민 D_3 전구체 7-dehy- drocholesterol	뼈의 형성과 유지에 관여 칼슘과 인의 흡수 촉진 : 점막세포에서 칼슘의 흡수에 필요한 단백질을 합성하고 세포막의 유동성을 증가시켜 칼슘과 인이 쉽게 세포막을 통과할 수 있게 함으로 골격의 석회화를 촉진 혈중 칼슘 농도의 조절 : 파골세포에서 뼈의 칼슘이 혈액으로 용해되어 나오는 것을 촉진하고 신장에서 칼슘의 재흡수를 도움	달걀, 우유, 생선간유, 정어리, 씨리얼
·비타민 E tocopherol tocotrienol	항산화제 역할 : 세포막에 존재하는 불포화지방산(인지질, 콜레스테롤)이 유리 라디칼(free radical)에 의해 산화되는 과정을 중단시키고 유리 라디칼을 불활성시킴으로써 세포의 손상을 예방	식물성기름, 마가린, 쇼트닝, 녹황색채소
·비타민 K	간에서 혈액응고인자(prothrombin)의 합성에 관여 CO_2 + 글루탐산 —비타민 K→ 프로트롬빈	녹황색채소, 간, 곡류, 과일

(2) 수용성 비타민

종 류 (조효소)	체내 기능	급원식품
비타민 B_1 (TPP)	탄수화물의 대사 : 에너지 대사과정 중 탄수화물의 대사과정에서 조효소로 작용하여 에너지 발생을 도움 신경기능 : 신경전달물질인 아세틸콜린의 합성을 도와주고 신경자극의 전달을 조절	돼지고기, 두류, 전곡, 해바라기씨
비타민 B_2 (FMN, FDA)	열량영양소로부터 에너지의 방출을 촉진하는 효소들을 돕는 조효소로 산화-환원작용을 촉매	유제품, 육류, 곡류,
비타민 B_6 (PLP)	아미노산 대사 : 아미노산의 아미노기를 제거하고 다른 화합물에 첨가해 주어 새로운 아미노산을 합성 헤모글로빈의 구성분인 헴(heme) 합성과정에 관여 신경전달물질(세로토닌) 합성에 관여	육류, 닭고기, 바나나, 감자, 가금류
비타민 B_{12} (메틸코발아민, 아데노실코발아민)	엽산대사에 관여 : 엽산을 DNA합성과 같은 대사반응에 필요한 활성형으로 전환 적혈구 형성 : 골수에서 적혈구 형성물질인 적아구세포의 DNA합성에 관여	동물성 식품, 특히 내장육, 굴, 조개류, 유제품
비타민 C	항산화제 기능 : 세포 대사시에 생성되는 유리 라디칼을 제거하는 역할 콜라겐 합성 : 콜라겐 합성에 필요한 효소 hydroxylase를 활성화시키는 작용	감귤류, 토마토, 양배추, 고추
나이아신 (NAD, NADP)	산화-환원반응에 관여하는 효소들의 조효소인 NAD와 NADP의 성분으로 조직세포에 에너지를 공급	닭고기, 참치, 버섯, 밀기울
비오틴 (비오시틴)	포도당 합성 및 지방산 합성과정에서 조효소로 작용 아미노산으로부터 에너지를 생성하는 과정과 DNA합성과정에 관여	난황, 간, 이스트, 땅콩, 치즈
엽산(THF)	DNA합성 및 세포분열 : 핵산의 구성분인 퓨린과 피리미딘 염기 합성에 관여함으로써 세포의 증식을 도움 적혈구(헤모글로빈의 구성성분인 porphyrin 합성) 형성	짙푸른 잎채소, 오렌지주스, 밀의 배아
판토텐산(CoA)	열량 영양소의 대사과정에 필수적인 조효소(coenzyme A)의 구성성분으로 에너지 생성에 작용 acyl carrier protein의 구성요소로 지방산의 합성과 콜레스테롤과 스테로이드 호르몬의 합성에 관여 헴(heme)의 구성성분(protoporphyrin) 형성	모든 식품 버섯, 간, 땅콩, 달걀, 닭고기,

제3절 만성퇴행성질환

1 만성퇴행성질환 개념 및 정의

생활환경이 열악하고 질병치료 수준이 뒤떨어졌던 과거 70년대 이전에는 급성감염성질환에 의한 사망이 전체 사망원인의 대다수를 차지했다. 그러나 생활수준의 향상과 보건의료기술의 발달로 인하여 80년대 들어서면서부터 감염성질환은 점차 감소하고, 수명의 연장으로 노령인구가 증가함에 따라 암, 뇌혈관질환, 고혈압성질환 같은 만성질환에 의한 사망이 증가하기 시작하였다. 또한 산업화, 선진화에 따른 공해문제와 생활습관의 변화가 두드러진 최근에는 사망원인의 대부분을 만성질환이 차지하고 있으며, 이로 인하여 만성퇴행성질환이 중요한 건강문제로 대두되고 있다.

만성퇴행성질환이란 급성감염성질환과 대응되는 질환군으로 만성경과를 취하면서 연령증가와 더불어 증가하는 질환들을 지칭한다. 만성퇴행성질환이란 용어는 만성질환, 성인병 등과 구분되지 않고 사용되는 경우도 있으나, 1950년대에 사용된 만성병이란 용어보다는 만성퇴행성질환이란 용어가 질환의 경과를 더 잘 나타내 주며, 일본에서 많이 사용되는 성인병이란 용어는 소아기나 청소년기에도 많이 발생하는 질환도 다수 포함되어 있어 맞지 않을 뿐 아니라 이 질환군이 가지고 있는 자연사적, 병리적 특성을 나타내지도 못한다는 결함 때문에 별로 사용되지 않고 있다.

한때 비전염성 또는 비감염성질환이라고 구분된 적도 있었지만 백혈병이나 간암과 같이 그 병원체가 바이러스인 것으로 밝혀진 것도 있어 감염성 여부로 구분하는 것은 위험하다는 의견이 제시되고 있어 최근에는 만성퇴행성질환이라는 용어가 가장 널리 사용되고 있다.

만성퇴행성질환을 한마디로 정의하기는 쉽지 않으나, 대개 다음과 같은 특징을 가지고 있는 질환들을 만성퇴행성질환으로 분류할 수 있다.

1) 일단 발생하면 3개월 이상 오랜 기간의 경과를 취한다.
2) 호전과 악화를 반복하면서 결국 점점 나빠지는 방향으로 진행된다. 악화가 거듭

될 때마다 병리적 변화는 커지고 생리적 상태로의 복귀는 적어진다.

3) 퇴행성이란 어휘가 의미하듯이 대부분의 만성퇴행성질환은 연령증가와 비례적으로 그 유병률이 증가한다.

4) 이 질환군에 속하는 대부분의 질환들은 감염성 병원체가 알려진 결핵, 백혈병 등 몇몇 질환군을 제외하면 역학적 연구에 의해 수 개씩의 위험요인은 파악되었으나 원인이 명확하게 알려진 것은 드물다.

1949년 대통령직속으로 설립된 미국의 만성질환위원회(National Commission on Chronic Illness)는 다음 열거한 특성 중 한 개 이상의 특성을 갖는 손상이나 이상을 만성질환으로 정의하고 있다.

① 질병 자체가 영구적인 것
② 후유증으로 불능(Disability)을 동반하는 것
③ 회복 불가능한 병리적 병변을 가지는 질병
④ 재활에 특수한 훈련을 요하는 질병
⑤ 장기간에 걸친 보호, 감시 및 치료를 요하는 질병이나 기능장애

감염성질환의 경우 직접적인 원인이 되는 세균이나 바이러스를 직접 눈으로 확인할 수 있는 방법이 존재하나 대부분의 만성질환은 하나의 직접적인 원인이 밝혀진 경우가 거의 없고, 관련된 위험요인만이 제시되고 있다. 따라서 대개의 만성퇴행성질환은 조기진단이 가능하지 않아 역학적인 연구에서 가장 중요한 환자와 정상인의 구별이 질병이 어느 정도 진행되어야 가능하다.

감염성질환의 경우도 환경과 숙주 간의 상호관계에 의해 질병이 발생하지만 만성질환의 경우 원인과 관련된 요인들이 훨씬 더 복잡하게 얽혀 있다. 관상동맥질환의 경우 주요한 3대 위험인자로 고혈압, 고콜레스테롤혈증, 흡연이 알려져 있으나, 이 외에도 당뇨병, 비만, 운동부족, 음주, 스트레스, 경구 피임약, 성별, 연령 등이 상호작용하여 질병을 유발하는 것으로 알려져 있다.

대부분의 만성질환은 원인 개체가 접촉하여 질병을 일으키기까지 상당한 기간을 필요로 한다. 이 잠재기간은 감염성질환에서의 잠복기와 비슷하나, 잠복기보다 대단히 길다는 점에서 차이가 있다. 원인에 노출되는 즉시 질병에 이환된다고 하면 그

원인이 되는 요인을 쉽게 발견해낼 수 있지만, 일반적으로 잠재기간은 수십 년의 긴 기간이 되므로 원인적인 요인을 규명하기가 대단히 어렵다.

대부분 만성퇴행성질환의 이환시점은 정확하게 파악하기가 어렵다. 예를 들어 동맥경화증의 경우, 진단 가능한 변화가 나타나는 시기는 이미 병이 상당히 진행된 뒤이며, 교통사고로 사망한 소아를 부검한 경우 많은 예에서 동맥경화증의 초기 단계인 혈관 내 지방 침착을 관찰할 수 있었다는 보고에서 알 수 있듯이 동맥경화증의 변화는 소아기부터 이미 시작된다고 알려져 있다. 고혈압의 경우도 소아기부터 시작되는 것으로 인식되고 있다. 즉, 혈압이 높은 아동이 성인이 되어 고혈압이 된다고 믿고 있으며, 이런 현상을 혈압의 추적현상(tracking phenomenon)이라고 한다.

이와 같이 대부분의 만성퇴행성질환은 어린 시절부터 변화가 축적되어 질병이 발생하며, 증상만 성인이 되어 나타나지 질병의 병변 자체는 오랜 기간을 거쳐 이미 체내에서 일어나고 있다.

표 2-25 만성퇴행성질환의 원인

생물학적 원인	사회적 원인	환경적 원인
• 유 전 • 노 화 • 비 만 • 고지혈증	• 식습관 고지방·고열량식이 • 음주, 흡연 • 운동부족 • 스트레스	• 공 해 • 직 업

2 고혈압

우리나라 성인의 4명 중 1명 이상이 고혈압에 해당되며 40세 이후부터는 이 비율이 급격히 증가한다. 우리나라 65세 이상 노인의 절반 정도가 고혈압을 앓고 있다는 통계도 있으며 최근에는 고혈압이 어린이에게도 나타나고 있는 실정이다. 의학통계가 잘 되어 있는 미국의 경우 병원을 찾는 이유 중 고혈압이 1위를 차지하고 있으며 최근 시행된 통계를 참고하면 미국 성인 인구의 약 22%에 달하는 3,250만 명 정도가 고혈압을 가지고 있다고 한다.

(1) 정 의

혈압이란 혈관 내에서 혈액이 흐를 때 혈관벽에 나타나는 압력을 말하며, 일반적으로 혈압이라 하면 동맥혈압을 말한다. 혈압은 심장이 수축할 때의 혈압인 최대혈압과 확장할 때의 혈압인 최소혈압을 측정하며 늘 일정하지는 않다.

건강한 사람이라 할지라도 아침에는 낮고 오후에는 높아지며, 운동, 식사나 추위 등으로 올라가고 잠을 자면 떨어진다. 또한 나이가 많아질수록 혈압은 상승하고, 폐경 이전의 여성은 남성보다 혈압이 낮으나 폐경 이후(갱년기)에는 남성보다도 급격히 높아지는 경향이 있다.

정상 성인의 평균은 최대혈압이 120mmHg, 최소혈압이 80mmHg이며, 최고혈압이 140mmHg 이상이거나 최저혈압이 90mmHg 이상인 경우를 고혈압이라고 한다.

표 2-26 혈압의 기준

	최대 혈압	최소 혈압
• 고혈압	160mmHg 이상	95mmHg 이상
• 경계역 혈압	140~159mmHg	90~94mmHg
• 정상 혈압	139mmHg 이하	89mmHg 이하

(2) 원인 및 증상

고혈압에는 일차성 고혈압(본태성 고혈압)과 이차성 고혈압(속발성 고혈압)이 있다. 일차성 고혈압은 근본적인 원인은 분명하지 않으나, 가족력이나 스트레스, 나트륨의 과다섭취, 비만 및 운동부족 등에 의해 발생한다.

표 2-27 일차성 고혈압의 위험인자

개선 불가능	종 족	백인보다 흑인에게 고혈압이 훨씬 많이 발생한다.
	나 이	나이를 먹을수록 혈압은 상승하지만 그렇다고 혈압이 높은 것이 모두 정상인 것은 아니다. 55세 이상 남자와 65세 이상 여자는 심장이나 혈관질환의 위험성이 높기 때문에 60대가 되어도 혈압이 높으면 치료를 해야 한다.
	가족력	양친이 모두 고혈압이면 자녀의 약 80% 정도가 고혈압이 되고, 양친 중 한쪽이 고혈압이면 자녀의 25~40%가 고혈압이 된다고 한다.

개선 가능	비 만	체중이 증가하면 혈압이 올라간다. 한 통계에 의하면 비만인은 정상인보다 3배 이상 고혈압에 잘 걸린다고 한다. 살이 찌고 체중이 늘면 더 많은 피가 배달되어야 하므로 심장과 혈관이 더 많은 일을 하여야 하고 따라서 혈압이 상승하게 된다. 또 체중이 늘면 체내에 물과 소금의 저장작용을 하는 인슐린의 분비가 증가되어 자연히 혈압이 올라가게 된다.
	운동부족	운동이 부족하면 살이 찌기 쉬어 고혈압의 위험도 높아진다.
	흡 연	니코틴을 비롯한 담배 속 유해물질은 혈관을 손상시켜 딱딱하게 만들고, 아드레날린의 분비를 증가시키며, 일산화탄소는 산소부족을 유발하여 고혈압의 원인을 제공한다.
	나트륨	나트륨은 혈관을 수축시키고 말초혈관의 저항을 높이기 때문에 나트륨을 과다섭취하면 혈압이 올라간다.
	염분에 대한 과민반응	소금을 먹으면 인체는 물의 배출을 줄여서 체내의 소금 농도를 적절하게 유지하려고 한다. 그런데 이런 반응이 과민하게 와서 염분을 조금만 섭취해도 많은 물들이 체내에 고이는 사람들이 있다. 이런 경우 피의 양이 늘어 혈압이 높아지는데, 전체 고혈압 환자의 약 1/3이 이와 연관이 있다고 한다.
	저칼륨증	칼륨의 섭취가 적으면 염분이 체내에 많이 쌓일 수 있고, 이로 인해 고혈압 발생 위험이 증가한다.
	알코올	술을 마시는 것이 어떻게 고혈압을 일으키는지 그 기전은 알려져 있지 않으나, 하루 서너 잔 이상의 술을 마시는 사람은 술을 마시지 않는 사람에 비해 고혈압 발생 위험이 크다.
	스트레스	스트레스를 받으면 아드레날린의 분비가 늘어나 혈압이 상승한다. 스트레스가 지속적인 고혈압을 일으키지는 않으나, 일시적으로 생길 수 있고, 이는 다른 일반 고혈압과 마찬가지로 혈관을 손상시킬 수 있다.
기타 위험인자		고지혈증, 당뇨병, 수면무호흡증

일차성 고혈압의 원인이 분명하지 않은 반면, 이차성 고혈압은 내분비계 질환, 신장질환, 대동맥 협착증, 약물 등 그 원인이 분명하다. 고혈압은 90% 정도가 원인 없이 발생하는 일차성 고혈압이고, 나머지 10% 정도가 이차성 고혈압이다. 이차성 고혈압의 원인으로는 신장질환(만성 신부전, 신혈관성고혈압 등)이 가장 많은데 신장질환은 레닌의 분비를 증가시켜 안지오텐신(Avgiotensihe)을 활성화시켜 소동맥을 수축시키고 알도스테론(Aldosterone)을 분비시켜 고혈압을 유발한다.

표 2-28 이차성 고혈압을 일으키는 질병

콩팥질환	콩팥의 손상이나 염증, 콩팥으로 가는 혈관의 병 등이 있으면 혈압이 상승한다.
부신질환	부신에서 아드레날린을 많이 만들어내면 혈압이 상승한다.
갑상선질환	인체의 대사작용에 관여하는 갑상선 호르몬은 심장의 박동을 빠르게 하고 혈압을 올리는 작용을 하므로, 이 호르몬이 많이 만들어지는 병에 걸리면 혈압이 오르게 된다.
혈관의 기형	대동맥 혈관이 선천적으로 좁아져 있는 혈관기형이 있으면 좁은 혈관으로 피를 보내야 하기 때문에 고혈압이 생긴다.
임 신	임신 기간 동안에는 혈액의 양이 늘어나 혈압이 상승한다.
약 물	피임약은 혈압을 조금 올리는 효과가 있으며, 이 외에도 혈압에 영향을 주는 많은 약물들이 있다.
마약 중 일부	코카인이나 필로폰 같은 마약은 혈압을 올릴 수 있다.

고혈압에는 자각증상이 있을 수도 있고 없을 수도 있다. 그러나 대개의 경우는 증상이 없는 경우가 많고 나타나는 증상도 개인에 따라 차이가 심하여 가벼운 고혈압인데도 증상이 심한 사람이 있고 혈압이 대단히 높은데도 아무런 증상이 없는 경우도 있다. 그러므로 정기적으로 혈압을 체크하는 것이 최선의 방법이며 특히 가족 중에 환자가 있는 경우는 자주 혈압을 체크하여 조기 진단에 힘써야 할 것이다. 일반적으로 혈압이 올라갔을 때의 증상으로는 ① 머리가 무겁고 아프며 어지럽다 ② 귀가 울린다 ③ 얼굴이 빨개진다 ④ 눈에 충혈이 나타난다 ⑤ 코피가 잘 난다 ⑥ 가슴이 차고 두근거린다 ⑦ 어깨가 쑤신다 ⑧ 손발이 저리거나 부어오른다 ⑨ 쉽게 피곤해진다 ⑩ 밤에 잠을 잘 자지 못한다 등이 있다. 이런 증상이 나타난다고 해서 전부 고혈압인 것은 아니지만 이런 증상이 자주 나타난다면 혈압을 측정하여 진단하는 것이 좋으며, 40세 이상의 사람에게 이런 증상이 나타난다면 즉시 의사와 상담하는 것이 좋다.

표 2-29 고혈압을 예방하는 7가지 수칙

1. 음식은 싱겁게 골고루 먹읍시다.
2. 살이 찌지 않도록 알맞은 체중을 유지합시다.
3. 매일 30분 이상 적절한 운동을 합니다.
4. 담배를 끊고 술은 삼가합시다.
5. 지방질을 줄이고 야채를 많이 섭취합시다.
6. 스트레스를 피하고 평온한 마음을 유지합시다.
7. 정기적으로 혈압을 측정하고 의사의 진찰을 받읍시다.

참고 - 2001년 대한고혈압학회 제정

(3) 고혈압의 치료법

고혈압은 완치되는 질환이 아니라 조절하는 질환이므로 약물치료 및 생활습관을 개선하는 등의 지속적인 관리가 필요하다. 혈압이 크게 높지 않거나 고혈압에 의한 합병증이 없고 위험인자가 없으면 약을 쓰지 않고 일단 생활요법을 하는 것이 좋으며, 그래도 조절이 안 된다면 약물요법을 쓰는 것이 좋다. 또한 혈압이 매우 높거나 합병증 또는 위험인자가 있으면 처음부터 약물요법을 시작하며, 물론 이때에도 생활요법을 병행하는 것이 효과적이다.

① 운동요법

운동은 혈압을 낮추고 심폐기능을 개선하며 체중감소를 돕는 등 고혈압환자에게 매우 유용하며 적어도 1~2개월 이상은 꾸준히 해야 혈압을 내리는 효과를 볼 수 있다.

고혈압 환자에게는 산책, 조깅, 자전거 타기, 수영, 맨손체조 등 운동할 때 근육에서 산소가 소모되는 유산소 운동이 좋다. 그러나 역도, 팔굽혀펴기, 전력질주 등 한꺼번에 힘을 많이 주어야 하는 운동은 혈압을 급격하게 높일 수 있으므로 피하는 것이 좋다. 또한 달리기 역시 추운 겨울에 밖에서 하는 것은 찬 기후로 인하여 혈압이 올라갈 수 있으므로 피하는 것이 좋으며, 운동 중 땀이 나면 추운 밖에서 식히지 말고 집 안에 들어가 식혀야 한다.

가볍게 주 3~5회 하루 30분 정도의 규칙적인 운동이 효과적이며 처음 시작할 때

는 10~20분 정도 하다가 조금씩 시간을 늘려 30~50분 정도 하는 것이 알맞다. 너무 무리한 운동도 문제지만 너무 가벼운 운동도 도움이 되지 않으므로 숨이 조금 찰 정도의 운동을 하는 것이 좋다. 또한 운동은 즐길 수 있을 정도로 하며 운동으로 피로를 느끼면 역효과가 날 수도 있다. 따라서 운동을 하다가 호흡곤란이 오거나 강한 피로감, 가슴의 통증, 구토증, 두통, 현기증이 오면 몸에 무리가 따르는 것이므로 즉시 운동을 중지하고 의사와 상담하는 것이 좋다.

② 체중조절

비만은 우리 몸에 과도하게 지방이 축적된 상태로 늘어난 지방조직 구석구석까지 혈액을 보내려면 심장은 더 강한 힘으로 혈액을 밀어내야 하므로 체중이 증가하면 이에 따라 혈압도 올라가게 된다. 비만인 고혈압 환자가 체중을 줄이면 대부분에서 혈압이 내려가며 체중조절은 염분 섭취의 제한 등 다른 생활요법보다 혈압을 내리는 데에 있어 그 효과가 매우 우수하다. 표준체중보다 10%가 더 나가는 고혈압 환자일 경우 5kg만 체중을 줄여도 대부분 혈압이 내려가며, 또 비만인 고혈압환자는 합병증 발생률도 높아 당뇨병 발생 위험률이 3.7배, 특히 복부 비만인 경우 10.3배에 이른다는 보고도 있다. 혈압을 내리고 합병증을 줄이기 위해서는 체중조절이 꼭 필요하다.

③ 금 연

담배를 피게 되면 그 안의 니코틴이 혈관을 수축시켜 일시적으로 혈압을 올리기는 하지만 담배를 많이 피운다고 고혈압이 생기는 것은 아니다. 비록 담배가 고혈압을 일으키지는 않는다 하더라도 금연하는 것이 좋은 이유는 담배가 바로 동맥경화, 뇌졸중, 심장질환 등 고혈압에 치명적인 합병증을 일으키는 주요원인이기 때문이다. 비흡연자에 비하여 흡연자는 관상동맥질환과 급사의 위험이 2배 이상 증가하며 고혈압환자가 담배까지 피운다면 이런 위험이 몇 배로 증가하게 되므로 그 치료효과가 훨씬 줄어든다고 할 수 있겠다.

④ 절 주

과음하면 혈압이 올라가고 혈압치료제의 효과를 떨어뜨리며 난치성 고혈압을 일으키기도 한다. 또 술은 그 자체가 칼로리가 높아 비만의 원인이 되며 술안주에 있는 염분과 열량도 고혈압 환자에게는 제한해야 하는 것들이다.

술을 완전히 끊어야 하는 것은 아니지만 과음할 경우 문제가 되므로 하루 에탄올 섭취를 20~30ml이하로 제한해서 마셔야 하며 여자와 체중이 가벼운 사람일 경우 그 반 이하로 제한한다. 과량의 음주 습관이 있는 고혈압 환자가 절주를 하는 경우 1~4주 후부터 혈압강하 효과를 볼 수 있다.

표 2-30 알코올의 하루 제한량

구 분	제한량
• 소 주	2~3잔
• 맥 주	1병
• 위스키	조그만 잔 2잔

⑤ 스트레스 관리

스트레스를 받으면 긴장상태가 되어 혈압이 올라간다. 특히 고혈압이 있는 사람은 보통 사람보다 혈압 상승이 심하고 그 상태가 오래 지속되며 이런 경우가 반복되면 심혈관질환의 위험이 증가하게 된다. 따라서 되도록 스트레스를 피하고 각자에게 맞는 스트레스 해소법을 찾아 스트레스가 쌓이지 않도록 하는 것이 좋으며, 아래와 같은 생활습관으로 스트레스를 최소화한다.

㉠ 밤에는 충분한 수면을 취한다.
㉡ 휴일에는 취미나 레저로 기분전환을 한다.
㉢ 피로를 느꼈을 때는 쉬도록 한다.
㉣ 중증 고혈압 환자는 운전을 피한다.

⑥ 약물요법

경증 고혈압 환자는 생활요법을 통해 정상수준까지 혈압을 내리지 못할 경우 약물을 복용하게 되며, 중증의 고혈압 환자나 합병증이 나타난 경우는 처음부터 약물을 시작하게 된다. 대부분의 일차성 고혈압은 약물을 복용하면 혈압이 내려가지만 사람에 따라 약의 효과나 부작용이 다르게 나타나므로 개개인에게 가장 적합한 약을

선택하기까지는 시간이 걸릴 수도 있다. 고혈압 치료를 위한 약물은 합병증 유무, 고혈압의 정도에 따라 의사와 상담하여 처방받는다.

(4) 식사요법

① 염분을 하루 10g 이내로 제한하여 섭취한다.

널리 알려진 바와 같이 짜게 먹는 식습관이 고혈압을 유발하는 경우가 많다. 일례로 하루 평균 4g의 염분을 먹는 에스키모인들은 고혈압 환자가 거의 없으나 우리나라 사람은 하루 평균 20~30g이나 섭취한다고 한다.

세계보건기구(WHO)의 권장량은 1일 5g인데 우리나라는 이 정도로 염분을 적게 섭취하는 것이 어렵기 때문에 고혈압 환자는 1일 8~10g 이하로 제한하는 것을 목표로 삼아 염분섭취를 제한하는 것이 필요하다. 염분에 포함된 나트륨(Na)이라는 성분은 혈액과 혈관 중에 많게 되면 삼투압에 의해 혈액의 양은 늘어나 혈관벽은 두꺼워지기 때문에 결과적으로 혈압이 올라가게 된다. 염분을 적게 먹기 위해서는 음식을 되도록 싱겁게 먹는 것이 좋다. 하지만 무리하게 소금을 줄이기는 어려우므로 다른 향신료를 이용하여 맛을 낼 수 있는 방법을 알아두는 것이 좋으며, 가공식품, 인스턴트, 패스트푸드, 외식을 줄이고 신선한 식품을 많이 섭취하는 것이 좋다.

② 과식을 피하고 음식을 골고루 먹으며 칼로리를 제한한다.

고혈압 환자가 비만인 경우 합병증인 심근경색증이나 뇌졸중을 일으킬 위험이 많다. 이런 경우 체중을 줄이는 것만으로도 어느 정도 혈압을 내릴 수 있다. 효과적인 체중 감소를 위해서 섭취 칼로리는 체중 1kg당 30kcal를 넘지 않도록 하는 것이 좋은데, 만일 체중이 70kg이라면 1일 2,100kcal를 넘지 않게 한다.

③ 동물성지방과 당분을 적게 섭취한다.

지방에는 동물성지방과 식물성지방이 있는데, 이 중 버터 같은 동물성지방은 혈중 콜레스테롤 수치를 높이기 때문에 섭취를 제한하여야 하며 식물성지방은 오히려 콜레스테롤 수치를 낮추기도 한다. 콜레스테롤은 어느 정도는 인체에 필요한 물질이나 혈액 중에 너무 많이 쌓이게 되면 동맥경화의 원인이 된다. 콜레스테롤은 이 밖에도 계란 노른자, 굴, 새우, 오징어, 동물의 내장 등에도 많이 함유되어 있으므로 지나친 섭취는 피해야 하며, 또한 쌀밥, 단 과자, 청량음료, 아이스크림 등의 단 음식도 너무 많이 먹지 않도록 해야 한다. 섭취된 탄수화물이 간에서 중성지방으로 변하여 콜레스테롤과 마찬가지로 동맥경화의 원인이 되거나 간에 쌓여서 지방간, 심장비대를 일으킬 수 있다.

④ 단백질은 충분히 섭취한다.

육류를 많이 먹으면 콜레스테롤 수치가 올라간다고 생각하는 사람들이 있으나 육류는 동물성지방과는 다른 것이다. 쇠고기, 돼지고기의 단백질은 혈관에 탄력을 주기 때문에 혈관이 쉽게 터지거나 하지 않아 뇌졸중을 줄일 수 있으며 신경과 근육도 튼튼하게 해준다.

⑤ 칼륨, 칼슘, 식이섬유, 비타민이 풍부한 음식을 먹도록 한다.

우유, 신선한 야채, 시금치, 토마토, 호박, 버섯, 밤, 호도, 콩, 당근, 양파, 고등어 등이 혈압을 내리는 데 좋은 음식이며 평소 식이섬유를 많이 먹어 변비를 예방하도록 한다.

표 2-31 고혈압 환자가 적극적으로 섭취해야 할 식품과 피해야 할 식품

식품종류	적극적으로 섭취해야 할 식품	피해야 할 식품
• 곡 류	잡곡, 현미, 보리밥, 콩, 율무, 두부	백미, 팥, 강낭콩
• 육 류	돼지고기나 쇠고기의 살부위, 닭고기의 가슴살	돼지고기의 비계, 내장, 간, 콩팥, 햄, 베이컨, 소시지, 어묵, 계란노른자(하루 한 개 이내)
• 어패류	생선회, 소금을 뿌리지 않고 구운 생선(먹기 직전에 간장을 살짝 뿌림)	젓갈, 통조림, 소금에 절이거나 조린 생선, 삼치, 조개류, 정어리, 오징어
• 지방류	참기름, 식물성 기름 섭취 가능	버터, 마가린, 치즈
• 과일, 채소류	과일, 신선한 야채와 채소, 버섯, 가지, 호박, 감자, 무, 마늘, 파, 물김치, 겉절이	김, 김치, 장아찌, 단무지
• 당 류	–	흰 설탕, 케이크, 베이킹파우더를 넣은 빵

3 당뇨병

한국인 100명 중 적어도 5명 이상은 당뇨병 환자일 것이라고 추정된다. 어떤 질환보다도 흔하며, 그 합병증으로 인한 입원치료 환자 수와 사망률도 날로 증가되고 있어서 당뇨병으로 인한 경제적인 손실은 아주 심각한 사회문제로 확대되고 있다. 당뇨병은 일단 발병하면 완치할 수 없는 질환이므로 의사가 알아서 치료해주는 질환이 아니라 모두의 상식이 되어야 할 질환이라 할 수 있겠다.

(1) 정 의

당뇨병은 췌장에서 인슐린의 생산이 부족하거나, 또는 몸의 각 기관에 작용하는 인슐린의 효율이 떨어져서 나타나는 당질대사장애로 혈액 중의 당분 농도가 지나치게 높아지는 병이다.

아예 인슐린의 분비가 적거나 없어 생기는 당뇨병을 인슐린 의존성 당뇨병(제1형 당뇨병)이라 하고, 반대로 인슐린이 충분하고 심지어는 정상 이상으로 나오지만 각각의 세포에서 제대로 작용을 못해서 생기는 당뇨병을 인슐린 비의존형 당뇨병(제2형 당뇨병)이라고 하는데 한국의 경우 후자의 경우가 더 많다.

제1형 당뇨병은 전체 당뇨병 환자의 1% 미만으로 매우 드물고, 주로 40세 이하의 마른 체격의 사람에게서 자주 발생한다. 반면, 제2형 당뇨병은 환자의 대부분이 40세 이상이고, 비만증을 동반한다.

내당능장애는 혈당이 정상치보다는 높지만 당뇨병으로 진단을 내릴 만큼 충분히 높지 않은 상태로 당뇨병의 전(前)단계를 의미한다.

내당능장애의 여부는 공복 시 혈당수치나 포도당 섭취 2시간 후 혈당수치를 통해서 판단할 수 있는데, 공복 시 혈당의 수치가 110~125mg/dl 사이에 있거나, 포도당 섭취 2시간 후 혈당수치가 140~199mg/dl 사이에 있을 때 내당능장애라 부른다.

미국의 경우 약 2천만 명이 내당능장애를 나타내는 것으로 알려져 있으며, 매년 내당능환자 100당 적게는 1명, 많게는 10명꼴로 당뇨병이 발병한다고 한다.

최근 미국의 당뇨병 예방연구에서는 혈당치가 내당능장애 진단기준범위에 속하는 사람들을 대상으로 당뇨병을 예방하거나 발병을 지연시키는 방법을 연구하기 위하여 대상자들에게 집중적인 생활방식 변화를 통한 예방 프로그램을 적용하였는데, 체중을 약 5~7kg 감량할 수 있도록 식이요법을 시행하고, 매일 30분씩 운동을 시킨 결과, 당뇨병 발병 가능성이 58%까지 감소하였다는 연구결과가 있었다.

표 2-32 내당능장애의 판단

	공복 시 혈당수치	포도당 섭취 2시간 후 혈당수치
정상인	110mg/dl보다 낮음	140mg/dl보다 낮음
내당능장애인	110~125mg/dl	140~99mg/dl
당뇨병환자	126mg/dl 이상	200mg/dl 이상

(2) 원인 및 증상

당뇨병의 원인은 아직도 확실하게 규명되어 있지 않은 실정이다. 제1형 당뇨병의 경우 아직 알려지지 않은 원인에 의하여 췌장, 랑게르한스 소도에 염증이 발생한 후 파괴되어 인슐린이 영원히 분비되지 않게 된다는 것만이 현재까지 알려져 있는 사실이다. 제2형 당뇨병의 경우는 세포가 인슐린에 대하여 저항성을 보이는 것이 원인이라는 것은 확실하나, 그 저항성의 정체가 무엇이며 왜 발생하는 것인지는 아직 밝혀지지 않았다. 그러나 제2형 당뇨병이 생기는 데는 다음과 같은 위험인자들이 관여하기 때문인 것으로 여겨지고 있다.

표 2-33 제1형 당뇨병와 제2형 당뇨병 비교

구 분	제1형 당뇨병	제2형 당뇨병
• 발생연령	대부분 40세 이전	대부분 40세 이후
• 체 중	마른 체격	과체중, 비만
• 증 상	갑자기 나타남	서서히 나타남
• 췌장의 인슐린 생산	심한 감소	정상 또는 증가
• 인슐린 치료의 필요성	반드시 필요함	초기에는 불필요

① 유전성

한 연구에 의하면 가족 중에 부모, 조부모, 형제, 자매 심지어는 사촌이라도 당뇨병을 갖고 있다면 당뇨병을 갖게 될 확률이 가족력이 없는 보통 사람에 비하여 4배 내지 10배가 높다고 한다. 지금까지 밝혀진 바에 의하면 부모 모두가 당뇨병인 경우 자녀의 당뇨병 발생률은 57.6%, 부모 중 어느 한쪽이 당뇨병인 경우엔 27.3%의 당뇨병 발생률을 보이고 있다.

② 비 만

뚱뚱하면 일단 당뇨병을 의심하라는 말이 있듯이 비만은 당뇨병과 밀접한 관계에 있다. 비만인 경우에는 인슐린의 양이 부족해져 당분대사가 나빠지게 되므로 당뇨를 초래할 수 있고, 그 외 고혈압이나 심장병의 위험인자도 되므로 평소 체중 변화에 관심을 기울이는 것은 중요하다.

③ 성 별

일반적으로 당뇨병의 발병률은 여성이 남성에 비해 높다. 이는 여성에게는 임신이라는 호르몬 환경의 변동이 있기 때문인데, 특히 3.8kg 이상의 거대아를 출산하거나 사산한 경우, 유산, 조산을 반복한 경우, 임신중독증에 걸린다거나 양수 과다증인 경우도 당뇨병일 가능성이 크다.

④ 식생활

과식은 비만의 원인이 되어 당뇨병을 유발시킬 수 있으므로 식생활은 당뇨병과 밀접한 관계를 지닌다고 할 수 있으며, 설탕의 과다한 섭취, 지방과 탄수화물의 지나친 섭취 역시 당뇨병의 원인이 된다.

⑤ 연 령

당뇨병은 일반적으로 중년 이후에 많이 발생하는 질병으로 나이가 많아질수록 발병률이 높아진다는 통계가 나와 있다.

이처럼 나이가 들면서 당뇨병이 많이 발생하는 이유는 사회적·가정적 스트레스, 비만, 호르몬 변화와 노화 등 여러 가지 내적·외적인 환경의 영향을 들 수 있다.

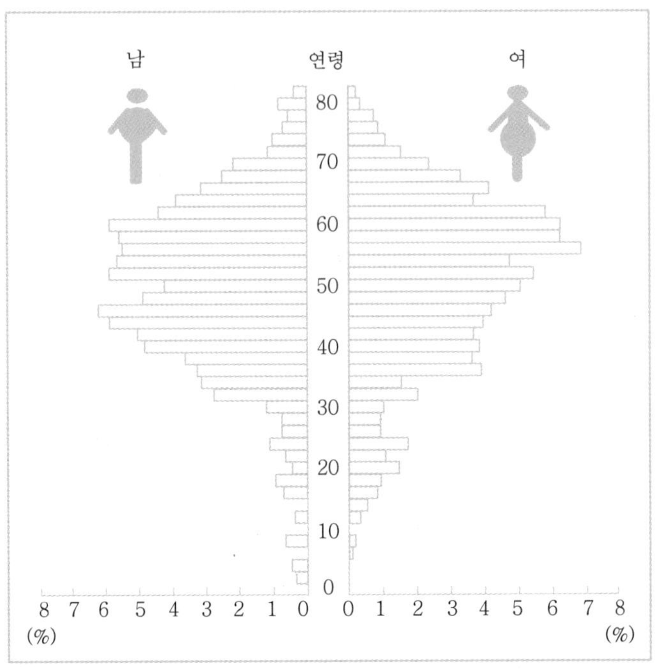

그림 2-19 연령별 당뇨 발병률

⑥ 스트레스

스트레스를 받는 동안에 체내에서 만들어지는 호르몬은 인슐린 작용을 억제한다.

표 2-34 당뇨병 위험인자

1. 45세 이상(특히 65세 이상인 경우)
2. 비만인 경우(표준체중의 120% 이상 또는 체질량 지수가 27 이상인 사람)
3. 직계 가족 중에 당뇨병 환자가 있는 경우(특히 제2형 당뇨병)
4. 4kg 이상의 아기를 낳은 적이 있는 여성
5. 고혈압 환자
6. 고콜레스테롤혈증 환자
7. 이전에 내당능장애로 판정된 환자의 경우

다음(多飮), 다식(多食), 다뇨(多尿) 의 3다 현상은 당뇨병의 대표적인 증상이다. 한밤중에 일어나 물을 마시는 습관이 있거나, 하루 2,000~2,500cc 정도(보통 건강한 사람의 경우 하루 1,000~1,500cc)의 소변을 보고, 음식을 많이 먹어도 허기증이 있어서 보통 사람의 3~4배 가량의 음식을 먹는다면, 당뇨병이 틀림없으며 이미 진행된 상태라 볼 수 있다.

이 외 당뇨병의 증상 중 흔한 것으로는 피로와 권태감, 체중변화, 피부증상 등을 들 수 있다.

표 2-35 당뇨병의 대표증상

1. 항상 나른하고 피곤하다.	2. 자주 소변을 본다.
3. 심한 갈증을 느낀다.	4. 쉽게 배고픔을 느낀다.
5. 체중이 감소한다.	6. 피부가 가렵다.
7. 상처가 잘 낫지 않는다.	8. 체중이 감소한다.
9. 손끝과 발끝이 저리고 감각이 둔하다.	10. 시력이 감퇴된다.

(3) 당뇨병의 치료법

당뇨병은 인슐린이 부족하고 이로 인해 혈당이 항상 높은 것이므로 치료에 있어서는 우선 혈당을 정상으로 만들어야 한다. 식사를 줄이거나 운동량을 늘려 혈당을 정상으로 유지하도록 노력하며, 이것이 안 된다면 외부에서 인슐린을 투입하면서 이차적으로 합병증의 발생을 최대한 예방하여야 한다.

표 2-36 혈당조절 목표

	정상치	목표치
• 공복 시 혈당	70~110mg/dl	80~110mg/dl
• 매식 전 혈당	110mg/dl	80~120mg/dl
• 식후 2시간	<140mg/dl	<180mg/dl
• 취침 전 혈당	<110mg/dl	80~140mg/dl
• 당화혈색소	<6%	<7%

당뇨병 환자의 경우 운동은 각자 능력과 취미에 따라 가벼운 운동부터 시작하는 것이 좋고, 일단 시작한 운동은 매일 규칙적으로 즐기면서 할 수 있어야 한다. 당뇨

병 환자에게 좋은 운동은 팔다리를 활발히 움직이는 운동으로, 빠르게 걷기, 달리기, 등산, 줄넘기, 수영, 계단 오르기, 테니스, 자전거 타기, 체조 등의 유산소 운동이 좋은 예이다.

표 2-37 **당뇨병에 좋은 운동법**

• 운동효과	① 혈당조절 ② 체중감소 ③ 심폐기능 호전(혈액순환촉진) ④ 인슐린 필요량 감소 ⑤ 정신적, 육체적 스트레스 해소
• 실시시간	식사 후 30분~1시간 후
• 운동량	1번에 30~45분, 1주에 3~5번
• 강 도	등에 땀이 촉촉이 밸 정도

(4) 식사요법

원칙적으로 어떤 특정 음식을 먹거나 피할 필요 없이 정상인과 마찬가지로 골고루 섭취해야 하지만, 열량이 많은 음식은 가능한 한 삼가야 한다. 열량을 쉽게 발산해 버리는 체질의 사람이 있고 남는 열량을 쉽게 지방으로 축적하는 체질의 사람이 있기 때문에 후자의 경우에는 음식 중에서 열량이 많은 음식을 가급적 피해야 한다. 그러므로 고열량 식품과 저열량 식품의 종류에 관해 알아두는 것이 필요하며, 다음과 같은 식생활 요령을 배워 생활화하는 것이 좋다.

① 눈대중으로 잴 수 있게 되기 전까지는 저울, 계량스푼으로 달아서 사용한다.
② 식품은 조리하지 않은 상태에서 무게를 달아야 한다.
③ 식품은 만복감이 있는 것으로 선택하고 채소군을 섞어서 조리한다.
④ 자극성이 있는 것을 피하고 조리를 싱겁게 하며 국과 반찬을 먼저 섭취한다.
⑤ 섬유질이 많은 식품(나물류, 잎채소, 도정하지 않은 곡식)들을 이용한다.
⑥ 껍질째 조리하거나 여러 가지 식품을 섞어서 조리하여 양을 늘려 먹는다. 즉, 새우, 조개, 푸른잎채소, 버섯류, 해조류, 곤약 및 한천 등을 넣어 조리한다.
⑦ 조리 시 설탕의 사용은 가급적 피하고 대신 식초, 겨자, 생강, 레몬 등의 향신료나 양념류를 적절히 사용한다.

⑧ 외식 시에는 기름이 많은 고기류나 설탕이 많이 들어있는 빵 등의 음식은 피하고 여러 가지 식품이 고루 들어있는 음식(예 : 비빔밥)을 선택한다.

⑨ 기름기 많은 음식은 피한다.

- 고기는 살코기 위주로 먹도록 하고, 갈비, 삼겹살, 닭껍질 등은 피한다.
- 눈에 보이는 기름기는 제거한다.
- 튀김보다는 조림, 구이, 찜, 지짐 등의 조리법을 택한다.
- 동물성기름 대신 참기름, 식용유 등 식물성기름을 사용한다.
- 생선통조림, 햄, 치즈, 소시지 등 가공식품은 가급적 피한다.

4 동맥경화증

고혈압, 당뇨병, 동맥경화증 이 세 가지는 매우 밀접하게 서로 연관되어 불가분의 관계에 있다. 고혈압이나 당뇨병이 오래 지속되면 동맥경화증이 발생할 수 있다. 이 세 가지 병은 마치 동맥경화증이라는 중심 톱니바퀴를 가운데 두고 고혈압과 당뇨병의 두 톱니바퀴가 서로 연결되어 연속적으로 돌아가고 있는 것과 같은데, 중심 톱니바퀴에 해당되는 동맥경화증은 핵심적인 중심 질환이 된다고 말할 수 있다.

대부분의 경우 40대 이후에 많이 발생하여 여러 가지 큰 문제를 일으키는 동맥경화증은 특히 생명과 직결되는 심장, 뇌, 그리고 신장의 혈관을 침범하여 점진적으로 때로는 급속히 혈행을 차단함으로써 사망을 초래한다.

(1) 정 의

동맥경화증이란 동맥의 벽에 지방 등 여러 가지 물질이 쌓여서 두터워지고 딱딱해지는 것을 말한다. 동맥경화증이 있는 혈관은 탄력을 잃고, 점점 좁아지게 되며, 동맥경화증이 점차 진전되면 각 기관에 혈액 공급이 원활히 이루어지지 않아 산소와 영양분을 충분히 공급하지 못하게 되어 뇌졸중, 협심증, 심근경색증, 대동맥 박리, 신성 고혈압과 같은 병을 일으키게 된다.

(2) 원인 및 증상

동맥경화증의 존재가 알려진 지는 100년이 넘었지만 동맥경화증이 시작되는 구체적인 원인은 아직 완전히 밝혀지지 않고 있다. 그러나 동맥경화의 발생과 직접적 인과관계가 있는 주요 위험인자로는 고콜레스테롤혈증(≥240mg/dl), 고혈압(≥140/90mmHg), 흡연, 저-고밀도지단백(HDL〈40mg/dl), 당뇨병, 가족력, 연령증가 등이 있는 것으로 알려져 있다. 이들을 치료, 조절하면 발병을 줄이고 또한 진행을 느리게 할 수 있다.

이들 외에도 간접적으로 관여하는 잠재적 위험인자로 운동부족, 과체중·비만이 밝혀져 있다. 한 사람이 이러한 위험인자를 많이 가질수록 동맥경화가 조기에 발생하고 아울러 그 정도가 더 심해지며 진행이 빠르게 촉진된다. 이들 가운데 치료로 교정이 가능한 몇몇 위험인자를 요약하면 다음과 같다.

① 고콜레스테롤혈증

지금까지의 많은 연구에 의하면 혈중 콜레스테롤의 농도가 높아지면 남녀노소, 인종에 관계없이 동맥경화의 발생위험은 증가하며, 혈중 수치가 1% 상승하면 심혈관질환에 의한 사망률은 2~3% 상승한다고 밝혀져 있다. 만약 고콜레스테롤 환자가 담배를 피우거나 고혈압, 당뇨병 등이 함께 있는 경우에는 동맥경화의 진행이 더 가속화된다. 반면에 혈중 콜레스테롤치가 낮은 환자에게 위험인자가 있으면 동맥경화의 진행은 비록 느리지만 결국에는 발생을 한다.

따라서 콜레스테롤을 치료하여 낮추면 동맥경화의 진행을 늦추고 또한 경화반의 안정성을 증가시켜 심혈관계 사망률을 감소시킬 수 있다. 불행하게도 고콜레스테롤혈증으로 치료받고 있는 환자에서 그 농도가 치료목표치 이하로 조절된 예는 약 20%에 불과하다. 혈중 콜레스테롤의 정상치는 200mg/dl 미만이다.

② 고혈압

고혈압의 유병률은 미국 24%, 우리나라에서는 27.8%이며 연령이 증가하여 65세가 넘으면 50%가 넘는다. 고혈압 환자에서 심혈관질환의 발생위험은 혈압이 높을수록 증가하여 대체로 2배 더 높다. 고혈압을 치료하면 심혈관질환 즉, 뇌졸중은 35~40%, 심근경색은 20~25%, 심부전은 50% 이상 감소한다고 한다. 그러나 문제점의 하나는 최근 미국의 경우 고혈압 환자이면서 이를 모르고 있는 경우가 30%이

며, 고혈압을 치료하여 치료목표 이하로 도달된 예는 34%에 불과하여 고혈압의 적극적 치료가 요망된다.

고혈압 진단 시 상당수의 환자에서는 상기와 같은 주요 합병증이 이미 발생해 있고 또 가족 중 고혈압이 있는 경우 그 자녀에서는 더욱 그러하여 조기 발견, 조기 치료가 무엇보다도 절실하다. 최근 미국에서 발표된 혈압분류상 정상은 120/80mmHg 미만, 고혈압은 140/90mmHg 이상이며, 그 중간단계 120/80~139/89mmHg인 경우 고혈압으로의 진행 위험은 2배 더 높다.

③ 흡 연

동맥경화에 의한 심혈관 사망률은 흡연의 양에 비례하며 대체로 2배 더 높다. 흔히들 '순한 담배'에 의한 해악은 더 낮을 것으로 생각하고 있으나 실제는 그러하지 않다. 흡연은 동맥경화 외에도 폐암, 폐기종 같은 합병증을 일으킬 수 있으므로 금연은 무엇보다 중요하다. 금연하게 되면 동맥경화성 심질환 위험은 50~70% 감소하고, 1년간 금연하면 사망률은 50% 이하로 낮아지고, 5년이 지나면 전혀 흡연을 하지 않은 사람과 같아진다. 흔히들 흡연을 '무언의 살인자'라 한다.

④ 당뇨병

당뇨병 환자에게는 흔히 고중성지방혈증, 저-고밀도지단백혈증, 비만, 인슐린 저항 등이 함께 있어 동맥경화의 유병률은 더 높고 특히 여성에게 더 뚜렷하다. 당뇨병 환자에서는 동맥경화에 의한 새로운 사고의 빈도가 높을 뿐 아니라 심혈관 사고발생 시(예 : 심근경색) 예후 또한 아주 나쁜 것으로 알려져 최근에는 주요 위험인자로 분류하여 적극적인 치료를 권장하고 있다. 미국의 경우 말기 신부전의 원인으로 가장 빈번한 것이 당뇨병이다.

⑤ 운동부족 및 비만

평소에 운동을 하지 않는 경우 동맥경화에 의한 사망률은 대체로 2배 더 높고, 전 세계 인구 중 약 67%가 운동부족 상태라 한다. 비만의 경우 미국에서의 유병률은 20%이며 우리나라에서도 최근 들어 비만환자가 증가 추세에 있다. 이상 체중을 유지할 경우 비만에 비해 심근경색의 위험은 35~55% 감소할 것으로 추정되고 있다.

⑥ 스트레스

스트레스는 교감신경을 흥분시켜 심장박동을 증가시키고 혈관을 수축시킨다. 또한 고혈압을 악화시키고 혈중 콜레스테롤과 지방량을 증가시킨다. 야심이 많고 공격적이며 경쟁심이 강하고 줄곧 시간에 쫓기는 A형 성격은 혈압도 높고 심장사고 발생률도 크다고 한다.

결론적으로 동맥경화는 아주 느리게 진행하는 만성질환으로 뇌, 심장, 신장, 말초혈관에 주요 합병증을 초래할 뿐 아니라 주요 위험인자가 동반될수록, 많이 가지고 있을수록 동맥경화의 발생과 진행은 더 가속화된다고 할 수 있다.

(3) 동맥경화증의 치료법

전신의 동맥경화증을 완전히 없애는 방법은 없기 때문에 증상이 심해지기 전에 예방하는 것이 가장 중요하다. 그러나 동맥경화증은 일종의 노화과정이므로 완전히 예방할 수는 없다. 따라서 증상을 심화시키는 일련의 위험인자를 제거하여 그 진행이 빨라지고 심화되는 것을 막을 수 있다.

동맥경화증의 위험인자인 가족력, 성별, 나이, 흡연, 고지혈증, 고혈압, 당뇨병, 비만, 고밀도지단백 콜레스테롤 부족 중 가족력, 성별, 나이를 제외한 인자는 조절 가능하다. 그러므로 비만, 고지혈증, 고혈압, 당뇨병 등의 병이 있는 사람은 이런 병을 잘 치료하고, 담배를 피우는 사람은 담배를 끊고 규칙적으로 운동을 하여 고밀도지단백 콜레스테롤을 높이는 등 체중을 조절해야 한다.

표 2-38 동맥경화 예방을 위한 7가지 생활수칙 – 대한순환기학회

1. 다양한 채소와 과일을 많이 먹자.
2. 담배는 반드시 끊고 술은 두세 잔 이내로 마시자.
3. 짜고 기름진 음식을 삼가자.
4. 매일 30분 이상 유산소 운동을 즐기자.
5. 평소에 자신의 혈압, 혈당, 콜레스테롤 수치를 체크하고 관리하자.
6. 중년이 넘으면 주기적으로 건강검진을 받고 전조증상이 의심되면 재빨리 병원을 찾자.
7. 스트레스를 줄이고 즐거운 마음으로 생활하자.

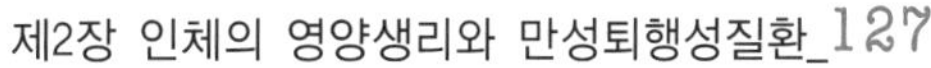

(4) 식사요법

동맥경화증이 있는 사람의 경우 정상체중을 유지하면서, 콜레스테롤이 낮고 불포화지방산이 많이 포함된 음식을 섭취하는 것이 중요하다. 콜레스테롤이란 담즙산, 호르몬, 비타민 D를 합성하는 데 쓰이는 지방의 일종으로 식사를 통해 섭취될 뿐만 아니라 간에서도 만들어진다. 우리 몸은 콜레스테롤 수준이 일정하게 유지되도록 조절한다.

그러나 너무 많이 섭취하면 동맥경화증과 같은 심혈관계 질환의 위험이 높아지므로, 비만이거나 심혈관계 질환이 있는 경우에는 콜레스테롤이 많은 식품을 제한하여야 한다. 콜레스테롤은 식물성 식품에는 없고, 동물성 식품에만 있으며 특히 간 및 내장고기, 달걀노른자, 오징어, 생선알, 굴, 새우 등에 많다.

표 2-39 콜레스테롤 함유 식품

구 분	많은 식품	중정도 식품	없는 식품
• 곡류군			곡류, 국수류
• 어육류군	소간, 돼지간, 곱창, 문어, 낙지, 전복, 새우, 장어, 명란젓, 계란노른자, 메추리알	살코기(소,돼지,닭) 전갱이, 고등어, 게, 정어리 등	달걀흰자, 두부, 콩류
• 채소군			모든 채소류, 해조류, 버섯류
• 과일군			모든 과일류
• 지방군			식물성 기름
• 우 유		우유(일반)	두유

포화지방산은 동물성 기름에 많으며 혈중 콜레스테롤을 높이므로 가급적 섭취를 제한해야 한다. 반면 불포화지방산은 식물성 기름에 많은데 혈중 콜레스테롤을 낮춰주는 효과가 있으므로 포화지방산보다는 불포화지방산을 이용하도록 한다.

표 2-40 불포화지방산 & 포화지방산 많은 식품

포화지방산이 많은 식품	불포화지방산이 많은 식품
삼겹살, 갈비, 베이컨, 닭껍질, 버터, 치즈, 우유(전유), 생크림, 초콜릿, 코코넛기름	등푸른생선, 옥수수기름, 콩기름, 들기름, 참기름, 올리브기름

5 암

암은 모든 연령층에서 발생될 수 있으나 일반적으로 나이가 많을수록 암의 발생빈도는 증가한다. 통계상으로 보면 소아에서도 암이 약간 발생하지만 30대까지는 비교적 드물며 암의 발생 연령으로 알려진 40대부터는 연령의 증가와 함께 암의 발생빈도도 높아진다. 보건복지가족부에서 발표한 우리나라 암 환자의 연령별 분포는 다음과 같다.

그림 2-20 암 환자 연령분포 및 장기별 암 발생빈도

(1) 정 의

우리의 몸은 75조~100조의 세포로 구성된 생명체이다. 세포는 정상적으로 일정한 질서에 의하여 분열과 증식을 거듭하지만 어떤 원인에 의해서인지 이런 질서가 깨어지면 무한히 성장·분열하게 되는데 이를 신생물, 종양, 암이라 한다. 이와 같이 암이란 세포의 성장과 분열을 조절하는 정상적인 통제기능이 소실되어 제멋대로 증식하는 세포의 집단을 총칭하는데 암세포는 다음의 몇 가지 특징을 가진다.

① 암세포는 통제받지 않고 분열하기 때문에 그 왕성한 암세포 발육으로 인해 영양분의 대사 과정도 매우 왕성하여 정상세포로 공급되어야 할 영양물질을 빼앗아 간다.
② 암세포의 형태, 모양 및 성질은 정상세포와는 전혀 다른 양상을 보인다.
③ 어느 한 부위에서 생겨난 암세포 수가 점차 늘어나면서 조직내부 및 주위로 파고 들어가며, 혈관을 통해 멀리 떨어져 있는 다른 장기로까지 암세포를 퍼뜨린다.

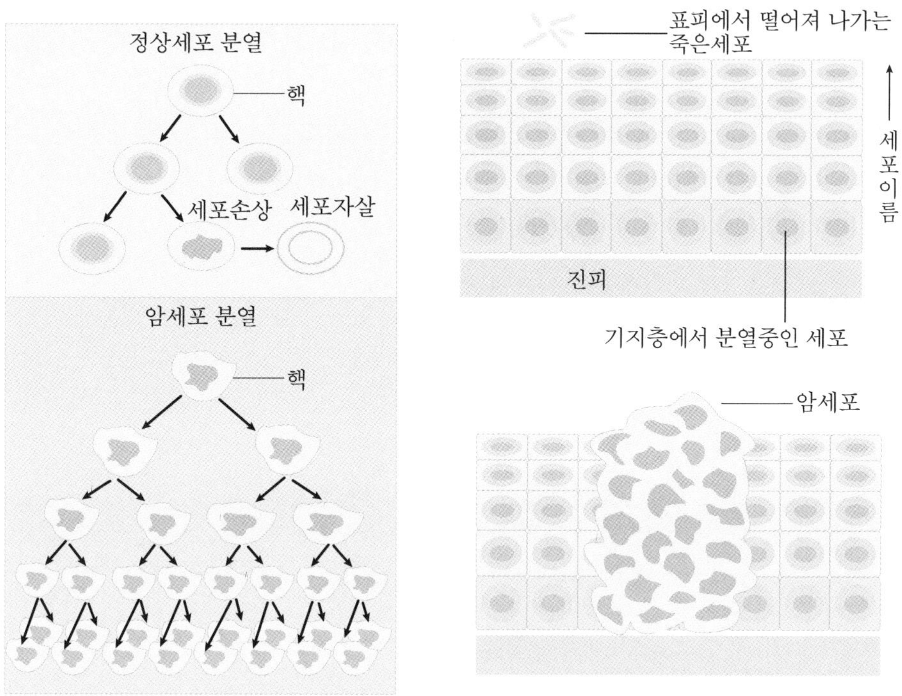

그림 2-21 정상세포와 암세포의 분열

(2) 원인 및 증상

일반적으로 암은 인간의 신체 중 어느 부위에서든지 발생할 수 있다. 인종, 국가, 성별, 나이, 생활습관, 식이습관 등에 따라서 다양한 부위의 암들이 발생할 수 있는데, 특히 한국인에게 가장 흔하게 나타나는 암은 위암, 폐암, 간암, 대장암, 자궁암, 유방암, 갑상선암 등이다.

아직도 많은 암의 원인이 밝혀지지 않고 있기는 하나 여러 역학연구를 통한 발암요인과 암 발생 간의 인과관계에 근거하여 위험요인들을 밝혀내고 있다. 세계보건기구의 산하기구인 국제암연구소(IARC) 및 미국 국립암협회지에서 밝힌 암의 원인으로는 흡연, 만성감염, 음식, 직업, 유전, 음주, 환경오염 등이 있다. 이 중 약 5% 가량이 유전에 의한 것이고 흡연, 감염, 음식 등의 환경요인이 약 70%인 것을 감안하면 위험요인을 피하고 생활양식의 변화를 통해서 암의 예방이 가능하다는 것을 알 수 있다.

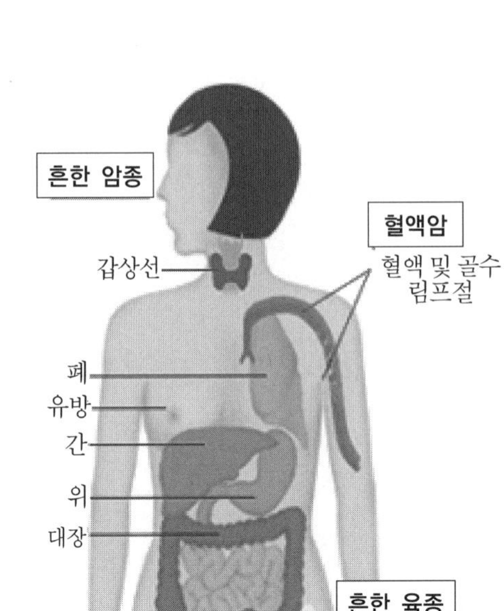

암으로 인해 나타나는 증상은 암의 종류, 크기와 위치에 따라 다양하다. 암으로 인한 증상은 암 조직 자체의 영향, 주위의 장기와 구조물에 영향을 줄 때 생기며, 또한 암이 몸의 다른 부위로 전이가 된다면 그 증상은 매우 다양하게 나타날 수 있다. 암의 초기 단계에는 특별한 증상이 없는 경우가 많다. 또한 증상이 비특이적이기 때문에 다른 질환과의 구분도 어렵다. 그러나 암이 자라면서 주위의 기관, 구조물, 혈관, 신경을 압박하게 되며 여러 징후와 증상이 나타나게 된다. 예를 들어 뇌하수체에 생긴 암 같은 경우는 공간이 좁고 주위에 복잡한 기관이 많아서 크기가 작은 경우라도 그 증세와 징후가 빨리 나타나지만, 췌장처럼 넓은 복강에 있으며 주위에 복잡한 장기나 기관이 없는 곳에서 생긴 암은 상당히 큰 크기로 자랄 때까지 특별한 증세와 징후가 나타나지 않는 경우도 있다. 암이 커지면서 나타나는 증상으로는 변비처럼 장기 내강을 막아서 생기는 증세가 있고, 췌장암과 담도암처럼 담관을 막아 생기는 황달 등의 증세가 있을 수 있으며, 폐암 등은 기관지를 자극하여 기침을 유발한다. 또 암이 신경, 혈관을 누르거나, 뼈 등으로 전이가 생긴 경우는 통증을 일으킬 수도 있다. 위암과 대장암처럼 암의 성장으로 조직에서 출혈을 하는 경우에는 혈변

과 빈혈이, 폐암은 객혈이, 방광암은 혈뇨 등이 생기게 된다. 암은 또한 체중감소, 발열, 피로, 전신쇠약, 식욕저하 등의 전신적인 증세를 만드는데, 이는 암세포에서 만들어진 물질들이 혈관을 통해 전신으로 퍼지며 신체대사에 영향을 주기 때문에 생기는 것이다. 또한 암은 여러 면역기능에도 영향을 준다.

표 2-41 암의 위험인자와 증상

발생부위	위험인자	증 상
• 위 암	식생활(짠 음식, 탄 음식, 질산염 등) 헬리코박터 파일로리균	소화불량, 복부두통, 체중감소, 구토, 토혈
• 간 암	간염바이러스(B형, C형), 간경변증 아플라톡신, 알코올	우상복부동통, 체중감소, 황달
• 폐 암	흡연, 직업력(비소, 석면 등), 대기오염	기침, 혈담, 가슴통증, 체중감소
• 자궁암	인유두종바이러스, 성관계	냉(대하), 비정상 출혈
• 유방암	유전적요인, 고지방식 여성호르몬, 비만	유방에 덩어리, 유방통증 유방의 분비물
• 대장암	유전적요인, 고지방식 저식이섬유 섭취	직장출혈, 배변이상, 하복부통증

(3) 암의 치료법

세계보건기구(WHO)에서는 의학적인 관점에서 암 발생인구 중 1/3은 식이습관의 변화, 금연, 간염백신, 운동 등으로 예방이 가능하고, 1/3은 조기진단만 되면 완치가 가능하며, 나머지 1/3의 환자도 적절한 치료를 한다면 완화가 가능한 것으로 보고 있다. 즉, 잘못된 고지방식이나 과식 등의 식이습관을 개선하고, 금연, 간염예방접종, 운동 등을 실천하며, 조기진단을 위해 정기적인 검진을 한다면 모든 암의 2/3에서 예방 및 완치가 가능하다. 암은 대개 초기에는 증상이 나타나지 않다가 상당히 진행된 이후에 발견되는 경우가 많아 특히 예방이 중요하다. 우리나라에서 흔한 위암, 간암, 유방암, 자궁암, 대장암 등은 조기에 발견한 경우 완치율이 높기 때문에, 이러한 암들에 대해서는 정기적인 검진이 필요하며, 폐암은 금연을 통하여, 간암은 간염 백신접종을 통하여 예방할 수 있다.

암치료의 주요 목적은 암으로 인한 구조적·기능적 손상을 회복시킴으로써 환자를 치유하는 것과 만일 치유가 불가능한 경우 더 이상의 암의 진행을 막고 증상을 완화시킴으로써 수명을 연장하고 삶의 질을 높이는 것에 있다. 암을 치료하는 방법은 크게 수술요법, 항암제를 사용하여 치유하는 항암화학요법, 방사선치료 세 가지로 구분되며, 이 외에 국소치료법, 호르몬요법, 레이저치료법 등이 있는데, 진단된 암의 종류, 진행상태, 환자의 전신산태 등에 따라 그 치료법이 결정된다.

표 2-42 암을 예방하는 14개 권장사항 – 대한암협회

1. 편식하지 말고 영양소를 골고루 균형 있게 섭취한다.
2. 녹황색 채소와 과일 및 곡물 등 섬유질을 많이 섭취한다.
3. 우유와 된장의 섭취를 권장한다.
4. 비타민 A, C, E를 적당량 섭취한다.
5. 이상체중을 유지하기 위하여 과식하지 말고 지방을 적게 먹는다.
6. 너무 짜고 매운 음식과 너무 뜨거운 음식은 피한다.
7. 불에 직접 태우거나 훈제한 생선이나 고기는 피한다.
8. 곰팡이가 생기거나 부패한 음식은 피한다.
9. 술은 과음하거나 자주 마시지 않는다.
10. 담배는 피한다.
11. 태양광선, 특히 자외선에 과다하게 노출되지 않는다.
12. 땀이 날 정도의 적당한 운동을 하되 과로는 피한다.
13. 스트레스를 피하고 기쁜 마음으로 생활한다.
14. 목욕이나 샤워를 자주 하여 몸을 청결하게 한다.

(4) 식사요법

암은 환자의 대사에 영향을 미치기 때문에 균형 잡힌 영양섭취는 환자 치료에서 어느 치료법 못지않게 중요하다고 말할 수 있으며, 면역기능을 높이는 식생활 개선이 필수적이다. 대체적으로 잘 먹는 사람이 감염에도 강하고, 부작용도 적으며, 보다 회복이 빠르기 때문이다. 그러나 대부분의 암 환자들은 질병으로 인한 스트레스와 메스꺼움, 구토, 식욕부진, 입 안 염증, 입맛 변화 등과 같은 항암치료의 부작용으로 음식을 충분히 섭취하지 못하기 때문에, 최대한 아프기 전처럼 정상적인 식사

를 할 수 있도록 도와주어야 한다. 암을 치료하는 특별한 식품이나 영양소는 없다. 중요한 것은 균형 잡힌 식사로 좋은 영양상태를 유지하는 것이다. 그러기 위해서는 충분한 열량과 단백질, 비타민 및 미네랄 등을 공급할 수 있는 여러 가지 음식을 골고루 섭취해야 한다.

① 아침, 점심, 저녁 식사를 규칙적으로 하고, 반찬은 골고루 섭취하는 것이 좋다.
② 밥은 매끼 1/2~1그릇 정도로 하고, 간식으로 빵류와 크래커, 떡 등을 조금씩 먹되, 죽의 경우에는 하루 4~5번 이상 자주 먹는 것이 좋다.
③ 매끼 단백질 음식을 반드시, 충분히 섭취하고, 고기나 생선이 싫다면 대신 달걀, 두부, 콩, 치즈 등을 먹어도 된다.
④ 채소 반찬은 매끼 2가지 이상 충분히 섭취하고, 씹기 힘든 경우나 삼키기 힘든 경우에는 다지거나 갈아서 먹는다.
⑤ 한 가지 이상의 과일을 하루 1~2번 정도 먹는 것이 좋다.
⑥ 우유 및 유제품은 하루 1개(200㎖) 이상 먹고, 우유가 맞지 않는 경우엔 요구르트, 두유, 치즈 등을 대신 먹어도 좋다.
⑦ 지방을 제공해 주는 식용유, 참기름, 버터 등의 기름은 볶음이나 나물을 만들 때 양념으로 충분히 사용한다.
⑧ 양념과 조미료는 적당히 사용하되, 맵고 짜지 않게 요리하도록 한다.
⑨ 국, 음료, 후식은 적당히 먹는 것이 좋다.

6 대사증후군

대사증후군(Metabolic syndrome)은 '각종 심혈관질환과 제2형 당뇨병의 위험요인들이 서로 군집을 이루는 현상을 한 가지 질환군으로 개념화'시킨 것이며, 대사증후군을 가질 경우 심혈관 질환 또는 제2형 당뇨병의 발병 위험도가 증가된다.

대사증후군의 역사는 1988년 Gerald Reaven 교수가 이러한 증상들의 공통적인 원인이 체내의 인슐린 작용이 잘 되지 않는 인슐린 저항성임을 주장하고 'syndromex'

또는 '인슐린 저항성 증후군'이라는 개념을 주장하였다. 1998년 세계보건기구(WHO)는 인슐린 저항성이 가장 중요한 병적요인이지만 인슐린 저항성이 이 증상들의 모든 요소를 다 설명할 수 있다는 확증이 없기에 '인슐린 저항성 증후군'이라는 용어를 '대사증후군'으로 부르기로 했다.

(1) 정의 및 진단기준

WHO에서 대사증후군의 진단기준을 제시하였는데 제2형 당뇨병이나 내당능장애 또는 인슐린 저항성을 가진 환자가 아래 요소들 중 2개 이상을 가지고 있으면 대사증후군으로 정의했다.

① 고혈압 : 현재 고혈압 약을 복용 중이거나 수축기 혈압 160mmHg 또는 이완기 혈압 90mmHg 이상인 경우
② 이상지질혈증 : 중성지방치 150mg/dl(1.7m mol/L) 이상 and/or HDL콜레스테롤 남자 35mg/dl(0.9m mol/L), 여자 38.5mg/dl(1.0m mol/L) 이하
③ 비 만 : 체질량지수(BMI) 30kg/m^2(한국 25) 이상 and/or 허리-엉덩이 둘레비(WHR) 남자 0.9, 여자 0.85 이상
④ 미세단백뇨 : 소변 알부민 배설량 20㎍/min(30mg/d) 이상 또는 알부민-크레아티닌비 20g/g 이상

최근 대사증후군의 진단기준으로 널리 사용되고 있는 NCEPATPⅢ(National Cholesterol Education Program Adult Treatment Panel Ⅲ, 2001) 기준은 아래의 5가지 중 3가지 이상일 때 대사증후군으로 정의한다.

① 복부비만 : 허리둘레 남자>102cm(한국 90), 여자>88cm(한국 80)
② 고중성지방혈증 : 중성지방≧150mg/dl(1.7m mol/L)
③ 저-고밀도지단백콜레스테롤 : 남자<40mg/dl, 여자<50mg/dl
④ 고혈압 : >130/85mmHg
⑤ 고혈당 : 공복혈당≧110mg/dl 또는 치료 중인 경우

(2) 원인 및 치료

최근 연구조사에 의하면 미국의 경우 3명 중 1명이, 우리나라의 성인남녀 4명 중 1명이 대사증후군 증상이 있다. 대사증후군은 인슐린 저항성으로 인해 나타나는 복합적인 병적 요인으로, 원인은 체내에 인슐린이 있더라도 저항성으로 인해 고혈당은 개선되지 않고 인슐린 농도만 높아지는 데 있다.

인슐린 저항성은 췌장에서 분비되는 인슐린이 몸에서 제대로 작용을 못하는 상황을 말하는 것으로 이러한 저항성을 극복하기 위해 췌장에서 더 많은 인슐린이 분비되는 고인슐린 혈증 상태가 되어 혈당대사 이상으로 인한 당뇨병, 지질대사 이상으로 인한 중성지방 증가, 고밀도 콜레스테롤, 나트륨 성분 증가로 인한 고혈압 등이 복합적으로 발생하게 된다.

인슐린 저항성의 원인은 유전적 소인, 식생활습관 및 영양상태, 신체활동정도 등 다양한 요인에 의해 발생하는데 주로 비만에 의한 체지방 증가와 운동부족으로 생기므로 적절한 체중유지와 규칙적인 운동으로 예방해야 한다.

건강기능식품의 관련제도와 현황

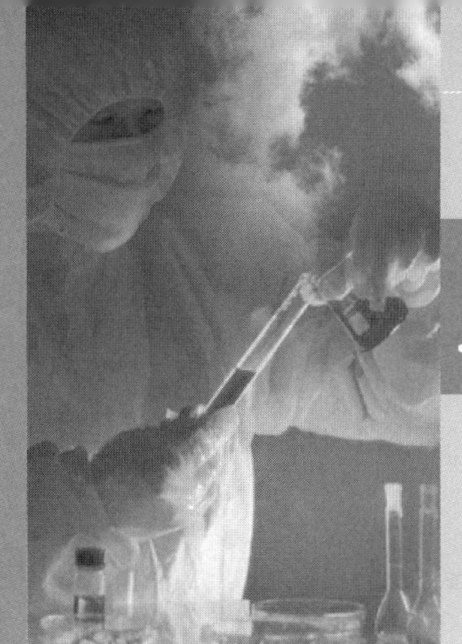

세계 건강기능식품의 관련제도와 현황

제1절 건강기능식품의 정의 및 개념

1 식품과 의약품의 법률적 정의

최근 식품영양 및 생명과학의 발전과 이에 관한 과학적 연구성과 등으로 식품영양학·생리학적으로도 식품과 질병 사이에 밀접한 관련이 있고 식생활에 의한 생활습관병(성인병), 특히 만성퇴행성질환의 경우 식생활에 질병의 예방과 밀접한 관련이 있음이 밝혀지면서 식품이나 식품에 함유된 영양소도 일정한 약리적 작용을 할 수 있고 인체의 건강유지 및 증진과 질병의 예방 및 치료에 일정한 역할을 할 수 있다는 사실이 점차 과학적으로 확인되고 있다.

식품은 생명을 유지하는 데 필요한 열량을 공급하고 인체의 골격을 갖추는 것이 그 주된 목적인 반면, 의약품은 질병을 진단·치료·경감·처치 또는 예방하거나 인체의 구조기능에 약리학적 영향을 주는 것을 목적으로 한다. 식품과 의약품은 그 개념, 사용목적, 규율체계 등의 면에서 법률적으로는 엄격히 구분되고 있다.

따라서 양자는 그 사용목적에 있어서 이처럼 분명히 구분되고, 현행 식품위생법과 약사법도 이러한 취지를 명확히 규정하고 있다. 식품위생법 제2조 제1호는 '식품이라 함은 모든 음식물을 말한다. 다만, 의약으로서 섭취하는 것은 제외한다'고 규정하고 있으며, 한편 약사법 제2조 제4항에서는 '의약품'을 ① 대한약전에 수재된

표 1-1 주요국가의 식품과 의약품의 정의

구 분	식 품	의 약 품
한국	모든 음식물을 말한다. 다만, 의약으로서 섭취하는 것은 제외한다.	① 대한약전에 수재된 것 ② 사람 또는 동물의 질병의 진단·치료·경감·처치 또는 예방의 목적으로 사용된 것 ③ 사람 또는 동물의 구조·기능에 약리학적 영향을 주기 위한 목적으로 사용된 것(화장품을 제외한다)
일본	모든 음식물을 말한다. 다만, 약사법에서 규정하는 의약품 및 의약부외품은 포함하지 않는다.	① 일본 약국방에서 취급하는 물품 ② 사람 또는 동물의 질병의 진단·치료·예방에 사용되는 목적을 가진 것 ③ 사람 또는 동물의 신체의 구조 및 기능에 영향을 미치는 것이 목적인 것
미국	사람 또는 기타 동물용으로 먹을 것 또는 마실 것으로 사용되는 물품을 비롯하여 츄잉검과 이러한 물품의 구성요소로 사용되는 물품을 망라한 것	① 미국약전에 수재된 것 ② 사람 또는 동물의 질병의 치료·경감·처치 또는 예방의 목적으로 사용되는 것 ③ 식품이 아닌 것으로 사람 또는 동물의 구조나 기능에 영향을 주기 위한 목적으로 사용되는 것(사용목적에 따라 의약품 여부 결정)
중국	각종 식용 또는 음용제품, 원료 및 전통에 따른 식품 또는 약품인 것을 의미한다. 그러나 치료를 목적으로 하는 물품은 포함하지 않는다.	① 중국약전에 수재된 것 ② 사람 또는 동물의 질병의 치료·경감·처치 또는 예방의 목적으로 사용된 것

것으로서 위생용품이 아닌 것 ② 사람 또는 동물의 질병의 진단·치료·경감·처치 또는 예방의 목적으로 상용되는 것으로서 기구기계(치과재료·의료용품 및 위생용품을 포함)가 아닌 것 ③ 사람 또는 동물의 구조기능에 약리학적 영향을 주기 위한 목적으로 사용되는 것으로서 기구·기계가 아닌 것(화장품 제외)으로 정의하고 있다. 결국 현행법상 식품과 의약품의 실질적인 구별기준은 약사법 제2조 제4항 각호에 해당하는지의 여부에 달려 있다고 할 것이다. 현행 법상 식품에 대하여는 주로 위생상의 위해를 방지한다는 측면에서 식품의 품목 자체를 제한하고 일반적으로 인체의 건강을 해할 우려가 있는 위해식품의 판매 등을 금지하는 방식을 취하고 있다(식품위생법 제4조). 한편 의약품에 대하여는 의약품의 판매 등 허가(약사법 제35조) 외

에 별도로 특별히 소정의 절차를 거쳐 품목별로 의약품 제조·수입허가를 받거나 신고하도록 규정하고 있으며(동법 제26조, 제34조), 약사·한약사가 아니면 약국을 개설할 수 없을 뿐만 아니라(동법 제16조), 의약품을 조제할 수도 없는(동법 제21조)등 식품에 비하여 보다 여러 가지 엄격한 규제를 하고 있다.

또한 식품은 식품위생법 제11조 및 시행규칙 제6조에 의하여 식품의 명칭, 제조방법, 품질, 영양가, 성분 등에 관하여 '질병의 치료에 효능이 있다는 내용' 또는 '의약품으로 혼동할 우려가 있는 내용'의 표시·광고를 금지하고 있으며, 의약품의 경우 약사법 제55조 제2항에서 「의약품이 아닌 것은 그 용기·포장 또는 첨부문서에 의학적 효능·효과 등이 있는 것으로 오인될 우려가 있는 표시를 하거나 이와 같은 내용의 광고를 하여서는 아니되며, 이와 같은 의약품과 유사하게 표시되거나 광고된 것을 판매하거나 판매의 목적으로 저장 또는 진열하여서는 아니된다」고 규정하여 표시·광고 규제를 하고 있다.

2 식품과 의약품의 개념

1) 식품과 의약품의 판단기준

건강을 유지하고 질병의 위험을 줄이는 데 작용하는 식품의 역할을 분명한 언어로 표현하는 것은 소비자에게 유익하다. 그러나 질병에 직접적인 예방효과가 있는 제품과 발병의 위험성을 줄일 수 있는 생활양식의 일부분으로 건강유지에 좋은 제품사이에는 기본적으로 차이가 있다. 직접적인 예방효과가 있는 제품은 의약품인 반면, 건강유지 및 증진에 좋은 제품은 식품에 가깝다.

그러나 두 종류 제품 사이의 구분은 소비자에게는 모호하기 짝이 없으며 종종 동일한 것으로 인식되기도 한다. 해당 식품과 음식이 특정 질병을 예방 또는 치료할 수 있다는 인식은 주지 않고 질병 발병위험을 줄여 준다는 기본적인 메시지를 분명하게 전달하는 것은 매우 어렵다.

'의약품'은 법에 구체적으로 정의되어 있지만 '식품'의 경우 구체적인 정의가 내려

져 있지 않다. 식품에는 분명히 음식물의 일부가 되는 모든 식품, 음료 또는 식품보충물이 포함된다. 법률적으로 섭취하는 제품이 의약품이 아니면 식품인 것이 일반적인 사항이다.

일반적인 규정에 따라 확실하게 식품으로 인정되는 제품을 의약품으로 간주해서는 안 되므로 반드시 식품으로서 규제해야 한다. 해당 제품이 질병과 관련해 효능이 있다는 과학적 증거가 있거나 그러한 효능 때문에 질병관련 표시를 한 경우에도 마찬가지이다. 그러나 그러한 질병관련 표시(예 : 식이섬유와 암)는 식품법을 위반할 수도 있다

의약품은 다음과 같은 물질이나 물질의 집합으로 정의된다. 질병을 예방하거나 치료하기 위해 제공되는 물질 및 또는 생리학적 기능(인체 내부의 프로세스)의 회복, 교정 또는 조정을 목적으로 복용되는 물질이 의약품에 해당된다.

'제공'이란 제품이 대중이나 제품의 소비 대상인 소비자에게 받아들여지는 방법을 의미한다. 예를 들어 우유를 부어 먹는 아침 식사용 콘플레이크는 일반에게 식품으로서 인식되므로 식품으로서 '제공'되는 것이다. 동일 제품에 불법적인 질병 예방 및 치료의 허위·과대광고(예 : 칼슘이 함유되어 골다공증 치료)를 하는 것이 식품 사용에서 일어날 수 있지만 해당 식품이 구매되어 사용되는 주된 이유일 수는 없다. 그러므로 식품이 질병을 예방, 치료할 수 있다고 주장하여 식품법을 위반하는 경우일지라도 명확하게 식품으로서 제공되는 식품이 의약품으로 될 것 같지는 않다.

제품에 하는 질병관련 표시가 제품이 일반에게 의약품으로서 홍보될 소지가 있는 가장 분명한 길이다. 제품의 표지나 광고에 질병이 인용되거나 달리 제품의 사용과 연관되어 언급되면 질병의 예방이나 치료가 제품이 사용되는 주된 이유 중 하나일 수 있을 것이다. 제조업체가 이러한 행위를 통해 이득을 취하거나 이를 조장할 경우에 의약품을 판매하는 것일 수 있다. 그러므로 제품을 판매할 때 제조업체의 의도는 제품이 판매되는 형태, 제품과 함께 제공되는 설명서, 인체에서 제품의 작용, 제품의 광고 문구, 제품의 소비자가 될 판매 대상, 홍보 방법과 모두 관련이 있다. 이 중 어느 한 가지가 결정적인 요소가 될 수는 없다. 이상의 모든 요소를 고려해 본 결과 전체적으로 제품이 의약품이라는 인식을 줄 경우에 제조업체는 의약품 판매허가를 받아야 한다.

제조업체가 질병을 예방하거나 치료하는 데 제품을 사용할 수 있음을 직접적으로 시사하는 것과 홍보, 선전 및 유사활동을 통해 간접적으로 같은 인식을 주는 것 사이에는 차이가 없다. 결과는 동일한 것이다.

인체의 구조 및 기능을 상당한 정도로 교정하거나 조정할 수 있는 제품 또한 그 의료학상의 효과 때문에 의약품으로 구분할 수 있다. 그러나 많은 식품들이 인체의 구조 및 기능을 어느 정도는 회복시키거나 개선, 조정할 수 있다. 이러한 효과가 소비자들에게 건강상 유익할 수도 있지만 일반적으로 해당 식품이 판매되는 주된 이유가 되지는 않는다. 제품이 명백하게 식품으로 구입되어 사용되는 경우에는 그러한 이로움을 강조표시한다고 제품이 의약품으로 되는 것은 아니다. 그러한 제품은 식품법을 적용받는다.

특정 제품이 인체의 구조 및 기능을 회복시키고, 개선 또는 조정할 목적으로 섭취되는지 여부를 판별하는 데 주된 요소는 제품에 그러한 효능·효과가 있는지 여부이다. 권장량 복용 시 인체에 중요한 약리상의 효능을 갖는 물질을 포함하는 제품은 의약품으로 분류될 가능성이 더 높다.

2) 식품과 의약품의 개념

인간은 생명을 유지하면서 생명체의 성장·발달·유지를 위해 음식물을 섭취하고 그 음식물을 통해 영양물을 공급받아 체내에서 소화·흡수되어 에너지를 발생시켜 살아간다.

인간은 생존하기 위해 음식물을 섭취하는데 그 음식물은 학문적으로는 '식품과 기호품을 적절히 배합하여 그대로 먹고 마실 수 있도록 가공·조리한 것'을 의미하며, 식품은 일반적으로 '영양소를 제공하는 급원물질로서 영양소를 1종류 또는 그 이상 포함하고 있으며, 인체의 건강을 해할 우려가 있는 유독, 유해물질이 없는 천연물 또는 가공품으로서 우리가 먹을 수 있는 것'으로 정의할 수 있다. 그리고 법률적으로는 식품위생법에서 식품과 음식물의 관계를 '식품은 모든 음식물을 말한다'라고 정의하고, '다만 의약으로서 섭취하는 것은 제외한다'라고 규정하고 있다.

'의약품'이란 일반적으로 '약' 또는 '약물'이란 말로 일컬어지며 「인간 또는 동물의

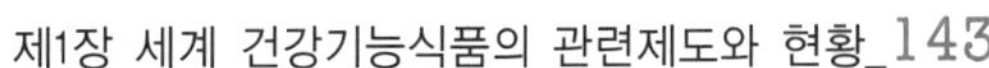

생체에 사용하는, 질병을 치료하거나 그 생체의 정상 생활기능을 촉진시키는 혹은 방해하는 것을 제거하는 작용을 하는 물질」로 정의한다. 또한 의약품 중 '전문의약품'이라 함은 「사람의 구조·기능에 위해를 가할 우려가 있으며, 용법 또는 용량에 대한 전문적 지식을 필요로 하는 의약품으로서 의약품의 제형과 약리작용상 장해를 일으킬 우려가 있는 적응증을 갖는 것」이고, 전문의약품이 아닌 의약품은 일반의약품으로 분류하여 법에서 규정하고 있다.

약리학의 시조 Paracelsus는 '독성이 없는 약물은 존재하지 않는다. 따라서 모든 약물은 곧 독물이다. 다만 약물과 독물은 용량에 따른 차이일 뿐이다' 라고 말했다. 즉, 모든 약물은 그것을 적절히 사용하면 좋은 약물이 되지만 그렇지 않으면 극히 소량으로도 우리의 건강을 해하거나 또는 생명에 위험을 일으키는 독물이 될 수 있으므로 약물과 독물은 궁극적으로 동일한 물질이라고 할 수 있다.

3) 건강기능식품과 Dietary Supplement

건강기능식품에 대한 정의 및 분류는 각국의 식생활, 식습관, 영양상태 등에 따라 다르지만, 최근 전 세계적으로 건강기능식품시장이 확대되면서 건강기능식품을 법제화하여 미국은 식이보조식품(Dietary Supplement), 캐나다의 경우 자연건강제품(Natural Health Product), 일본은 보건기능식품(Food with health claims)으로 정의하였으며, 중국 및 대만은 보건식품 또는 건강식품(Health Food)으로 하는 등 법적명칭으로 정하여 정의와 분류를 하고 있다.

우리나라는 89년 식품위생법에 건강보조식품 제조업종이 신설되고 식품공전에 건강보조식품의 정의를 「영양 또는 생리학적으로 인체에 적용하는 특정성분의 공급을 목적으로 식품원료에 들어있는 특정성분을 추출, 농축, 혼합 등의 방법으로 제조한 식품」이라고 규정하였다.

한때 일본은 건강식품의 명칭이 의약품이나 질병의 예방 및 치료를 직간접적으로 암시하므로 소비자보호 차원에서 건강식품을 미국의 Dietary Supplement를 식이보조식품 또는 식사보충식품으로 번역하여 건강보조식품으로 명칭을 개정하였다. 국제적으로 많이 통용되고 있는 미국의 Dietary Supplement는 「일상적인 식사를 보충하기 위한 용도로 사용되는 것으로 비타민, 미네랄, 아미노산, 허브 등 동·식물 또는 이들 원료성분의 대사물, 구성성분, 추출물 또는 혼합물을 캡슐, 정제, 분말, 액상 등의 형태로 제조·가공된 식품」이라 정의하고 있으나. Dietary Supplement 명칭을 사용하고 있는 미국에서도 식이(식사)보조식품으로 해석되는 명칭에 대한 혼란으로 Dietary라는 용어를 대체하여 제품에 함유된 종류나 이름을 표시하는 방법으로 Vitamin Supplement, Herbal Supplement 등으로 표시하고 있다.

미국 DSHEA에 의한 Dietary Supplement의 목적은 식생활에 의한 생활습관병을 예방하고, 영양상태를 개선하는 식품을 공급하여 인체의 구조 및 기능을 증진시켜 건강을 유지 및 증진하기 위한 보조식품을 의미하므로 우리나라의 건강기능식품과 그 의미가 상응하는 표현이라 할 수 있다.

일본의 보건기능식품은 「영양성분을 보급하고 특별한 보건용도에 적합한 것으로 판매용으로 제공하는 식품 중 정제, 캡슐 등의 의약품형태와 통상의 식품형태로 제조·가공한 것으로, 식품의 안전성이 확립된 비타민, 미네랄, 허브, 기타의 식품성분」으로 정하고 있으며, 보건기능식품을 특정보건용식품(Food for specified health uses)과 영양기능식품(Food with nutrient function claims)으로 구분하여 국가에 의한 제품 표시 허가제도를 시행하고 있다.

중국의 보건식품은 「특정 기능을 가진 식품으로서 특정 대상의 사람에게 섭취가 되며 인체기능을 조절하는 기능을 함유하는 식품」으로 규정하였으며, 대만의 건강식품은 「특별하게 명명되거나 표시가 되는 특수한 영양소 또는 특수한 건강관리 효과가 있는 식품」 등의 정의를 살펴보더라도 역시 건강유지 및 증진을 주목적으로 보조하는 식품, 즉 건강기능식품(Health Supplement)이라는 의미가 강하다.

따라서 「Dietary Supplement」, 「Health Supplement」, 「Health Food」 등의 명칭이 내포하는 의미가 건강유지 및 증진이라는 목적과 식품의 정의 및 분류가 우리나라의 건강기능식품과 매우 유사하고 소비자에게 건강기능식품을 섭취하는 목적을 보다 정확하게 전달할 수 있는 명칭으로 미국의 Dietary Supplement 용어에 대한 해석은 우리나라가 현재 사용하고 있는 건강기능식품의 용어를 사용하는 것이 바람직할 것이다.

또한 일반적으로 통용되는 건강식품, 보신식품, 웰빙식품 등의 용어는 상업적인

용어이며, 기능성식품, 뉴트로슈티칼(Nutraceuticals) 등의 경우는 학문적 용어로 사용되고 있으나 이러한 식품들은 아직 과학적으로 기능성이 증명되지 않은 관계로 법률적으로 식품위생법에 적용되는 일반식품이며 건강기능식품법에 의한 건강기능식품의 법적용어와 구분하여야 한다.

4) 기능성식품의 개념

(1) 기능성식품의 개요

현재를 '포식시대', '개성화시대', '다양화시대'로 표현하고 있다. 이들을 배경으로 오늘의 식품은 양적인 것보다는 질적인 것으로 변화되고 있고, 다량소품질로부터 소량다품질의 식생활시대로 들어서고 있다.

의학의 진보에 따라 체격이나 평균수명이 현저히 향상되었다. 그러나 영양적으로 기호적인 면을 강조하게 되면서 현대인의 생활습관병인 암이나 노화문제 또는 고칼로리인 지방, 그중에서도 동물성지방과 조직 구성원인 단백질의 과다섭취로 비만, 동맥경화증, 심장질환 등 순환기계질환의 증가가 문제시되고 있으며 이들이 식품성분과 식생활에 밀접한 연관성을 가지고 있다는 것이 역학적으로 밝혀지면서 식품에 대한 건강지향과 안전성지향이 급속히 강조되고 있다.

질병은 의학적으로 치료되어야 한다는 과거의 사고방식이 변하여 치료보다는 예방이 우선되어야 한다는 사고방식을 갖게 되었고, 질병의 예방을 위해서는 식생활의 패턴과 개선이 중요하다는 것을 인식하게 되었다. 결국 영양학, 식품화학, 생리학 등을 기초로 인간의 체질과 구조성분에 적합한 식품성분의 섭취가 중요하다는 것을 점차 인식하기에 이르렀다. 이로부터 식품에 대한 기능성(functional)이 지적되었고 식품의 영양성과 기호성 이외에 인체에 대한 기초적인 생리활성의 중요성을 재인식하게 되었다.

식품의 부족시대에는 영양(nutrition)만을 생각하였고 굶주림에 대한 갈등으로 먹을 수 있다는 것에 대한 욕구만이 강하게 작용하였던 시대였다. 이러한 이유에서 인간은 식품소재의 대량생산에 경주하게 되었고, 식품의 양산체제에 돌입하여 풍부해진 식료품은 여유를 가져오게 되었다. 그리고 여유 있는 식품소재는 사람들에게 점차 선택에 의한 기호성을 추구하도록 하였다. 즉, 기호성이 요구되는 감각적(sensory)인 식품과 개성화의 식품은 각 개인의 감각에 맞도록 유도된 것이다.

기아시대에 영양만을 고려하였던 기능을 1차적 기능(primary function)으로 본다면 풍부한 식료의 환경에서 발생하게 된 기호식품의 선택적 기능을 2차적 기능(secondary function)으로 구분할 수 있다. 1차적 기능은 식품 중 영양소가 생체에 미치는 영양기능(nutritional function)으로서 생명을 유지하기 위한 기본적인 중요성을 의미하고 2차적 기능은 식품성분의 특이한 구조가 감각에 와 닿는 감각을 만족시키는 기능 즉, 식품의 수지성(acceptability)의 요인이 되는 것을 말한다. 식량의 풍족으로 인한 감각적인 요구는 다양성과 개성화로 포식을 유도하게 되었고, 포식은 불균형한 식생활을 유발하므로 이로 인하여 현대인들은 생활습관병에 시달리게 되었다.

과다한 편식은 여러종류의 생체조절 즉, 신경계·순환계·내분비계·세포분화계·면역·생체방어계에 이상을 초래하였고 특히 돌연변이 유발성, 발암성 등과 같이 생체에 대한 마이너스(minus)적인 요인은 돌이킬 수 없는 식품의 독소가 되기도 한다.

이와 반대로 균형있는 식사는 항변이원성, 항암성, 항산화성, 면역부활성, 세포증진촉진성 등 플러스(plus)적인 식품성분의 활동을 나타내게 되는데 이는 식품의 3차적인 기능(third function)으로 생체조절기능(body modulation function)을 지니는 생리조절활성기능(physiological function)으로 분류할 수 있다.

3차적 기능성분은 기능활성물질 자체가 식품 중에 함유되어 있어 인체가 직접 흡수함으로써 활성을 발현하는 것과 소화작용 중에 생성되는 성분을 흡수함으로써 활성이 나타나는 생리활성물질로 나눌 수 있다.

생리활성물질로 최근 주목되고 있는 것으로는 성장발육 및 체격유지를 위한 물질인 칼슘, 마그네슘, 철 등과 신경조절인자로서 칼륨, 아연, 망간, 콜린(choline), 레시틴(lecitin), DHA 등, 혈압강화와 콜레스테롤(cholesterol)치 저하로서 다가불포화 지방산인 감마-리놀렌산(r-Linolenic Acid), EPA, DHA, 식이섬유(dietary fiber) 등 그리고 노화방지를 위하여는 항산화제인 비타민 E, 비타민 C, 시트르산 등이 거론되고 있다.

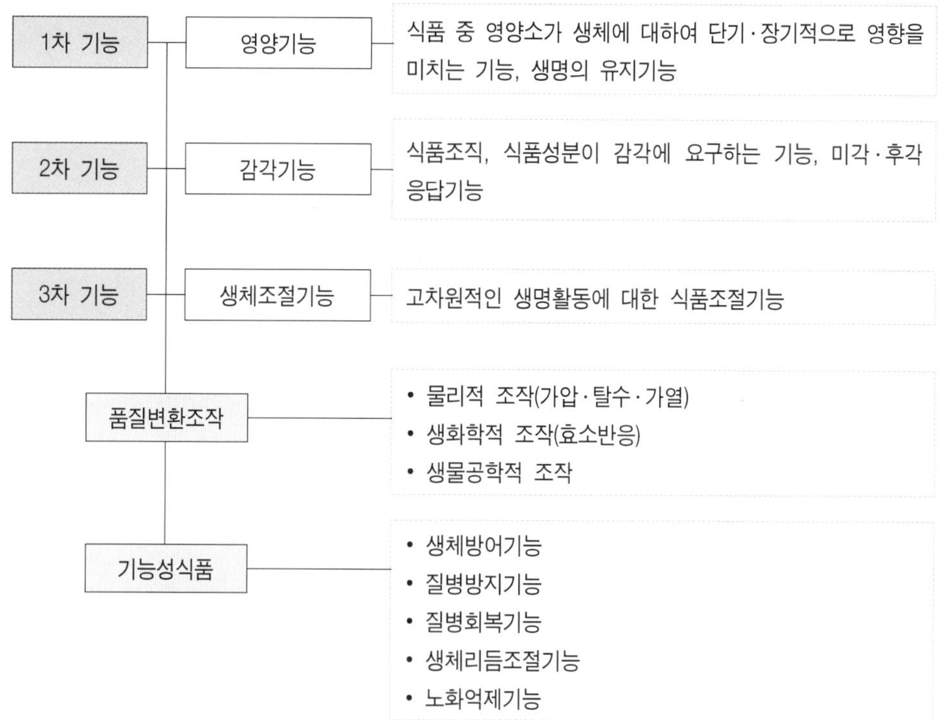

그림 1-1 식품의 기능과 기능성식품과의 관계

아울러 타 식품과 비교하여 기능성식품이 차지하는 위치를 살펴보면 그림 1-2와 같이 나타나고 있다. 횡축은 식품의 형태를 나타내는 것으로 우측으로 갈수록 분말, 정제, 캅셀 등 의약품적인 형태를 띠고 있는 바 일반식품은 좌측에 위치하고 있으며, 좌우측은 주사약이나 캅셀 등이 이에 포함될 수 있겠다. 이 중 건강기능식품은 일반식품보다도 의약품에 가깝다고 할 수 있다. 종축의 효능·효과 면에서 보면 일반식품은 낮은 위치에 있고 건강기능식품은 일반식품과 같은 수준부터 특수영양식품 이상의 효능을 가진 것도 있다.

특수영양식품은 일반식품보다 상위를 점하고 있으며 의약품은 가장 높은 위치를 차지하고 있다. 기능성식품은 특수영양식품에 가까운 효능을 가진 것으로부터 의약품에 필적하는 높은 효능을 가지고 있는 것도 있는데 적극적인 효능과 특성을 갖고 있어 식품 가운데 가장 상위에 위치하고 있는 것이다.

그림 1-2 기능성식품의 위치

(2) 기능성식품의 개발배경

인간생활에 있어서 건강과 식품의 관계에 대해서는 동서고금을 막론하고 진지하게 고민되어 왔다. 그래서 종래 식품을 새로 만드는 데 있어서 지도적인 역할을 해온 것은 바로 영양학이다. 그러나 여기에서 새로운 개념으로 「기능성식품」의 개발이 좋은 평을 받음으로써 구영양학만으로 대처하는 것이 곤란하게 되었다.

이로 인해 어떤 것으로 기능성식품을 개발해야 하는가가 커다란 관심거리가 되었다. 결론적으로 말하면 기능성식품의 창제·개발은 생명공학(Biotechnology) 발전 위에 있다고 할 수 있다. 그러므로 기능성식품은 넓은 의미의 생명공학과 관련 있는 주변과학의 도움으로 만들어지는 것이라 할 수 있다.

기능성식품을 개발하기 위해 관련 있는 과학으로는 약학, 화학, 의학, 생리학을 시작으로 여러 종류가 있다고 생각되지만 그 가운데서도 중요한 역할을 한 것은 좁은 의미의 생명공학 다시 말해 조직배양법, 세포융합법 및 유전자 조작법이라는 신영양학이다.

전후 식량난·영양부족을 배경으로 한 구영양학의 역할은 그런대로 중요했다. 그 최대의 성과는 각 식품의 영양소를 상세하게 분석하여 여러 가지 「식품분석표」를 제

시한 점이다. 그래서 관련법규로서 식품위생법, 건강증진법, 약사법이 제정되어 오늘에 이르고 있다. 이와 같은 배경과 경제발전에 의해 일본에서는 영양부족 문제는 사라지고 최근에는 건강을 보다 향상시키기 위한 식품이 요구되어 왔다. 보다 나은 식품을 섭취함으로써 건강이 향상된다면 현재 국민총의료비를 감소시키는 것도 기대할 수 있어 정책적으로도 효율적일 것이다.

한편 생명공학 및 물리·화학적 분석법도 진전되어 체내에서 식품성분의 동향으로 새로운 의견이 모아지게 되었다. 이것을 기초로 해서 식품분석법으로 대표되는 '구영양학'의 정체가 타파되어 '새로운 영양학'이 대두되고 있다. 예를 들면 식품의 미량성분해석이나 동물실험방법이 진보되어 식품성분의 체내에서의 해명이 진전되고 있다. 식품에 관한 종래의 상식이 바뀌는 경우도 있다.

단백질식품의 흡수는 아미노산보다도 펩타이드(peptide) 쪽이 보다 효율적이라고 하는 발견으로 대두 올리고펩타이드가 신식품 등으로 등장하고 식물섬유의 생리적역할이 강조되어 폴리사카라이드(polysaccharide)계의 상품이 출현하고 장내세균 연구의 진보에 의해 올리고당과 비피더스균을 결합시킨 음료가 각광을 받게 되었다.

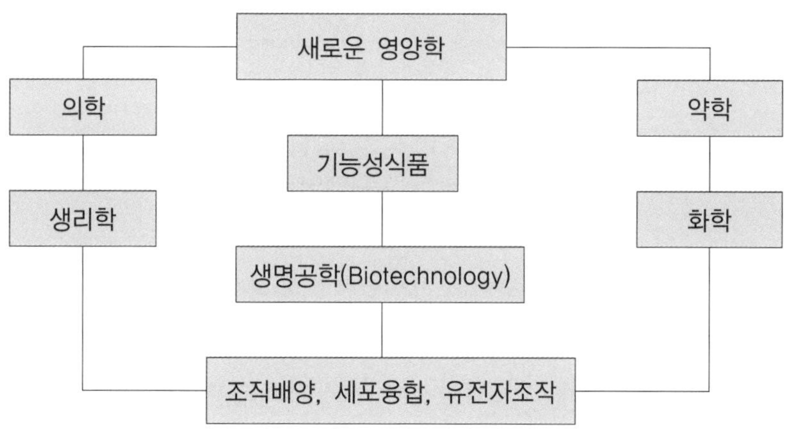

그림 1-3 기능성식품의 창제와 관련 있는 주변과학

구영양학	신영양학
주된 성과	
• 영양소분석 • 식품 성분표	• 식품기능해석 • 개인의 체질에 맞는 영향
특 징	
• 물리적인 가치창조 • 영양부족을 보완하기 위한 지시 • 배고픔을 달래는 것이 최대의 사명 • 체내에서 어느정도 흡수되어 영양이 되는가는 문제가 아니다.	• 화학적인 가치로 이행 • 미량성분 분석 동물실험 임상분석 • 영양과잉·비만대책 성인병 : 동맥경화, 고혈압, 당뇨병 등 다이어트 지시 • 불로장수의 영양학
관련 법규	
• 식품위생법 • 영양개선법 • 약사법	• 관리 영양사법 • (기능성식품법?)

생명공학의 발전
생체메커니즘 해명

그림 1-4 신·구영양학의 차이

이와 같이 임상분석의 진보에 의해 식품성분의 체내에서의 대사 활동과 역할이 시간이 지남에 따라 해명되고 있는 중이고 그 하나 하나의 발견을 새로운 식품개발에 적용시키는 것이 가능하여 그 노력이 이미 시작되고 있다.

현대의 대표적 질병인 비만·영양과잉, 동맥경화, 고혈압, 당뇨병 등을 예방하는 식품개발이 가능하게 되었다. 최종적으로는 개개인의 체질에 맞는 식품이나 불로장수를 지향하는 식품으로 나아가는 것이라고 기대할 수 있다. 그래서 정책적으로도 기능성식품에 관한 제도가 필요하게 된 것이다.

(3) 기능성식품의 정의

기능성식품(Functional Food)은 일본에서뿐만 아니라 다른 나라에서도 법적인 용어는 아니지만 학술적으로 또는 일부 상업적으로 통용되고 있으며, 아직까지 정의가 명확하지는 못하나 일반적으로 '생체조절기능(식품의 3차적 기능)을 가지는 식품'을 말하는 것으로 학계에서는 정의하고 있다. 현재 기능성식품(Functional Food)과 유사하게 사용되고 있는 용어를 살펴보면 건강식품(Health Food), Nutraceutical, Designer Food, Dietary Supplements, Herbal Products, Botanicals(식물성약재), Medical Foods, Phytochemical(영양소가 강화되거나 식물에서 유래된 화학물질) 등의 용어로 사용되고 있다. 이들 용어는 광의(廣義)로 볼 때 모두 기능성식품을 지칭하는 용어이지만 각국의 현행 기능성식품 관리제도 및 산업계 현황에 따라 약간씩 다른 의미로 해석하여 사용하고 있다.

기능성식품(Functional Food)이라는 용어는 1984년 일본에서 처음으로 사용된 것으로 기능성식품의 정의를 '식품성분이 갖는 생체방어, 생체리듬의 조절, 질병예방 및 회복 등 생체조절기능을 생체에 대하여 충분히 발휘할 수 있도록 설계되고 가공된 식품'으로 하였다. 또한 기능성식품의 범위를 '식품으로서 통상 이용되는 소재나 성분으로 구성되며 동시에 통상의 형태 및 방법에 의하여 섭취되는 것'이며 '식품으로서 일상적으로 섭취되는 것'으로 한정하고 있다.

미국의 국립과학아카데미(The National Academy Of Science)의 식품영양위원회에 따르면 기능성식품이란 '잠재적 건강에 도움이 되는 것으로 포괄적이며, 전형적인 영양소가 보다 좋은 건강혜택을 제공해 줄 수 있는 변형된 식품 또는 식품성분'이라고 하였으며, 미국의학연구소(Us Institute Of Medicine)는 제안한 기능성식품을 '종래의 영양소(기능) 이상의 건강효과를 나타낼 가능성이 있는 모든 가공식품 또는 가공식품 소재'(American Dietetic Association, 1995)로 정의하였다.

또한 Nutraceutical이라 하여 '질병예방이나 치료 등의 의학적 또는 건강에 효과가 있는 식품이나 식품의 일부로 생각되는 모든 물질'(의학혁신재단 스티븐드펠리스 회장, 1989)을 가리켜 Nutrient(영양소)와 Pharmaceutical(의약)의 합성어로 사용하고, Designer Food라 하여 '암의 위험을 줄이는 효과가 있는 식물화학물질(영양소, 생리활성작용이 있는 식물화학성분)이 들어 있거나 또는 그것을 강화한 식품'

(국립암연구소 Herbest Pieson 박사, 1989)이라는 용어를 기능성식품과 유사한 의미로 일반적으로 사용하고 있다.

한편, 캐나다 보건부에서는 기능성식품(Functional Food)과 약효식품(Nutraceutical)이라는 용어를 다음과 같이 상이하게 정의하고 있다. 기능성식품이란 '일반적인 식품과 외관이 유사하고 보통 식사의 한 부분으로서 섭취되는 식품으로 기본적인 영양학적인 역할 외에 생리학적으로 유익하고 만성질환의 위해를 감소시키는 효과가 입증된 식품'을 말한다. 반면 약효식품(Nutraceutical)이란 '일반적인 식품의 형태와는 달리 식품을 원료로 하여 분말, 과립, 액상, 정제, 캡슐 등이나 기타 의약품 형태로 제조·판매되는 제품으로서 생리학적으로 유익하거나 만성질환으로부터 보호하는 효과가 입증된 제품'을 말한다.

영국 농수산식품성(Ministry Of Agriculture, Fisheries And Food)에서는 기능성식품(Functional Food)이란 '고유의 영양학적 유익성 외에 특정한 의학적 또는 생리학적 혜택을 주는 성분이 첨가된 식품'이라고 정의하고 있어 일반적인 식품의 형태로 기능성식품의 제조가 가능하도록 허용하고 있다.

이들의 정의를 종합하여 분석해 보면, 제 외국에서 일반적으로 사용하는 기능성식품(Functional Food)과 이와 유사한 용어는 각 나라마다 법적으로 인정하기 이전에 과도기적으로 건강유지 및 증진을 목적으로 판매 또는 사용되는 광의(廣義)의 건강식품(Health Food)이라 할 수 있다.

제2절 한국의 건강기능식품

1 건강기능식품의 역사 및 발전배경

1) 건강기능식품의 발전사

건강식품이 우리나라에 정착한 정확한 연대는 알 수 없으나, 국민의 식생활을 고려할 때 70년 이후라고 할 수 있을 것이다. 60년대까지는 외국의 원조식량 의존 및 극심한 한파와 수해 등에 의한 농업부진과 농산물 흉작이 계속되어 식생활에 여유를 갖지 못하고 있었다. 70년대에 이르러 우리나라 경제발전이 이루어지면서, 여유가 없고 각박했던 과거의 식생활로부터 건강을 지키고 먹는 일에서 인간의 즐거움을 찾게 되는 다원적이며 행복한 식생활의 방향으로 개선되었다. 80년대에 이르러 고도의 경제성장과 산업화의 급격한 신장에 따라 여러 가지 사회적, 경제적 요인과 국민의식에 대한 가치관이 변화하게 되어 식품산업, 식품서비스업, 외식산업 등이 크게 발전되었다. 그 가운데 식품첨가물의 사용증가와 불규칙한 식생활, 편협한 기호 등으로 예전에 비해 암이나 고혈압, 심장병, 당뇨병 등 생활습관병(성인병)이 현저히 증가하게 되었다.

이러한 여러 가지 생활습관병의 예방·치료에 음식물이 크게 관여하고 있다는 것은 주지된 사실로서 건강회복 및 증진, 건강미에 대한 소비자의 기대감이 높아진 것은 말할 필요도 없다. 이러한 때에 출현하게 된 것이 바로 건강식품이다.

국내 건강식품은 식품위생법상에서 73년 영양등식품으로 분류되어 관련제조업종인 영양강화 식품제조업으로 허가되었고, 80년에는 동법에서 영양등식품제조업으로 개정되어 「식품에 영양성분을 첨가하거나 제거하여 유아용, 병약자용, 임산부용, 기타 특수용도 등에 제공하는 식품을 제조하는 영업」을 말한다고 정의하였다. 그 후 87년 영양등식품제조업의 정의는 기존의 개념에 건강증진용도가 보충되었고, 88년에는 일반영양강화식품군과 특수영양식품으로 구분하여 정의되었다.

영양식품 중 건강식품류는 82년에는 효소류의 제품이 전부로 현미효소, 맛나효소, 율무효소 등이었다. 83년에는 씨그린효소, 청명효소, 맥미두효소, 알파효소 등의 식품이 더 첨가되었으며, 85년에는 쌀배아효소, 현미차 등의 곡류가공품들이 주종을 이루었다. 86년의 경우 스쿠알렌, 만유, EPA, 맥주효모 등이 새로이 추가되었으며, 87년에는 소맥배아유, 알로에 및 그 가공품, 케일효소, 달맞이꽃종자유 등이 추가되었다.

89년 식품위생법에 건강보조식품제조업의 업종이 신설되고, 91년 이전까지 식품공전에 7개 품목, 자가규격 15개 품목이었던 것이 92년부터 식품공전에 자가규격을 포함하여 건강보조식품이 알로에, 스쿠알렌, 효소, 효모, 자라 등 22개 품목군이 등록되었다. 그 후 95년에 키토산, 프로폴리스, 베타카로틴이 신설되어 기존의 22개 품목군에서 25개 품목군으로 확대되었다. 2000년에 칼슘함유식품, 단백식품류 중 단백식품, 단백분해식품이 특수영양식품의 영양보충용식품으로 재분류됨에 따라 24개 품목군으로 되었다.

그리고 특수영양식품은 영아용조제식, 성장기용조제식, 영·유아용 곡류조제식, 기타 영유아식과 환자용식품 및 식사대용식품이 신설되어 7개 품목군으로 기준이 설정되어 있다.

2000년 건강보조식품산업의 발전과 과학화를 위해 (사)한국 건강기능식품협회와 국회의원이 협의하에 건강기능식품에 관한 법률(안)을 의원입법으로 발의하여, 2002년 8월 26일에 건강기능식품에 관한 법률이 식품위생법에서 독립하여 제정·공포되었고, 이어서 시행령(2003.12.18), 시행규칙, 고시(2004.1.31)가 공포되어 시행하게 되었다.

이 법에 의한 새로운 건강기능식품 공전에는 기존의 건강보조식품 24개 품목군과 인삼제품, 홍삼제품, 비타민, 미네랄, 식이섬유 등 영양보충용식품을 포함하여 32개 품목군이 기준 및 규격으로 설정되어 개정고시되었다. 또한 2005년에는 녹차추출물, 대두단백, 식물스테롤, 프락토올리고당, 홍국 5개 제품이 추가되어 개정고시되었다. 최근 2008년에는 건강기능식품의 기준·규격이 전면 개정되어 분류체계, 개별기준·규격, 기능성 인정내용 등이 합리적으로 개선되어 시행되고 있다.

표 1-2 건강보조식품과 건강기능식품의 발전사

연 도	구 분	내 용
1973. 6	영양강화식품 제조업 신설	식품에 다른 영양소를 첨가하여 그 식품의 외관과 맛에 큰 변화 없이 영양을 강화한 식품
1977. 3	영양식품제조업 신설	식품에 영양성분을 첨가하거나 제거하여 유아용, 환자용, 임산부용 등 특수한 용도에 제공하는 식품
1987. 7	영양등식품 제조업 신설	식품에 영양성분 등을 첨가하거나 제거하여 유아·병약자·임산부 등의 건강증진의 용도에 제공하는 식품
1989. 7	건강보조식품· 제조업 신설	식품위생법상에 건강보조식품과 특수영양식품 제조업종 신설
1990. 9	식품공전 개정	건강보조식품·특수영양식품의 범위 및 성분규격 설정
1991. 3	식품공전 개정	건강보조식품 22개 품목지정 자라가공식품 추가
1992. 2	제품검사제도	건강보조식품 사전제품검사제도 실시
1993. 10	품목군 추가	정제어유식품을 뱀장어유와 EPA 및 DHA 함유식품으로 개정
1994. 7	판매업종 신설	건강보조식품판매업 신설
1996. 7	품목군 추가	β-카로틴, 키토산, 프로폴리스식품의 3개 품목이 추가되어 25개 품목군
1997. 3	광고사전심의제	건강보조식품 및 특수영양식품(식이섬유, 저열량)
2000. 1	식품위생법 개정	• 건강보조식품 사전제품검사제도 폐지 • 건강보조식품 판매업의 폐지(자유업종)
2000. 4	식품공전 개정	• 칼슘함유식품, 단백식품, 단백분해식품이 특수영양식품의 영양보충용식품으로 재분류 • 특수영양식품 중 이유식 및 조제유, 영양보충용식품, 범위확대와 식사대용식품 신설
2000. 11	건강기능식품법 의원발의	「국민건강증진을위한건강기능식품에관한법률안」을 제명으로 국회의원 대표발의
2002. 8	법률 공포	「건강기능식품에관한법률」 제정·공포
2003. 12	시행령 공포	「건강기능식품에관한법률」 시행령 제정공포
2004. 1	시행규칙, 고시 공포	「건강기능식품에관한법률」 시행규칙·고시 제정 공포
2005. 5	품목군 추가	녹차, 대두, 식물스테롤, 프락토올리고당, 홍국 5개 제품
2008. 6	공전개정	건강기능식품 기준, 규격 전면개정

2 건강기능식품의 필요성

1) 건강에 대한 관심의 증가

국민소득의 증가와 함께 일반 국민의 건강에 대한 관심도 날로 높아지고 있다. 과거 절대적 빈곤 속에 경제건설에 매진해야 했던 시기에는 상대적으로 무관심했던 자신의 건강에 대한 문제가 국민경제의 향상과 의식주 문제의 개선에 따라 중요한 문제로 대두되고 있기 때문이다.

인생의 가장 중요한 가치에 대한 최근 조사는 조사대상자의 60% 이상이 건강을 선택함으로써 건강이 인생에서 가장 중요한 가치로 여겨지고 있음을 보여준다. 이러한 의식구조는 향후 건강기능식품의 시장전망을 밝게 해주고 있다.

또한 자신의 건강을 관리하는 방법에 대한 최근 조사에서는 국민의 64.3%가 특별한 방법을 모색하지 않고 있는 것으로 나타났으며 식사조절 및 보약, 영양제가 18.2%를 점유하는 데 비하여 운동은 11.9%에 그치고 있다.

산업발달의 과정에서 야기되는 폐기물에 노출되면서 소비자들은 농약이나 화학비료에 오염되지 않은 자연지향적 무공해 식품을 선호하게 되었으며 이에 따라 건강기능식품이 건강관리의 한 가지 방법으로 자리를 차지하게 되었다.

2) 고령화 사회의 도래

UN은 노령인구 비율을 기준으로 7% 이상은 고령화 사회, 14% 이상은 고령 사회, 20% 이상은 초고령 사회로 분류하고 있는데, 우리나라는 2005년도에 65세 이상의 노령인구 수가 총인구 대비 9.1%를 차지함으로써 고령화 사회에 진입한 것으로 확인되었다. 또한 경제협력개발기구(OECD)의 경제검토위원회(EDRC)는 한국이 OECD 국가 중에서 고령화 현상이 가장 빠른 속도로 진행되고 있다고 발표하였다. 통계청이 2005년 1월 발표한 특별인구추계 결과에 따르면 우리나라의 노령인구 비율은 2005년 이미 9.1%를 넘어 고령화 사회에 진입했을 뿐만 아니라 오는 2020년에는 15.7%를 기록해 고령 사회에 진입하고, 2025년에는 19.1%에 달해 초고령 사회로의 진입을 눈앞에 둘 것으로 예상된다. 고령화 사회에 진입한 지 15년과 5년에 걸쳐 초고령 사회로까지 진입할 것임을 보여주는 것이다. 통계청의 조사결과에서 알 수 있듯이 우리나라는 우리보다 앞서 고령화 사회에 들어갔던 일본의 24년과 12년, 프랑스의 115년과 41년, 미국의 71년과 15년보다 훨씬 빠른 것을 알 수 있었다.

표 1-3 연도별 65세 이상 노인인구 비율 (단위 : 년, %)

	1970	1980	1990	2000	2005	2010	2015	2020	2025	2030	2050
노인비율	3.1	3.8	5.1	7.2	9.1	10.7	12.6	15.7	19.1	24.1	37.3

출처 - 통계청, 장래인구 특별추계 결과(2005.1)

3) 삶의 질적 향상 추구

사회가 고령화되면서 가장 큰 문제로 다가오는 것 중 하나는 노인건강이다. 선진국의 경우 85세 이상 노인의 40% 이상이 질병에 시달리고 있다고 보고되고 있다. 최근 '국민건강·영양조사' 결과에 따르면 한국인의 2002년 평균수명은 75세이고 2010년에는 81.9세에 달할 것으로 추정하였다. 그러나 세계보건기구가 종래 발표하던 평균수명에 수명의 질(quality of life)이라고 할 수 있는 건강상태를 반영한 건강수명은 조사결과 67.4세인 것으로 나타났다. 건강수명은 단순히 얼마나 오래 살았느냐가 아니라 실제로 활동을 하며 건강하게 삶을 영위하는 기간이 어느 정도인

표 1-4 각국의 건강수명 비교 (단위 : 세)

	전체인구		남 자		여 자	
	평균수명	건강수명	평균수명	건강수명	평균수명	건강수명
한 국	75.0	67.4	71.2	64.5	78.7	70.3
일 본	81.3	73.6	77.9	71.4	84.7	75.8
미 국	77.0	67.6	74.4	66.4	79.5	68.8
영 국	77.5	69.6	75.0	68.4	79.9	70.9
프랑스	79.3	71.3	75.6	69.0	83.0	73.5
독 일	78.1	70.2	75.1	68.3	81.1	72.2

출처 - WHO, The World Health Report 2002 : Reducing Risk, Promoting Healthy Life, 2002

지를 나타내는 지표로 선진국에서는 평균수명보다 중요한 지표로 이용된다. 우리나라는 이를 2010년도까지 75.1세로 향상시키기 위해서 총 1조 2,500억 원(Health Plan 2010)을 투입하기로 하였고 이는 우리나라 국민들이 평균 10년 이상을 각종 질병에 시달리며 살아가는 것을 의미한다.

4) 생활습관병 발병률의 증가

오늘날 대부분의 사람들이 특별한 질병의 상태도 아니면서 건강하지는 않은 반쪽 건강상태에 있다. 뇌졸중, 동맥경화증, 고혈압, 암, 당뇨병, 만성간질환, 만성위장병, 만성신장병 등 만성적 퇴행성질환, 즉 생활습관병의 발병률이 증가되어 주요 사망원인이 되고 있으며 만성적 퇴행성질환은 성인뿐 아니라 어린이들에게도 증가되어 더욱 커다란 사회문제가 되고 있다.

지금까지 의학은 감염증으로 인한 전염병과 결핵 등의 영양부족에 의한 질병을 치료하는 것이 목표였다. 그러나 만성퇴행성질환은 병에 걸린 다음에는 치료하고자 하여도 일단 나빠진 건강이 양호한 상태로 회복되기는 어려우므로 이러한 질병에 걸리지 않기 위하여 현재의 건강을 유지하고 증진시킨다는 입장에서 예방의학 측면이 크게 요구되고 있다.

우리나라 국민들이 앓고 있는 대표적인 만성질환은 충치관련 질병이 15.8%로 가장 많았고, 피부병, 관절염, 요통, 좌골통, 위염·소화궤양이며, 노인이 갖는 중요한 만성질환은 잘못된 식습관에서 기인하는 고혈압과 당뇨병이다.

이와 같이 잘못된 식습관 또는 식생활로 야기되는 생활습관병을 예방하기 위해서는 일차적으로 영양적 균형을 이룬 식생활 및 적절한 운동을 통하여 건강을 유지할 수 있도록 계몽되어야 할 것이다. 이를 위한 보조 수단으로 최근 식품과 질병과의 관계가 과학적으로 증명됨에 따라 생활습관병에 대한 건강기능식품의 역할이 새롭게 인식되고 있다.

5) 국민의료비의 절감

건강보험심사평가원의 통계에 따르면 1985년도 국가 전체의료비 5,830억 원에서 2003년도 15조 1천억 원으로 약 25배 증가한 반면, 노인의료비는 같은 기간에 280

억 원에서 4조 3,723억 원으로 약 156배 증가한 것으로 나타났다. 또한, 2003년 기준으로 65세 이상 노인 건강보험 대상자는 전체의 7.5%인 데 반해 전체 의료비 중 노령인구가 지출한 의료비는 27%에 이른다. 이것은 노령인구 1인당 의료비 지출규모가 다른 연령층의 1인당 의료비 지출규모에 비해 월등히 클 뿐만 아니라 기하급수적으로 증가하고 있음을 나타내며, 건강보험재정에 커다란 부담으로 작용하고 있다.

이와 같이 만성질환 유병률이 높은 노령인구의 지속적인 증가는 의료보장을 위한 건강보험의 국가 지출을 크게 늘리는 반면, 건강보험과 같은 국가 사회복지 프로그램 재정 마련을 위한 세금을 부담할 실질 노동인구의 상대적 감소와 직결되므로 국가의 재정을 더욱 어렵게 만들 것이다.

이렇듯 인구의 노령화 및 질병의 서구화 등으로 인한 국민의료비 지출의 지속적인 증가는 가계 및 국가경제 차원에서도 그 부담이 가중되어 사회적 문제로 대두되고 있다. 그런데 만성적 퇴행성질환의 예방에 건강기능식품이 매우 중요한 역할을 하고 있음이 과학적으로 밝혀짐에 따라 국가 차원에서 건강기능식품에 관한 특별법을 제정하여 건강기능식품의 품목을 확대하고 기능성표시에 관한 과학적 기준을 마련하는 등 건강기능식품에 대한 정책수립 및 연구개발에 적극적인 지원을 하고 있다. 양질의 안전한 건강기능식품의 제조 및 소비는 장기적으로 국민의 건강을 증진하고 국민의 의료비 부담을 저감하는 효과가 있기 때문이다.

6) 건강기능식품의 지향목표

건강에 대한 개념은 시대적, 개인별로 상대적인 차이를 나타내고 있으며 건강을 찾고자 하는 방법도 다양하다. 건강기능식품은 건강회복, 건강유지, 건강증진, 육체에 의한 자기실현 등의 4가지 건강지향을 목적으로 하고 있는 것이 특징이다.

(1) 건강회복지향

고혈압이나 당뇨병 등의 생활습관병(성인병), 알레르기성질환, 그 밖의 만성적인 질병을 가지고 있는 사람들은 식생활에 의한 건강개선에 커다란 비중을 두고 있으며 그 건강개선에 도움이 될 허브류, 저염, 저당, 저콜레스테롤식품 등을 구하게 된다.

그리고 최근의 건강기능식품점포에서는 다양한 건강식품을 진열해 놓고 있는데 과잉보호를 받고 자란 인구의 증가, 중고령화 사회의 진행 등으로 이 건강식품의 선호경향은 더욱더 증가할 것이다.

(2) 건강유지지향

현재의 건강을 유지하기 위하여 비만방지, 충치예방, 부족되고 있는 칼슘보급 등의 식생활관리는 상식화되었으며, 무농약·무첨가의 자연식품의 섭취를 선호하는 현상도 건강유지에 대한 관심에서 비롯된다.

(3) 건강증진지향

노령기에 들어서도 스포츠나 여행을 즐길 수 있을지의 여부는 개인의 체력에 있다. 체력의 약화가 시작되는 중년기 이후에는 건강증진에 대한 걱정을 하게 되는데 조깅, 태권도, 에어로빅, 댄스 등으로 체력을 관리하는 것이 바람직하다.

(4) 육체에 의한 자기실현 지향

이상적인 육체를 소망하는 것은 인간의 바람이며 이것은 풍요한 사회만이 가질 수 있는 문화적 경향이라고 할 수 있다. 이러한 경향은 특히 젊은 층에 많이 적용되어 단순히 체중을 줄이는 것이 아니라 팔을 가늘게 하고 싶다든지 다리만을 날씬하게 하고 싶다든지 반대로 가슴에 근육을 발달시키고 싶다든지 하는 것이다. 최근 젊은 여성, 남성들이 많이 하고 있는 피부관리, 보디빌딩 등은 이러한 경향의 연속으로 건강기능식품의 섭취를 통해 육체에 의한 자기실현과 삶의 질적향상을 추구하게 된다.

3 건강기능식품법의 주요내용

1) 목 적

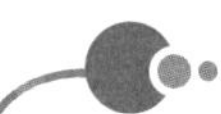

제1조(목적) 이 법은 건강기능식품의 안전성 확보 및 품질향상과 건전한 유통·판매를 도모함으로써 국민의 건강증진과 소비자보호에 이바지함을 목적으로 한다.

건강기능식품은 불규칙한 식생활, 영양의 불균형, 인구의 고령화 등으로 일상의 식생활에서 부족하기 쉬운 영양을 보급하여 국민의 영양상태를 개선하고, 건강에 유용한 기능성분을 보급함으로써 인체의 기능 및 구조에 영향을 주어 국민건강증진 및 삶의 질을 향상시키는 데 도움을 준다. 따라서 건강기능식품의 안전성 확보 및 기능성과 품질향상을 통하여 우수한 건강기능식품을 공급하고, 소비자의 올바른 알 권리와 허위·과대표시광고를 사전에 예방함으로써 소비자보호와 국민건강증진에 이바지하는 것을 목적으로 한다.

2) 정 의

제3조(정의) 이 법에서 사용하는 용어의 정의는 다음 각호와 같다.

1. '건강기능식품'이라 함은 인체에 유용한 기능성을 가진 원료나 성분을 사용하여 제조·가공한 식품을 말한다.
2. '기능성'이라 함은 인체의 구조 및 기능에 대하여 영양소를 조절하거나 생리학적 작용 등과 같은 보건용도에 유용한 효과를 얻는 것을 말한다.

건강기능식품은 인체의 구조 및 기능에 대하여 영양소를 보급하거나 또는 특별한 보건용도에 유용한 효과를 기대하여 섭취하는 것이 목적이다. 또한 건강기능식품은 영양소와 보건용도의 보급을 목적으로 식품원료에 함유되어 있는 영양소 또는 기능성분을 추출·농축·정제·혼합 등의 방법으로 제조하므로 식품섭취의 용이성과 인체의 구조 및 기능에 유용한 효과를 위하여 적당한 섭취량과 섭취방법, 주의사항 등을 고려하여 일정한 형태를 갖춘 정제·캅셀·분말·과립·액상·환 등의 형태로 제조·가공하고 있다.

식품과 건강기능식품은 법적으로 동등위치의 법령이나 해석적 개념은 식품 중에 건강기능식품이 포함되며, 식품의 일부분을 건강기능식품으로 정의한 것이다. 또한, 건강기능식품법에서는 건강기능식품의 개념요건으로서 실질적 측면에서는 기능성 요소를, 형식적 측면에서는 일정한 형태의 요소를 요구하고 있는데 이러한 건강기능식품의 형태적 요소는 건강기능식품과 일반식품을 구분하는 하나의 방법으로서 작용하고 있다. 형태적 요소의 일부 형태 즉, 분말 및 액상의 일반식품과 구분이 모호할 수 있으나 건강기능식품에 관한 의무적 표시사항(제17조 제1항 제3호·제5호)에 정한 섭취량 및 섭취방법, 섭취 시 주의사항 및 질병치료를 위한 의약품이 아니라는 내용의 표현 등을 비추어 볼 때 정제·캅셀·과립·환 등의 형태와 증가적인 형태에 해당하는 액상과 분말에 한정된다고 해석하여야 할 것이다.

따라서, 건강기능식품법은 개념을 보다 좁게 한정하여 어떠한 식품이 동법상의 건강기능식품에 해당하기 위해서는 식품의 기능성 요소뿐만 아니라 그 식품의 안정성 및 안정성을 위한 형태적 요소 역시 중요한 부분이라 할 수 있다. 최근 건강기능식품법 제3조(정의)가 일부 개정되어 의약품 형태인 정제, 캅셀, 과립, 환 등과 그동안 제한되었던 일반식품 형태도 허용되어 해당 식품의 안전성, 기능성 등이 과학적 평가 방법에 의해 인정받을 경우 건강기능식품으로 제조할 수 있게 되었다.

의 약 품 (의약부외품 포함)	건강기능식품	일 반 식 품 (소위 건강식품 포함)
- 질병 예방·치료 - 사람·동물의 구조 및 기능 (약리적 표현)	- 영양성분함유표시, 영양소기능표시 - 인체의 구조 및 기능표시 (식품영양학적·생리학적 표현)	- 영양성분함유표시 - 영양강화표시

3) 제조·수입·판매업의 운영관리

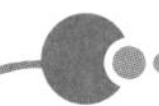

제4조(영업의 종류 및 시설기준) ①다음 각호의 1에 해당하는 영업을 하고자 하는 자는 보건복지부령이 정하는 기준에 적합한 시설을 갖추어야 한다.
1. 건강기능식품제조업
2. 건강기능식품수입업
3. 건강기능식품판매업

②제1항의 규정에 의한 영업의 세부종류와 그 범위는 대통령령으로 정한다.

건강기능식품은 의약품에 준하는 국가관리체계하에서 영업활동을 하게 하여 건강기능식품제조업을 식품의약품안전청의 영업허가와 품목제조신고를 받도록 하여 영업 및 품목을 사전운영관리토록 하였다. 또한 건강기능식품수입업 및 판매업종과 품질관리인제도를 도입하여 건강기능식품의 안전성 및 품진관리와 건전한 유통관리 등을 함으로써 국민보건 및 소비자보호에 기여하도록 하였다.

(1) 건강기능식품제조업

① 건강기능식품전문제조업

건강기능식품을 전문적으로 제조하는 영업을 말하며, 다른 업소에서 위탁하는 품목을 제조할 수 있음.

② 건강기능식품벤처제조업

벤처기업육성에 관한 특별조치법 제2조의 규정에 의한 벤처기업이 건강기능식품을 건강기능식품전문제조업자에게 위탁하여 제조하는 영업.

(2) 건강기능식품수입업

건강기능식품을 수입하는 영업을 말하며, 판매하고자 할 경우에는 판매업신고를 별도로 하여야 함.

(3) 건강기능식품판매업

① 건강기능식품일반판매업

건강기능식품을 영업장에서 판매하거나 방문판매 등에 관한 법률 제2조의 규정에 의한 방문판매·다단계판매·전화권유판매 또는 전자상거래 등에서의 소비자보호에 관한 법률 제2조의 규정에 의한 전자상거래·통신판매 등의 방법으로 판매하는 영업

② 건강기능식품유통전문판매업

건강기능식품전문제조업자에게 의뢰하여 제조한 건강기능식품을 자신의 상표로 유통·판매하는 영업

표 1-5 영업허가 및 신고의 관리대상

구 분	영업의 종류	관리기관	비 고
영업허가	• 건강기능식품제조업 - 건강기능식품전문제조업 - 건강기능식품벤처제조업	식약청	종전 시·군·구 신고
영업신고	• 건강기능식품수입업	지방청	종전 지방청 신고
영업신고	• 건강기능식품판매업 - 건강기능식품일반판매업 - 건강기능식품유통전문판매업	시·도 (시·군·구)	종전 자유업 (유통전문판매업은 종전에 시·군·구 신고)

[참고] : 비고의 경우 과거 식품위생법상의 관리기관

4) 품질관리인·

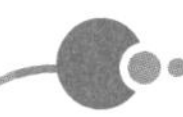

제12조(품질관리인) ①제5조제1항의 규정에 의한 건강기능식품제조업의 허가를 받아 영업을 하고자 하는 자는 보건복지부령이 정하는 바에 따라 품질관리인(이하 '품질관리인' 이라 한다)을 두어야 한다.
②품질관리인은 건강기능식품의 제조에 종사하는 자가 이 법 또는 이 법에 의한 명령이나 처분에 위반하지 아니하도록 지도하여야 하며, 제품 및 시설을 위생적으로 관리하여야 한다.

건강기능식품제조업의 경우에는 품질관리인을 두어야 한다. 건강기능식품은 일반식품보다 강화된 품질 및 위생상의 안전성을 확보하여야 할 필요성이 있으므로 이를 위하여 일정 수준의 기술자격 또는 전문교육을 이수한 자를 제조업소에 두어 이들로 하여금 건강기능식품의 품질 및 위생을 관리하도록 한 것이다. 품질관리인의 자격기준은 대통령령으로 정하는데 식품기술사, 식품기사, 식품산업기사와 같은 관련 전문자격자, 대학에서 식품과 관련된 학과로 지정된 학과를 이수하여 졸업한 자와 이와 동등 이상의 자격이 있는 자로서 보건복지가족부장관이 인정하는 자로 규정하였다. 품질관리인은 건강기능식품의 제조·가공에 종사하는 자가 이 법 또는 이 법에 의한 명령이나 처분에 위반하지 않도록 지도·감독하고 제품 및 시설을 위생적으로 관리하도록 하고 있다. 세부적인 품질관리인의 직무는 대통령령으로서 건강기능식품의 품질관리, 기구·용기와 포장의 관리, 표시 및 광고의 적합성 확인, 기준 및 규격에 부적합 제품의 처리, 관련 기록문서의 작성·유지, 종업원의 건강관리 및 위생교육의 실시 등 건강기능식품의 안전 및 품질관리사항이다.

5) 기준 및 규격

제14조(기준 및 규격) ①식품의약품안전청장은 판매를 목적으로 하는 건강기능식품의 제조·사용·보존 등에 관한 기준과 규격을 정하여 고시한다.
②식품의약품안전청장은 제1항의 규정에 의하여 기준과 규격이 고시되지 아니한 식품의 기준과 규격에 대하여는 제5조제1항 또는 제6조제1항의 규정에 의한 영업자로 하여금 당해 식품의 기준·규격, 안전성 및 기능성 등에 관한 자료를 제출하게 하여 검사기관의 검사를 거쳐 건강기능식품의 기준과 규격으로 인정할 수 있다.

건강기능식품의 기준 및 규격은 법 제14조 제1항의 규정에 따라 건강기능식품의 제조·사용·보존 등에 관한 기준 과 규격을 정하여 고시하도록 하고 있으며, 이렇게 기준과 규격이 고시된 건강기능식품을 '고시형 건강기능식품' 또는 '건강기능식품공전'이라고 명명하고 있다.

동법 제2항의 규정에서는 기준과 규격이 고시되지 않은 식품의 기준 및 규격은 식품의약품안전청장이 기준과 규격, 안전성 및 기능성에 관한 자료를 검토하여 건강기능식품의 기준 및 규격으로 인정할 수 있도록 하고 있다. 이렇게 기준과 규격을 식품의약품안전청장으로부터 인정받는 건강기능식품을 '고시형 건강기능식품'과 구별하여 '개별인정형 건강기능식품'이라고 명명하고 있다.

6) 원료 등의 인정

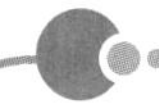

제15조(원료 등의 인정) ①식품의약품안전청장은 판매를 목적으로 하는 건강기능식품의 원료 또는 성분을 정하여 고시한다.

②식품의약품안전청장은 제1항의 규정에 의하여 고시되지 아니한 건강기능식품의 원료 또는 성분에 대하여는 제5조제1항 또는 제6조제1항의 규정에 의한 영업자로부터 당해 원료 또는 성분의 안전성 및 기능성 등에 관한 자료를 제출받아 검토한 후 건강기능식품에 사용할 수 있는 원료 또는 성분으로 인정할 수 있다.

③제2항의 규정에 의한 인정기준, 방법 및 절차 기타 필요한 사항은 식품의약품안전청장이 정한다.

건강기능식품원료 등의 인정은 법 제15조 제1항 규정에 따라 식품의약품안전청장은 건강기능식품에 사용할 수 있는 원료 또는 성분을 정하여 고시하여야 하는데, 여기에는 단순히 원료 또는 성분뿐만 아니라 원료 또는 성분에 대한 기준 및 규격까지 포함하고 있다.

동법 제2항 규정에서는 식품의약품안전청장이 고시하지 않은 새로운 원료 또는 성분의 경우 제조·수입업자가 새로운 원료 또는 성분에 대한 안전성 및 기능성의 자료를 식품의약품안전청장에게 제출하여 제3항에서 규정한 인정기준에 따라 건강기능식품의 원료 또는 성분으로 개별인정하고 있다

7) 기능성표시·광고심의제도

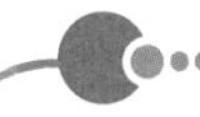

제16조(기능성표시·광고의 심의) ①건강기능식품의 기능성표시·광고를 하고자 하는 자는 식품의약품안전청장이 정한 건강기능식품 표시·광고심의기준 및 방법·절차에 따라 심의를 받아야 한다.
②식품의약품안전청장은 제1항의 규정에 의한 건강기능식품의 기능성표시·광고심의에 관한 업무를 관련단체에게 위탁할 수 있다.

건강기능식품의 허위·과대표시·광고의 사전예방을 통하여 소비자를 보호함과 더불어 기능성에 대한 올바른 정보제공을 통해 소비자의 알 권리를 확충하기 위하여 식품의약품안전청장의 사전심의를 받도록 하였다.

다만, 기능성표시·광고의 사전심의는 정부조직 및 전문인력과 국가의 기능성표시·광고허가에 따른 책임, 산업체에 대한 정부규제 및 자율성 등을 고려하여, 이 법 제28조의 단체(한국건강기능식품협회)에 위탁하여 기능성표시·광고위원회를 설치하고 식품학자, 의사, 약사, 광고학자, 변호사 등의 전문가 및 각 분야의 대표성을 가진 자로 하여금 심의하도록 하였다.

기능성표시·광고를 하고자 하는 경우에는 「건강기능식품의 표시기준」 규정에 의해 ① 인체의 성장·증진 및 정상적인 기능에 대한 영양소의 생리학적 작용을 나타내는 영양소기능표시와 ② 인체의 정상기능이나 생물학적 활동에 특별한 효과가 있어 건강상의 기여나 기능향상 또는 건강유지·개선을 나타내는 영양소기능 외의 생리기능향상표시와 ③ 전체 식사를 통한 식품의 섭취가 질병의 발생 또는 건강상태의 위험감소와 관련한 질병발생위험감소표시로 구분하여 표시할 수 있다.

8) 표시기준

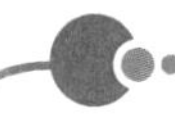

제17조(표시기준) ①건강기능식품의 용기·포장에는 다음 각호의 사항을 표시하여야 한다.

1. 건강기능식품
2. 기능성분 또는 영양소 및 그 영양권장량에 대한 비율(영양권장량이 설정된 것에 한한다)
3. 섭취량 및 섭취방법, 섭취 시 주의사항
4. 유통기한 및 보관방법
5. 질병의 예방 및 치료를 위한 의약품이 아니라는 내용의 표현
6. 기타 식품의약품안전청장이 정하는 사항

②제1항의 규정에 의한 표시방법등에 관하여 필요한 사항은 식품의약품안전청장이 정하여 고시한다.

건강기능식품의 표시기준은 건강기능식품에 표시하여야 하는 내용과 방법 등에 관한 기준을 정하여 건강기능식품의 품질향상을 도모하고 소비자에게 정확한 정보를 제공하고자 건강기능식품의 제품명, 업소명, 유통기한, 내용량 등 기본적인 표시사항과 영양정보, 기능정보, 섭취량, 섭취방법 및 주의사항 등에 대한 표시사항을 규정하고 있다. 아울러 이 규정에서는 건강기능식품의 용기·포장에 '건강기능식품(또는 도안)'이라는 표시를 하여야 하며, 이 제품은 '질병의 예방 및 치료를 위한 의약품이 아니라는 내용의 표현'을 의무적으로 표시하여야 한다.

건강기능식품은 의약품이 아니므로 의약품적인 용법·용량의 표시는 적절하지 않지만 과잉섭취를 방지하고 함유 영양성분이 효과적으로 흡수되는 것을 도모하기 위해 1일 섭취량의 기준 및 적절한 섭취방법의 표시와 1일 영양소요량에 대한 섭취비율의 표시를 의무화하는 것이 필요하다. 또한 영양소요량이 연령, 성별로 다른 경우에도 대응할 수 있도록 표시하는 방법을 고려하였다.

건강기능식품에 과잉섭취로 인한 건강위해의 우려가 있는 영양성분이 고단위로 포함된 경우도 있으므로 과잉섭취에 대한 주의표시로서 과잉섭취에 의한 위해발생이 분명한 성분에 관해서는 구체적인 섭취 시 주의사항의 표시를 의무화하였다.

9) 허위·과대의 표시·광고 금지

제18조(허위·과대의 표시·광고 금지) ①영업자는 건강기능식품의 명칭, 원재료, 제조방법, 영양소, 성분, 사용방법, 품질 등에 관하여 다음 각호에 해당하는 허위·과대의 표시·광고를 하여서는 아니된다.

1. 질병의 예방 및 치료에 효능·효과가 있거나 의약품으로 오인·혼동할 우려가 있는 내용의 표시·광고
2. 사실과 다르거나 과장된 표시·광고
3. 소비자를 기만하거나 오인·혼동시킬 우려가 있는 표시·광고
4. 의약품의 용도로만 사용되는 명칭(한약의 처방명을 포함한다)의 표시·광고

건강기능식품의 원료 및 제품 등에 대해서는 질병의 예방 및 치료에 효능·효과가 있거나 의약품으로 오인·혼동할 우려가 있는 내용의 표시·광고와 사실과 다르거나 소비자가 오인할 우려가 있는 표시·광고 등을 허위·과대의 표시·광고로 금지하고 있다. 또한 의약품의 용도나 한약의 처방명으로 사용되는 명칭의 표시·광고도 금지하고 있어 이러한 원료를 사용하여 제조할 수 없도록 하였다.

의약품의 용도로만 사용되는 원료로는 알부민, 실리마린, 사향 등이 있으며, 약사법 제21조 제7항 및 '한약처방의 종류 및 조제방법에 관한 규정'에 따라 한약사가 한의사의 처방전 없이 조제할 수 있는 한약은 십전대보탕 등 100종 처방으로 제한되고, 100종 처방 내의 조제라 할지라도 혼합비율의 변경은 물론 가감행위를 할 수 없도록 '건강기능식품에 사용할 수 없는 원료 등에 관한 규정'에 따라 엄격히 관리하고 있다.

10) 우수건강기능식품 제조기준(GMP)

제22조(우수건강기능식품제조기준등) ①식품의약품안전청장은 우수한 건강기능식품의 제조 및 품질관리를 위하여 우수건강기능식품제조 및 품질관리기준(이하 '우수건강기능식품제조기준' 이라 한다)을 정하여 이를 고시할 수 있다.
②식품의약품안전청장은 제5조제1항의 규정에 의한 영업자가 제1항의 규정에 의한 우수건강기능식품제조기준을 준수하는 경우에는 우수건강기능식품제조기준적용업소로 지정하여 고시할 수 있다.

(1) GMP개요

건강기능식품은 일반식품과는 달리 소비자의 기능성에 대한 기대욕구가 중요한 식품의 이용목적이 되기 때문에 식품의 안전성 즉 위해요소관리뿐만 아니라 기능성을 충족하는 식품의 특정성분 또는 특정영양성분의 관리가 품질에 있어 중요한 비중을 차지하게 되므로 이를 보장할 수 있도록 하는 것이 바람직하다.

따라서 우수한 건강기능식품을 생산하여 소비자에게 공급함으로써 국민보건향상에 이바지하려는 기본정신에 따라 건강기능식품은 안전성, 기능성, 안정성이 확보되어야 한다.

건강기능식품 최종제품의 품질을 확보하기 위해서는 우선 제품의 전 제조공정에 걸쳐 법적으로 허가된 기준 및 규격을 준수하여야 하며 이와 더불어 자체적으로 공정기준보다 강화된 자가기준을 엄격하게 적용함으로써 품질개선의 노력을 기울여야 한다.

이를 위해서 건강기능식품은 원자재의 구입으로부터 완제품의 출하에 이르기까지 모든 공정 단계의 제조관리가 표준화된 작업관리하에서 점검·확인·기록하여 문서화되고 과학적 타당성이 입증된 제조 및 품질관리를 실현하도록 조직적이며 체계화된 관리를 하게 함으로써 제품의 품질보증을 하도록 하는 것이다. 이에 따라 건강기능식품의 안전성, 기능성 및 안정성이 보장되고 그 효과의 재현성 및 유의성의 보장될 수 있도록 규정한 것이 우수한 건강기능식품제조기준(GMP)제도이다.

(2) GMP의 정의 및 중요요소

① 정 의

GMP는 'Good Manufacturing Practices'의 약자로서 '우수건강기능식품 제조 및 품질관리기준' 또는 '우수건강기능식품제조기준'을 의미하고, 품질이 우수한 건강기능식품을 제조하기 위한 기준으로서 작업장의 구조, 설비를 비롯하여 원료의 구입으로부터 생산, 포장, 출하에 이르기까지의 전 공정에 걸쳐 생산과 품질의 관리에 관한 조직적이고 체계적인 기준을 의미한다.

② GMP제도의 필요성

건강기능식품 제품의 품질보증을 위해 도입한 GMP제도의 필요성은 다음과 같이 4가지로 정리할 수 있다.

첫째 : 불량 건강기능식품으로 인한 사고의 미연방지

둘째 : 과학적인 생산관리 체계에 의한 품질의 보장

셋째 : 제조단위의 철저한 관리에 의한 균질성 확보

넷째 : 제조 종사자의 철저한 교육 및 훈련을 통한 품질향상

③ GMP의 3가지 중요 요소

건강기능식품 GMP에서는 적어도 다음 3가지 요소가 충족되어야 한다.

첫째 : 인위적인 과오(혼동, 실수)의 최소화

둘째 : 건강기능식품의 오염(이물, 교차, 미생물)과 품질변화의 방지

셋째 : 고도의 품질보증 체계의 확립

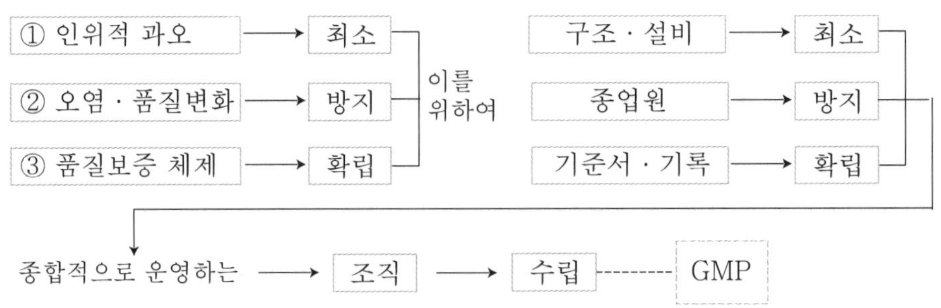

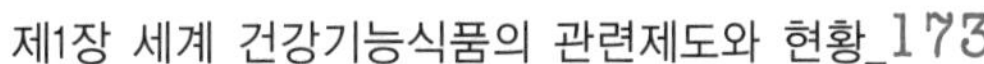

(3) GMP의 4대 기준서

건강기능식품 GMP의 합리적인 운영을 위하여서는 각종 기준서, 규정 및 기록서를 비치·운영하고, GMP의 주요 목적인 안전성, 기능성 및 안정성의 효과적인 제조관리, 위생관리, 품질관리, 제품 표준 등 목적달성을 위해 사내규정에 의한 기준서를 규정하고, 설비양식 및 기구에 대한 운영방침을 갖추어야 한다.

이들 규정문서의 기본이 되는 것을 GMP 4대 기준서로 제품표준서, 제조관리기준서, 제조위생관리기준서, 품질관리기준서가 있으며, 모든 규정이나 규제는 이를 바탕으로 작성, 비치·운영된다.

① 제품표준서

- 각 품목의 제조에 필요한 내용을 표준화하여 작업상에 착오가 없도록 하며 항상 동일한 제품을 만들기 위한 제품의 규격과 관련된 사항을 규정.
- 원료의 입고부터 제조, 출하에 이르는 모든 작업 공정 중의 주의사항을 자세히 규정하여 작업을 수행.
- 제품허가사항, 제조방법 및 공정검사, 원료반제품 및 완제품의 기준 및 시험방법, 제조 및 품질관리에 필요한 시설기구 등

② 제조관리기준서

- 제품생산에 있어 공정관리와 보관관리 전반에 대하여 관련된 사항을 규정.
- 원료 및 제품의 보관관리, 제조 Lot 관리 및 각 품목별 제품의 제조관리, 제조공정관리, 공정검사관리, 식별 및 추적성관리, 설비관리, 계량관리 등

③ 제조위생관리기준서

- 제품생산에 있어 종사자, 작업장 등의 환경·위생관리와 관련된 사항을 규정
- 작업환경관리, 청정실관리, 출입관리, 위생관리, 방충·방서관리, 청소·소독관리, 용수관리 등

④ 품질관리기준서

- 품질관리를 효율적으로 수행할 수 있도록 검체의 채취방법, 검사관리, 시험결과의 평가 및 전달방법 등 생산과 관련된 검사·신뢰성관리와 관련된 사항을 규정

11) 건강기능식품심의위원회

건강기능식품에 대한 전문적이고 기술적인 사항의 조사·심의를 위하여 건강기능식품심의위원회를 설치하고 있다. 즉 건강기능식품의 정책에 관한 사항, 기준·규격에 관한 사항, 표시·광고에 관한 사항을 조사·심의하여 식품의약품안전청장에게 자문하게 된다. 이를 위한 세부 조사·연구는 연구위원을 통하여 수행할 수 있으며, 구성·운영 등에 관하여 필요한 사항은 대통통령에서 정한다. 위원회는 위원장 1인과 부위원장 1인을 포함하여 관련 전문학식과 경험이 풍부한 50인 이내에서 보건복지가족부장관이 임명하는 위원으로 구성된다. 위원은 관련학회 및 단체 등의 추천과 일정비율 시민단체가 추천한 인사를 포함하도록 되어 있어 투명성을 기하고, 소비자의 의견이 반영될 수 있도록 배려하였다. 위원회에는 분야별로 분과위원회를 설치할 수 있도록 하고, 5인 이내의 연구위원을 배정할 수 있도록 하였다.

12) 법정교육

이 법에 의하여 교육을 받아야 하는 영업자는 건강기능식품제조업자, 건강기능식품수입업자, 건강기능식품판매업자로서 특별한 사유가 없는 한 허가 및 신고 전에 사전교육을 받아야 한다. 교육시간은 각각 8시간, 6시간, 4시간이다. 교육기관은 이 법에 의한 업종별 단체에서 수행하게 된다. 한편 건강기능식품제조업의 품질관리인의 경우 매년 6시간의 교육의무가 부과된다.

13) 단체설립

건강기능식품의 건전한 발전을 도모하고 안전성 확보 및 품질향상과 국민보건향상에 이바지하기 위하여 관련 단체를 설립할 수 있도록 규정하였다. 관련단체는 건강기능식품제조업, 건강기능식품수입업, 건강기능식품판매업의 업종을 설립할 수 있도록 하고 본 단체는 발기인이 정관을 작성하여 보건복지가족부장관의 승인을 받도록 하였다.

현재 동 법률에 의해 승인받은 단체는 (사)한국건강기능식품협회가 있다.

 건강기능식품의 공전과 기능성 내용

1) 건강기능식품공전

건강기능식품공전은 판매를 목적으로 하는 건강기능식품의 제조부터 유통까지 적용하는 기준 및 규격을 제공하기 위해 건강기능식품법 제14조(기준 및 규격), 제15조(원료 등의 인정), 제17조(표시기준)의 규정에 의하여 정하여진 내용을 수록하여 작성되었다. 이 공전에서 제공하는 기준 및 규격은 안전성 및 기능성 평가를 거쳐 설정된 것이므로 소비자에게 안전하고 품질이 좋은 건강기능식품을 제공하는 기반이 된다. 또한 각 기능성 원료별로 상세한 제조기준과 일일섭취량을 정하여 다양한 제품을 생산·수입할 수 있다.

건강기능식품공전은 「총칙」, 「공통기준 및 규격」, 「개별기준 및 규격」, 「시험법」으로 나누어 구성하였으며, 이는 건강기능식품의 제조부터 유통에 필요한 규정을 주제별로 나눈 것이다. 「총칙」에는 공전의 목적, 범위, 구성, 평가원칙, 등재원칙 등에 관한 법률적 근거를 제시하였으며, 「공통기준 및 규격」에는 이 공전에 등재된 74개의 기능성원료와 이를 사용하여 만든 최종제품에 공통적으로 적용할 수 있는 사항을 제시하였다. 건강기능식품에 사용되는 원료의 정의, 제조기준, 공통기준, 개별규격의 적용, 보존 및 유통기준, 기준 및 규격의 적부판정, 검체의 채취 및 취급 등이 이에 포함된다. 「개별기준 및 규격」에는 기능성 원료별 특성을 고려하여 제조기준과 규격을 제시하고, 규격은 기능성분(또는 지표성분)과 유해성분을 위주로 설정되어 있다. 또한 최종제품을 제조할 때 지켜야 할 제조기준, 표시되어야 하는 기능성 내용과 일일섭취량이 제시되어 있다. 「시험법」에는 기능성 원료별 기준과 규격이 적합함을 확인할 수 있는 시험법이 등재되어 있다. 다만, 중금속 또는 미생물시험법 등은 식품공전을 적용할 수 있으므로 별도로 기재되어 있지 않다.

2) 건강기능식품 공전상의 품목류

(1) 영양소

품 목	제 조 기 준	기능성 내용
1. 비타민 및 무기질 (또는 미네랄)	비타민·무기질, 식이섬유, 단백질, 필수지방산을 보충하는 것이 목적이므로 식사를 대용하거나 다른 성분의 섭취가 목적이 되어서는 아니 되며, 캡슐, 정제, 분말, 과립, 액상, 환 등으로 한번에 섭취하기 편한 형태로 제조되어야 함	건강기능식품 공전 참조
2. 식이섬유		
3. 단백질		
4. 필수 지방산		

(2) 기능성 원료

품 목	제 조 기 준	기능성 내용
1. 인 삼	진세노사이드 Rg1과 Rb1을 합하여 0.8~34mg/g 함유하고 있어야 함	면역력 증진 피로회복
2. 홍 삼	진세노사이드 Rg1과 Rb1을 합하여 0.8~34mg/g 함유하고 있어야 함	면역력 증진 피로회복 혈액순환에 도움
3. 엽록소함유식물	총엽록소를 맥류약엽은 2.4mg/g 이상, 알팔파는 0.6mg/g 이상, 해조류 및 기타식물은 1.2mg/g 이상 함유하고 있어야 함	피부건강에 도움 항산화 작용
4. 스피루리나 / 클로렐라	총엽록소를 스피루리나는 5mg/g 이상, 클로렐라는 10mg/g 이상 함유하고 있어야 함	피부건강에 도움 항산화 작용
5. 녹차추출물	카테킨을 200mg/g 이상 함유하고 있어야 함. 카테킨은 에피갈로카테킨(EGC), 에피갈로카테킨갈레이트(EGCG), 에피카테킨(EC) 및 에피카테킨갈레이트(ECG) 합계량으로 환산하며 4가지 카테킨이 모두 확인되어야 함. 다만, 최종제품의 경우 4가지 카테킨을 모두 확인할 필요는 없음.	항산화 작용
6. 알로에 전잎	안트라퀴논계화합물(무수바바로인으로서)을 2.0~50.0mg/g 함유하고 있어야 함	배변활동 원활

품 목	제 조 기 준	기능성내용
7. 프로폴리스추출물	총 플라보노이드를 10mg/g 이상 함유하고 있어야 하며, 파라(ρ)-쿠마르산 및 계피산이 확인되어야 함	항산화 작용 구강에서의 항균작용
8. 오메가3 지방산 함유유지	EPA와 DHA의 합으로서 식용 가능한 어류 유래 원료는 180mg/g 이상, 바다물범 유래 원료는 120mg/g 이상, 조류 유래 원료는 300mg/g 이상 함유되어 있어야 함	혈중 중성지질 개선 혈행개선
9. 감마리놀렌산 함유유지	감마리놀렌산이 70mg/g 이상이어야 함	콜레스테롤 개선 혈행개선
10. 레시틴	인지질(아세톤불용물로서)이 360mg/g 이상 함유되어 있어야 하며 인지질 중 포스파티딜콜린은 대두레시틴은 100mg/g 이상 난황레시틴은 600mg/g 이상 함유되어야 함	콜레스테롤 개선
11. 스쿠알렌	스쿠알렌이 980mg/g 이상 함유되어 있어야 함	항산화 작용
12. 식물스테롤/식물스테롤에스테르	식물스테롤 함량이 900mg/g 이상이어야 함. 다만 식물스테롤에스테르를 원료로 사용한 경우에는 식물스테롤에스테르와 유리식물스테롤의 합이 800mg/g 이상, 유리식물스테롤 함량이 100mg/g 이하이어야 함	콜레스테롤 개선
13. 알콕시글리세롤 함유 상어간유	알콕시글리세롤이 180mg/g 이상 함유되어 있어야 하며 바틸알콜이 확인되어야 함	면역력 증진
14. 옥타코사놀 함유 유지	옥타코사놀이 미강유래 왁스에서 제조한 원료인 경우 100mg/g 이상 함유되어 있어야 하며, 사탕수수유래 왁스에서 제조한 원료인 경우 540mg/g 이상 함유되어 있어야 함	지구력 증진
15. 매실추출물	구연산이 300~400mg/g 함유되어 있어야 함	피로개선
16. 당 및 탄수화물	글루코사민 황산염 또는 염산염이 980mg/g 이상 함유되어 있어야 함	관절 및 연골 건강에 도움
17. N-아세틸글루코사민	N-아세틸글루코사민이 950mg/g 이상 함유되어 있어야 함	관절 및 연골 건강에 도움
18. 뮤코다당·단백	뮤코다당·단백이 770mg/g 이상 함유되어 있어야 하며, 단백질과 콘드로이틴황산의 비율이 1.0~9.0이어야 함	관절 및 연골 건강에 도움

품 목		제 조 기 준	기능성 내용
19. 식이섬유	1) 구아검/구아검가수분해물	식이섬유를 660mg/g 이상 함유하고 있어야 함	콜레스테롤 개선 식후혈당상승억제 배변활동 원활
	2) 글루코만난(곤약, 곤약만난)	식이섬유를 690mg/g 이상 함유하고 있어야 함	콜레스테롤 개선 배변활동 원활
	3) 귀 리	식이섬유를 200mg/g 이상 함유하고 있어야 함	콜레스테롤 개선 식후혈당상승억제
	4) 난소화성 말토덱스트린	식이섬유를 850mg/g 이상 함유하고 있어야 함(액상인 경우 580mg/g 이상)	식후혈당상승억제 배변활동 원활
	5) 대두식이섬유	식이섬유를 600mg/g 이상 함유하고 있어야 함	콜레스테롤 개선 식후혈당상승억제 배변활동 원활
	6) 목이버섯	식이섬유를 450mg/g 이상 함유하고 있어야 함	배변활동 원활
	7) 밀식이섬유	식이섬유를 700mg/g 이상 함유하고 있어야 함	식후혈당상승억제 배변활동 원활
	8) 보리식이섬유	식이섬유를 500mg/g 이상 함유하고 있어야 함	배변활동 원활
	9) 아라비아검(아카시아검)	식이섬유를 800mg/g 이상 함유하고 있어야 함	배변활동 원활
	10) 옥수수겨	식이섬유를 800mg/g 이상 함유하고 있어야 함	콜레스테롤 개선 식후혈당상승억제
	11) 이눌린/치커리추출물	식이섬유를 800mg/g 이상 함유하고 있어야 함	콜레스테롤 개선 식후혈당상승억제 배변활동 원활
	12) 차전자피	식이섬유를 790mg/g 이상 함유하고 있어야 함	콜레스테롤 개선 배변활동 원활
	13) 폴리덱스트로스	식이섬유를 650mg/g 이상 함유하고 있어야 함	배변활동 원활
	14) 호로파종자	식이섬유를 450mg/g 이상 함유하고 있어야 함	식후혈당상승억제

품 목	제 조 기 준	기능성 내용
20. 알로에 겔	고형분 중에서 총 다당체를 30mg/g 이상 함유하고 있어야 함	피부건강에 도움 장 건강에 도움 면역력 증진
21. 영지버섯 자실체 추출물	베타글루칸을 10mg/g 이상 함유하고 있어야 함	혈행개선
22. 키토산/ 키토올리고당	키토산은 탈아세틸화도(당 사슬 중에 글루코사민 잔기 비율)가 80% 이상이어야 하며, 키토산(글루코사민으로서)을 800mg/g 이상 함유하고 있어야 함. 키토올리고당은 키토올리고당을 200mg/g 이상 함유하고 있어야 함	콜레스테롤 개선
23. 프락토올리고당	프락토올리고당을 900mg/g 이상 함유하고 있어야 하며, 프락토올리고당은 1-케이스토즈(GF2), 니스토즈(GF3), 프락토퓨라노실니스토즈(GF4)를 합한 양으로 계산함	유익균 증식 유해균 억제 배변활동 원활 칼슘 흡수에 도움
24. 발효미생물류	생균을 100,000,000 CFU/g 이상 함유하고 있어야 함	유익한 유산균 증식 유해균 억제 또는 배변활동 원활
25. 홍 국	총 모나콜린 K를 0.5mg/g 이상 함유하고 있어야 하며, 활성형 모나콜린 K가 확인되어야 함	콜레스테롤 개선
26. 대두단백	조단백질을 건고물 기준으로 600mg/g 이상 함유하고 있어야 하며, 다이드제인 및 제니스테인이 확인되어야 함	콜레스테롤 개선
27. 로열젤리	10-히드록시-2-데센산(10-HDA)이 생로열젤리는 1.6% 이상, 동결건조로열젤리는 4.0% 이상, 로열젤리제품은 0.56% 이상이어야 함	영양보급 건강증진 및 유지 고단백식품
28. 버 섯	자실체는 30.0% 이상, 균사체는 50.0% 이상이어야 함. 자실체추출물의 경우 자실체의 건조물로 환산하여 제품 전체중량의 30.0% 이상이 되어야 하며, 균사체배양물의 경우에는 배양물의 건조물로 환산하여 제품 전체중량의 50.0% 이상이어야 함	생리활성물질 함유 건강증진 및 유지

품 목	제 조 기 준	기능성 내용
29. 식물추출물발효	유기산도(%) : 0.3 이상(젖산으로서)이어야 하며 다음 중 세 항목 이상 적합하여야 함 (가) 환원당(%) : 50.0 이상 (나) 효모수 : 1g당 1,000,000 이상 (다) 유산균수 : 1g당 1,000,000 이상 (라) 비타민 B_1(mg/g/100g) : 0.2 이상 (마) 비타민 B_2(mg/g/100g) : 0.05 이상	건강증진 및 유지 체질개선 영양공급원
30. 자 라	히드록시프롤린이 동결건조자라분말의 경우 1.0% 이상, 열풍건조자라분말의 경우 2.0% 이상, 동결건조자라분말 사용최종제품의 경우 0.3% 이상, 열풍건조자라분말 사용최종제품의 경우 0.6% 이상 되어야 함	건강증진 및 유지 영양보급 단백질 공급원 신체기능의 활성화 체력증진 체력보강
31. 효 모	조단백질(%)이 건조효모의 경우 40.0% 이상, 건조효모최종제품의 경우 24.0% 이상, 효모추출물최종제품의 경우 10.0% 이상이어야 함. 다만 효모추출물최종제품 중 액상제품은 5.0% 이상이어야 함	영양의 불균형 개선 영양공급원 건강증진 및 유지 신진대사 기능
32. 효 소	조단백질이 10.0% 이상이며 α-아밀라아제와 프로테아제가 양성이어야 함	신진대사 기능 건강증진 및 유지 체질개선
33. 화 분	조단백질이 화분의 경우 18.0% 이상, 화분추출물의 경우 건조물로 환산하여 20.0% 이상, 화분최종제품의 경우 5.0% 이상, 화분추출물제품의 경우 2.0% 이상이어야 함	영양보급 피부건강에 도움 건강증진 및 유지 신진대사 기능

3) 건강기능식품의 기능성 내용과 품목

기능성 내용	건강기능식품 품목
1. 혈중지질 조절	오메가-3 지방산함유유지, 감마리놀렌산함유유지, 레시틴, 식물스테롤/식물스테롤에스테르, 구아검/구아검가수분해물, 글루코만난, 귀리식이섬유, 대두식이섬유, 옥수수겨식이섬유, 이눌린/치커리추출물, 차전자피, 키토산/키토올리고당, 홍국, 대두단백, 알로에추출물분말 N-932, 알로에복합추출물분말-932, 스피루리나, 유니벡스대나무잎추출물, PMO정어리정제어유, 폴리코사놀-사탕수수왁스알코올, 식물스타놀에스테르, 아마인
2. 혈행개선	홍삼, 오메가-3 지방산함유유지, 감마리놀렌산함유유지, 영지버섯자실체추출물, PMO정어리정제어유, 피크노제놀-프랑스해안송껍질추출물
3. 혈압건강 유지	정어리펩타이드, 가쯔오부시올리고펩타이드, 카제인가수분해물, 올리브잎주정추출물 EFLA943
4. 관절 및 연골 건강	글루코사민, N-아세틸글루코사민, 결정유기황, 뮤코다당·단백, KD-28 복합추출분말, 씨스팜리프리놀-초록잎홍합추출오일복합물, 유니베스틴케이황금등복합물, 로즈힙분말, MSM(Dimethylsulfone), 바이오이소플라본
5. 혈당조정	구아검/구아검가수분해물, 귀리식이섬유, 난소화성말토덱스트린, 대두식이섬유, 밀식이섬유, 옥수수겨식이섬유, 이눌린/치커리추출물, 호로파종자, 바나바주정추출물, 피니톨, 씨제이홍경천등복합추출물, 구아바잎, 솔잎증류농축액, 탈지달맞이꽃종자주정추출물, 콩발효추출물, PMO알부민
6. 체지방 감소	씨제이히비스커스등복합추출물, CLA(Conjugated Linoleic Acid), 그린마떼추출물, 가르시니아캄보지아껍질추출물, APIC 대두배아열수추출물등복합물
7. 간 기능	브로콜리스프라우트분말, 헛개나무과병추출분말, 표고버섯균사체추출물분말
8. 긴장완화	유단백가수분해물
9. 배변활동	알로에전잎, 구아검/구아검가수분해물, 글루코만난, 난소화성말토덱스트린, 대두식이섬유, 목이버섯, 밀식이섬유, 보리식이섬유, 아라비아검, 이눌린/치커리추출물, 차전자피, 폴리덱스트로즈, 프락토올리고당, 프로바이오틱스, 대두올리고당, 라피노스, 분말한천, 이소말토올리고당
10. 장내 유익균 증식 /유해균 성장억제	프락토올리고당, 프로바이오틱스, 대우올리고당, 라피노스, 이소말토올리고당
11. 면역력 /신체저항능력	인삼, 홍삼, 알콕시글리세롤 함유 상어간유, 알로에겔, 게란티바이오Ge-효모, FK-23, HemoHIM당귀혼합추출물, 표고버섯균사체AHCC, L-글루타민

기능성 내용	건강기능식품 품목
12. 항산화 작용	엽록소함유식물, 스피루리나/클로렐라, 녹차추출물, 프로폴리스추출물, 스쿠알렌, 코엔자임Q10, 끼꼬망포도종자추출물, 복분자주정추출폴리페놀 EA108, 유니벡스대나무잎추출물, PME-88 메론추출물, 피크노제놀-프랑스해안송껍질추출물
13. 기억력/인지능력 개선	대두포스파티딜세린, 씨제이테아닌등복합추출물, 피브로인추출물BF-7, INM176참당귀주정추출분말
14. 눈 건강	루테인, 빌베리추출물, 헤마토코쿠스추출물
15. 피부건강	엽록소함유식물, 스피루리나/클로렐라, 알로에겔, LG소나무껍질추추룰등복합물, 히알우론산나트륨, N-아세틸글루코사민
16. 피로회복	인삼, 홍삼, 매실추출물
17. 지구력증진/운동수행능력 증진	옥타코사놀함유유지, 크레아틴
18. 전립선 건강	쏘팔메토열매추출물
19. 충치 발생 위험 감소	자일리톨
20. 구강 내 항균작용	프로폴리스추출물
21. 장건강	알로에겔
22. 칼슘 흡수에 도움	프락토올리고당

4) 건강기능식품 기능성내용과 작용기전

(1) 장 건강

① 개 요

㉠ 건강한 장

우리가 섭취한 음식물은 위, 소장 그리고 대장을 거쳐서 항문으로 배설된다. 위에서 음식물이 소화되고, 소장에서 대부분이 흡수되며, 대장에서 장내세균에 의하여 분해되어 배설되게 된다. 따라서 이 기능들이 적절하게 유지될 때 건강한 장이라고 할 수 있다.

㉡ 장내 세균총 의미

사람의 장에는 100종류 이상, 약 100조 이상의 균이 살고 있다. 이 균들은 우리가 섭취한 음식물을 먹고 함께 살아가는데, 건강한 장을 유지하려면 장내에서의 유익한 균과 유해한 균의 비율이 매우 중요하다. 즉 장내에 유익균이 많고 유해균이 적은, 바람직한 장내세균총이 자리잡아야 건강한 장을 유지할 수 있다. 그러나 여러 이유로 인해 정상세균총의 균형이 깨지면, 장의 기능을 제대로 못할 뿐만 아니라 설사와 면역능력 저하를 유발하기도 한다.

㉢ 유해균과 유산균이 건강에 미치는 영향

대장균과 같은 유해한 균은 영양분을 가지고 유독물질(암모니아, 아민 등)을 만든다. 이 유독물질은 다시 장에서 흡수되고, 우리 몸에 독성을 나타내어, 건강에 위험요인으로 작용한다. 그러나 유산균, 비피더스균 등과 같은 유익한 균은 영양분을 가지고 유기산을 만들어 내어, 유해균의 성장을 방해하는 역할을 한다. 또한 유익한 균은 비타민을 생산하여 우리 몸에 공급해주거나, 칼슘의 흡수를 도와준다.

㉣ 깨끗한 장 유지

장내에 존재하는 음식 찌꺼기들이 원활하게 밖으로 배출되도록 하는 것이 중요하다. 즉 배변활동이 원활하여야 깨끗한 장내 환경을 만들 수 있는데, 배설물의 양이 많아야 장벽을 자극하여 장의 연동운동이 촉진될 수 있다. 보통 섭취 음식의 종류에 따라 배설물의 양이 결정되는데, 소화가 되지 않아 수분을 많이 함유할 수 있는 식이섬유가 내용물의 부피를 증가시켜 배설을 촉진시킬 수 있다.

㉤ 건강한 장 유지

우리의 장은 나이, 바람직하지 않은 식생활, 배변습관 등의 요인으로 그 기능이 저하될 수 있다. 따라서 유익한 균의 성장을 도와 바람직한 장내세균총을 이루도록 하고, 식이섬유 등의 섭취로 원활한 배변활동을 유지하는 것이 중요하다.

㉥ 장 건강에 해로운 요인

정제 설탕 및 인스턴트 식품, 수분이 적은 과자류, 과도한 육식, 항생제 복용, 스트레스, 술과 담배

② 기능성 내용 및 작용기전

㉠ 유익한 균을 장까지 살아서 가게 하여 장 건강에 도움

유산균, 비피더스균 등을 함유한 건강기능식품은 장에 유익한 균을 공급해 준다. 유익한 균은 유기산을 만들어 장을 산성화 시켜주기 때문에 산성에 약한 유해균의 성장을 저해하여 바람직한 장내세균총이 자리잡을 수 있도록 도와 준다. 또한 유해균이 생성하는 유독물질의 생성을 감소시키고, 비타민을 합성하여 영양소를 보충해 줄 수 있다.

㉡ 장내 유익한 균의 증식시켜 장 건강에 도움

소화되지 않는 당질은 소장에서 흡수되지 않고 대장에 도달한 후 유익한 균의 좋은 영양공급원이 된다. 따라서 식이섬유, 프락토올리고당 등을 함유한 건강기능식품은 대장 내의 유익한 균의 성장을 촉진하고, 유해균의 성장을 방해하여 장내 환경을 개선하는 데 도움을 줄 수 있다.

㉢ 배변활동을 개선하여 장 건강에 도움

식이섬유 등 소화되지 않는 물질이 장내에 많아지면 배변량도 많아지고, 수분을 많이 함유하게 되어 부드러워져 원활한 배변활동에 도움을 줄 수 있다. 목이버섯 등을 함유한 건강기능식품은 배변활동을 개선하여, 장 건강에 도움을 줄 수 있다.

(2) 건강한 콜레스테롤 유지

① 개 요

㉠ 콜레스테롤

동물이 가지고 있는 지방의 일종으로 세포를 구성하는 성분이며, 여러 기능을 조절하는 호르몬과 지방의 소화를 돕는 담즙의 재료로서 쓰인다. 특히 뇌, 전신 근육, 혈액에 많이 분포되어 있는 우리 몸에 필수적인 물질이다.

㉡ 콜레스테롤 유지

콜레스테롤은 식품으로 섭취되기도 하지만, 우리 몸에 매우 필요한 물질이기 때문에 상당부분 간에서 만들어진다. 식품으로 섭취되는 콜레스테롤의 양이 부족하면 간에서 더 많이 만들어져 콜레스테롤을 조절하는 것이다. 콜레스테롤은 혈액을 돌면서 필요한 곳에 쓰이거나, 담즙의 원료로 이용되어 장으로 배출되기도 한다. 그러나 여러 가지 이유로 조절능력이 떨어지거나, 동물성 지방이나 가공식품을 과량 섭취할 경우, 콜레스테롤이 여러 기관(특히 혈관)에 축적되어 건강에 해롭다.

㉢ 콜레스테롤과 건강

식품으로 섭취하거나 몸에서 만들어진 콜레스테롤이 우리 몸 구석구석에서 쓰이려면 혈액을 타고 이동해야 한다. 이때 지방성분인 콜레스테롤은 혈액에 녹지 않기 때문에 어떤 특정한 덩어리를 형성하여 이동한다. 이 특정한 덩어리가 결국 콜레스테롤을 운반해 주는 역할을 하는데, 이를 지단백이라고 부른다. 지단백 중에 LDL은 콜레스테롤을 세포로 운반하고, 이동하도록 하는 역할을 한다. 그러나 LDL은 산화되기 쉬워서 혈관조직에 손상을 줄 수 있다. 이렇게 손상된 혈관조직에 콜레스테롤이 쌓이게 되어 플라그를 형성하게 된다. 이로 인해 혈관을 좁게 만들고 혈관의 기능도 떨어지게 한다. 반면에 지단백 중 HDL은 혈액 중 떠도는 콜레스테롤 특히 혈관벽에 붙은 콜레스테롤을 긁어 모아 간으로 이동시켜 준다. 따라서 혈관에 축적되는 LDL은 나쁜 콜레스테롤, 혈중 콜레스테롤을 낮추는 HDL은 좋은 콜레스테롤이라고 알려져 있다.

㉣ 혈액 중 콜레스테롤

미국의 NCEP(National Cholesterol Education Program)에서는 혈중 총콜레스테롤 수준은 200mg/dl 미만, LDL은 100mg/dl 미만, HDL은 60mG/dl 이상으로 유지할 것을 권하고 있다. 또한 혈중 총콜레스테롤 수준이 200~230mg/dl일 때 경계수준으로 분류하며, 이 경우 식이조절과 운동요법으로 정상 콜레스테롤을 유지하도록 노력해야 한다.

총콜레스테롤(mg/dl)	분 류	대응방법
200 미만	정 상	정기적인 검사
200~239	경계수준	식이조절 및 운동요법 필요
240 이상	고위험군	식이조절 및 약물요법 필요

㉤ 건강한 콜레스테롤 유지

콜레스테롤이 많이 함유된 식품(동물성 지방, 난황, 생선알, 뱅어포 등) 섭취를 줄이는 것뿐만 아니라, 혈액 중에 LDL을 줄이고 HDL을 늘릴 수 있는 식품을 섭취하는 것도 중요하다. 즉 지방을 섭취할 경우 포화지방산이 많이 함유된 육류, 버터, 마가린, 쇼트닝, 팜유 등은 피하는 것이 좋으며, 불포화지방산이 많이 함유된 생선, 콩기름, 옥수수유, 올리브유 등을 섭취하는 것이 좋다. 또한 콜레스테롤의 배출을 촉진할 수 있는 도정하지 않은 곡류(현미, 통밀, 보리 등), 콩, 채소, 과일의 섭취를 늘리는 것이 좋다. 적당한 운동은 콜레스테롤 조절에 많은 도움이 되며, 담배나 과식은 해로울 수 있다.

㉥ 건강한 콜레스테롤 유지에 해로운 요인

지방의 과다 섭취, 포화지방산이 많은 동물성 지방, 흡연, 커피, 술, 튀김요리

② 기능성 내용 및 작용기전

㉠ 식사와 같이 섭취 시 소장에서 콜레스테롤의 흡수를 어렵게 하여 콜레스테롤 수치를 낮추는 데 도움

식품으로 섭취한 콜레스테롤은 소장에서 흡수되어야 체내에서 쓰일 수 있다. 키토산, 키토올리고당, 식물스테롤 등을 함유한 건강기능식품은 소장에서 흡수되기

어렵도록 콜레스테롤과 결합하거나, 콜레스테롤과 구조가 유사하여 흡수를 방해할 수 있다. 이렇게 흡수되지 못한 콜레스테롤은 변으로 배출되므로 콜레스테롤의 수치를 낮추는 데 도움을 줄 수 있다.

㉡ 담즙산의 재흡수를 방해하여 콜레스테롤 수치를 낮추는 데 도움

우리 몸의 과량 콜레스테롤이 배출되는 방법은 간에서 담즙산의 원료로 이용되어 소장으로 분비되는 것이다. 소장에서 지방의 소화를 도와주는 담즙산은 대부분 다시 흡수되는데, 이때 재흡수를 방해하여 배설을 촉진할 수 있다. 따라서 배출된 만큼의 담즙산을 만들기 위해 간에서 콜레스테롤을 이용하므로 콜레스테롤 수치를 낮추는 데 도움을 줄 수 있다.

㉢ 콜레스테롤의 합성을 조절하여 콜레스테롤 수치를 낮추는 데 도움

식품으로 섭취하는 것 외에 우리 몸에서도 콜레스테롤을 만드는데 이 과정에서 특정효소(HMG-CoA reductase)가 콜레스테롤을 만드는 속도를 조절한다. 홍국 등을 함유한 건강기능식품은 콜레스테롤 합성에 필요한 효소의 작용을 어렵게 하여 콜레스테롤의 합성을 방해할 수 있다. 따라서 혈중 콜레스테롤의 수치를 낮추는 데 도움을 줄 수 있다.

㉣ HDL과 LDL을 조절하여 혈액 중 콜레스테롤 수치를 개선하는 데 도움

혈액 중의 LDL의 비율이 높으면 혈관손상의 위험이 높고 HDL의 비율이 높으면 혈중 콜레스테롤 수치를 낮출 수 있다. 감마리놀렌산, 레시틴, 대두단백 등을 함유한 건강기능식품은 지단백(HDL, LDL 등)이 콜레스테롤을 운반하는 과정 중 여러 효소를 조절하여 혈중 HDL의 수치를 높이거나 LDL의 수치를 낮추는 데 도움을 줄 수 있다.

(3) 혈액흐름

① 개 요

㉠ 혈액 흐름

혈액은 신체의 각 조직으로 산소와 영양분을 공급하고 세포에서 만들어낸 노폐물

을 제거해 준다. 또한 우리 몸에 필요한 호르몬을 운반하고 외부 유해물질로부터 세포를 방어하며 적당한 체온을 유지시켜 주고, 지혈작용을 하는 등 신체 내의 항상성을 유지시켜 주는 역할을 한다. 따라서 원활한 혈액의 흐름은 신체기능을 유지하는 데 매우 중요한 요인이다.

㉡ 혈액 흐름 방해 요인

혈액에는 매우 다양한 혈액세포, 조절물질, 영양소 등이 흐르게 되는데, 이들이 혈액에 너무 많거나 그 기능을 하지 못하였을 때 혈액의 흐름을 방해할 수 있다. 그 요인 중에 하나가 과도한 혈액응고반응으로 혈관이 손상되면 손상된 부위에 혈소판이 모여들고 여러 조절 물질과 함께 혈액덩어리를 형성하여 지혈작용을 하게 된다. 정상적인 경우에는 지혈이 된 후 지혈작용을 억제하고, 혈액덩어리는 다시 분해하여 혈액의 항상성을 유지하게 된다. 그러나 여러 요인으로 인해 혈액응고작용, 억제작용, 혈액덩어리 분해작용의 균형이 깨지면 혈전을 유발하게 될 수 있다. 또한 혈액응고작용의 과정에서 분비되는 조절물질은 혈관수축을 일으킬 수 있다. 따라서 혈액응고작용은 혈액의 손실을 줄이고 정상적인 흐름을 유지하는 데 중요하지만, 비정상적인 혈액응고작용은 혈액의 흐름에 방해가 될 수 있다.

- 혈소판 : 혈액 성분의 하나로 혈액응고와 지혈작용에 중요한 역할을 함
- 혈전 : 생물체의 혈관 속에서 피가 굳어서 된 조그마한 핏덩이

㉢ 혈액 흐름 방해 이유

혈관의 내피세포는 혈액덩어리를 분해하는 물질을 생성하고, 혈류량 및 속도를 조절하기도 하는 중요한 부분이다. 내피세포가 어떤 자극에 의하여 손상을 받으면 그 안으로 콜레스테롤이 쌓여 플라그를 형성하게 된다. 플라그가 쌓인 혈관 부분은 부풀어 오르게 되고 혈관이 좁아져 혈액의 흐름을 방해할 수 있다.

㉣ 혈액 흐름 유지

혈액의 흐름은 다양한 요인에 의하여 조절이 된다고 알려져 있다. 특히 혈중 콜레스테롤, 지방, 포도당 등과 밀접한 관계가 있어 적절한 식이로 조절할 수 있다. 따라서 동물성 지방, 인스턴트 식품, 과도한 소금 등의 섭취를 줄이고 채소, 과일, 생선, 식물성 지방, 도정하지 않은 곡류 등의 섭취를 높이는 것이 혈액의 흐름에 도움을 줄

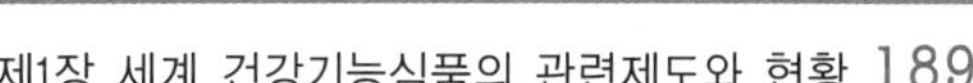

수 있다.

㉤ 혈액 흐름 방해 요인

높은 혈당, 높은 혈압, 높은 LDL 콜레스테롤, 흡연과 스트레스로 인한 혈관 수축, 과체중

② 기능성 내용 및 작용기전

㉠ 혈액응고작용에 관여하여 혈액이 원활히 흐르는 데 도움

혈액의 혈소판과 혈액응고인자들은 손상된 혈관부위에 응고됨으로써 지혈작용을 한다. 그러나 여러 조절 물질들에 의하여 과도한 혈액응고가 일어나면 혈액의 흐름에 방해가 될 수 있다. EPA·DHA, 감마리놀렌산 등을 함유한 건강기능식품은 과도한 혈액응고작용을 방해하여 혈액이 원활히 흐르는 데 도움을 줄 수 있다.

㉡ 혈액 중에 콜레스테롤과 중성지방을 줄이는 데 도움

혈액 속에 높은 LDL 콜레스테롤이나 중성지방 등은 혈관에 지방 침착물을 축적하게 한다. 이로 인해 혈관벽이 두꺼워져 탄력성이 감소하고 혈관이 좁아져 혈액의 흐름을 방해하게 된다. EPA·DHA, 감마리놀렌산 등을 함유한 건강기능식품은 혈액중의 콜레스테롤이나 중성지방을 낮추어 원활한 혈액의 흐름에 도움을 줄 수 있다.

■ LDL 콜레스테롤 : 우리 몸으로 콜레스테롤을 운반하면서 혈관손상을 일으키는 콜레스테롤

(4) 건강한 혈압유지

① 개 요

㉠ 혈 압

혈관 속으로 흐르는 혈액이 혈관벽에 가하는 힘을 말한다. 일반적으로 혈압이라고 하면 동맥혈관에 흐르는 혈압의 압력을 의미하고 「수축기 혈압(mmHg : 최고혈압), 확장기 혈압(mmHg : 최저혈압)」으로 나타낼 수 있다.

㉡ 혈압 조절

우리 몸은 항상 일정한 혈압을 유지하려고 작용을 하는데, 직접적으로 심장과 신

장에서 혈액량을 조절하게 된다. 혈압이 높아지면 심장에서는 심박출량(심장에서 분출되는 혈액의 양)을 감소시키고, 신장에서는 나트륨(소금)의 재흡수를 낮추어 혈액량을 줄이게 된다. 따라서 혈관을 흐르는 혈액량이 줄어들고 혈관벽에 가해지는 압력이 낮아져 혈압이 정상수준으로 떨어지게 되는 것이다. 반대로 혈압이 낮아지면, 심장과 신장에서 혈액량을 증가시켜 혈압을 일정수준으로 유지하도록 한다. 또한 혈압은 혈관과 밀접한 관련이 있는데 혈관에 플라그가 쌓여 혈관벽이 좁아져 있거나, 혈관벽이 손상되어 혈관의 탄력이 떨어지면 혈압이 높아질 수 있다.

ⓒ 높은 혈압 건강

일반적으로 혈압이 높은 것 그 자체보다 높은 혈압이 계속되면서 나타나는 혈관의 출혈이나 심장의 부담이 문제가 될 수 있다. 혈압은 유전적인 요인, 성별, 나이에 의해 많이 좌우되기는 하지만, 식사 및 생활 습관을 개선하여 정상적인 혈압을 유지하는 것이 무엇보다 중요하다.

ⓔ 혈압 유지

혈압은 측정할 때마다 차이가 있고, 운동, 음주, 흡연 등으로 변화가 있을 수 있어 여러 번 측정하여 평균값을 혈압수치로 여겨야 한다. 또한 나라마다 혈압기준이 조금씩 다른데 세계적으로 그 기준은 강화되고 있는 추세이다. 미국 국립 심장-폐-혈액연구소(NHLBI)에서는 수축기 혈압이 120mmHg 미만이고 확장기 혈압이 80mmH 미만일 경우 정상 혈압이라고 정의하고 있다. 또한 수축기 혈압이 120~139mmHg이고 확장기 혈압이 80~89mmHg일 때 고혈압 전단계라고 분류하며, 일부는 고혈압으로 진행될 수 있기 때문에 이 경우 식이조절과 적당한 체중유지로 정상혈압을 유지하도록 노력해야 한다.

수축기 혈압(mmHg)	확장기 혈압(mmHg)	분 류	대응방법
120 미만	80 미만	정상혈압	정기적인 검사
120~139	80~89	고혈압 전단계	식이조절 및 적당한 체중유지
140 이상	90 이상	고혈압	식이조절 및 약물요법 필요

* 대한고혈압학회 설정기준

㉤ 혈압 정상수준 유지

식이로는 소금과 과도한 당분섭취를 줄이고, 칼륨의 섭취는 늘리면서 동물성 지방보다 식물성 지방을 섭취하는 것이 좋다. 또한 규칙적인 운동으로 체중을 줄이며 과도한 술과 담배는 삼가는 것이 좋다.

② 기능성 내용 및 작용기전

㉠ 체액의 항상성 유지에 관여하여 약간 높은 혈압을 조절하는 데 도움

신장은 나트륨의 함량을 조절하여 혈압을 일정하게 유지하는데 레닌-안지오텐신계에 의해 조절된다. 신장에서 레닌이라는 효소를 혈액으로 분비하면 안지오텐신Ⅰ이라는 물질이 만들어지고, 안지오텐신Ⅰ은 특정 효소에 의해 안지오텐신 Ⅱ로 변한다. 안지오텐신 Ⅱ는 혈관을 수축시키고 신장에서 나트륨(소금) 재흡수를 통해 혈액량을 증가시켜 결국 혈압을 상승시키는 역할을 한다. 이 과정에서 여러 단계를 조절해주면 혈압 조절이 가능하게 된다. 정어리펩타이드 등을 함유한 건강기능식품은 혈압을 상승시키는 호르몬(안지오텐신Ⅱ)의 작용을 어렵게 하여 약간 높은 혈압을 낮추는 데 도움을 줄 수 있다.

(5) 체지방 유지

① 개 요

㉠ 영양소 이용

우리가 섭취하는 음식은 작은 알갱이로 소화되어 장에서 흡수된다. 흡수된 영양소들은 혈액을 따라 이동하면서 필요한 부분에 쓰이게 되는 것이다. 예를 들어 체온을 정상적으로 유지하고 활동에 필요한 에너지도 공급하며 머리카락과 손톱도 만들게 된다.

㉡ 체지방 형성

사용하고 남은 영양소 중에 일부는 비상에너지로 간이나 근육에 저장되고, 나머지는 우리 몸 어딘가에 지방의 형태로 축적된다. 주로 당질이나 지방이 체지방으로 저장되어 우리 몸을 보호하기도 하고 에너지가 부족할 경우 충분한 에너지를 공급해 준다.

■ 당질 : 탄수화물을 의미하며, 곡류, 단 음식에 많이 들어 있음

ⓒ 과도한 체지방

적당한 체지방은 에너지를 생산하여 체력 유지에 도움이 되지만, 과도한 체지방은 건강한 생활을 유지하는 데 위험 요인이 되고 있다. 최근 연구에 의하면 과도한 체지방은 단순히 체중을 증가시키는 것뿐만 아니라, 에너지 생산을 조절하는 호르몬 등의 변화를 일으키고, 다른 장기에 해로운 방향으로 영향을 미칠 수 있다. 특히 혈관기능, 혈당조절, 간기능 등에 이상을 초래할 수 있다. 따라서 간식, 외식 습관으로 고열량 음식을 많이 섭취하거나, 활동량이 적어 에너지 소비가 낮은 경우에는, 과도한 체지방이 축적될 수 있으므로 주의해야 한다.

ⓔ 과도한 체지방 이용

우리 몸속에 과도하게 쌓인 체지방을 줄이려면 체지방을 에너지로 이용하도록 해야 한다. 섭취한 에너지에 비해 활동 에너지가 부족할 때 몸에 축적된 비상에너지를 쓰게 되는데, 제일 먼저 포도당을 이용하고 그 다음 체지방을 이용하게 된다. 즉 간이나 근육에 저장된 포도당을 다 소비한 후에 체지방을 에너지로 쓰게 되는 것이다. 그렇기 때문에 운동 시작 후 20분 이상이 되어야 비로소 지방을 분해하기 시작한다.

ⓜ 건강한 체지방 유지 방법

체지방은 체내에 음식으로 들어오는 섭취에너지가 일상활동 중에 사용되는 활동에너지보다 더 많을 때 쌓이게 된다. 따라서 적절한 식사와 더불어 충분한 비타민, 무기질을 섭취하여 에너지를 원활하게 만들 수 있도록 하는 것이 좋다. 또한 규칙적인 운동으로 활동 에너지를 높이는 것이 체지방 조절에 가장 효과적이라고 할 수 있다.

ⓑ 건강한 체지방 유지에 해로운 요인

고열량 식사(동물성 지방, 인스턴트 식품), 간식습관, 적은 활동량, 빠른 식사시간

② 기능성 내용 및 작용기전

㉠ 당질과 지방의 소화·흡수를 어렵게 하여 체지방 감소에 도움

우리가 섭취하는 음식은 흡수되기 좋은 형태로 소화되어야만 에너지원으로 쓰일 수 있다. 식이섬유 등을 함유한 건강기능식품은 당질과 지방의 소화를 도와주는 효소를 방해하거나, 소장에서의 흡수를 어렵게 하여 섭취에너지를 줄이는 역할을 할

수 있다. 따라서 체지방으로 합성될 수 있는 여분의 에너지를 줄여, 체지방 감소에 도움을 줄 수 있다.

ⓛ 지방의 합성을 방해하여 체지방 감소에 도움

우리가 섭취하는 에너지 중 쓰고 남은 것은 간에서 다시 지방산으로 합성된다. 합성된 지방산은 신체 각 부위의 지방 세포에 저장되어 체지방이 된다. 공액리놀렌산 등을 함유한 건강기능식품은 남는 에너지를 지방으로 합성하는 과정을 방해하여 체지방 감소에 도움을 줄 수 있다.

ⓒ 지방의 분해를 촉진하여 체지방 감소에 도움

음식으로 섭취하거나 몸에 축적되어 있던 지방은 세포에서 베타산화작용에 의하여 에너지원으로 쓰인다. 이 과정에는 카르니틴, 지방분해 효소 등 특정 물질이 필요하다. 히비스커스등복합추출물, 가르시니아캄보지아 등을 함유한 건강기능식품은 이 특정 물질을 조절하여 지방을 에너지로 쓰는 것을 촉진할 수 있다. 즉 지방의 분해를 촉진하여 체지방을 줄이는 데 도움을 줄 수 있다.

■ 베타산화작용(β-oxidation) : 지방산이 에너지를 내기 위해 아세틸CoA로 분해하는 것으로 세포의 미토콘드리아에서 일어남

(6) 혈당유지

① 개 요

㉠ 혈 당

온몸으로 흐르는 혈액 속에 포함되어 있는 포도당을 의미하며 우리들의 혈액 중에는 항상 일정한 양의 포도당이 함유되어 있다.

■ 포도당 : 당질 즉 탄수화물이 소화되는 가장 작은 단위이며, 식품으로 섭취하는 당질은 간에서 대부분 포도당으로 바뀌어 체내에서 사용됨.

ⓛ 혈당 유지

우리 몸이 정상적인 기능을 유지하려면 반드시 에너지가 필요하다. 육체적인 활동뿐만 아니라 잠을 자거나 숨을 쉬거나 생각을 할 때에도 에너지가 있어야 세포들이 굶지 않고 활동할 수 있다. 따라서 온몸에 있는 세포는 혈액으로 흐르는 영양소를

이용하여 끊임없이 에너지를 만들어야 한다. 혈액으로 흐르는 영양소 중에 가장 효율적으로 에너지를 만드는 원료는 포도당으로 특히 적혈구와 뇌세포는 반드시 포도당을 에너지원으로 써야 한다. 따라서 혈당이 항상 일정수준으로 유지되어야만 우리 몸에 원활하게 에너지를 공급할 수 있다.

ⓒ 혈당 우리 몸 이용

우리가 음식으로 섭취하는 당질(탄수화물)은 소장에서 흡수되어 일단 간으로 이동한다. 간은 소장으로부터 흡수된 포도당을 바로 혈액으로 내보내고, 그 밖의 영양소를 체내에서 쓰일 수 있도록 포도당으로 분해하거나 전환한다. 이렇게 만들어진 포도당 역시 혈액으로 방출함으로써 온몸으로 혈당을 공급하게 된다. 온몸으로 공급된 혈당은 세포 안으로 들어가 에너지를 만들어내는데, 신경세포를 제외하고는 인슐린이라는 호르몬이 혈당을 세포로 들어갈 수 있도록 신호를 보내 에너지를 만들 수 있도록 한다.

ⓔ 혈당 유지 과정

혈당은 여러 호르몬과 효소에 의해서 일정한 양으로 유지된다. 음식을 섭취하지 않거나 에너지가 많이 필요한 경우 글루카곤이라는 호르몬이 분비되는데 글루카곤은 간에 저장된 포도당을 혈액으로 방출시켜 혈당을 정상 수준으로 유지시킨다. 반대로 식사 후 혈당이 올라간 경우에는 췌장에서 인슐린이 분비되는데 인슐린은 포도당을 간에 저장하도록 신호를 보내고 각 조직의 세포에서 포도당 이용을 촉진하여 혈당 수준을 다시 정상으로 조절한다.

ⓔ 혈당 높으면 건강 유해

정상적인 상태에서는 식사 후 혈당이 일시적으로 올라가지만 인슐린에 의하여 다시 정상 수준으로 내려가게 된다. 그러나 췌장에서 인슐린 분비가 잘 안되거나 분비가 되더라도 그 기능을 제대로 하지 못하게 되면 식사 후 혈당이 정상 수준으로 내려가지 않게 된다. 즉 우리 몸에서 포도당을 에너지로 쓰지 못하고 밖으로 배출하게 되는 것이다. 정상보다 높은 혈당이 지속되면 혈액을 통해 많은 조절물질이 운반되는 것을 방해하거나 적혈구(산소운반)와 백혈구(혈관청소)의 기능이 떨어지고 신장에 부담을 줄 수 있어 우리 몸에 좋지 않은 영향을 주게 된다.

ⓜ 정상 혈당 설정 기준

세계보건기구에서는 공복혈당은 110mg/dl 미만으로 식후혈당은 140mg/dl 미만으로 유지하는 것이 좋다고 권하고 있다. 공복혈당이 110~125mg/dl이거나 식후 혈당이 140~199mg/dl일 경우 당뇨병 전단계로 구분할 수 있는데, 일부는 당뇨병으로 진행될 수 있기 때문에 식사 조절 및 체중조절을 하는 것이 좋다.

110 미만	140 미만	정상혈당	정기적인 검사
110~125	140~199	당뇨병 전단계	식이조절 및 운동요법 필요
126 이상	200 이상	당뇨병	식이조절 및 약물요법 필요

공복 혈당(mg/dl)식후 2시간(mg/dl)분류대응방법
*세계보건기구(WHO)설정기준

ⓑ 혈당 정상 유지 방법

식이 조절은 식사 후 혈당을 정상수준으로 유지하는 데 중요한 역할을 한다. 소화흡수가 빠른 단순당(과일, 설탕, 꿀, 청량음료 등)은 혈당을 급격하게 높여 좋지 않은 반면에 식이섬유가 풍부한 잡곡, 현미, 채소 등은 당질이 천천히 흡수되도록 하여 혈당도 서서히 높이는 역할을 하므로 혈당 조절에 많은 도움을 줄 수 있다. 또한 천천히 먹는 습관이나 과식하지 않는 습관은 정상 혈당 유지에 많은 도움이 된다.

■ 단순당 : 일반적으로 단 식품에 많이 들어 있으며, 소장에서 빠르게 흡수되고 간에서 대사과정이 빨라 즉시 혈당으로 이용되기 때문에 급격히 혈당을 올릴 수 있음.

ⓢ 건강한 혈당의 유지에 해로운 요인

동물성 지방 및 설탕이 많이 들어 있는 식품, 과식 및 과체중, 운동부족, 스트레스

② 기능성 내용 및 작용기전

㉠ 식사에 들어있는 당의 흡수를 방해하여 식후 혈당조절에 도움

음식으로 섭취한 당질은 단당류(포도당, 과당, 갈락토즈)로 분해되고 소장에서 흡수되어 간으로 가게 된다. 이때 소장에서의 통과시간을 지연시키거나 식사에 들어있는 당의 흡수를 방해하면 혈당이 서서히 상승할 수 있다. 따라서 난소화성말토덱스트린 등이 함유된 건강기능식품을 식사와 같이 섭취하면 혈당을 서서히 상승하도록 도와주어 혈당 조절에 도움이 된다.

㉡ 세포에서 포도당을 잘 이용할 수 있게 해 주어 혈당 조절

포도당을 세포에서 이용할 수 있게 하려면 혈액에 있는 포도당이 원활하게 세포로 들어가야 한다. 이때 인슐린은 포도당을 세포로 들어오게 하는 운반체(GLUT4)가 활동을 할 수 있게 신호를 보내게 되고, 포도당운반체(GLUT4)는 포도당을 세포로 들어올 수 있게 한다. 따라서 바나바주정추출물 등이 함유된 건강기능식품은 포도당의 운반체의 활동을 도와주어, 궁극적으로 혈당을 원활하게 쓰이게 하여 식사 후 높아진 혈당을 낮추는 데 도움을 줄 수 있다.

(7) 유해산소제거

① 개 요

㉠ 활성산소

호흡을 통해 들어온 산소는 우리 몸 구석구석을 흘러 다니면서 에너지를 만드는 데 쓰이게 된다. 에너지는 우리 몸을 구성하는 세포에서 만들어지는데 영양소(당질, 지방)는 원료가 되고, 산소는 그 원료를 에너지로 바꾸는 역할을 하는 것이다. 이 과정에서 활성산소(oxygen free radical)라는 것이 발생하게 되는데, 활성산소는 불안정하여 주변의 세포를 공격하고 손상을 줄 수 있다. 즉 산소와 에너지는 인간이 살아가기 위해 필수적인 것이지만 에너지를 만드는 과정에서 우리 몸에 이로운 산소가 우리 몸에 해로운 산소로 바뀌는 것이다.

㉡ 활성산소의 유해

활성산소에 의해 공격받은 세포는 기능을 잃거나 변질되기도 하는데 세포가 생리적 기능을 잃어버린다는 것은 우리 몸의 기능을 유지할 수 없다는 것을 의미한다. 특히 뇌세포, 혈관세포, 피부세포는 활성산소에 의해 손상되기 쉬운 부분이다.

㉢ 항산화 체계

다행히 건강한 인체에는 지속적으로 발생하는 활성산소를 제거하거나 손상된 세포를 치유할 수 있는 항산화 체계를 갖추고 있다. 효소(SOD, Catalase, GSH Peroxidase)와 GSH, 비타민 C, 비타민 E, 베타카로틴 등은 우리 몸에서 활성산소를 제거하는 물질로 작용한다. 이들은 우리 몸에서 생성된 활성산소를 공격성이 없

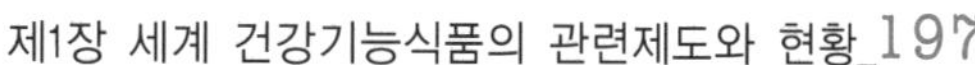

는 물질로 전환시킴으로써 활성산소를 제거하는 역할을 한다.

ㄹ 활성산소의 발생 원인

자외선, 환경오염물질 등으로 인해 활성산소가 급격히 많아지거나 나이가 많아지면서 활성산소를 제거하는 능력이 감소되면, 활성산소의 생성과 제거의 균형이 깨어지게 된다. 즉 우리 몸의 항상성이 깨져서 몸속 여기저기에서 활성산소에 의해 공격받게 되는 것이다.

ㅁ 활성산소 제거방법

활성산소로부터 우리 몸을 보호하려면 항산화 물질이 많이 함유된 식품을 충분히 섭취하고, 활성산소를 증가시키는 여러 요인을 제거하는 것이 좋다.

ㅂ 활성산소를 증가시키는 요인

자외선과 방사선, 과량의 술과 담배, 과도한 스트레스, 환경 오염물질, 과식이나 심한 운동, 인스턴트 음식

② 기능성 내용 및 작용기전

ㄱ 과량의 활성산소 제거에 도움

우리가 호흡하는 산소는 에너지를 만드는 과정에서 활성산소로 바뀌어 주위의 세포의 여러 부위를 공격한다. 이런 활성산소가 주위를 공격하기 전에 빨리 없애 주어야 하는데, 특정 물질들(항산화 효소와 항산화 물질)은 활성산소를 공격성이 없는 안정한 물질로 바꾼다. 녹차추출물, 엽록소, 베타카로틴 등을 함유한 건강기능식품은 항산화 효소의 기능을 원활히 하도록 도와 주거나, 항산화 물질을 공급해 줄 수 있다. 따라서 과량으로 생성된 활성산소 제거에 도움을 줄 수 있다.

(8) 건강한 면역기능유지

① 개 요

ㄱ 면 역

면역기능은 감염 등으로부터 우리 몸을 보호하는 기능을 말한다. 면역기능은 몸

에 원래 내재된 면역과 적응에 의해 만들어진 면역기능의 두 가지로 나누어질 수 있다.

㉡ 면역기능과 관계된 기관

면역기능은 기관지, 위, 장 등의 점막에서 작용하기도 하며 이러한 기관을 통해 전달된 신호들이 우리 몸의 전체 면역체계를 조절하기도 한다.

㉢ 면역반응

면역반응은 매우 다양하고 세포의 종류에 따라 다르지만 이러한 반응을 통해 종합적으로 외부의 물질로부터 우리 몸을 방어할 수 있도록 해준다.

외부에서 들어온 어떤 물질에 관하여 너무 과민하게 반응하는 알레르기(allergy), 면역세포의 지나친 염증반응도 바람직하지는 않지만 이러한 반응도 면역반응의 하나이다.

㉣ 건강한 면역체계

면역체계는 우리 몸에 유해한 외부 물질이나 비정상적으로 변형된 세포들을 인식해서 찾아내고 그것들을 제거하기 위한 적절한 기능들을 자연스럽게 수행하는 것이다. 건강한 식생활은 우리 몸의 면역체계에 좋은 영향을 미쳐 외부의 침입으로부터 보호할 수 있도록 만든다.

㉤ 건강한 면역기능 유지에 해로운 요인

환경오염물질, 스트레스, 인스턴트 식품, 포화지방산 함유 식품(튀긴 음식, 동물성 지방), 술과 담배

② 기능성 내용 및 작용기전

㉠ 면역세포의 활성을 증가시켜 건강한 면역기능 유지에 도움

건강한 면역능력을 유지하려면 적절한 면역세포가 제 역할을 원활히 수행해야 한다. 인삼, 홍삼 등을 함유한 건강기능식품은 필요한 면역세포를 증가시키거나, 그 기능을 조절하여 면역능력에 도움을 줄 수 있다.

(9) 뼈·관절건강

① 개 요

㉠ 뼈와 관절

뼈는 칼슘과 인이 석회화된 단단한 조직으로 몸을 지탱하고 보호하는 중요한 역할을 한다. 또한 관절은 두 개의 뼈가 연결되어 있는 부분으로 관절연골에 의해 둘러싸여 있다. 관절연골이 손실되지 않고 건강한 상태를 유지해야 관절을 부드럽게 움직일 수 있게 하고, 물리적 충격을 완화시켜 줄 수 있다.

㉡ 뼈의 형성과 유지

우리 몸의 뼈는 일생 동안 조금씩 분해되고 다시 형성된다. 즉 오래된 뼈는 파괴되고 새로운 뼈가 형성되어 튼튼한 뼈를 유지시켜 주는 것이다. 성장기에는 뼈의 분해보다는 재형성이 더 활발하여 뼈의 크기가 커지지만, 이후에는 호르몬에 의해 분해와 재형성이 균형 있게 유지된다.

㉢ 뼈의 분해와 재형성 균형

40대 이후 특히 여성의 경우 폐경기에 이르면 에스트로겐이라는 호르몬이 감소되어, 뼈의 재형성보다는 분해가 더 활발해진다. 즉 골밀도가 급격히 낮아지게 되어 뼈가 약하고 부러지기 쉬운 상태가 되는 것이다. 따라서 그 이전 특히 성장기에 충분한 칼슘 섭취로 최대한 뼈를 강화하여야만 40대 이후의 뼈의 손실을 최소화할 수 있다.

㉣ 칼슘 섭취가 중요한 이유

칼슘은 뼈의 형성 말고도 신경조절이나 혈액응고 등에도 반드시 필요한데 체내에 칼슘이 부족하게 되면 뼈에 있는 칼슘을 분해하여 쓰게 된다. 즉 칼슘을 충분히 섭취하여야만 뼈에 있는 칼슘의 분해를 최대한 줄일 수 있다. 또한 인스턴트식품의 섭취 증가는 인을 지나치게 많이 섭취하여 칼슘을 몸 밖으로 배출시키고, 식이섬유나 나트륨의 과다 섭취도 칼슘의 흡수를 방해한다.

㉤ 건강한 뼈와 관절 유지

건강한 뼈와 관절을 유지하려면 칼슘, 비타민 D 등이 풍부한 식품을 충분히 섭취하여야 한다. 또한 규칙적인 운동을 하여 뼈와 관절이 제 기능을 유지할 수 있도록 하는 것이 중요하다.

㉥ 뼈와 관절 건강에 해로운 요인

칼슘과 단백질의 부족, 나이와 폐경 등 호르몬의 불균형, 과체중 또는 신체 활동량 감소, 스테로이드제 과다복용, 가공식품의 섭취 증가, 과도한 흡연 및 음주

② **기능성 내용 및 작용기전**

㉠ 뼈와 관절에 필요한 구성성분을 공급하여 뼈 건강에 도움

프락토올리고당 등을 원료로 하는 건강기능식품은 장에서 칼슘과 같은 미네랄의 흡수를 증가시켜 체내의 칼슘농도를 높일 수 있다. 또한 뮤코다당·단백, 글루코사민 등을 원료로 하는 건강기능식품은 관절의 연골세포를 구성하는 성분을 제공한다. 따라서 연골 세포의 생성을 촉진하고 관절의 윤활작용을 하는 윤활액 생성을 증가시켜 관절기능이 원활하게 이루어질 수 있도록 도움을 줄 수 있다.

㉡ 염증반응에 영향을 주어 관절 건강에 도움

초록입홍합 추출 오일복합물, 유니베스틴케이 황금등복합추출물 등을 원료로 하는 건강기능식품은 관절에서 염증을 유발하는 물질 또는 이를 주로 생성하는 세포의 수를 감소시켜 관절 건강에 도움을 줄 수 있다.

(10) 인지 능력

① **개 요**

㉠ 인지능력

사물을 분별하여 인지할 수 있는 능력을 의미한다. 인지능력을 유지하는 것은 기억력이나 집중력을 저하시킬 수 있는 여러 요인을 조절함으로써 정상적인 뇌의 기능을 유지하는 것으로 이해할 수 있다.

㉡ 뇌의 역할

사람의 뇌는 대뇌, 소뇌, 중뇌, 간뇌, 연수로 구분하고 사람이 생존하는 데 각각

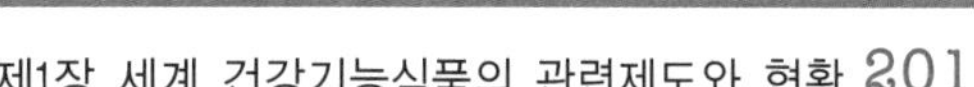

중요한 역할을 맡고 있다. 그중 대뇌는 시각, 청각, 후각, 미각, 촉각 등 감각을 받아들여 반응하거나, 운동을 명령하거나, 언어능력을 조절하거나, 지적 능력을 조절하는 등 대부분의 정신활동을 담당하는 부분이다.

ⓒ 뇌 신경세포

대뇌의 겉 부분은 깊은 주름으로 되어 있는데 여기에는 많은 신경세포가 있다. 신경세포는 연락망을 만들어 서로 신호를 보내 순식간에 여러 가지를 판단하고 느낄 수 있게 한다. 또한 신경세포는 두뇌 활동에 필요한 에너지를 만들어 내기도 한다. 따라서 신경세포가 손상되면 정상적인 뇌기능을 수행할 수 없게 된다. 특히 뇌세포는 다른 세포와는 달리 일단 손상되면 다시 만들어지지 않는다고 알려져 있으므로 건강한 뇌세포를 유지하는 것이 중요하다.

ⓓ 기억 저장 공간

대뇌에서 기억을 저장해 두는 공간이 '해마'이다. 우리는 필요한 정보를 뇌 속에 저장해 두었다가 필요할 때에 꺼내어 사용하게 되는데, 기억은 학습에 의해 저장된 정보라 할 수 있다. 보통 기억력이 감소되는 노인의 경우 해마의 신경세포의 손상이 높은 것으로 알려져 있다.

ⓔ 신경전달물질

뇌의 신경세포가 기능을 유지하려면 세포와 세포간에 신호를 전달하는 물질이 반드시 필요하다. 이 물질을 신경전달물질이라고 하는데 신경전달물질이 부족하거나 세포가 잘 받아들이지 못하면 세포들 간에 신호를 전달할 수 없거나 엉뚱한 신호를 보낼 수 있다. 즉 10분 전에 있었던 일을 기억해야 할 경우 기억을 하지 못하거나 엉뚱한 기억을 꺼내 올 수 있는 것이다.

ⓕ 인지능력 유지

사람의 뇌세포는 나이가 들수록 감퇴하기 시작하므로 기억력과 집중력의 감퇴는 노화의 자연스러운 현상일 수 있다. 그러나 정상적인 두뇌 활동에 필요한 산소와 영양소를 원활하게 공급해 주면서 뇌세포의 손상을 초래하는 요인을 줄이면 인지능력 감퇴의 속도를 늦출 수 있다고 알려져 있다.

ⓢ 인지 능력의 유지에 해로운 요인

스트레스, 과도한 알코올 섭취, 약물 및 정신자극제

② **기능성 내용 및 작용기전**

㉠ 유해물질을 조절하여 인지 능력의 유지에 도움

뇌세포를 손상시키는 물질은 여러 가지가 있다. 에너지를 만드는 과정에서 생긴 활성산소뿐만 아니라 베타아밀로우즈라는 독성물질 역시 뇌세포를 공격할 수 있다. 참당귀주정추출분말 등을 함유한 건강기능식품은 여러 유해물질을 조절하여 뇌세포가 손상 받지 않도록 보호하는 데 도움을 줄 수 있다.

㉡ 뇌의 신경전달물질을 조절하여 저하된 인지능력을 개선하는 데 도움

기억력은 대뇌의 피질 특히 해마와 관련이 많다. 대뇌피질 특히 해마에서 신경전달물질이 필요한 양만큼 존재해야 뇌세포 간에 신호가 원활히 이루어 질 수 있다. 그런데 인지 능력이 저하된 상태에서는 신경전달물질의 활동이 적어지는 것을 볼 수가 있는데 이때 신경전달물질을 조절하여 저하된 인지능력을 개선하는 데 도움을 줄 수 있다.

㉢ 뇌 신경세포나 뇌기능에 필요한 물질의 구성성분으로 뇌 기능 유지 도움

뇌세포는 다른 세포에 비해 특히 인지질(포스파티딜콜린, 포스파티딜세린 등)이 많이 함유되어 있다. 인지질은 세포를 보호하는 막을 구성하여 뇌세포가 그 기능을 원활히 수행할 수 있도록 도와준다. 따라서 뇌세포의 구성성분을 공급해 주고 뇌기능에 필요한 효소나 신경전달물질 등의 원료를 공급해 주어 뇌기능 유지에 도움을 줄 수 있다.

(11) 치아 건강

① **개 요**

㉠ 치아 건강

치아란 칼슘과 인에 의하여 딱딱하게 석회화된 것으로 섭취한 음식을 씹어 소화하기 쉽게 만들고 침을 분비시켜 음식의 맛을 느끼게 해 주는 중요한 부분이다. 따라서

치아 건강이란 튼튼한 치아와 건강한 잇몸으로 씹는 기능과 발음의 기능을 원활히 하는 것을 의미한다.

㉡ 충 치

치아의 건강을 가장 위협하는 것은 충치로서 입 안의 세균(S.mutans)에 의해 치아에 구멍이 생기는 것을 말한다. 세균 자체만으로 충치를 일으키는 것은 아니지만 세균이 입 속에 있는 당분을 먹고 플라그를 형성하여 유기산을 만들어 낸다. 그 유기산이 치아에서 칼슘 등을 빠져나가게 하여 치아조직에 손상을 주게 되는 것이다.

㉢ 치 석

입 안의 세균은 플라그에서 독소를 만들어내어 잇몸을 자극하게 되고 침 속의 칼슘과 인으로 치석을 만들어낸다. 치석은 치아와 잇몸 사이에 염증을 일으켜 치아 건강을 위협할 수 있다.

㉣ 치아 건강 유지

음식의 성분, 간식 습관, 양치질 습관은 충치의 발생에 영향을 미치는 중요한 요인이다. 특히 치아 건강을 유지하려면 칼슘을 충분히 섭취하고 설탕과 인스턴트 음식섭취를 줄이는 것이 좋다. 또한 섬유질 섭취를 늘려 침의 분비를 촉진하도록 하고 음식 섭취 후 올바르게 양치질을 하여 치아의 플라그를 없애 주는 것이 중요하다.

㉤ 치아 건강에 해로운 요인

충치 유발세균의 증식 설탕 등 끈끈한 음식, 칼슘 부족, 잘못된 양치질 습관, 건조한 구강환경

② 기능성 내용 및 작용기전

㉠ 치아 플라그 생성을 감소시키고 산(酸)의 생성을 어렵게 하여 충치발생 감소

충치균(S.mutans)은 설탕과 비슷한 당알코올을 설탕으로 착각하고 먹게 되는데, 당알코올은 충치균에 의해 소화되지 않아 치아 손상의 원인인 산(酸)을 만들어내지 못한다. 충치균은 당알코올을 계속해서 먹게 되고 이러한 과정에서 에너지를 다 소비하게 되면서 활동은 약해지게 된다. 따라서 자일리톨 등이 함유된 건강기능식품

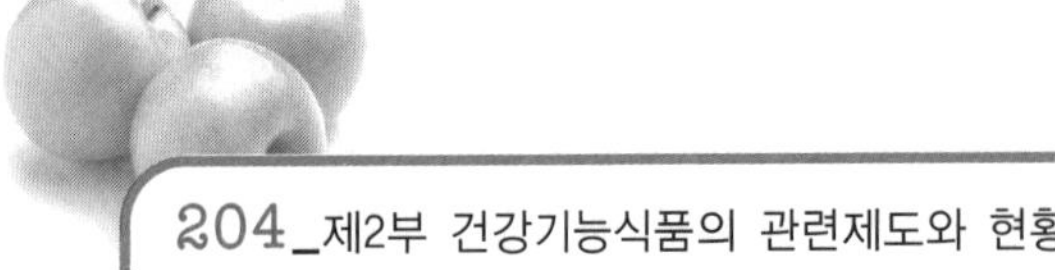

은 충치균이 산을 만드는 것을 방해하여 충치 발생을 감소시킬 수 있다.

- 당알코올(sugar alcohol) : 천연에서 또는 인공적으로 만든 감미성분으로 설탕에 비해 열량이 낮아 식품에 단맛을 내는 첨가물로 쓰임. 종류로는 자일리톨, 만리톨, 소르비톨, 말티톨 등이 있음

㉡ 치아의 재석회화와 침의 분비를 촉진하여 치아 건강에 도움

음식을 섭취하면 치아 표면의 산도가 산성(pH 5.5 이하)으로 떨어지게 된다. 이 때 범랑질을 구성하는 칼슘이 치아의 범랑질에서 떨어지기 시작한다. 자일리톨 등을 함유한 건강기능식품은 침의 분비를 촉진시켜 침 속에 녹아있던 칼슘이 미세하게 부식이 일어났던 부분을 다시 복원시킬 수 있도록 도움을 준다. 또한 원활한 침의 분비는 입안의 산을 희석시켜 산성조건에서 활발한 충치균의 성장도 감소시킬 수 있다.

- 재석회화 : 치아의 석회화된 부분이 떨어졌다가 칼슘에 의해 다시 단단하게 붙는 것을 의미

※ **출처 : 「건강기능식품 기능성 내용과 작용기전」 식약청 건강기능식품 기능 정보 인용**

제3절 미국의 Dietary Supplement

1 건강식품의 역사와 분류

1) 건강식품의 역사

최근 미국에서는 인구증가율의 저하, 고령자 및 독신자의 증가 등 인구의 구성변화에 따라 노인층이 증가하여 식품수요에 큰 변화가 나타났다. 또한 심장병, 암, 뇌졸중, 당뇨병, 동맥경화, 간경변 등 미국인 사망원인의 6대 질병은 식생활과 큰 관련이 있음이 알려졌다. 더욱이 물가의 상승이나 실소득의 감소에 의해 많은 소비자들의 식품에 대한 지출을 억제하고 있는 반면 의료보험제도가 있으나 의료비의 부담이 크기 때문에 건강유지를 목적으로 한 비타민, 미네랄, 허브 등의 구입이 증가하고 있다. 어떤 조사에 의하면 미국인의 72%가 건강을 지키기 위해 운동이나 수면보다도 식품을 대단히 중요하게 생각하여, 미국에서는 건강식품의 수요가 증가하여 안정된 성장을 하고 있다.

과거 130년 전부터 자연회귀(自然回歸)를 축으로 식량운동(食糧運動)이 계속되어 왔다. 이것은 사람들의 주관이나 시간에 따라 다르게 해석되어 왔으나 「자연으로 돌아가자」는 방식의 자연운동은 큰 진폭을 반복하면서 끊이지 않고 계속되었다. 시대별로 살펴보면 1830년에서 1900년대에는 몸에 좋다고 하는 야생식물이 전통적으로 애용되었다. 이때부터 지금까지도 유명한 Graham 박사의 식량운동이 시작되었다. 1900년에서 1940년대에는 소규모의 Health food business가 시작되었으며 제1회 집회가 시카고에서 개최되어 300개 소매점과 50개 제조회사가 참가했다.

1943년 NHFA(미국건강기능식품협회)가 NDFA(미국다이어트식품협회)로 개칭되면서 여러 가지 건강식품류가 권장되었고, 농약의 사용규제 움직임이 일어났으며, 적절한 식사가 질병을 예방하고 치료할 수 있다고 생각하며 무첨가식품이나 저가공도식품, 비타민 등 건강식품을 이용한 식사요법이 제시되었다. 1969년 FDA의 Sodium cyclomate의 발암설이 발표된 이래 미국에서도 식품첨가물, 공해를 중심으로 한 식품의 안전성을 추구하였다. 1970년대에서 1980년대로 NDFA가 NNFA (National Nutritional Food Association ; 미국영양식품협회)로 개칭되면서 대상 범위도 넓어져 본격적인 Health food store가 시작되고, Natural food store도 증가하였으며, 비타민, 미네랄 등을 다량 영양소 충족에서 미량 영양소 부족의 식생활 환경으로부터 급속히 성장하여 비타민, 미네랄 등의 판매점 급증의 배경이 되었다.

또한 자연식품에 대한 소비자의 관심이 높아진 것은 1977년의 상원에 의해 심사기준을 설정한 영양가이드라인의 영향이 크다. 이것은 섬유소를 늘리고 식염이나 설탕을 줄이며, 전반적으로 동물성 지방을 절제한다는 미국인의 식사개선을 제안한 것이다.

2) 건강식품의 분류

현재 미국을 포함해서 세계 어디서나 과학적이나 법적으로도 건강식품에 대한 명확한 정의는 없다. 건강식품은 「다른 식품보다 건강을 보다 향상시키는 식품에 대한 통칭」 또는 「스트레스와 질병에 대해서 생리학, 심리학적으로도 건강을 촉진한다고 생각되는 식품류나 성분」이라고 정의하는 학자도 있다. 미국의 건강식품은 자연식품, 유기식품, 다이어트식품, 건강기능식품 등 크게 네 가지로 분류하고 있다.

(1) 자연식품

수확 후 인공적인 첨가물과 성분을 함유하지 않은 것으로 최소한의 가공을 한 식품

(2) 유기식품

유기토양에서 퇴비와 부식토를 이용하고 성장단계에서 화학비료, 농약 등을 사용하지 않고 유기적으로 재배, 수확한 농산물

(3) 다이어트식품

저칼로리, 감염 등 영양소 조정식품

(4) 건강기능식품

비타민, 미네랄, 아미노산, 허브 등의 동·식물 또는 이들 원료성분의 대사물, 구성성분, 추출물 또는 혼합물

그림 1-5 건강식품의 분류

2 영양표시 및 교육법(NLEA)

1) 영양표시제도의 개요

미국의 식품표시제도 역사는 1906년의 식품·의약품법 제정으로부터 시작되었다. 가공식품의 영양성분 표시는 닉슨대통령에 의해 1969년 12월에 「식품·영양·건강에 관한 백악관회의」가 개최되어 1970년대의 미국 영양정책이 검토되었을 때 「식품의 포장과 표시」에 관한 위원회가 개최되어 가공식품, 포장식품에 영양성분을 표시할 것을 제안했다. 이를 토대로 1973년 1월 19일 FDA는 영양성분표시에 관한 원안을 제출하였고, 1975년 12월 31일부터 제조업체의 책임으로 가공식품에 영양성분

을 표시하는 영양성분 표시제도(임의제도)가 시행되었다.

미국은 식품의 잔류농약이나 식품첨가물의 안전성 문제에서 1970년대 중반부터 식품과 의약품 등의 구분 문제와 영양성분과 기능정보 문제가 커다란 과제가 되었다. 미국의 이러한 변화의 배경에는 만성질환과 의료비증대, 만성질환의 원인이 식생활의 잘못에 있음을 깨달았다는 점을 들 수 있다. 이것을 가장 단적으로 보여주는 것이 1975년에 발족한 맥거번의원을 위원장으로 하는 미국 상원의 영양문제특별위원회의 조사결과이다. 위원회는 76년의 조사보고에서 미국의 사망원인 상위 10항목 중 6항목이 식사와 직접 관계있다며, 77년에 「식사개선목표」를 목적으로 조사결과를 제안하였다. 이 맥거번 보고서는 식사개선에 따라 심장병에서 26%, 당뇨병에서 60%, 비만에서 80%, 암에서 20% 정도는 감소시킬 수 있으며, 총의료비의 30% 감소가 가능하다는 조사결과를 제안하였다.

예를 들어 식사개선목표에서 포화지방이나 설탕·가공당 등이 많이 함유된 식품의 에너지섭취량을 줄이고, 야채·과일·미도정 곡물의 섭취량을 늘리는 등의 몇 가지 개선목표와 그것을 달성하기 위한 식품선택법을 제안하고 있다. 이 목표와 제안은 한마디로 말하면 포화지방·설탕·가공당에 편중된 에너지 영양소 그 자체의 섭취과잉과 비타민·미네랄류나 식이섬유 섭취부족의 불균형 해소에 있다고 바꿔 말할 수 있다. 실제로 현대인의 식생활에서 범람하는 정제가공식품이나 패스트푸드는 비타민·미네랄·식이섬유가 부족하므로 영양가 없는 식품이라 할 수 있을 것이다.

그러나 영양성분 표시제도를 실제로 시행해보니 함유된 영양성분을 표시하는 것만으로는 부족함을 인식하여 영양정보도 부가적으로 표시하게 되었고, 점점 영양정보보다는 질병과 식품에 관계되는 정보나 건강증진 및 유지를 위한 식품의 기능에 대한 정보가 더 많아지게 되었다. 그래서 표시방법이나 건강관련정보의 취급법 등을 개선하게 되었고, 표시에 사용되는 용어나 건강관련용어, 예를 들면 sodium free(무나트륨), low cholesterol(저콜레스테롤), reduced fat(지방감소) 등의 형용사적 용어도 소비자가 혼란을 일으키지 않도록 검토하게 되었다.

1985년에는 건강강조표시제도의 도입이 제안되었고 미국의회는 식품·의약품·화장품법(FDC)의 일부를 개정하였다. 1990년 미국의회는 「영양표시 및 교육법(NLEA)」을 제정하여 ① 인간의 소비를 목적으로 판매하고자 하는 거의 모든 가공식

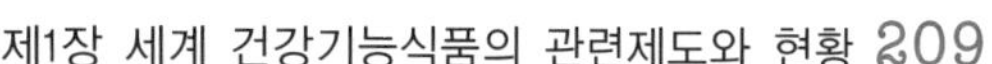

품에 영양표시를 의무화하도록 하였으며 ② 소비자에게 올바른 정보를 제공하기 위해 식품의 영양소함량강조표시(nutrient content claim)에 대한 정의를 내리고 ③ 특정질병과 특정영양소의 상관관계를 표현하는 건강강조표시(health claim)를 승인하기 위한 과정을 규정하였다.

1992년 11월, 1993년 1월에 시행세칙이 발표되었고, 여러 가지 기술적인 수정도 가해져 1994년 5월 8일부터 시행되고 있다.

미국에서 영양표시를 담당해 온 행정부서는 FDA, USDA(미농무성), FTC(연방공정거래위원회) 등의 기관이다. FDA는 식품의 정의, 가공식품의 첨가물에 관한 기준설정, 식품표시에 관한 제도화 등을 이행했고, USDA는 육류 및 축산육류 가공식품에 관한 제도화, FTC는 생산자 측의 요구조절과 식품광고에 관한 정보규제 등을 이행해왔다.

2) 영양표시 및 교육법의 관련규정

(1) 영양정보표시(Nutrition Information)

영양표시교육법(NLEA)규정의 목적은 소비자들이 섭취하는 식품에 관해 과학적으로 검증된 정보를 소비자에게 제공하는 것이 목적이다. 영양표시교육법의 규정 중에서 dietary supplements를 포함한 식품에 기재된 영양소와 질병과 건강에 관련 있는 표시를 허가할 수 있는 권한을 FDA에 부여하고 있다.

1990년 미국의회가 제정한 NLEA가 시행되기 이전까지는 일정한 경우를 제외하고는 영양표시는 임의사항이었으나, 신법에 따라 거의 모든 식품에 대한 영양표시가 의무사항이 되었으며 이와 관련하여 영양표시 양식도 변경되었다.

미국에서는 영양성분 중에서 의무적으로 표시하여야 할 영양소는 열량, 지방의 총열량, 총지방, 포화지방, 콜레스테롤, 나트륨, 탄수화물, 식이섬유소, 당류, 단백질, 비타민 A, 비타민 C, 칼슘, 철 등 14종이며 이 순서대로 표시하도록 하고 있다. 그외 특정 영양소의 함량강조표시를 할 경우에는 해당 영양소는 의무적으로 표시하도록 하고 있다.

임의로 표시할 수 있는 영양소는 포화지방의 열량, 스테아릭산, 다가 및 단일불포화지방, 칼륨, 가용성섬유소, 불용성섬유소, 당알코올, 기타 탄수화물, 기타 필수 비타민과 미네랄 등이다. 이와 같이 미국에서는 광범위한 영양소에 대해 표시가 이루어지고 있는 것을 알 수 있다. 이와 같은 영양소의 표시대상은 국민들의 건강상태를 고려하여 설정된 것으로 영양소의 표시순위는 식생활에 관한 권고에 따라서 설정된 것이다.

1일 섭취량(daily value)은 지방, 탄수화물(섬유소 포함), 단백질, 콜레스테롤, 나트륨, 칼륨 등의 영양소에 대하여 개별식품 함유량의 구성비(%)로 표시된다. 1일 참고치는 1일 섭취하는 열량의 양에 따라서 2,000kcal 또는 2,500kcal로 구분하여 표시되며, 1일 참고치의 계산은 다음과 같이 하고 있다. 즉, 지방은 총열량의 30%, 포화지방은 총열량의 10%, 탄수화물은 총열량의 60%, 단백질은 총열량의 10%, 섬유질은 1,000kcal마다 11.5g을 기준으로 하고 있다. 또한 영양소의 함량은 2개의 군(강화 또는 첨가된 영양소와 식품에 원래 포함된 영양소)으로 나누어 분석상의 일정한 오차범위를 설정하고 있다.

식품의 영양정보표시는 6가지로 나누어지며, 주 표시면(principal display panel)이나 정보면(information panel)에 표시하도록 하고 있다.

① 표제(nurition facts)
② 1회 분량(serving size) : 통상 1회에 식사량을 의미하며, 가정에서 흔히 이용되는 측정법(예 : 1컵, 1스푼)과 미터법 모두를 제시하고 그 양은 국민이 섭취하는 양을 근거로 하여 결정한다.
③ 지방에서 얻는 열량 : 소비자가 지방으로부터 30% 이하의 열량을 섭취하는 데 도움을 준다.
④ 영양소 목록 : 미국인의 건강과 관련하여 가장 중요한 영양소를 선택한 것이다.
⑤ 1일 권장량에 대한 비율 : 1인 분량에 함유된 영양소의 양을 1일 권장량에 대한 비율로 표시한 것이다.
⑥ 1일 섭취 칼로리별 영양소의 권장량 : 2,000kcal와 2,500kcal의 식사를 기준으로 각 영양소의 1일 권장량을 표시한 것이다.
⑦ 칼로리 환산계수에 대한 정보 : 지방, 단백질, 탄수화물 1g당 열량을 생산하는 환산계수를 표시한다.

(2) 영양소함량강조표시(Nutrient Content Claim)

NLEA는 영양소함량강조표시에서 사용되는 용어가 FDA에서 허락한 용어이거나 허락된 용어와 연관성이 있는 경우를 제외하고는 식품류 표지에 영양소함량강조표시를 사용하지 못하도록 하고 있다. 이러한 규정은 'low in fat', 'high fiber', 'no cholesterol'과 같은 용어의 오용 잠재성 때문에 만들어졌다. FDA는 영양소함량강조표시가 정확히 쓰일 수 있도록 규정을 확립해 나가고 있는 중이다. 대부분 식품류에 허용되는 영양소함량강조표시는 dietary supplements에도 허용이 되고 있다.

영양소함량강조표시를 위해서 비교되는 참고식품(reference food)은 두 가지 기준에 적합하여야 한다. 첫째, 그 종류의 식품을 광범위하게 대표하는 영양소 가치를 가진 식품이어야 한다. 둘째, 표시된 식품과 유사하거나 표시된 식품과 동일한 식품군이어야 한다.

(3) 건강강조표시(Health Claim)

식품을 건강과 관련시켜 식품에 표시하거나 광고하는 것은 90년대 이전까지만 해도 많은 나라에서 법률로 금지되어 있었다. 이것은 식품을 질병이나 건강관련증상과 관련시킬 경우, 그 제품은 이미 식품이 아니라 의약품이라는 기본적인 사고에 의한 것이다.

그러나 최근 식생활이 건강유지 및 증진에 중요한 역할을 한다는 사실이 점차 확인되고, 다양한 제품의 생산으로부터 소비자의 현명한 식품선택을 돕기 위해 그 제품에 대해 정확하고 충분한 정보를 제공할 필요성과 건강에 관련된 주장을 하는 새로운 제품들을 관리하기 위한 기준의 제시 등의 필요성으로 건강강조표시에 관한 규정을 제정하게 되었다.

미국은 건강과 관련된 표시에 대해 어떠한 사전허가제도도 없다. 즉, 영양표시 및 교육법(NLEA)에서 '본 규정과 일치하여 식품·의약품 및 화장품법 403조(r)(1)(B)에 적힌 강조표시를 하고자 하는 사람은 그와 같은 강조표시를 하기 전에 장관의 승인을 획득할 필요가 없다'고 명시하고 있기 때문에, 미연방규정집에서 제정한 관련 규정에 일치할 경우에는 제조업자 스스로 표시·판매할 수 있으며, 규정에서 그 상관성이 인정된 것에 대해서만 표시할 수 있다. 다만, FDA는 시중에 유통 중인 제품을 대상으로 그 표시내용이 규정에 일치하는지를 감시하게 된다.

건강강조표시는 식품에 존재하는 「영양소 또는 다른 성분」과 「질병 또는 질병관련상태」와의 상관성을 나타내는 것으로, 식사의 일부인 식품 또는 식품성분이 특정 질환의 위험을 감소시킨다는 표시를 하는 것을 말하며, FDA가 승인하는 특정 건강강조표시만 일반식품 또는 dietary supplements에 표시할 수 있다.

NLEA는 기존 식품에 대한 건강주장을 위한 증거의 표준은 건강주장을 지지할 만한 사고를 할 수 있는 '과학적 경험과 전문성을 가진 경험자들 간에 합의한 과학적 인증이다(SSA)'라는 것을 요구한다.

과학적 인증은 일반적으로 인식되는 과학적 과정과 원리를 가진 잘 고안된 연구에 의해 밝혀진 대중적으로 타당한 과학적 증거에 기반을 두어야 한다. NLEA 건강주장을 위한 FDA 규정은 건강주장을 만들기 위해 필요한 요구를 밝히거나 특별한 건강주장에 대해 매우 적합한 형태로 한정한다.

건강주장에 대한 식이-질환 관련성의 대다수는 만성적질환과정과 관련 있는데, 이러한 질환은 식이가 많은 가능한 한 원인 중의 하나이고, 윤리적이면서 실제적인 이유에서 종종 직접적 경험에서 종속되지 않는다. 그래서, 다른 형태의 증거들은 때때로 원인적 관련은 실제로 존재하고, 식이변화는 방어적가치를 가지고 있을 것이라는 점을 확립하려 할 때 고려된다. 인간경험이 적절하지 않은 곳에서는 다른 접근이 유용하다. 예를 들어, 관련성은 역학적 비교 또는 다른 식이패턴을 갖는 집단의 장기간 관찰, 시험관 내 생화학적연구, 동물연구들의 조합에 의해서 추론될 수 있다. 만약, 인간경험이 가능하고 적절한 곳이라면 무작위로 조절된 시도를 통하여 인간집단의 식이조작 효과를 관찰할 수 있도록 해준다. 타당한 건강주장은 대중건강에 대한 이익적 효과를 가져와서, 건강유지비용이나 삶의 질, 생산성에 대한 효과와 관련되는 움직임을 촉진할지 모른다. 숙련된 협정에 대한 평가는 판단의 문제이고, 그러한 협정을 지지할 만한 적절한 고려에 의존되어야만 한다(즉, 예비연구 이상의 것 또는 약간의 출연된 연구, 심지어는 확실해 보이는 증거 등). 과학적 증거들을 평가하기 위한 증거선택의 가이드라인은 과학적 문헌에서 점점 더 뚜렷하다. 이러한 과학적 문헌들은 문헌들을 평가하거나 합성하는 데 있어서 많은 과정을 묘사한다.

표 1-6 건강강조표시의 기준 사례

인정된 강조표시	식품과 강조표시 요구사항	강조표시 예시문구
1. 칼슘과 골다공증 21CFR 101.72	① 칼슘 함량이 'high' 이상일 것 ② 칼슘 함량보다 인의 함량이 낮을 것 ③ 칼슘 이외에 다른 위험인자를 언급할 것 ④ 질병은 다음의 여러 위험인자 - 성(여성), 민족(코카시안, 아시아인), 나이(노인) 등에 의해 영향을 받을 수 있음을 표시한다. ⑤ 일차적 대상집단 : 여성, 코카시안, 아시아인, 골격형성기에 있는 10대와 청년 (youth adult) ⑥ 질병의 위험을 낮출 수 있는 추가 요인 : 건전한 식사, 규칙적인 운동 ⑦ 골다공증과 칼슘과의 관련기전 : 최대 골질량 ⑧ 1일 400mg 이상의 칼슘을 함유한 식품이나 건강기능식품에는 2,000mg 이상의 칼슘을 섭취해도 이것이 골격의 건강에 추가적으로 더 유익한 영향을 미치지 않음을 표시하여야 한다.	규칙적인 운동과 칼슘이 풍부하고 건전한 식사는 10대와 청년, 백인과 아시아계 여성의 골격 건강상태를 좋게 유지하고 노년기의 높은 골다공증의 위험을 낮출 수도 있다.
2. 식이지방과 암 21CFR 101.73	① 'low fat'에 해당할 것 ② 생선과 야생 조수육류는 'extra lean'에 해당할 것 ③ 특정 종류의 지방을 언급해서는 안됨. ④ 영양소와 질병관계를 표현할 때, 'total fat' 또는 'fat'과 'some types of cancer' 또는 'some cancers' 용어를 사용할 것 ⑤ 암의 위험인자와 관련하여 특정형태의 지방이나 지방산을 지정할 수 없다.	암의 발생은 많은 요인에 의해 영향을 받는다. 저지방 식사는 어떤 종류의 암 발생위험을 낮출 수도 있다.

한편, NLEA규정에 따라 제조업자는 FDA에 새로운 건강강조표시에 대하여 승인요청 할 수 있으며, FDA는 'SSA(Significant scientific agreement standard)'에 따라 평가하여 승인한다. 승인절차는 1년 이상의 시간이 소요되는 문제점이 있어, FDA는 'FDA Modernization Act(1997)'를 통해 건강강조표시의 승인절차를 개선하고 제조업자가 연방정부 또는 권위 있는 학술기관(eg. NAS)에 의한 과학적 근거가 있는 건강강조표시를 FDA에 보고할 경우 120일 이내의 평가를 통해 승인한다. FDA가 일정 기간 내에 합리적인 반대의사를 나타내지 못할 경우 그 건강강조표시는 승인된 것을 본다.

NLEA에서 식품의 건강강조표시를 규정하는 권한을 FDA에 부여했는데 다음 12가지의 영양소와 질병관계에 대해 건강강조표시를 승인하였다.

① 칼슘과 골다공증
② 나트륨과 고혈압
③ 식이지방과 암
④ 포화지방 및 콜레스테롤과 관상동맥심질환
⑤ 섬유소함유 곡류, 과일 및 야채와 암
⑥ 섬유소를 함유한 과일, 채소 및 곡류제품과 관상동맥심질환
⑦ 과일 및 채소와 암
⑧ 엽산과 신경관 결함
⑨ 당알코올과 충치
⑩ 귀리의 수용성섬유소와 관상동맥심질환
⑪ 대두와 심장관상동맥질환
⑫ 식물성 스테롤 및 식물성 스타놀 에스테르와 심장관상동맥질환

3 건강기능식품 건강 및 교육법(DSHEA)

1) DSHEA의 제정배경

건강기능식품 건강 및 교육법(DSHEA : dietary supplements health education act '94)의 기초안은 1990년 의회에 제출된 'NLEA(영양표시와 교육법)'가 계기가 되었다. 이 기초안은 건강기능식품을 제외한 일반식품만을 대상으로 건강강조표시(health claim)를 인정하는 것이었다. 또한, FDA는 건강기능식품도 일반식품과 같이 동일한 규정을 적용한다는 입장인 반면 건강기능식품업계와 전미영양식품협회(NNFA)는 일반식품과는 다른 특성을 가지고 있으므로 규제를 완화해야 한다고 강력히 주장하였다.

여기에 산업계의 지원을 받은 허치 상원의원과 리차드슨 하원의원을 중심으로 한

의원단은 이른바 '허치-리차드슨 법안'을 제출하여 이 기초안의 재검토를 요구한 끝에 93년 1월에 '우유의 섭취에는 지방의 함유문제가 있고, 유제품을 싫어하는 사람도 많다'는 이유에서 칼슘(건강기능식품)에 대해서는 건강강조표시를 인정하는 법안이 만들어졌다. 그 후에도 건강기능식품의 건강강조표시 인가요구는 계속되어 '영양표시와 교육법'은 1994년 5월에 먼저 일반식품에 대해서 시행되고, 그로부터 3개월 후인 7월에는 건강기능식품에 대해서도 시행되었다. 그러나 이 법의 결정에는 건강기능식품의 건강강조표시는 '칼슘과 골다공증', '엽산과 신생아의 신경관장애'에 대해서만 머물렀다.

1994년에는 NLEA외에도 그 법률의 영향으로 앞으로 건강기능식품 산업계에 커다란 영향을 줄 법률이 입법화되었다. 10월 25일 클린턴 대통령의 서명을 얻어 정식으로 연방법이 된 것은 '건강기능식품 건강 및 교육법(DSHEA)'이라는 것이다. 신법에서는 건강기능식품에 새로운 정의가 내려진 것을 비롯하여 산업계로서는 획기적이라고 할 수 있는 내용이 많이 포함되어 있다.

건강기능식품에 관한 법률로서는 지금까지 미국의 약사법에 해당하는 「연방식품, 의약 및 화장품에 관한 법(FDC법)」이 있었으나 건강기능식품에 관련된 조문은 적었고, 건강기능식품을 규정한 단독법은 없었다. 이 때문에 미국시장에서 건강기능식품의 입장은 일반식품이나 의약품, 화장품에 비해 매우 한정적이었다. FDA는 최근 수년 동안 건강기능식품의 규제강화 법안의 확립을 목표로 해 왔으나, 건강기능식품업계는 이에 반발하여 미국건강의약국의 후원을 받은 허치 상원의원과 리차드슨 하원의원 등 상하양원의 9명의 의원이 중심이 되어 FDA법의 개정과 단독법 제정의 필요성을 호소해 왔다.

그중 하나는 건강기능식품을 '기본적으로 「식품」으로 간주한다'고 정의한 것이다. 과거에도 1976년에 이른바 영양자유법안이 의회를 통과하여 '비타민이나 미네랄은 식품이다'라고 정의된 적이 있었으나, 그때는 너무나 고단위의 영양소를 함유한 상품이 생겨나 임산부가 비타민 A를 과다섭취하여 기형아를 낳는 등 과잉섭취가 심각한 문제로 부상했다. 이 일로 FDA가 안전섭취량의 설정을 하고 나서는 계기가 되어 이 정의도 한정적인 것이 되고 말았다.

FDA는 그 뒤에도 건강기능식품에 대해서는 '일부의 생약이나 아미노산 등은 보통 맛, 향기, 영양가를 위해서 사용되어 있지 않기 때문에 그것들을 원료로 하는 건강기능식품은 「식품」으로 인정할 수 없다'고 주장해 왔다. 건강기능식품에 대해서 부정적 입장은 국립과학아카데미(NAS)에서도 마찬가지로 1989년에 동 아카데미가 간행한 건강지도자에의 가이드라인 「식사와 건강」 속에서는 식사의 개선만으로 건강의 개선과 질병의 예방이 가능하다고 결론짓고 있다. 그런 만큼 이번의 DSHEA 신법은 건강기능식품의 입장을 식품분야에 명확하게 밝혀 이러한 FDA나 NAS의 주장을 뒤엎은 것이 되었다.

2) DSHEA의 주요내용

1994년에 제정된 DSHEA는 건강증진 및 유지에 있어서 건강기능식품이 차지하는 중요성, 건강기능식품에 대한 현재의 정확한 정보를 소비자들이 이용할 수 있도록 하는 일의 중요성, 그리고 이러한 제품 범주에 대한 FDA의 규제적 접근방법에 대한 논쟁 등에 대한 대중의 논의에 따라 국회가 제정한 것이다. 클린턴 대통령은 1994년 10월 25일자로 이 법안에 서명하면서 다음과 같이 말했다.

「여러 해에 걸친 진지한 노력끝에 일반 소비자들과 제조업체, 식품영양전문가, 입법자는 건강기능식품의 상식적인 규정과 법률제정까지 성공하게 되었습니다. 지난 몇 년 동안 소비자의 이익보호를 목적으로 한 규정과 좋은 식품의 건전한 공급을 위해 지금까지 건강을 위한 복잡한 선택이 변경되었습니다. 소비자는 영양측면에서 건강증진이라는 목적으로 방향 전환을 하고, 행정기관은 좋은 식품의 공급과 소비자의 권리보호를 목적으로 노력을 하였지만, 결과적으로 1억이 넘는 소비자의 건강을 위한 선택에 있어서 정보를 제한하는 반대 결과를 낳게 되었습니다. 이러한 과정을 통해 금년에 하원에서 역사적이라 할 수 있는 합의가 이루어져 소비자와 국가가 지속적인 이익을 균형 있게 유지하고 건강기능식품의 품질과 안전성을 보증하여 국민건강유지 및 증진에 기여하게 되어 매우 기쁘게 생각합니다.」

DSHEA는 건강기능식품에 관한 기준설정 및 표시방법을 변경하기 위해 1938년에 제정된 FDCA를 수정한 것이고 DSHEA 관련규정은 제1절 제목, 제2절 국회의 조사결과, 제3절 용어의 정의, 제4절 건강기능식품의 안전성과 FDA의 입증에 대한 책임, 제5절 건강기능식품의 판매에 대한 표시, 제6절 건강기능식품의 영양강조에 대

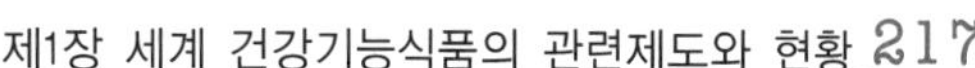

한 표현, 제7절 건강기능식품의 식품성분 및 영양정보표시, 제8절 새로운 식품성분, 제9절 우수제조관리(GMP), 제10절 개정사항준수, 제11절 규정 및 공고의 철회, 제12절 건강기능식품표시위원회, 제13절 건강기능식품사무소로 총 13절로 구성되어 있는데 이 중 주요내용을 개괄적으로 설명하고자 한다.

제2절에서 국회는 DSHEA의 이론적 근거가 되고 건강기능식품과 관련된 연방관리정책의 개념적 기반을 구성하는 15가지의 조사결과를 제시하고 있다.

「미국 국민의 건강상태를 개선하는 것은 미국 연방정부의 국가적 목표 중 최우선 순위에 있는 것이다」라는 국회의 결론은 이 법안의 변경에 있어서 필수적인 목적으로 그 주요내용은 다음과 같다.

- 미국 국민의 건강증진이 연방정부의 국가적 최우선 순위에 있다.
- 건강증진과 건강한 생활양식은 치료비를 줄이고 수명을 연장시키며, 치료비를 줄이는 것은 국가의 장래와 경제를 위해 매우 중요하다.
- 건강기능식품은 만성질환억제에 유용하며, 이의 적절한 사용은 만성질환발생을 억제하고 장기적으로 볼 때 의료비를 감소시킨다.
- 특정 건강기능식품의 건강혜택에 관한 과학적 연구에서 얻은 자료가 있을 때, 그것에 기초한 예방의료방법을 선택할 수 있는 능력을 소비자에게 부여해야 한다.
- 미국 국민의 약 50%가 영양상태를 개선하기 위해 비타민, 미네랄, 허브 등의 건강기능식품을 정기적으로 소비하고 있는 것으로 조사되었다.
- 소비자는 건강의 증진 및 유지를 위해 전통적인 의학요법을 피하고 의학요법이 아닌 것에 의존하는 경향이 늘고 있다.
- 연방정부는 불안전하고 불량한 제품에 대해서는 신속한 조치를 취해야 하지만 안전한 제품 및 그에 관한 정확한 정보가 소비자에게 전달되는 것을 억제하거나 지체시키는 불합리한 규제장벽을 생성하는 그 어떤 조치도 취해서는 안된다.
- 건강기능식품을 섭취하여도 안전하며, 식품의 안전성 문제가 있는 제품은 비교적 적다.
- 소비자가 안전한 건강기능식품을 섭취할 권리를 보호하는 법안의 실시는 국민의 번영을 위해 필요하다.
- 건강기능식품에 관한 정부의 합리적인 기준설정이 필요하며, 현재의 이 목적

에 적절한 건강기능식품에 관한 규칙의 결정이 신속히 이루어져야 한다.

DSHEA는 우선적으로 건강기능식품이라는 용어를 법적으로 정의한다. 이 법 제3절에 건강기능식품의 정의를 「다음의 식품성분 중 한 가지 이상을 함유하면서 식사를 보충하는 식품(담배를 제외함)」이라고 규정하고 있다. 여기서 말하는 식품성분이란 비타민, 미네랄, 아미노산, 총 식사의 섭취를 증가시켜 식사를 보충하기 위해 사람이 이용하는 식품성분, 생약 또는 다른 식물, 또 앞에서 서술한 각 영양소의 농축물, 대사물, 구성물질, 추출물 또는 혼합물」이다. 건강기능식품의 형상은 정제, 캡슐, 분말, 소프트젤, 액상 등의 형태여야 하며, 「통상의 식품으로 사용되지 않는 것이나 한 종류의 식품 또는 식사를 나타내지 않는 것 또는 건강기능식품의 표시가 있는 것」이라고 되어 있다.

제5절에서는 다음 3가지의 요건에 해당할 경우 건강기능식품의 인체구조 및 기능에 대해 표현할 수 있다.

- 미국에서 전통적으로 영양결핍으로 인한 질병과 그와 같은 질병의 유용한 이점을 표현한 것
- 인체의 구조 및 기능에 영향을 주는 식품성분 또는 영양의 작용에 대한 표현
- 영양 또는 식품성분이 인체의 구조 및 기능의 유지에 어떻게 작용하는지 그 메커니즘에 대해 표현하고 그 특징을 기술한 설명

제6절에서는 다음의 3가지 의무사항을 준수해야만 판매할 수 있다.

- 제조업자가 그 설명서가 진실하며 오도사실이 없다는 실증이 있어야 한다.
- '이 설명은 FDA에 의해 평가된 것이 아니며, 이 제품은 진단, 조치, 치료 또는 예방을 목적으로 한 것이 아니다'라는 문구를 표시할 것
- 제조업자는 FDA에 건강기능식품의 판매를 개시한 후 30일 이내에 그러한 설명을 행하고 있다는 사실을 통보해야 한다.

이 법 제7절에서는 또 「건강기능식품의 원료로 사용되는 영양성분은 식품첨가물에 포함시키지 않는다」고 말하고 있다. 현재 식품첨가물은 전문가에 의해 안전성이 입증되어 FDA가 인가하지 않는 한 식품의 원료로 사용할 수 없다. 그 때문에 FDA는 「건강기능식품의 원료가 되는 영양성분의 대부분은 식품첨가물로서 인정되어 있지 않으므로 위법이다」라고 주장해 왔다. 그러나 여기서 FDA의 주장은 물리쳐

져서 건강기능식품의 원료는 식품첨가물의 대상에서 제외되고, 원료로의 사용에 대해서 어느 정도 자유가 인정되어 효소, 월견초유, 아마씨기름, 칼슘초산염, 클로렐라 등의 미승인 식품첨가물이 건강기능식품의 원료로서 정식으로 사용될 수 있게 되었다.

제4절 일본의 보건기능식품

1 기능성식품

1) 기능성식품의 탄생배경

기능성식품이라는 용어는 일본에서 처음으로 사용되었는데, 이는 식품이 갖는 다양한 기능을 종합적으로 연구하기 위해 1984년부터 오차노미즈(お茶の水)여자대학의 후지마끼(藤巻正生)학장을 중심으로 한 연구그룹이 문부성의 특정연구비를 지원받아 실시한 「식품기능의 계통적 해석과 전개」라는 연구로부터 시작되었다.

이러한 연구가 발달이 되어 식품의 제3차 기능에만 역점을 둔 「기능성식품」이라는 용어가 사람의 입에 오르내리게 되었다. 무엇보다도 건강에 좋은 식품이 정말 국민의 식생활과 연관이 된다면 문제는 없지만 혹시나 충분히 과학적인 평가를 받지 않은 채로 식품성분의 기능성이 과대평가되거나 표시·선전되어 유통판매된다고 가정하면 소비자의 잘못된 선택을 초래하게 되고 그 결과 건강상의 폐해를 초래하게 될지도 모른다는 우려가 있어 그 대응책을 마련할 필요가 있었다.

그래서 후생성은 1988년에 관련학자에 의한 「기능성식품간담회[좌장 : 아베(阿部達夫)東邦대학명예교수]」를 개설하고 기능성식품에 대하여 후생성으로서 어떻게 대응해야 하느냐에 대한 검토를 의뢰하였고 여러 분야의 전문가 의견을 수렴하여 1989년 「기능성식품의 검토결과」가 정리되었다. 중간보고에서는 '생체조절기능성을 기대할 수 있는 식품을 사회의 요구에 응하여 건강만들기를 위한 구체적인 수단으로서 적극 활용하기에는 어려운 점이 있을 것으로 전망된다'고 하고 활용방안을 제시함과 동시에 표시에 대하여는 식품의 기능성 평가방법의 확립과 함께 표시내용, 표시의 적합성에 대하여는 학식경험자의 도움을 받아 판정하는 제도의 창설을 제언하였다.

기능성식품의 정의를 「식품성분이 갖는 생체방어, 생체리듬의 조절, 질병의 방지와 회복 등 생체조절기능을 생체에 대하여 충분히 발휘할 수 있도록 설계되고 가공된 식품」으로 내렸다. 또한, 기능성식품의 범위를 「식품으로서 통상 이용되는 소재

나 성분으로 구성되며 동시에 통상의 형태 및 방법에 의하여 섭취되는 것」이며 「식품으로서 일상적으로 섭취되는 것」으로 한정하고 있다.

2) 기능성식품의 제도화

기능성식품 문제의 검토결과에 대하여 보다 구체화하기 위하여 1990년 3월에 관련학자 22명으로 구성된 「기능성식품 검토회[좌장 : 아베(阿部達夫)東邦대학명예교수]」가 설치되어 국제적인 동향 각 분야의 의견 등을 포함하여 여러 각도에서 검토가 이루어져 동년 11월에는 보고서의 형태로 요약되었다.

보고서에서는 「기능성식품」에 대신하여 「특정보건용식품」이라는 용어가 사용되었다. 기능성식품에 대하여는 앞에서 정의된 바 있는데 식품이란 그 특성상 기능성식품이 갖는 제3차 기능 혹은 생체조절기능만을 갖는 것은 아니므로 당연히 영양기능과 감각기능이 합쳐져야 비로소 식품으로서의 가치를 갖게 된다. 바꾸어 말하면 생체조절기능만이 강조된 식품이 출현하는 경우 그것은 일상의 식생활과 동떨어진 것이 되어 식품으로서 불가결한 영양기능·감각기능이 무시되므로 편향된 영양의 섭취나 기능성식품에 대한 소비자의 지나친 기대 등 악영향을 끼칠 우려가 표명되었다.

그 결과 식품이 갖는 유용한 작용을 활용하는 관점에서 영양기능과 감각기능을 함께 가진 종합기능으로서 식품을 평가해야 한다는 점으로부터 「특정보건용식품」이라는 용어가 새로이 제창되었던 것이다. 또, 특정보건용식품이라는 명칭으로 변경됨에 따라 특정성분의 첨가·증강뿐만 아니라 알레르기의 원인물질이 되는 특정성분의 제거에 의하여도 보건상의 효과가 기대되므로 이런 식품도 그 대상에 포함시켜 결과적으로 특정보건용식품은 기능성식품보다 그 대상이 확대되게 되었다.

이 제도는 과학적 근거에 입각한 건강표시를 가장 중요시하고, 특별용도식품 평가검토회의 심의, 국립건강·영양연구소에서의 품질검사 등을 거쳐 허가받게 된다. 유효성과 안전성, 품질에 관한 과학적 근거가 필요하고, 과학성에 대해서는 섭취량, 작용, 사람에 의한 임상실험 등이 부과된다. 특정보건용식품의 건강표시는 상품에 의해 다소의 차이는 있지만 대개 ① 장의 상태를 조절한다 ② 충치에 도움을 주는 식품 ③ 혈압이 높은 분에게 등으로 표현된다. 여기서는 질환명은 물론 의약품을 연상시키는 표현도 인정되지 않는다.

2 특정보건용식품

1) 정 의

특정보건용식품은 「특별용도식품 중 식생활에 있어서 특정의 보건목적으로 섭취하는 자에 대해서 그 섭취를 통해 해당 보건의 목적을 기대할 수 있다는 뜻을 표시한 식품」을 말한다. 특정보건용식품은 영양개선법 제12조에 규정된 특별용도식품제도에 준하여 특별용도식품에 속한다. 단, 운영은 '특별용도식품'과는 별도로 되며 1991년 9월 1일부터 제도화되었다.

2) 특정보건용식품의 범위

특정보건용식품에 해당하는지의 여부는 다음의 기준에 의해 판단한다.

① 식생활개선 차원에서 건강유지 및 증진에 기여하는 것이 기대 가능한 것

② 식품 또는 관여성분에 대해서 보건용도가 의학·영양학적으로 근거가 명확하게 되어 있는 것

③ 식품 또는 관여성분의 적절한 섭취량이 의학·영양학적으로 설정 가능한 것

④ 식품 또는 관여성분은 식생활 경험 등으로 보아 안전한 것

⑤ 관여성분은 아래 사항이 명확하게 되어 있는 것

- 물리화학적 성상 및 시험방법
- 정성 및 정량 시험방법

⑥ 동일 종류의 식품이 일반적으로 함유하고 있는 영양성분은 조성을 현저히 깨뜨리지 않는 것

⑦ 드물게 먹고 있는 것이 아니고 일상적으로 먹는 식품인 것

⑧ 특정보건용식품은 일반에게 일상적으로 제공되는 식품과 같은 형태로 보건의 효과와 맛, 즐거움, 유쾌함, 식사로서의 만족감을 주는 식품이어야 한다.

⑨ 식품 또는 관여하는 성분은 의약품으로만 사용되는 것은 아닐 것

3) 특정보건용식품의 관련법규

(1) 특별용도식품의 표시허가

「판매에 제공하는 식품에 대해 영양성분의 보급이 가능하다는 뜻의 표시 또는 젖먹이용, 유아용, 임산부용, 병자용 등의 특별용도에 적합하다는 뜻을 표시하려고 하는 사람은 후생노동성장관의 허가를 받아야 한다」(건강증진법)

(2) 특정보건용식품의 법적위치

① 보건의 목적으로 사용되며 특별용도에 맞는 적당한 취지의 보건효과를 표시하는 것이 가능한 식품

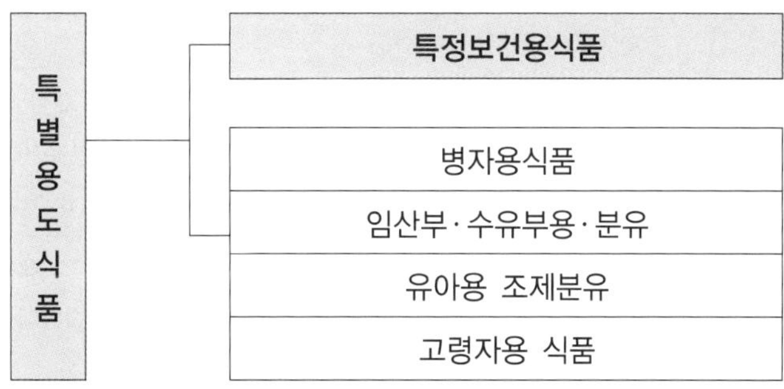

② 생체조절작용이 있는 성분을 첨가한 식품으로 보건효과를 의학·영양학적으로 증명하여 보건용도·효과를 표시할 수 있도록 장관이 허가한 식품

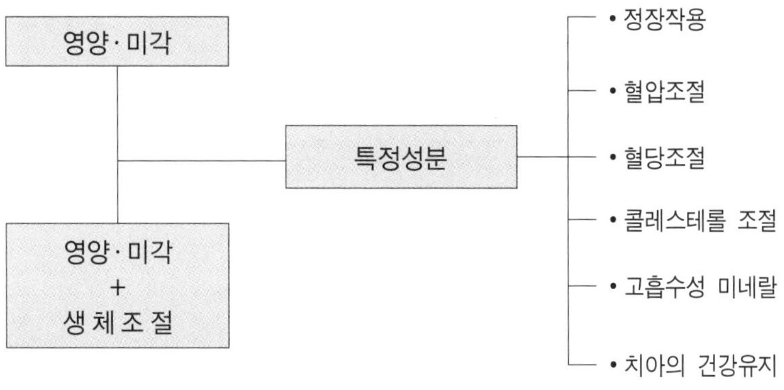

4) 특정보건용식품의 표시허가

특정보건용식품의 표시허가 품목은 보건용도별로 장의 상태를 조절해 주는 식품, 콜레스테롤치가 높은 사람을 위한 식품, 혈압이 높은 사람을 위한 식품, 미네랄의 흡수를 도와주는 식품, 충치의 원인이 되지 않는 식품 등 크게 5가지로 분류할 수 있다.

(1) 장의 상태를 조절해 주는 식품

장의 상태가 좋지 않을 때 변이 양호한 상태로 매일 규칙적으로 배설하게 하고 장내환경이 건강하게 유지되도록 특별히 설계된 식품으로 「장의 상태를 조절한다」고 하는 표시를 허가받아 시장에 출하된 식품군은 유산균·식이섬유·올리고당 함유식품이 있다.

보건용도	표시허가 내용	섭취 시 주의사항
정장 1 (유산균)	본 음료는 락토오스를 원료로 하여 장내의 비피더스균을 적정으로 증가시켜 장의 상태를 양호하게 유지시켜주는 음료입니다.	지나치게 마시면 체질·몸의 상태에 따라 변이 묽어지는 경우가 있습니다.
정장 2 (식이섬유)	본 제품은 식이섬유의 구아검 분해물로 하여 장의 상태를 양호하게 유지하도록 연구되어 있는 식품입니다.	과식에 의하여 일시적으로 팽만감을 느끼는 경우가 있습니다. 이때는 소량으로 시작하여 주십시오.
정장 3 (올리고당)	비피더스균을 증가시켜 장내의 환경을 양호하게 유지시킴으로써 장의 상태에 염려가 되는 분에게 적당합니다. 맛있게 드시어 배가 상쾌해지시길 바랍니다.	음용이 지나치면 체질·몸의 상태에 따라 일시적으로 변이 묽어지는 경우가 있으므로 양을 가감하여 주십시오.

(2) 콜레스테롤치가 높은 사람을 위한 식품

콜레스테롤이 흡수되기 어렵도록 고안한 식품으로 「콜레스테롤치가 높은 사람의 식생활 개선에 도움이 된다」고 하는 표시를 허가받은 식품군은 대두단백질, 저분자화 알긴산, 키토산함유식품이 있다.

보건용도	표시허가 내용	섭취 시 주의사항
콜레스테롤 관련	「메나드콜레돌비」는 콜레스테롤의 흡수를 하기 어렵게 하는 키토산을 소정량 배합한 비스킷으로 콜레스테롤이 높은 분 혹은 주의하고 있는 분의 식생활 개선에 이바지합니다.	식이섬유가 함유되어 있으므로 가능하면 수분을 같이 섭취하여 주십시오.

(3) 혈압이 높은 사람을 위한 식품

혈압을 높이는 요인을 억제하는 식품으로 「혈압이 높은 분에게 적당한 식품이다」고 하는 표시를 허가받은 식품군은 두충엽 배당체, 카제인도데카펩타이드, 락토트리펩타이드 함유식품이 있다.

보건용도	표시허가 내용	섭취 시 주의사항
혈압관련	본 음료는 두충엽배당체를 함유하고 있어 혈압이 높은 분에게 적당한 식품입니다.	본 제품은 고혈압증의 예방약 내지 치료약이 아닙니다.

(4) 미네랄의 흡수를 도와주는 식품

칼슘, 철 등의 미네랄 성분을 보급하고 이것이 효율적으로 흡수이용되도록 설계된 식품으로 「칼슘의 흡수성을 높이고 식생활에서 부족하기 쉬운 칼슘을 섭취하는데 적당하다」고 하는 표시허가된 CCM을 함유한 식품과 CCP함유식품이 있으며 「철의 보충이 필요한 빈혈경향이 있는 사람에게 적당하다」고 하는 헴철 함유식품이 있다.

보건용도	표시허가 내용	섭취 시 주의사항
미네랄 보급	「헴철음료 Fe」는 철의 보급을 필요로 하는 빈혈기미가 있는 사람에게 적합합니다.	본 제품은 철의 보급을 필요로 하는 빈혈기미가 있는 사람의 식사요법의 소재로 적당하지만 많이 섭취함에 의하여 질병이 치료되는 것은 아닙니다.

(5) 충치의 원인이 되지 않는 식품

충치균의 영양원이 되지 않는 감미료를 이용한 것, 충치균의 증식을 억제하는 작용이 있는 성분을 가하거나 또는 양쪽성분을 병용한 식품으로 「충치의 원인이 되지 않는다」고 하는 표시가 허가되어 있다.

보건용도	표시허가 내용	섭취 시 주의사항
충치관련	키스민트껌 화이트는 충치를 일으키지 않는 말티롤, 환원 파라티노즈, 에리스리톨과 차 폴리페놀을 원료로 하여 충치를 유발하지 않는 껌입니다.	섭취가 지나치면 체질·몸의 상태에 따라 변이 묽어지는 경우가 있습니다. 이 껌을 섭취함으로써 충치가 치료된다고 말할 수 없습니다.

(6) 혈당치를 적절하게 조절하는 데 도움을 주는 식품

혈당치를 적절하게 조절하는 데 도움을 주는 식품으로 「혈당치에 신경이 쓰이는 분에게 적당한 식품이다」고 하는 표시를 허가받은 식품은 난소화성덱스트린, 폴리페놀, 밀알부민 등을 함유한 식품이다.

보건용도	표시허가 내용	섭취 시 주의사항
혈당관련	본 음료는 당의 흡수를 온화하게 하는 성분(난소화성덱스트린)을 포함하여 혈당치에 신경쓰이는 분의 식생활 개선에 도움이 됩니다.	본제품은 당뇨병의 예방약이나 치료약이 아닙니다.

표 1-7 특정보건용식품의 허가절차

학식경험자에 의한 검토회 ← ④ 검토의뢰 / ⑤ 결과보고 → 후생노동성 ← ⑤ 결과보고 / ④ 검사의뢰 → 국립건강·영양연구소

⑥ 통 지 ③ 상 신

도도부현
정령시
특별구

⑦ 통 지 ② 송 부

보 건 소

⑧ 허가서 교부 심사결과 통지 ① 신청서 제출

신청자 (제조업체 등)

허 가 요 건

① 식생활의 개선이 도모되며 건강의 유지증진에 기여함을 기대할 수 있을 것
② 식품 또는 관여하는 성분에 대하여 보건상 용도가 의학·영양학적으로 근거가 밝혀져 있을 것
③ 식품 또는 관여하는 성분이 적절한 섭취량이 의학·영양학적으로 설정할 수 있을 것
④ 식품 또는 관여하는 성분은 음식경험 등으로 보아 안전한 것일 것

관여하는 성분은 다음 사항이 밝혀져 있을 것

⑤ 동종의 식품이 일반적으로 함유하고 있는 영양성분의 조성을 현저히 손상시키지 않을 것
⑥ 가끔 먹는 것이 아니라 일상적으로 먹고 있는 식품일 것
⑦ 식품 또는 관여하는 성분은 전적으로 의약품으로 사용되는 것이 아닐 것

신 청 서 류

① 신청자의 성명, 주소 및 생년월일
② 영업소의 명칭 및 소재지
③ 허가를 받고자 하는 이유
④ 에너지양
⑤ 식생활의 개선에 기여하고 국민의 건강유지 증진이 도모되는 이유, 섭취량 및 섭취하는 데 있어서의 주의사항
⑥ 섭취조리 또는 보존방법의 주의사항

표 시 사 항 (주요)

① 제조년월일 및 품질보증기한
② 특정보건용식품이라는 취지
③ 허가를 받은 표시의 용
④ 허가를 받은 이유 및 성분분석표, 에너지량 및 원재료의 명칭
⑤ 섭취량
⑥ 섭취량 주의사항
⑦ 기 타

특별용도식품

일본의 건강증진법 제12조(특별용도식품 표시허가)에는 판매용식품에 유아용, 환자용 등의 특별용도에 적합하다라고 표시할 사람 또는 표시된 식품을 수입하는 사람은 후생노동성장관의 허가를 받도록 규정하고 있다.

특별용도식품은 「특정질병의 식사요법을 목적으로 이용할 수 있다」는 근거가 의학적, 영양학적으로 입증된 식품을 말하는 것으로 특정보건용식품도 이 안에 포함된다. 97년 5월, 생활위생국장 통지 「특별용도식품 표시허가에 대하여」의 일부개정이 시행되어 개별평가형이 도입되었다. 이에 따라 「간장병식조정용조합식품」, 「성인비만증식조정용조합식품」, 「당뇨병식조정용조합식품」 등의 종래 표시허가기준에 추가로 「알레르기성 피부염」이나 「만성신부전」, 「심질환」 등과 같이 지금까지 없던 환자용식품의 신청이 허가되었다.

표 1-8 특별용도식품의 품목 분류

품 목 분 류	
① 병자용 식품(기준·규격형)	
② 병자용 단일식품	• 저나트륨 식품 • 저칼로리 식품 • 저단백질 식품 • 저(무)단백질 고칼로리식품 • 고단백질 식품 • 알레르기원인물질 제거 식품 • 무유당 식품
③ 병자용 조합식품	• 감염식 조제용 조합식품 • 당뇨병식 조제용 조합식품 • 간장병식 조제용 조합식품 • 성인 비만증식 조제용 조합식품
④ 병자용 식품(개별허가형) ⑤ 유아용 식품 ⑥ 임산부용 식품 ⑦ 고령자용 식품	• 유아용 조제분유 • 임산부, 수유부용 분유 • 저작 곤란자용 식품 • 저작 곤란자용 식품

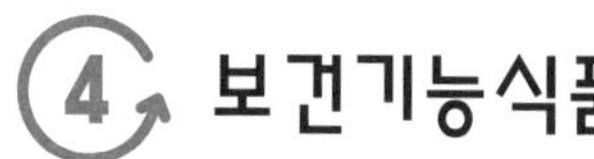

4 보건기능식품

1) 개 요

일본은 국민건강에 대한 관심, 지식의 향상과 식생활 경험에 기초한 지식의 축적 등에서 특정의 영양성분을 섭취하는 것을 목적으로 한 제품이 상품화되었고, 정제, 캡슐 등과 같은 통상의 식품형태로 취급하게 되었다. 이와 같은 식품은 적절하게 섭취하면 국민의 건강유지 및 증진에 기여하는 것이 가능하다는, 긍정적인 면도 있지만, 한편으로 상품에 따라서는 부적절한 표시나 방법에 의한 섭취 등에 의해 건강을 해친다고도 생각할 수 있다. 그래서 이와 같은 식품에 관하여 적절한 유형 구분을 마련하여 기준을 설정하고, 그 기능에 관한 표시를 인정하는 한편, 섭취 시의 주의사항 등을 표기하도록 하고, 소비자가 적절하게 선택할 수 있게 하는 것이 필요하였다. 또한, 이미 많은 상품이 생산되어 시장에 유통되어 그중에는 품질, 광고, 선전 등에 문제가 있는 것도 있어 소위 건강식품이 무질서하게 범람함에 따라, 국민의 영양섭취상황을 혼란하게 하고, 건강상의 피해를 가져오는 일이 없도록 특정한 규칙을 정하는 것이 필요하고, 아울러 소비자에 대하여 올바른 정보제공을 하는 것이 매우 중요한 과제가 되었다.

후생노동성은 정부의 규제완화추진계획 및 시장개방문제불평처리추진회의(OTO) 보고에 있어서, 지금까지 의약품으로서 유통되었던 비타민, 미네랄, 허브 등에 관하여 식품으로 취급할 수 있게 하는 동시에 보건기능식품으로 새로운 카테고리로 규정하는 제도를 마련하여 통상 해외에서 식품으로서 유통 판매되고 있는 것이 의약품으로서 규제되는 것 없이 식품으로 취급하기 위해 현행의 약사법을 개정하여 비타민은 1996년도, 허브(생약)은 1997년도, 미네랄은 1998년도에 형상(제형) 및 표시의 현행 기준을 가능한 완화하였다.

정부는 소위 영양보조식품의 바람직한 상태에 관하여 검토를 하기 위해 1998년 12월 후생성 생활위생국장의 자문기구로 「소위 영양보조식품의 취급에 관한 검토회」을 마련하고, 2000년 3월에 영양보조식품의 의의, 목적, 정의, 범위, 명칭, 표시, 소위 건강식품의 유형화 등에 관한 보고서를 발표하였다. 지금까지 사용되어 왔던 영양보조식품이란 영어의 dietary supplement를 직역한 것이다. 후생노동성에서는

2000년 6월 이후 소위 건강식품 중 일정의 요건을 충족하는 것에 관하여 규격기준, 표시기준의 설정, 평가지침의 책정, 제조기준의 책정, 첨가물과 심사지침책정 등에 대해 여러 가지 논의가 있었고, 각 위원의 사이에서도 의견이 나누어지는 과제도 많이 존재하였다.

따라서 후생노동성은 대상이 되는 식품에 관하여 표시할 수 있는 내용에 따라 개별허가형과 규격기준형의 2종류로 구분하였다. 한편, 지금까지 소위 건강식품이 이미 건강보조식품 또는 영양보조식품이라고 말하는 명칭이 자발적으로 이용되고 그 나름대로 정착하여 왔다. 이러한 현상과의 혼동을 피하고자 개별허가형은 「특정보건용식품」, 규격기준형은 「영양기능식품」으로 하고 양자를 포함한 명칭으로서 「보건기능식품」을 2001년 4월부터 시행하게 되었다.

보건기능식품의 기본적 사고방식은 아래와 같다.

(1) 국가의 영양목표 및 건강정책에 일치하는 것.
(2) 영양성분의 보급·보완 또는 특정의 보건용도에 이바지하는 것.
(인체의 기능이나 구조에 영향을 주고, 건강유지 및 증진에 도움이 되는 것을 포함한다.)
(3) 표시의 과학적 근거가 타당한 것이고, 사실을 말한 것인 것.
(4) 소비자에게 적절한 정보제공의 관점에서 이해하기 쉽고, 올바른 문장 및 용어를 사용하여 명료한 것.
(5) 과잉섭취나 금기에 의한 건강위해를 방지하는 관점에서 적절한 섭취방법 등을 포함한 주의환기표시를 의무 지운 것.
(6) 식품위생법, 건강증진법, 약사법 등의 법령에 적합한 것.
(7) 의약품 등이라고 오인하지 않도록 보건기능식품(영양기능식품 또는 특정보건용식품)인 취지를 명시하는 동시에 질병의 진단, 치료 또는 예방에 관계되는 표시를 해서는 안 되는 것.

또한 보건기능식품은 의무표시사항을 식품위생법 등에 규정하지만 다음의 사항을 반드시 표시하여야 한다.

영양기능식품	특정보건용식품
1. 보건기능식품(영양기능식품)인 취지	1. 보건기능식품(특정보건용식품)인 취지
2. 영양성분의 표시 (기능표시하는 성분을 포함)	2. 영양성분의 표시 (보건기능에 관여하는 성분을 포함)
3. 영양기능표시	3. 특정보건용도의 표시(표시허가된 표시)
4. 1일 해당의 영양소요량에 대한 충족률	4. 1일 섭취기준량
5. 섭취방법	5. 섭취방법
6. 1일 해당의 영양소요량에 대한 충족률	6. 1일 해당의 영양소요량에 대한 충족률 (영양소요량이 정해지고 있는 것에 한한다)
7. 섭취 시 주의사항	7. 섭취 시 주의사항
8. 본품은 특정보건용식품과 다르고 후생노동성에 의한 개별심사를 받은 것이 아닌 취지	

	보건기능식품		
의약품 (의약부외품포함)	특정보건용식품 (개별허가형)	영양기능식품 (규격기준형)	일반식품 (소위 건강식품포함)
	• 영양성분함유표시 • 보건용도표시 (영양기능표시) • 주의표시	• 영양성분함유표시 • 영양기능표시 • 주의표시	• 영양성분함유표시

그림 1-6 보건기능식품의 범위 및 표시

2) 영양기능식품

영양기능식품이란 특정 영양성분을 함유하는 것으로 후생노동성장관이 정한 기준에 따라 해당 영양성분의 기능표시를 한 것(신선식품, 계란 제외)을 말한다. 즉, 인체의 건전한 성장, 발달, 건강유지에 필요한 영양성분의 보급을 목적으로 한 식품이며, 고령화 및 잘못된 식생활로 인해 1일 필요 영양성분을 섭취하지 않는 경우 이를 보완하기 위하여 제조·가공된 식품이다.

영양기능식품의 식품위생법에서 정한 '영양기능식품의 표시에 관한 기준'의 규정을 준수하여야 하며, 이 규정에 적합할 경우 정부에 허가신청 또는 신고 등의 절차 없이 제조·판매가 가능하다. 현재 영양기능식품에 사용 가능한 영양성분으로 비타민류 12종류와 미네랄류 5종류가 허가되어 총 17종의 영양성분이 허가되어 있다.

영양성분은 영양소요량이 설정되고 있는 미네랄 및 비타민으로 하고, 영양기능식품의 성분규격(상한치·하한치)을 설정하였다. 영양기능식품의 상한치는 의약부외품의 최대분량을 넘지 않는 값으로 하고, 하한치는 1일 섭취기준량이나 섭취방법의 표시를 필수조건으로 한 영양소요량의 1/3 기준으로 하였다.

영양기능식품의 영양기능표시에 관하여는 CODEX의 영양소기능표시 등 국제적으로 정착되고, 학회 등의 인정받고 있는 것으로 지금까지 인체에서 영양생리적기능이 실증되고 과거 식경험에서도 확립된 것을 표시하여야 한다.

3) 특정보건용식품

특정보건용식품이란 인체 건강유지 및 증진을 목적으로 생리학적기능이나 생물학적 활동에 관여하는 특정보건기능을 가지는 성분을 사용하여 제조한 식품이다.

특정보건용식품은 과학적 근거를 바탕으로 어느 특정한 보건기능을 가지는 성분을 포함하고, 그것을 섭취하는 것에 따라 건강유지 및 증진을 위한 인체의 생리적기능이나 조직기능의 유지·도움 또는 특정 보건에 도움이 된다는 적합한 취지를 표시하여야 한다. 또한, 해당 표시내용은 후생노동성에 있어서 개별로 생리적기능이나 특정의 보건기능을 보여 주는 유효성이나 안전성 등에 관계하는 과학적 근거에 관계하는 심사를 하여 후생노동장관의 승인을 받아야 한다.

제5절 중국 보건식품과 대만 건강식품

1 중국 보건식품

중국 식품위생법 제22조는 「특별한 기능을 가진 식품에 대해서 제품과 설명서는 지방보건행정부에 의해 평가 및 인정이 되어야 한다. 위생기준과 이러한 제품의 제조와 판매관리는 지방보건행정부에 의해서 공인된다.」는 내용이다.

동법 제23조는 이런 식품은 「인간의 보건을 위해하지 않아야 하고, 제품의 사용설명은 신뢰할 수 있어야 하며, 제품의 기능이나 성분, 사용설명은 반드시 서로 일치하며 허위내용이 없어야 한다」는 내용을 담고 있다. 이 법의 제45조는 이러한 두 가지 조항을 위반했을 경우에 받게 되는 법률적인 의무내용을 규정하고 있다. 이 규정의 위임에 따라 보건부는 96년에 보건식품관리를 위한 규칙을 공포했다.

보건식품은 「특별한 기능을 가진 식품」이라고 정의할 수 있다. 다시 말해서 보건식품은 특별한 집단의 사람들이 소비하는 데 적합한 것이다. 그리고 인간의 신체기능을 통제할 수 있는 기능이 있지만 치료를 위해서 사용되지는 않는 것이다.

보건식품에 대한 일반적인 조건으로 다음에 제시된 일반적인 조건을 충족시켜야 한다.

① 필요한 동물, 사람에 대한 임상실험을 통해서 제품이 명확하면서도 안정된 기능을 가지고 있다는 것을 증명해야 한다.

② 모든 원료와 최종제품은 식품의 건강에 관한 조건을 충족시켜야 한다.

③ 성분배합표시나 사용된 성분들이 함량을 입증할 만한 과학적인 증거가 있어야 한다. 기능상의 성분들이 현재의 상태에서 증명되지 않는다면, 건강기능과 관련된 주요 원료의 이름을 명시해야 한다.

④ 표시 및 광고, 사용설명에 나타난 정보에는 의료상의 효과가 있다는 내용을 표기할 수 없다.

현재 이용이 가능한 과학적인 자료나 방법을 기초로 기존의 보건식품에 대한 여러 가지의 기능평가를 위해서 보건부는 전문가 집단이 초안을 작성한 보건식품의 기능에 대한 평가절차와 검사방법을 96년에 제정하여 98년에 개정했다. 이러한 기술적인 문서에는 절차와 검사방법의 적절한 범위, 다시 말해서 기능적인 평가를 위해서 기본적인 조건, 검사항목과 검사원칙, 검사결과의 결정, 평가를 내릴 때 고려해야 하는 요인들이 규정되어 있다. 이 문서에는 또한 임상실험과 다음과 같은 항목들에 대한 기능적인 검사를 위한 24개 세부검사항목이 포함되어 있다.

보건식품의 기능성 내용

1. 면역조절기능	2. 노화방지	3. 기억력 향상	4. 성장 및 발달촉진
5. 피로방지	6. 비만완화	7. 산소결핍방어제	8. 항방사선
9. 항돌연변이성	10. 항암성	11. 혈중지질조절	12. 성기능향상
13. 혈당조절	14. 소화기능향상	15. 수면개선	16. 영양성 빈혈개선
17. 간장보호	18. 수유촉진	19. 미용개선	20. 시력향상
21. 납제거촉진	22. 인후열제거·습유	23. 혈압조절	24. 고밀도향상

보건부는 보건식품의 안전성을 확보하기 위해서 96년에 「보건식품을 위한 보건상의 일반적인 조건」을 발행했다. 이 문서에는 원료와 감각적, 미생물학적, 물리적, 화학적 측면의 지시자 그리고 검사방법 등에 대한 전반적인 기술적 조건을 정의하고 있다.

독성평가에 대한 검사는 「식품안전성에 대한 독성평가를 위한 절차」에 따라 행하여 진다. 식품의 안전성에 대한 독성평가를 위한 검사는 반드시 보건부에서 96년에 제정한 「보건식품의 검토를 위한 기술적 규칙과 절차」에 나타난 몇 가지 조건과 사례, 예를 들면 안전복용 한계량 안에 있는 단일영양소에서 추출해 낸 식품과 전통적으로 식품과 약제식품으로 역할을 하면서 보건부에 의해 이미 새로운 식품으로 인정된 물질들의 목록에 포함되어 있는 일상적인 식품원료, 물질에서 만들어진 식품을 제외하고 모든 보건식품에 대해서 실시해야 할 것이다.

2 대만 건강식품

생활수준의 향상과 식생활 습관의 변화에 따라 식품구매에 있어 갈수록 영양가치를 존중하고 있는 가운데 대만에서도 질병예방과 보신을 위한 건강식품이 인기를 얻고 있다. 대만에서는 예로부터 한약재를 사용하여 식품에 첨가하여 보신하는 음식문화가 발달해 왔다.

유사한 형태의 본격적인 건강식품시장은 대만에서 약 20여년의 역사를 가지고 있으며 70년대에는 인삼을 비롯한 제품이, 80년대에는 영지버섯과 화분 등을 중심으로 발전해왔다. 시장규모가 확대됨에 따라 건강식품판매업체도 86년까지만 해도 10여개에 불과했으나 현재에는 180여 개로 급증한 상태이며, 다단계판매방식이 유통의 주류를 이루고 있다.

99년 이전까지 대만은 건강식품의 단독관리법이 마련되지 않아 검증되지 않은 제품으로 소비자를 기만하고 시장질서를 어지럽히는 문제점이 많았다.

이에 따라 대만정부는 99년 2월 3일 건강관리법을 제정, 공포하고 8월부터 정식 시행에 들어가면서 시장질서는 점차 개선되고 있는 상황에 있다. 99년 8월 3일부터 건강식품은 〈건강식품관리제도〉에 의거하여 엄격하게 관리되고 있다.

이 법에서 말하는 건강식품이란 '특수한 영양소'나 '특별한 보건기능을 구비'하고 있으나 치료를 목적으로 하지 않는 식품을 지칭하고 있다. 포장지에 '건강식품'이라는 말이 특별하게 없어도 식품 포장지나 광고에서 '특수한 영양소를 제공한다'거나 '특별한 보건효과를 가지고 있다'고 언급되어 있으면 모두 건강식품관리법의 관리대상으로 적용받게 되어있다.

건강식품관리제도가 정식 시행된 이후 99년 11월 18일에 되어서야 대만정부위생서는 첫번째로 관리법규상에 적합한 1호 건강식품이 판매허가를 할 정도로 엄격하게 운영관리하고 있다.

제6절 캐나다 자연건강식품

1 개 요

캐나다는 1998년 11월 Policy Paper 「Neutra ceutical/ Functional Foods and Health Claims on Foods」라고 제목을 붙인 기본방침을 발표하였다. 이 방침에 따라 미국의 영양표시교육법에 근거하는 10가지의 건강강조표시의 과학적 근거를 조사하고, 규격·기준형의 표시를 제도화하는 프로젝트와 신규건강강조표시에 관하여 제품마다 개별심사하는 제도의 검토 프로젝트가 설치되었다.

캐나다 정부는 자연건강제품(NHPs : Natural Health products)에 대해 지난 10년 동안 여러 가지 조치가 있었으며, 이 부문에는 식물성 성분 등을 식품으로 이용하는 것에 대한 관리, U.N Codex Alimentariu Commission에 의한 작업, 90년대 중반에 보건부가 시도한 비용회수노력, 허브치료에 대한 자문위원단(Advisory Panel, 후에 Advisory Panel on Natural Health products)이 97년 설립되어 적절한 관리체제를 발전시킬 것을 조언했으며, 「의약품 및 물질규제에 관한 법령」의 제정 등을 논의하였다.

한편 캐나다에서는 자연건강식품이 중요해짐에 따라 1997년에도 이에 대한 자문위원회를 구성하고 NHPD(Office of Natural Health Products Directorate) 창설을 발표하였다.

NHPD의 첫 번째 업무 중 하나는 캐나다에서 판매되고 있는 자연건강제품의 적절한 규제의 틀을 마련하는 것이었다. 그 결과 2002년 초에 식품 및 의약품법 301조 개정을 통해 '자연건강제품에 관한 규정(Natural Health Products Regulations)'을 제정하여 2004년 1월부터 시행하였다

이 규정에서 자연건강제품의 정의는 '인체의 건강을 유지하거나 증진시키기 위해 질병이나 그러한 상태를 치료하거나 예방하기 위해 사용되도록 표시하여 판매하는 제품'을 말하며, 다음의 의학적 첨가물이 하나 또는 그 이상으로 이루어진 제품을 말

한다. 반면 자연건강제품에는 항생제, 담배법에 의해 규제되는 것, 비경구투여용 등은 제외된다.

자연건강식품(Natural Health Products)의 정의 및 범위

목록1에서 설명하는 물질이나 목록1에서 설명하는 모든 의약성분 물질의 혼합물, 동종요법약품 또는 전통요법약품이 (a) 질병, 장애, 인체 이상 등의 진단, 치료, 완화 또는 예방 (b) 인체장기 기능 회복 및 복원 (c) 인체기관기능 조절, 건강유지 및 증진의 목적으로 제조, 판매되는 것을 의미한다. 그러나 자연건강제품은 목록2의 물질, 목록2에 포함되는 물질의 혼합물 또는 동종요법약품, 전통약품을 포함하지 않는다.

자연건강식품 정의의 목록1

a. 식물 또는 식물성 물질, 조류(藻類), 균, 효모 또는 비인체성 물질
b. 항목1의 추출물 또는 분리물, 추출물 또는 분리물 이전의 1차 분자구조물질
c. 비오틴, 엽산, 나이아신, 판토텐산, 리보플라빈, 티아민, 비타민 A, 비타민 V_6, 비타민 B_{12}, 비타민 C, 비타민 D, 비타민 E
d. 아미노산
e. 필수지방산
f. 위 b-e에 등재된 물질의 합성물
g. 미네랄
h. 균활성 물질(probiotic)

자연건강식품 정의의 목록2

a. 법령 목록 C에 설명된 물질
b. (a) 조류(藻類), 균, 효모로 일컬어지는 미생물로 만든 약품
(b) 동종요법약품의 실행에 따라 만든 법령 목록 D의 물질
c. 담배법에 의해 통제되는 물질
d. 규제약물법 목록 Ⅰ~Ⅴ에 설정된 물질
e. 피부 상처에 바르는 물질
f. 조류(藻類), 균, 효모 또는 합성 항생물질로 만든 항생제

2 자연건강제품

캐나다인의 50% 이상은 전통 허브류, 비타민, 미네랄 보충제, 아미노산, 필수지방산, 약용식품, 전통 의약품 등 유사요법의 형태로 자연건강제품을 소비하고, 제품에 대한 소비자들의 욕구가 증가함에 따라 제조업자는 '약효식품'과 '기능성식품'이라고 불리는 제품을 개발하여 판매하게 되었다.

이러한 식품과 구성성분에 대한 상업적인 관심이 커져감에 따라 정부는 이를 충분히 검토하기 위해 Therapeutic Products Programme과 Food directorate가 함께 하는 공동 프로젝트가 1996년 가을부터 시작되었으며, 캐나다 Food Directorate of Health Canada의 Bureau of Nutritional Science에서 약효식품과 기능성식품에 대하여 다음과 같은 정의를 제안하였다.

기능성식품(Functional food)은 「일반적인 식품과 외관이 유사하고, 보통 식사의 한 부분으로 섭취되는 식품으로 기본적인 영양적 역할 외에 생리학적으로 유익하고 만성 질환의 위해를 감소시키는 효과가 입증된 식품」을 의미하고, 약효식품(Nutraceutical)은 「일반적인 식품과 달리 식품을 원료로 하여 분말, 과립, 액상, 정제, 캡슐 등이나 기타 의약 형태로 제조·판매되는 제품으로 생리학적으로 유익하거나 만성질환으로부터 보호하는 효과가 입증된 제품」을 말한다.

기능성식품과 약효식품

- ○ 자연적인 생리활성물질을 포함하고 있는 통상적인 식품
  (예 : digestive regularity를 촉진시키는 wheat bran, 혈중 콜레스테롤을 저하시키는 oat bran)
- ○ 어떤 물질이 첨가되거나 제거된 변형(modified)식품
  (예 : 식물로부터 추출된 phytosterol이 첨가된 margarine)
- ○ 특성이나 생체이용성이 변형된 한 가지 이상의 성분을 가진 변형식품
- ○ 합성된 food ingredients
  (예 : 장에서 미생물을 성장시키는 특정 탄수화물)

또한, 식품에 대한 건강강조표시(health claim)을 평가하기 위한 근거기준을 마련하기 위하여 보건부는 기능성식품을 기본적인 영양소와 영양적 이점 외에 특정보

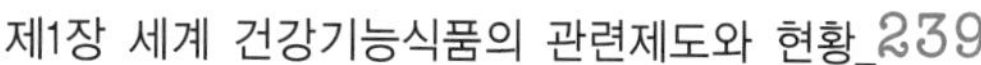

건용도(special health benefits)를 가지는 식품으로 보고 있다. 다음은 기능성식품의 범주에 속하는 것들이다

일부 기능성식품은 질병치료효과를 가지는 것으로 오인되고 있으나 1988년 보건부는 진단, 치료, 진정, 질병 예방 목적은 형태와 상관없이 의약품으로서 간주하고 있다. 또한 영양소 요구량을 충족시키기 위하여 강화시킨 식품(식사대용식품, 스포츠영양식품, 고령자를 위한 영양소 농축즉석식품)은 기능성식품분류에서 제외하였다.

기능성식품과 약효식품의 대부분은 보통 의약품의 형태로 일부 전통적인 형태의 식품을 모방한 형태나 합성품이 의약품으로 판매하도록 허가되었지만 예외적인 것으로 볼 수 있다. 의약품과 식품은 '식품과 의약품법'에 규정된 품질관리나 안전성에 대한 의무사항을 준수하여야 한다.

자연건강제품의 제조는 사전허가제로 GMP기준에 의한 제조, 포장, 표시, 저장되어야 하며 제조부터 유통과정의 모든 개인, 조직은 허가를 받아야 하고, 제품에 PIN(Product Identification Number)을 부착하여야 한다.

자연건강제품의 기능성표시는 '인체에서 생리학적 기능의 구조에 대한 식품이나 식이효과의 표현인 구조, 기능표시(Structure/function claims)'와 어떤 식품이나 식이의 섭취가 위해요인을 유의적으로 변화시킴으로써 만성질환이나 비정상적인 생리상태로 되기 위한 위험을 감소시킨다는 표현인 '위해감소표시(Risk reduction claims)'의 두 가지 범주로 허용하고 있다.

이와 같이 식품의 구조·기능, 위험감소에 대한 기능성표시는 허용되는 반면, 치료, 처치, 질병의 완화나 예방에 대한 강조표시가 있는 다른 모든 생산품들은 그 형태에 무관하게 의약품으로 규제받게 된다.

한편 새로운 식품(Novel Food)에 대해서는 아직 정의와 범위가 검토 중이지만 Novel Food는 캐나다에서 아직 판매된 적이 없는 식품들을 포함하고자 도입되었다. 여기에는 유전학적으로 조작된 유기체로부터 나온 식품들도 포함되며 약효식품, 기능성식품도 이러한 정의 내에 포함되기도 한다.

제7절 유럽 각국의 건강지향적식품

1 영 국

1) 건강식품

건강식품에 관한 특별한 법률은 없으나 건강식품은 안전하고 의약품적인 강조표시를 하지 않는 한 일반적으로 식품이라고 인정된다. 식품안전법(Food Safety Act 1990)에 의해 건강에 해를 주는 식품, 천연물이 아니고 품질관리가 요구되는 물질, 허위표시·과대광고를 할 경우에는 식품으로 판매하는 것을 위법으로 규정하여 제조업자와 수입업자가 각 제품의 안전성과 허위표시에 관한 전면적인 법적책임을 진다.

(1) 비타민·미네랄

비타민과 미네랄은 안전성의 상한량 범위에서 건강식품으로 사용할 수 있으며, 상당히 한정된 영양소에만 특정의 제약이 있다.

(2) 허 브

허브보조식품은 안전하고 의약품적인 강조표시를 하지 않는 한 일반적으로 특별한 허가 없이 '허가면제허브류'라는 방법으로 등록이나 신고 없이 자유롭게 판매할 수 있다. 소수의 허브에 대해서는 네거티브리스트가 존재하는데 이러한 것들에 대해서는 의약품허가가 필요하며 약국에서만 판매할 수 있다. 그 외에 의약품에 이용되는 소수의 허브리스트가 있는데 이것들은 건강식품으로 사용할 수 없거나 제약이 따른다. 또한 1997년에 설립된 의약품관리국(MCA : Medicinase Control Agency)이 몇 개의 허브를 그 약효기능이 강하기 때문에 의약품으로서 분류한 것이 있다.

허가가 필요 없는 허브일지라도 이미 유사의 허가제품이 영국시장에 존재하는 경우는 약식의 의약품허가를 받을 수 있지만 현시점에서는 특정의 허브에 대한 약식의약품등록의 규정이 없다. 따라서 식품업계와 의약품관리국이 허브약이라는 특별

한 카테고리를 마련하는 의약품등록을 규정할 것을 검토 중에 있다.

허브는 여러 종류의 허브를 배합하는 것은 인정되지만 그 경우 허브 이외의 성분을 그 제품에 포함하는 것은 허가되지 않는다.

(3) 기타의 성분

지방산, 카로티노이드, 아미노산(트립토판 이외) 등은 독성이 없는 한 일반적으로 식품안전법하에서 판매할 수 있으며, 유산균을 포함한 추가식품도 판매되고 있다.

2) 기능성식품 및 강화식품

기능성식품 및 강화식품에 관한 특별한 법률은 없으나, 영양소를 식품에 첨가하는 것은 건강에 유해하지 않고 표시가 오해를 초래하지 않는 한 일반적으로 모든 식품에 인정되어 있다. 모든 제품은 식품안전법을 준수해야 한다.

(1) 비타민·미네랄

제품의 안전성이 확보되어 있는 한 일반적으로 비타민·미네랄을 모든 종류의 식품에 첨가하는 것이 인정되어 있다. 마가린은 비타민 A, 비타민 D, 정제밀가루는 칼슘, 철, 티아민 및 나이아신을 강화하는 것이 의무화되어 있다.

(2) 허 브

제품의 안전성이 확보되어 있는 한 허브추출물을 식품에 첨가하는 것이 일반적으로 인정되어 있다.

(3) 기타의 성분

제품의 안전성이 확보되어 있는 한 아미노산, 지방산, 식물섬유, 유산균을 식품에 첨가하는 것이 인정되어 있다.

네덜란드

1) 건강식품

(1) 관련제도

비타민제품에 관한 94년의 네덜란드 상품법은 비타민제품을 「비타민 및 다른 필수 미량 영양소의 보급을 주목적으로 하는 식품·음료」라고 정의하고 있다. 허브제품에 대해서는 현재 특정한 법·규칙이 없다. 건강식품은 일반적으로 식품법하에 있으며 신고는 필요 없다. 모든 판매점에서 판매되고 있으며, 의약품의 허가를 받은 식품은 약국과 허가된 드러그스토어에서만 판매된다.

네덜란드 건강협의회의 아미노산 안전성에 관한 연구로 아미노산은 법적으로 허가된 성분이 되었다. 허브성분에 관해서는 보건부는 식품법하에서는 판매할 수 없는 허브의 네거티브리스트의 도입을 포함한 기본적 규칙의 작성을 고려하고 있다. 96년에 보건부는 다음의 3가지로 구분된 허브의 네거티브리스트안을 최초로 작성하였다.

① 피로리지틴·알카로이드(식품에 인정되어 있는 최대농도는 100g/mg의 허브 제품 또는 수분 0.1mg)를 포함하고 있는 식물.
② 아리스토로키아속(Aristochiacae)식물의 산 또는 그 유도체가 식품법하에서 판매되는 허브제품에 존재해서는 안 된다.
③ 의약품적 성격을 갖는다고 생각되는 56종류의 식물.

(2) 범위 및 운영

① 비타민·미네랄

1994년의 상품법에 상한량이 지정되어 있는 비타민은 비타민 A와 D뿐이며, 전자의 상한량은 RDA의 1.5배, 후자의 상한량은 RDA의 1배이다. 다른 비타민·미네랄은 공중위생을 위해하지 않는 양의 범위에서 사용할 수 있다. 비타민·미네랄보조식품에는 제품의 표지에 「균형적인 식사는 충분한 비타민을 포함」한다고 표시하는 규칙이 있다.

② 허 브

일반적인 사용에서 안전하면 건강식품으로 이용할 수 있다.

③ 기타의 성분

1999년 6월에 네덜란드 건강협의회는 허가된 아미노산과 그 건강식품 및 강화식품으로서 통상의 식사에 추가하여 섭취해야 하는 권장섭취량의 리스트를 발표하였다. 이들 아미노산은 히스티진, 이소로이신, 로이신, 리진, 페닐알라닌, 슬레오닌, 트리프토판, 발린 등의 필수 아미노산과 알라닌, 알기닌, 아스파라긴, 아스파라긴산, 시토루린, 시스테인, 글루타민, 글루타민산, 글리신, 오르니신, 브로린, 세린, 티로신 등의 비필수 아미노산을 포함한다. 이소로이신, 로이신 및 발린 등의 아미노산은 단독으로 섭취되어야 하는 것이 아니라 조합제품만이 허가되어 있다. CoQ10이나 불포화지방산 등의 성분을 포함한 건강식품은 식품법하에서 널리 판매되고 있다. 카로티노이드류는 독성이 없으면 건강식품으로 사용할 수 있다.

2) 기능성식품 및 강화식품

(1) 관련제도

식품재료에 미량 영양소를 첨가하는 것에 관한 96년 6월의 네덜란드 상품법은 비타민·미네랄을 첨가한 식품의 판매를 권장하고 있다. 이 법률은 enrich식품(원래 포함되어 있지 않은 새로운 영양소를 첨가한 것), 강화식품(원래 그 식품에 포함되어 있던 미량 영양소의 농도를 높인 식품), 회복식품 및 대체식품(예를 들면 낙농우유에 대해 두유와 같이 원래의 제품과 질적으로 유사한 식품) 등을 구별하고 있다.

기능성식품 및 강화식품 등의 식품은 모든 판매점에서 판매되고 있으며, 법·규칙이 상당히 엄격하게 지켜지고 있다.

(2) 범위 및 운영

① 비타민·미네랄

비타민 A, D, 엽산 등의 비타민과 셀레늄, 구리, 아연과 같은 미네랄의 첨가는 회

복과 대체의 목적에 한정되며 첨가량은 원래 그 식품에 포함되어 있던 양을 초과해서는 안 된다. enrich 및 강화의 목적으로 실행하는 다른 필수 영양소첨가의 첨가량은 RDA의 1배를 상한으로 한다.

1999년 6월에 식품에 대한 요오드의 첨가가 조리용 식염, 조리용 식염대체물 및 빵, 시리얼 및 이것들의 대체물(크래커, 콘플레이크, 토스트 등)과 어떤 종류의 식육제품의 생산에 이용되는 식염으로 확장되었다.

마가린에 대한 비타민 A 및 D의 첨가의무는 네덜란드 정부의 결정에 의해 96년 8월에 폐지되었다.

② 허 브

일반적으로 이용되고 있는 허브추출물의 식품으로의 첨가는 최종제품이 안전하면 인정된다.

③ 기타 성분

1999년 6월에 네덜란드 건강협의회는 허가된 아미노산과 그 건강식품 및 강화식품으로서 통상의 식사에 추가하여 섭취해야 하는 권장섭취량의 리스트를 발표하였다. 생선기름, 불포화지방산의 식품으로 첨가는 최종제품이 안전하면 인정된다.

3 프랑스

1) 건강식품

(1) 관련제도

건강식품을 위한 특별한 법률은 없으나 허브제품에 대해서 식품법 아래서 합법적으로 판매할 수 있는 포지티브리스트가 있다. 건강식품에 관한 법은 아니지만 일부제품은 식이요법용 식품으로서 허가된다.

프랑스에서는 법·규칙상의 위치가 명확하지 않은 건강식품도 위법으로 해석되는

건강식품이 관행으로서 시장에서 판매되고 있다. 그중에는 RDA 1배 이상의 비타민·미네랄을 포함하는 건강식품이나 포지티브리스트에 실려있지 않은 허브나 아미노산 또는 그 외의 영양성분을 포함하는 건강식품도 포함되어 있다. 이들 제품은 그 지역에 의존하는데 지방자치제 정부에 의해 허용되고 있는 경우도 있다.

프랑스 정부는 1998년 11월 유럽위원회에 건강식품에 관한 법안을 통지하였다. 그 법안은 건강식품을 현실의 또는 상정되는 1일당 섭취량 부족에 대응하기 위해 통상식품의 섭취에 더하여 섭취되는 것을 의도한 제품이라 정의하고, 허가되는 영양성분과 그 최대한도량의 포지티브작성을 의도하여, 건강식품 판매전의 당국에 통지를 요건으로 하고 있다.

(2) 범위 및 운영

① 비타민·미네랄

정부는 일반적 RDA의 1배 이상의 비타민·미네랄류는 의약품으로 간주하고 있다. 비타민 D, 마그네슘, 동, 셀렌과 같은 비타민·미네랄류는 일반적으로 식이요법용식품으로서만 허가되고, 건강식품으로서는 허가되지 않는다. 그러나 1996년의 비타민·미네랄 안전성에 관한 이른바 바니아보고서 이후, RDA 1배 이하이면 당국이 셀렌을 포함하는 제품을 인정하고 있는 지역도 있다.

② 허 브

프랑스 법률은 허가 없이 식품으로 판매할 수 있는 3종류의 식물과 12종류의 약류를 리스트업하였는데, 허브조합제품은 그 용도나 표시가 동일한 8종류 이하이면 인정하고 있다. 또 허브리스트는 전통적으로 사용되어 온 실적이 있고, 간략화된 의약품등록절차에 의해 허가되는 196종류의 허브를 리스트업하고 있다. 이 리스트는 전통적으로 인정되고 있는 강조표시의 예도 포함하고 있다. 이들 조합제품은 그 용도가 같거나 보완적이라고 증명되는 경우, 4종류까지 인정되고 있다.

그 외의 허브는 일반적으로 통상의 의약품으로 간주되어 통상의 의약품등록절차를 모두 해결해야 한다.

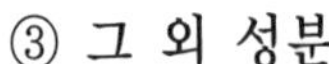

③ 그 외 성분

아미노산, 지방산 및 CoQ10과 같은 성분은 건강식품으로 판매가 인정되지 않고 있다. β-카로틴 이외의 카로티노이드류는 통상의 의약품으로서의 절차를 필요로 하지만, 유산균을 포함하는 건강식품은 대체로 용인되고 있다.

2) 기능성식품 및 강화식품

(1) 관련제도

식품에 대해 영양소를 첨가하는 것은 일반적으로 식이요법용 식품에 한정되어 있다. 프랑스정부는 강화식품은 특정한 영양소를 필요로 하는 사람 또는 특정한 영양소 결핍증이 사회적으로 관찰될 경우만 필요로 한다고 인식하고 있다.

모든 판매채널에서 판매가 인정되고 있으며, 법·규칙은 규제적이지만 관행적으로 강화식품은 널리 판매되고 있다. 프랑스는 매우 규제적인 비타민·미네랄 강화식품규제에 대한 유럽위원회의 의견서에 대응을 강요당하고 있다. 유럽위원회는 프랑스의 대책이 EU국가들의 상호인정원칙에 따른 것이 아니므로 무역장벽으로 보고있다.

(2) 범위 및 운영

① 비타민·미네랄

통상식품에 대한 비타민·미네랄의 첨가는 일반적으로는 특정한 조건하의 레스토랑을 제외하곤 허가되지 않는다. 식염에 옥소와 불소를 첨가하는 것만 인정되고 있다.

② 허 브

허브추출물의 식품에의 첨가는 규제되지 않는다.

③ 그 외 성분

요구르트는 프로바이오틱스로서 널리 판매되고 있으나 그 강조표시는 한정되고 있다. 아미노산 및 지방산의 첨가는 일반적으로는 식이요법용 식품에 한정되고 있다.

4 독 일

1) 건강식품

(1) 관련제도

현재 건강식품에 관한 법률은 없으나 실제상으로는 건강식품은 그 사용목적, 성분 및 복용량에 의해 식품, 의약품 또는 어떤 경우에는 식이요법용 식품으로 분류된다. 건강식품이나 전통적인 허브제품은 자유롭게 판매할 수 있으나, 대부분의 다른 허브약은 의약품규제를 따라야 한다. 결핍증을 저하시키는 것을 목적으로 하는 예방용이라 생각되는 비타민·미네랄 제품은 RDA의 2~3배 이하라면 자유롭게 판매할 수 있다. 예외는 1일당 복용량이 5000IU로 한정되는 비타민 A와 1일당 복용량이 400IU로 한정되는 비타민 D이다.

법·규칙이 명확하지 않아서 대부분의 메이커는 제품이 규칙에 적합함을 확인하기 위해 발매 전에 보건부에 의논하고 있다. 정부와 적극적으로 의논함에 따라 보다 광범위한 또는 보다 고용량의 건강식품 판매가능성을 넓힐 수 있다.

무역문제를 해결하고 수입건강식품에 대한 다수의 특별허가신청을 해결하기 위해 보건부는 건강식품에 관한 법안을 기초중이다. 신법안은 비타민류, 미량미네랄, 지방산, 아미노산, 클레아틴, 칼니틴, CoQ10 등을 포함하는 건강식품에 널리 사용되고 있는 광범위한 영양성분의 사용을 허가하는 포지티브리스트를 포함하게 된다.

그러나 복용량의 상한에 관해서 보건부는 여전히 현행의 RDA가 베이스가 됨을 시사하고 있다.

2) 범위 및 운영

① 비타민·미네랄

독일은 건강식품의 비타민·미네랄에 대해 공식적인 상한량은 설정되어 있지 않으나 독일 연방소비자건강보호연구소(BgVV)가 1998년에 일반적으로 비타민은 RDA의 3배를 초과하지 말 것, 미네랄은 RDA의 1배를 초과하지 말 것이란 가이드라인을 발표했다. 비타민 A(β-카로틴은 인정되고 있다)나 비타민 D처럼 건강식품으로서 인정되지 않는 영양소도 있으나, 보건부는 장래에 이들의 영양소도 저복용량(RDA 1배 이하)이라면 허가해야 하지 않을까를 현재 검토 중이다.

EU 여러 나라로부터 수입된 건강식품은 EU지역 내 상품의 자유이동원칙에 따라 정부로부터 일반적 사용을 요청받을 가능성이 있다. EU지역 외로부터의 수입 건강식품은 소위 특별허가를 신청할 수 있으나, 과거의 보건부에서는 수입품이 영양소 함유량이 많은가 또는 인정되지 않는 영양소를 포함하고 있지 않은가를 고려하여 신청이 거부되는 일이 많았다.

② 허 브

허브제품은 그 용도가 주로 영양상의 목적인 경우만 식품으로 판매가 인정된다. 그러나 보건부는 통상적으로 사용되고 있는 대부분의 허브나 허브추출물을 과학적인 성격을 가진 것으로 간주하여 의약품으로서 분류하고 있다. 전통적 허브치료의 카테고리는 1978년 이전에 독일시장에서 취급되던 제품에 한정하고, 독일기원 또는 유럽기원의 예방효과 또는 약리작용이 적은 효과가 있는 허브제품으로 구성되어 있다. 대부분 허브티로서 사용되는 허브약의 일부인 것은 보건부가 발행한 표준모노그래프에도 게재되어 있다. 이들 표준적 모노그래프를 전면적으로 준수하는 제품은 표준적인 판매허가를 얻을 수 있다.

③ 그 외 성분

아미노산의 사용은 인정되지 않고, 천연의 CoQ10도 자연식품에 함유되고 있는 양까지밖에 사용이 인정되지 않는다. 어유는 건강강조표시를 하지 않는 한 식품으로서 판매할 수 있다.

3) 기능성식품 및 강화식품

(1) 관련제도

현재 강화식품에 관한 일반적인 법률은 없으나 현존하는 유일한 법은 '비타민법'이다. 강화식품이나 기능성식품은 모든 소매점에서 판매할 수 있으나, 일반적으로 법·규칙은 잘 지켜지고 있다.

(2) 범위 및 운영

① 비타민·미네랄

비타민 C, E, B_6, B_{12}, 나이아신, 엽산, 티아민, 리보후라빈, 판트텐산, 비오틴 등의 비타민류 및 칼슘, 인, 철, 마그네슘, 아연 등의 미네랄류 등의 영양소를 사실상 모든 식품에 첨가하는 것은 일반적으로 허가된다.

비타민 A 및 D의 첨가는 마가린, 스프레드 및 식이요법용 식품에 한정된다. 비타민 D는 최근 조식용 시리얼에 사용하는 것이 인정되었다. 요소사용은 조리용 식염과 식이요법용 식품에 한정된다. 다른 영양성분을 통상식품으로 첨가하기 위해서는 사전의 특별허가를 필요로 한다.

일반적으로 허가되는 것은 해당 영양성분이 천연기원의 것이든지 화학적으로 천연물과 동등하여 그 사용이 주로 영양상의 목적인 경우뿐이다. '비타민강화'식품으로서 판매하려면 그 비타민 함유량을 증가시키는 명확한 의도가 있어야만 한다.

1일분의 식품은 최저 RDA의 50%에 해당하는 각 영양소를 포함하고 있어야 하는데, 비타민의 경우는 RDA의 3배, 미네랄의 경우는 RDA의 1배를 넘어서는 안 된다.

② 허 브

허브추출물의 식품에의 첨가는 현시점에서는 규제되지 않는다.

③ 그 외 성분

현재 아미노산을 통상식품에 첨가하는 것은 사전에 허가를 필요로 한다. 식이요양용 식품이나 유아용식품 등의 특별용도식품에는 아미노산의 첨가가 일반적으로 인정되고 있다.

5 스웨덴

1) 건강식품

(1) 관련제도

현재 건강기품에 관한 특정의 법률은 없지만 최근 정부은 비타민 및 미네랄보조식품의 규칙안을 발표하였다. 1993년 이래 허브제품은 자연요법제품에 관한 법률에 의해 규제되고 있다. 자연요법제품은 활성성분이 식물이나 동물의 일부분, 세균의 배양물, 미네랄, 식염 및 식염수 등의 자연물에서 유래한 것으로 지나치게 고도로 가공되어 있지는 않다. 자연요법제품은 의약품청의 약식 의약품등록절차를 거쳐야 한다. 판매허가는 5년간 유효하며 연장도 5년 단위이다. 등록에 필요한 기간은 공식적으로는 210일이라고 되어 있지만 조금 더 걸리는 경우도 있다. 건강식품, 자연요법제품은 자유롭게 판매할 수 있으며, 허브제품에 관한 법운용은 엄격하지만 비타민·미네랄보조식품은 고단위라도 등록 없이 자유롭게 판매되고 있다.

1997년 9월 국립식품국은 비타민 및 미네랄보조식품에 대한 규칙안을 발표하였다. 이 규칙안은 주로 4종류의 비타민(비타민 A, D, B_6, 엽산)과 4종류의 미네랄(셀레늄, 요오드, 철, 아연)에만 상한을 설정하였다. 기타의 비타민·미네랄은 건강식품이라고 표시하지 않으면 상한량이 설정되지 않지만 건강식품이라고 표시하고 식품법하에서 판매하는 경우는 RDA의 1.5배를 넘어서는 안된다.

(2) 범위 및 운용

① 비타민 및 미네랄

비타민 및 미네랄은 안전하고 의약품적 강조표시를 하지 않는 한 식품법하에서 판매할 수 있다.

② 허 브

거의 모든 허브제품은 자연요법제품 또는 전통적 의약품으로 간주되기 때문에 의약품청에 등록할 필요가 있다. 허브제품은 스웨덴이나 서유럽 제국에서 전통적으로

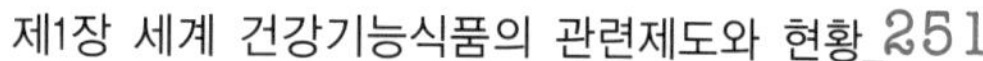

사용하였다는 것이 증명되면 일반적으로 약식 의약품등록절차에 의해 자연요법제품으로서 등록된다.

③ 기타의 성분

아미노산, 지방산 및 기타의 성분은 의약품청에 의해 케이스 바이 케이스로 건강식품이나 자연요법제품으로 분류된다. 아미노산은 통상 자연의 구성이라면 건강식품으로 분류되지만 단리된 것은 자연요법으로 분류된다. CoQ10은 일정량 이하이면 건강식품으로서 사용할 수 있다. 생선기름 및 프로바이오틱스는 자연요법제품으로서 등록할 수 있다.

2) 기능성식품 및 강화 식품

(1) 관련제도

스웨덴 정부는 일반적으로 모든 식품에 대해 영양소를 강화할 필요가 없다고 생각하고 있다. 83년의 국립식품국의 식품강화에 관한 규칙에 의하면 어떤 식품 카테고리는 사전에 정부의 허가 없이 특정의 영양소를 강화할 수 있지만 기타의 식품에 대한 강화는 개별적으로 허가를 받아야 한다. 스낵이나 과자류와 같은 영양적으로 영양소의 강화가 권장되지 않는 식품에 대한 영양소의 첨가는 일반적으로 허가되어 있지 않다. 기능성식품 및 강화식품은 모두 판매채널을 통하여 판매할 수 있다.

(2) 범위 및 운용

① 비타민·미네랄

아래의 첨가는 일반적으로 인정되어 있다.

- 저지방 우유 및 기름에 대해서 비타민 A나 D를 첨가하는 것.
- 식염에 요오드를 첨가하는 것.
- 철(특별한 조건을 만족한 경우에만), 비타민 B_1, B_2, B_6 및 나이아신을 밀가루, 파스타, 쌀, 아침식사용 시리얼에 첨가하는 것.
- 비타민 C를 과일주스, 베리주스 및 과즙음료에 첨가하는 것. 마가린에는 비타

민 A 및 D를 첨가하는 것이 의무적이며 비타민 D와 칼슘의 첨가 가능성도 증가하고 있다.

기타 식품에 대한 강화는 개별적으로 국립식품국의 허가를 받아야 한다.

또 규칙에는 허가된 경우에 첨가에 사용할 수 있는 비타민·미네랄의 기원에 대해 긍정적 리스트가 게재되어 있다.

② 허 브

허브추출물의 첨가는 규제되어 있지 않지만 원칙적으로 결과가 안전하면 잘 알려져 있는 식품용 허브의 첨가가 인정된다.

③ 기타의 성분

비타민·미네랄 이외 기타의 영양소를 식품에 첨가하는 것은 규제되어 있지 않다. 국립식품국에 의하면 안전한 아미노산, 생선기름 및 기타의 불포화지방산은 원칙적으로 결과가 안전하면 첨가할 수 있다.

6 벨기에

1) 건강식품

(1) 관련제도

1992년의 영양소와 영양소강화식품에 관한 왕립법령은 비타민, 미네랄, 아미노산 및 불포화지방산을 함유하는 건강식품을 포함한다. 이 법령에 의하면 건강식품은 통지할 의무가 있고 신청자는 그 제품의 서류를 보건부에 제출해야 한다.

1997년의 식물로 이루어진 식품 및 식물 또는 허브조합제를 포함하는 식품에 대한 왕립법령은 허브보조식품 및 버섯을 포함하는 제품은 발매 전에 보건부장관에게 통지해야 한다고 명기되어 있다. 모든 건강식품은 통지 한 달 안에 통지번호가 신청자에게 송부되고 제품 표지에는 이 통지번호를 표시해야 한다.

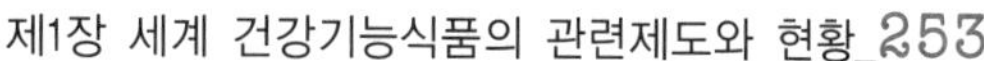

허브조합제를 포함하는 건강식품은 수퍼마켓, 약국, 건강식품점 등 모든 타입의 소매점에서 판매할 수 있으며, 의약품의 판매는 약국에 한정되어 있다. 시판되고 있는 대부분의 제품은 법령에 따라 성분배합을 통지하여 법령을 지키고 있다. PABA 등의 포지티브리스트에 게재되지 않은 아미노산, 카로티노이드, CoQ10 및 유산균은 독성이 없고, 강한 건강강조표시를 하지 않는 한 허용되고 있다.

(2) 범위 및 운용

① 비타민·미네랄

아래의 영양소는 법령에 의해 상한량이 지정되어 있다.

- 비타민 C, 비타민 E 및 대부분의 비타민 B : RDA의 3배
- 비타민 K, 엽산, 일부 미네랄 : RDA의 2배
- 비타민 A, 비타민 D 및 대부분의 미네랄 : RDA의 0.5배

모든 비타민·미네랄의 하한량은 RDA의 0.15배이다.

1998년 이후 비타민 A를 포함하는 제품은 임산부에 대한 특정한 경고표시를 의무화하게 되어 있다.

② 허 브

1997년의 법령은 아래의 2가지 허브리스트를 포함하고 있다.

- 포지티브리스트는 건강식품을 포함하는 식품제품에 사용이 허가되고 있는 약 370종의 허브를 포함한다.
- 네거티브리스트는 의약품에만 허가되고 있는 약 360종의 허브를 포함한다.

③ 그 외 성분

1992년의 영양소에 관한 법령에는 허가된 불포화지방산 및 필수아미노산 리스트가 포함되어 있다. 비필수아미노산은 최저 1종류의 필수아미노산과의 조합에서만 사용이 허가되고 있다. 비타민 F라 불리는 필수지방산의 상한량은 RDA의 2배이다. 카로티노이드 및 유산균은 규제되지 않아 당국은 대부분의 경우 허용하고 있다. 버섯은 자유롭게 판매할 수 있어, 1997년의 법령에도 식물조합제로서 게재되어 있다.

2) 기능성식품 및 강화식품

(1) 관련제도

1992년의 영양소와 영양소강화식품에 관한 왕립법령은 비타민, 미네랄, 아미노산, 불포화지방산으로 강화된 강화식품도 규정하고 있다. 허브조합제에 의한 강화식품은 1997년의 식물로 이루어진 식품 및 식물 또는 허브조합제를 포함하는 식품에 대한 왕립법령에 의해 규정되고 있다. 이들 강화식품은 복용형태로 판매되지 않는 한 보건부에 통지는 필요치 않다.(통지가 필요한 경우의 통지료와 필요기관은 건강식품과 동일) 제품은 수퍼마켓, 건강식품점, 약국 등 모든 소매점에서 판매할 수 있다.

모든 종류의 통상식품을 강화하는 것이 법령으로 인정되고 있으므로 비타민이나 미네랄로 강화된 우유로부터 허브추출물이나 프로바이오틱스로 강화된 요구르트에 이르기까지 매우 광범위한 강화식품이나 기능성식품이 벨기에 시장에서는 판매되고 있다.

(2) 범위 및 운영

① 비타민·미네랄

1992년의 왕립법령에 의해 정해진 건강식품과 마찬가지로 상한량이 강화식품에도 적용된다. 비타민 A를 포함하는 제품에는 임산부에 대한 경고표시가 1998년 7월에 의무화되었다. 마가린, 미나린 및 조리용기름에는 비타민 A, D_2, D_3를 첨가할 것을 의무화하고 있다.

② 허 브

1997년 왕립법령의 포지티브리스트에 포함되어 있는 허브는 식품에 첨가가 인정되고 있으나, 네거티브리스트의 허브는 의약품으로 한정되고 있다.

③ 그 외 성분

건강식품과 마찬가지로 규칙이 적용된다.

덴마크

1) 건강식품

(1) 관련제도

덴마크의 법률에 의하면 건강식품은 당국에 통지하거나 등록할 필요가 없다. 저함유량(RDA의 1~2배)의 비타민·미네랄은 1996년의 건강식품의 규칙(1997년 수정)에 의해 건강식품으로 간주된다. 동규칙에 리스트되어 있는 다른 영양소를 포함한 건강식품은 의약·식품국에만 통지하면 된다. 허브제품은 안전하다고 인정되고 강조표시를 하면 식품으로서 등록하지 않고 판매할 수 있다. 동규칙에 리스트되어 있지 않은 기타의 성분을 포함한 건강식품은 개별적으로 의료·식품국에 의해 검사되어야 한다.

고함유량의 비타민·미네랄(강화비타민, 강화미네랄이라고 한다) 및 강조표시를 한 허브제품은 덴마크 의약품국에 등록해야 한다. 이들 비타민·미네랄에 대해서는 건강성의 1996년 국장통지에 의해 규정되어 있으며, 허브제품은 1992년의 자연요법에 관한 법률에 의해 규정되어 있다. 자연요법은 의료의 한 분야로서 간주되어 있지만 등록과정은 단순화되어 있다.

건강식품은 슈퍼마켓, 건강식품점, 드러그스토어, 약국 등을 통하여 판매할 수 있다. 자연요법 제품이나 CoQ10 및 생선기름과 1996년의 규칙에 의해 강화비타민으로서 등록해야 하는 제품도 모두 판매채널을 통해 판매할 수 있다. 대부분의 시장제품은 등록되어 있지만 강조표시를 한 허브제품은 등록되어 있지 않다.

(2) 범위 및 운용

① 비타민·미네랄

식품법하에서 판매되는 비타민·미네랄보조식품의 최대함유량은 RDA 1~2배이다. 함유량이 RDA 1~2배를 초과한 제품은 결핍증의 예방 또는 치료에 이용된다는 것을 제시해야 한다.

② 허 브

95년에 식품당국은 허브제품의 식품으로 사용에 대한 가이드라인을 발표하였다. 이 가이드라인은 평가된 허브의 리스트를 포함하지만 표에 기재되어 있지 않은 안전한 허브의 사용을 제외한 것은 아니다. 식품법하에서 판매되는 허브제품은 그 효과에 대한 강조표시를 할 수 없으며 설사 등의 증상이 나타나서는 안 된다.

강조표시를 한 허브제품이나 강한 효과를 갖는 허브성분을 포함한 제품은 덴마크 의약품국에 의한 평가를 받아야 한다. 의약품국은 그 성분과 강조표시에 의해 자연요법 제품 또는 의약품으로 분류한다.

③ 기타의 성분

프로바이오틱 균배양물, 아미노산 및 CoQ10, 레시틴, 코린 등의 성분을 포함한 건강식품은 식품법하에서 판매하는 것이 금지되어 있다. CoQ10이나 생선기름은 96년의 강화비타민에 관한 규칙에 의해 규제되며 의약품국에 등록해야 하는 제품으로 되어 있다. 유산균 배양물은 자연요법 제품으로서 등록해야 한다.

2) 기능성식품 및 강화식품

(1) 관련제도

현재 영양소를 식품에 첨가하는 것에 관한 법률은 없으나, 식품첨가물의 규칙에 의하면 특정 타입의 식품에만 한정된 수의 비타민이나 미네랄을 첨가하는 것만이 허가되어 있다. 다른 강화식품은 품질, 안전성, 특정의 건강강조표시를 지지하는 데이터를 포함해 유효성의 데이터 등을 제출하여 건강성에 등록하고 허가를 받아야 한다. 개별적인 허가의 취득에 있어서는 강화식품의 영양상 필요성을 인정하도록 해야 한다. 강화식품이나 건강강조표시를 하지 않는 기능성식품은 식품이나 의약품의 판매루트에서 자유롭게 판매할 수 있다. 당국의 단속이 엄격하기 때문에 일반적으로 법·규칙이 잘 준수되고 있다.

(2) 범위 및 운용

① 비타민·미네랄

비타민이나 미네랄의 첨가가 일반적으로 허가되어 있는 식품과 허가되어 있는 비타민 및 미네랄은 다음과 같다.

- 콘플레이크에 칼슘과 인
- 밀가루에 비타민 B_1, 비타민 B_2, 철, 칼슘
- 시리얼에 비타민 B_1, 비타민 B_2, 나이아신, 철
- 과즙음료, 쥬스나 감자분말에 비타민 C
- 식염에 요오드, 식염 대체물에 칼륨과 마그네슘
- 마가린에는 비타민 A를 첨가해야 한다.

최대첨가량은 RDA의 1.5배이고, 최소첨가량은 RDA의 0.8배이다.

② 허 브

허브추출물은 안전하고 그 효과에 대해서 강조표시를 하면 식품에 첨가할 수 있다. 단, 설사효과가 있는 허브는 설사효과가 나타날 정도의 양을 사용해서는 안된다. 1995년에 식품당국은 허브성분을 식품에 사용하는 경우의 가이드라인을 발표하였는데 거기에는 평가된 허브의 포지티브리스트도 포함되어 있지만 이 표에 게재되어 있지 않아도 안전하면 사용할 수 있다.

③ 기타의 성분

생선기름과 같이 자연식품의 성분이라고 간주되는 영양소는 등록하지 않고 식품에 첨가할 수 있다. 그러나 화학적인 변화를 일으키는 물질은 사전의 허가없이 식품에 첨가할 수 없다. 유산균은 식품첨가물로서 개별승인을 받아야 한다. PABA와 같은 아미노산을 식품에 첨가하는 것은 허가되어 있지 않다.

8 이탈리아

1) 건강식품

(1) 관련제도

현재 건강식품이나 허브제품에 관한 법·규칙은 없다. 보건부는 특정한 법률이 아니므로 EU의 규칙에 정해진 것처럼, 대부분의 건강식품을 특별용도식품(식이요법용식품)으로 취급하고 있으나 이것은 판매 전에 통지를 필요로 한다. 따라서 비타민·미네랄 보조식품이나 다른 영양성분을 포함하는 건강식품은 판매 전(최대 3개월 전)에 이탈리아 보건부에 통지해야 하며 통지비용은 들지 않는다.

이탈리아 시장에서는 보건부에 통지하지 않은 고복용량의 비타민·미네랄 보조식품이 널리 판매되고 있다. 건강식품은 현재 모든 소매점에서 판매할 수 있다. 그러나 허브에 관한 법률안은 앞으로 허브제품의 판매를 허브점 또는 약국에 한정하게 될 것이다. 의약품 판매는 약국에 한정되어 있다.

이탈리아 의회와 보건부는 허브제품에 관한 법률안을 오랜 시일에 걸쳐 검토해 왔다. 이 입안은 아래와 같은 포지티브리스트와 네거티브리스트를 포함하고 있다. 안전한 허브 또는 그 부분을 포함하는 포지티브리스트로 허브점에서도 의약품으로도 판매할 수 있다. 특정한 약리상의 활성과 독성를 가진 허브 및 그 부분을 포함하는 네거티브리스트의 판매는 처방전약으로서 약국에 한정된다.

(2) 범위 및 적용

① 비타민·미네랄

이탈리아는 일반적으로 RDA의 1.5배를 넘는 비타민·미네랄 보조식품은 의약품으로 간주하고 있다. 예외는 비타민 C와 비타민 E는 RDA의 3배까지 또 β-카로틴은 15mg까지 건강식품으로 보고 있다.

어린이용 비타민·미네랄 보조식품에도 같은 규칙이 적용되지만 최근 허용량 계산에 보건부는 4~6세용과 7~10세용의 이탈리아판 RDA를 이용한다.

② 허 브

법률은 없으나 이탈리아 보건부와 건강식품제조업자는 허브제품용 법률안의 포지티브리스트와 네거티브리스트를 사실상 참고로 이미 이용하고 있다. 따라서 안전하다 여겨지는 허브는 강한 건강강조표시를 이용하지 않는 한 건강식품으로서 사용되고 있으며, 통지는 필요하지 않다.

③ 그 외 성분

아미노산, 불포화지방산, 바이오후라보노이드류, 카로티노이드류 및 그 외 영양성분은 유독하지 않는 한 식품법 아래 판매 전에 당국에 통지해야 판매할 수 있다.

2) 기능성식품 및 강화식품

(1) 관련제도

영양소를 특별한 허가 없이 식품에 첨가하는 것은 일반적으로는 영양소결핍증 치료에만 허가되고 있다. 기능성식품이나 강화식품은 모든 소매점에서 판매할 수 있으며, 많은 식품은 식이요법용 식품의 절차를 거쳐 시장에 나온다.

(2) 범위 및 적용

① 비타민·미네랄

현재는 보건부는 공중위생상의 이유로 옥소의 식염에의 첨가만을 일반적으로 허가하고 있고, 이 방침의 변경은 생각하지 않는 것 같다. 비타민·미네랄의 통상식품에의 첨가는 일반적으로는 RDA의 15%~30% 이하를 보건부의 특별허가 아래 인정하고 있다. 보건부는 소비자가 하루에 얼마만큼의 강화식품을 먹고, 건강식품을 섭취할 가능성이 있는가로 첨가량을 늘리는 것에는 반대한다.

많은 강화식품은 식이요법용 식품과 같은 허가수속을 거쳐야 한다. 식이요법용 식품의 상한량은 RDA의 1.5배이다.

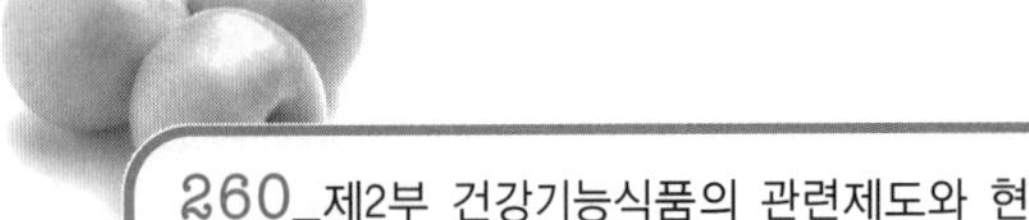

② 허 브

허브추출물의 통상식품의 첨가는 일반적으로 식이요법용 식품으로서 허가되어야 한다.

③ 그 외 성분

아미노산, 지방산, 유산균 등을 첨가한 식품은 일반적으로 식이요법용 식품과 마찬가지로 허가수속을 거쳐야만 한다.

9 오스트리아

1) 건강식품

(1) 관련제도

1975년 이래 건강식품은 식품법하에서 관리되었으며 '건강제품'이라는 특별한 카테고리로 분류되었지만 그 정의는 「순수한 영양 또는 선호 이외의 목적으로 사람이 먹거나 씹거나 마시는 것으로 의약품 이외의 것」으로 되어 있다.

건강제품은 건강성에 등록되어야 하지만 식품부문으로 전환하기 전에 우선 의약품전문의 신청서를 평가한다.

건강제품은 슈퍼마켓, 건강식품점, 약국, 식품점 등에서 판매할 수 있으며, 의약품으로서 인가된 제품은 일반적으로 약국에서만 판매되지만 특별인가된 의약품은 다른 판로에서도 판매할 수 있다. 시장에 있는 건강식품의 대부분은 건강제품으로서 등록되어 있다.

(2) 범위 및 적용

① 비타민 및 미네랄

건강성은 건강제품으로서 판매되는 제품에 포함할 수 있는 비타민 및 미네랄의 리스트와 그 최대사용량을 유지관리하고 있다.

비타민 A, 비타민 K 및 크롬은 식품으로서 허가되지 않기 때문에 의약품으로 허

가를 받아야 한다. 건강제품으로서 판매할 수 있는 다른 비타민 및 미네랄의 허가 최대량은 비타민의 경우 RDA의 50~200%이고, 미네랄의 경우 RDA의 70~120%이다.

② 허 브

비타민 및 미네랄과 같은 건강제품으로서 판매되는 제품에 포함할 수 있는 허브의 공식리스트가 없어 허브성분이나 제품의 외관 및 강조표시와 같이 케이스 바이 케이스로 결정된다. 약용허브, 허브추출물 및 식물의 부위를 포함한 약 500 품종에 대해서는 약식 의약품등록절차가 있다.

③ 기타의 성분

아미노산, 지방산, 유산균은 원칙적으로 건강제품으로서 등록되면 건강식품으로서 판매할 수 있다.

2) 기능성식품 및 강화식품

(1) 관련제도

기능성식품이나 강화식품에 관한 특정한 법·규칙은 없다. 강화식품은 건강성에 등록되어 있으며 그 케이스 바이 케이스의 심사를 받아야 한다. 건강강조표시나 영양소기능강조표시를 표시하는 경우는 연방건강장관 및 환경장관의 허가를 받아야 한다. 기능성식품, 강화식품 모두 슈퍼마켓, 건강식품점, 식품점, 약국에서 판매되며, 비타민 및 미네랄의 강화에 관한 가이드라인은 일반적으로는 잘 준수되고 있다. 기능성식품은 건강강조표시를 표시하고 있으므로 건강성에 통지되어 있다.

(2) 범위 및 운영

① 비타민 및 미네랄

비타민 및 미네랄 식품으로의 첨가에 관한 90년의 연방 가이드라인은 비타민 및 미네랄의 강화는 RDA의 1배까지의 양(비타민 C는 예외적으로 상한이 100mg)만 허가된다는 건강성의 견해에 의해 변경되었다. 이 일반적인 규칙하에서 건강성의 의약품 부문이 강화식품을 케이스 바이 케이스로 평가한다.

비타민 A와 비타민 D의 첨가는 마가린과 영양식품에 한정되어 있다. 비타민 B_{12}와 엽산의 첨가는 영양식품에만 허가되어 있다. 비타민 K의 강화는 어떠한 식품에도 금지되어 있다. 식염에는 요오드의 강화가 의무화되어 있다.

② 허 브

허브추출물의 첨가에 대해서는 현행의 규칙에는 정의되어 있지 않다.

③ 기타의 성분

비타민 및 미네랄 이외 성분의 식품으로의 첨가에 대해서는 가이드라인이 없다. 통상 아미노산을 첨가한 식품은 영양식품이라고 간주된다. 슈퍼마켓에서는 프로바이오틱 요구르트가 판매되고 있다.

10 체 코

1) 건강식품

(1) 관련제도

건강식품이나 허브제품에 대한 특정의 법률은 없으나, 모든 제품은 체코 보건당국에 등록해야 한다. 그 승인과정의 제1보는 국가가 지정한 검사기관의 위생시험을 거쳐야 한다. 다음으로 그 시험결과를 제품의 사양서와 함께 국립공중위생원에 송부하면 국립공중위생원은 신청서를 의약품관리국과 함께 검사하여 제품분류에 대한 의견서를 발행한다. 해당제품이 식품으로 분류된 경우 국립공중위생원은 의견서를 건강성에 송부하여 최종적인 허가를 한다. 허가되면 수입허가증 또는 판매허가증이 발행되지만 이 허가증은 비타민·미네랄 보조식품의 경우는 5년간 유효하며 허브보조식품의 경우는 2~5년간 유효하다.

판매채널은 식품점, 약국 및 건강식품점이나 슈퍼마켓 등이 있지만 약국이 주요 채널이며, 법이 매우 엄격하게 준수되고 있으며 단속도 빈번하게 이루어져 위반 시

에는 높은 벌금이 부과된다.

(2) 범위 및 운영

① 비타민·미네랄

건강성이 비타민·미네랄의 건강식품에서의 최대허용량 리스트를 작성하였다. 최대허용량은 비타민의 경우 RDA의 5배에서 10배이고, 미네랄의 경우는 RDA의 1배에서 1.5배의 범위이다. 최대허용량 이상의 영양소를 포함하고 있는 제품은 의약품으로서 간주되어 의약품관리국에 등록해야 한다.

② 허 브

허브보조식품에 대한 특정한 법률은 없지만 허브차에 사용이 인정되는 최대량을 제시한 허브의 포지티브리스트가 3종류 있다. A리스트는 사용량이 무제한인 포지티브리스트이고, B리스트는 허브의 양이 차 전체의 30% 이하인 포지티브리스트, C리스트는 허브의 양이 차 전체의 5% 이하인 포지티브리스트이지만 이것들이 허브보조식품의 참고가 되는 경우도 있다. 또한 허가를 받으면 농도를 올릴 수도 있다.

③ 기타의 성분

건강성의 허가를 받으면 아미노산, 불포화지방산, 유산균 및 CoQ10과 같은 성분을 건강식품에 사용할 수 있다.

2) 기능성식품 및 강화식품

(1) 관련제도

1997년의 규칙 298호는 식품에 대한 비타민·미네랄의 첨가에 대해서 규정하고 있다. 기능성식품, 강화식품 모두 체코의 위생당국에 등록해야 한다. 기능성식품, 강화식품 모두 통상의 식품채널을 통하여 판매할 수 있다. 의약용 제품의 판매는 약국에 한정되어 있지만 유일한 예외는 의약품으로 분류된 허브차로 건강식품점이나 드럭스토어에서도 판매할 수 있다. 기능성식품 및 강화식품의 법·규칙은 잘 준수되고 있으며 당국도 빈번하게 검사하고 있다.

(2) 범위 및 운용

① 비타민 미네랄

규칙 298호는 비타민 B, 비타민 C, 비타민 E, 베타카로틴 등의 5종류의 비타민과 칼륨, 마그네슘, 칼슘, 아연, 구리, 요오드 등의 6종류의 미네랄 첨가에 대해서 규정하고 있다. 다른 비타민·미네랄의 첨가에 대해서는 개별적으로 건강성의 허가를 받아야 한다. 최대허용량에 대해서는 건강식품과 마찬가지이다.

② 허 브

허브차의 용도에 대해서는 3종류의 포지티브리스트가 있으며, 그것과는 별도로 방향용 허브의 포지티브리스트도 있다. 방향용 이외의 목적으로 허브추출물을 식품에 첨가하는 경우에 대해서는 국립공중위생원과 건강성의 심사를 받아야 한다.

③ 기타의 성분

기타의 영양소 첨가에 대해서는 규칙 298호에 규정되어 있지 않다. 아미노산, 불포화지방산 및 다른 성분도 개별적으로 건강성의 허가를 받으면 식품에 첨가할 수 있다. 식품용 유산균의 포지티브리스트도 있다.

11 룩셈부르크

1) 건강식품

(1) 관련제도

현재 건강식품이나 허브제품에 관한 특정의 법·규칙이 없으며, 건강식품은 식품법하에서 판매되며 사전통지는 필요하지 않다. 식품으로서 분류된 제품은 모두 판매채널을 통하여 판매할 수 있지만 의약품의 판매는 약국에 한정된다. 비타민 및 미네랄에 관한 관행적인 규정은 있지만 시장에는 보다 고단위의 제품이 출하되어 있다.

이러한 고단위의 제품은 산만하고 비정기적인 검사라고 판단되지 않는 한 문제가 되지 않는다. 대부분의 메이커는 신제품을 출하하기 전에 보건부에 보고하고 있다.

(2) 범위 및 운용

① 비타민 및 미네랄

특정한 법은 없지만 RDA의 1.3배를 초과한 제품은 의약용품으로 취급하는 관습적인 규정은 있지만, RDA 이하인 경우는 식품법하에서 판매할 수 있다.

② 허 브

허브제품은 안전하고 의약품적인 강조표시를 하지 않는 한 건강식품으로서 판매할 수 있다.

③ 기타의 성분

아미노산이나 불포화지방산에 관한 규칙은 없으며 널리 건강식품으로서 판매되고 있다.

2) 기능성식품 및 강화식품

(1) 관련제도

식품에 영양소를 첨가하는 것에 관한 특정한 법·규칙은 없으며 건강성에 통지하는 것만으로 가능하다. 기능성식품 및 강화식품은 모두 판매채널을 통하여 판매할 수 있으며, 일반적으로 법·규칙이 잘 지켜지고 있다.

(2) 범위 및 운용

① 비타민 및 미네랄

비타민 및 미네랄의 강화는 건강성에 통지하는 것만으로 가능하지만 일반적으로 비타민 및 미네랄의 첨가량은 RDA를 초과해서는 안 된다. 또한 코코아, 초콜릿 및 농축우유에 비타민을 첨가하는 것은 금지되어 있다.

② 허 브

허브추출물은 건강성에 통지하면 식품에 첨가할 수 있다.

③ 기타의 성분

아미노산 및 기타의 성분은 건강성에 통지하면 식품에 첨가할 수 있다.

제8절 유럽연합 및 코덱스

1 유럽연합

유럽연합은 식품보조제(Food Supplement)에 관한 EU법령을 마련하여 2005년 시행하였다. 이 법령은 식품보조제에 포함돼 있는 비타민이나 미네랄의 상한치, 안전성 확인방법, 표시방법 등에 관한 규정을 담고 있다.

이번에 마련된 법령에 따르면 식품보조제의 정의는 '단일한 또는 복수의 영양소를 농축시킨 식품으로 섭취량이 일정한 것, 보통식사에서 영양소를 보완하기 위해 섭취하는 것이 목적'이라고 규정하고 있다. 형상은 캡슐, 정제, 그 밖에 유사형태 분말, 액상, 드롭 등 다양하다.

현 단계에선 비타민과 미네랄에 한정, 비타민 13종(비타민 A·D·E·K·B_1·B_2·B_6·B_{12} 바이오틴·엽산·나이아신·판토텐산), 미네랄 15종(칼슘·마그네슘·철·동·요소·아연·망간·나트륨·칼륨·셀렌·크롬·몰리브덴·불화물·염화물)화합물을 사용허가 대상으로 잡고 있다.

안전성에 대해선 '다른 식품으로 섭취한 경우', '평균적인 사람의 적정섭취량'을 고려한 과학적인 위해평가와 함께 담당위원회가 상한치를 설정할 것을 요구하고 있다. 제품의 표시엔 배합량, 1일섭취량, 과잉섭취 시 생길 수 있는 위해, 정제는 다양한 식품의 대용품으로 섭취해야 한다는 등의 내용을 기재해야 한다. 또 '질병의 예방·치료', '다양한 식품만으로는 필요한 영양소를 섭취할 수 없다'는 표현은 금하고 있다.

이번 법령은 EU의 '식품의 안전성에 관한 백서'의 한 부분으로서 2001년 5월 원안이 마련된 후 2002년 3월 유럽의회가 수정안을 내놓은 것을 이사회에서 심의, 채택한 것. 그러나 잠정안이 최종적으로 확정되면 전체 EU가맹국에게 영향을 미치는 규정이 되어 해결해야 할 문제점이 많다.

코덱스

1) 개 요

코덱스(CODEX)는 FAO/WHO 합동식품규격작업의 일환으로 설립된 국제식품규격위원회로서 합의된 규격은 회원국이 준수하기를 권장하는 것으로 되어 있으나, WHO 체제하의 SPS협정 및 TBT협정이 발효됨에 따라 코덱스 기준·규격은 WTO 가맹국에게 의무사항으로 작용하고 있어 그 중요성이 날로 부각되고 있다.

코덱스 영양·특별용도식품위원회는 최근 '비타민과 미네랄보조식품 지침(안)'에 대해 합의하고 코덱스 총회에 상정하여 채택되면 국제적인 지침으로 확정된다.

이 지침은 비타민과 미네랄보조식품을 '일상적으로 식사에서 섭취하는 비타민과 미네랄을 보충할 목적으로 소량 단위로 섭취하도록 설계된 것 그러나 일반식품 형태가 아닌 캡슐, 정제, 분말, 액상 등의 형태로 판매하고 있는 단독 또는 복합의 농축형태인 것'이라고 정의하고 있다.

코덱스 표시분과위원회는 1997년에 '건강 및 영양성분표시의 사용에 관한 지침서'를 채택하여 영양성분표시, 영양성분강조표시 외에 영양소기능표시(nutrient function claim)를 규격으로 설정하였다. 가이드라인에서 채택된 영양성분의 정의는 3대 영양소(단백질, 지방, 탄수화물), 비타민, 미네랄, 열량이었으며, 코덱스 가이드라인에 영양소기준량(NRV : Nutrient Reference Value)이 설정된 것으로 제한하였다. 허가된 기능표시는 인체의 성장, 발달 및 정상기능에서 영양소의 생리적 역할에 관한 표현이다.

2004년 5월 식품표시분과위원회는 '건강 및 영양강조표시 사용에 관한 지침서'를 총회의결을 위한 8단계로 상정할 것을 결의하였다.

그간 논의된 주요 내용을 정리하면 다음과 같다.

- 식품에 영양소, 질병 또는 건강과 관련된 표시를 하는 것에 대하여 국가마다 현저한 입장차이를 나타냈다.
- 건강강조표시의 3가지 유형에 대하여 많은 논란이 있었으며, 특히 질병위험감소강조표시는 질병개선과 식이섭취 간에 과학적인 데이터에 근거하여 엄격하

게 관리하는 것에 합의함.

- 강조표시의 예시를 삽입하여 규정의 해석을 명확하게 하였으며, 영·유아식품에 대한 영양강조표시와 건강강조표시는 관련 개별규격이나 국가법령에서 정한 경우를 제외하고는 금지하는 것으로 합의함.

2) 영양소기능표시와 건강강조표시

(1) 영양소기능표시

영양소기능표시는 「신체의 성장, 발달 및 신체의 정상적인 기능에 대한 영양소의 생리적 역할을 나타내는 것」이며 다음의 조건을 만족하여야 한다.

- 영양소 섭취기준 또는 참조량(Nutrition Reference Value, NRV)은 코덱스 또는 국가가 정하는 필수영양소
- 표시하려는 식품 또는 그 영양소의 중요한 공급원
- 표시내용은 국가 등에 의해 인정받은 과학적 일치
- 질병의 치료, 처치, 예방의 효과를 명시, 암시하는 것은 금지하고 있으며, 영양기능표시의 예시로 「칼슘은 강한 뼈와 치아의 발달을 돕는다」, 「단백질은 신체조직을 만들거나 회복을 돕는다」, 「비타민 E는 신체조직의 지방산화를 막는다」, 「철은 적혈구생성의 요소이다」, 「엽산은 태아의 정상발육에 기여한다」 등이 있다.

(2) 건강강조표시

건강강조표시는 「식품 또는 그 식품성분이 건강과의 관련을 나타내는 모든 표현」이고 식품 또는 그 식품성분이 건강에 효과가 있음을 나타내는 표현을 말한다. 또한 건강강조표시는 다음 두 종류의 분류로 정리하고 있다.

① 기타기능강조표시(other function claim)

기타기능강조표시는 「총식이조건에서 인체의 정상기능 또는 생물학적 활성에 대해 식품 또는 그 식품성분의 섭취가 유용한 특정효과에 관계됨」을 강조하는 표시이다. 이 강조표시는 건강에 유익한 기여, 기능의 개선, 건강의 조정 또는 유지에 관계되는 표시이다.

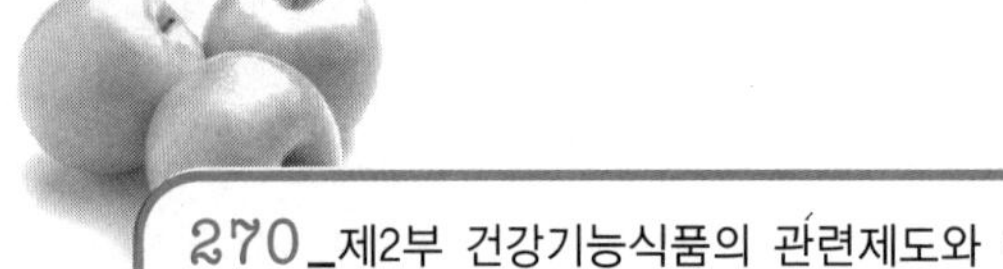

② **질병위험감소강조표시**(reduction of disease risk claim)

질병위험감소강조표시는 「총식이에서 건강관련 상태 또는 질병의 위험을 감소시키는 데 식품 또는 식품성분의 섭취가 관계됨」을 강조하는 표시이다.

위험감소란 질병 또는 건강관련 상태의 주요 위험인자를 크게 변화시킴을 의미한다. 질병은 다중의 발병위험 원인요소를 갖으며 이들 위험요소 중의 한 가지 요소의 변화가 유용한 효과를 가질 수도 있고, 갖지 않을 수도 있다. 질병감소강조표시의 표현은 반드시 보증되어야 한다. 즉 적절한 언어의 사용과 다른 위험요소의 언급을 통해 소비자가 예방강조표시로서 오인하지 않도록 하여야 한다.

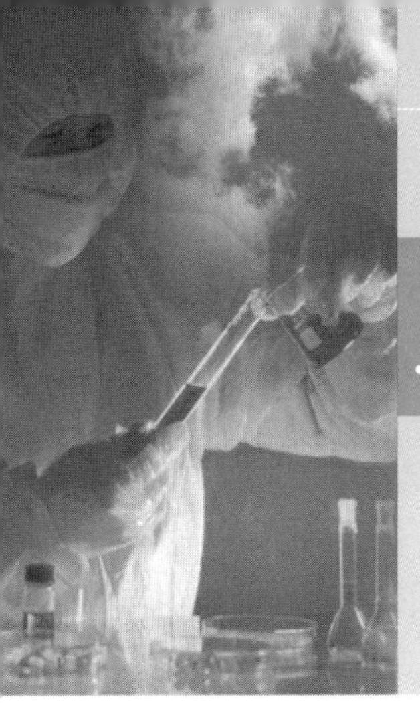

기능성 평가방법과 평가사례

제1절 기능성 평가방법

1 기능성 평가제도

건강기능식품의 기능성 평가제도는 건강기능식품공전에 수록되어 있지 않은 신소재 기능성식품에 대해 과학적, 객관적으로 증명할 수 있는 기준 및 기능성 평가시스템을 마련하여, 식품업계 및 관련학자의 새로운 기능성식품 연구 및 개발의지를 제도적으로 뒷받침하여 건강기능식품의 경쟁력 강화와 발전을 도모하도록 법제화하였다.

건강기능식품은 식품의약품안전청장이 고시하는 것(고시형 건강기능식품)과 제조·수입업자가 개별적으로 식품의약품안전청장으로부터 인정받은 것(개별인정형 건강기능식품)으로 구분하여 운영관리 한다.

고시형 건강기능식품은 제조·수입업자가 규정에 적합하게 제조 또는 수입하면 별도의 인정절차 없이 신고한 후 판매가 가능하지만, 고시형 건강기능식품이 아닌 개별인정형은 기능성원료·성분의 인정절차와 기준·규격의 인정절차에 따라 평가하도록 되어 있어 기능성원료·성분의 안전성과 기능성, 해당제품의 기준 및 규격에 관한 자료를 수집·작성하고 식품의약품안전청에 제출하여 식품의약품안전청으로부터 인정을 받아야 제조·수입이 가능하다.

건강기능식품의 안전성 및 기능성평가를 위해 고려하고 있는 기본적 요소는 과학적인 근거의 총체성에 기초하여 일반적으로 인정된 과학적 절차 및 원칙하에 올바르게 디자인된 연구로부터 유래된 것으로 하고, 화학적분석, in vitro실험, 동물실험, 인체를 대상으로 한 인체적용시험 및 역학연구 등을 포함한 여러가지 방법들의 검증 및 종합을 통하여 평가한다.

건강기능식품의 개별인정형은 기능성원료·성분의 인정절차와 기준·규격의 인정절차에 따라 평가하도록 되어 있는데 인정절차에 대한 세부내용을 살펴보고자 한다.

건강기능식품의 안전성 및 기능성자료는 건강기능식품 원료 또는 성분 인정에 관한 규정에 따라 개별적으로 인정받을 수 있으며, 이때 반드시 안전성 및 기능성에 관한 자료를 제출하도록 되어 있다. 위 고시에서 정한 안전성자료의 제출범위는 건강기능식품 원료 또는 성분의 분류 및 안전성시험항목에서 정하고 있다. 즉, 사용한 원료 또는 성분의 특성에 따라 단회투여독성시험(설치류, 비설치류), 3개월 이상 반복투여독성시험(설치류), 3개월 이상 반복투여독성시험(비설치류), 생식, 발생독성시험, 발암성시험, 면역독성시험, 유전독성시험 중에 해당하는 시험항목 자료를 제출해야 한다. 다만, 해당 원료 또는 성분이 국내외에서 전통적으로 식용한 경험(식품 또는 기타제품)이 있는 객관적 자료가 있을 경우 제외될 수 있다.

건강기능식품 원료 또는 성분으로 인정받기 위한 자료의 범위는 인체적용시험결과, 동물시험결과, in vitro 시험결과, 역학조사결과 또는 관련문헌으로서 당해 원료 또는 성분의 인체에서의 기능성이 과학적으로 인정될 수 있는 것으로 정해져 있다. 그러나 제출된 자료가 모두 in vitro 자료일 경우에는 유효성분의 흡수, 대사, 분포 등이 반영되지 못하므로 기능성을 인정하기 어려울 것이며, 동물시험결과 또는 인체적용시험결과와 함께 제출된다면 기능성 인정을 위한 유용한 자료로 사용될 수 있다.

또한 식품의약품안전청 고시에서 정한 기능성자료의 제출범위는 건강기능식품 원료 또는 성분의 기능성시험 일반원칙에서 정하고 있다. 즉, 해당 원료 또는 성분의 기능성은 제출된 기능성자료를 연구의 유형과 질에 따라 개별평가하고, 연구의 양, 일관성, 활용성을 종합적으로 평가하여 다음과 같이 인정한다

① 제출된 기능성자료가 질병의 발생 또는 건강의 위험감소를 나타내며, 확보된 과학적 근거자료의 수준이 과학적 합의에 이를 수 있을 정도로 높을 경우 질병발생위험감소표시를 인정한다.

② 제출된 기능성 자료가 인체의 정상기능이나 생물학적 활동에 특별한 효과가 있어 건강상의 기여나 기능향상 또는 건강유지개선을 나타낸 경우, 확보된 과학적 근거의 수준에 따라 3등급으로 나누어 생체기능향상표시를 인정한다.

안전성 및 기능성 자료제출	⇒	안전성평가	⇒	기능성평가	⇒	기능성표시
'영업자는 당해 원료 또는 성분의 안전성 및 기능성 등에 관한 자료를 제출하여 함' (법15조 2항)		① 안전성자료 검색 및 보안 ② 제안된 섭취량의 안전성 검토 ③ 독성시험자료의 필요성 검토 ④ 제출된 독성시험 자료의 검토		① 기능성자료 검색 및 보완 ② 자료의 적절성 검토 ③ 선정된 자료의 개별검토 ④ 종합검토 및 순위 결정		① 표시가능한 기능성 표시내용 • 영양소기능표시 • 생리기능향상 표시 • 질병위험감소 표시

그림 2-1 신소재 기능성원료·성분의 과학적인 기능성평가체계

건강기능식품의 기능성은 제출된 기능성 자료를 개별적으로 연구유형을 분류하고 연구의 유형과 자료의 질을 종합적으로 평가해 만들어진다. 연구의 유형은 크게 5등급으로 나눴다. 이 중 인체적용시험 중에서도 가장 객관적이라고 평가되는 무작위 배정 대조군 설정시험을 최상위로 놓았으며 그 아래로 표본관찰연구, 사례연구, 동물시험, in vitro시험 등이 배치된다.

이후에는 제출된 자료들을 검토하는 기준을 마련한다.

① 대표성을 가진 피험자가 선정되었는지

② 대조군은 적절한지

③ 시험기간은 적절한지

④ 피험자들의 식이특성이 파악됐는지

⑤ 적합한 바이오마커가 사용됐는지 등이 집중적으로 검증하고 또 이를 일목요연하게 분류해 각각 평가점수를 부여하는 방식을 택했다.

연구의 유형과 자료의 검토결과에 따라 최종적인 기능성 등급이 결정된다. 기본적으로 기능성은 4개 등급으로 나누었으며 각각 평가점수에 따라 각각 다른 기능성을 표시하도록 했다.

생체기능향상표시는 신체의 정상기능이나 생물학적 활동에 특별한 효과가 있어 건강을 유지하거나 향상시키는 기능을 말하며, 생체기능향상표시의 경우 식품의약품안전청에서 평가시 기능성 자료 확보 정도에 따라 생체기능향상 Ⅰ~Ⅲ으로 구분하여 인정한다.

생체기능향상Ⅰ은 과학적 근거의 수가 충분한 경우이고, 생체기능향상 Ⅱ는 과학적 근거의 수가 충분치는 않으나, 자료의 일관성이 있는 경우이다. 생체기능향상 Ⅲ은 동물시험이나 시험관시험을 통해 기전을 추측할 수 있으나, 인체에서 기능성이 확인되지 않은 경우이다.

표 2-1 기능성등급 및 기능성표시

기능성 등급	기능성 표시의 예
질병발생위험감소	○○ 질병의 발생위험을 감소하는 데 도움이 됩니다.
생체기능향상Ⅰ	○○의 개선에 도움이 됩니다.
생체기능향상Ⅱ	○○의 개선에 도움이 될 수 있습니다.
생체기능향상Ⅲ	○○의 개선에 도움이 될 수 있으나 인체에서의 확인이 필요합니다.

지금부터 서술하는 건강기능식품의 안전성 평가와 기능성 평가에 관한 자료는 식품의약품안전청의 '건강기능식품의 안전성평가', '건강기능식품의 기능성평가' 해설서 등을 인용하여 작성한 것으로 '건강기능식품 기능성원료 인정에 관한 규정' 등 관련규정을 따라야 하며, 세부 규정 및 관련내용은 식품의약품 안전청 기능성원료·성분의 인정절차와 기존·규격의 인정절차를 참고하면 된다.

2 안전성 평가

(1) 안전성 평가의 원칙

건강기능식품 기능성 원료의 안전성 평가는 기능성 원료를 제안된 섭취량과 섭취방법으로 사용하였을 때 인체에 미치는 영향을 안전성 측면에서 평가하는 것이다.

건강기능식품은 당해 원료의 안전성을 확인하기 위하여 기원, 개발경위, 국내·외 인정 및 사용현황, 제조방법, 원료의 특성, 전통적 사용, 섭취량평가결과, 영양평가결과, 생물학적 유용성, 인체적용시험결과, 독성시험결과 등 제출된 모든 자료를 종합적으로 검토하여 안전성이 확보되어 있는지를 평가한다.

건강기능식품 기능성 원료에 대한 안전성 평가의 기본적인 접근은 기능성 원료가 전통적으로 섭취해 온 식품의 종류, 형태 및 섭취수준과 유사할수록 안전성을 새롭게 입증할 필요가 줄어든다는 것이다.

반대로 기능성 원료가 전통적으로 섭취해 온 식품의 종류, 형태 및 섭취수준과 상이한 경우에는 새롭게 안전성을 입증하는 자료를 생성할 필요성이 커지게 되는 것이다.

기능성 원료가 전통적으로 섭취해 온 식품의 종류, 형태 및 섭취수준과 유사한지를 판단하는 기준은 다음과 같은 항목이다.

① 식품, 식품첨가물 또는 건강기능식품으로서의 국내외 인정 또는 시판현황
② 제조과정을 통하여 기능성 원료의 성분 조성 및 함량이 원재료에 비하여 변화된 정도
③ 일상적인 섭취수준과의 유사성

여기에 원재료 또는 기능성분(또는 지표성분)의 알려져 있는 부작용이나 독성에 대한 정보를 결합시킴으로써 안전성 평가에 필요한 자료제출의 범위를 결정할 수 있게 된다.

(2) 안전성 평가자료

「건강기능식품에 관한 법률」 제14조 제2항 및 제15조 제2항에 따라 고시되지 아니한 건강기능식품의 기능성 원료를 판매하고자 하는 영업자는 안전성 자료 등을 식품의약품안전청에 제출해야 한다.

건강기능식품의 안전성 인정에 필요한 인정기준, 인정절차, 제출 자료의 범위 및 요건, 평가원칙 등에 관한 세부사항은 「건강기능식품 기능성 원료인정에 관한 규정」에 따라야 한다.

건강기능식품의 기능성원료에 대한 안전성 평가를 받기 위한 제출 자료의 내용과 요건은 다음과 같다.

가. 제안한 방법에 따라 섭취하였을 때 당해 원료가 인체에 위해가 없음을 확인할 수 있는 과학적 자료를 제출하여야 한다.

나. 안전성에 관한 자료는 그림 2-2를 참조하여 섭취근거자료, 해당 기능성분 또는 관련물질에 대한 안전성 정보자료, 섭취량 평가자료, 영양평가자료, 생물학적유용성(bioavailability)자료, 인체적용시험자료(중재시험, 역학조사 등), 독성시험자료 등을 사용할 수 있다.

다. 안전성 자료의 요건은 다음 중 어느 하나에 해당되어야 한다.

(1) 섭취근거자료는 당해 원료가 안전하다고 판단할 수 있는 역사적 사용 기록뿐 아니라 제조방법, 용도, 섭취량 등이 기술된 과학적 자료이어야 한다.

(2) 해당 기능성분 또는 관련물질에 대한 안전성 자료는 국내외 학술지에 게재되거나 게재증명서를 받은 것, 국내외 정부 보고서 또는 국제기구보고서, 관련 데이터베이스 검색결과 등이어야 한다.

(3) 섭취량 평가자료는 다양한 과학적 자료(섭취실태조사자료, 통계자료 등)를 사용하여 작성하여야 한다.

(4) 영양평가자료, 생물학적유용성자료, 인체적용시험자료 등은 국내외 학술지에 게재되거나 게재증명서를 받은 것이어야 한다. 다만, 인체적용시험자료는 별도의 규정에 따른 보고서도 사용할 수 있다.

(5) 독성시험자료는 다음 중 어느 하나에 해당되어야 한다.

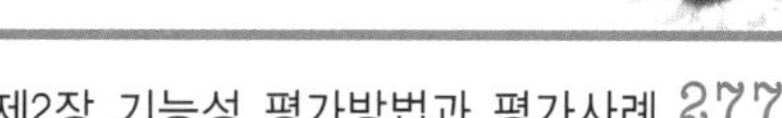

○ 우수실험실운영규정(Good Laboratory Practice, GLP)에 따라 운영된 기관에서 실시하고,

○ 경제협력개발기구(Organization for Economic Cooperation and Development, OECD)에서 정하고 있는 독성시험방법(OECD Test Guideline)에 따르거나 이에 준하여 시험한 것으로서 이 경우에는 보고서도 사용할 수 있다.

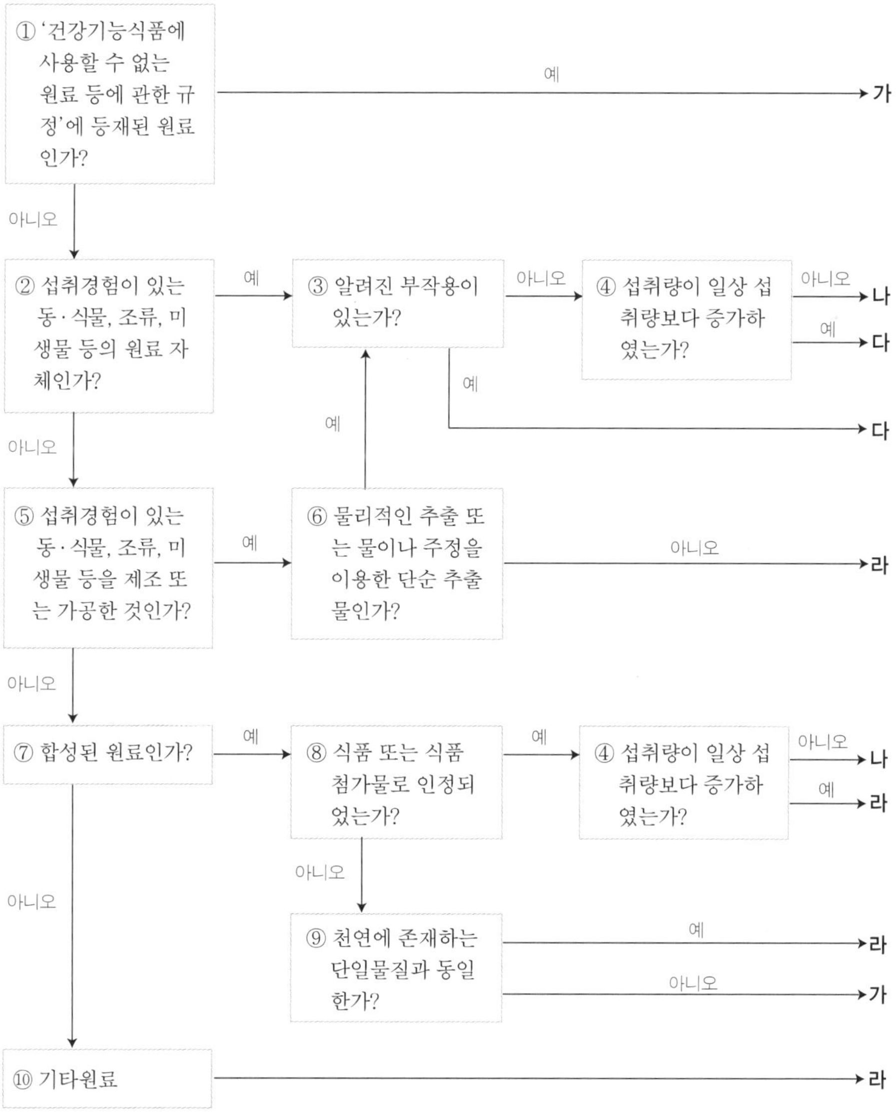

① '건강기능식품에 사용할 수 없는 원료 등에 관한 규정'에 등재된 원료인가? — 예 → 가 / 아니오 → ②

② 섭취경험이 있는 동·식물, 조류, 미생물 등의 원료 자체인가? — 예 → ③ / 아니오 → ⑤

③ 알려진 부작용이 있는가? — 아니오 → ④ / 예 → 다

④ 섭취량이 일상 섭취량보다 증가하였는가? — 아니오 → 나 / 예 → 다

⑤ 섭취경험이 있는 동·식물, 조류, 미생물 등을 제조 또는 가공한 것인가? — 예 → ⑥ / 아니오 → ⑦

⑥ 물리적인 추출 또는 물이나 주정을 이용한 단순 추출물인가? — 예 → ③ / 아니오 → 라

⑦ 합성된 원료인가? — 예 → ⑧ / 아니오 → ⑩

⑧ 식품 또는 식품첨가물로 인정되었는가? — 예 → ④ / 아니오 → ⑨

④ 섭취량이 일상 섭취량보다 증가하였는가? — 아니오 → 나 / 예 → 라

⑨ 천연에 존재하는 단일물질과 동일한가? — 예 → 라 / 아니오 → 가

⑩ 기타원료 → 라

그림 2-2 건강기능식품 기능성원료의 안전성평가를 위한 의사결정도

(3) 안전성 입증자료의 제출범위

식품의약품안전청에서는 「건강기능식품 기능성원료 인정에 관한 규정(식약청 고시)」에 따라 영업자가 안전성을 입증하기 위한 자료를 제출하고자 할 때, 안전성 입증자료의 제출범위를 객관화하고 일관된 기준에 따라 안전성 자료를 제출할 수 있도록 '건강기능식품 기능성원료의 안전성 평가를 위한 의사결정도'를 마련하였다.

의사결정도는 처음 International Life Science Institute(ILSI) 유럽지부에 의해 제안되었다(Kroes and Walker, 2004;Schilter et al., 2003). 여기에서는 원재료 또는 원료의 안전한 섭취경험, 제조 또는 가공의 복잡성, 알려진 부작용 정보, 기존 섭취량과의 비교 등에 따라 독성평가의 필요성이 달라진다는 것과 예상되는 노출량을 고려한 위해도 평가를 제시하였다.

표 2-2 안전성 입증자료의 제출범위

제출되어야 하는 안전성 자료	가	나	다	라
건강기능식품으로 신청할 수 없음	V			
섭취 근거 자료 1)		V	V	V
해당 기능성분 또는 관련물질에 대한 안전성 정보자료 2)		V	V	V
섭취량평가자료 3)		V	V	V
영양평가자료, 생물학적유용성자료, 인체적용시험자료 4)			V	V
독성시험자료 5)				V

1) 섭취경험이 있음을 증명하는 근거자료로서 건강기능식품공전, 식품공전, 식품첨가물공전 자료, 전통적 사용이 기록되어 있는 과학적 자료 또는 역사적 사용 기록, 국외 정부기관의 인정 자료 등
2) 데이터베이스에서 해당 기능성분 또는 관련물질에 대한 독성 또는 안전성 자료를 검색한 자료
3) 국민영양조사결과, 섭취량 실태조사결과 등을 근거로 평균섭취량과 제안된 섭취량을 비교 분석한 자료
4) 원료의 섭취로 인하여 다른 영양성분의 흡수·분포·대사·배설 등에 영향을 미치는지를 평가한 자료, 생물학적 유용성(bioavailability)자료 중재시험, 역학조사의 인체시험자료
5) 독성시험자료는 단회투여독성시험(설치류, 비설치류), 3개월 반복투여독성 자료(설치류), 유전독성시험(복귀돌연변이시험, 염색체이상시험, 소핵시험)을 기본으로 하며, 원료의 특성에 따라 생식독성, 항원성, 면역독성, 발암성시험을 추가로 시험하여야 함. 단, 기타 안전성 자료로 안전성이 확보되었음을 입증할 수 있는 경우에는 예외 적용 가능함.

이러한 의사결정도는 기능성 원료의 안전성 입증자료의 제출범위를 결정하기 위한 중요한 수단이기는 하나, 항상 일률적으로 적용되지는 않는다. 즉, 안전성 입증자료는 종합적으로 평가되고 의사결정도는 탄력적으로 적용될 수 있음을 의미한다.

(4) 안전성 평가방법

가. 건강기능식품에 사용할 수 없는 원료

안전성 평가의 첫 단계는 「건강기능식품에 사용할 수 없는 원료 등에 관한 규정(식약청 고시)」에 대한 검토이다. 현재 이 규정에는 심각한 독성이나 부작용이 알려진 원료 또는 성분을 등재하여 건강기능식품에 사용할 수 없도록 하고 있다.

또한, 의약품과의 혼동을 방지함으로써 소비자를 보호하기 위하여 이 규정 제3조에서 ① 3가지 이상의 복합원료 중, 그 구성이 기성한약서 또는 한약조제지침서에 수재된 것과 동일한 것 ② 이미 의약품으로 인정된 것은 건강기능식품의 기능성원료로 사용할 수 없도록 규정하고 있다.

다만, 건강기능식품으로서의 중요성과 타당성이 인정되는 경우는 국외에서 식품으로서의 사용현황 등의 사유를 들어 관련부서 및 전문가와의 협의를 거쳐 건강기능식품의 기능성원료로 사용하도록 할 수 있다.

나. 섭취근거자료

○ 섭취근거자료란 섭취경험을 입증하는 근거자료를 의미한다. 대체로, 섭취경험이란 최소 30년 이상의 식용경험을 말하는 것이다.

○ 섭취근거를 판단할 때 중요한 점은 원료의 사용현황과 제조방법을 검토하여 '원료의 신규성'과 '원료의 전통성'을 판단하는 것이다.

○ 섭취경험이 있는 동물, 식물, 조류, 미생물 원료 자체를 건조 또는 분쇄하였거나 또는 물이나 주정을 사용하여 단회추출 후 용매와 고형분을 제거하였다면, 대체로 원료의 전통성을 인정할 수 있다. 이 경우 기존의 안전성 자료를 근거자료로 사용할 수 있다.

○ 그러나 원재료의 품종이 개량되었거나 사용 부위를 달리한 경우, 특정 성분을 농축하기 위해 선택성이 높은 추출용매(에테르, 아세톤, 헥산, 이산화탄소)를

사용하거나 정제한 경우, 또는 추출 이후 화학적 변형이나 발효 등을 통해 화학적 특성이 변화된 경우에는 원료의 전통성을 인정하기 어렵다. 이 경우에는 기존의 안전성 자료 외에 추가의 근거자료가 제시되어야 한다. 특별히 화학적 특성이나 조성분이 뚜렷이 변화된 경우에는 해당 원료를 사용한 독성시험자료를 제시하여야 한다.

○ 섭취경험의 입증은 국내 「식품공전」, 「식품첨가물공전」, 「건강기능식품공전」에 등재된 원료인지, 국외 정부기관에서 식품으로 허용한 원료인지, 또는 전통적으로 사용되었다는 근거가 과학적인 자료에서 서술되어 있는지 등을 통해서 확인할 수 있다. 또한, 국내외 관련 제품의 판매현황, 생산실적, 유통실적 등을 통해 섭취근거를 확인할 수 있다(표 2-3).

○ 그러나 섭취근거자료는 단지 섭취 경험에 대한 근거 자료로 제시될 수 있을 뿐이며, 오랜 사용 경험만으로 위해가 없다고 판단할 수 있는 충분한 근거가 될 수는 없다.

표 2-3 섭취근거자료 탐색문헌·DB

국내자료	국외자료
• 식품공전 • 식품첨가물공전 • 건강기능식품공전 • 대한약전 • 대한약전외한약(생약)규격집 • 국민건강영양조사 • 전통적 사용이 기록되어 있는 과학적 자료 또는 역사적 사용 기록 ※ 예 :□기성한약서에 대한 잠정규정□에서 정한 기성한약서인 방약합편, 동의보감, 향약집성방, 광제비급, 제중신편, 약성가, 사상의학, 의학입문, 경악전서, 수세보원, 본초강목 • 식품의약품안전청 민원회신자료 • 요리서(30년 이상) 등	• 제시된 국내자료에 상응하는 외국자료 • 미국 약전, 일본약국방, 중국약전 • 미국 동종요법약전 • 미국 국가처방전 • GRAS 자료 • FDA 자료 • 미농무성의 자료 • FAO, WHO, CODEX • EU 자료(EU Novel food자료/ EFSA자료) • 그 외 각 국가기관 및 국제기관에서 출간한 공신력 있는 자료 • Natural Medicines Comprehensive Database (www.naturaldatabase.com) • 독일의 Commission E 등

다. 안전성 정보자료

안전성 정보자료란 기능성분, 원재료 또는 기타 관련물질에 대하여 알려져 있는 안전성 또는 독성 정보를 말한다. 국내외에서 학술지에 게재된 자료와 국내외 정부 보고서 또는 국제기구 보고서 그리고 관련 데이터베이스의 검색결과를 모두 근거자료가 될 수 있다(표 2-4).

표 2-4 안전성 정보자료 탐색 문헌·DB

포괄정보검색	성분검색	독성정보	상호작용	Monograph
• PubMed • NAPRALERT • HerbMed • AHRQ • MayoClinic • PDRhealth • 한국학술문헌정보센터(KISS) • 학술지 평가서적	• NAPRALERT • TradiMed	• Toxline • Toxcenter • FDA poisonous plant database • NTP	• Natural Standard • Natural Medicine Comprehensive DB • HerbMed • PDR health	• IOM monographs • WHO monographs • German Commission E • ESCOP monographs

라. 섭취량 평가자료

○ 특정성분에 대한 섭취량을 평가하기 위해서는 특정성분을 함유하고 있는 식품의 섭취량 및 그 식품 각각에서의 특정성분 함량에 대한 과학적인 정보가 필요하다.

○ 특정성분의 섭취량을 평가하는 방법에는 △이를 평가해 놓은 과학적이고 객관적인 문헌이 있을 경우 이를 인용하는 방법과 △식품에서 특정성분을 분석한 다양한 논문들을 검색하고 국민건강영양조사 등의 식품섭취량에 관한 정보를 줄 수 있는 자료들을 조합하여 직접 계산하는 방법이 있다(표 2-5).

○ 예를 들면 토마토의 라이코펜 80% 추출물을 기능성원료로 신청하였다고 가정할 때, 신청 시 제안된 라이코펜 섭취량이 100mg이라면, 우리나라 평균 토마토의 섭취량을 조사해서 평균 토마토 섭취량으로 라이코펜의 평균 섭취량을

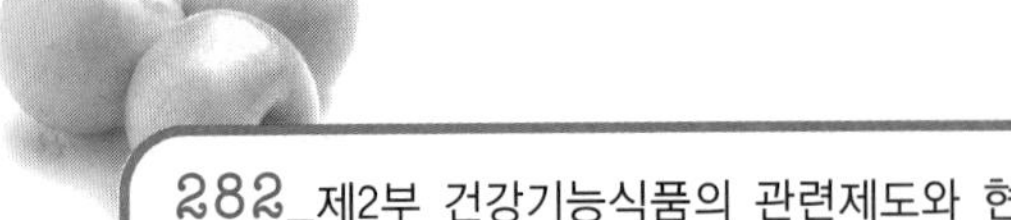

계산할 수 있다. 이렇게 계산된 라이코펜의 평균섭취량이 제안된 섭취량인 100mg보다 많은지 적은지를 확인하는 방법이다.

표 2-5 섭취량 평가자료 탐색문헌·DB

근 거 자 료
• 국민건강영양조사 식품섭취량 평가자료 • 식품첨가물데이터베이스 섭취량산출 DB • 연간소비량, 한국농촌경제연구원(식품수급표) • 발표된 학술논문 • 향신료의 경우에는 일반적인 조리법에서 사용되는 양 • 전통적 사용이 기록되어 있는 과학적 자료 또는 역사적 사용기록 • 그 외 객관적으로 입증 가능한 통계 자료 등

마. 영양평가자료

○ 흡수·분포·대사·배설 등에 영향을 미치는지를 연구한 자료이다(표 2-6).

○ 특히 위장관이나 배설과 관련된 기능을 가지는 원료의 경우에는 다른 영양성분과의 상관관계를 확인한다. 식이섬유처럼 장관 내에서의 흡수를 막는다면 다른 영양소의 흡수저해를 유발하지 않는지 확인한다. 성인에게는 낮추어야 하는 콜레스테롤 등은 어린이의 경우 필수적일 수도 있다는 특수 상황들도 고려한다.

표 2-6 영양평가자료 탐색문헌·DB

상호작용	근거자료
• 영양소 간 상호작용 • 식품 간 상호작용 • Drugs • Herbs & Supplements 등	• Natural Medicines Comprehensive DB • Metabolism and Transport Drug Interaction Database • 그 외 앞에서 제시된 DB를 통해 검색된 일, 이차 문헌 등

바. 생물학적 유용성 자료

○ 생물학적 유용성 자료란 건강기능식품 기능성 원료의 지표성분(또는 기능성분)이 체내 흡수 후 생체작용에 반영되는 정도를 연구한 자료이다.

○ 많은 생리활성물질은 실제로 매우 낮은 흡수율을 보여준다. 제안된 섭취량을 섭취하였을 때 혈중에 반영되는 농도를 확인할 수 있는 자료를 말하며 이러한 자료가 있으면 안전성 평가 시 유용하게 사용할 수 있다.

○ 이러한 자료에는 섭취 후 시간대별로 측정한 기능성분의 AUC(Area Under the Curve), 혈중최고농도도달시간(Tmax), 혈중최고농도(Cmax) 등의 측정 지표가 포함될 수 있다.

사. 인체적용시험자료

○ 대체로 기능성 시험을 위해 인체적용시험을 수행할 때, 안전성지표와 이상반응의 확인 항목이 있으면 이를 안전성 자료의 하나로 인정할 수 있다.

○ 기능성 시험을 위해 수행된 인체적용시험에서 안전성을 확인하기 위해서는 이상반응사례 관찰과 더불어 기초 건강지표(체중, 혈압, 심전도 등), 혈액학적·혈액생화학적 검사(헤마토크리트, 혈색소, 백혈구수, 적혈구수, 혈소판수, 혈당, AST, ALT, ALP, 총단백질, 알부민, 총빌리루빈, γ-GTP, 콜레스테롤(total, LDL, HDL), 중성지방, 요소질소, 크레아티닌, 요산, calcium, potassium 등) 및 요 검사(산도, 아질산염, 케톤체 등) 등을 할 수 있다.

자. 독성시험자료

○ 건강기능식품의 섭취로 인해 발생할 수 있는 잠재적 위해를 동물시험 연구를 통해 예측하는 것이다. 동물시험은 인체적용시험에서 파악하기 힘든 독성결과까지 볼 수 있도록 통제된 조건에서 시험할 수 있다는 큰 장점이 있다.

○ 일반적으로 어떤 물질의 독성은 포유류 전반에 걸쳐 유사하므로 동물시험을 통해 관찰된 독성은 별도의 안전성 근거자료가 없는 경우 안전성평가를 위해 유용하게 사용될 수 있다. 단회투여독성시험(설치류, 비설치류), 3개월 반복투여독성자료(설치류), 유전독성시험(복귀돌연변이시험, 염색체이상시험, 소핵시

험)을 기본으로 하며, 원료의 특성에 따라 필요한 경우 생식독성, 면역독성, 발암성 시험 등이 추가로 필요할 수 있다.

○ 기본적으로 독성시험에 사용되는 시험물질은 제출 원료와 동일한 것이어야 하며, 실험동물의 종은 시험물질의 독성을 가장 민감하게 반영할 수 있는 것으로 선택하여야 한다. 시험물질은 경구투여를 원칙으로 한다.

○ 독성시험자료는 우수실험실운영기준(Good Laboratory Practice, GLP)에 따라 지정된 기관에서 OECD 독성시험 지침(Toxicity Test Guideline)에 준하여 시험한 보고서로 제출하여야 한다.

아. 기타 고려사항

① 화학적 합성품

○ 화학성분을 사용하여 합성한 원료에 대해서는 우선 식품이나 식품첨가물로 인정된 것인지를 확인한다.

○ 식품이나 식품첨가물로 인정된 것이 아니라면, 동물, 식물, 조류, 미생물 등에 원래 존재하는 천연물질을 동일하게 합성한 것인지를 확인한다.

○ 그렇지 않은 경우에는 건강기능식품 기능성 원료의 개념에 적합하지 않은 것으로 판단한다.

○ 화학적 합성품은 반드시 해당 원료를 사용한 독성시험자료를 통해 안전성을 검토한다.

② 복합원료

○ 의사결정도는 단일원료를 기준으로 개발되었으므로 두 가지 이상의 원료를 복합한 경우에는 각 원재료에 대한 안전성 자료를 검토하고 또한 혼합으로 인한 상호작용 등의 문제를 검토한다.
다만, 복합원료를 사용하여 독성시험을 실시하였다면 상호작용 등에 대한 별도의 검토는 필요하지 않다.

○ 「유전자재조합식품의 안전성평가심사 등에 관한 규정(식약청 고시)」에 해당하는 원료는 동 규정에 따라 먼저 안전성평가를 받아야 한다.

【참고】 안전성평가 사례 1. Dimethylsulfone(MSM)

○ 제조공정요약
소나무로 펄프를 만드는 과정에서 Dimethylsulfone(MSM)을 분리·정제하여 98% 이상의 순도로 표준화

○ 1일 섭취량
1.5~2.0g/day

○ 안전성 평가원칙
국내에서 식품원료로 사용할 수 없는 이 원료에 대해서는 독성시험자료와 인체적용시험자료 등을 통하여 1일 섭취수준에서의 안전성을 입증해야 함

○ 결론
제출된 독성시험자료와 인체적용시험자료에서 1일 섭취량인 1.5~2.0g/day가 안전한 용량 범위에 있음을 확인함

[안전성 평가자료 요약]

1. 국내외 인정 및 사용 현황

- 일본 : 식품원료, 식품첨가물
- 기타 : 미국, 영국, 네덜란드, 뉴질랜드, 캐나다 등에서 식품원료, 식이보충제로 사용

2. 안전성 자료

총 제출자료	검토 자료				
	GLP 독성시험	인체 적용시험	안전성 정보자료	취량 평가자료	생물학적 유용성자료
10	3	2	2	2	1

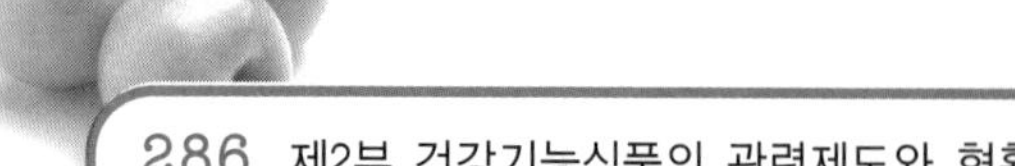

(1) 인체적용시험자료 요약

Design	Subject	Dose/Period	Safety markers	Remarks
• RCT, • Double blind • Parallel	• 건강인 (n=25)	• MSM 2g/day • 12주	• 기초건강지표 • 혈액학적검사 • 혈액생화학적검사 • Adverse events	• 군간 임상지표의 유의적인 차이가 없었음 • 이상반응이 확인되지 않았음

(2) 독성시험자료 요약

독성시험		시험동물/시험계	기간	시험물질, 농도	시험결과
단회 투여	설치류	SD, Rat (M 5, F 5)	1회	2,000mg/kg bw	• 사망동물 없음. 관찰된 일반증상 없음 • LD50은 2,000mg/kg 이상이었음
13주 반복 투여	설치류	CD, Rat (M 80, F 80)	13주	0, 15, 150, 1,500 mg/kg bw	• 시험물질로 인한 독성 및 사망동물 관찰되지 않음 • NOAEL은 1,500mg/kg 이상임
유전 독성	복귀돌연변이 시험 (Ames test)	S. typhimurium TA98, TA100, TA1535, TA1537 TA1538	1회	5,000μg/plate	• 복귀돌연변이를 유발하지 않았음
	염색체 이상 시험	CHL cell	1회	0, 1,250, 2,500, 5,000μg/ml	• CHL cell의 염색체 이상을 유발하지 않음
	소핵 시험	ICR mouse 1회	1회	0, 1,250, 2,500, 5,000mg/kg	•ICR 마우스의 골수세포에 소핵을 유발하지 않음

3. 안전성 정보자료

- 안전성 평가를 위한 의사결정 분지도 적용 : '라'
  - 섭취경험이 있는 식물 등을 제조 또는 가공한 것으로 물이나 주정을 이용한 단순추출물이 아니므로 '라'에 해당함.

(1) 부작용·독성 등에 관한 자료(DB)

DB	Toxline	Pubmed	PDRhealth	Natural Medicines
Search Term	('Dimethylsulfone') And (MSM) And (safety or adverse or toxic)	('Dimethylsulfone') And (MSM) And (safety or adverse or toxic)	'Dimethylsulfone' or 'MSM'	'Dimethylsulfone' or 'MSM'
검색여부	○	○	○	○

(2) 섭취량 평가자료

- 식품 중에 존재하는 양 : 우유 3.3ppm, 커피 1.6ppm, 토마토 0.86ppm, 녹차 0.3ppm, 옥수수 0.11ppm

(3) 영양평가자료

- 식품 영양성분, 식이보충제, 의약품 등과의 알려진 상호작용이 없음.

(4) 생물학적 유용성 평가자료

- 해당 정보가 없음.

(5) 섭취 시 주의사항

- 알레르기 체질이신 분은 개인에 따라 과민반응을 나타낼 수 있습니다.

3 기능성 평가

(1) 기능성 평가원칙

건강기능식품에 기능성을 표시하기 위해서는 식품의약품안전청에서 그 원료의 기능성을 검토·평가하고 인정받는 것이 선행되어야 한다. 식품의약품안전청에서 기능성 표시를 평가하는 기본원칙은 다음과 같다.

① 신청한 기능성 원료의 특성을 확인하고 이와 관련된 연구인지를 확인함
② 기능성 원료(또는 성분)에 의해 기능성을 나타내는 것인지를 확인함
③ 개별 자료들을 연구의 유형에 따라 분류하고, 개별연구의 유형과 질을 평가함
④ 제출된 자료의 양, 일관성, 활용성을 종합적으로 검토하고, 기능성 표시를 정하기 위한 과학적 근거의 정도를 평가함

최근의 건강관련정책들은 전문가의 의견이나 경험에 단독으로 의존하기보다는 연구결과에 바탕을 두고 체계적 고찰(systematic review)를 통해 결정되고 있는 추세이다. 연구결과에 근거한 체계적 고찰을 근거중심평가(Evidence-based evaluation)라고 부르고 있으며, 건강기능식품에서도 식품의 성분과 기능성과의 관계에 대한 표시의 과학적 근거정도를 평가할 수 있는 수단으로 사용되고 있다.

근거중심평가 과정은 관련된 과학적 자료들을 검토한 후 적절한 자료를 추출하여 각각의 자료들을 평가하고, 근거자료의 수, 개별연구의 결과, 대상 인구집단과의 관련성, 식품 성분과 기능성간의 관계를 입증할 수 있는 결과의 반복 여부 등을 종합적으로 검토하여 마지막으로 전체적인 일관성을 평가하는 것으로 이루어진다.

이러한 과정을 통하여 기능성에 대한 충분한 근거가 있는지, 일부 근거가 있으나 아직은 자료가 부족한지, 과학적 근거자료가 매우 부족한지를 평가한 후, 인정된 내용은 기능성 표시에 반영된다.

기능성이란, 당해 원료 · 성분의 섭취로 얻어지는 인체에서의 보건용도에 유용한 효과를 말한다. 따라서 신청한 원료 · 성분의 인체에서의 기능성을 과학적으로 입증할 수 있는 것이라면, 인체적용시험, 동물시험, 시험관시험, 총설(review), 메타분석

(meta-analysis), 전통적 사용 근거자료 등을 모두 기능성 자료로 사용할 수 있다.

인체적용시험에는 중재시험(intervention study), 관찰시험(observational study) 등이 있으며, 중재시험 중 무작위배정 대조군 이중맹검(randomized controlled trial, double-blind)으로 설계된 시험이 가장 좋은 기능성 자료로 간주된다. 동물시험, 시험관시험, 총설, 메타분석, 전통적 사용 근거자료 등은 그 자체로서 인체에서의 기능성을 입증하기는 어려울 수 있으나, 입증하고자 하는 원료·성분의 작용기전, 용량반응 등을 설명하거나 인체적용시험 결과를 과학적으로 뒷받침하는 좋은 자료가 될 수 있다.

제출되는 기능성 자료는 전문가 검토를 거쳐서 관련 학술지에 게재되거나 게재증명서를 받은 것, 국내외 정부 보고서 또는 국제기구 보고서이어야 한다. 다만 인체적용시험 자료에 한해서는 GCP 보고서도 검토하고 있다.

(2) 기능성 평가자료

식품의약품안전청에서는 일차적으로 제출된 자료를 검토하여 그 자료를 기능성 평가에 사용할지 여부를 결정하는데, 그 기준은 다음의 두 가지이다.

첫째로는 문헌에서 기능성을 표시하고자 하는 식품 원료가 정확하게 설명되어 있는지에 대한 것이다. 평가를 받고자 하는 원료가 식물의 추출물이라면, 문헌에서 사용된 원료는 이와 동일하거나 유사한 원료이어야 한다. 또한 추출과정에 사용된 용매의 종류도 매우 중요하다. 사용된 용매가 물인지, 주정인지, 주정인 경우 몇 %를 사용하는지에 따라 추출물로 이행되는 화합물의 구성이 매우 달라질 것이다. 따라서 식품의약품안전청에서는 우선 기능성 시험에서 사용된 원료와 신청하는 원료와의 동질성을 확인한다.

둘째로는 표시하고자 하는 기능성을 적절하게 측정하였는지를 검토한다. 즉, 표시하고자 하는 기능성을 확인할 수 있는 적합한 바이오마커를 사용하였는지를 검토하여 기능성 평가에 사용할 자료인지 아닌지를 선별한다.

식품의약품안전청에서는 과학적 근거의 정도를 종합적으로 평가하기 이전에, 연구의 유형을 분류한다. 여러 연구유형 중 시험결과가 직접 보고된 1차 문헌만을 검토하는데 이는 이러한 문헌만이 식품성분과 기능성과의 관계를 밝힐 수 있는 근거를 제공할 수 있기 때문이다. 다시 말하면, 총설(review), 메타분석 등의 고찰 자료는 원료의 특성 또는 기능성을 이해하기 위한 근거자료로서는 활용할 수 있으나 식품 성분과 기능성과의 관계를 입증하기 위한 직접적인 자료로 사용될 수 없다.

식품의약품안전청에서는 제출된 자료들 이외에도 기능성에 대해 부정적인 결과를 보이는 근거가 있는지에 대해 추가로 검색하여 검토한다. 이때 사용하는 데이터베이스는 Pubmed, EBMASE 등이다. 영업자가 제출한 자료 중 기능성에 대하여 부정적인 결과를 제시하는 문헌이 있으나 이 결과를 충분히 반박할 수 있는 논리가 있다면 제출된 기능성 자료들에 대한 신뢰도는 더욱 높아질 것이다.

가. 연구의 유형

건강기능식품의 기능성 검토에 사용될 수 있는 연구의 종류는 인체적용시험부터 동물시험, 시험관시험에 이르기까지 다양하다.

이 중 인체적용시험은 크게 중재시험과 관찰연구의 두 종류로 나눌 수 있다. 중재시험에서는 연구자가 시험대상자의 시험물질에 대한 노출 여부에 관여할 수 있으나, 관찰연구에서는 관여할 수 없다. 연구설계 자체의 장·단점과 관계없이, 이 두 연구유형 모두가 제안하는 기능성을 입증하는 데 중요한 근거가 될 수 있으나, 일반적으로 중재시험이 기능성을 입증하는 데 가장 좋은 근거를 제공한다.

중재시험

중재시험의 'gold standard'는 무작위배정 대조군 설정시험이다. 무작위배정 대조군 설정시험이란 알고 있는 확률분포에 따라서 치료군의 시험대상을 무작위로 배치하는 것이며, 확률할당이란 실험대상자 각각이 각 집단에 배정될 확률이 똑같은 상황하에 할당하는 방법이다. 가장 간단한 형태는 실험대상을 두 집단으로 나누어 한 집단은 실험물질을 섭취하게 하고 다른 집단은 비교집단(대조군)으로 설정하여 대조물질을 섭취하게 하는 방법이다.

무작위배정 중재시험은 알고 있는 혼동요인을 인위적으로 조절할 수 있기 때문에 식품 성분과 기능성의 관계를 밝힐 수 있는 가장 좋은 평가방법이다. 무작위배정 과정을 통해 대상자 선정의 비뚤림(결과가 더 잘 나올 수 있도록 대상자 배정을 조정하

는 일, 중재 과정의 독립성, 시험군을 더 선호하는 경향 등)을 배제할 수 있으며, 시험 대상자 스스로가 자신이 시험군인지 대조군인지 알 수 없는 상태에서 시험하는 맹검 방법, 또는 대상자뿐 아니라 연구자 또한 이를 모른 상태에서 시험이 진행되는 이중맹검의 방법을 통해 오류 발생의 가능성은 더욱 감소될 수 있다. 이중맹검법이 적절히 적용되려면 연구대상자나 연구에 관여된 사람이 각 연구대상자가 어느 집단에 속하는지 몰라야 하므로, 실험군과 대조군에서 섭취하게 되는 식품도 모양, 크기, 무게, 색깔, 맛, 냄새 등이 서로 같아서 구별이 되지 않아야 한다. 무작위배정 대조군 설정시험이 건강기능식품의 기능성 입증에 절대적인 것은 아니나, 가장 설득력 있고 중요한 근거로 사용될 수 있다.

식품으로 중재시험을 하는 것은 의약품의 개발과는 다르다. 의약품의 연구와는 달리, 식품의 중재시험에서는 식품을 이용한다는 점에서 부가적인 혼동요인이 발생할 수 있으며, 어떤 경우에서는 대조군을 사용할 수 없을 수도 있으며 맹검이 되지 못할 수도 있다. 따라서 의약품의 중재시험보다는 확실하지 못한 결과를 낼 수 있다. 그러므로 대상 식품의 조성, 맛, 양을 조절하거나 식이 요인 등의 시험 환경을 조절하는 방법을 통해 결과에 영향을 줄 수 있는 혼동요인을 최소화시켜야 한다.

중재시험에서 시험대상자는 시험하고자 하는 식품성분을 공급받는다. 이때의 식품형태는 일반식품일 수도 있고 보충제의 형태일 수도 있으나, 시험하고자 하는 식품의 양과 질은 항상 일정하게 유지되어야 한다. 시험식품이 보충제의 형태로 제공되었다면 대조식품 또한 보충제의 형태로 대조군에게 제공되어야 한다. 만일 시험식품이 일반식품이라면 대조식품을 제공하는 것이 어려워 대상자들에 대한 맹검이 불가능할 수도 있다. 비록 맹검이 안 되었다 하더라도 결과를 도출하기 위해서는 비교를 위한 대조군은 꼭 필요하다.

무작위배정 중재시험에서 앞서 설명한 바와 같이 대상자들이 통계적으로 시험군과 대조군으로 나누어지게 된다. 개개인의 대상자들은 각각 특성이 많이 다를 수 있지만 두 군을 비교하게 되면 시험군과 대조군의 특성이 비슷해지는 것을 확인할 수 있다.

하지만 간혹 무작위 배정을 실시하였다 하더라도 시험군과 대조군 간의 특성이 고르지 않은(예를 들어 평균 나이, 평균 혈중 콜레스테롤 수준 등에 차이가 있는 경우)

경우가 발생할 수 있다. 이처럼 기초 특성이 통계적으로 의미 있게 다르다면 결과의 해석에 어려움이 있을 수 있다.

무작위배정 비교 중재시험은 평행 또는 교차시험으로 설계될 수 있다. 평행시험은 대상자를 두 그룹으로 나누고 동시에 각각 시험식품과 대조식품을 섭취하도록 하는 설계방법이며, 교차시험은 대상자를 두 그룹으로 나누어 처음에는 평행시험처럼 진행한 후, 어느 시점에서 그 전 섭취의 영향을 제거하기 위한 wash out 기간을 주고 그 후에 다시 평행시험처럼 진행하되 각 그룹이 받는 처리를 바꾸어 수행하는 것으로, 결국에는 모든 대상자가 시험군과 대조군이 한 번씩 되게끔 하는 설계방법이다.

중재시험이 원인과 결과를 입증하는 데 가장 신뢰할만한 연구설계이기는 하나 제한된 시험대상자의 결과를 전체 국민에게 적용되는 결과로 성급하게 일반화해서는 안된다. 예를 들어 당뇨 발생위험이 높은 청소년 집단을 대상으로 시험한 결과를 당뇨위험이 높은 성인으로 확대하여 해석할 수는 없다. 게다가 일부 기능성의 경우에는 중재시험이 불가능할 수도 있다. 특히 암과 같은 질병의 발생위험감소를 측정하는 경우에는 질병의 발생까지는 20~30년 이상이 소요될 수 있으므로, 관찰연구만이 가능할 것이다.

관찰연구

관찰연구는 중재시험처럼 시험환경을 인위적으로 조절할 수 있는 것은 아니나 일상생활을 그대로 반영할 수 있는 시험방법이기 때문에 식품 성분과 기능성, 특히 질병과의 관련을 입증하는 데 사용될 수 있다. 중재시험과는 반대로 관찰연구에서는 관찰된 결과, 즉 질병의 위험감소가 식품 성분으로 인한 것인지 혹은 우연의 결과인지 구분하기가 어렵다.

식품 성분과 질병과의 관련성을 정확하게 측정하기 위해서는 질병 발생과 관련된 것으로 알려진 혼동요인을 최대한 수집하고 이들 요인을 통계적으로 보정하여야 한다. 보정되어야 하는 위험요인은 나이, 인종, 체중, 흡연유무 등이며, 질병의 종류에 따라 달라질 수 있다. 예를 들어 심혈관계질환 위험감소의 기능성을 입증하기 위해서는, 나이가 증가함에 따라 심혈관계질환 가능성이 감소할 수 있으므로 '나이'라는

잠재적인 혼동요인을 제거하기 위한 보정이 필요하게 되는 것이다.

관찰연구에서 기능성 표시를 하고자 하는 식품 성분의 섭취량을 정확하게 측정하기 위해서는 식이에 대한 평가가 매우 중요하다.

많은 관찰연구들이 대상자가 진술하는 식이조사 방법(diet records, 24시간 회상, diet history, food frequency questionnaires)을 사용하고 있다. Diet records는 섭취하는 양을 정확히 제공한다는 전제를 바탕으로 하고 있다. 24시간 회상법은 대상자가 24시간 동안 섭취한 식품의 종류, 양을 서술하는 방법이며, diet history는 설문지나 인터뷰를 이용한다. Food frequency questionnaire는 대규모의 식품과 건강관련 역학조사에서 식이섭취량을 평가하기 위해 가장 많이 사용되는 방법으로, 검증된 food frequency questionnaire는 diet record나 24시간 회상법에 비해 실제에 가까운 식품섭취량 정보를 제공한다. 대상자들은 정해진 기간, 정해진 목록에 있는 식품 종류에 대해 섭취 주기, 섭취량을 답할 수 있는 질문지를 받게 된다.

이들 방법들은 대상자가 진술하는 내용에 의존하기 때문에 비뚤림이 올 수 있다는 문제점을 가지고 있다. 예를 들어, 과체중인 사람은 섭취량을 줄이고자 하는 경향이 있어서 종종 실제 섭취하는 양보다 적게 답할 수 있다. 이러한 문제점을 극복하기 위하여, 특정 식품 또는 식품성분의 섭취량을 반영할 수 있는 신뢰할 만한 바이오마커가 있다면 이 바이오마커를 대상자가 보고하는 섭취량을 사용하는 대신에 섭취량 평가에 사용할 수 있다.

관찰연구는 prospective 연구와 retrospective 연구로 구분될 수 있다.

Prospective 연구는 연구자가 대상자를 모집하고 질병이 발생할 때까지 일정기간 동안 관찰하는 것으로 식품의 노출 정도와 질병의 발생을 비교하는 것이다.

Retrospective 연구는 질병이 발생한 사람을 대상으로 그들의 의학적 기록을 검토하거나 인터뷰를 통해 연구하는 것으로 대상자가 기억해내는 과거에 섭취한 식품에만 의존해야 하기 때문에 이로 인한 측정상의 오류나 비뚤 림이 발생할 수 있는 취약점을 가지고 있다. 이처럼 변수들을 조절하기 어렵기 때문에 이들 시험들은 혼동요인이 많이 발생할 수 있다.

잘 설계된 관찰연구는 식품 성분과 기능성과의 관계에 대하여 아주 유용한 정보를 제공할 수 있으나 이 연구만으로는 원인과 결과를 확신할 수는 없다.

관찰연구는 설득력의 정도에 따라 cohort study, case-control study, crosssectional study, uncontrolled case series or cohort studies, time-series studies, ecological or cross-population studies, descriptive epidemiology, and case report의 순서로 나열할 수 있으며, 관찰연구를 평가하는 경우 평가대상 연구들의 설계·수행·분석이 모두 바람직하다면 다른 연구들보다 prospective cohort study에 더 좋은 점수를 줄 수 있다.

① Cohort study

여러 관찰연구 중 cohort study는 연구하고자 하는 질병이 발생하기 전에 연구대상에 대하여 원인(또는 위험요인)으로 의심되는 요인들을 조사해 놓고 장기간 관찰한 후, 이들 중에서 발생한 질병의 크기와 의심되는 요인과의 상관성을 비교위험도(relative risk)로 제시하는 설계를 가진다. 식품성분의 섭취가 질병의 발생 이전에 진행되므로 식품성분 섭취 여부에 따른 질병의 발생을 확인할 수 있는 설계로서, 관찰연구 중에서 가장 신뢰가 높은 연구 설계로 간주되고 있다.

② Case-control study

Case-control studies는 질병을 가진 대상자와 질병을 가지지 않은 대상자를 비교하는데, 두 대상자군의 예전 식품성분 섭취를 조사하여 식품과 질병과의 관계를 추정하는 방법으로 상대적인 질병발생위험도를 odds ratio를 이용하여 예측한다. 식품성분 섭취조사를 위하여 대개 질병의 진단 이전에 적어도 1년 동안 섭취한 식품에 대해 질문하는 방식을 사용하는데, 회상에 의존하므로 섭취량에 대한 정확한 정보를 구하기가 힘든 어려움이 있다. 게다가 질병의 발생이나 질병에 대한 지식을 얻은 후에도 식품의 섭취가 변하지 않는다는 것을 전제로 하고 있으나, 실제로는 질병으로 인한 혹은 질병에 대한 반응으로 야기되는 변화를 제어할 수 없다. Case-control study는 cohort study보다 신뢰도가 낮은 연구로 간주되고 있다.

Nested-case control 또는 case-cohort study는 이미 cohort study에서 정한 대상자를 사용한다. 질병을 진단받은 사람을 case로 두고, 각 case가 진단받은 시점에서의 위험상태에 있는 개인을 control로 선정하게 된다. Case-cohort study는 cohort study의 초기 상태에서 무작위로 control을 선정하며, relative risk나 odds

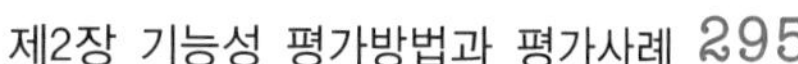

ratio 모두 사용할 수 있다. 이들 연구는 cohort study보다는 신뢰도가 낮으나 case-control study보다는 신뢰도가 높다고 간주되고 있다.

③ Cross-sectional study

Cross-sectional study는 질병을 가진 사람과 질병을 가지지 않은 사람 모두에 대해 특정 시점에서의 식품섭취 정보를 모으는 연구이다. 이 연구는 질병과 관련될 가능성이 있는 인자를 파악하고 후속 prospective 연구의 기본정보를 제공하는 데 유용할 수 있다. 하지만 식품섭취와 질병의 상태가 동일한 시점에서 측정되므로, 특정성분의 섭취가 질병발생의 원인인지 혹은 결과인지 판단하는 것이 불가능하다. 즉, 질병과 식품과의 인과관계를 보여줄 수 없다. 또한 식품섭취 정보가 부정확하고 식품섭취에 대한 다양한 변수들을 보정할 수 없어 잠재적인 측정 오차가 다수 있을 수 있다. 따라서 cross-sectional study는 식이와 질병의 관계를 연구하는 데 있어서 가장 신뢰도가 낮은 연구방법으로 간주되고 있다.

④ 기 타

그 이외의 연구유형으로 uncontrolled case series or cohort studies, timeseries studies, ecological or cross-population studies, descriptive epidemiology, case report 등을 들 수 있다. Ecological study는 서로 다른 인구집단 사이의 질병발생정도를 비교하는 방법이며, case report는 개별 대상자 또는 작은 집단을 관찰하여 기술하는 연구이다. 이들 연구는 관찰연구 중 가장 신뢰도가 낮은 연구로 간주된다.

기반연구

비록 인체적용시험이 기능성을 입증하는 데 가장 중요한 근거가 되기는 하나, 동물모델을 이용한 시험이나 시험관시험도 기능성을 입증하는 데 중요한 자료가 된다. 식품의약품안전청에서는 동물시험과 시험관시험을 작용기전을 이해하기 위한 배경 정보로 활용한다. 동물은 사람과 다른 생리를 가지고 있으며 시험관시험은 인위적인 상태에서 진행되므로 소화, 흡수, 분포, 대사와 같이 사람이 식품 또는 식품성분을 섭취하면서 발생되는 복합한 생리작용을 설명할 수 없다. 하지만 동물시험과 시험관시험에서는 연구자가 섭취하는 식품이나 유전적 특성 등의 변수에 대해 조절하는 방법 등을 통하여 인체적용시험보다 더 적극적으로 개입할 수 있어, 작용 기전을 파악하고 식품 성분의 특성과 기능성과의 관계를 이해하는 데 좋은 정보를 제공할 수 있다. 그러나 이 결과를 토대로 인체에서의 생리학적 효과를 추정하는 데에는 많은 불확실성이 개입하게 되며, 이것만으로 인체에서의 생리학적 효과를 입증할 수는 없다.

동물시험과 시험관시험은 적절한 인체적용시험의 설계가 어렵다거나 적합한 바이오마커가 없을 경우 등에 고려되어야 한다. 동물시험의 경우 주장하는 기능성에서 일관성을 보이는 것이 가장 중요한데, 가장 좋은 동물시험은 측정하고자 하는 기능성에 적합한 동물모델을 사용하고, 인체에서 확인된 기능성의 기전을 설명하기 위한 바이오마커들을 사용하며, 서로 다른 연구자들에 의하여 결과가 재현된 것이다.

총설(review article)같이 여러 다른 연구들에 대하여 토의하는 보고 문헌은 앞서 설명한 바와 같이 대상 집단의 특징이나 시험에 사용된 식품에 대한 정보 등의 개별 자료의 검토에 필요한 중요한 정보를 충분히 제공하지 못한다. 이러한 자세한 정보가 부족한 상황에서는 연구의 치명적 결함(시험설계, 진행, 결과의 해석 등)을 검토할 수 없어 올바른 과학적 결론을 내릴 수 없다. 따라서 식품의약품안전청에서는 총설과 같은 종류의 문헌들을 기능성의 검토에 필요한 추가적인 연구결과를 찾거나 식품성분과 질병과의 관계를 밝히는 데 배경이 되는 지식을 얻기 위해서만 사용할 뿐이다. 메타분석 결과 또한 자세한 정보가 결여되어 있기 때문에 추가적인 연구를 찾거나 배경 지식을 이해하기 위한 정보로서만 활용한다. 식품의약품안전청에서는 제출된 자료를 1차 검토한 후 연구의 종류에 따라 표 2-7과 같이 구분하여 평가한다.

표 2-7 연구의 유형

유형 1	무작위배정 대조군대비 인체중재시험 (Double blind, Randomized controlled trial)
유형 2	Cohort study
유형 3	non RCT, Case-control study, Cross-sectional study 등
유형 4	동물시험
유형 3	시험관시험(In vitro 시험)

나. 개별자료의 질적 평가

근거중심평가는 평가자들이 개별연구를 각각 평가하여 특정 기능성과 식품 성분 간의 관련성에 대한 과학적 결론을 유도할 수 있게끔 하는 과정이다. 연구의 설계, 자료의 수집, 자료의 분석 등과 같은 몇몇 중요요소에서 심각한 결함이 있는 경우에는 그 연구로부터 올바른 과학적 결론을 유도하기 어려우므로, 근거중심평가에서는 개별 연구에 대한 정확한 평가가 매우 중요하다.

① 개별자료 평가 고려사항

식품의약품안전청에서는 1차 검토(신청 원료와의 동일성, 바이오마커의 적합성 검토)를 통해 선별된 자료들을 다음과 같은 질문들을 고려하여 평가한다.

중재시험

1. 연구에 참여하는 피험자들이 섭취 대상자에 적합한가?

시험대상자는 표시하고자 하는 기능성뿐만 아니라 나이, 성별, 식이, 인종, 연구하는 기능성에 관련된 유전형, 생활습관(활동량, 흡연습관, 음주 등), 체중 및 키, 생리 주기 등의 모든 요소를 고려하여 선정하는 것이 바람직하다. 골다공증 발생위험감소라는 기능성으로서는 대상집단이 폐경 이후 여성들일 수는 있으나 젊은 여성에게까지 외삽될 수는 없다. 그러나 나타나는 기능성이나 그 작용기전이 전체 인구집단에 모두 적용될 수 있는 경우라면 시험대상을 특정집단으로 제한할 필요가 없다. 또한, 시험대상자는 일반적인 식이를 계속 섭취하고 있고 목적하는 기능성을 간섭할 수 있는 특정한 식이를 하지 않는 상태에서 선정되어야 한다. 예를 들면, 채식주의자들을 대상으로 식이섬유의 기능성을 시험하는 것은 적절하지 않다.

환자를 대상으로 하는 인체적용시험에 관해서는 현재 많은 논란이 있다. 건강기능식품의 기능성은 질병을 가지지 않은 사람들이 질병의 위험을 감소시키거나 건강을 증진시키는 데에 관련이 있는 것이므로, 식품의약품안전청에서는 그 결과가 질병을 가지지 않은 사람에게로 과학적으로 타당하게 적용되어 해석될 수 있는 경우에만 질병을 가진 사람을 대상으로 수행한 연구를 함께 검토한다. 즉 ① 환자의 질병 상태의 경감이나 치료 효과의 작용기전이 건강한 사람에서의 질병발생위험의 감소

와 동일한 기전으로 작용할 때 ② 측정하는 물질이 질병을 가진 사람이나 건강한 사람 모두에게 동일한 기전으로 작용할 때에만 환자를 대상으로 시험한 연구를 검토에 포함한다. 또한 평가하고 있는 기능성과 관련이 없는 질병을 가진 사람(심혈관계질환을 평가하고 있을 때 골다공증 환자를 대상으로 시험한 경우)이나 질병이 발생할 수 있는 위험상태에 있는 사람을 대상으로 시험한 경우에는 평가자료로서 검토할 수 있다

2. 적절한 대조군을 가지고 시험하였는지?

대조군이란 시험하는 성분을 섭취하지 않는 대상자이다. 만약 대조군이 적절하게 설정되지 않는다면, 측정지표의 변화가 시험성분 때문인지 조절되지 않은 외부의 다른 요인 때문인지 파악하기 어렵다.

하지만 식품의 기능성을 시험하는 경우에 있어 적절한 대조군을 설정하는 것은 쉽지 않은 일이다. 일상 섭취하는 식품에 새로운 식품을 추가하면, 추가된 식품 그 자체 혹은 추가되는 식품을 섭취함으로써 덜 섭취하게 되는 다른 식품으로 인한 변화가 시험결과에 영향을 미칠 가능성이 있다. 이는 포화지방산이 불포화지방산으로 대체되었을 때 나타나는 혈중콜레스테롤 감소 효과로 설명될 수 있는데 이러한 영향을 '수동적 효과'라고 한다. 또한, 시험하고자 하는 식품 그 자체가 특별한 맛이나 향 등을 가지고 있을 수 있으므로 완전한 맹검을 유지하기가 쉽지 않을 수 있다.

대조군 설정의 가장 중요한 원칙은 시험하고자 하는 원료·성분만을 제외하거나, 시험하고자 하는 농도와는 다른 농도의 시험원료·성분을 함유하거나, 활성을 비교할 수 있을만한 물질로 대조군시험원료를 설정하여야 한다는 것이다.

3. 확인하고자 하는 성분 단독으로 기능성을 확인한 연구인가?

대개의 연구가 식품 전체 또는 복합 영양보충제 형태로 진행된 경우가 많이 있으므로, 확인하고자 하는 성분이 식품 성분인 경우 단독의 효과를 정확히 확인하는 것이 어려울 수 있다. 예를 들어 루테인과 age-related macular disease의 관계를 평가하는 경우, 시금치 또는 복합 영양보충제(루테인+비타민)를 가지고 시험한 연구로부터는 올바른 과학적 결론을 도출하기 어려울 수 있다.

4. 시험군과 대조군의 기초 특성이 차이가 없는지?

인체적용시험에서 측정한 지표의 기초 데이터가 유의적으로 다르다면 중재의 효과를 확인하기 어렵다. 예를 들어 심혈관계질환과 저염식의 관계를 확인하는 연구에서 시험군의 시험 전 혈압이 대조군의 시험 전 혈압보다 높은 경우에는, 관찰된 효과가 소금 섭취량의 차이 때문인지 아닌지를 확인하는 데 많은 불확실성이 존재한다. 초기에 동일한 식이를 제공하거나 충분한 휴지기를 가지는 것이 이러한 기초 데이터의 차이를 없애는 데 도움이 될 수 있다.

5. 기능성을 입증하기 위해 적절한 기간 동안 시험을 수행하였는지?

기능성을 나타내는 대표적인 마커가 섭취한 식품 성분에 의하여 변화하려면 연구가 충분한 기간동안 진행되어야 한다. 만일 너무 짧은 기간 동안 시험이 진행되었다면 올바른 결론을 도출해낼 수 없을 것이다. 적절한 시험기간은 대상자들이 시험하는 원료·성분에 충분히 노출되었는지, 또한 시험기간이 기능성이 발현될 수 있는 충분한 시간인지를 판단할 수 있게 하는 중요한 요소이다. 혈당, 두뇌 활동, 낮은 glycemic index 등의 기능성은 단회, 혹은 단지 몇 번의 섭취로 기능성을 측정할 수 있다. 반면 prebiotic 효과, 콜레스테롤 대사 등과 같이 몇 주 이상의 기간 동안 섭취해야만 확인되는 기능성도 있으며 암발생위험감소 등과 같은 질병위험감소나 골대사처럼 몇 년을 시험해야만 확인되는 기능성도 있다. 또한, 시험원료의 효과가 섭취 후 바로 나타나는 것이 아니라 일정 기간 후에 나타날 수 있다는 점에서도 시험 기간은 매우 중요하다. 어떠한 경우에는 일정 기간 섭취 후에 효과가 나타나나 평형에 도달한 후에는 그 효과가 감소하면서 사라지기도 하며, 때로는 섭취한 원료·성분이 내성을 유발하여 효과가 감소하기도 하는데, 이러한 경우, 원료를 계속 섭취하였을 때 혹은 중단하였을 때 효과의 변화 추이에 대하여 관찰하는 것이 필요할 수도 있다. 예를 들어, probiotics나 prebiotics들은 며칠간 섭취한 것만으로도 장내 미생물 균총에 변화를 줄 수 있으나, 계속 섭취하였을 때의 기능성 유지 여부나 중단하였을 때의 장내 균총에 대해서는 더욱 연구가 필요하다. 또한, 낮은 glycemic index를 가지는 식품의 경우 단회 혹은 몇 차례의 섭취로 기능성을 입증할 수 있으나 이들 체지방 함량 변화, 대사증후군 및 당뇨발생 등에 대한 영향 여부는 장기간의 연구가 필요하다.

6. 피험자들의 기초 식이 특성을 파악하였는지?

식이 중재연구에는 통제된 상황에서 식사를 제공하는 방법 대신에 식이지도의 방법이 많이 사용되므로 시험기간 동안 식이에 변화가 있었는지 아닌지를 확인하는 과정이 반드시 수반되어야 한다. 따라서 시험을 설계할 때에는 기능성의 목적이 되는 대상자들 및 연구에 참여한 사람들의 기초 식이가 고려되어야 한다. 그러나 대조군이 적절하게 사용하고 무작위 배정에 의해 군을 나누었으며 변수가 될 수 있는 여러 요인이 잘 보정되었다면 더 이상의 언급은 필요하지 않을 수도 있다.

사람들은 일상 식이를 통하여 많은 활성물질에 노출된다. 한 가지 기능성분으로 수행되는 중재시험에서는 이 성분이 일상 식이에 포함되어 있는지 아닌지를 확인해야 하며 식이에 의해 시험하고자 하는 성분의 기능성이 증가되거나 혹은 감소될 수 있는 가능성이 있는지 또한 고려해야 한다. 예를 들어, 비타민의 암발생위험감소효과를 확인하고자 하는 시험에서는 시험대상자들이 비타민제를 일상적으로 섭취하는지, 비타민 시험으로 인하여 식사습관에 변화가 생기지 않는지, 서로 다른 집단에서 섭취하는 비타민의 함량이 얼마나 차이가 있는지 등에 대한 고려가 필요하다.

식이 습관을 확인하는 것은 섭취하는 식품에 대한 정보를 모으고 이들 식품의 성분을 분석하기 위하여 최신의 기술을 이용한 방법을 사용하여야 하며, 식이조사를 통해 나오는 결과가 실제 섭취량보다 종종 낮게 측정되기 때문에 매우 어렵다. 하지만 많은 전문가 집단에서 혈액이나 소변에서 성분을 확인하는 등의 다양한 식이 평가방법과 섭취량 조사방법을 개발하고 있다. 식이 평가에 사용할 수 있는 다른 바이오마커로는 에너지 소비에 측정되는 double labelled water, urinary nitrogen, sodium, sulfate 등이 있으며, 체중 및 체중의 변화도 중요한 측정지표가 될 수 있다.

식품섭취평가에 사용할 수 있는 검증된 지표가 없다면, 섭취하는 개별식품의 양과 구성성분으로 섭취량을 추정하여야 한다. 이 방법은 식품 구성성분에 대한 정보가 제한되어 있을 뿐만 아니라 섭취한 식품에 대한 피험자의 보고에 의존해야 하므로, 부정확할 가능성이 높다. 실제 피험자들의 회상에 의존하는 방법과 doubly labelled water 방법, 두 가지를 사용하여 섭취량을 측정한 결과, 평균적으로 20%의 차이가 있으며 심지어 50%의 차이까지 보이는 경우도 있었다. 또한 과체중, 비만인 피험자들은 식품 섭취량을 잘못 보고하는 경우가 많다고 알려져 있다. 이처럼 일

상적인 식이를 확인하고 그 특성을 파악하는 것은 쉽지 않은 일이므로, 올바른 조사 결과를 얻어내기 위해서는 조사 설계 및 방법의 선정에 유의하여야 한다.

식이섭취량을 평가하는 데에는 retrospective 방법이나 prospective 방법 모두 사용할 수 있으나 실제 섭취하는 양보다 더 적게 보고할 수 있는 단점이 있다. 피험자들은 모두 실세 섭취하고 있는 식품을 기록하도록 되어 있으나 기록해야 한다는 생각 때문에 식품을 선택하고 섭취하는 데 영향을 받을 수도 있는 것이다. 식이섭취량을 평가하는 방법은 24시간 회상법, 식이이력작성법 등이 있는데, 기본적으로 피험자들이 섭취한 식품의 무게를 측정하고 그 값을 기록하여 결과를 도출하는 방법이다.

24시간 회상법은 24시간 이전에 그들이 섭취한 식품이 무엇인지, 얼마나 섭취하였는지를 피험자가 기록하는 반면, 식이이력작성법은 문제지를 사용하여 면접자가 그 피험자의 일정기간 동안의 전형적인 식사 특성 및 식품섭취빈도를 파악하는 방법이다. 24시간 회상방법은 단 하루 동안의 기록이므로 그 피험자의 일상적인 식사습관을 파악하는 데에는 적합하지 않을 수 있으며, 식이 이력의 조사는 식품의 종류가 제한되기 때문에 질문지에 조사하고자 하는 주요한 식품성분이 포함되어 있지 않다면 섭취량 평가에 사용할 수 없을 수도 있다.

7. 적합한 바이오마커를 사용하고, 검증된 측정방법을 사용하였는지?

인체에서 생리적인 작용을 파악하고 기능성을 확인하기 위해서는 적합한 측정지표가 있어야 하며 이것을 바이오마커라고 한다. 기능성을 측정할 때 사용하는 바이오마커는 생물학적으로 유용하여야 하고 측정방법이 널리 인정된 것이어야 하며, 목적하고자 하는 기능성을 반영할 뿐만 아니라 그 민감도, 특이성 등에 대해 파악할 수 있도록 하는 것이어야 한다. 사용된 바이오마커의 적합성은 경우에 따라 달라질 수 있으며 단 한 가지의 바이오마커만으로 기능성을 입증할 수 없는 경우도 많이 있다. 모든 바이오마커가 같은 결론을 내는 것은 아니다. 질병과 관련이 있을 수도, 없을 수도 있으며 가역적인 반응일 수도, 아닐 수도 있다.

바이오마커의 적합성뿐 아니라 측정방법의 신뢰도 또한 매우 중요하다. 측정된 값이 정말 신뢰할 수 있는 값인지를 확인하기 위해 식품의약품안전청에서는 Good

Clinical Practice(GCP)의 기준을 요구하고 있으며 이러한 기관에서 시험된 결과가 아니라면 여러 명의 관련 전문가들에 의해 동료검토(peer-review)를 거친 논문을 요구하고 있다.

8. 섭취량 및 섭취방법은 실제 섭취하고자 하는 패턴과 동일해야 한다.

인체적용시험의 섭취량과 섭취방법 등은 실제 섭취하게 되는 대상집단의 특성, 특히 위험에 노출될 수 있는 취약집단을 고려하여 설정하여야 하며, 농도에 따른 기능성의 변화 추이를 통하여 유효섭취범위가 설정되는 것이 이상적이다. 인체적용시험을 수행할 때 목적하는 기능성이 나타나도록 과도한 섭취량을 설정하는 경우가 종종 있는데, 이러한 시험 중 일부는 너무 비현실적이어서 좀 더 현실적인 섭취량을 설정하는 시험이 더 필요한 경우도 있다. 예를 들면, 극단적인 저칼로리 식이를 사용한 체중조절시험은 시험하는 원료·성분의 기능성을 입증하기가 어렵다.

9. 연구 대상자의 순응도에 대한 지속적인 모니터링이 실시되어야 한다.

식품과 기능성과의 연구에서 연구대상자들이 실제로 섭취하는 식이를 파악하고 시험하는 식품의 섭취량, 섭취방법 등을 정확하게 지키는지 확인하는 것은 매우 중요하다. 만약 시험대상자들이 정해진 프로토콜에 따라 섭취하였다면 그 연구는 식품의 기능성을 확인하는 적절한 연구가 될 것이다. 따라서 시험대상자들의 순응도를 확인하는 것은 연구의 유효성 여부를 확인하는 데 매우 중요하다.

물론 인체중재시험에서 100%의 순응도를 달성한다는 것은 거의 불가능하며, 시험결과 분석에 있어서 연구자는 프로토콜에 따르지 못한 피험자를 배제하기도 한다. 그러나 이러한 배제는 편견을 개입시킬 수 있으므로 잘못된 결과가 도출될 수도 있다.

이러한 오류를 막기 위한 가장 좋은 방법은 'intention-to-treat(ITT)'방법을 사용하는 것이다. 이 방법은 중간에 탈락하거나 전혀 참여하지 않은 대상자까지 포함하여 모든 피험자에 대한 데이터를 분석하는 것으로 이 분석방법을 사용하면 편견이 개입될 위험은 최소가 된다.

10. 결과가 통계적으로 분석되었는지?

기능성을 입증하기 위해서는 연구를 설계할 때부터, 원하는 통계적 유의수준에 도달하기 위한 필요한 표본의 크기, 통계치 등을 추정하여야 한다. 즉, 연구 완료 후에 유용한 결과를 도출하기 위해서는, 표본의 크기를 결정하기 전에 측정하고자 하는 지표의 통계적 특징에 대해 파악하여야 하며 효과의 크기를 측정하고 통계학적 유의성을 계산하여야 한다. 통계적 유의성은 여러 가지 변수에 따라 달라질 수 있다는 점을 유의해야 한다. 효과가 충분히 크다 하더라도 통계적 유의가 없다면 일반적으로 그 결과는 기능성을 입증하기에 충분하지 않다고 간주된다. 다만, 통계적 유의성 없는 결과가 단독으로 기능성을 입증할 수는 없다 하더라도 그 다음 연구를 위한 기초자료로서는 활용이 가능할 것이므로 무시해서는 안 된다. 또한 통계방법은 인체적용시험의 설계에 적합한 방법을 사용하여야 한다. 예를 들어, 세 군 이상의 그룹의 비교에서는 단순한 student's t-test가 아닌 ANOVA 등의 다중비교방법을 사용하여야 한다. 시험군과 대조군 간에 적절한 통계분석이 되지 않았다면 식품성분과 기능성과의 관계에 대한 과학적 결론을 내릴 수 없으므로 이러한 연구는 아주 낮은 점수를 받게 된다.

11. 어느 곳에서 시험이 진행되었는지?

생체기능향상에서는 거의 고려하지 않는 요소이나, 질병발생위험감소표시를 평가할 때에는 시험 대상자가 우리나라의 일반 국민과 연관이 있는지를 확인하는 것이 매우 중요하다. 따라서 식품의약품안전청에서는 각각의 연구결과를 평가할 때, 시험이 진행된 장소가 우리나라와 유사하지 않은 특정 질병에 대한 위험 요인을 가지고 있는 지역인지, 영양부족상태 혹은 특정 영양소의 섭취가 부적절한 지역인지 등을 확인한다. 영양부족상태의 경우 영양상태와 영양소의 대사는 아주 많이 달라지기 때문에 특정 surrogate endpoint의 반응이 영양상태가 좋은 대상자의 경우와는 다르게 나타날 수가 있어 영양상태가 우리와 다른 지역에서의 연구결과를 우리나라 국민에게 적용할 수는 없다. 결론적으로 부족한 영양섭취상태에 있는 국가에서 연구된 결과, 질병의 위험에 대해 전혀 다른 요인을 가지고 있는 국가에서 수행된 연구들의 경우 우리나라 국민을 대상으로 하는 질병발생위험감소표시의 평가에 사용할 수 없다.

관찰연구

1. 어떠한 정보가 수집되었는가?

영양성분섭취를 관찰하기 위하여 생물학적 시료(혈액, 소변, 조직, 머리카락 등)를 사용할 수 있으나 이 경우에는 반드시 섭취한 영양성분과 신체 내에 반영되는 양과의 용량반응관계가 명확하여야 한다. 예를 들어 섭취한 영양성분과 생물학적 시료에서 분석되는 양(셀레늄의 섭취량과 손톱에서의 셀레늄 함량)과의 관계가 강한 상관관계가 있으면 생물학적 시료를 통해 섭취량을 판단할 수 있으나, 그렇지 않다면 생물학적 시료를 사용한 연구결과에서는 과학적 결론을 도출하기 어렵다. Casecontrol 연구에서는 환자를 케이스로 연구하므로 대사체 등의 농도가 변형될 가능성이 매우 높다. 따라서 이 경우에는 생물학적 시료를 섭취량으로 판단하기 어려운 것이다.

2. 과학적으로 타당하고 검증된 식이조사 방법을 사용하였는가?

단일 24시간 회상법이 전체 그룹의 평균섭취량을 조사하는 데 유용하다 하더라도 이를 사용하여 개인의 섭취량을 평가하는 것은 적절하지 않은 섭취량 평가방법이라고 판단되고 있다. Food frequency questionnaire(FFQ)는 식품의 종류와 조리방법이 한정되어 있어 질문에 포함되지 않은 식품에 대한 섭취량 정보가 부정확할 수 있으나, 이런 단점에도 불구하고 검증된 FFQ는 과학적 결론을 도출하기에 가장 필요한 평가방법으로 간주된다. 그러나 검증되지 않은 FFQ는 식품과 질병과의 관계를 잘못 해석할 수 있는 여지를 제공할 수 있다.

3. 표시하고자 하는 기능성과 식품과의 관계를 측정하였는가?

관찰연구는 food frequency questionnaire, diet recall, diet record 등을 통해 전체 식품의 섭취량을 측정하므로 대상집단이 실제로 섭취하는 성분과 그 함량을 정확히 계산하기 어렵다는 단점이 있다. 게다가 연구하고자 하는 성분이 식품 자체가 아니라 특정 성분이라면 각각의 식품 중에 존재하는 성분의 함량에 대한 계산이 있어야 하므로 추가적인 추정이 필요하게 된다. 또한 식품 성분은 토양의 조성, 가공 또는 조리 방법, 저장조건 등에 따라 달라질 수 있다. 따라서 전체 식품의 섭취 기록에 근거하여 식품 성분의 섭취량을 측정하는 것은 매우 어려워진다.

게다가 전체 식품 또는 제품에는 여러 성분이 포함되어 있어서 특정 성분만을 분리해서 연구하는 것은 매우 어렵다. 전체 식품이나 여러 성분이 복합된 제품으로 기록된 식이섭취를 기반으로 한 연구는 관찰된 효과가 식품성분 단독의 효과인지, 다른 성분과의 상호작용 때문인지, 다른 성분이 작용한 것인지, 다른 성분의 섭취가 줄어든 것 때문인지 정확히 결정하기 어려운 것이다.

사실 일반 식품을 대상으로 진행된 많은 관찰연구를 통하여 특정 영양성분이 질병에 영향이 있다고 알려져 있었으나, 이 성분을 보충제 형태로 중재시험을 한 결과 질병의 위험을 감소시키지 않거나 오히려 위험을 증가시킨 경우가 종종 있었다. 베타카로틴을 함유한 과일과 채소와 폐암발생위험 감소 관련 관찰연구결과가 많이 있었으나, Alpha-Tocopherol and Beta Carotene Prevention Study(ATBC)와 Carotene and Retinol Efficienty Trial(CARET) 결과 베타카로틴 보충이 흡연자와 석면에 노출된 사람의 폐암발생위험을 오히려 증가시킨다는 결과를 얻었다. 이들 연구결과는 영양성분이 보충제로 제공되면 여러 성분이 혼합된 식품으로 섭취할 때와는 다른 효과를 보인다는 것을 입증한다. 게다가 이들 결과는 관찰연구에만 의존하는 경우 국민의 건강에 위험을 증가시킬 수 있다는 점도 시사하기도 한다. 이러한 이유들 때문에 관찰연구 결과로부터 얻는 과학적 결론은 충분하지 않은 것이다.

개별자료의 검토는 게재지 정보, 연구목적, 시험설계, 시험대상자, 시험물질, 바이오마커, 연구결과 등으로 정리하게 된다. 개별 자료는 '건강기능식품 인정신청 프로그램'을 사용하여 식품의약품안전청과 동일하게 입력할 수 있으며, 동 프로그램에는 다음에서 설명하는 자료의 질적평가를 해볼 수 있도록 되어 있다.

② 연구의 질적 평가

1차 검토에서 제외되지 않은 연구들은 연구방법에 대해 각각 질적평가가 매겨진다. 질적평가는 앞서 설명하고 있는 내용과 같이 시험 디자인, 자료의 수집방법, 통계방법의 적합성, 측정한 마커의 종류, 대상자 특성 등의 여러 요소에 따라 행해지며, 그 수준은 3가지로 나누어진다. 이런 요소에 대해 전부 혹은 대부분 기준에 충족한다면 수준1의 점수를 받을 것이다. 수준2와 수준3은 질적 평가요소 중 부족한 부분이 무엇인지, 불확실한 부분이 무엇인지에 따라 결정된다. 수준3의 점수를 받은 연구는 연구수행에 있어 부족한 부분이 많이 있으므로 과학적 결론을 내리기 어려워진다.

식품의약품안전청에서 사용하고 있는 질적평가는 표 2-8과 같다. 시험설계, 시험대상자, 시험물질, 식이조절, 목적, 바이오마커, 통계, 혼동요인 분석 등의 8가지 영역으로 나누어 총 27가지의 측면을 고려한다. 해당 질문에 대하여 '예'인 경우는 +1, '아니오'인 경우는 -1, 그리고 '관련 없음'인 경우에는 0점을 주고, 전체를 합산하여 20점 이상인 경우는 수준1, 15~19점은 수준2, 14점 이하는 수준3의 점수를 주게 된다.

동물시험과 in vitro 시험의 질적평가는 시험설계, 시험대상자, 식이조절의 항목은 평가하지 않는다. 이를 제외한 평가에서 8~12점은 수준2, 7점 이하는 수준3의 점수로 평가한다.

자료의 질적평가에서 가장 중요한 부분은 시험의 설계로서, 얼마나 잘 설계되어 있는지, 기간이 충분한지 등이 중요한 평가항목이다. 적절한 무작위배정은 연구하는 성분 이외에 연구결과에 영향을 미칠 수 있는 내재적, 또는 외재적인 요소들을 제거할 수 있다. 특히 맹검은 측정하는 지표가 대상자들이 무언가 좋은 성분을 섭취하고 있다는 의식에서 받을 수 있는 영향에 민감한 경우, 즉 인지능력, 정신적 상태, 행동 등을 측정하는 연구에서 매우 중요한 요소가 된다.

그 다음은 시험대상자에 대한 문항으로, 시험대상자가 표시하고자 하는 기능성에 적합한지, 편견을 가지지 않는 공정한 방법으로 대상자를 선정하였는지, 시험 도중에 탈락한 대상자가 많이 있지는 않은지 등을 평가한다.

건강한 혹은 위험상태에 있는 대상자가 시험기간 동안 연구하는 질병과 관련된 의약품을 복용하도록 허용되었는지, 그렇다면 의약품을 복용하고 있는 대상자의 비율이 시험군과 대조군에서 유사한가를 검토하고, 대상자의 탈락률이 매우 높다면 왜 대상자들이 탈락했는지, 시험군과 대조군의 숫자에 어떠한 영향을 미쳤는지를 파악하는 것이 중요하다.

시험에 사용된 물질에 관해서는 규격이 정확하게 설정된 물질을 사용하였는지를 보는데, 이는 시험에 사용된 물질과 신청하는 원료·성분이 얼마나 유사한지를 판단하기 위함이다. 또한 시험하는 물질은 식품 성분으로서 섭취하고 있는 식사와 밀접하게 연관되므로 식사에 대한 조절이 얼마나 잘 되고 있는지를 확인한다.

표 2-8 개별 연구의 질적 수준 평가항목

구분	평가항목	응답
시험 설계	1. 시험 설계에 대한 설명이 충분한가?	Y/N
	2. 시험의 목적에 맞는 설계를 하였는가?	Y/N
	3. 시험기간이 결과를 관찰하기에 충분한 기간인가?	Y/N
	4. 이중맹검법으로 실시되었는가?	Y/NA
	5. 무작위배정의 방법으로 실시되었는가?	Y/NA/N
시험 대상자	6. 대상자의 선정/제외 기준이 잘 설명되었는가?	Y/N
	7. 선정 대상이 기능성을 표방하기에 적합하였는가?	Y/N
	8. 대상자의 모집 방법이 편견을 배제할 수 있는 방법인가?	Y/N
	9. 대상자의 수가 적합하였는가?	Y/N
	10. 시험에 참여한 대상자가 일반적 한국인을 대표하는가?	Y/NA
	11. 지원자의 80% 이상이 시험에 끝까지 참여하였는가?	Y/NA/N
시험 물질	12. 시험물질에 대한 정보가 충분한가?	Y/N
	13. 시험물질의 분석방법, QC방법이 잘 설명되었는가?	Y/NA
식이 조절	14. 시험 기간 중 식이조절이 잘 되었는가?	Y/NA/N
	15. 기초 식이가 잘 설명되고 측정되었는가?	Y/NA/N
	16. 의약품복용, crossover 설계의 경우 wash out 기간이 적절한가?	Y/NA/N
	17. 식이와 관련한 변화(체중, 운동, 음주 등)이 잘 서술되고 설계되었는가?	Y/NA/N
목 적	18. 시험목적이 잘 서술되었는가?	Y/N
바이오 마커	19. 관찰된 바이오마커의 선정이 적합한가?	Y/N
	20. 두 가지 이상의 바이오마커가 사용되었는가?	Y/N
	21. 사용된 바이오마커에서 일관성이 있는 결론에 도달하였는가?	Y/N
	22. 관찰된 바이오마커에 대한 결과가 농도 의존적인가?	Y/NA
통 계	23. 결과가 통계 분석되었는가?	Y/N
	24. 통계 분석 방법이 적합한가?	Y/N
	25. 통계 분석된 결과에 대하여 해석이 잘 되어 있는가?	Y/N
	26. 상대적 효과와 절대적 효과가 잘 구분되었는가?	Y/NA
혼동요인	27. 결과의 해석에 혼란을 줄 수 있는 요인이 잘 분석되었는가?	Y/NA

다음으로 시험목적이 잘 서술되어 있는지, 측정한 바이오마커가 적합한지, 측정된 여러 개의 바이오마커에서 모두 일관된 결과를 보이는지 등을 확인하며, 만약 두 개 이상의 농도에서 농도의존적인 기능성이 확인되었다면 가산점을 줄 수 있도록 평가 항목이 설계되었다. 마지막으로는 적합한 통계를 사용하여 유의적인 결과를 확인하였는지, 결과에 혼동을 줄 수 있는 여러 요인들을 잘 분석하였는지를 평가한다.

다. 자료의 총체적 평가

과학적 근거에 대한 총체적인 평가는 연구의 유형, 연구방법에 대한 질적평가, 근거의 양, 결과의 반복적 확인 여부, 질병과의 연관성, 전체 근거의 전반적인 일관성을 각각 고려하여 총체적인 평가를 수행한다.

일반적으로 중재시험이 가장 강력한 근거를 제공한다. 중재시험은 대상자의 선택에 대한 비뚤림을 방지하고 다른 혼동요인에 의한 결과의 오인을 줄여줄 수 있다. 비록 식품성분과 기능성과의 관계에 있어서 중재시험과 관찰시험이 모두 평가되지만 관찰시험만으로 신뢰도가 높은 중재시험결과를 대체할 수 없다. 따라서 무작위배정, 잘 통제된 중재시험이 일관성을 가지고 식품성분과 기능성과의 관계를 보여준다면 어떠한 관찰시험결과가 있다 하더라도 이를 뒤집을 수 없는 것이다.

자료의 종합검토는 개별적으로 평가된 자료를 모두 모아 표 2-9의 기준에 따라 점수를 주는 방법으로 실시된다. 즉, 자료의 양에 따라 '양1~양2', 전체적인 자료의 일관성에 따라 '일관성1~일관성3', 그리고 자료의 활용성에 따라 '활용성1~활용성3'으로 평가한다.

질이 좋은 자료가 충분히 많으면 '양1', 자료의 질은 만족할 수준 이상이나 양이 제한되어 있으면 '양2'로 평가한다. 자료의 양에 대한 평가가 끝나면 평가된 모든 자료의 일관성에 대해 평가한다. 질이 좋은 다수의 자료에서 제시하는 결과가 모두 일관된 결론을 보이고 있으면 '일관성1', 질과 자료의 양에 상관없이 결과는 일관성이 있으면 '일관성2', 결과에 일관성이 없으면 '일관성3'으로 평가한다. 마지막 평가는 자료의 활용도이다. 질병과 관련된 종말점이 바이오마커로 사용되었으면 '활용성1', 생리적 변화와 관련된 바이오마커가 사용되었으면 '활용성2', 자료에 사용된 바이오마커가 주장하려는 기능성과 관련이 없으면 '활용성3'으로 평가한다.

표 2-9 자료의 종합평가

자료의 양	양1	질이 좋은 자료가 충분히 많음
	양2	자료의 질은 만족할 수준 이상이나 양이 제한됨
자료의 일관성	일관성1	질이 좋은 다수의 자료에서 일관성 있는 결과를 보임
	일관성2	질과 자료의 양에 상관없이 결과는 일관성이 있음
	일관성3	결과에 일관성이 없음
자료의 활용성	활용성1	질병발생을 측정하거나 질병과 관련한 검증된 바이오마커 사용
	활용성2	생리적 변화와 관련된 바이오마커 사용
	활용성3	주장하는 기능성과 관련 없는 바이오마커 사용

건강기능식품의 기능성평가체계를 보고 생각하기 쉬운 오해가 동물시험 및 시험관시험 등의 기반자료에 대한 판단이다. 물론 건강기능식품의 기능성은 인체에서의 기능성을 표시하는 것으로 인체에서 기능성을 확인하는 것이 가장 중요하다. 하지만 연구의 단계에서 인체적용시험에 도달하기 위해서는 동물시험, 시험관시험 등의 과학적 배경이 충분히 뒷받침되어야 인체적용시험의 신뢰도를 높일 수 있다. 인체적용시험은 통제가 불가능한 사람을 대상으로 하는 시험이며, 식품원료를 가지고 수행하는 시험이 대부분이므로 그 효과에서 의약품에서 말하는 임상적인 의미를 찾기가 어려울 수 있다. 따라서 통계적 의미만을 가지고 인정해야 하는 건강기능식품에서는 인체적용시험결과를 뒷받침할 수 있는 기반자료가 매우 중요한 위치를 차지하게 되는 것이다. 또한 건강기능식품의 기능성은 인체에서 측정할 수 있는 결과뿐만 아니라 개연성이 있는 생리학적 변화에 오히려 무게가 실리고 있는 만큼, 인체적용시험을 설명할 수 있는 '생물학적 개연성'에 대한 결과가 반드시 동반되어야 기능성에 대한 완전한 근거가 될 수 있는 것이다.

(3) 기능성 내용의 결정

가. 기능성 표시

기능성 자료의 개별 평가와 총체적 평가가 완료되면 평가결과에 따라 다음과 같이 기능성 내용을 결정하게 된다.

① 기능성 자료가 질병과 직접적으로 연관된 바이오마커를 사용한 유형2 이상의 중간 수준 이상의 질을 평가받은 연구가 많이 있으며, 모두 일관된 결과를 내고 있으면 '질병발생위험감소'의 표시가 가능하다.

② 질병발생위험감소표시를 인정받을 정도의 기능성 자료를 가지고 있지만 시험에 사용된 바이오마커가 특정 기능 및 생리기능변화와 관련된 마커이면 '생체기능향상I'에 해당하는 기능성내용이 표시될 수 있다.

③ 특정기능 및 생리기능변화와 관련된 마커를 사용한 유형2 이상, 질적평가수준이 중간 이상의 인체적용연구가 소수이며 일관된 결과를 내고 있으면 '생체기능향상II'의 인정이 가능하고,

④ 자료의 질적평가수준이 중간 이상인 동물시험만 다수 있으며 일관성이 있는 결과를 내고 작용기전을 잘 설명할 수 있거나, 또는 질적평가수준이 중간인 대조군이 설정되지 않은 인체적용연구 또는 case-control study 등의 유형3에 해당하는 인체적용연구 정도까지의 자료가 있으면 '생체기능향상III'에 해당하는 기능성표시가 가능하다.

⑤ 만약 제출된 기능성 자료가 동물시험만 있으나 기능성의 확인만 되어 있어서 기능성을 충분히 설명하기 어려운 경우나, 인체시험이 있으나 기능성이 있다고 판단되기 어려운 경우에는 '생체기능향상III'에도 해당하지 않고 건강기능식품으로 인정될 수 없다.

표 2-10 **기능성 내용의 결정 및 표시**

연구유형	연구의 질	연구의 양	일관성	활용성	기능성 내용
유형2	수준1	양1	일관성1	활용성1	질병발생위험감소
유형2	수준1	양1	일관성1	활용성2	생리기능향상 I
유형2	수준2	양2	일관성2	활용성2	생리기능향상 II
유형3	수준2	양2	일관성2	활용성2	생리기능향상III
유형4	수준2	양1	일관성1	활용성2	

나. 기능성 표시 인정 사례

식품의약품안전청에서는 개별연구의 평가결과를 도식화하여 종합적인 평가를 할 수 있도록 한다. 연구의 유형과 수준을 x축과 y축으로 놓고 연구의 결과를 화살표로 표시하여 일관성과 연구의 양 등을 쉽게 판단할 수 있도록 하고 있다.

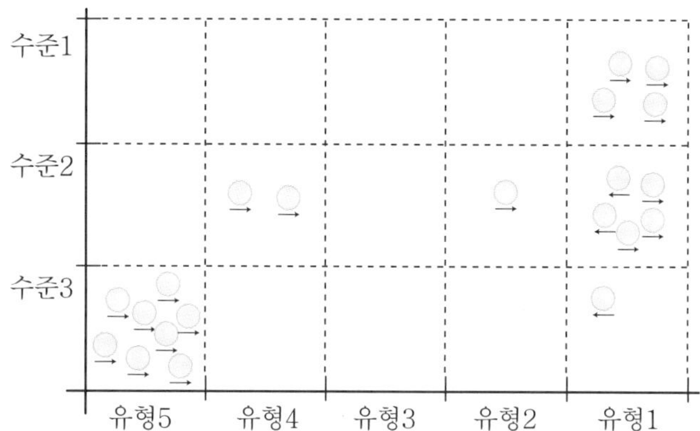

위의 그림에서 설명하는 원료는 in vitro 시험 8건, 동물시험 2건 있으며 동물시험은 수준2에 해당하는 연구로 평가된다. 인체적용시험은 cohort study 1건, 중재시험 10건이 있으며 이중 수준2에 해당하는 중재시험이 2건, 수준3에 해당하는 중재시험이 1건 있다. 하지만 수준1의 중재시험이 4건이나 있으며 모두 일관성 있는 결과를 보이고 있으며, 수준2의 중재시험에서도 3건의 연구가 일관성 있는 결과를 보여 이 원료는 전반적으로 일관성이 있는 자료들이 충분히 있는 것으로 판단된다. 또한 이 원료는 사용된 바이오마커가 생리적변화와 관련된 바이오마커를 사용하였으므로, 생체기능향상에 해당하여 '생체기능향상II'의 기능성을 인정할 수 있는 것이다.

기능성 내용은 매우 부족한 근거부터 합의에 도달할 만한 근거가 있는 과학적 근거의 축적에 대한 연속의 표현이다. 따라서 과학적 근거의 축적 정도를 표시를 통해 소비자에게 정확히 전달하여야 하나 많은 한계가 있다.

예를 들어 과학적 근거가 부족하나 일부 있는 경우 정확한 제한적 언어로 전달하는 것이 불가능할 수 있다. 또한 식품성분 단독의 효과인지 혹은 다른 성분을 대체함으로써 얻는 효과인지도 정확히 전달되어야 한다. 소비자의 이해 정도를 파악하여 최대한 정확한 정보 전달 방법을 찾기 위한 연구는 향후에도 지속되어야 할 것이다.

【참고】기능성 시험 연구에서 사용되는 주요 바이오마커

1. 콜레스테롤 조절

측정항목	바이오마커
혈 액	• Trigyceride VDLD, LDL, HDL, Cholesterol, fatty acid, apo A-1 apoB, apo C, apo E, LP(a) 농도 • LCAT 활성도 • Cholesteryl ester transport protein 활성도
간조직	• HMG-CoA reductase 활성도 • LCAT 활성도 • Acyl-CoA ; cholesterol acyltransferase 활성도 • 7a-hydroxylase 활성도
콜레스테롤 흡수 조절효소	• Intestinal cholesteryl ester hydrolase 활성도 측정 - 소장점막 • Intestinal cholesteryl esterase 활성도 측정 - 소장 • Intestinal chyl-CoA ; cholesterol acyltransferase 활성도 측정
배설 cholesterol	• Fecal Neutral Sterol 정량 • Fecal Acidic Sterol 정량
항동맥경화 기능	• 동맥 및 조직의 플라그와 형태학적 분석 • 조직의 PPAR (peroxisome proliferator activator receptor) 분석 • 혈장과 플라그의 Oxidized LDL(oxLDL) 수준 분석 • 혈장이 C-Reactive protein (CRP) 수준 분석 • 혈장 nitrite 및 nitrate (NO2-/NO3-) 수준 분석 • 동맥과 간조직의 항산화효소 활성도 측정 superoxide dismutase, catalase peroxidase

2. 혈 압

측정항목	바이오마커
혈 액	• C-reactive protein(CRP), homocysteine, renin, angiotensin I , antiotensin II
조 직	• Angiotensin Converting Enzyme(ACE)
혈 압	• 수축기, 이완기 혈압

3. 혈액응고, 혈액의 흐름

측정항목	바이오마커
내피세포의 기능	• Adhesion Molecule(부착분자)의 혈장농도 • 아세틸콜린과 히스타민 농도
혈소판 기능	• serotonin 농도 • thromboxane A2 • 혈전용해 수용체의 활성화 • P-selection 발현
응고 및 분해 반응	• prothrombin time 및 actived partial thromboplastin time 측정 • fibrinogen 농도 • FV Ⅱ, antithrombin Ⅲ 등의 응고인자 측정
CVD 위험도	• Fibrinogen • tPA/PAI-1 복합체의 혈장 농도

4. 체지방 및 혈당조절

측정항목	바이오마커
체지방 측정	• BMI(Body mass index, 체질량지수) 측정 • 이상체중에 대한 백분율(변형된 Broca법) • 표준체중(Ideal body weighing) • 허리둘레와 엉덩이둘레 비율(Waist Hip Ratio) • 수중계체법(Underwater weighing) • 피하지방 두께 측정법(Skinfold thickness) • 생체전기저항측정법(Bioelectrical impedance) • 체지방 컴퓨터 단층촬영(Computer Tomography, CT)
혈당 수준	• 공복혈당(Fasting plasma glucose) • 내당능(OGTT, Oral Glucose Tolerance Test) • 식후혈당(Postplandial glucose level) • 당화혈색소(Glycated hemoglobin)

5. 항산화

측정항목	바이오마커
조직과 혈액의 GSH	• GSH, GSSG, GSSG/GSH ratio 전구물질인 cysteine 농도 측정, 동물실험인 경우 조직 내 합성단계의 속도제한효소인 GSH reductase, Glutathione peroxidase, y-Glutamylcysteine synthetase 활성 측정
조직과 혈액의 항산화 효소 측정	• Superoxide dismutase, Glutathione peroxidase, Cataiase
지질의 과산화 측정	• 지질과산화의 초기 단계에서 생성되는 diene conjugates의 측정 • 지질과산화반응의 부산물로 생성되는 hydrocarbon gases의 측정 • TBA(thiobarbituric acid) 측정
Oxidant의 효과 측정	• 산화적 스트레스를 부과한 시험계에서 해당 실험물질의 항산화성을 측정

6. 뼈와 관절건강

측정항목	바이오마커
골형성의 생화학적 Biomarker	• 알칼리성 포스파타제 Alkaline phosphatase(ALP) 활성 • 오스테오칼신(Osteocalcin) 농도 • 프로콜라겐 프로펩타이드(Procollagen propeptide)
골분해의 생화학적 Biomarker	• 소변 하이드록시 프롤린(hydroxyproline) 농도 • 소변 피리디놀린과 디옥시피리놀린(pyridinoline, droxyridinoline) • 혈장 주석산염 저항성 산성 포스타파제(tartrate-resistant acid phosphatase) 활성 • Telopeptide(C-terminal/N-terminal) 양
혈액검사	• 혈중 칼슘, 인(P), 마그네슘, 혈청단백, 알부민 등
치 아	• 치면세균막 지수 • 구강 내 다형연쇄상 구균수 • 치면세균막 pH • 재석회화 촉진

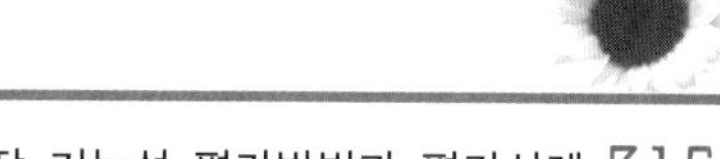

7. 장건강

측정항목	바이오마커
장 기능 조절	• 장내 세균 동정 및 세균수 측정법 • MPO(Myeloperoxidase) activity • Histopathologic change test
배변활동 능	• 변의 중량과 수분량 • 소화관 운동 능(장관 통과시간)
H. Pylori 억제능	• H. Pylori의 CFU 수 측정 • Rapid urease test • 13C - 요소호기 검사

8. 면역증강

측정항목	바이오마커
면역관련 장기무게 및 세포수 측정	• 비장, 흉선 임파절의 무게 측정 • 비장세포수, 흉선세포수, 복강세포수 측정
세포성 면역반응	• T임파구 증식능 측정 • 혼합 임파구 반응에 의한 증식능 측정 • 비장세포의 싸이토카인 생성능 측정
체액성 면역반응	• B임파구 증식능 측정 • 항체 용혈반 생성 세포수 측정 • 혈청내의 항원 특이항체 측정
대식세포의 활성화 측정	• 록강대식세포의 nitric oxide와 TNF-Q 생성능 측정 • 혈중 대식세포의 탐식능 측정
자연살해세포의 활성능 측정	• 자연살해세포의 활성능 평가

제2절 의약품의 임상시험

① 임상시험의 정의

임상시험에 사용되는 의약품의 안정성과 유효성을 증명할 목적으로 해당 약물의 효과를 확인하고 이상반응을 조사하기 위하여 사람을 대상으로 실시하는 시험을 말한다.

② 임상시험의 필요성

임상시험은 개입조치에 의한 예측된 효과(postulated effect)를 확인하고자 할 때에 가장 우수한 연구방법으로 질병에 대한 정보가 부족하거나 편차(variation)가 클 경우에는 통제되지 않은 임상관찰(uncontrolled clinical observation)만으로는 새로운 치료방법의 효과를 판단하는 것이 불가능하다. 반면 임상시험에서는 대조군이 있으므로 이러한 예측이 가능하다. 그러나 부적합한 방법에 의해 수행된 임상시험 결과가 주는 부작용은 매우 심각할 수 있다.

③ 신약개발

신약이란 화학합성, 천연물 추출 등의 신물질탐색 작업, 전임상(동물시험, 독성시험)시험, 임상시험 등을 거쳐 보건당국(국내는 식품의약품안정청, 미국은 FDA, 일본은 후생성)의 제조승인을 받은 의약품으로서 기존 약물에 대한 단순모방 또는 단순개략 합성에 의한 것이 아니며 기존 약물의 문제점을 근본적으로 해결하거나, 새

로운 기전에 의거한 새로운 약물로서의 독창성을 지녀야 하고 약효와 안정성 면에서 기존 약제보다 현저하게 개선된 약물로서의 우월성을 지녀야 한다.

표 2-11 신약개발의 단계별 내용

구 분	초기연구 및 전임상시험	임상시험			FDA검토 및 승인	시 판	4 상
		1 상	2 상	3 상			
소 요 기 간	6.5	1.5	2	3.5	1.5	시판까지 15년	
시 험 대 상	시험관 및 동물실험	건강한 자원자 20~80명	환자 100~300명	환자 1000~3000명			환자
목 적	안전성 및 효능타진	안정성 확인 및 다음단계 연구를 위한 복용량 결정	효능평가 및 독성 부작용 가능성 타진	효능확인 및 장기 사용에 따른 부작용 타진			예기치 못한 문제 발생에 대비한 판매 후 환자 관리
성공률	5000개 화합물을 대상으로 시험평가	5000개 중 5개 화합물이 임상시험 진입				1개 화합물이 승인 획득	

4 신약개발과정

(1) 기초탐색 및 원천기술 연구과정

기초탐색단계는 의약학적 개발목표(목적효능, 작용기전 등)를 설정한 다음 신물질을 설계, 합성 또는 천연물로부터 분리하고 화학적 구조 확인 및 그 효능을 검색하는 작업을 반복하여 개발대상 물질(leas compound, 후보물질)을 선별·선정함을 목표로 하여 진행된다. 기초탐색연구는 의약품개발의 최초 출발로서 기초조사, 천연물 추출, 신물질의 화학합성, 스크리닝 등의 과정을 거친다. 기초조사는 개발품목을 결정하기 위해 실시하는 것으로 현재의 학문으로 개발이 가능한가 등의 문헌·시장조사 등이 포함되며 스크리닝(효능검색)은 천연물 추출이나 화학적 합성을 통해 도출된 수백 개 또는 수천·수만 개에 이르는 다수의 검체 중 유효성을 분리해 낼 수 있고 정확도는 약간 무시돼도 간편하고 신속함을 우선 고려하여 실시되며 신물질 합성의 경우 단위시간 동안 얼마나 많은 신물질을 창출해 낼 수 있는가를 중요시한다.

최단시간 내에 많은 화합물 합성을 위해 최근에는 선진국을 중심으로 분자조합화학(combinatorial chemistry)기술이 발달되어 한 사람이 수천·수만 개의 화합물을 합성할 수 있게 되었으며 합성된 화합물의 효능을 단시간 내에 동시 검색할 수 있는 동시대량효능검색법(HTS : High Through-put Screening) 기술의 발달로 합성된 화합물의 효능을 단시간 내에 동시 검색할 수 있게 되었다.

(2) 전임상시험 연구과정

전임상시험(perclinical trial) 또는 비임상시험은 기초탐색과정을 거쳐 도출된 후보물질(lead comp.)의 유효성과 안전성(독성)을 테스트하는 단계로서 약물이 체내에 어떻게 흡수되어 분포돼 배설되는가를 연구라는 약리동태와 약효약리시험과정을 거친다. 이러한 과정을 거친 후 동물실험을 통해 시험약이 지니는 안전성을 테스트하는 독성시험이 실시된다. 독성시험은 실험동물을 통해 약이 갖는 독성을 테스트하는 것으로 실험동물은 건강한 동물로서 품종이 확실하고 특정 병원균이 없는 동물을 사용한다.

실험동물로는 랫드, 마우스, 토끼, 기니피그, 돼지, 페럿, 햄스터, 개영장류 등이 사용되며 이들 실험동물을 통해 다양한 독성시험이 실시된다.

(3) 임상시험과정

전임상을 끝낸 제약회사는 관계당국에 안전성·유효성 심사를 신청할 수 있다. 이때 제약회사는 의약품의 발견 및 개발경의에 관한 자료, 구조결정, 물리화학적 성질에 관한 자료, 안전성, 독성, 약리작용, 임사시험 성적, 외국의 사용현황 등을 제출하여야 한다. 이 과정에서 반드시 임상시험을 거쳐야 하는 의약품이 있다.

임상시험을 거쳐야 하는 의약품은 다음과 같다.

① 국내에서 최초로 개발된 신약
② 외국에서 개발돼 허가된 품목 가운데 개발국 허가일에서 3년이 경과되지 않은 신약
③ 외국에서 개발돼 개발국 외의 사용국이 없는 신약
④ 살정제 이외의 피임제로 신약 또는 자료제출 의약품에 해당하는 품목
⑤ 식품의약품안전청이 임상시험이 필요하다고 인정한 품목

임상시험에 들어가기 전 제약회사는 전국의 국가지정 병원에 임상시험을 의뢰하며 이때 소요되는 모든 비용은 제약회사가 부담한다. 이후 제약회사는 앞으로 진행할 임상시험 계획서와 계약서, 독성 및 약리작용 등에 대한 시험의 요약자료, 이미 실시한 임상시험 성적에 관한 자료 등을 허가당국에 제출해야 한다.

식품의약품안전청의 검토를 거친 임상시험계획서는 중앙약사심의의원회(임상평가소분과위원회)의 조언을 얻어 실시 승인이 이뤄지게 된다.

임상시험을 의뢰받은 병원도 내부에 설치된 임상시험심사위원회(IRB : Institutional Review Board)의 승인을 받는 절차를 진행하게 된다.

임상시험심사위원회는 임상의 윤리적·과학적 타당성, 피험자의 안전보호에 관한 대책, 피험자의 선정 및 동의서 양식 등의 적합성, 피해자 보상에 대한 규약의 합리성 및 타당성을 각각 심사한다. 병원측은 피험자가 동의하면 예측효능과 효과, 부작용 및 위험성, 피해발생시 보상 및 치료대책, 신분의 비밀보장에 관한 사항과 피험자 인권보호에 관해 충분히 설명해야 할 의무가 있다.

임상시험은 보통 3단계(임상1상시험/Phase Ⅰ, 임상2상시험/Phase Ⅱ, 임상3상시험/Phase Ⅲ)에 걸쳐 실시되며 임상시험 단계에서 나온 결과물은 모두 중앙약사심의위원회에 보고되며 최종 3단계를 거친 뒤 학회나 지상에 발표하고 승인을 받아 시판이 허용된다.

임상시험에 소요되는 피험자 수는 점차 증가되고 있는 추세이며 사안별로 피험자 수의 규모는 다양하나 세계적인 신약 1개가 탄생하기 위해 소요되는 피험자 수는 약 4천 명 이상에 이르고 있다.

표 2-12 임상시험 단계별 내용

임상과정	임 상 시 험
1. 제1상 시험 ① 시험목적 ② 피험자 ③ 시험방법	○ 안정성, 내약성 검토 • 사람에 대한 안전용량범위와 최대안전용량을 추정 • 약물동태(혈중농도의 추이, 요중배설)의 검토 • 시험에 요구되는 필요 최소한 수의 건강한 지원자(20~100명) • 문서에 의한 자발적 동의를 득한 자 • 전임상시험을 통해 이미 알려진 정보를 기초로 충분히 안전하다고 판단되는 용량을 초회 투여량으로 하여 단계적으로 용량을 증량하되 추정된 임상 1회 투여용량 이상까지 투여함 • 반복투여용량을 결정하고, 통상 7일 정도 연속투여함 (혈중농도가 정상상태에 도달할 때까지)
2. 제2상 시험 (1) 전기 제2상 시험 ① 시험목적 ② 피험자 ③ 시험방법 (2) 후기 제2상 시험 ① 시험목적 ② 피험자 ③ 시험방법	○ 적응증의 탐색과 최적용량 결정 • 환자에 대한 안전성, 유효성 및 약물동태의 검사 • 투여방법 및 투여기간의 검토 • 경증 또는 증상이 안정된 소수의 환자로 중증의 합병증을 갖지 않는 자 • 고령자를 제외한 성인환자 • 제1상 임상시험에서 안전성이 확인된 용법/용량 • 되도록 단기간에 목적하는 성적이 얻어질 수 있도록 할 것 • 시험약의 적응대상을 명확히 함 • 최적 임상 용량 및 용법 결정 • 시험약의 약효가 기대되는 질환을 갖는 환자로 전기 제2상 시험보다 더 넓은 층의 환자 • 제1상, 전기 제2상시험에 의하여 약효와 안전성이 확인된 것으로 판단되는 용법·용량 • 가능하면 이중맹검비교시험으로 실시 • 용량설정시험에는 위약, 또는 최소유효량 및 추정임상량의 최대량을 포함해야 함 • 타 약제와의 상호작용에 대한 검증 연구가 필요한 경우도 있음

<table>
<tr><th>임상과정</th><th>임 상 시 험</th></tr>
<tr><td rowspan="2">3. 제3상 시험
① 시험목적
② 피험자
③ 시험방법</td><td>○ 다수의 환자를 대상으로 한 약물의 유용성 확인</td></tr>
<tr><td>• 임상시험 대상을 보다 확대(공개임상시험 및 비교임상시험)하여 시험약이 실제 임상에 사용할 때의 효과 및 부작용을 검토, 유효성, 안전성 및 유용성을 감안하여 승인 신청 시 기재할 효능/효과(적응증), 용법, 용량, 사용상의 주의사항을 최종적으로 설정함
• 이미 허가된 약보다 우위성 입증
• 신약의 유효성이 어느 정도 확립된 후 유효성에 대한 추가정보 또는 확실한 증거수집
• Multicenter study가 흔함
• 시험약의 약효가 기대되는 질환을 갖고 있다고 진단받은 다수의 환자
• 객관적이고 공정하며 정밀한 평가가 이루어질 수 있도록 이중맹검비교시험(대조약 또는 위약)으로 실시하고 이를 통해 시험약의 임상적 유용성을 평가</td></tr>
<tr><td rowspan="2">4. 제4상 시험
① 시험목적
② 시험이유
③ 피험자</td><td>○ 약물역학시험</td></tr>
<tr><td>• 약무의 효능과 안전성을 타당하게 평가하여 사람을 대상으로 시행되는 약물요법을 극대화
• 법적 : 부작용 발생에 따른 책임소재 판단의 근거자료
• 의학적 : 약물의 구조, 약효군의 안정성 및 처방 형태, 적응 질병의 특성에 따른 부작용 발생과 관련된 의문이나 앞서 시행된 임상시험 또는 자발적 부작용 신고로 제기된 부작용 발생에 대한 가설을 검정하기 위해
• 기타 : 선전효과, 새로운 치료적응증의 발견, 주의 사항을 완화할 수 있음
• 시판이 승인된 후 대규모의 환자를 대상으로 함</td></tr>
</table>

제3절 건강기능식품의 기능성 평가사례(원료·성분의 인정현황)

1 장건강 관련 기능성소재

대두올리고당

'대두올리고당'은 대두 유청에서 단백질을 제거하고 정제·농축하여 만들어진다. 기능성분인 스타키오스(stachyose), 라피노오스(raffinose)는 그 함량의 합이 20~35%가 되도록 표준화하였다.

대두올리고당의 스타키오스와 라피노오스는 장내의 유익균인 일부 비피더스균에 의해서만 발효되는 것이 시험관시험을 통하여 관찰되었다. 라피노스는 소화효소로 분해되지 못해 장까지 그대로 도달하여 장내 유익균에 의하여 선택적으로 이용되어 장내 pH가 저하되고 유해균이 성장하는 데 적합하지 않은 환경으로 변화되어 배변활동이 개선되는 효과가 나타나는 것으로 추정된다.

실제로 대두올리고당의 보충효과를 비교한 인체적용연구에서, 대두올리고당의 보충은 장내 유익균이 증식하고 유해균이 감소하며, 변의 pH, 배변횟수 및 변의 성상 등이 개선되는 것으로 확인되었다. 따라서 **'배변활동에 도움을 줄 수 있다'와 '장내 유익균의 증식과 유해균의 억제에 도움을 줄 수 있다'로 기능성을 인정하였다.**

기능성등급은 일관성 있는 결과를 나타내는 인체적용연구의 수가 적당히 확보되었으므로 '생체기능향상II(기타기능II)'에 해당한다. 안전성과 기능성을 확보할 수 있는 하루 섭취량은 스타키오스와 라피노오스의 합으로서 2~3g이다. 제안된 섭취량 이상으로 과다하게 섭취하는 경우 설사를 유발할 수 있음에 유의하여야 한다.

콜레스테롤 관련 기능성소재

식물스타놀에스테르

대두유를 생산하는 과정에서 만들어지는 식물스테롤을 원재료로 사용하고 수소화와 에스테르화를 거쳐 '식물스타놀에스테르'가 만들어진다. 식물스타놀에스테르임을 확인할 수 있는 지표성분은 시토스타놀과 캄페스타놀이며, 두 성분의 합이 55% 이상 되도록 표준화하였다.

식물스타놀에스테르는 소장에서 잘 흡수되지 않으며, 물리화학적인 면에서 콜레스테롤과 유사하다는 특징이 있다. 따라서 식물성스타놀에스테르를 보충섭취하면 소장에서 석출되는데 이때 구조가 유사한 콜레스테롤도 함께 결정체를 이루게 되므로 흡수율이 낮아질 수 있다. 또한 체내 콜레스테롤 운반체인 지단백에 대해 경쟁적으로 작용하여 장을 통한 콜레스테롤의 흡수를 낮춘다는 보고도 있다.

실제로 비만한 사람 또는 혈청 콜레스테롤 수준이 높아 걱정하는 성인을 대상으로 식물스타놀에스테르의 보충효과를 비교한 연구에서, 식물스타놀에스테르 보충은 혈액 중 총콜레스테롤과 LDL-콜레스테롤(소위 '나쁜 콜레스테롤') 수준을 유의하게 낮출 수 있음이 확인되었다. 그러나 HDL-콜레스테롤(소위 '좋은 콜레스테롤')에 대해서는 유의적인 변동을 나타내지 않았다. 따라서 **'혈중 콜레스테롤 수준을 건강하게 유지하는 데 도움을 줄 수 있다'의 기능성을 인정하였다.**

기능성등급은 기반연구와 인체적용연구가 충분하였으며, 그 결과가 일관성을 보이므로 '생체기능향상 I (기타기능 I)'에 해당한다. 안전성과 기능성을 확보할 수 있는 하루 섭취량은 식물스타놀에스테르로서 3.4g이다. 식물스타놀에스테르는 베타카로틴과 비타민 E와 같은 지용성비타민의 흡수를 저해할 수 있다. 희귀 유전질환인 시토스테롤혈증을 가진 사람은 식물스타놀에스테르가 과다하게 흡수되어 과콜레스테롤혈증을 초래할 수 있으므로 섭취를 금하여야 한다.

3 혈압유지 관련 기능성소재

정어리펩타이드 SP100N

정어리 육질의 단백질을 효소분해하여 '정어리펩타이드'가 만들어진다. 기능성분은 다이펩타이드인 바릴티로신(Val-Tyr)로 0.05% 수준으로 표준화되었다. 바릴티로신은 레닌-안지오텐신계에서 안지오텐신 I 변환효소를 저하시켜 혈압을 낮추는 것으로 작용기전이 제안되고 있다.

그러나 반복 확인될 정도로 동물시험과 시험관시험의 수가 충분하지는 않다. 혈압이 높아 걱정하는 성인(수축기 혈압 130~150, 확장기 혈압 80~94)을 대상으로 정어리펩타이드 보충효과를 비교한 연구에서, 정어리펩타이드의 보충은 혈압을 정상수준까지 낮추는 데 도움이 될 수 있음을 확인하였다.

그러나 혈압이 정상인 경우에는 유의한 혈압의 변동이 없는 것으로 확인되었다. 따라서 **'혈압을 건강한 수준으로 유지하는 데 도움을 줄 수 있다'의 기능성을 인정하였다.**

확보된 자료의 결과는 일관성 있으나 기반연구와 인체적용연구의 수가 충분하지 않아 기능성등급은 '생체기능향상 II (기타기능 II)'에 해당한다. 안전성과 기능성을 확보할 수 있는 하루 섭취량은 바릴티로신으로서 250~400㎍이다. 고혈압으로 진단되어 혈압약을 복용하는 사람은 반드시 의사와 상담한 후 사용하여야 한다.

4 체중/체지방유지 관련 기능성소재

공액리놀레산(Conjugated Linoleic Acid)

식용 홍화유의 리놀레산을 화학적인 방법으로 공액이성질체화한 후 가공하여 '공액리놀레산'이 만들어진다. 기능성분인 CLA의 함량은 약 70~80% 수준으로 표준화하였다. 동물시험에서 CLA는 체지방 함량을 감소시키는 것으로 확인되었다.

작용기전으로는 지방세포에서 lipoprotein lipase activity를 저해시켜 지방산 유리를 감소시키거나 CPT(Carnitine palmitoyl transferase)의 활성을 증가시켜 지방의 산화를 촉진시키는 것으로 보고되고 있다. 또한 지방세포의 apoptosis도 증가시킨다는 보고도 있다.

실제로 과체중 또는 비만(BMI 27 이상)인 성인을 대상으로 CLA의 보충효과를 비교한 다수의 연구에서, CLA는 체지방을 감소시키는 것으로 확인되었다. 따라서 **'과체중인 성인의 체지방 감소에 도움을 줄 수 있다'의 기능성을 인정하였다.**

일반적인 기능성에 있어서는 외국의 기능성자료와 국내의 기능성자료를 동일한 비중으로 검토하지만 체중관련 기능성의 경우는 나라에 따라 비만도와 식습관이 달라 우리나라 사람을 대상으로 한 인체시험이 필요하다고 판단하였다.

따라서 다수의 인체시험자료가 있었으나 기능성 등급은 '생체기능향상 II(기타기능 II)'에 해당한다. 안전성과 기능성을 확보할 수 있는 하루 섭취량은 CLA로서 1.4~4.2g이다. 식사조절과 운동을 병행하는 것이 바람직하다. 또한 임산부와 수유기 여성은 섭취를 피하는 것이 좋으며, 위장장애가 발생할 수 있음에 유의하여야 한다.

5 혈당유지 관련 기능성소재

난소화성말토덱스트린

'난소화성말토덱스트린'은 옥수수전분을 건식 가수분해하여 얻은 기능성분이다. 식사와 함께 섭취할 경우 식후 혈당상승을 억제시킬 수 있음이 인체시험을 통해 확인되었으므로 **'식사와 함께 섭취하면 당의 흡수를 억제시켜 식후 혈당 조절에 도움을 줄 수 있다'의 수준으로 기능성을 인정하였다.**

그러나 난소화성말토덱스트린의 식후 혈당조절은 단회섭취 또는 4개월 이하의 단기시험을 통해 확인된 것으로 장기간 섭취한 결과에 대해서는 알려진 바 없다.

또한 난소화성말토덱스트린은 당뇨병의 치료 또는 예방에 도움을 주기 위한 목적으로 장기간 사용될 수 없으며 당뇨병 치료에 필요한 경우에는 의사와 상담 후에 사용하여야 한다.

유해산소제거 관련 기능성소재

코엔자임Q10

'코엔자임Q10'은 인체 내에서 합성되는 지용성 항산화제입니다. 인체 내 코엔자임Q10 수준은 나이가 들거나 만성질환이 있는 경우 감소된다.

코엔자임Q10은 합성법과 발효법으로 생산될 수 있다. 이러한 방법으로 생산된 원료의 코엔자임Q10의 함량은 98~99%이다.

평균연령이 25.9±2.6세인 22명을 대상으로 코엔자임Q10을 90mg/day 함량으로 처음 2주간 보충하고, 그 다음 2주간은 코엔자임Q10 + 비타민 E와 같이 보충하였고, 그 다음 2주간은 코엔자임Q10 + 비타민 E + fish oil을 보충한 결과, 혈중 코엔자임Q10 농도가 증가되었고, 지질 산화를 나타내는 TBARS(Thiobarbituric acid reactive substance)는 감소되었고, fish oil에 의한 산화적 스트레스에도 비타민 E와 C의 농도, redox status는 변화가 없었다.

또 다른 연구에서 흡연남성 60명을 대상으로 코엔자임Q10 90mg/day를 2개월 동안 보충하였을 때, 혈장 및 지단백에서 코엔자임Q10의 농도가 증가되었다. 건강한 성인 10명을 대상으로 코엔자임Q10 100mg/day를 한 달 동안 보충하였을 때, LDL에서의 코엔자임Q10의 농도가 증가되었다.

이러한 결과를 통해 하루에 100mg의 코엔자임Q10의 섭취는 혈중 코엔자임Q10의 농도를 증가시키는 것을 확인할 수 있다. 항산화 기능성을 가지고 장기간 섭취하게 된다는 점을 감안하면 섭취로 인한 혈중 수준의 증가만으로도 충분히 항산화 기능성을 인정할 수 있을 것으로 판단된다. 따라서 코엔자임Q10은 섭취량 90~100mg/day의 범위에서 **'코엔자임Q10은 항산화에 도움을 줄 수 있다'(생체기능향상II(기타기능II))로 인정되었다.**

7 면역기능유지 관련 기능성소재

L-글루타민

'L-글루타민'은 액상포도당, 대두박분해물, 염화암모늄, 황산암모늄, 제일인산칼륨, 제이인산칼륨 수용액을 corynebacterium glutamicum으로 발효시켜 만들어진다. L-글루타민은 98.5~101.5%로 표준화하였다.

마라톤이나 조정 같은 과도한 운동을 오랜 기간 동안 지속하면 면역기능이 저하되어 감염에 취약한 상태로 된다는 보고가 있다. 이는 운동으로 인해 L-글루타민이 감소되기 때문으로 추정되고 있으며, 실제 시험관시험에서는 L-글루타민이 면역세포의 증식을 돕는다는 것이 관찰되었다.

실제로 마라톤 선수, 조정선수 등에게 운동직후 L-글루타민을 섭취시켜 보충효과를 비교한 인체적용연구에서도, L-글루타민은 lymphocyte를 증가시키고 감염발생빈도가 감소하는데 도움이 될 수 있음이 확인되었다. 따라서 **'과도한 운동 후의 L-글루타민 보충은 신체 저항능력 향상에 도움이 될 수 있다'로 기능성을 인정하였다.**

기능성등급은 기반연구의 수는 충분하지 않으나, 인체적용연구를 통하여 일관성 있는 결과를 보여주고 있으므로 '생체기능향상Ⅱ(기타기능Ⅱ)'에 해당한다. 안전성과 기능성을 확보할 수 있는 하루 섭취량은 L-글루타민으로서 3~5g이다. 이 원료는 Methotrexate(항암제), anticonvulsants(항경련제), lactulose(비흡수성당질)의 효과를 경감시킬 우려가 있고 MSG에 민감한 사람, 신장 및 간질환이 있는 환자는 섭취를 주의해야 하며, 임산부, 수유부는 의사의 처방 없이는 섭취를 삼가야 한다.

뼈/관절건강 관련 기능성소재

유니베스틴케이 황금등복합물

'황금등복합물'은 황금(Scutellaria baicalensis 뿌리) 물추출 분말과 아선약(Uncaria gambir 잎, 가지) 물추출 분말을 각각 제조하여 황금 물추출 분말을 80%, 아선약 물추출 분말을 20%의 비율로 혼합하여 만들어진다. 지표성분은 바이칼린(baicalin)과 카테킨(catechin)이고 그 함량은 각각 18%, 3% 정도로 표준화하였다.

황금등복합물은 시험관 시험에서 COX, LTB4 등 염증관련 지표 및 콜라겐분해 정도가 감소되는 것이 확인되었고, 골관절염을 유도한 동물시험 모델에서 부종 등이 개선되는 것이 확인되었다.

실제로 퇴행성으로 인해 관절이 약간 불편한 사람을 대상으로 황금등복합물을 섭취시켰을 경우, WAMAC University Osteoathritis test에서 관절의 뻣뻣함 정도가 개선되었다. 따라서 **'관절건강에 도움이 될 수 있다'로 기능성을 인정하였다.**

기능성 등급은 자료의 수가 충분하지는 않으나, 그 결과가 일관성이 있으므로 '생체기능향상Ⅱ(기타기능Ⅱ) 등급'에 해당한다. 안전성과 기능성을 확보할 수 있는 하루 섭취량은 황금등복합물로서 1,100mg이다. 본 원료를 주성분으로 제조한 제품은 관절관련 질환의 치료 목적으로 사용될 수 없다.

9 인지능력 관련 기능성소재

INM176 참당귀주정추출분말

'참당귀주정추출물' 은 참당귀(Angelica gigas Nakai)뿌리를 분쇄, 건조하여 5배 분량의 주정(95%)으로 추출하여 여과하고 농축한 후, 미세결정셀룰로오스와 혼합하여 만들어진다.

기능성분은 decursinol과 decursin으로 그 함량은 각각 0.1% 이상, 15.0% 이상 정도로 표준화하였다. 참당귀주정추출물은 시험관시험에서 참당귀 메탄올 추출물에서 분리된 coumarin계 화합물 중 decursinol이 acetylcholinesterase에 대한 저해활성이 가장 높았다.

동물실험에서는 베타아밀로이드에 의한 기억력 저하를 참당귀주정추출물을 섭취시킨 후, passive avoidance test, Y-maze test로 확인하였을 때 유의적 개선이 확인되었다.

실제로 기억력 저하를 호소하는 노인을 대상으로 참당귀주정추출물을 섭취시켰을 때, 인지력 평가 방법에서 유의적인 개선이 확인되었다. 따라서 **'노인의 인지능력 저하의 개선에 도움을 줄 수 있다' 로 기능성을 인정하였다.**

기능성 등급은 인체적용연구의 수가 충분하지는 않으나, 그 결과가 일관성이 있으므로 '생체기능향상II(기타기능II)등급' 에 해당한다. 안전성과 기능성을 확보할 수 있는 하루 섭취량은 참당귀주정추출분말로서 800mg이다.

섭취 시 주의사항으로는 소화불량, 속쓰림 등이 나타날 수 있으며, 혈액응고방지제 또는 혈당강화제를 복용하는 경우 의사와 상담 후에 사용한다.

치아건강 관련 기능성소재

자일리톨

'자일리톨'은 너도밤나무류의 자작나무과를 비롯해 아몬드의 외피, 귀리 및 면실의 외피, 짚, 사탕수수에서 얻은 자일란을 가수분해하고 수소첨가하여 만들어진다. 당알코올인 자일리톨은 충치균(Streptococcus mutans)에 의해 사용될 수 없다.

따라서 구강 내에서 플라그와 산생성이 억제된다. 또한 자일리톨은 그 자체로 충치균에 직접적인 독성을 나타내어 사멸을 유도하며, 오랫동안 자일리톨을 섭취하여 생긴 자일리톨 내성균은 병원성이 떨어진다는 보고도 있다. 실제로 자일리톨의 섭취는 구강 산성화, 플라그 생성, 그리고 치아우식발생 위험을 감소시킴이 다수의 인체적용연구에서 확인되었다. 1985년 국제보건기구(WHO)는 어린이를 대상으로 32개월간 자일리톨을 보충시켜 치아우식발생율이 50% 감소되었음을 보고한 바 있다.

따라서 **'플라그 감소, 산생성 억제, 충치균 성장을 저해시켜 충치발생위험을 감소시킬 수 있다'의 기능성을 인정하였다.** 자일리톨과 치아우식발생위험감소에 대해서는 과학적 합의에 이를 수 있을 정도로 상당한 수준의 근거자료가 확보되었으므로 기능성 등급은 '질병발생위험감소기능'에 해당한다.

안전성과 기능성을 확보할 수 있는 하루 섭취량은 10~25g으로 3회 정도 나누어 섭취한다. 자일리톨을 일시에 40g 이상 섭취하면 복부팽만감 등 불쾌감을 느낄 수 있다. 자일리톨의 충치발생위험감소기능을 최대화하려면 당과 전분의 함량이 높은 간식을 피하여야 한다.

자일리톨 건강기능식품은 반드시 다음의 조건을 갖추어야 한다.

1) 입 속에서 충분히 머물 수 있는 제형이어야 한다.
2) 자일리톨 이외의 기타 감미료는 50% 미만으로 사용하여야 한다.
3) 기타 당류 및 전분류를 사용할 때에는 구강세균에 의해 발효되지 않아 섭취 후 구강 내에서 산을 발생시키지 않도록 하여야 한다.
4) 치아를 부식시킬 수 있는 구연산 등의 산이 함유되지 않아야 한다.

11 기억력 관련 기능성소재

피브로인추출물BF-7

'피브로인추출물 BF-7'은 누에고치를 정련하고 효소 가수분해하여 만들어진다. 지표성분인 티로신(tyrosine), 알라닌(alanine)는 그 함량이 각각 0.7%, 0.8%가 되도록 표준화하였다.

작용 기전이 명확하게 밝혀지지는 않았으나, 피브로인추출물 BF-7이 신경세포의 손상과 손상된 뇌 기능을 회복시키는 것이 동물시험과 in vitro 시험을 통하여 확인되었다.

하지만 여러 번의 반복시험을 통해 검증된 것은 아니다. 피브로인추출물 BF-7의 보충효과를 비교한 인체적용연구에서, 피브로인추출물 BF-7의 보충은 일반인과 노인 등 다양한 인구 집단을 대상으로 검증된 질문 방법을 통해 기억력 개선이 확인되었다. 그러나 모두 단기 기억에 국한되어 있다.

따라서 **'기억력 개선에 도움을 줄 수 있다'로 기능성을 인정하였다.** 기반연구와 인체적용연구 결과가 일관성을 보여주고 있으나 근거자료의 수가 충분하지 않으므로 기능성 등급은 '생체기능향상Ⅱ(기타기능Ⅱ)'에 해당한다.

안전성과 기능성을 확보할 수 있는 하루 섭취량은 피브로인추출물 BF-7으로서 200~400mg이다. 제시된 섭취량 이상으로 섭취한다고 해서 기억력이 더 좋아지는 것은 아니며, 성장기 어린이의 기억력 증진이 아님에 유의하여야 한다.

12 전립선 관련 기능성소재

Saw Palmetto(쏘팔메토) 열매 추출물

건조된 쏘팔메토 열매를 초임계 추출하여 '쏘팔메토(Serenoa repens) 열매 추출물'이 만들어진다. 원료를 확인할 수 있는 지표성분으로 lauric acid를 정하고 함량을 24~32% 수준으로 표준화하였다.

쏘팔메토 열매 추출물은 남성호르몬인 테스토스테론을 디하이드로테스토스테론으로 전환시키는 효소(5α-reductase)의 활성을 억제하는 작용이 있음이 동물시험과 시험관시험에서 확인되었다.

노화로 전립선 건강이 나빠진 성인 남자들을 대상으로 쏘팔메토 열매 추출물의 보충효과를 비교한 연구에서 쏘팔메토 열매 추출물은 야뇨, 배뇨속도 느림 등 전립선 건강과 관련한 불편함을 개선하는 데 도움이 되는 것으로 보고되었다.

그러나 확장된 전립선의 크기에 미치는 영향은 적은 것으로 나타났다. 따라서 **'전립선 건강을 유지하는 데 도움을 줄 수 있다'의 기능성을 인정하였다.** 크고 작은 기반연구와 인체적용연구가 많이 보고되고 있으나 그 결과의 일관성이 부족하므로 기능성등급은 '생체기능향상II(기타기능II)'에 해당한다.

안전성과 기능성을 확보할 수 있는 하루 섭취량은 쏘팔메토 열매 추출물로서 320mg이다. 과다 섭취 시 메스꺼움이나 설사 등 소화기 계통의 불편함을 유발할 수 있으므로 주의해야 한다.

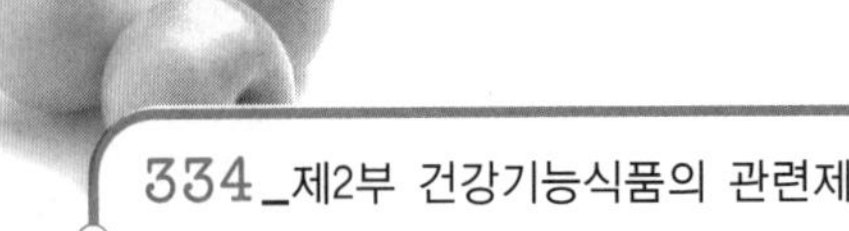

13 눈건강 관련 기능성소재

루테인 복합물

건조된 마리골드의 꽃을 헥산으로 추출하고, 이를 옥수수오일이나 홍화씨유에 분산시켜 '루테인 복합물'이 만들어진다. 기능성분인 루테인의 함량은 약 20%로 표준화되었다.

루테인은 망막의 중심부인 황반에 축적되는 주요 카로티노이드이다. 노화 등으로 눈 건강이 나빠진 경우 황반색소의 밀도가 낮았으며, 루테인을 보충하여 황반색소의 밀도를 높일 수 있음이 동물시험과 시험관시험에서 확인되었다.

실제로 노화로 눈 건강이 나빠진 사람들은 루테인의 혈중 함량이 낮았으며, 루테인을 충분히 섭취한 사람은 눈 건강이 좋은 것으로 관찰되었다. 또한 사람을 대상으로 루테인의 보충효과를 비교한 연구에서는 루테인보충으로 혈액 중 루테인 농도와 안구의 황반색소밀도가 증가되었으며, 아울러 시각명료도 등을 포함한 눈건강관련 지표가 개선되는 것으로 확인되었다.

따라서 **'노화로 인해 감소될 수 있는 황반색소밀도를 유지시켜 눈 건강에 도움을 준다'의 기능성을 인정하였다.** 기능성 등급은 기반연구와 인체적용연구가 충분하며 확보된 근거자료의 결과가 일관성을 보이므로 '생체기능향상 I (기타기능 I)'에 해당한다.

안전성과 기능성을 확보할 수 있는 하루 섭취량은 루테인으로서 10~20mg이다. 과다 섭취시 일시적으로 피부가 황색으로 변할 수 있으며, 임산부는 섭취 전 의사와 상담이 필요하다.

14 피부건강 관련 기능성소재

엘지 소나무껍질추출물 등 복합물

'엘지(LG) 소나무껍질추출물 등 복합물'은 프랑스해안송껍질주정추출물, 비타민 C, 비타민 E 및 달맞이꽃종자유를 혼합하여 만들어진다. 사용된 원재료의 기능성분은 프로시아니딘, 비타민 C, 비타민 E, 감마리놀렌산으로 각각 2%, 53%, 6%, 3%로 표준화되었다.

자외선에 의해 발생된 활성산소는 피부의 콜라겐을 분해하는 효소(MMP, Matrix Metalloproteinase)를 활성화하고, TGF-β2 발현을 억제하여 교원질의 합성을 저하하므로 피부주름을 발생시키는데 '엘지 소나무껍질 추출물 등 복합물'은 자외선 조사로 인한 콜라겐 분해와 교원질 합성 저하를 억제할 수 있음이 동물 시험에서 확인되었다.

실제로 주름을 많이 가지고 있는 중년의 여성을 대상으로 소나무껍질추출물 등 복합물의 보충효과를 비교한 연구에서, 소나무껍질추출물 등 복합물의 보충으로 자외선으로 인한 피부주름이 감소되는 것이 확인되었다.

따라서 **'햇볕 또는 자외선에 의한 피부손상으로부터 피부 건강을 유지하는 데 도움을 줄 수 있다'의 기능성을 인정하였다.** 기능성등급은 기반연구와 인체적용연구의 수가 충분하지는 않으나, 그 결과가 일관성 있으므로 '생체기능향상II(기타기능II)'에 해당한다. 안전성과 기능성을 확보할 수 있는 하루 섭취량은 엘지(LG) 소나무껍질추출물 등 복합물로서 1,130mg이다.

임산부, 수유부 및 어린이는 섭취를 피해야 하고, '달맞이꽃종자유'에 과민증이 있는 사람은 섭취를 삼가야 한다. 또한 과량 섭취 시 위장장애 등의 부작용이 있을 수 있고, 기타 질병을 보유하고 있는 사람 및 수술 전후 환자는 섭취를 삼가야 하며, 섭취 시 의사와 상담해야 한다.

15 운동수행능력 관련 기능성소재

PME-88 멜론추출물

'PME-88 멜론추출물'은 칸탈로프 멜론(Cucumis melo)용액 분말을 글루텐추출물로 코팅하여 만들어진다. 글루텐추출물은 멜론분말에 함유된 SOD 등 생리활성물질이 안전하게 장까지 도달하도록 보호하는 작용을 한다.

따라서 원료를 확인하는 지표로 SOD(Superoxide Dismutase) 활성을 사용하고 있으며, 1mg당 0.8IU 활성을 갖도록 표준화하였다. 동물실험에서 PME-88 멜론추출물은 운동 등 산화적 스트레스 환경에서 항산화효소(SOD, catalase, Gpx 등)의 활성을 높이고, 항산화지표를 개선하는 것으로 확인되었다.

실제로 운동이나 고압산소 등 산화적 스트레스에 노출된 사람을 대상으로 PME-88 멜론추출물의 보충효과를 비교한 인체적용연구에서, PME-88 멜론추출물은 SOD, GPx와 같은 항산화 효소를 증가시켰으며, DNA 손상에 대한 보호에 도움이 될 수 있음이 확인되었다.

따라서 **'산화스트레스로부터 인체를 보호하는 데 도움을 줄 수 있다'로 기능성을 인정하였다.** 기능성 등급은 기반연구와 인체적용연구의 수가 충분하지는 않으나, 그 결과가 일관성이 있으므로 '생체기능향상Ⅱ(기타기능Ⅱ)등급'에 해당한다.

안전성과 기능성을 확보할 수 있는 하루 섭취량은 SOD 활성으로서 500~1,000IU이다. 밀 단백질에 알레르기가 있는 사람은 섭취에 주의하여야 한다.

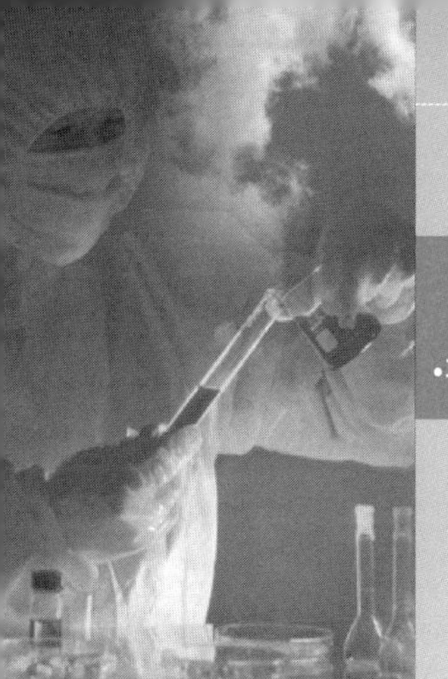

건강기능식품의 제형

제1절 제형의 개요

1 제형의 정의

건강기능식품의 기능성원료·성분을 섭취하기 편리하도록 배합하여 적절한 성상, 형태로 가공한 것을 제제(製劑)라 하고 제제화시킨 형태를 제형(dosage form)이라 한다.

건강기능식품의 제형은 기능성원료·성분의 화학적, 물리화학적 성질과 인체 에서의 용출, 흡수, 대사, 배설 및 축적 등을 고려하여 생체이용률을 높일 수 있도록 해야 한다. 또한 해당식품 안전성, 안정성, 섭취용이성, 취급편리성, 외관, 가격 등을 고려하여 제형이 최적의 유효성, 최대의 안전성, 최고의 정확성을 동시에 갖출 수 있도록 선택되어야 한다.

건강기능식품공전상의 제형은 캅셀, 정제, 분말, 과립, 액상, 환, 편상, 페이스트상, 시럽, 겔, 젤리, 바 등의 형태로 1회 섭취가 용이하게 제조·가공한 것을 말한다.

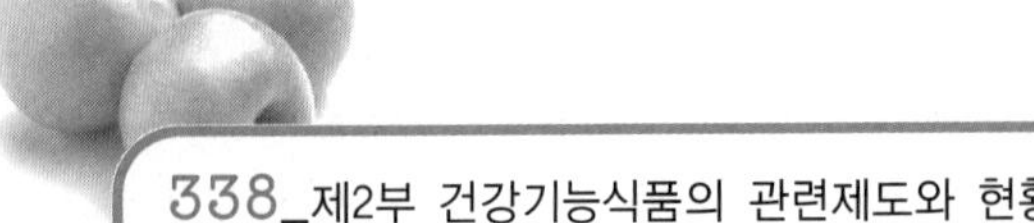

건강기능식품공전에서 정하는 주요 제형의 정의는 다음과 같다.

제 형	정 의
1. 정제(tablet)	• 일정한 형상으로 압축된 것을 말함
2. 캅셀(capsule)	• 캅셀기제에 충전 또는 피포한 것을 말하며, 경질캅셀과 연질캅셀 두 종류가 있음
3. 환(pill)	• 구상(球狀)으로 만든 것을 말함
4. 과립(granule)	• 입상(粒狀)으로 만든 것을 말함
5. 액상(liquid)	• 유동성이 있는 액체상태의 것 또는 액체상태의 것을 그대로 농축한 것을 말함
6. 분말(powder)	• 입자의 크기가 과립제품보다 작은 것을 말함

건강기능식품공전상의 제품형태에 따른 제조기준은 다음과 같다.

(1) 정제품

① 건강기능식품을 그대로 또는 부형제, 결합제, 붕해제 또는 다른 첨가제를 넣어 고르게 섞은 것을 적당한 방법으로 과립형태로 만든 다음 활택제 등을 넣어 압축성형하여 만든다.

② 건강기능식품을 그대로 또는 부형제, 결합제, 붕해제 또는 다른 적당한 첨가제를 넣어 고르게 섞은 것을 직접 압축성형하여 만들든지 또는 미리 만든 과립에 건강기능식품을 그대로 혹은 적당한 첨가제를 넣어 고르게 섞은 다음 압축성형하여 만든다.

③ 건강기능식품을 부형제, 결합제 또는 다른 적당한 첨가제를 넣어 고르게 섞은 분말을 용매로 습윤시키고, 습윤된 분말을 저압으로 틀에 넣어서 성형한 후, 적당한 방법으로 건조하여 만든다.

④ ①, ②, ③에 따라서 만든 것을 필요에 따라 교미제 등을 넣을 수 있으며, 적당한 제피제(製皮劑)로 제피할 수 있다.

(2) 캅셀제품

① 경질캅셀제는 보통 캅셀에 건강기능식품 또는 건강기능식품에 적당한 부형제 등을 고르게 섞은 것 또는 적당한 방법으로 입상(粒狀)으로 한 것 또는 입상을 한 것에 적당한 제피제로 제피한 것을 그대로 또는 가볍게 성형하여 충전하여 만든다.

② 연질캅셀제는 보통 캅셀에 건강기능식품 또는 건강기능식품에 적당한 부형제 등을 넣은 것을 젤라틴 등 적당한 캅셀기제에 글리세린 또는 소르비톨 등을 넣어 소성(塑性)을 높인 캅셀기제로 피포하여 일정한 형상으로 성형하여 만든다.

③ 필요에 따라 캅셀기제에 착색료, 보존료 등을 넣을 수 있다.

(3) 환제품

보통 건강기능식품에 부형제, 결합제, 붕해제 등을 넣어 고르게 섞은 다음 적당한 방법으로 구상하여 성형하여 만든다. 필요에 따라 백당이나 다른 적당한 제피제로 제피를 하거나 전분, 탈크 또는 적당한 물질로 환의를 입힐 수 있다.

(4) 과립제품

① 과립제품은 보통 건강기능식품을 그대로 또는 건강기능식품에 부형제, 결합제, 붕해제 등을 넣어 고르게 섞은 다음 적당한 방법으로 입상으로 만들고 될 수 있는 대로 입자를 고르게 한 것이다. 필요에 따라 착향료, 교미제 등을 넣을 수 있다.

② 과립제품은 12호(1,680㎛), 14호(1,410㎛), 45호(350㎛)체를 써서 다음 입도시험을 할 때에 12호체를 전량 통과하고 14호체에 남는 것은 전체량의 5.0% 이하이어야 한다.

2 제조공정 설명

건강기능식품의 제형별 제조공정에서 공통적으로 사용되는 주요 용어의 정의는 다음과 같다.

(1) 혼 합

혼합(mixing, blending)이란 2종 이상의 고형물질에 적당한 조작을 가해서 균질하게 만드는 것을 말하며, 제제공정에 있어서 가장 기본적이며 중요한 단위조작이다. 산제뿐만 아니라 과립제, 정제, 캅셀제, 환제 등의 고형제제는 단위중량, 단위정(또는 캅셀) 중에 주약의 함량이 규정되어 있고 또 부형제, 붕해제, 활택제 등의 첨가제가 배합되어 있어서 이들 성분의 혼합성이 나쁜 경우 품질의 불균일성 문제가 발생한다.

(2) 연합(練合)

대량의 고체(膏體)와 소량의 액체 혼합물, 또는 높은 점성의 혼합물을 균일한 상태로 혼화(混和)하는 조작을 연합이라고 한다. 소량의 제조는 수공법에 의하지만, 연합기계를 이용하여 kg단위로 처리할 수 있다.

(3) 건 조

건조란 열을 사용하여 어떤 물질로부터 액체를 제거하는 것으로 액체를 표면으로부터 불포화 증기상(vapor phase)으로 전환시키는 것이다. 건조는 과립제조, 건조 aluminum hydroxide의 제조, 유당의 분무건조, 분말엑기스의 제조 등에 응용된다. 또한 부피와 중량을 감소시켜 운반비와 저장비를 경감시킨다. 다른 용도로는 인습된 물질에서 곰팡이와 세균이 자라는 것을 최소화하는 것과 원래의 인습된 물질보다 부서지기 쉬운 건조물질을 만들어서 분쇄되기 쉽도록 한다. 그리고 건조는 남아있는 수분의 화학 반응성을 감소시킨다.

(4) 정립(晶粒)

결정화의 중단이나 침전에 의해 만들어지는 것으로서 입자가 바슬바슬하여 대형의 결정에 비해 조제상 취급이 수월하고 용해되기 쉽다. 이 형태는 조해성, 흡습성이 없는 풍화성 의약품(염화나트륨, 황산철, 치오황산나트륨, 탄산칼륨, 펜토바르비탈 등), 용해도가 비교적 작은 약품 또는 경정괴가 단단해서 용해하기 어려운 약품(α-캄파, indigecarmine 등)에 적용하고 있다.

(5) 제조 공정

건강기능식품 제조공정은 제형에 따라서 다르며 이것을 설명하려면 복잡하다. 그러나 제형별 제조방법을 공정흐름도(flow chart)로 표시하면 일목요연하게 개념을 파악할 수 있는데, 공정흐름도를 작성하는 데는 제조공정을 나타내는 약속된 기호가 있기 때문에 이를 준수하는 것이 바람직하며, 제조공정흐름도에 흔히 사용되는 기호는 다음과 같다.

△	원 료	→	이 동
⊽	중간품	◇	공정관리(검사)
▽	완제품	○	공 정

그림 3-1 제조공정 기호

[참고] 건강기능식품과 의약품 용어 혼용

건강기능식품의 제형에서 건강기능식품공전에 수록된 제형과 의약품의 대한약전에 수록된 제형관련 내용을 혼용하여 설명하는 것은 건강기능식품 제형이 의약품 제형을 준용하고 일부 용어의 경우 의약품 용어로 사용하는 것이 이해를 도울 것으로 생각되어 혼용 사용함.

제2절 캅셀(capsules)

1884년 프랑스인 Mothes와 Dublanc은 젤라틴캅셀(gelatin capsules)을 발명하여 널리 알려지게 되었다. 그들의 특허는 1834년 3월과 12월에 승인되었으며 그 방법은 한 부분으로만 올리브 모양의 젤라틴 캅셀을 제조하는 방법으로 한 방울의 농축된 따뜻한 젤라틴용액을 충전한 후에 봉합하는 것이었다. 1884년 런던의 James Murdock에 의해 두 부분으로 분리되는 캅셀이 발명되어 1865년 영국에서 특허를 받았으며, 연질캅셀의 경우는 1933년 독일의 Robert P. Scherer가 로타리법을 발명함으로써 획기적으로 대량생산을 하게 되었다.

캅셀제는 식품의 원료를 액상, 현탁상, 풀상(paste), 분말상 또는 과립상 등의 형태로 캅셀에 충전하거가 또는 캅셀기제로 피포를 형성하여 만든 것으로 경질캅셀제 및 연질캅셀제가 있다.

경질캅셀제(hard gelatin capsule)는 보통 캅셀에 식품의 원료 또는 식품의 원료에 적당한 부형제 등의 첨가제를 고르게 섞은 것 또는 적당한 방법으로 입상(粒狀)으로 한 것 또는 입상으로 한 것에 적당한 제피제로 제피한 것을 그대로 또는 가볍게 성형하여 충전하여 만든다.

연질캅셀(soft gelatin capsule)은 보통 식품의 원료 또는 식품의 원료에 적당한 부형제 등을 넣은 것을 젤라틴에 글리세린 또는 솔비톨 등을 넣어 소성(塑性)을 높인 캅셀기제로 피포하여 일정한 형상으로 성형하여 만든다. 필요에 따라 캅셀기제에 착색제, 보존제 등을 넣을 수 있다. 캅셀제에는 다음과 같은 여러 가지 특징이 있다.

① 고미, 이취 또는 자극성을 방지할 수 있다.
② 섭취하기에 편리하다.
③ 소량이나 대량 생산이 모두 가능하다.
④ 제제공정이 간단하여 제조원가를 절감할 수 있으며 제품개발이 쉽다.
⑤ 충전 시 압력이 필요치 않으며 controlled release pellet(multiple unit)의 충전에 적합하다.

⑥ 색상을 다양하게 할 수 있으므로 다른 제품과 차별화하기 쉽고 마케팅에 유리하다.
⑦ 첨가제의 종류와 양이 적어도 되며 처방개발이 용이하다.
⑧ 붕해시간이 짧아 약물 방출이 신속하다.
⑨ 중량편차가 작다.

한편 단점으로는 캅셀제는 습도의 영향을 받기 쉽다. 즉 고습도에서는 젤라틴 기제가 수분을 흡수해서 연화하며 저습도에서는 수분을 방출해서 수축한다. 따라서 캅셀의 충전작업과 보존은 공캅셀의 함유수분에 변화를 일으키지 않는 안정한 습도(RH 30~50%)를 유지해야 한다.

1 경질캅셀

경질캅셀은 젤라틴으로 만든 몸체(body)와 캡(cap)으로 구성된 원통상의 작은 캅셀에 분말상 또는 과립상의 원료를 충전한다.

경질캅셀제에 사용되는 8종의 캅셀을 나열하였다.

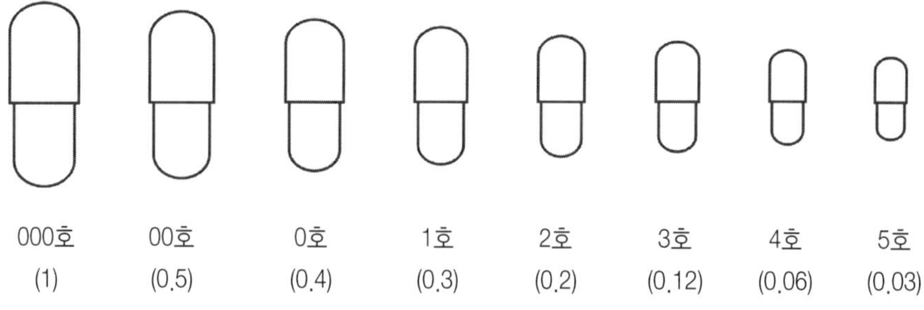

그림 3-2 캅셀의 크기

이 중 0~5호 캅셀은 정규캅셀(regular capsules)이라 하며 많이 사용되고 있다. 캅셀제의 제조는 기술적으로 복잡하여 기계적으로 양산된다. 주원료는 젤라틴이다. 탄성화의 목적으로 글리세린, 솔비톨, 아라비아고무, 한천 등이 쓰인다. 이 외에 필요에 따라 착색제, 차광제(산화티탄), 보존제 등이 첨가된다. 가온해서 농후한 원료

용액을 틀에 부어 건조하여 성형한다. 몸체와 캡의 이탈을 방지하기 위해 접합부분을 개선한 캅셀(snapped capsules, lock capsules 등)도 있다.

1) 경질캅셀의 특징

① 흡입제의 소량 충전에 좋다.
② 가로, 세로 어느 방향으로도 인쇄할 수 있고 인쇄 면적이 크다.
③ 분말, 과립, pellet, 정제 또는 그 조합물을 충전할 수 있다.

2) 경질캅셀의 원료

보통 캅셀의 크기는 0~5호의 것이 쓰이지만 수의용에는 000호보다 큰 것도 있다. 충전내용량은 제품의 밀도, 입경, 형상 등의 물성, 충전방법, 충전기의 종류 등에 따라 다르다. 경질캅셀제는 캅셀의 몸체(body)에 고형제품(분말, 과립)을 충전하여 캡을 씌워 봉합해서 제조한다.

(1) 공캅셀(empty capsule)의 제조

차가운 stainless 제형(mold)을 따뜻한 젤라틴 액에 침적시켜 꺼내면, 형(型)의 표면에 젤라틴이 얇은 막으로 되어 부착된다. 형을 상하로 회전하면서 냉각하면 젤라틴은 균일한 두께의 막으로 되어 고화한다. 이것을 일정 조건하에서 건조하여 절단하고 길이를 가지런히 한 후, 캅셀을 형으로부터 빼내어 캡과 몸체를 결합한다. 캅셀의 두께는 젤라틴액의 점도 및 형(mold)의 침적속도에 의해 조절된다. 또 막의 품질은 건조조건, 예를 들면 건조속도에 따라 크게 좌우된다.

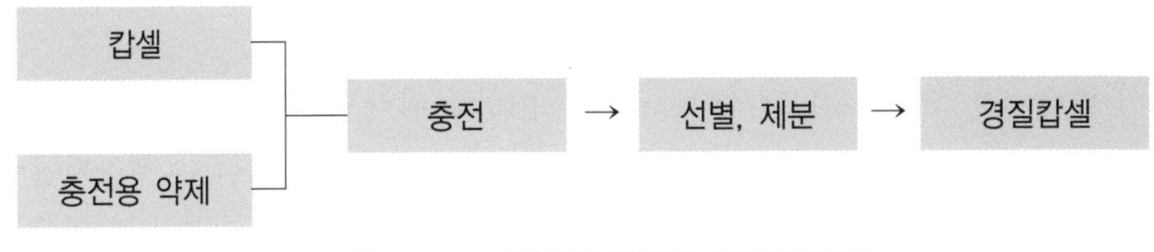

그림 3-3 경질캅셀제의 제조공정도

표 3-1 경질 capsule의 크기와 충전량

호 수	000	00	0	1	2	3	4	5
중량(mg)	163.0	122.0	103.0	9.0	5.0	0.0	0.0	0.0
body의 용적(ml)	1.37	0.95	0.68	0.47	0.38	0.27	0.20	0.13
충전량(mg)	822	577	408	300	222	180	126	78

젤라틴액은 젤라틴을 주성분으로 하여 이것에 소량의 색소, 가소제를 첨가한다. 불투명한 것이 요구될 때에는 여기에 산화티탄과 충전제를 가한다. 젤라틴에 1.5kg의 미온수를 부어 24시간 방치해서 팽윤시킨다. 다음에 이것을 가온하여 용액으로 하고 글리세린용액, 아리바아고무장을 가해 혼합하여 젤라틴 기제로 한다.

(2) 충 전

캅셀의 충전은 습도를 조절할 수 있는 작업실에서 이루어져야 하며 캅셀의 크기와 약제의 겉보기 밀도에 의하여 충전량이 결정된다. 내용물의 물성에 따라 차이가 있지만 일반적으로 0.6~0.8g/㎖의 겉보기 밀도로 충전한다. 다음 표는 캅셀 크기에 따른 캅셀의 충전량(약제의 겉보기 밀도 0.6g/㎖의 경우)을 표시한 것이다.

충전공정은 캅셀공급→방향규제(orientation)→body 및 cap 분리→내용물충전→body 및 cap 끼움→충전기의 배출의 순으로 진행된다. 충전작업은 공캅셀의 함유수분이 변화를 일으키기 않는 온습도 조건(25℃, 40~50%RH)에서 이뤄져야 한다.

(3) 제분 및 시광(施光)

충전기에서 배출된 캅셀의 표면에 분말이 부착하므로 충전후에 deduster를 통과시켜 제분하여 제분과 동시에 silicone oil, 유지류, alcohol류, 계면활성제 등을 사용하여 광택을 낸다.

(4) 봉 합

캅셀의 cap과 body가 분리되어 내용물이 새는 것을 방지하는 동시에 oil상 또는 paste상의 내용물을 충전할 경우에는 누출을 방지하기 위하여 cap과 body의 끼움 부분을 젤라틴용액으로 sealing하는 경우가 있다. 이것을 「body seal」이라고 하는데 최근에는 lock capsule을 사용하면서 봉합을 하지 않고 있다.

표 3-2 경질캅셀 제품 제조를 위한 제조방법 설명서

제조공정	제조공정설명	공정흐름도
칭 량	성분배합비율에 따라 각 원료 사용량을 정확히 칭량한다.	
1차 혼합	배합비에 맞는 성분원료를 제조방법에 따라 균질하게 혼합한다.	
연합 및 과립	균질하게 혼합된 원료를 제조방법에 따라 연합하여 과립을 제조한다.	
건 조	제조된 과립물을 미리 세팅된 건조기에서 건조한다.	
정 립	건조완료된 과립물을 정립기로 정립한다.	
2차 혼합	건조완료된 과립물에 제조방법에 따라 2차 혼합성분을 투입하고 혼합한다.	
충 전	혼합완료된 내용물을 제조방법에 따라 자동충전기로 충전한다.	
선 별	외관 및 불량을 컨베이어로 자동 및 육안 선별한다.	
공정기준 검사	단위고정별 기준·규격에 따라 품질을 검사한다.	
포 장	적합한 제품안을 미리 설정된 포장단위에 맞추어 포장한다.	
자가품질 검사	건강기능식품공전의 기준 및 규격에 따라 자가품질검사를 실시한다.	
입고 및 출하	포장완료제품을 출하승인서 및 제품성적서를 첨부하여 선입선출방법으로 출하한다.	

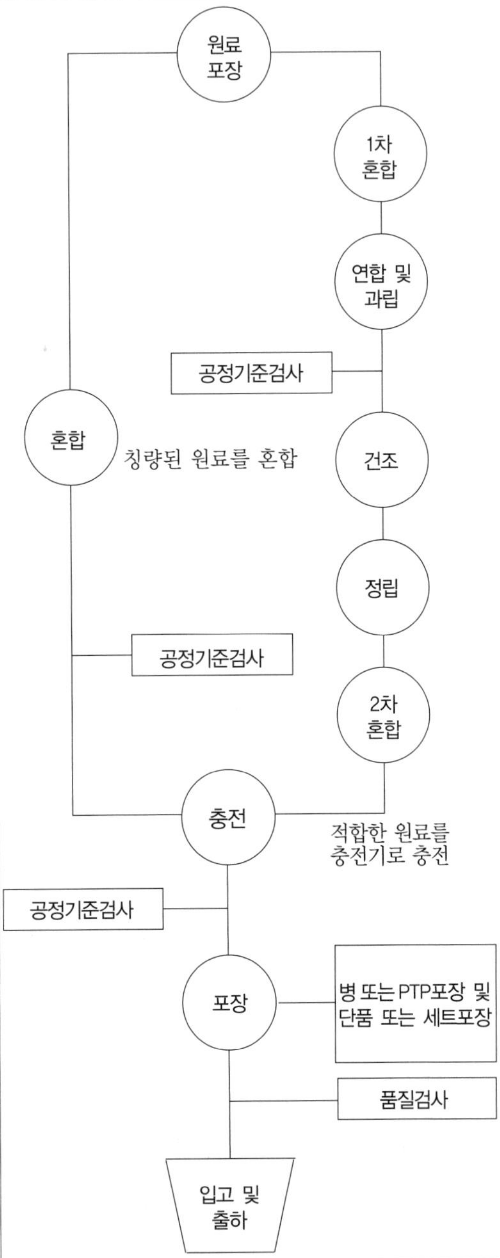

2 연질캅셀

경질캅셀제는 미리 만들어진 공캅셀에 내용물을 충전하여 cap과 body를 끼워 제조하는 데 반하여, 연질캅셀제는 캅셀 피막의 성형과 원료의 충전이 동시에 작업되어 제조되는 차이가 있다. Gelatin sheet에 탄력성과 유연성을 주기 위해서 가소제로서 글리세린과 솔비톨이 비교적 다량 첨가되며 두께는 0.8mm 정도이다.

1) 연질캅셀의 특징

① 액체(유지)를 고형물화해서 그대로 먹을 수 있는 편리성이 높은 제품형태이다.
② 공기중 산소 차단성이 높아 내용물의 성분 열화방지 효과가 높다.
③ 품질의 열화요인이나 인적인 가공요인이 적다. 따라서 제조 중 성분의 화학적 변화가 극히 작고, 건강기능식품에 적합한 형태이다.
④ 안전성이 높다.
⑤ 성분배합율이 높다.
⑥ 유지의 경우 유지성분을 100% 그대로 캅셀화할 수 있고, 또 분말·엑기스 등의 경우는 분산 현탁제로서 왁스 등을 이용하지만 그 양은 일반적으로 15% 이하이다. 따라서 목적인 성분 제품 중의 배합률이 높은 제품형태이다.
⑦ 체내에서의 이용률, 흡수율이 높다.
⑧ 캅셀 내용액의 균일성이 높아 크기·함유량의 차이가 1~5% 이하로 상당히 적다.
⑨ 이미, 이취의 마스킹을 할 수 있다.
⑩ 여러 가지 형태를 선택할 수 있다.
⑪ 젤라틴피막 특유의 윤기가 있어 외견상 아름다워서 부가가치가 높아 보인다.
⑫ 이물혼입이 없다.
⑬ 저비점, 휘발성 물질을 안정적으로 보존할 수 있다.
⑭ 먹기 쉽다.
⑮ 소형화할 수 있다.
⑯ 목이나 식도의 점막을 해치지 않는다.

2) 연질캅셀의 제조방법

(1) 평판법

수동적인 방법으로 보통 젤라틴에 글리세린 또는 솔비톨을 가하여 가소성을 높인 젤라틴 시트(sheet)를 조제하고 상하의 형판과 2장의 시트 사이에 내용물을 삽입하여 가압기로 강압을 가해 압축해서 만드는 방법이다.

(2) 로타리법

자동적으로 연속하여 찍어내는 방법이다. 기본적으로는 좌우 대칭의 구조에 2장의 젤라틴 시트를 회전하는 2개의 stamping roller 사이에 도입하고 이와 동시에 내용물을 공급하여 압축성형하는 방법으로 젤라틴 시트의 제조로부터 제품의 건조까지 전자동으로 하는 방법이다. 대량 생산이 가능하고 함량의 편차도 적으며 비교적 정확하다.

(3) 적하법

소위 심레스 캅셀제(seamless capsule)의 제법으로 약액이 낙하할 때 그 표면장력에 의해 구형으로 되는 성질을 이용해서 만드는 방법이다. 이 방법은 봉입된 약물이 액상이어야 하지만 젤라틴 용액의 손실이 적고 또 표면에 이음새가 없는 구형의 연질캅셀제를 만들 수 있는 특징이 있다.

표 3-3 **연질캅셀 제품 제조를 위한 제조방법 설명서**

제조공정	제조공정설명	공정흐름도
칭 량	성분배합비에 맞게 칭량한다.	연질캅셀기재 원료 칭량 내용물조제 원료 혼합 원료 혼합 용해 완전히 균질화될 때까지 진행 균질화 여과 균질도공정검사 숙성 충전 및 성형 적절온도, 내용물 중량으로 충전 공정기준검사 건조 공정기준검사 기준 규격에 적합한 제품 선별 선별 BULK포장 포장 병 또는 PTP 포장 및 단품 또는 세트 포장 품질검사 품질검사 입고 및 출하
젤라틴용액 조제	캅셀기제인 젤라틴 정제수, 글리세린, 식용색소 등을 배합비에 맞게 칭량하여 용해 혼합한다.	
내용물 조제	Q.C시험결과 적합원료를 배합비율을 확인하고 제조방법에 맞추어 균질하게 혼합한다.	
충전 및 성형	내용물, 피포제를 가지고 연질캅셀 자동제조기를 사용하여 충정한다.	
건 조	성형 완료된 연질캅셀을 건조(1~2차 건조)한다.	
선 별	건조완료 판정이 끝나면 중량 및 외관불량을 선별한다.	
공정기준 검사	단위고정별 기준·규격에 따라 품질을 검사한다.	
포 장	적합한 제품안을 미리 설정된 포장단위에 맞추어 포장한다. (Bulk, PTP포장, SET포장)	
자가품질 검사	건강기능식품공전의 기준 및 규격에 따라 자가품질검사를 실시한다.	
입고 및 출하	포장완료제품을 출하승인서 및 제품성적서를 첨부하여 선입선출방법으로 출하한다.	

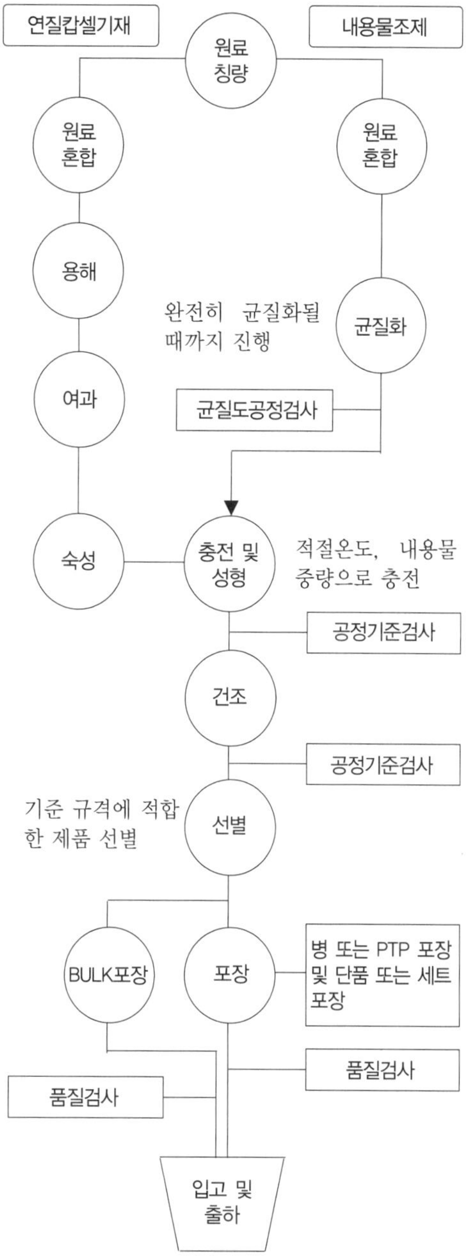

제3절 정제(tablets)

고형제 중 정제는 가장 생산량이 많은 제형 중의 하나이다. 정제가 많이 사용되는 이유는 이 제형이 1개의 계량단위로서 취급하기 쉽고 섭취하기 용이하며 그 제법이 비교적 간단하기 때문이다. 그리고 필요에 따라 coating하여 보통의 속용성(速溶性) 이외에 장용성(腸溶性), 지속성(持續性) 등 기능을 부여할 수 있고 고미, 냄새, 자극에 대한 Masking 및 제품의 안정화 등이 타제형에 비해 용이하기 때문이라 생각된다.

1930년대에 전동식 정제기가 등장하면서 정제의 제조법이 습식제립법에서 압축법으로 이해되었고 1934년 제5개정 일본약국방에서 「정제는 압축하여 만든 것이다」라고 정의가 개정되었다. 그 후 현재 보여지고 있는 정제는 거의 대부분이 분립체를 정제기로 가압 성형하여 만들어지는 압축정제이지만 이 분립체의 압축에 따르는 제현상이 물리적, 공학적으로 해석되기 시작한 것은 1952년 Higuchi 등에 의해서였다.

그 후 실용적인 여러 가지 기능을 갖는 정제기가 개발되기 시작한 이래 약 40년 그중에서도 직접분말 압축법에 적합한 정제기가 등장한 것은 20년 전이었으며, 최근에 Electronics기술을 구사한 무인 자동정제기가 등장한 것은 불과 4~5년밖에 안되는 등 정제 제조기술 자체는 비교적 새롭고 앞으로도 급속한 발전이 기대되는 제제기술분야이다.

1 정제의 특징

① 섭취하기 쉽다.

② 투여량이 정확하다.

③ 기술적으로 작용 양상을 조절하는 것이 가능하다.

④ 제피를 함으로써 오미, 냄새, 자극성 등의 교정이 가능하다.
⑤ 적절한 포장으로 변질이나 오염을 방지하고 장기간 품질을 유지하는 것이 가능하다.

2 정제의 조건

① 함량의 변동범위가 작을 것

각 정제에 함유된 제품을 표시량대로 정확히 일정하게 하는 것은 정제의 제조공정상 매우 어렵다. 따라서 대한약전에는 함량변동의 허용범위를 규정하고 있다. 제조된 정제의 함량이 허용범위 내에 속한다 하더라도 변동범위는 될 수 있는 대로 작고 균일해야 한다. 변동범위가 넓은 정제는 일정한 약리효과를 나타낼 수 없기 때문이다.

② 경도, 마손도가 적당할 것

경도 및 마손도가 적당하지 않으면 제조, 운반 및 취급 시 정제가 파손되거나 마손되기 쉽다. 그 결과 정확한 복용량을 유지할 수 없게 된다. 정제가 적당한 경도를 유지하는 것은 필요하나 너무 높으면 붕해되기 어렵다. 따라서 정제의 경도는 붕해성과 관련을 두고 연구해야 한다.

③ 붕해도 및 용출성이 적당할 것

정제의 붕해도 및 용출은 복용 후 생체이용률과 관련이 있고 또는 약물의 효과발현에도 영향을 미친다고 보고되고 있다. 함유된 약물의 물리화학적 성질 및 흡수성을 고려하여 개개의 제제간에 균일한 붕해성 및 용출성을 나타내도록 제조해야 한다.

④ 중량편차가 작을 것

개개의 정제 중량은 될 수 있는 대로 균일해야 한다. 개개의 균질성은 내용물 함량의 균질성을 예측할 수 있다.

3 정제의 첨가제

일반적으로 정제는 몇가지 종류의 물질로서 구성되어 있다. 이들의 첨가제는 무해하고 효과에 영향을 미치지 않고 또 규정된 여러 가지 시험에 지장을 주어서는 안된다. 첨가물질은 그 기능에 따라서 부형제, 결합제, 붕해제, 활택제 등으로 분류된다.

1) 부형제

원료량이 적을 때에 희석 혹은 증량의 목적으로 가하여 정제를 적당한 크기로 만든다. 부형제 중 약효가 있는 것은 (예를 들면 제산제) 정제에 함유되는 1일 분량이 1일 상용량의 하한의 1/5 이내이어야 한다.

① 유 당

정제의 부피를 증가시키는 데 많이 쓰이며 물에 녹기 쉽고 방출이 빠르다.

② 각종 전분

밀, 옥수수, 감자 등에서 얻는다. 정제의 부피를 증가시키는 목적 이외에 결합제, 붕해제로서도 이용되고 유당과의 혼합물이 많이 쓰인다.

③ 백 당

감미를 줄 목적으로 처방 중에 가한다. 강한 점착성이 있으므로 결합제로서 습식조립, 건식조립의 어느 것에도 유효하다. 물에 녹기 쉽고 용이하게 방출하지만 흡습성이 있고 산, 알칼리에서 착색하므로 소량을 첨가한다.

④ 만니톨

결정수를 가지고 있지 않고 물에 민감한 원료의 첨가제로서 유용하다. 또 감미가 있고 입 속에 넣었을 때 냉량감을 주므로 저작성의 부형제로 쓰인다.

⑤ 소르비톨

흡수성이 있는 것이 결점이다. 흡수성을 개선하기 위하여 만니톨 등 다른 부형제와 혼합하여 쓴다.

⑥ 무기염

calcium phosphate, aluminum silicate, calcium sulfate 등으로 이들은 안정한 물질이며 이 중에는 제산제로서의 효과가 있는 것도 있다. 또 이들의 염과 celate를 형성하는 것도 있으므로 주의하여야 한다.

⑦ 직타용 부형제

타정기의 발달과 더불어 직접 분말압축법에 의한 제정이 행하여지게 되었는데 이 방법에 쓰는 첨가제는 특히 유동성, 원료와의 배합능력 및 혼합성, 식품의 붕해성 등이 좋은 것을 선택하여야 하는데 다음과 같은 것이 일반적으로 쓰인다.

무수유당, 분무건조 유당, 인산일수소칼슘, 입상 만니톨, 결정 소르빈 결정셀룰로오스.

2) 결합제

정제의 분말 원료에 결합력을 주어 성형을 용이하게 하는 물질이다. 습식과립에 쓰이는 결합제는 물을 용매로 하는 것과 유기용매에 용해하는 것이 있는데 후자는 물의 영향을 받는 원료를 과립으로 만들 때 쓰인다.

① 물을 용매로 하는 것

백당(2~20%), 포도당(25~50%), 전분(1~4%), 젤라틴(1~4%), 카르복시메틸셀룰로오스 나트륨(1~4%), 메틸셀룰로오스(MC, 1~4%), 아라비아고무(2~5%).

② 유기용매에 용해하는 것

에틸셀룰로오스(EC 0.5~2%), 히드록시프로필메틸셀룰로오스(HPMC, 1~4%), 폴리비닐피롤리돈(PVP, 2~5%) 등으로 주로 에탄올 용액이 쓰인다.

또 물, 에탄올, 아세톤은 단독으로 결합제로 작용한다. 즉, 이들의 용매가 정제원료를 용해하는 경우 용액의 증발로서 석출한 결정이 입자간의 고체가교의 역할을 하기 때문이다. 또 특히 정제 중에 물리적으로 흡착시킨 수분은 정제의 압축성형에 없어서는 안되는 것이다.

건식과립, 직접타정의 결합제로서(부형제와 중복되는 것도 있다) 분무건조 유당, 무수유당, 결정셀룰로오스, α-셀룰로오스, MC, 인산일수소칼슘 등이 쓰인다.

3) 붕해제

정제, 과립제에 첨가하여 그 붕해성을 촉진하는 물질을 말한다. 붕해제의 작용에 대해서는 여러 가지 학설이 제창되어 있으나 주된 작용은 팽윤에 의한 것이라 한다. 물의 정제내부에 침입하는 것이 선결이고 모관작용으로 물이 침입하는 속도 즉, 습윤속도를 크게 하는 것이 유효하다고 생각되고 있다. 이와 같은 생각에서 전분, CMC의 칼슘염(CMC-Ca)이 일반적으로 쓰이고 MC, 결정셀룰로오스 등이 유효하다고 알려져 있다.

첨가방법은 분말원료에 붕해제 전체량을 가하여 과립 혹은 그대로 압축하여 정제로 만드는 방법, 붕해제의 일부를 분말원료에 가하여 과립으로 만들고 타정시 나머지 양을 그 과립에 혼합하는 방법, 붕해제를 과립 중에 가하지 않고 타정시 과립과 혼합하는 방법 등이 있다.

4) 활택제

과립제의 압축조작을 원활하게 진행시키기 위하여 첨가하는 것으로서 활택제는 다음 3가지 기능을 가지고 있다.

① 분립체의 유동성을 좋게하여 die에의 충전성을 높인다(glidants) : 옥수수전분, 탈크
② 분립체 상호 간의 마찰, die와 punch 사이의 마찰을 감소하고 정제의 압축, 정제의 die에서의 배출을 용이하게 한다(좁은 의미의 lubricants) : 스테아린산마그네슘, 스테아린산칼슘, 고융점의 왁스

③ 압축성형할 때 die와 punch에의 과립제의 점착을 방지한다(anti adherents) : 탈크, 옥수수전분, 스테아린산마그네슘, 스테아린산칼슘

세 가지 기능을 전부 구비하고 있는 것은 없으므로 혼합하여 사용하면 좋은 결과를 얻을 수 있다. 활택제는 보통 60호체로 사과하여 균등히 산포한다. 활택제의 작용을 충분히 나타내려면 과립이 잘 건조되어 있을 필요가 있다. 활택제는 일반적으로 발수성이 높아 사용량이 많으면 경도가 저하되고 붕해가 지연된다.

5) 흡착제

액체의 원료를 흡수하여 정제로 만들 수 있게 한다. 예를 들면 식물정유, 지용성 비타민, 유동엑스제 등을 제조할 때 쓰인다. 콜로이드성의 이산화규소 또는 규산염류와 같이 흡착성이 높고 비표면적이 큰 것이 선택된다.

6) 보습제

앞에서 말한 바와 같이 분립체의 압축성형에서는 표면에 적당한 수분의 존재는 좋은 결과를 준다. 발수성 원료를 함유하는 분립체, 과건조에 의한 수분의 부족을 방지하기 위하여 흡착성 제품에 가한다. 글리세린, 프로필렌글리콜, 소르비톨 등.

7) 제어방출 첨가제

재제로부터 방출을 제어하기 위해 사용되는 첨가제로 친수성, 소수성 및 pH 의존성에 따라 분류할 수 있으며 제어방출 재제의 개발에 있어서 관심이 높은 첨가제들이다.

4 정제의 제조방법

현재 시판정제의 대부분은 압축성형에서 만든 압축정(compressed tablets)으로 그 제정법은 압축성방법에 따라 「직접분말압축법」과 「과립압축법」으로 분류된다.

1) 직접분말압축법

제품의 결정 또는 분말에 부형제, 결합제, 붕해제 등을 가하고 균일한 건성 혼합물로하여 직접 타정하는 방법으로 직타법이라고도 부른다. 이 방법은 종래 수분이나 열에 불안정한 것이나 특수한 성분(염화나트륨, 요오드나트륨, 붕산 등)에 적용이 한정되었으나 과립화 과정이 생략되므로 시간적, 경제적인 이점이 있다. 그러나 분말을 직접 압축하여 정제로 만들 때에는 몇 가지 장해가 있다. ① 분체의 압축성형성(가소성) ② 분말원료의 정제기로의 균일한 공급 ③ 정체의 feeder에서 공급하는 분말 원료성분의 편석 ④ 고속제정시 캡핑, 라미네이팅의 발생 등 문제점이 있다. 최근에는 미결정 셀룰로오스 등 우수한 직타용 부형제가 개발되어 있고, 정제기의 개량으로 많은 정제를 직타법으로 제조하는 것이 가능해졌다.

① 직타법

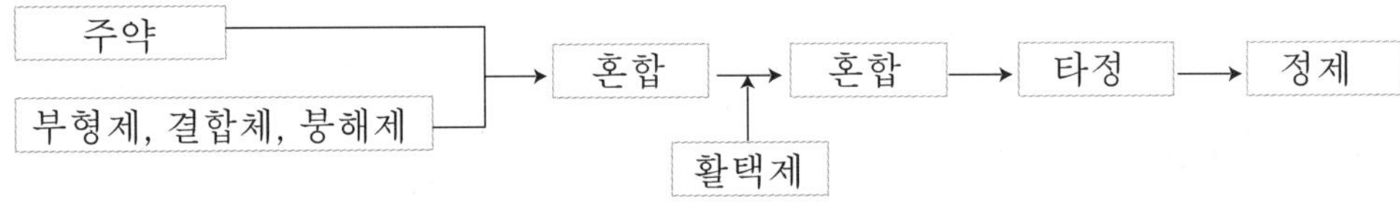

② 습식과립압축법

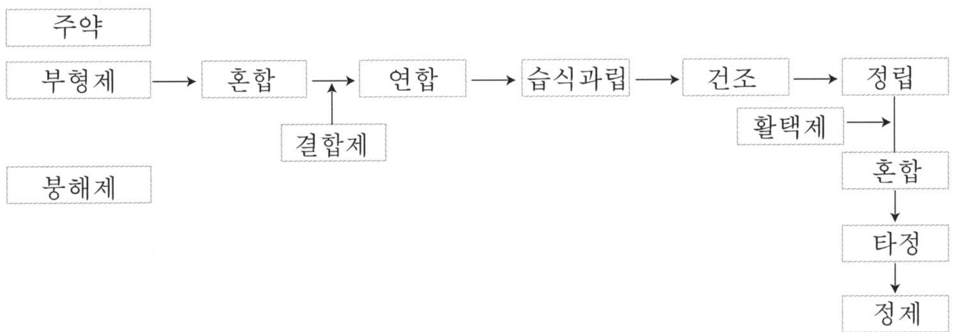

그림 3-4 직접분말압축법

직타법의 개량법으로서 세미직접분말압축법이 있다. 이 방법은 미리 과립화한 원료를 혼합해서 제정하는 방법으로 중량편차가 적고, 용출성도 양호한 정제를 만드는 것이 가능하여 원료의 물성을 그다지 고려할 필요가 없는 유용한 제정법이다.

미결정 셀룰로오스 등 우수한 직타용 부형제가 개발되어 있고, 정제기의 개량으로 많은 정제를 직타법으로 제조하는 것이 가능해졌다.

직타법의 개량법으로서 세미직접분말압축법이 있다. 이 방법은 미리 과립화한 원료를 혼합해서 제정하는 방법으로 중량편차가 적고, 용출성도 양호한 정제를 만드는 것이 가능하여 원료의 물성을 그다지 고려할 필요가 없는 유용한 제정법이다.

2) 과립압축법

원료의 조립법에 따라 건식법과 습식법으로 나눌 수 있다. 건식과립압축법은 저속타정기(slug machine)나 roller compactor와 같은 장치를 이용하여 건식조립법으로 만든 slug나 sheet상 물질을 분쇄, 정립하여 활택제를 혼합하여 압축하는 방법이다. 이 방법은 유동성이 나쁜 성분이나 수분 혹은 열에 불안정한 것이(아스피린, 아스코르빈산, 합성규산알루미늄 등)의 제정에 적합하다.

습식과립압축법은 주약을 가해서 만든 습성과립을 압축하는 방법으로 많은 약제에 적용되는 일반적인 제정법이다. 제정공정은 직타법 등에 비해서 조립법도 번잡하고 시간과 많은 시설을 필요로 한다. 습식과립은 압축조립법, 파쇄형조립법으로 습윤과립을 만들어 이것을 건조·정립하여 활택제, 필요하면 붕해제를 가하여 타정한다. 또 한편 분무건조조립, 유동풍조립을 이용하면 입도가 균일한 과립을 얻을 수 있으므로 정립할 필요가 없다. 정제용 과립은 그 유동성, 충전성으로 볼 때 정제의 크기에 따라 다르지만 보통 0.3~0.6mm 크기의 과립이 좋고 또 정량 충전이라는 점에서 입도 분포는 폭이 좁은 정규분포를 나타내는 것이 적당하다.

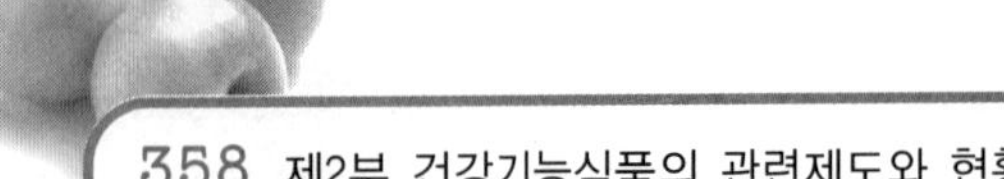

표 3-4 정제의 첨가제

종 류	부형제	결합제	붕해제	활택제
cellulose와 그 유도제		Crystallime Cellulose L-HPC Na-CMC 분말Cellulose HPMC Methyl Cellulose HPC	Carboxymethyl Cellulose Ca-CMC L-HPC HPMC 분말Cellulose	
전분과 그 유도제	전분	전분 α -전분 Dextrin	전분 Carboxymethyl Starch Hydroxypropyl Starch	서당지방산 Ester
기타 천연 고분자 화합물과 그 유도체		Acacia Sodium Alginate Tragacanth 정제 Gelatin		
합성고분자		Polyvinyl Alcohol Polyvinyl Pytollidone		
당 류	Lactose Sucrose Mannitol			
무기화합물	인산수소칼슘 합성규산알미늄			
기 타				Talc Mg-Stearate Stearic Acid

표 3-5 정제 제품 제조를 위한 제조방법 설명서

제조공정	제조공정설명	공정흐름도
원료칭량	성분배합비에 맞게 정확하게 칭량한다.	
혼 합	배합비에 맞는 성분원료를 제조방법에 따라 균질하게 혼합한다.	
연합 및 과립	균질하게 혼합된 원료를 제조방법에 따라 연합하여 과립을 제조한다.	
건 조	제조된 과립물을 미리 적정 온도로 세팅된 건조기에서 건조한다.	
정 립	건조 완료된 혼합물을 정립기로 φ1.0~2.0체를 사용하여 정립한다(건조된 원료를 적절한 입자로 정립).	
2차 혼합	과립 정립물에 2차 혼합성분을 투입하고 혼합한다.	
타 정	제조방법에 따라 건조된 과립물을 중량을 맞추어서 자동타정기로 타정한다.	
선 별	중량 및 외관불량을 선별한다.	
공정기준검사	단위고정별 기준·규격에 따라 품질을 검사한다.	
포 장	적합한 제품안을 미리 설정된 포장단위에 맞추어 포장한다.	
자가품질검사	건강기능식품공전의 기준 및 규격에 따라 자가품질검사를 실시한다.	
입고 및 출하	포장완료제품을 출하승인서 및 제품성적서를 첨부하여 선입선출 방법으로 출하한다.	

제4절 과립제(granula, granules)

대한약전 제제총칙에 「과립제는 의약품을 입상(粒狀)으로 만든 것이다. 이 제제는 보통 의약품을 그대로 또는 의약품에 부형제, 붕해제 또는 다른 적당한 첨가제를 넣어 고르게 섞은 다음 적당한 방법으로 입상으로 만들고 가능한 한 입자를 고르게 한 것이다. 이 제제에는 필요에 따라 착색제, 방향제, 교미제 등을 넣을 수 있다. 이 제제는 적당한 제피제 등으로 제피를 할 수 있다」라고 규정되어 있다.

과립제는 12호(1,700㎛), 14호(1,400㎛), 30호(500㎛) 및 45호(355㎛)의 체를 써서 다음의 입도시험을 할 때에 12호(1,700㎛)체를 통과하고 14호(1,400㎛)체에 남는 것을 전체량의 5% 이하이고 또 45호(355㎛)체를 통과하는 것은 전체량의 15% 이하이어야 한다.

① 장 점

① 혼합제제를 과립제로 하면 각 성분의 분리를 방지하고 합시(合匙)법으로 항상 일정한 비율로 취할 수 있다.
② 입도가 고르므로 합시(合匙)법으로 보다 정확하게 취할 수 있다.
③ 복용하기 쉽다.
④ 제조방법을 적당히 변경하여 맛이 좋은 제제를 만들 수 있다.
⑤ 피막을 입혀 붕해성을 조정할 수 있다.
⑥ 비산성을 방지할 수 있다.

2 단 점

① 약스푼으로 분할하기 어렵다.

② 입도, 배합량, 밀도가 다른 과립제 상호간 또는 과립제와 산제를 함께 합시하기 어렵다. 주는 제품에는 적당치 않다.

3 과립제의 조건

① 경도 및 붕해도가 적당할 것

과립제 입자의 경도가 약하면 운반도중 입자가 마손되거나 파괴되어 분말량이 증가한다. 또한 입도분포가 변동되어 정확한 용량을 취하기가 어려우므로 이를 방지하기 위해 적당한 경도를 유지해야 한다. 과립제의 붕해성은 약효에 영향을 미치므로 특별한 경우를 제외하고 가능한 한 빠르게 붕해되는 것이 좋다. 대한약전 일반시험법의 붕해시험법에 적합하여야 한다.

4 조제법

과립제는 일반적으로 그림 3-5가 나타낸 공정에 따라 제조한다.

과립제는 「보통 의약품을 그대로 또는 의약품에 부형제, 결합제, 붕해제 또는 다른 적당한 첨가제를 넣어 고르게 섞은 다음 적당한 방법으로 입상으로 만들고 될 수 있는 대로 입자를 고르게 한 것이다」라고 대한약전 제제총칙에 제법이 기재되어 있다.

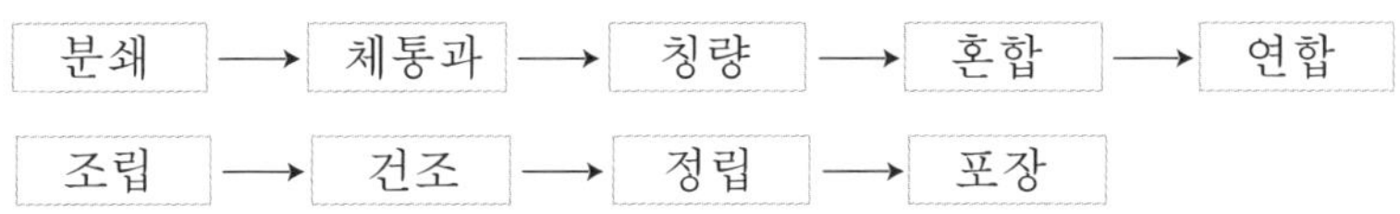

그림 3-5 과립제 공정

표 3-6 과립제 제품 제조를 위한 제조방법 설명서

제조공정	제조공정설명
원료칭량	성분배합비에 맞게 정확하게 칭량한다.
1차 혼합	배합비에 맞는 성분원료를 제조방법에 따라 균질하게 혼합한다.
연합 및 과립	균질하게 혼합된 원료를 제조방법에 따라 연합하여 과립을 제조한다.
건 조	세팅된 건조기에서 건조한다.
정 립	건조완료된 혼합물을 정립기로 φ1.0~2.0체를 사용하여 정립한다.
사 별	정립기에서 정립된 과립은 사별기를 통하여 과립자와 분말을 분리한다.
2차 혼합	사별 완료된 과립물에 2차 혼합 성분을 투입하고 혼합한다.
공정기준 검사	단위고정별 기준·규격에 따라 품질을 검사한다.
포 장	적합한 제품안을 미리 설정된 포장단위에 맞추어 포장한다.
자가품질 검사	건강기능식품공전의 기준 및 규격에 따라 자가품질검사를 실시한다.
입고 및 출하	포장완료제품을 출하승인서 및 제품성적서를 첨부하여 선입선출방법으로 출하한다.

공정흐름도

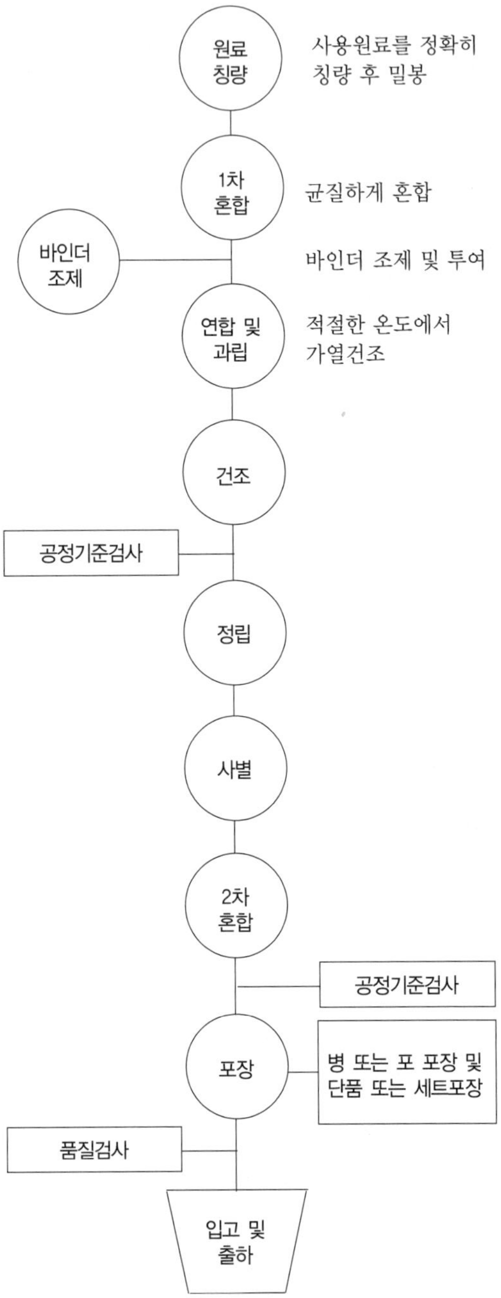

제5절 분말(powder)

분말은 의약품에서 산제라 하는데 대한약전 제제총칙에 「산제는 의약품을 분말상으로 만든 것이다. 따로 규정이 없는 한 보통 의약품을 그대로 또는 의약품에 부형제, 결합제, 붕해제 또는 다른 적당한 첨가제를 넣어 적당한 방법으로 분말 또는 미립상으로 만든다. 이 제제에는 필요에 따라 착색제, 방향제, 교미제 등을 넣을 수 있다. 이 제제는 적당한 제피제 등으로 제피를 할 수 있다」고 규정되어 있다. 또한 「이 제제는 20호(850㎛), 30호(500㎛) 및 200호(75㎛)의 체를 써서 다음의 입도시험을 할 때 20호(850㎛)체를 통과하고 30호(500㎛)체에 잔류하는 것은 전체량의 5% 이하이어야 한다. 이 제제 중 200호(75㎛)체를 통과하는 것이 전체량의 10% 이하인 것은 세립(細粒)으로 한다.」라고 규정되어 있다.

1 장 점

① 액제에 비해서 안정성이 좋다.
② 환제·정제에 비해서 복용 후에 빨리 흡수되어 유도혈중농도에 도달한다.
③ 노인이나 소아도 복용하기 쉽다.

2 단 점

① 공기에 접촉해서 변질하는 제품에는 적합하지 않다.
② 고미 또는 최토성(催吐性)이 있는 제품에는 좋지 않다.
③ 부착성이 있다.
④ 응집성이 있다.

⑤ 비산성이 있다.

⑥ 유동성이 나쁘다.

①~②는 coating 또는 microcapsule화 등으로 개선할 수 있고, ③~⑥은 입자경이 큰 부형제를 사용해서 배산(倍散)하거나 30~100mesh의 입자경을 갖는 과립을 만들어 개선할 수 있다. 유동성을 개선하기 위하여 첨가하는 유동화제는 magnesium stearate, magnesium oxide, synthetic aluminum silicate, aluminum magnesium metasilicate, silicic acid, talc 등이 있으며, 어느 것이나 1% 내외의 첨가량으로 좋은 효과를 얻을 수 있다.

제6절 환제(pills)

오랜 옛날부터 사용되어온 환제(丸劑)는 식품의 원료 또는 생약을 구상(球狀)으로 만든 것으로 보통 1개의 무게가 약 0.1g이다.

필요에 따라 환의(丸衣, dusting powder)나 제피(劑皮, coating)를 할 수 있으며 생약 제제를 제형화할 때 많이 활용된다.

환제의 종류와 장·단점 및 첨가제 제조공정을 정리하면 다음과 같다.

1 환제의 종류

① 거환(巨丸, boluses) : 0.3g 이상의 큰 환제를 거환이라고 하고 수의약(獸醫藥)으로 쓰인다.

② 환제(丸劑, pills) : 0.1g의 크기가 고른 것을 말한다. (예 : 약전 환제)

③ 입환(粒丸, granules) : 0.05g 이하의 것을 말한다. (예 : 은단)

④ 입제(粒劑, parvules) : 0.01g 이하의 것을 말한다. (예 : 기응환)

환제는 크기에 따라 위와 같이 부르고 있으나, 현재는 이 모두를 통상 환제라고 한다.

2 장 점

① 소형으로 복용하기 편리하고 구형으로 부피가 작아 취급이나 휴대가 편리하다.

② 환의나 제피를 하면 맛·냄새·자극 등을 방지할 수 있다.

③ 일반적으로 붕해가 서서히 이루어지므로 지속작용을 바랄 때 유효하다.

④ 표면이 치밀하고 표면적이 작아 외적요인(光, 空氣, 濕氣)에 대해 화학적으로 안전하다.

⑤ 생약원료로 제제화하는 데 편리하다.

3 단 점

① 정제에 비하여 제형이 자유롭지 못하다.

② 습식(濕式)으로 제조하므로 수분이 배합(配合), 금기(禁忌) 또는 안정성에 영향을 주는 제품에는 적당치 않다.

③ 크기가 큰 환제인 경우 정제에 비하여 복용이 어렵다.

④ 소화관 내에서 서서히 붕해(崩解)하므로, 속효(速效)를 기대하는 경우 부적당하다. 저장 중 수분이 증발되어 굳어지면 붕해도(崩解度)가 나빠지는 경우가 있다.

4 첨가제

일정한 크기의 환제로 만들기 위해서는 부형제, 원료의 결합성을 강화시키고 가소성을 주기 위한 결합제, 필요하면 붕해성을 높이기 위한 붕해제, 환의 표면을 보호하기 위한 환의 등 여러 종류의 첨가제가 사용된다.

1) 부형제

① 포도당, 유당, 전분류

일반적으로 환제의 부형제로서 가장 적합하다. 특히 포도당 또는 유당과 전분의 혼합물은 점성과 강한 결합성을 나타내고 붕해성도 양호하다. 덱스트린을 당류에 가하면 소성이 강한 환제괴가 얻어진다. 보통 무색의 환제로 하는 경우에 쓰인다.

② 생약가루 및 생약엑스류

많은 생약에 함유된 친수 콜로이드성물질, 예를 들면 단백질이나 다당질(점액질, 고무질, 펙틴)은 물이나 글리세린과 친수성겔을 생성한다. 이것이 생약의 불용성 성분이나 엑스와 함께 가소성을 가진 양호한 환제괴를 만든다. 생약으로서는 감초, 겐티아나 등을 쓰면 좋으며 생약가루는 팽윤성이 있어서 붕해성이 양호하다.

감초엑스, 겐티아나 엑스, 효모엑스 등의 엑스류도 역시 친수 콜로이드를 함유하여 환제의 조제에 유효하다. 그러나 엑스류는 점착성 때문에 이것만으로는 부형제로 쓰이지 않고 일반적으로 생약가루를 혼합해서 쓴다.

2) 결합제

결합제의 양과 성질은 환제의 용해성, 안정성을 결정하기 때문에 중요하다. 아라비아고무 가루, 트라카칸타 가루는 부형제에 넣어 점성을 주기 위해 가하지만 너무 많이 가하면 경사변화를 일으켜 붕해성이 나빠진다.

시럽·글리세린액(1:1), 고무·포도당액(아라비아고무 가루 20, 포도당 60, 물 50), 봉밀, 아라비아고무장, 트라카칸타정, 젤라틴액, CMC액 등의 점성물질이 쓰인다. 적절한 점조도를 주어 환제괴를 만들기 쉽게 하기 위해 쓰이는 결합액으로 대부분의 환제의 제조에 응용된다.

3) 붕해제

환제의 붕해성을 촉진시키기 위해 쓰이는 첨가제로 보통 라미나리아, 한천 등이 쓰인다. 약용효모는 일반 환제에 대해서 좋은 부형제, 결합제의 역할을 한다.

4) 환 의

환의는 조제된 환제의 상호점착, 곰팡이의 발생, 수분의 증산을 방지하기 위해 또는 교미·교취의 목적으로 쓰이는 분말제로 통상 석송자, 탈크, 전분, 카올린, 감초가루, 계피가루, 이리스근 가루가 쓰인다. 일반적으로 무색의 환제에는 백색의 환의, 착색의 환제에는 착색환의를 한다.

5 제조공정

환제의 제조는 일반적으로 아래의 공정으로 행해진다.

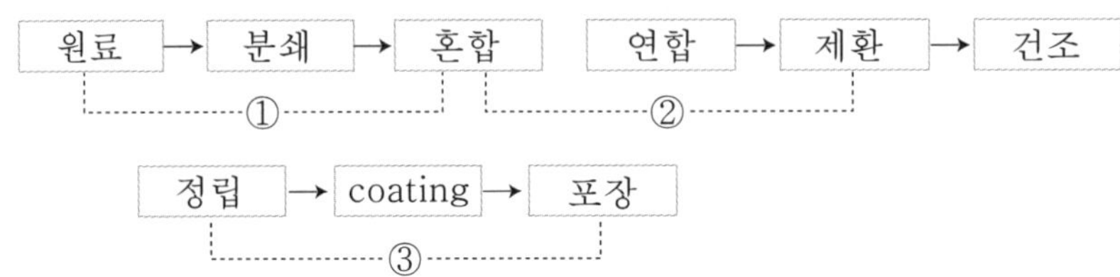

① 분쇄(粉碎)가 필요 없는 원료인 경우

② 전동식(轉動式)기계인 경우 연합공정(練合工程) 필요 없이 수행됨,

③ Coating을 하지 않은 경우가 많음.

1) 분쇄(粉碎)

연합, 제환공정에서 취급을 쉽게 하기 위하여 원료를 조분쇄, 분쇄된 분말로 한다. 생약도 일반원료와 마찬가지로 입자정이 작으면 소화관 내에서 분비력에 대한 용해성과 흡수속도가 커진다. 즉, 접촉면을 크게 하기 위해서는 표면적이 커지도록 미세하게 분쇄할수록 좋다. 또한 원료생약을 분쇄할 경우 그 생약의 형질 및 성분 등의 여러 조건을 파악하고 사용기계를 선정해야 한다.

2) 혼합(混合)

여기에서 혼합이란 협의(狹義)의 혼합으로 고체와 고체를 혼합하는 것을 뜻하며 환제(丸劑)에서 중요한 단위조작(單位操作)의 하나이다. 이 공정에서 혼합이 불완전하면 처방(處方)한 성분의 편중도가 크기 때문에 혼합이 잘 되어야 한다. 특히 처방 중 유독(有毒)성분, 귀중약제인 경우 적절한 방법으로 균일하게 혼합되도록 배산법(倍散法) 등을 응용한다.

3) 연합(練合)

여기에서 연합이란 고체와 소량의 액체에 향료 등을 가하여 혼합하는 것을 뜻한다. 연합은 혼합한 분말에 결합액·향료를 가하여 환제(丸劑)로 만드는 데 적당한 조도(稠度)를 부여하는 것이다. 환제에 적당한 조도를 환제조도(丸劑稠度, pillcocsistance)라고 한다. 일정한 가소성(可塑性) 및 점착성(粘着性), 경도(硬度)가 있어야 하며 연합물(練合物)을 일반적으로 환제괴(丸劑塊)라고 말한다.

4) 제환(製丸)

옛날부터 행해진 제환법(製丸法)은 손으로 제환하는 원시적인 방법이었다. 지금도 행해지는 방법이지만, 절환기(切丸期)에 제환괴를 넣고 적당한 길이와 굵기로 절단하고, 건조하기 전에 제환기(製丸器)에 환의(丸衣)를 소량씩 살포하면서 적당한 압력을 주면서 회전운동을 시켜서 표면을 평활(平滑)하고 균일한 구형을 얻는다.

제7절 액상·페이스트상, 겔제, 시럽제

1 액 상

유동성이 있는 액체 상태의 것 또는 액체 상태의 것을 그대로 농축한 것을 말하며, 식품원료를 그대로 쓰던가 필요에 따라 안정제, 교미제, 보존제 등 적당한 첨가제를 넣어 제조한 것을 말한다.

2 페이스트상

페이스트상은 풀 또는 반죽과 같은 의미로 보통 백당, 당류, 감미제의 용액 또는 식품 원료를 용해, 혼합, 현탁하고 필요에 따라 혼합액을 끓인 다음 더울 때 여과하여 제조한 것으로서 우리가 흔히 먹는 토마토케첩의 형상이다.

3 겔 제

겔제(gels)는 액체를 침투시킨 분자량이 큰 유기분자로 이루어진 외용의 반고형 제제이다. 이 제제는 주성분을 액체에 용해 또는 현탁시킨 다음 분자량이 큰 유기분자를 넣어 잘 혼합하고 겔화제를 넣어 반고형으로 만든다.

4 시럽제

시럽제(syrups)는 보통 백당의 용액 또는 백당, 다른 당류 또는 감미제와 식품원료를 정제수에 녹이거나 현탁하여 만든 비교적 농조한 액상의 내용제이다.

이 제제는 따로 규정이 없는 한 백당, 다른 당류 또는 감미제의 용액 또는 단미시럽에 식품원료를 넣어 용해, 혼화, 현탁 또는 유화하고 필요에 따라 혼합액을 끓인 다음 더울 때에 여과하여 만든다.

건강기능식품의 품목류

제1절 EPA/DHA식품

1 개 요

1) EPA

동물성지방을 과다섭취하면 혈중 콜레스테롤이 상승하여 동맥경화를 촉진한다고 알려져 있다. 그런데 동일한 동물성지방이라고 해도 생선기름에는 불포화지방산이 많아 오히려 동맥경화를 예방하는 작용이 있다.

그러나 최근 주목을 받게 된 것은 덴마크 학자에 의한 그린랜드 에스키모인의 「식생활과 건강의 관계」를 조사한 연구가 발표되었기 때문이다.

덴마크 그린랜드에 사는 에스키모인은 성인병에 걸린 경우가 매우 적었고, 일본의 경우는 세계 최고의 장수국가로 유명한데 이는 에스키모인이 어류를 많이 섭취하고 있다는 사실과 일본이 생선을 무척 즐기고 있다는 것을 볼 때 공통적으로 어류가 무병장수에 좋다는 것을 알 수 있다.

어류 중 EPA의 존재가 알려지게 된 것은 덴마크령인 그린랜드에 거주하는 에스키모인이 북극의 춥고 어려운 환경 속에 살면서 바다 생선과 바다표범, 물개 등을 주식으로 섭취하여 총칼로리 중 지방이 35～40%의 고지방 식생활을 하면서도 스테이크와 버터 등을 즐겨먹는 덴마크 거주 에스키모인에 비해 심근경색, 동맥경화, 뇌경색 등의 순환기질환 및 사망률이 매우 낮다는 사실에 대한 덴마크 의학자 다이버그 박사와 싱클레어의 「식생활과 건강」에 대한 역학조사 연구논문이 발표되면서 주목을 받게 되었다.

그림 1-1 등푸른생선 참치

이러한 사실은 1963년부터 1967년까지 4 년간 덴마크령 그린랜드의 유마나크 마을의 이누이트인을 정기적으로 관찰하면서 심근경색, 혈전증 등 순환기질환에 의해 사망한 이누이트인은 불과 5명에 지나지 않았으나, 동 기간

에 덴마크인은 무려 40명이나 사망한 것에 연구팀은 주목하게 되었다.

그 이유를 계속 연구한 결과 이누이트인이 덴마크인보다 지혈이 늦다는 사실에서 이누이트인의 주식 중에 혈액응고를 억제하는 물질이 있고 그것이 바로 EPA라는 것을 알게 되었다.

일반적으로 덴마크인은 육식과 야채로 식사하며 어류는 거의 먹지 않는 반면 이누이트인의 주식은 바다표범과 어류 등으로 이 두 극단의 식생활을 하고 있는 사람들의 혈장 중 지방에 함유된 EPA와 아라키돈산의 함량을 조사한 결과 지방산의 함량이(이누이트인 : EPA(26.5%), 아라키돈산(0.8%), 덴마크인 : EPA(14.4%), 아라키돈산(0.2%)) 매우 다르다는 사실을 보고 어류에는 EPA라는 지방산이 풍부하여 순환기질환의 예방에 효과가 있다고 결론을 내리게 되었다.

2) DHA

예방암학연구소 平山박사는 1966년부터 1982년까지 17년간 역학조사를 하였다. 어류를 섭취하는 빈도에 따라 일본인 265,000명을 4패턴으로 나누어 「매일 생선을 먹는다」, 「때때로 먹는다」, 「어쩌다 생선을 먹는다」, 「전혀 먹지 않는다」로 각각의 총사망률을 조사하였다. 이 결과 어류의 섭취빈도가 감소하게 되면 7%, 12%, 32%로 사망률은 증가한다. 뇌혈관성질환, 심장병, 고혈압, 간경변, 위암, 간장암, 자궁암 등의 계통은 생선을 먹지 않았을 때 사망률이 더 높게 나타난다. 반대로 말하면 어류의 섭취빈도가 높을수록 병이나 사망률이 낮아진다는 것이 밝혀졌다.

DHA가 각광을 받게 된 계기는 1989년에 영국의 마이켈·클로포드 교수가 「더 드라이빙 포스」, 일본어로 「원동력」이라는 책을 출판하면서부터이다.

그 책 속에는 일본 어린이의 지능지수가 높은 것은 일본인이 생선을 자주 먹어 두뇌에 DHA를 보내고 있기 때문일 것이라는 내용 등이 쓰여 있다.

인간의 경우 생선을 먹어 DHA를 충분히 섭취하면 장에서 흡수되어 모친의 혈액으로 들어간다. 만약 뱃속에 태아가 있다면 그 태반을 통해 태아의 뇌에도 DHA가 도달한다. 또한 아기가 태어난 후에 모친이 자주 생선을 먹으면 모유를 통해 전달되게 된다.

최근 분유에도 DHA가 함유된 생선기름을 상당량 첨가하게 되었다. 게다가 모유로부터의 DHA는 미국이나 영국인 등의 구미인보다 일본인이 많다고 한다.

DHA를 함유한 모유를 먹고 자란 아이는 보통의 DHA를 그다지 함유하지 않은 우유를 먹고 자란 아이에 비해 지능지수가 10포인트 정도는 높다는 데이터가 영국에서 발표되었다. 그 이유로서는 여러 가지가 있으나 DHA와 같이 모유에는 있고 우유에는 거의 없는 것이 영향을 미친 것으로 생각된다.

표 1-1 어류섭취 빈도별 사망률(1966~1982년)

사 인	어류섭취 빈도			
	매 일	때때로	어쩌다	전혀 먹지 않음
뇌혈관 질환	1.00	1.08	1.10	1.10
심장병	1.00	1.09	1.13	1.24
고혈압	1.00	1.55	1.89	1.79
간경변	1.00	1.21	1.30	1.74
위 암	1.00	1.04	1.04	1.44
간장암	1.00	1.03	1.16	2.62
자궁암	1.00	1.28	1.71	2.37
총사망	**1.00**	**1.07**	**1.12**	**1.32**

2 기능성

1) EPA

EPA는 eicosapentanoic acid의 약자이고 면역체계 중 프로스타글라딘과 루코트리엔의 전구물질로 사용되며 오메가-3 불포화지방산이다.

덴마크령 그린랜드에 거주하는 에스키모인은 바다에서 섭취하는 생선과 바다표범, 물개 등의 해수류를 주식으로 하고 있기 때문에 지방의 섭취량이 많은 것이 특징이다. 섭취하는 총칼로리 중 지방에서 섭취하는 칼로리의 비율이 35~40 %이기 때문에 대단한 고지방식이라고 할 수 있다. 이런 고지방식을 섭취하면 보통 뇌경색과 심근경색 등의 성인병이 되기 쉽다. 그런데 의외로 에스키모인에게는 그런 병은 극

히 적고 동맥경화증상도 거의 보이지 않는다. 이런 의문을 풀기 위해서 여러 가지 조사연구를 거듭한 결과 그들이 생선과 해수류를 많이 섭취하고 있기 때문이란 것을 알게 되었다.

생선과 해수류의 지방에는 EPA라는 지방산이 많이 함유되어 있다. 실제로 이 EPA에는 혈관속에 혈전(혈액응고)이 생기는 것을 방지하는 작용이 있고 혈전이 큰 원인이 되어 발생하는 뇌경색과 심근경색으로부터 에스키모인을 보호하고 있는 것이다. 생선기름에는 동맥경화에 의한 질병을 예방하는 효과가 있다는 것을 말하기 전에 프로스타글란딘(prostaglanolin)이란 물질과 혈액응고에 관해 설명을 하고자 한다. 프로스타글란딘은 인간의 체내에서 만들어져 갖가지 기능을 조절하는 물질로서 그 성질이 호르몬과 유사하다. 프로스타글란딘은 현재 발견된 것만도 20종류 이상이며 혈압조절, 소화액 분비, 호르몬의 분비, 기관지의 확장·수축, 분만촉진 등 그 기능은 여러 가지에 걸쳐 있으며 혈액응고에 관여하는 것도 그 기능의 하나인 것이다. 혈액응고는 적혈구나 백혈구와 같은 혈구의 동료인 혈소판(血小板)이 작용하기 때문이다. 이 혈소판속에 프로스타글란딘의 하나인 트롬복산 A_2(thromdoxane A_2)란 물질이 포함되어 있어 이것이 혈소판을 응고시키는 강한 작용을 갖고 있다.

한편 혈관벽 특히 그것을 뒷받침하고 있는 내피세포(內皮細胞)에 역시 프로스타사이크린(prostasycline)이란 물질이 만들어져 이것이 혈소판이 응고하는 것을 막는 작용을 한다. 인간의 혈관 속의 혈액이 굳어지지 않고 흐르고 있는 것은 실로 이 프로스타사이크린의 작용에 의한 것으로 만약에 혈관벽이 파손되거나 동맥경화 등으로 내피세포가 파괴되면 프로스타사이크린의 작용이 미치지 않게 되어 트롬복산 A_2의 작용에 의해서 혈소판이 응집하고 혈관 속에서 혈액이 굳어져 혈전을 일으키게 되는 것이다.

그래서 이 프로스타글란딘이란 물질은 음식물에서 끌어들인 불포화지방산을 재료로 만들어진다. 트롬복산 A_2도 프로스타사이크린도 불포화지방산의 하나인 아라키돈산(arachidonic acid)에서 만들어진다. 아라키돈산은 돼지나 소의 지방에 많이 포함되어 있으므로 여기로부터 섭취하여 재료로 하고 있는 셈이다. 그런데 에스키모인이 먹고 있는 생선이나 바다동물에는 아라키돈산이 적으며 EPA 불포화지방산이 많으므로 에스키모인의 경우는 이것을 재료로 하여 프로스타글란딘이 만들어지고 있다. 그런데 동일한 기능을 하고 있는 프로스타글란딘이라고 해도 재료가 다르면 그 작용에도 약간의 차이가 생기는데, EPA에서 만들어진 혈액응고물질은 트롬복산 A_3라고 불리며, 아라키돈산에서 만들어진 트롬복산 A_2에 비하면 혈소판을 응고케 하는 작용이 대단히 약하다.

한편 EPA에서 만들어진 혈액응고를 방지하는 물질은 프로스타글란딘 I_3라 하여 여기에는 프로스타사이크린과 같을 정도로 혈소판의 응집을 막는 작용을 갖고 있다. 즉 에스키모인은 EPA를 많이 포함한 생선이나 바다동물을 먹고 있으므로 거기서 만들어지는 프로스타글란딘은 혈액을 굳어지게 하는 작용이 약하여 그로 인해서 동맥경화가 진행되지 않으므로 뇌경색, 협심증도 자연히 적어진다는 결과가 나오는 것이다.

최근에는 더욱 연구가 진전되어 프로스타글란딘에 관하여 여러 가지의 연구결과가 발표되고 있다. 아라키돈산에서 만들어진 트롬복산 A_2와 프로스타사이크린은 서로 맞서서 반대되는 일을 하고 있는 격인데 동맥경화란 측면에서 보면 트롬복산 A_2는 악역(惡役)이요, 프로스타사이크린은 정의(正義)의 편이라는 것이 된다. 사실 프로스타사이크린에는 혈액이 응고하는 것을 막아 동맥경화를 예방하는 이외에 혈관을 확장시키는 작용도 있다.

고혈압이 되어도 처음에는 프로스타사이크린이 만들어져 고혈압에 항거하여 일하고 있는 것이지만 나이가 들어 어느 시기에 이르면 갑자기 프로스타사이크린의 생산이 줄어들고 만다는 것도 실험으로 확인되었다. 그 결과 동맥경화가 진행되어 혈전이 생기기 쉽게 되므로 심근경색이나 뇌경색을 일으키게 되는 것이다. 한편 소나 돼지의 동물성지방을 많이 섭취하여 동맥경화를 일으키기 쉬운 상태에 있으면 트롬복산 A_2가 증가한다. 즉 고혈압에서 오는 혈전증은 프로스타사이크린이 줄며 동맥경화에서는 트롬복산 A_2가 불어난다. 기본적으로 이러한 차이가 있는 것은 동물실험에서 확인되었다. 따라서 생선을 먹어서 EPA를 많이 취하면 트롬복산 A_2의 생산을 줄일 수가 있으므로 동맥경화를 예방하고 뇌졸중이나 심근경색, 협심증 따위를 미연에 방지할 수 있는 것이다.

EPA는 전갱이, 참치, 고등어, 정어리 등 등푸른생선의 지방에 특히 많이 함유되어 있다. 이들 생선을 자주 섭취하며 EPA를 많이 섭취하는 것이므로 혈전이 생기기 어렵고 심근경색과 뇌경색을 예방할 수 있다. 또 EPA에는 혈중콜레스테롤과 중성지방을 저하시키는 작용도 있다는 것을 알 수 있다.

2) DHA

DHA는 docosahexaenoic acid의 약칭이며 탄소수 22개, 이중결합을 6개 갖고 있는 오메가-3 계열의 고도불포화지방산이며 생물계에 광범위하게 분포하고, 육상 포유류에는 뇌와 망막, 중추신경계조직, 심장근육 등의 세포막에 인지질 형태로 존재한다. 어패류와 해조류에서는 체지방 중에 EPA와 함께 대량 축적되어 있고, 특히 참치류인 다랑어, 가다랑어 등 대형 어류에서 쉽게 얻을 수 있다. DHA는 해수 중의 식물플랑크톤과 해조류가 생합성하여 먹이연쇄에 의해 어류, 갑각류, 조개류 등의 체내에 중성지방의 형태로 축적된다. 그리고 융점이 낮아 저온에서 액체상태를 유지하기 때문에 일반적으로 한류에 서식하는 어류에 많이 존재한다. DHA는 광범위한 어류에 분포하며 주로 등푸른생선에 해당되는 것들의 함량이 높고 가장 함량이 높은 것은 고등어, 톱상어, 멸치 등이다. 어류로부터 유지성분을 분리한 것이 어유(fish oil)이며 대표적인 정어리에는 DHA가 10% 정도이고, 참치류의 머리부분에서 추출한 어유에는 25% 이상 고농도로 함유되어 있다.

다랑어와 가다랑어는 머리안구를 둘러싸고 있는 주변 지방조직에서 중성지방 형태의 DHA가 고농도 함유되어 있어 이 지방조직으로부터 쉽게 대량의 어류를 추출해 내고 이것을 다시 정제하면 고순도의 DHA를 얻을 수 있다.

DHA 생산은 비록 함량이 높다하더라도 고등어, 멸치 등을 사용하지 않고 대형 어종인 참치류의 다랑어, 가다랑어를 쓴다. 그 이유는 DHA가 머리안구 주위에 집중적으로 분포하여 획득이 쉽고, 이들 참치류의 대량 포획과 가공이 행해지기 때문이다. DHA가 생선에 많은 것은 먹이사슬로 생선에 다량 함유되는 것이라고 할 수 있다.

처음에는 식물성 플랑크톤을 동물성 플랑크톤이 먹는다. 그렇다면 식물성 플랑크톤 중에는 DHA를 함유한 것도 있으나, α-리놀렌산이라는 그전 형태의 성분이 많이 있어서 그것을 동물성 플랑크톤이 먹음으로써 그 속에서 DHA를 만든다. 혹은 그 식물성 플랑크톤을 먹는 작은 물고기가 있다면 그 물고기 속에서도 DHA가 만들어진다. 그것을 중형의 물고기가 먹어 몸속에 DHA가 쌓인다. 그것을 대형 물고기가 먹어 한층 더 DHA를 축적한다.

인간은 대체적으로 중·대형의 물고기를 먹는데 DHA를 얻는 것이 먹이사슬이며 이에 의해 DHA를 축적하게 된다.

표 1-2 EPA·DHA가 많은 어패류(가식부 100g당 mg)

어패류	DHA량	EPA량	계	어패류	DHA량	EPA량	계
다랑어(도로)	2,877	1,288	4,165	삼치	1,398	844	2,242
정어리	2,122	2,260	4,382	은어(양식)	573	232	805
참정어리	1,136	1,380	2,516	하마치(양식)	1,728	1,545	3,273
참다랑어(기름)	2,877	1,288	4,165	갯장어	1,508	509	2,017
고등어	1,781	1,214	2,995	참돔(양식)	1,830	1,085	2,915
소금에 절인 연어알	2,175	1,896	4,071	전복	0.3	7.8	8.1
가다랑어	310	77	387	대합	22	13	35
전갱이	748	408	1,156	가리비	56	69	125
잉어	288	159	447	오징어	152	56	208
장어	1,332	742	2,074	왕새우	5	55	60
청어	1,024	1,317	2,341	굴	92	160	252
연어	820	492	1,312	바지락조개	34	21	55
방어	1,785	899	2,684	갱조개	48	31	79

인간의 뇌, 망막에는 DHA가 다량 함유되어 있는데 이는 생선에 DHA가 많으므로 이것을 섭취하여 축적한 결과라고 할 수 있다.

DHA는 의약품이 아니므로 투여하고 몇 시간 후에 효과가 즉시 나타나는 것은 아니며, DHA에는 부작용이 없고 동시에 약과 같은 강도도 없다. 단, 어느 정도 제대로 섭취한다면 1개월 혹은 몇 개월이면 효과가 나타난다. 1년, 2년, 3년, 5년, 10년이라는 세월을 통해 보면 제대로 섭취한 사람과 섭취하지 않았던 사람에게는 커다란 차이가 있어 그 효과가 나타난다. DHA는 서서히 효과가 나타나는 성분이며 그 효과가 나타나는 방법도 사람에 따라 다소 차이가 있다.

DHA를 먹으면 위장에서 분해되는 경우가 거의 없이 비교적 잘 흡수된다. 그리고 혈액 속으로 들어가서 뇌 부분으로 간다. 뇌에는 혈액뇌관문이라는 관문이 있어 DHA는 이곳을 비교적 잘 통과하여 뇌 속에 들어가고 신경세포도 들어간다. 시냅스막 세포체 중의 미토콘드리아나 소포체에 들어간 것을 알게 되었다. 주로 미토콘드리아는 에너지대사를 담당하고 있는 곳으로 발전소와 같은 곳이다. 소포체는 단백질과 인지질 등을 만들어 재료를 제공하는 곳으로 그 이외의 기능도 있다.

DHA 기능성은 두뇌기능촉진과 혈중콜레스테롤 조절로 주요기능을 살펴보면 다음과 같다.

(1) 두뇌구성물질의 영양공급 및 두뇌기능의 촉진

DHA는 뇌의 회백질과 신경돌기(Synapse)부분의 인지질에 약 10～20%가 함유되어 있어 뇌와 신경조직 및 눈 망막조직의 중요 구성성분이다. 그리고 유아성장에 중요한 모유 속의 DHA 함량이 우유에 비해 훨씬 높다.

뇌의 회백질 부분에는 phosphatidyl ethanol amine과 phosphatidyl serine 등의 인지질이 많이 들어 있는데 이 인지질을 구성하는 지방산 특히 2번 위치에 DHA가 들어 있다. 이 DHA는 정보전달과 관계있는 시냅스와 시냅스 소포의 인지질에 높은 함량으로 들어있다.

오꾸야마, 스즈끼 등 박사들의 동물실험에 의하면 DHA가 결핍된 경우보다 DHA를 섭취한 군에서 기억학습능력의 향상 가능성이 높다고 한다. 또한 오메가-3 지방산 중 혈액-뇌 장벽을 통과할 수 있는 것은 DHA만이 가지고 있는 특성이 이를 뒷받침 해주고 있다. DHA는 사람의 생육, 성장기에도 대단히 중요하다고 알려져 있어 임신중 26～40주간에 중앙 신경계통의 신경세포에 축적되고, 절반은 출산 후에 축적된다고 알려져 있다.

분만 전 3개월에 대뇌 및 대뇌 중의 DHA 함량은 3～5배로 증가하고 같은 증가가 생후 12주간 사이에 다시 발생한다. 태아의 혈액 중 DHA 함유율은 높고 신생아 기간 이전의 태아시기에도 DHA가 중요하다고 보고되어 있다. 우유에는 오메가-3계 지방산이 매우 적은데 모유 중에는 비교적 많이 함유되어 있다. 특히 출산 후 2～5일의 초유 중에는 DHA가 1.46%로 보통 모유에 비해 매우 높기 때문에 유아의 뇌신경 지질대사와 관련성 있을 것으로 추정하고 있으며, 뇌의 발달과 생리적 측면에서의 성숙에 DHA가 필요하고 신생아에서 세포형성과 프로스타글란딘의 생합성에 필요한 지방산의 공급원이 된다고 생각되고 있다.

한편 동물실험 결과보고에 의하면 생후 3～19개월 된 쥐의 사양시험에서 3개월짜리에 비해 19개월짜리의 뇌 속에 DHA를 포함한 총지질함유량이 감소해 DHA투여에 의해 뇌기능 저하를 예방할 수 있는 것으로 추정되어 고령자 기억학습의 향상에 기여한다고 한다.

DHA가 결핍된 식사를 투여하면 각막에 장애를 일으키고 시력이 저하되는 것으로 알려져 있다. 통상 DHA는 막단백질에 있는 로돕신과 인지질과의 상호작용에 중요한 시세포 외근을 형성하는 특수막의 인지질 2-위치에 많이 존재하고, 각막의 phosphatidyl ethanolamine 중에는 이 2-위치의 75~100%가 DHA인 것으로 알려져 있다. DHA의 특수한 역할에 대해서는 불명확한 것이 많지만 로돕신의 다이나믹한 작용에 필요한 막의 유동성, 굴절성, 투과성 등에 관여하고 있는 것으로 보고되고 있다.

(2) 혈중콜레스테롤의 조절

스즈키 박사 등의 연구에 의하면 DHA가 혈청 중에 콜레스테롤 수준을 현저히 낮추는 기능이 EPA보다 강력하다는 사실이 보고되고 있다. 또한 DHA는 혈소판 활성인자 PAF에 대한 기능을 갖고 있는데, PAF는 극히 미량으로도 생리활성을 나타내는 Lipid Mediator로 알려져 있으며 염증을 동반하는 질병과 관련이 깊은 생리활성 인지질이다. DHA는 PAF의 생성을 억제하는 사실이 밝혀져 항알레르기 작용이 있는 것으로 보고되고 있다.

사람은 체내에서 EPA를 사용하여 긴사슬로 연장시키므로써 불포화하여 DHA를 만드는 효소가 대단히 적거나 존재하지 않기 때문에 EPA로부터 DHA를 생합성 하기 곤란하다. 그러나 역반응인 DHA로부터 EPA로의 반응, 즉 retroconversion은 쉽게 일어나고 또 EPA로부터 프로스타글란딘 I_3으로 전환이 가능하다. 따라서 DHA의 투여에 의해서 EPA에 관련된 생리활성기구도 기대가 가능하다.

에스키모인과 스칸디나비아인의 질병발생률에서도 볼 수 있듯이 각종 질병에 대한 DHA의 유효성이 예상된다. 그리고 DHA 등의 오메가-3계열 지방산은 인지질 중에서 phosphatidyl ethanolamine, phosphatidyl choline에 결합하기가 대단히 용이하여 인지질에 결합된 아라키돈산을 유리시키고 대신 결합한다. 따라서 지질 중의 아라키돈산 함량이 낮아지게 된다. 즉 DHA의 섭취에 의해 eicosanoid의 밸런스가 변화되고 arachidonic acid cascade산물에 영향을 받는 작용이 저해되어 혈관, 혈소판, 심장, 위장, 소화관, 기관지, 망막 등의 기능에 관련된 질병치료에 기여하는 효과가 나타나게 된다.

마지막으로 DHA는 프로스타글란딘으로 전환되지는 않지만 아라키돈산을 프로스

타글란딘으로 전환시키는 효소의 산화반응을 강력히 저해하는 저해제로서 작용하는 것으로 알려져 있어 생리기능에 큰 영향을 미친다.

(3) EPA와 DHA의 차이

DHA는 EPA와 화학구조가 대단히 비슷하지만 가장 큰 상이점은 DHA는 인간의 뇌신경에 들어있다는 것이다. 학습기능이라든가 망막반사능력, 신경계의 개선 또는 발달에 있어서 필수성분이라는 것을 알게 되었다.

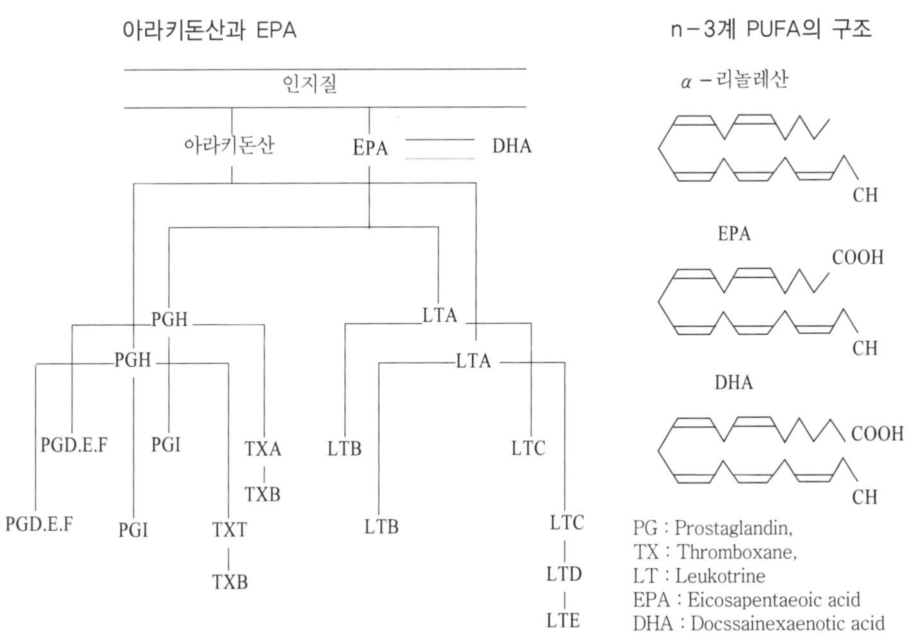

그림 1-2 EPA와 DHA의 구조

혈액뇌관문이라는 뇌세포에 들어갈 수 있는 성분과 들어갈 수 없는 성분으로 나누는 기능이 작용하고 있는데 DHA는 혈액뇌관문을 잘 통과하는 반면, EPA는 통과하지 않는다.

EPA를 1일에 1,800mg 투여한 사람의 혈액 중의 총콜레스테롤치, 중성지방, 그리고 유익하다는 HDL콜레스테롤을 측정한 결과보고를 보면, 4주 동안 투여하자 투여

전과 투여 후에서는 총콜레스테롤은 다소 떨어진다. HDL은 다소 상승하거나 거의 변하지 않는다. DHA의 경우 이 콜레스테롤치는 EPA보다 잘 낮추어 유효성이 높고, EPA의 경우는 중성지방을 낮추는 작용이 보고되고 있다.

제2절 감마리놀렌산식품

1 개 요

γ-리놀렌산은 모유와 달맞이꽃종자유 그리고 식물과 미생물발효물에 함유되어 있는데 실제 건강기능식품으로 이용되는 달맞이꽃종자유에 대해 설명하고자 한다.

달맞이꽃은 月見草(일본), Evening Primrose(미국), 夜來香, 月下香(중국)라 불리는 바늘꽃과에 속하는 귀화식물로서 전 세계적으로 21속 6백여 종이 분포되어 있다. 달맞이꽃은 바늘꽃과의 2년 생초로서 150cm 정도의 똑바른 줄기와 흰색의 곧은 뿌리를 갖고 있으며, 잎은 어긋나게 거친 톱니와 주름이 있고 장타원상의 피침형이다. 여름의 끝말부터 가을에 걸쳐 피는 이 꽃은 저녁나절에 지름 8cm 정도의 노란색 4판화(꽃잎 4개인 꽃)을 피우다 다음날 아침이면 진다. 한국에서는 달맞이꽃, 금달맞이꽃, 큰달맞이꽃이라고 부른다.

오래전부터 미국 동부에 살고 있던 아메리카 인디언들은 이 달맞이꽃을 채취하여 잎과 줄기, 꽃과 열매를 통째 갈아서 환(丸)을 지어 상처에 바르거나 피부에 발진이나 종기가 나면 그것을 환부에 바르기도 하고, 기침을 하거나 통증이 있을 때에도 내부약으로 사용했다. 이렇게 약으로 사용된 아메리카 인디언의 지혜가 백인에게도 알려져 17세기 영국으로 전해진 달맞이꽃은 고귀한 약으로 임금의 만능 약(king's cure all)이라고 불리게 되었다. 서구에서는 달맞이꽃을 이브닝 프림로즈(evening primrose)라고 하여 약용식물 리스트에 등재하였다. 임금의 만능 약으로 진귀하게 여겨진 것은 1930년에 가서 달맞이꽃이 주목을 받기 시작하였다.

영양생리학의 발달에 따라서 달맞이꽃의 씨앗에서 얻은 유지 속에 필수지방산이 다량으로 함유되어 있다는 것을 알았기 때문이다. 이것은 체내에서의 합성이 불가능한 불포화지방산이므로 외부에서 식물로서 섭취해야 하기 때문에 당시에는 비타민 F라고 이름을 붙였지만 오늘날에는 리놀렌산으로 잘 알려지게 되었다. 리놀렌산은 식물성유지, 콩, 현미, 밀, 목화씨, 해바라기, 옥수수 등에 매우 풍부하게 함유되

그림 1-3 달맞이꽃

어 있고, 달맞이꽃종자유에는 리놀렌산 이외에도 γ-리놀렌산이 천연적인 형태로 존재한다.

1982년 오율러의 제자인 Bergstrom과 공동연구자인 Samuelsson, Vane박사 등이 프로스타글라딘의 생체 내에서의 합성경로와 작용기전을 연구해서 노벨생리의학상을 받았다.

달맞이꽃종자유에 함유된 γ-리놀렌산은 바로 이 프로스타글라딘의 생체 내 합성과정 중 없어서는 안 될 물질이다. 이 프로스타글라딘이라는 이름은 1933년에 영국의 골드보렛드와 1934년 스웨덴의 폰·오율러라는 의학자가 각각 개별적으로 정액이나 전립선에 혈압을 내리게 하거나 자궁이나 장관의 평활근을 수축시키는 물질이 있다는 것을 발견했다. 그러나 그것을 분리하는 데는 성공하지 못하고 그 과정에서 얻어진 물질이 기능성의 생성물질이라는 것을 밝혀냈다.

오율러는 이 물질이 전립선에서 분비되어서 정액 속에 함유된다고 생각하여 전립선(prostate gland)의 이름을 따라 프로스타글라딘(prostaglandin)이라고 명명한 것이다. 그러나 그 이후에 계속된 연구결과에 의해 전립선뿐만 아니라 신체 여러곳에 이와 유사한 물질이 존재한다는 사실을 알아냈고 또 그것의 광범위한 생리활성도 밝혀지고 있다.

2 기능성

리놀레산은 불포화지방산이며 필수지방산으로 콩, 해바라기, 옥수수 등의 식물성 기름에 매우 풍부하게 들어있는 성분인데, 달맞이꽃 기름에는 리놀레산뿐만 아니라 리놀레산의 체내 생리활성물질인 γ-리놀렌산을 함유하고 있다. 바로 이 γ-리놀렌산이 대사에 의하여 프로스타글라딘 E(PGE)으로 변화되는 물질이다. 달맞이꽃의 종자유를 분석해 보면 리놀레산 75%, γ-리놀렌산 9%, 그 밖의 지방산이 16%로 구성되어 있다.

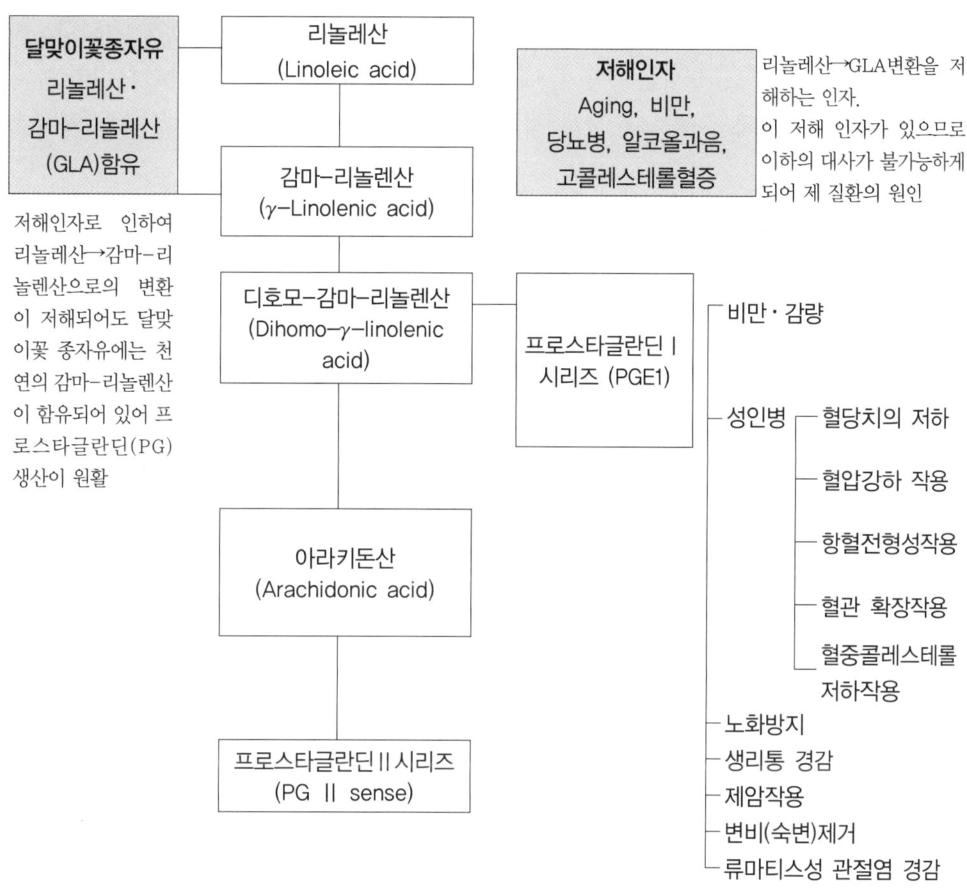

그림 1-4 γ-리놀렌산의 기능성과 작용

γ-리놀렌산(GLA)은 건강을 유지하는 데 필수적인 물질로 체내의 모든 기관을 조절하는 호르몬 유사물질을 만드는 데 필요한 물질이다. 이 호르몬과 같은 생리활성물질을 프로스타글라딘(PG)이라고 부른다. γ-리놀렌산(GLA)은 체내에서 필수지방산인 리놀레산(LA)으로부터 만들어지는 「LA→GLA→PG」의 중간체인데 예전에는 이에 대한 관심이 그리 높지 않았다.

그러나 지금은 γ-리놀렌산이 체내에서 충분히 생성되지 못하는 사람이 많을 뿐만 아니라 이로 인해 중대한 건강문제를 일으킨다는 사실이 밝혀졌다. 즉, 「리놀레산→γ-리놀렌산」의 체내 합성과정은 비만이나 당뇨병, 과음, 고콜레스테롤혈증, 노화 등에 의해 쉽게 차단되어 프로스타글라딘 생성에 차질을 빚게 된다. 그래서 사람들은 γ-리놀렌산이나 프로스타글라딘을 직접 섭취하면 어떨까 생각하게 되었다. 하지만 프로스타글라딘 자체는 수명이 매우 짧고 또 불안정하여 직접 섭취하기가 매우 어렵기 때문에 결국 γ-리놀렌산을 직접 섭취하고자 γ-리놀렌산이 풍부한 식품을 찾게 되었다.

그 결과 γ-리놀렌산이 모유와 달맞이꽃종자유에만 들어있는 사실을 알게 되었다. 최근의 연구에서는 일부 식물과 미생물발효물에도 γ-리놀렌산이 함유되어 있는 것으로 밝혀졌지만 실제 이용할 수 있는지는 아직 의문이다. 따라서 천연에서 얻을 수 있는 것으로 이용 가치가 높은 것은 달맞이꽃종자유가 유일한 자원이다.

프로스타글란딘(prostaglandin), 트롬복산(thromdoxane), 루코트리엔(leukotriene)은 리놀레산(linoleic acid)을 기본물질로 해서 디호모-감마-리놀렌산(dihomo-γ-linolenic acid)으로부터 PGI계열이 만들어지고, 아라키돈산(arachidonic acid)으로 부터는 PGⅡ계열이 그리고 에이코사펜타엔산(eicosapentaenoi acid)으로 부터는 PGⅢ계열이 만들어진다.

이 효소 중에 특히 리놀레산을 γ-리놀렌산으로 전환시키고 α-리놀렌산을 옥타데카테트라엔산(octadecatetraenoic acid)으로 전환시켜 주는 효소(△6-desaturase)는 당뇨병, 알코올, 방사선, 육식 또는 나이를 먹어감에 따라 그 활성이 억제된다.

그러므로 음식물로부터 쉽게 공급되는 아라키돈산으로부터 PGⅡ계열은 생성되고 디호모-γ-리놀렌산에서 합성되는 PGⅠ계열은 합성되지 못하기 때문에 체내 프로스타그라딘의 균형이 깨지게 되므로 다음에서 설명되는 질환들이 생기게 된다. 따라서 γ-리놀렌산을 함유하는 달맞이꽃종자유를 섭취함으로써 PGⅠ계열을 생성하여 인체 내의 프로스타글라딘의 균형을 유지시켜 건강한 생활을 영위할 수 있게 해 준다.

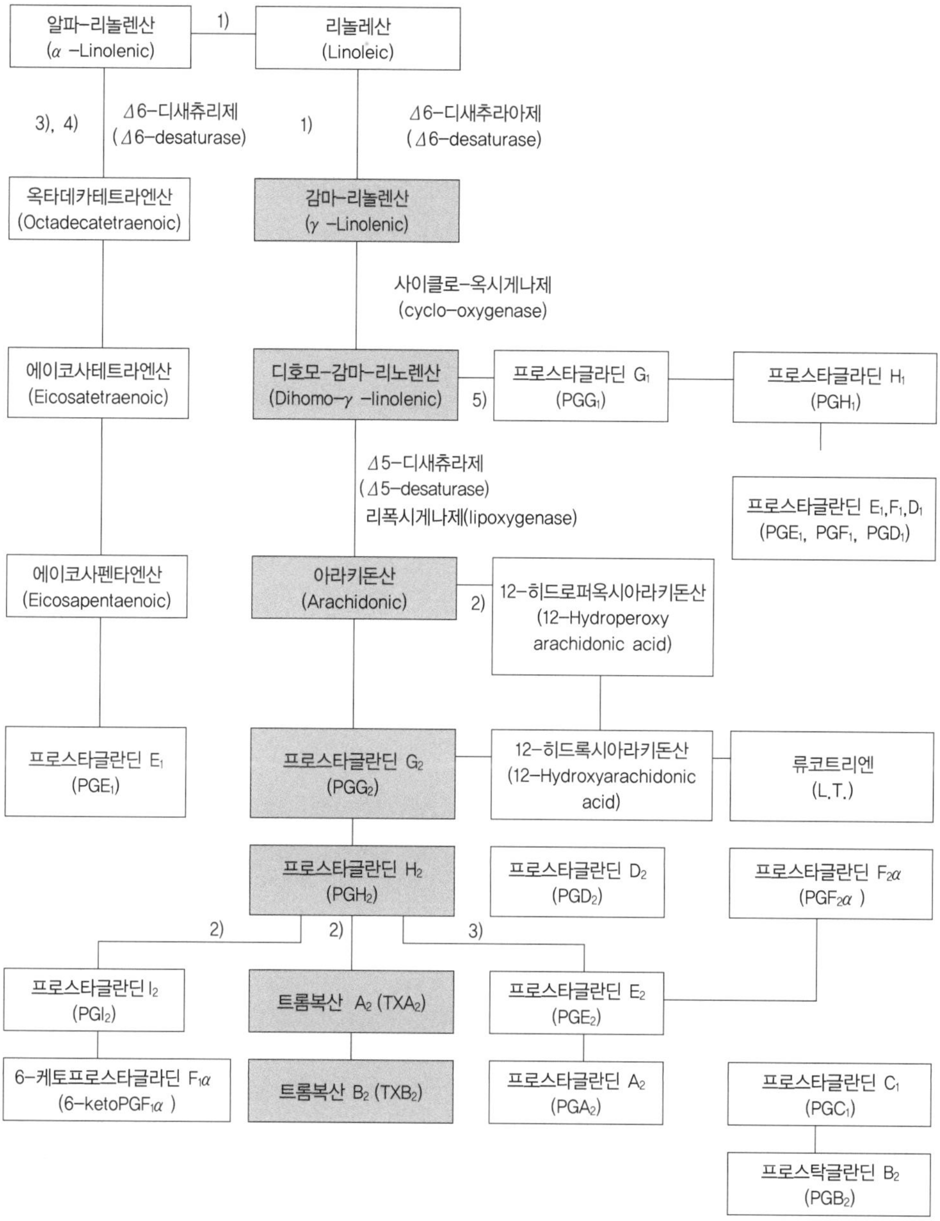

알파-리놀렌산 (α -Linolenic) — 1) — 리놀레산 (Linoleic)

알파-리놀렌산 → 3), 4) Δ6-디새츄리제 (Δ6-desaturase) → 옥타데카테트라엔산 (Octadecatetraenoic)

리놀레산 → 1) Δ6-디새추라아제 (Δ6-desaturase) → 감마-리놀렌산 (γ -Linolenic)

옥타데카테트라엔산 (Octadecatetraenoic) → 에이코사테트라엔산 (Eicosatetraenoic) → 에이코사펜타엔산 (Eicosapentaenoic) → 프로스타글란딘 E_1 (PGE_1)

감마-리놀렌산 → 사이클로-옥시게나제 (cyclo-oxygenase) → 디호모-감마-리노렌산 (Dihomo-γ -linolenic)

디호모-감마-리노렌산 → 5) 프로스타글라딘 G_1 (PGG_1) → 프로스타글라딘 H_1 (PGH_1) → 프로스타글란딘 E_1,F_1,D_1 (PGE_1, PGF_1, PGD_1)

디호모-감마-리노렌산 → Δ5-디새츄라제 (Δ5-desaturase) 리폭시게나제(lipoxygenase) → 아라키돈산 (Arachidonic)

아라키돈산 → 2) 12-히드로퍼옥시아라키돈산 (12-Hydroperoxy arachidonic acid) → 12-히드록시아라키돈산 (12-Hydroxyarachidonic acid) → 류코트리엔 (L.T.)

아라키돈산 → 프로스타글란딘 G_2 (PGG_2) → 프로스타글란딘 H_2 (PGH_2)

프로스타글란딘 H_2 → 2) 프로스타글란딘 I_2 (PGI_2) → 6-케토프로스타글라딘 $F_{1\alpha}$ (6-keto$PGF_{1\alpha}$)

프로스타글란딘 H_2 → 2) 트롬복산 A_2 (TXA_2) → 트롬복산 B_2 (TXB_2)

프로스타글란딘 H_2 → 3) 프로스타글란딘 E_2 (PGE_2) → 프로스타글란딘 A_2 (PGA_2)

프로스타글란딘 D_2 (PGD_2)

프로스타글란딘 $F_{2\alpha}$ ($PGF_{2\alpha}$) — 프로스타글란딘 E_2

프로스타글란딘 C_1 (PGC_1) → 프로스탁글란딘 B_2 (PGB_2)

그림 1-5 프로스타글란딘, 트롬복산, 류코트리엔의 생합성 경로

1) 콜레스테롤 개선작용

혈중콜레스테롤 저하작용 효과로 이 분야연구의 세계적 권위자인 캐나다 몬트리올대 생화학과 D.F.Horrobin 교수의 연구문헌을 보면 12주 동안 달맞이꽃종자유 형태의 γ-리놀렌산을 하루에 0.5g 캡슐로 4개, 8개, 12개씩 투여한 고지질혈증환자(평균연령 42세)에서 그들의 총혈중콜레스테롤치가 평균 14.7%, 17.3%, 22.6% 감소됨을 보였다. 혈액콜레스테롤의 감소는 원래 콜레스테롤치가 5mol/l 이상인 모든 사람에게 감소되었으나 정상인 혈액콜레스테롤치에는 감소가 나타나지 않았다. 이 실험을 토대로 하여 얻은 결론은 리놀레산의 콜레스테롤 저하효과는 그 자체작용에 의한 것이 아니고 γ-리놀렌산 또는 그 다음의 대사물로 전환되어야만 나타난다는 것이다. 또한 달맞이꽃종자유는 HDL 콜레스테롤에는 영향을 미치지 않고 LDL 콜레스테롤 저하에만 관여한다는 사실이 밝혀졌다. 이러한 연구결과를 종합해 볼 때 달맞이꽃종자유는 고혈압, 동맥경화, 심근경색, 협심증 등에 유용한 식품이라 할 수 있다.

2) 비만증 예방

Judy Graham의 「Evening Primrose Oil」에 의하면 달맞이꽃종자유에 함유된 γ-리놀렌산은 갈색 지방조직을 자극하는 효과를 갖는데 달맞이꽃종자유의 최종 대사산물인 프로스타글란딘이 갈색 지방세포에서 미토콘드리아의 작용을 촉진하여 비만을 제거하는 것으로 보고하고 있다.

달맞이꽃종자유를 연구한 D.F. Horrobin 교수의 「pharmaceutical and dietary composition」에 의하면 38명의 건강한 사람에게 달맞이꽃종자유 0.6ml 캅셀을, 34명에게는 하루에 6캅셀씩, 4명에게는 8 캅셀씩 6~8주간 투여한 결과, 하루에 6 캅셀씩 복용한 34명 중 22명은 이상체중보다 약 10%가 많거나 적은 사람들이었는데 2kg 이내로 늘기도 하고 2kg 이내로 줄기도 했다고 한다. 나머지 16명은 이상체중의 10% 및 그 이상의 체중이었는데 5명은 체중의 변화가 없었고 11명은 감량이 되었음을 보고하고 있다. 이러한 결과는 정상 체중이 아닌 과체중인 사람이 달맞이꽃종자유 섭취함으로써 비만증을 예방함을 보여주고 있다.

3) 노화예방

노화원인에는 여러 가지 학설이 있으나 심혈관계와 면역계의 광범위한 기능저하에 의해 특징지워 지는데 특히 임파구에서 cyclic-AMP level이 떨어지고 △6-desaturase 활성이 저하된다고 할 수 있다. 그런데 △6-desaturase의 활성저하로 오는 γ-리놀렌산의 부족을 채우기 위해 외부에서 우회하여 직접 γ-리놀렌산을 공급하면 △6-desaturase의 활성이 약해도 정상적인 대사로 Dihomo-γ-linolenic acid를 경유하여 PGE1을 생산하여 공급할 수 있게 되는 것이다. D. F. Horrobin 교수의 연구에 의하면 PGEI은 평활근증식과 혈전이 생기는 것을 억제해 주는 T임파구를 활성화시킴으로서 생식선기능에 있어 중요하며 또한 많은 조직에서 cyclic-AMP의 level을 상승시킨다고 밝히고 있다. 또한 효소 △6-desaturase활성이 약화되면 노화가 일어나는 것을 촉진하게 되는데 따라서 프로스타글란딘의 전구체인 γ-리놀렌산을 섭취함으로써 이 효소에게 휴식을 주어 보다 오랫동안 활성을 갖게 할 수 있다는 것이다.

4) 월경전조증 예방

여성에 있어 달맞이꽃종자유가 월경전조증(Premenstrual Syndrome)에 어떤 기전에 의해 도움을 주고 있는지는 정확하게 밝혀지지 않고 있지만 월경전조증을 나타내는 여성에게서 필수지방산 함량이 낮게 나타난다고 한다.

Judy Graham의 「Evening Primrose Oil」에 따르면 달맞이꽃종자유에서 유래된 프로스타글란딘은 prolactin의 이러한 효과를 저하시킬 수 있음을 보고하고 있다. 프로스타글란딘은 또한 스테이로이드와도 complex interaction을 갖는데, 이것의 net effect는 프로스타글란딘이 생리주기 중 luteal phase에서 급속하게 변화하는 hormone level을 완만하게 해주는 것이라고 설명하고 있다. 그리고 D.F. Horrobin에 의하면 γ-리놀렌산을 1일 0.1~0.5g 정도 투여하면 월경기간 단축, 출혈량 감소, 월경전에 붓는 현상이 감소되고 생리주기도 일정해짐을 보고하고 있다.

5) 피부건강유지

달맞이꽃종자유의 피부에 대한 작용은 J.Weipierre 등의 연구에 의하면 동물에 있어 필수지방산인 GLA가 결핍되면 피부의 낙설상, 극세포증, 피부의 탄력성 감소, 피부의 barrier 기능에 있어 불규칙성 같은 피부질병을 일으키는 데 이들 질병은 필수지방산인 γ-리놀렌산을 공급해주면 없어진다고 보고하고 있다. 또 다른 연구에 의하면 인체와 쥐 피부에 C_{14}-labeled γ-linolenic acid를 연고로 적용하면 아주 느리고 부분적으로 흡수되어서 적용부위 아래 피하구조에서 오랜기간 동안 효과가 지속됨으로써 피부질환의 치료 또는 화장을 위해 경피경로를 통한 사용이 기대된다. 이러한 연구결과를 종합해 볼 때 달맞이꽃종자유는 천연 생체활성물질로서 세포에 활력을 주어 생체기능을 정상화시켜줄 뿐만 아니라 피부노화를 방지해 주며 또한 필수지방산이 풍부하게 함유되어 있어 피부의 건조를 방지하고 영양을 공급해 주어 탄력있는 피부를 유지해 준다.

제3절 레시틴식품

1 개 요

계란의 난황에는 인지질이 많이 함유하고 있다. 인지질은 생체막의 주요 구성성분으로서 최근에는 생체기능을 발휘하는 데 중요한 역할을 한다는 것이 밝혀지고 있다. 인지질은 레시틴(lecithin)이라고 불리며 1850년 Gobley가 난황(lekithos)에서 분리하여 명명한 데 기인하고 학술용어로 포스파티딜콜린(phosphatidylcholine)이라고 한다. 이와 같이 레시틴의 출발은 난황 레시틴이었다. 그러나 그 후 콩기름 제조 시 부산물인 대두레시틴이 식품, 사료, 화학분야에서 대량으로 사용하게 됨에 따라 레시틴이란 바로 대두레시틴을 가리키는 것으로 이해하게 됐다.

그런데 식품에서 시작한 천연물 지향적인 움직임은 난황유, 난황레시틴이 천연유화제 또는 기능성 성분으로 식품에 사용케 됐으며, 화장품 분야에서도 안전성의 추구와 생명현상의 해명에 힘입어 천연생체성분이 활발히 사용되기에 이르렀다. 한편 의약품에 있어서도 유효성의 증강과 안전성의 추구라는 관점에서 리보유제, 리보솜 등의 약품공급체계(DDS)의 개발에 힘을 경주하게 되었고, 생체성분으로서 생명현상에 깊이 영향을 끼치는 인지질이 유화제, 막(膜)재료로 각광을 받기에 이르렀다. 이와같은 새로운 흐름속에서 난황레시틴이 대두레시틴에 대체해서 사용케 된 것은 사람과 같은 동물유래로 조성되었고 유사한 구조를 갖고 있기 때문이다. 그 결과로 여러 등급의 난황레시틴제품이 제공되기에 이르렀다.

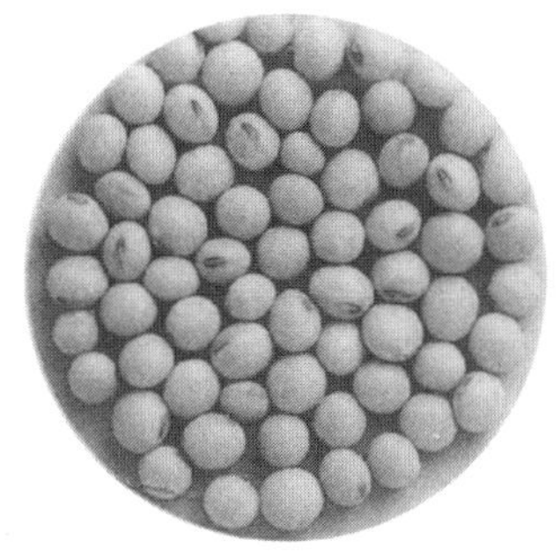

그림 1-6 대 두

계란의 성분은 난백 50～60%, 난황 27～30%, 난각 8～11%로 구성된다. 이 중 계란의 지질성분은 대부분이 난황부분에 함유된다고 보아도 과언이 아니다. 난황 구성성분의 비율은 수분 51.0%, 단백질 15.3%, 지질 31.2%, 당질 0.8% 그리고 회분

1.7%이다. 난황의 지질은 대부분이 리포(lipoid)단백질의 모양으로서 존재하며 중성지질(주로 혼합 글리세리드) 65%, 인지질 30%, 콜레스테롤 4%로 이루어져 있다. 인지질은 인산에스테르 구조를 분자에 함유하고 있는 복합지질이다. 난황의 인지질은 포스파티딜코린(PC) 70~80%, 포스파티딜에타놀아민(PE) 10~15%, 스핑고미에린(SPM) 13%, 리소포스파티딜코린(LPC) 1~2%로 구성된다. 기타 미량성분으로서는 리소포스파티딜에타놀아민(LPE), 스핑고당지질(糖脂質)인 세레브로시드 등도 함유되고 있다.

대두의 주성분은 단백질과 지질 및 당질로써 산지에 따라 약간의 차이가 있으나 대체로 단백질 34~42%, 지질 17~20%, 당질 23~26%이며 미네랄과 비타민 그외 특수성분(사포닌 등)이다. 특히 지질은 트리아실글리세롤(triacylglycerol : triglyceride)이 많고, 그 지방산의 과반량이 필수지방산인 리놀레산이며 이 밖에 올레산, 리놀렌산, 팔미트산 등을 포함한다. 트리아실글리세롤 이외에 레시틴, 세팔린 등의 인지질은 약 1.5%, 스테롤, 카로틴, 클로로필, 토코페롤 등을 약 1% 포함한다.

표 1-3 난황 및 대두인지질의 구성

성 분 명	난황 인지질	대두 인지질
P C	84.4%	33.0%
P E	11.9%	14.1%
P I	-	16.8%
P A	-	6.4%
S P M	1.9%	-
L P C	1.9%	0.9%
기타의 인지질 당지질	-	14.3% 14.3%

레시틴에는 글리세롤(glycerol)과 콜린(choline)과 인산(H_3PO_4)과 지방산이 에스테르결합하여 α형과 β형의 두 이성질체가 있다. 식물성레시틴의 대표이며 또한 산업적으로도 대량생산되고 있는 대두레시틴과 그 조성을 비교해 보면 난황레시틴에는 PC가 고농도로 함유되고 있으나 대두레시틴에 많이 함유되는 포스파티딜이노시

톨(PI), 포스파티딜산(PA), 유리(遊離)의 당(糖), 당지질(糖脂質) 등은 거의 함유치 않는다. 레시틴의 조성의 차가 특성상 다르게 나타나는 것이다.

표 1-4 대두레시틴과 난황레시틴의 지방산 조성

지 방 산	대두레시틴	난황레시틴
팔미트산	17~21%	35~37%
스테아르산	4~6%	9~15%
올레산	12~15%	33~37%
리놀레산	53~57%	12~27%
리놀렌산	6~7%	0.5%

2 기능성

레시틴은 음식물에서 발견되는 가장 흔한 인지질로서 계란, 대두 등에 많이 함유되어 있다. 인지질은 화학조성상 친수성 및 소수성을 모두 지니고 있어 일종의 계면활성제의 작용을 가지며 이러한 성질을 이용하여 아이스크림 제조나 일부 약제의 제조시에 이용되기도 한다. 또한 인지질은 세포구성 성분으로서 세포막을 구성하고 있는 주성분이며, 각종 효소들의 작용환경을 제공해 줌으로써 효소반응의 조절에도 중요한 역할을 하고 있으며 각종 자극에 의한 세포 내 2차 전달물질로서도 작용하는 등 생체항상성 유지에 매우 다양한 역할을 하고 있다.

레시틴은 지질 중 인지질의 한 종류로서 레시틴을 구성하고 있는 지방산으로는 리놀레산, 리놀레인산 등 필수지방산인 불포화지방산이 함유되어 있어 LDL-콜레스테롤치를 저하시키는 데 큰 몫을 하고 있다.

레시틴에 함유된 지방산의 부분은 친지방성으로 물에 용해되지 않으며 그 반면에 레시틴성분의 하나인 인산콜린은 친수성으로서 물에 용이하게 용해된다. 이점이 다른 지방성분에서는 볼 수 없는 특징이다.

레시틴에는 한 분자 내에 위에서 말한 것 같은 상반된 두 가지 성질을 가지고 있어

체내에 수분이나 지방 어느 것과도 결합할 수 있어 쉽게 이동하게 되어 있다. 또한 유화작용이라 하여 분리되어야 할 물과 기름이 혼합되는 것을 돕는 작용도 있다. 이 성질은 레시틴이 체내에서 일을 하는 데 큰 무기가 된다. 한편 레시틴의 구성성분의 하나인 인산콜린의 콜린도 체내에서 중요한 역할을 한다. 콜린은 신경자극전달 역할을 하고 부족하면 자극전달이 원활하게 이루어지지 못한다.

체내에서 레시틴의 생리작용은 다음과 같다.

1) 세포막의 구성물질로 영양의 흡수 및 노폐물의 배설

인체의 세포수는 약 60조나 된다. 그중 약 50만 개가 1초간에 파괴되고 동시에 50만 개가 재생된다. 그와 같은 반복으로 생명이 유지되고 있다. 그리고 나이가 들면서 파괴되는 세포수가 재생되는 세포수보다 많아진다. 그러나 뇌세포나 심근세포 등은 다른 조직세포와는 달리 재생되지 못하고 수가 감소일변도이고 그런 현상이 뇌나 심근의 활동저하의 원인이 되고 있다. 그리하여 약 60조 개의 세포 중 약 70%가 사멸하게 되면 사람은 수명을 다하게 되는 것이다. 세포가 재생되는 것이든 되지 않는 것이든 세포는 어느 것이나 세포막으로 싸여 있다. 세포막은 세포와 세포 사이를 칸막이 하는 벽 같은 것인데 각 세포가 완전히 격리된 상태는 아니다.

세포는 세포막을 거쳐 영양분을 흡수하거나 노폐물을 배설시키고 있다. 이와 같은 세포대사는 생명의 기초가 되는 것으로서 세포막의 역할 없이는 이루어질 수 없다. 소위 신체내 필터가 되는 세포막은 레시틴이 중심이 되어 구성되고 있다. 레시틴이 이중층이 되어 만들어져 있고 그 사이 사이에 단백질이나 당지질, 콜레스테롤, 비타민 E 등이 끼어있는 구조를 하고 있다. 그리고 레시틴은 세포막의 역할을 원활히 하고 그 속에 있는 세포가 싱싱하게 일을 하도록 하는 역할을 하고 있다. 세포막에 레시틴이 적어지거나 불필요한 물질이 끼어 있든지 하면 근육속의 세포는 영양소의 흡수나 노폐물배설이 어렵게 된다. 그렇게 되면 세포활동은 저하되고 우리는 건강을 유지하지 못하게 된다. 또한 레시틴은 하나하나의 세포 내에서도 존재하고 있다. 세포막 내부에는 원형질(原形質)이라는 연한 물질근이 있으며 물과 단백질을 중심으로 하여 지질, 당질, 광물질 등으로 구성되어 있다. 그중 지질부분에 레시틴이 함유되어 있다. 더욱이 원형질 내에 존재하면서 대사를 관장하고 있는 미토콘드리

아의 막도 레시틴으로 구성되어 있다. 기타 혈액성분의 하나인 혈구도 그 막은 레시틴으로 되어 있다.

2) 두뇌활동 촉진

나이가 들면서 뇌세포는 언제나 일정량씩 파괴되고 있어 그 수가 감소하며 나머지 세포의 역할도 저하되어 치매가 되는 것은 자연적인 생리현상이라고 하겠다. 그러나 뇌세포의 파괴속도를 늦추거나 남아 있는 세포를 활성화할 수만 있다면 치매도 막을 수 있으며 최대로 치매가 나타나는 시기를 지연시킬 수가 있다. 여기에 큰 도움을 주는 물질을 레시틴이라고 한다. 레시틴이 언제나 충분히 보충되고 있으면 우선 세포막의 활동이 활발해지고 세포대사가 활발하게 이루어진다. 그러면 세포파괴가 늦어지고 조직활동이 좋아져 뇌활동의 저하도 막을 수 있다.

한편 레시틴은 뇌에 콜린을 공급하여 뇌의 기억력과 깊은 관계가 있는 아세틸콜린의 양을 증가시켜 주게 된다. 아세틸콜린은 신경자극전달의 하나로서 특히 신경조직 내에 다량 함유되어 있다. 이 물질은 레시틴을 구성하고 있는 콜린으로부터 합성이 된다. 그래서 콜린이 부족하게 되면 아세틸콜린이 감소되고 신경자극전달이 원활하지 않아 기억력이 저하된다. 심하면 지금 금세 있었던 일을 잊어버리는 치매증세가 나타난다. 그러나 콜린공급이 충분하면 기억력 저하를 방지할 수 있다. 이상과 같이 레시틴은 여러 가지 작용으로 뇌를 활성화시키므로 「뇌의 먹이」라고도 한다. 뇌를 싱싱하게 활동하게 하려면 식생활을 다시 검토하여 레시틴 함량이 많은 대두의 이용률을 높여야 하겠다. 이와 같이 레시틴은 뇌나 신체의 활성을 유지시켜 노화를 방지한다.

3) 혈중 콜레스테롤 저하

레시틴 중의 PC는 막구성 성분의 개선역할을 하는 것으로 세포막 레시틴의 포화지방산을 불포화지방산으로 치환하면서 혈관벽 세포의 탄력성을 양호하게 하여 준다. 그리고 레시틴의 PC는 세포의 리소좀과 미토콘드리아에 존재하는 콜레스테롤 지방산에스테르의 가수분해효소(esterase)를 활성화시켜 혈관에 침착되기 쉬운 콜레스테롤 지방산에스테르를 가수분해시켜, 유리콜레스테롤과 지방산으로 분해하여 혈관벽의 축적을 저지하기도 한다. PC의 콜레스테롤 혈관침착 방지작용을 보다 자세히 설명하면 인지질 및 중성지방, 콜레스테롤 등의 지방질은 단백질과의 복합체인 지방단백질의 형태로 혈장에 용해되어 조직이나 장기관으로 운반되므로 세포구성과 에너지대사에 이용된다. 이 지방단백질은 비중이 다른 유미입자(Chylomicron), 초밀도지방단백질(ULDL), 저밀도지방단백질(LDL)과 고밀도지방단백질(HDL)로 분류한다. 동맥경화증을 유발하는 LDL은 콜레스테롤에스테르를 40~50% 함유하고 있어 콜레스테롤과 지방산의 분해로 혈관벽 침착을 저지할 필요가 있다. 이를 위하여 레시틴의 PC는 리소좀막의 기능을 항진시켜 막에 부착된 콜레스테롤에스테르 가수분해효소를 활성화시켜 콜레스테롤에스테르의 가수분해를 촉진시킨다.

한편 HDL은 간과 일부 소장에서 만들어지는 것으로 처음에는 레시틴과 유리형콜레스테롤로 존재하나, 혈액 중으로 들어가면 레시틴-콜레스테롤-아실트랜스퍼라아제(Lecithin-Cholesterol-Acyltransferase)의 작용으로 콜레스테롤 지방산에스테르 형태로 간에 흡착된다. 흡착된 콜레스테롤 지방산에스테르는 간에서 쓸개즙산으로 변하여 쓸개즙으로 분비되는데 이때 잉여의 콜레스테롤을 제거하는 데는 HDL의 역할이 중요하다. PC는 HDL-콜레스테롤 양을 높여 주기 때문에 잉여 콜레스테롤을 용이하게 제거하는 역할을 하고 PC를 주성분으로 하는 레시틴은 동맥경화의 예방과 치료를 하므로 심근경색, 협심증, 뇌출혈 등의 예방에 이용되는 것이다.

4) 지용성물질의 흡수촉진과 노화예방

노화방지의 영양소로서 비타민 E가 잘 알려져 있다. 비타민 E는 지용성으로서 밀, 쌀 등의 배아와 콩 등에 함유되어 있고 다음과 같은 작용을 한다. 식물성기름에 많은 필수불포화지방산도 LDL의 침착을 막는 작용을 하는 데 없어서는 안 될 물질이다. 그러나 이것이 산소와 결합되면 과산화지질이라는 유해물질로 된다.

가령 오래된 튀김기름은 검은색이 짙어지고 고약한 냄새가 난다. 이와 같이 변질된 지방이 과산화지질이다. 신체 내에 과산화지질이 증가되면 세포 등에 축적된다. 그러면 세포대사가 저하되고 신체 각기관의 활동이 둔화된다. 특히 뇌에는 지방이 많은 만큼 과산화지질의 축적도 많다. 비타민 E는 이러한 과산화지질이 생기는 것을

미연에 방지한다. 그런 작용을 항산화작용이라고 한다.

또한 비타민 E는 LDL-콜레스테롤이 혈관에 축적되는 것을 막는다. 한편 레시틴은 비타민 E를 위시한 지용성 비타민(A, D, K)의 흡수를 돕는 작용도 있다. 즉 비타민 E의 체내 효율성을 높이는 작용을 하고 있다.

제4절 스쿠알렌식품

1 개 요

옛날부터 스칸디나비아 사람은 상어로부터 추출한 간유를 허약체질, 상처치유목적, 위장질환 등 여러 질병에 복용시키는 민간요법으로 사용되어 왔다. 노벨문학상을 수상한 헤밍웨이 대표작인 「노인과 바다」에서는 주인공인 노인이 상어간유를 먹고 건강해졌다는 장면이 표현되어 있고, 「본초강목」이라는 책에는 한방약의 하나로 소개되어 있는데 여기에는 상어간유가 기록되어 있다.

스쿠알렌은 어류의 유지를 주로 연구하던 일본의 유지화학자 「쓰지모도 미쓰마루」 박사가 상어를 연구하던 중, 심해상어의 간조직 성분 가운데 새로운 물질을 발견하였는데 이 물질이 기름상어과(학명 : Squalene)의 상어간에 많다는 것을 알고 1906년 이를 학계에 발표되면서부터 체계적으로 세계에 알려지게 되었다. 그후 1935년 스위스 취리히대학의 노벨상 수상자인 폴 카라교수에 의해 스쿠알렌의 분자구조식이 밝혀져 일본이나, 유럽, 미주지역의 학계에 많은 관심을 불러일으켰다.

약 4억 년 전에 출현한 상어는 척추동물의 일종이며 세계적으로 약 250여 종류가 있으며 심해상어의 종류는 약 50여 종으로 그중 스쿠알렌의 원료로서 가장 효율이 좋은 것은 아이상어로 간유의 80~90%가 스쿠알렌이며 적은 것이라도 50%를 넘는다. 아이상어는 종래의 건로꾸상어, 다로우상어, 히테상어의 3종류와 최근 오끼나와에서 발견된 것을 더하면 4종류의 아이상어가 보고되고 있다.

상어는 생활하는 수심의 깊이에 따라 구분할 수 있는데 표층성상어와 심해성상어로 구분된다. 우리가 식용으로 하는 대부분의 바닷물고기는 수심이 200m 정도인 대륙붕에서 서식하고 있고 여기에 사는 상어를 표층성상어라 한다. 이에 비해 심해성상어는 수심 500~1,000m의 대륙붕 사면에서 서식하는데 이곳에서는 플랑크톤을 비롯한 물고기의 먹이도 거의 존재하지 않고 빛도 도달되지 않으며 용존산소가 거의 없다. 엄청난 수압(50~100기압)이 가해지고 있어 심해상어의 생존 그 자체가 신비

에 가깝다고 하겠다.

심해상어는 몸길이가 불과 1~1.5m밖에 되지 않으며 체중의 25% 정도를 차지하는 간을 절제하면 기름이 쏟아져 나오는데 간유중의 약 80% 이상이 스쿠알렌으로 가득 채워져 있다. 먹이가 없는 환경이므로 위나 장과 같은 다른 소화기계통은 거의 퇴화된 상태이며 간장에서 합성되는 스쿠알렌으로부터 산소와 에너지를 얻고 있는 셈이다.

일반적으로 심해에 사는 다른 어류들은 잡혀서 물 위로 나오면 급격한 감압상태에 있으므로 눈알이 튀어나오든지 내장이 파열되어 죽고 만다. 그런데 심해상어는 엄청난 100톤의 수압과 극도의 산소부족의 악조건 속에서도 낚시로 낚아 올려졌을 때에도 여전히 살아 있을 만큼 강인한 생명력을 가지고 있는데 그 원인은 바로 내장의 90%나 되는 간 때문인 것으로 추측되고 있다.

2 기능성

심해상어 간유의 주성분인 스쿠알렌(squalene, $C_{30}H_{50}$)은 약 80~90%가량 들어있고 그 밖에 비타민 A, D, E, 어유성분으로서의 불포화지방과 스쿠알란(squalane, $C_{30}H_{62}$) 등이 존재한다.

스쿠알렌은 기름상어라고 칭하는 스쿠알(squaldae : 학명)과 상어류의 간유 속에 많이 들어있는 불포화탄화수소라 하여 스쿠알렌(squalene)이라 명명되었는데 이는 7개의 이중결합을 가진 고도의 불포화탄화수소로 환원력이 강력한 물질로서 특히 체내 산화반응력이 강한 활성산소와 결합하여 친화력이 매우 높다. 즉 활성산소(예 : O_2, OH 등)는 홀수전자를 띄고 있어 매우 불안정한 상태로서 우선적으로 세포막의 손상 및 파괴를 시키고 심지어 유전자의 돌연변이까지 초래하여 각종 질병, 암발생의 원인이 되고 있다. 스쿠알렌은 신체 내·외부적으로 자연발생적으로 생기는 활성산소를 쉽게 결합하여 인체에 아무 해가 없는 알코올성분의 일종으로 변화시켜 체외로 내보내 생명의 기본단위인 세포의 산화 및 손상을 예방해주어 건강유지와 증진에 기여한다.

스쿠알렌의 2중 결합이 모두 수소원자로 채워지면 스쿠알란이라는 포화탄화수소가 되는데 이는 무미, 무취, 무색의 투명액체로서 화장품의 원료로 많이 사용된다. 스쿠알렌의 특성은 저휘발성으로 비점이 203℃, 응고점은 -75℃로 매우 낮아서 -20℃에서 1시간 방치해 두어도 투명한 상태를 유지한다. 생체 내에서는 화르네실피로린산에서 효소의 작용에 의해서 prosqualene을 거쳐 합성된다. 또한 스쿠알렌은 라노스테롤을 생성하고 이것이 체내에서의 스테로이드 화합물 생합성의 전구체가 되는 외에도 트리테르펜을 유도하는 등 중요한 역할을 하는 물질이다.

스쿠알렌은 혈액 중의 수소이온을 결합함으로써 상대적으로 산소를 풍부히 하고, 또한 물을 환원시켜 산소를 공급하는 방법으로 산소를 풍부하게 함으로써 현대인의 산소부족증을 해소하는 차원에서 건강증진에 이바지하고 있다.

스쿠알렌은 탄소 30개, 수소 50개가 6개의 이중결합체로 연결된 불포화탄화수소이며, 인체에서도 생성되어 전신에 소량이 분포되어 있고 다른 동·식물계에도 분포되어 있다. 특히 다른 동물과는 달리 사람에서는 피부표층 지방의 12% 정도가 스쿠알렌으로 구성되어 있어 사람과 친밀한 관계가 있다. 인체내에서는 스쿠알렌이 주로 간에서 만들어져 스테로이드화합물이나 트리테르펜을 만드는 데 사용된다.

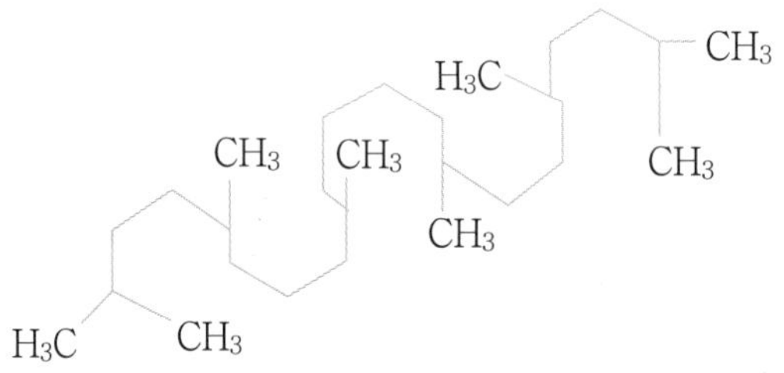

H_3C CH_3 CH_3 CH_3 CH_3 CH_3 H_3C CH_3

그림 1-7 스쿠알렌의 분자식구조

스쿠알렌은 심해상어 간유에 특별히 많이 들어있고 올리브유나 아마란스종실유 그리고 야자 열매기름에도 상어간유에 비할 수는 없지만 상당히 들어있다.

표 1-5 인체조직 및 식물식품 중의 스쿠알렌 함량

	항 목	담 낭	간 장	췌 장	피 부	복부지방	피하지방
인체각조직 (mg/생체/g)	스쿠알렌 함량	0.0091	0.028	0.0299	0.1484	0.15	0.3
	항 목	참치류	치 즈	계 육	가 지	아보카도	올리브유
식물식품 (mg/생체/g)	스쿠알렌 함량	0.014	0.0955	0.0264	0.0024	0.044	0.8

인체 내에서도 하루 약 1g 이상의 스쿠알렌을 생산하지만 콜레스테롤, 생식호르몬, 비타민 D와 담즙산 생산에 쓰이고 매일 약 250mg의 스쿠알렌이 피부의 지방샘에서 분비하는 피지의 성분으로 분비된다.

스쿠알렌의 주요 생화학적 기능성에 대해 그동안 연구보고된 결과를 정리하여 살펴보면 다음과 같이 5가지 작용으로 분류해 볼 수 있다.

① 종양성 세포의 확산 억제

스쿠알렌은 세균 및 암세포 같은 외적을 제거하는 망상 내피조직 기능을 촉진하고 면역기능을 강화하여 암세포 성장을 억제하며, 특히 T세포기능과 탐식세포 활동력을 증가시켜 항암작용을 한다.

② 면역력 증강작용

스쿠알렌은 특히 적혈구의 산화,파괴를 방지하고 백혈구의 생산을 촉진하여 혈액기능을 향상시키고 면역력을 증진시킨다.

③ 항산화작용

스쿠알렌이 열역학적으로 활발한 활성산소와 사용되지 않고 있는 산소분자와 결합하는 힘이 강하고, 과산화지방과 결합지방물질의 연쇄산화작용을 억제하여 항산화작용이 있다.

④ 콜레스테롤 및 중성지질의 정상유지

스쿠알렌 섭취는 HMG Co-A reductase 활성을 강하게 억제시켜 혈청콜레스테롤의 수준을 올리지 않고 LDL분자의 산화를 억제하는 기능이 있으며 담즙산을 통하여 혈중콜레스테롤을 배출하는 기능이 있다.

⑤ 세포의 항상성 유지

스쿠알렌은 노폐물을 배설시키고 신진대사를 활발히 함으로써 산소를 세포 내에 공급하여 새로운 세포가 생성되게 하고 탄력있고 윤기있는 피부로 만들어 준다. 스쿠알렌이 산소보급을 원활하게 해주는 것은 원래 우리 몸에서 산소운반의 역할을 담당하고 있는 적혈구의 기능 활성화하고 운반된 산소를 효율적으로 이용하도록 조직세포를 원활하게 해주기 때문이다.

제5절 알콕시글리세롤식품

1 개 요

알콕시글리세롤은 노르웨이와 스웨덴의 서부해안 지역에 사는 어부들 사이에 중요한 민간 의학용으로 사용되어 왔다. 이물질은 특정한 종류의 물고기 위를 깨끗하게 비워버리고 거기에 기름으로 채워서 유용하게 보관되어 상처를 치유할 때, 허약할 때, 호흡기관과 소화기계의 활동 등에 사용해 왔다.

1922년 일본의 쓰지모토(Tsujimoto)와 토야마(Toyama)에 의해서 알콕시글리세롤 성분의 정확한 구조가 규명되었고, 1926년 바이테만(Weidmann)에 의해 알콕시글리세롤이 에테르옥시겐(Ether-oxygen)체임을 밝혔다.

1930년에 노벨상 수상자인 로버트 로빈손(Robert robinson)은 알콕시글리세롤을 합성시켰고, 탄소원자의 장쇄를 가진 소위 지방족 탄소화합물의 합성은 스웨덴 과학자 Einar stenhasen과 그 부인이 몇가지 가치있는 것을 만들어 과학의 한 분야를 대표하게 되었다. 또한 할그렌(Hallgen)과 라르슨(Larson) 학자는 상어간유 중에 존재하는 알콕시글리세롤이라는 물질을 확인하였다.

1962년에는 스웨덴의 의학박사인 아스트리드 브로홀트(Astrid Brohalt)는 백혈병에 걸려 사경을 헤매는 어린이에게 송아지의 골수를 특수처리하여 복용시켰는데 경과가 상당히 양호하여 그 성분을 자궁암 환자에게 있어 방사선 치료와 관련된 백혈구, 혈소판 감소증이 알콕시글리세롤의 작용으로 예방 및 감소되었다는 연구논문을 발표하였다.

2 기능성

알콕시글리세롤(alkoxyglycerol)은 알킬글리세롤(alkyglycerol), 글리세릴에테르(glyceryl ether)라고 부르며, 그 구조식은 트리글리세라이드와 유사하나 글리세라이드 분자의 1번 탄소에 지방산이 에테르결합을 이루고 있어 체내에서 지방분해효소인 리파아제(lipase)에 의하여 분해되지 않는 특징을 갖고 있으며, 일반적으로 2번, 3번 탄소에는 지방산이 에테르결합을 이루고 있다.

상어간유에서 분리한 알콕시글리세롤은 에테르결합을 하는 알킬기의 종류에 따라 3가지로 분류할 수 있으며 팔미틸알코올(palmitoyl)이 에테르결합을 하고 있는 키밀알코올(chimyl), 스테아릴알코올(stearoyl)이 에테르결합을 하고 있는 베틸알코올(batyl), 올레일알코올(oleyl)이 에테르결합을 하고 있는 셀라킬알코올(selachyl)로 분류된다.

또한 소량이지만 메톡시화알킬글리세롤(methoxy substitued alkyglycerol) 및 고도불포화지방산 등이 결합되어 유도체 등이 있다.

표 1-6 알콕시글리세롤의 성분별 구성비율

성 분 명	분자식 : 분자량	-R(탄소수)	구성비율(%)
Chmyl alcohol	$C_{19}H_{40}O_3$: 316.51	- $(CH_2)_{15}CH_3$(16)	18
Baty alcohol	$C_{21}H_{44}O_3$: 344.56	- $(CH_2)_{17}CH_3$(18)	4
Selachyl alcohol	$C_{21}H_{42}O_3$: 342.56	- CH=CH-$(CH_2)_{15}CH_3$(18)	50
Others		(C_{14}-C_{24})	28

상어간유에서 추출한 알콕시글리세롤의 기본 구조는 아래와 같으며 R(알킬)기 변화에 따라 키밀, 베틸, 셀라킬알코올의 구조는 다음과 같다.

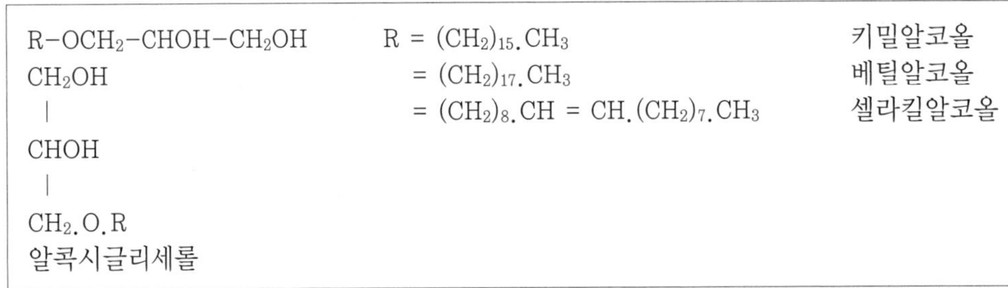

R-OCH_2-CHOH-CH_2OH

CH_2OH
|
CHOH
|
CH_2.O.R
알콕시글리세롤

R = $(CH_2)_{15}.CH_3$ 키밀알코올
= $(CH_2)_{17}.CH_3$ 베틸알코올
= $(CH_2)_8.CH = CH.(CH_2)_7.CH_3$ 셀라킬알코올

그림 1-8 알콕시글리세롤의 일반식

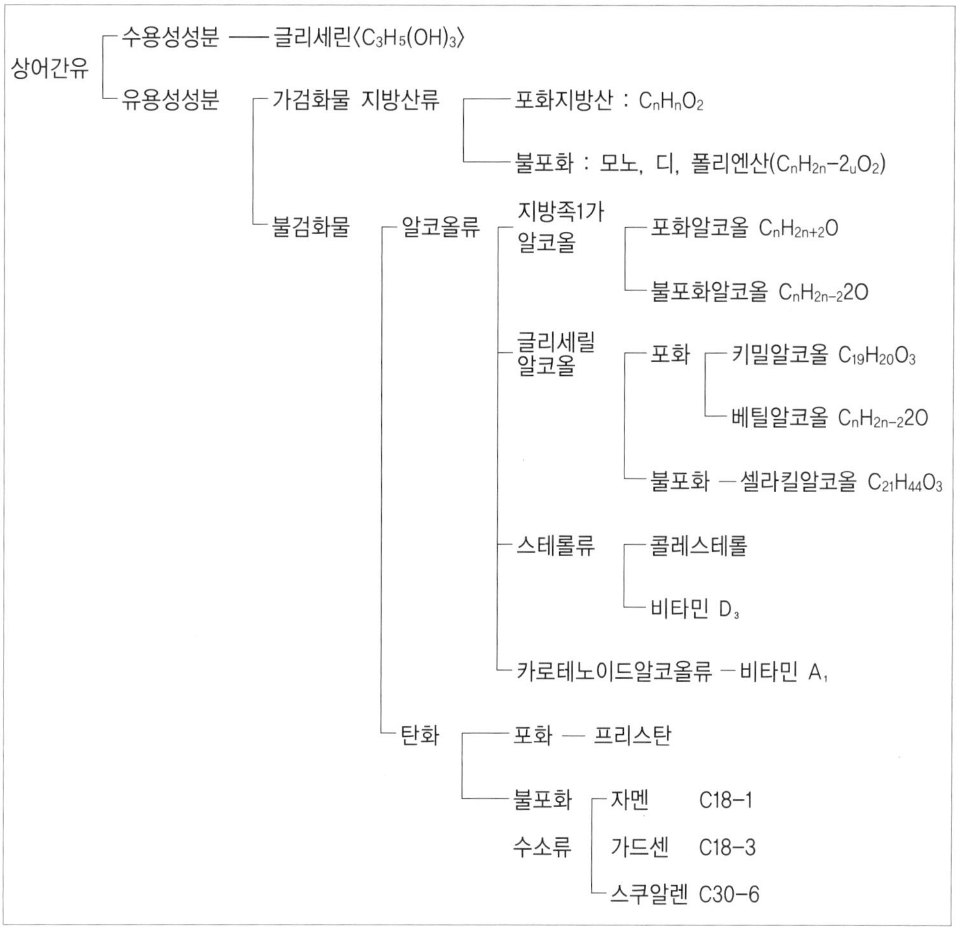

- 상어간유
  - 수용성성분 ── 글리세린〈$C_3H_5(OH)_3$〉
  - 유용성성분
    - 가검화물 지방산류
      - 포화지방산 : $C_nH_nO_2$
      - 불포화 : 모노, 디, 폴리엔산($C_nH_{2n}-2_uO_2$)
    - 불검화물
      - 알코올류
        - 지방족1가 알코올
          - 포화알코올 $C_nH_{2n+2}O$
          - 불포화알코올 $C_nH_{2n-2}2O$
        - 글리세릴 알코올
          - 포화
            - 키밀알코올 $C_{19}H_{20}O_3$
            - 베틸알코올 $C_nH_{2n-2}2O$
          - 불포화 ─ 셀라킬알코올 $C_{21}H_{44}O_3$
        - 스테롤류
          - 콜레스테롤
          - 비타민 D_3
        - 카로테노이드알코올류 ─ 비타민 A_1
      - 탄화
        - 포화 ─ 프리스탄
        - 불포화 수소류
          - 자멘 C18-1
          - 가드센 C18-3
          - 스쿠알렌 C30-6

그림 1-9 상어간유 성분도

소량의 알콕시글리세롤은 동물이나 사람의 세포, 특히 골수, 비장, 간 림프조직 및 혈액 등 조혈기관에 주로 함유되어 있다. 알콕시글리세롤이 가장 풍부한 출처는 심해상어간유(약 15%)이고 모유 특히 초유와 쥐젖, 동물의 골수 그리고 소젖의 순서이다. 특히 모유에 들어있는 알콕시글리세롤은 우유의 10배에 달한다. 식물에는 알콕시글리세롤이 함유되어 있지 않은 것으로 보고 있다.

알콕시글리세롤의 생리학적 기능으로 알려진 것은 조혈작용 즉 적혈구 및 혈소판 생산에 필요한 성분으로 알려져 있다. 인체에는 면역기능과 관계된 여러 가지 시스템과 물질들이 존재하는데 최근 스웨덴에서 연구발견된 알콕시글리세롤은 여러 가지 면역시스템에 관계하며 인체의 면역기능에 매우 중요한 물질로 밝혀졌다.

원래 알콕시글리세롤은 인체의 모유, 비장, 골수에 극미량으로 존재한다. 소의 우유에는 모유의 1/10 정도밖에 함유되어 있지 않아 우유를 먹고 자란 어린이는 면역력이 약한 것을 볼 수 있다.

표 1-7 사람과 동물의 지질에 있는 알콕시글리세롤(글리세롤에테르)의 함량(%)

부 위	지질 안의 글리세롤 에테르의 함량(%)
1. 사람의 적골수	0.2
2. 사람의 비장	0.05
3. 사람의 적혈구	<0.01
4. 모유	0.1
5. 소의 황골수	0.01
6. 우유	0.01
7. 연골어의 간유	10~30
8. 한 달걀의 노른자	–

이제까지 동물실험을 한 결과로는 상어는 아플라톡신 B_1과 같은 강력한 발암물질을 바로 주사하여도 종양이 생기지 않는 유일한 동물이며 상어는 알콕시글리세롤을 보통 동물의 약 1,000배 정도 갖고 있다. 상어는 최강의 면역, 방어력으로 지구상에 가장 오래 생존한 동물이다. 혈액암인 백혈병을 치료하는 데 있어 송아지의 골수나 상어의 연골을 투여한 데서 알콕시글리세롤의 연구가 시작되었다.

알콕시글리세롤의 여러 작용 중에서도 골수를 자극하여 각종 혈구의 생성을 활발히 함과 종양 등 비정상세포를 공격하여 종양을 축소 또는 소멸시키고 전이를 억제함이 주목받고 있다. 혈구의 생성촉진은 여러 체내작용과 관계가 있지만 특히 백혈구와 각종 임파구 등이 증가되는 것은 면역시스템과 절대적 관계가 있다. 여러 임파구는 대식세포와 함께 세포성 면역의 주체일 뿐만 아니라 이후 체내외의 항원에 대하여 항체를 형성하는 자체가 되므로 소위 체액성 면역의 기본이 된다.

1978년 한 연구에 의하면 쥐에 있어서 양적혈구(sheep red blood cell)에 대한 플라그 형성세포반응(plaque-forming cell response)은 그린랜드 상어의 간유로부

터 분리한 메톡시글리세롤에테르를 식이와 함께 투여했을 때 자극되었으며, 1994년 Suk Y. 등에 의한 어미쥐의 식이에 알킬글리세롤을 첨가한 군이 그렇지 않은 군에 비해 젖에서 알킬글리세롤 함량이 높았으며 이를 먹고 자란 새끼쥐의 과립성백혈구 수가 대조군에 비해 상당량 증가했으며 lgG와 lgM 또한 상당히 증가했다. 이러한 결과로 미루어 식이에 알킬글리세롤을 첨가해 줌으로써 젖에 알킬글리세롤 함량이 증가했으며 이를 먹은 새끼쥐의 면역계가 자극을 받았음을 알 수 있었다.

1990년 J. Palmbland 등이 알킬글리세롤과 사람의 중성과립성백혈구와의 상호관계에 대한 연구에서 알킬글리세롤은 중성과립성백혈구의 반응을 유도하는 것으로 나타났다. 1988년에 발표된 한 연구에 의하면 알킬글리세롤은 암조직에서 지질의 염증산물이며 이는 비유착성 B세포를 자극하고 자극받은 B세포는 비유착성 T세포를 자극하게 된다. 최종적으로 자극받은 T세포는 마이크로파지의 식균작용을 활성화시키는 것으로 나타났다. 즉, 알콕시글리세롤은 면역작용을 활성화시키는 물질임을 알 수 있다.

또한 알콕시글리세롤은 항균효과가 있는데 이것은 니트로퓨란토인(Nitrofurantoin) 사용 시와 같은 효과를 나타내며 피부 침범성진균에 대해서도 살균효과와 억제효과를 가지고 있다는 연구보고가 있다.

제6절 옥타코사놀식품

1 개 요

월동준비를 위해 계절에 따라 서식지를 이동하는 철새들은 별의 위치를 따라 밤낮도 없이 수천㎞를 목적지를 향해 날아간다. 이러한 철새들을 보고 수천㎞ 비행을 할 수 있는 에너지원과 지구력은 어디에서 나오는지 의문점을 가지고 그 에너지원에 대해 연구한 사람이 약 30년 전 미국 Illinois대학의 Thomas Kirk Cureton 박사에 의해서 처음 시작되었다.

수천km를 계속 날 수 있는 철새의 특성을 연구한 Cureton박사는 우연히 철새들이 먹는 먹이의 식물종을 관찰하던 중 그 소맥배아유 중에 미량으로 함유되어 있는 옥타고사놀(octacosanol)이 에너지원으로 작용한다는 것을 발견하게 되었다.

그러나 Cureton박사는 소맥배아유 중의 옥타코사놀을 추출하여 실험한 것이 아니라 옥타코사놀(0.011%)이 함유된 소맥배아유를 가지고 실험하였다. 옥타코사놀이 소맥배아유의 한 성분으로 존재하고 있지만 소맥배아유를 섭취했을 때 나타나는 내구력과 스태미너의 향상이 소맥배아유에 포함되어 있는 비타민 E의 효과하고 생각하고 있었기 때문에 그 동안 옥타코사놀의 기능성은 알려지지 않았다.

그 후 배아유의 미량성분 분석기술, 추출정제기술의 발달로 기능성분에 대한 정확한 연구분석이 가능해지면서 비타민 E에 의한 체력향상은 소맥배아유의 효과와는 차이가 있다는 것이 발견되고, 내구력과 스태미너 향상에 직접적인 영향을 주는 에너지원은 비타민 E가 아닌 옥타코사놀이라는 것을 밝혀내게 되었다.

철새의 에너지원이 옥타코사놀이라고 확인되면서 20년간에 걸쳐 894명(Illinois 대학의 수영, 레슬링, 육상경기 등의 체육학생 및 미국 해군 등)을 대상으로 대규모 연구와 42항목의 다양한 실험을 통해 옥타코사놀의 기능성을 구체적으로 확인하게 되었다.

② 기능성

옥타코사놀은 고급 지방족 알코올성분의 하나이고 백색의 결정이며 물에는 잘 녹지 않는다. 소맥과 배아, 알팔파, 사과, 포도의 과피, 사탕수수 등 식물의 잎, 밀랍(황랍, 밀)들에 아주 미량이 포함되어 있는 천연물질로 그 주된 특성은 다음과 같다.

① 화학 구조직 $CH_3-(CH_2)_{26}-CH_2-OH$

② 분자량 410.5

③ 융점 82.7℃

④ 비등점 250℃/0.4mmHG

⑤ 비중 0.783

Curetone박사는 옥타코사놀의 생리활성에 관한 연구결과를 1972년 출판(The physiolosucal Effect of wheat Germ Oilin Human in Exercise)하였는데 그 내용을 요약하면 옥타코사놀에 대해서 다음과 같은 기능성을 보고하고 있다.

① 내구력, 체력의 증진

② 반사신경, 예민성의 향상

③ 스트레스의 영향에 대한 저항성의 향상

④ 성호르몬의 자극, 근육경련의 감소

⑤ 심장근육을 포함한 근육기능의 향상

⑥ 수축기 혈압의 저하

⑦ 기초대사율의 향상

체내흡수된 옥타코사놀은 소화과정을 통해 이산화탄소와 에너지로 전환되며 섭취 후에는 대부분 소화관에 분포되고 일부는 간장으로 이동한다. 흡수된 옥타코사놀은 간과 근육,지방조직에서 발견되는데 주로 갈색 지방조직에 흡수된다. 이러한 사실은 옥타코사놀이 지방조직을 분해하여 에너지소비에 보다 빠르게 활용되고 있다는 사실을 보여 주고 있다. 이러한 효과는 지방조직에 있는 옥타코사놀이 카테콜라민(Catecholamines : 지방조직세포로부터 유리지방산을 방출하여 에너지생성을 유도하는 호르몬)을 직접 자극함으로써 나타난다.

옥타코사놀은 현재까지 다양한 실험연구를 통해 밝혀진 바에 의하면 옥타코사놀의 체력과 지구력을 증진시키는 것은 인체 에너지대사와 밀접한 관계가 있는 글리코겐의 저장량을 증가시키며, 지방을 빠르게 분해하여 에너지생성을 유도하는 것으로 보고되고 있으며, 최근에는 간의 지방대사에 관한 효과, 고지혈에 대한 효과, 콜레스테롤 저하효과 등에 대한 연구논문이 발표되고 있다.

① 옥타코사놀과 글리코겐(glycogen) 대사

우리 몸의 주요 에너지원 중의 하나인 글리코겐은 간과 근육에 저장되어 있다. 글리코겐의 양은 체력, 근력, 지구력과 직접 관련이 있어서, 글리코겐이 소비되어 바닥난 상태가 되면 스태미너 부족현상이 나타나고 급기야 신체를 제대로 움직이지 못하게 되는 경우도 있다.

유산소 운동에는 글리코겐의 저장량이 가장 중요하며, 글리코겐은 지속적인 에너지 발산의 필수요소이다. 그러므로 활동시간을 연장하여 지치지 않는 근력을 발휘하기 위해서는 간 및 근육에 저장된 글리코겐을 최대화해야 한다.

② 옥타코사놀과 지방

제2의 에너지원은 지방이다. 지방은 근육 속에 저장되는 것도 있지만 대부분은 중성지방(triglycerides)형태로 지방세포 내에 저장된다. 근육 내의 글리코겐이 고갈되면 이 중성지방이 유리지방산(free fatty acids)으로 분해되어 혈액을 따라 근육으로 운반되고 거기에서 에너지로 방출된다. 옥타코사놀을 섭취하면 글리코겐은 보존하고 지방은 에너지로 전환하여 지구력이 향상될 수 있다.

옥타코사놀은 중성지질 합성효소(phosphatidate phosphohydrolase)의 작용을 억제하고 지방분해효소(lipoprotein lipase)의 활성을 촉진시켜 지방세포의 중성지질(triglycerides)을 분해한다. 즉, 혈청 내 중성지질 농도를 감소시켜 지방의 축적을 억제하는 대신 지방산 농도를 증가시켜 에너지 생성을 돕는다.

제7절 식물스테롤식품

1 개 요

식물스테롤 또는 식물스테롤에스테르는 식물성 기름, 옥수수, 아몬드, 콩류, 과일, 채소류 등 식물에 널리 존재하고 있는 천연 물질이며, 우리 식생활에서 아주 오래전부터 섭취되어 왔다. 일반적으로 정제되지 않은 식물성유지 내에는 다량의 식물에스테롤이 함유되어 있으며, 우리나라에서 아직 정확한 조사가 안 되어 있지만 일상 식이로부터 서양인은 1일 평균 180~250mg , 일본은 평균 400mg(0.4g) 정도 섭취하는 것으로 알려져 있다. 외국에서는 식물스테롤을 마가린이나 버터 등에 첨가하여 사용하고 있다.

식물스테롤은 식물성스테롤(plant sterol) 혹은 식물성스타놀(plant stanol)이라 불려지며 동물에서 합성되는 콜레스테롤과 구조적으로 비슷하고 동물의 세포막에 콜레스테롤이 필수성분인 것과 마찬가지로 식물의 세포막에서는 식물성스테롤이 없어서는 안 될 필수 구성성분이며, 비누화되지 않고 남는 물질을 불검화물이라고 하는데 이는 레시틴, 토코페롤, 스테롤류, 비타민, 색소 등이 이에 속한다.

불검화물은 유지의 종류에 따라 차이가 있으나 대략 유지의 0.1~5% 정도가 된다. 식물성 기름 중에서는 옥수수기름, 쌀겨기름, 참기름 등에 비교적 많다.

식물성스테롤의 종류로는 캄페스테롤(campesterol), 스티그마스테롤(stigmasterol), 시토스테롤(sitosterol), 후코스테롤(fucosterol)등이 그것이며, 이들을 총칭하여 식물성스테롤 또는 pytosterol라고 부른다.

식물성 식품에는 스테롤 중에서도 시토스테롤의 함량이 높으며, 해조류에는 후코스테롤이 많다. 또 스탄올이라는 것은 스테롤의 화학구조에서 이중결합에 수소가 첨가된 화합물로써 식물성 기름 중에 스테롤과 함께 존재하는 성분이다. 식물스테롤 및 식물스테롤에스테르는 자연적으로 200여 종이나 되는 식물군에 존재하고 있으나 그 양은 대략 0.3~0.8% 수준이다.

식물스테롤의 안전성을 증명하기 위하여 수행된 일련의 독성실험 결과 단회 투여 독성(14일) 및 아만성 독성 (90일 및 13주)시험 기간 동안 상당히 많은 양의 식물스테롤을 쥐에게 경구 투여 하였음에도 불구하고 부작용은 관찰되지 않았으며, In vitro에서 실시된 유전 독성실험에서도 아무런 독성이 관찰되지 않았다. 미성숙 쥐를 대상으로 한 자궁비대반응시험(uterotrophic assay)에서 식물스테롤에스테르의 경구투여시 에스트로겐 유사 반응이 나타나지 않았으며, 2대에 걸친 생식독성시험에서도 부작용이 관찰되지 않았다. 또한 수컷, 암컷 모두에게 13주 동안 식물스테롤에스테르를 투여한 결과에서도 생식기관과 관련된 독성은 나타나지 않았다.

스프레드(spreads) 및 마가린 등의 유지식품에 3~13% 정도 인위적으로 첨가되는 식물스테롤 및 식물스테롤에스테르의 영향에 대하여 미국의 Unilever 사가 수행한 연구 결과, 식물스테롤 및 에스테르에서는 인체에 미치는 어떠한 독성도 발견되지 않았다. 이 외에 인체를 대상으로 하는 연구에서 현재까지 2400명 이상이 식물스테롤 및 식물스테롤 에스테르 관련 실험(최고 25g/day 투여)에 참여하였으나, 선천적으로 식물스테롤 흡수율이 높은 phytosterolemia라는 매우 드문 질병이 보고된 것을 제외하고는 어떠한 부작용도 보고된 바 없다.

최근 국내 한 업체가 '콜레스테롤 제로'라는 음료와 식용유를 새로운 개념의 기름으로 제조, 판매하고 있다. 이 제품의 특징은 식물성 스테롤을 첨가하였다는 점이다. 이 식용유는 1병(650ml) 중에 식물성 스테롤이 8.94g 들어 있어, 달걀·새우·오징어·쇠고기 등 콜레스테롤이 많은 식품재료를 조리할 때 사용할 것을 권장하고 있다. 이는 식물성 스테롤이 혈중 콜레스테롤 수치를 저하시킨다는 연구결과에 근거 한 것이다.

2 기능성

최근 연구결과에 따르면, 시토스테롤과 시토스테롤의 지방산에스테르 같은 유도체가 담즙산의 존재하에서 동물의 장 점막에 대한 친화도가 콜레스테롤보다 높기 때문에 장의 점막을 통한 콜레스테롤의 흡수를 억제하고, 혈액 중 LDL-콜레스테롤의

양을 20~30% 감소시킨다는 연구보고가 있다.

1995년 연구에서는 시토스테롤의 이중결합에 수소를 첨가시킨 시토스탄올을 배합한 마가린을 먹인 실험에서 대조구(시토스탄올을 첨가하지 않은 보통 마가린을 먹인 그룹)보다 변으로 배설되는 콜레스테롤의 양이 증가하였고(즉, 흡수율 감소) 혈중 총콜레스테롤과 LDL-콜레스테롤의 수치가 낮아졌다는 보고도 나왔다.

특히 시토스탄올의 지방산에스테르의 효과가 가장 높다는 것도 알려졌다.

그 후 연구결과에서는 적어도 하루에 스테롤에스테르의 경우 1.3g, 스탄올에스테르의 경우 3.4g 이상을 섭취해야만 사람의 혈중 총콜레스테롤에 대하여 뚜렷한 감소효과를 기대할 수 있다는 것도 밝혀졌다.

또, 식물스테롤의 기능성을 보고한 대부분의 자료에서 혈중 총콜레스테롤, LDL-콜레스테롤, HDL-콜레스테롤, 중성지방을 측정하였다. 이 중 혈중 총콜레스테롤, LDL-콜레스테롤의 수치가 유의적으로 감소하였고, 그 외의 생화학적 지표에는 유의적인 영향이 없었다.

Shin 등(2003)은 콜레스테롤이 높고 BMI가 30 이상인 성인 45명에게 식물스테롤 음료를 8주간 섭취시킨 결과, 대조군에 비하여 총콜레스테롤과 LDL-콜레스테롤은 각 각 4.4%, 8.3% 감소하였으나 HDL-콜레스테롤은 유의적차이를 보이지 않았다고 보고하였다. Vanstone 등(2002)은 식물스테롤을 함유한 버터를 21일 동안 섭취시킨 결과 HDl-콜레스테롤과 중성지방은 변화가 없었으나 총콜레스테롤과 LDL 콜레스테롤이 대조군에 비하여 유의적으로 감소하였고, 콜레스테롤 흡수효율이 감소됨을 관찰하였다. Kozlowska-Wojciechowska 등(2003)은 42명을 식물스테롤이 함유된 마가린 섭취군과 버터 섭취군으로 나누어 비교하였을 때, HDL-콜레스테롤과 중성지방은 변화가 없었으나 식물스테롤이 함유된 마가린을 섭취한 군에서의 총콜레스테롤과 LDL-콜레스테롤이 유의적으로 감소하였다고 보고하였다. Neil 등(2001)은 콜레스테롤이 약간 높은 사람 63명에게 식물스테롤을 일일 2.5g, 8주 동안 섭취시켜 총콜레스테롤과 LDL-콜레스테롤은 감소되었으나 HDL-콜레스테롤에는 영향을 미치지 않음을 확인하였다.

식물스테롤은 식물스테롤 단독의 형태뿐만 아니라 식물스테롤에스테르의 형태로도 기능성을 나타낸다고 한다. Matvienko 등(2002)은 BMI 27정도의 사람을 대상으로 식물스테롤과 식물스테롤에스테르를 4주 동안 섭취시킨 결과 총콜레스테롤과 LDL-콜레스테롤이 유의적으로 감소하였고 HDL-콜레스테롤과 중성지방은 변화하지 않음을 확인하였다. Weststrate 등(1998)은 비만이 아니면서 콜레스테롤이 약간 높은 사람 95명에게 식물스테롤 에스테르가 함유된 마가린을 25일 동안 섭취시킨 결과, 총콜레스테롤과 LDL-콜레스테롤이 8~13% 유의적으로 감소하였으나 HDL-콜레스테롤은 변화가 없었다고 보고하였다. Nestel 등(2001) 역시 콩에서 얻은 식물스테롤에스테르를 곡류, 빵, 스프레드에 첨가하여 4주 동안 섭취시킨 결과, 총콜레스테롤과 LDL-콜레스테롤이 유의적으로 감소함을 확인하였다. 그러나 이들 에스테르 형태는 체내 소장효소에 의해 빠르게 가수분해되므로 결국 생리적인 활성 형태는 free 식물스테롤 형태이다.

식물스테롤이 혈중콜레스테롤을 저하시키는 정확한 기전을 아직 확실히 밝혀지지는 않았으나 다음과 같이 정리할 수 있다.

식물스테롤은 콜레스테롤과 구조적으로 유사하므로 담즙산과 경쟁적으로 결합한다. 또한 콜레스테롤보다 소수적인 성질이 강하여 담즙산 미셀(michelle)에 더 잘 녹아 콜레스테롤이 미셀에 결합하는 것을 방해하고 미셀의 용해도를 감소시켜 콜레스테롤의 운반체인 mixed michelle에 경쟁적으로 작용할 수 있는 결정 형태를 형성하게 한다. 따라서 장간계순환(enterohepatic circulation) 내인성 콜레스테롤의 재흡수가 억제되고 변으로의 배설이 증가되어 혈중콜레스테롤이 감소하게 된다. 즉, 식물스테롤은 음식으로 섭취되는 콜레스테롤이 소장 내에서 흡수되는 것을 방해하여 결과적으로 혈중콜레스테롤의 감소를 유도한다고 할 수 있다.

제8절 키토산/키토올리고당식품

1 개 요

키토산은 갑각류(게, 새우 등)의 껍질, 연체류(오징어, 갑오징어 등)의 뼈를 분쇄, 탈단백, 탈염화한 키틴을 탈아세틸화하여 얻어지며, 이 키토산을 효소 처리하여 당의 수가 2~10개인 것을 얻어 낸 것이 키토올리고당이다. 키토산은 N-acetyl-D-glucosamine과 D-glucosamine이 *β*-(1, 4) 결합한 고분자 다당체로서 분자 중 D-glucosamine 비율이 60% 이상으로 묽은 산에 녹는 것을 총칭해서 일컫는다. 키토산은 섭취 시 체내에 존재하는 위산(pH 0.9~1.5), 라이소자임(lysozyme), 장내세균, 키틴가수분해효소(chitinase), 키토산가수분해효소(chitosanase)등에 의해 분해되고, 체내에서 분자 고리가 절단되어 최종적으로 아세틸글루코사민, 글루코사민 또는 키토산올리고당 등으로서 흡수된다. 키틴은 셀룰로오스(cellulose)와 유사한 구조를 가지고 있으나 분자 내에 아세틸아미노기를 갖는 특징이 있으며 이 아세틸아미노기의 분자 간 수소결합이 대단히 강하기 때문에 화학약품에 대한 내성이 강하고 또한 물과 일반적인 유기용매에도 녹지 않는 특징이 있다.

Chitosan

Cellulose

그림 1-10 키토산과 셀룰로오스의 비교

위의 그림에서 보다시피 키토산과 셀룰로오스(섬유질)는 매우 유사한 체인 구조를 갖고 있다. 셀룰로오스의 체인을 자르면 포도당 단위로 잘라지고 키토산의 체인을 자르면 글루코사민 단위로 잘라진다. 키토산의 여러 가지 기능은 셀룰로오스에는 없는 NH_2라는 분자 형태 때문이며 수소원자가 떨어져 나가 NH^+ 형태로 존재하면 수많은 +(양전하) 이온이 다양한 기능을 나타내게 되는 것이다.

2 기능성

키토산은 동물소화효소에 의해 소화되지 않는 다당류로 동물성 식이섬유로서의 특징을 지니며, 약한 양이온 전하로 하전되어 in vitro에서 상당한 점도를 나타낸다. 이러한 키토산은 음이온 전하로 하전된 담즙산과 결합하여 배설된다. 이 과정에서 배설되는 양만큼 담즙산의 합성이 필요하게 되고, 담즙산을 합성하기 위하여 체내에 축적된 콜레스테롤이 사용되어 그 결과 혈액내 콜레스테롤의 농도가 조절되는 것이다. 즉, 키토산의 섭취는 담즙산의 분비를 증가시켜 혈청, 간 콜레스테롤이 담즙산 양을 유지하는데 이용되기 때문에 콜레스테롤의 농도를 감소시키는 기능성을 나타낸다. 한편 십이지장을 통과한 키토산은 지방산 및 콜레스테롤의 농도를 감소시키는 기능성을 나타낸다. 또한, 십이지장을 통과한 키토산은 지방산 및 콜레스테롤과 결합하여 위장내 지질 흡수를 감소시켜 분변으로의 지방 배설을 증가시킨다는 보고가 있다.

게껍질이나 탈단백화 공정만 거친 키틴은 분자 자체 내에 양이온 전하기를 갖고 있지 않기 때문에 흡수해도 아무 효과를 줄 수 없다. 그러나 탈아세틸화를 시켜 키틴 분자마다 양이온 전하기를 띄게 해주면 키토산으로 변환되며 여러 가지 기능성을 나타내게 된다. 이러한 공정을 거친 키토산은 분자량이 100만 단위로 물에 용해되지 않고 식품에 첨가할 수 없으나 효소분해 공정을 거쳐 긴 체인(chain) 형태의 키토산을 잘게 잘라주면 식품으로 첨가가 가능하고 각 분자량별로 다양한 기능을 나타내게 된다. 일반적인 키토산 및 키토올리고당 제조 공정시에 가장 중점적으로 생각해야 할 부분이 바로 고분자 다당류 형태인 긴 체인을 끊어주는 공정이다. 이때 사람의 몸

속에는 이 다당류 체인을 끊어주는 효소가 분비되지 않아 이 체인을 인위적으로 끊어주는 공정이 필요하게 되었다. 그간의 수많은 연구에 따르면 지방분해효소인 lipase 중 일부와 섬유질 분해 효소인 cellulase 중 일부가 이 체인의 연결 고리를 끊어 주는 데 효과적이라고 발표되고 있고, 최근 들어 초음파를 이용하거나 인체에 유해하지 않은 유기용매를 이용하여 체인을 끊어주는 공법이 개발되고 있다.

1) 고분자키토산의 기능성

일반적으로 분자량 1만~10만 사이를 키토산이라 부르고 분자량 10만 이상을 고분자 키토산이라 부른다. 고분자키토산은 체내에서 소화되는 도중에 지방이나 콜레스테롤을 흡착하여 배설하고, 강력한 항균작용을 나타내는 물질이다. 분자량이 클수록 물에 용해되기 어렵고 용해되더라도 엿처럼 강한 점성을 나타내므로 식품에 첨가하기가 어렵고 주로 건강기능식품으로 이용되어 캅셀 형태 등으로 제조된다.

2) 키토올리고당의 기능성

일반적으로 분자량 200~3,000 사이의 키토산을 저분자키토산, 혹은 키토올리고당이라 부른다. 지방 흡착능력은 고분자키토산에 비해 떨어지나 체내에 흡수되어 콜레스테롤을 흡착하거나 항균작용 및 장내 유산균의 증식에 활용된다. 분자량이 작아 물에 용해되기 쉽고 점도도 약한 편이어서 식품의 여러 분야에 활용이 가능하며, 최근 들어 다양한 식품 소재로 활용되고 있다.

3) 키토산의 응용

키토산은 독성이 없고 흡착성, 보습성, 유화성, 생분해성을 나타내며 항균작용, 제산작용과 궤양 억제작용, 콜레스테롤 및 triglyceride(중성지방)를 낮추는 약리작용, 장내 유용세균의 생장촉진, 항종양활성, 식물세포의 활성화작용, 면역부활작용 등 다양한 기능을 나타내는 것으로 알려지고 있다. 따라서 키토산은 건강지향성 식품을 비롯하여 의약품, 식품보존제, 중금속 흡착체, 효소 고정화제, 화장품 등 향후 다양한 분야에 응용 가능한 새로운 고부가가치 생물자원으로 평가되고 있다.

제9절 글루코사민식품

1 개 요

우리 몸에는 약 206개의 크고 작은 뼈가 있으며, 수 많은 뼈들은 관절로 서로 연결되어 있다. 관절의 두 뼈에는 연골(물렁뼈)이 뼈의 표면을 둘러싸고, 양쪽 뼈는 활액을 분비해 관절의 운동을 미끄럽게 하는 활액막으로 이어져 있다. 활액막 밖에는 활액을 저장하는 활액낭이 있으며 활액낭 바깥쪽에는 인대가 있어 관절을 튼튼하게 지지하고 있다.

관절에서 연골은 뼈의 말단을 덮고 비교적 견고하고 탄력성이 있는 조직으로 관절 운동시에 부드럽고 미끄러지는 역할과 뼈의 충격을 흡수하는 역할을 하는데 골관절염은 이 연골조직이 손상되어 발생한다.

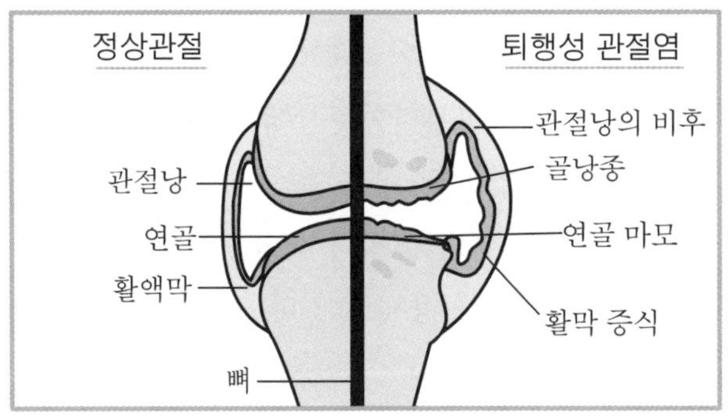

그림 1-11 골관절염 (퇴행성 관절염)

나이가 들면서 연골은 노화현상이 일어나 탄력성이 감소하면 외상이나 과도한 운동에 의해 쉽게 부서지며 이로 인해 관절을 싸고 있는 활막에 염증이 생기고 이 염증으로 인해 분비되는 효소나 생화학 물질에 의해 연골손상이 더 심해진다. 연골손상이 심해짐에 따라 연골 아래의 뼈가 관절내로 노출되고 뼈끝이 두꺼워지고 뼈가 자라 골

극을 형성한다. 또 관절면의 뼈 속에 물주머니와 같은 골낭이 형성되기도 한다.

연골 외에 관절 내의 충격을 흡수하는 역할을 하는 활액이 나이가 들면서 점성이 감소하여 충격을 충분하게 완화하지 못하여 연골손상을 일으키기도 한다.

골관절염은 일차성 또는 특발성과 이차성 또는 속발성으로 나눌 수 있으며, 발생 부위에 따라 전신성과 국소성으로 나누기도 한다. 일차성 골관절염의 원인은 과거에는 단순히 나이가 들어서 발생하는 노화현상으로 생각하였으나 현재는 유전적 요소, 환경적 요소 등 여러 가지 원인이 있는 것으로 알려져 있다. 즉 연령,유전적 원인, 비만, 관절모양, 호르몬 등 1가지 원인이 아니라 다양한 원인이 작용하여 병의 심한 정도와 증상이 나타나는 시기가 사람마다 다르게 나타난다.

반면 이차성 골관절염은 특별한 원인이 선행되어 이차적으로 관절연골에 퇴행성 변화가 일어나는 것으로 남성들에게서 흔히 볼 수 있다. 이차성 골관절염은 관절연골에 손상을 줄 수 있는 외상, 질병 및 기형이 모두 원인이 될 수 있다. 또한 세균성 관절염을 앓았거나 당뇨병, 갑상선 기능저하증, 부갑상선 기능항진증 과 같은 대사성질환이 있는 경우에도 골관절염이 증가한다.

골관절염은 관절 주위나 내부의 연조직과 관절연골의 손상에 따라 점차적으로 약화되어 염증과 통증이 발생하게 된다. 뼈의 양쪽 끝에 붙어 있는 연골이 마모되어 완전히 소실되면 뼈의 표면이 관절면과 닿게 되고 관절표면의 탄력성이 감소하게 되는데 이때 팔다리를 움직일 때 소리가 나거나 통증이 발생하게 된다. 특히 체중을 지탱하거나 자주 사용하는 관절인 무릎, 엉덩이, 팔꿈치, 척추관절 등에서 자주 발생한다. 이 병은 일반인에게는 골관절염이라는 병명보다는 퇴행성관절염으로 흔히 알려져 있으며 가장 흔한 관절염이다.

골관절염은 한 연구보고에 의하면 전체 인구의 약 10~15% 정도에서 관절이상이 관찰되는데 이런 변화는 남성보다는 여성에서 2배 정도 많이 발생하며, 나이가 들수록 빈도는 증가한다. (45세 미만에서 2%, 65세 이상에서 약 70%, 75세에서는 거의 전 인구에서 방사선검사에서 골관절염이 관찰보고 됨)

관절염 중에서 일반적으로 많이 발병하는 류마티스성관절염은 관절의 활막이 감염되어 부으면서 파손되고 다른 관절에까지 퍼지며, 상태가 진행됨에 따라 골, 연골 조직에까지 감염이 확대되어 심한 손상을 일으키는 만성적 질환이다. 발생원인은 우리 몸을 지켜 주는 면역계가 알 수 없는 이유로 자신의 관절이나 몸의 일부를 공격하여 관절염의 증상을 일으키거나 균이나 바이러스감염, 유전적 요소 등이 원인으로 보고 있지만 아직 확실히 밝혀져 있지는 않다.

퇴행성관절염의 진단을 위해서는 일단 정형외과 의사의 진찰이 중요하며 관절자체의 이상과 비슷한 증상을 일으키는 다른 질환(류마티스관절염 등)을 감별하기 위해 X-RAY 검사 그리고 필요에 따라 혈액검사, 정밀 MRI검사 등을 시행하여 진단하게 된다.

퇴행성관절염의 대표적인 증상은 통증이지만 통증 이외에도 뻣뻣함이나 관절이 붓는 느낌 등의 증세가 있으며, 관절부위를 손으로 누르면 아프기도 하며, 뜨거운 느낌이 올 수도 있다. 또한 관절을 충분히 펴거나 구부리지 못하기도 하며, 척추의 경우는 요통과 함께 조금만 걸어도 다리가 터질 것 같은 느낌으로 쉽게 주저 앉는 증상 등이 있을 수 있다.

2 기능성

천연 물질인 아미노산과 당의 결합체인 아미노당의 일종인 글루코사민은 인체 내에서 천연적으로 만들어지는 아미노당으로 뼈, 연골, 손톱, 머리 카락, 인대, 힘줄, 혈관 등 신체 조직의 대부분을 이루는 물질이다. 특히 이 물질은 연골, 뼈, 힘줄, 기타 결합조직의 생산과 관절의 활액을 유지하는 데 필수적인 영양소이다.

또한 분자식은 $C_6H_{13}NO_6$으로 탄소가 6개 있으므로 갈락토사민과 함께 헥소사민으로 총칭된다. 무색의 침상결정으로 110℃에서 분해하며 물에 녹는 강염기성 물질이다. 천연으로는 게나 새우의 껍질로부터 추출한 키틴을 비롯하여 세균의 세포벽, 동물의 연골이나 피부를 구성하는 뮤코다당 등 다당류의 성분으로 널리 분포한다. 또 사람의 혈액이나 점액 속에 이 당과 결합한 단백질이 다량 함유되어 있으며 적혈구의 세포막에는 이 당을 결합한 당지질이 존재하고 있다.

인체 내에서 이 글루코사민을 합성하고 있기는 하지만 나이가 들수록 합성되는 양이 분해되는 양에 미치지 못하게 되면 글루코사민이 체내나 관절(joints) 안에서 결

핍되어 관절 내에서 세포의 신진대사에 장애가 생기게 된다.

연골(cartilage)은 연골세포와 기질로 구성되어 있는데, 연골기질을 구성하는 주요한 성분이 콜라겐(collagen : 10~15%)과 프로테오글리칸(proteoglycans : 5~10%)이다. 프로테오글리칸은 한 줄의 중심단백(core protein)에 여러 개의 글리코사미노글리칸(glycosaminoglycan)이 붙어 있는 구조를 가지고 있는데 이 글리코사미노글리칸과 프로테오글리칸을 만드는 과정에 쓰이는 주요성분이 바로 글루코사민이다.

연골의 프로테오글리칸이라는 물질은 유액을 흡수하여 마치 스폰지처럼 팽창하도록 하는데, 이러한 프로테오글리칸을 구성하는 것이 글루코사미노글리칸이며 이의 형성을 촉진시키는 물질이 바로 글루코사민이다.

글루코사민은 연골의 성분일 뿐만 아니라 연골을 만드는 연골세포의 작용을 활발하게 하여 연골의 신진대사(합성과 분해)를 촉진하기도 한다. 연골에 글루코사민이 충분히 존재하게 되면 연골재생에 도움이 되고 따라서 관절이 정상적으로 기능할 수 있게 된다. 연골을 만드는 데에는 콜라겐이나 콘드로이틴 등도 필요하다. 이에 따라 정제된 순수한 콜라겐이나 콘드로이틴을 섭취하는 것이 연골을 건강하게 유지하는 방법이다.

글루코사민이 연골형성을 촉진하고 콘드로이틴황산이 연골분해효소작용을 억제하는 상호작용을 통하여 관절연골의 생성기능을 강화시키는 상승작용을 하는 것으로 보고되고 있다.

뮤코다당단백질은 콘드로이틴황산이라고도 부르며, 상어 지느러미와 소의 코언저리 물렁뼈, 사슴뿔 근처의 연한 뼈 등 척추동물의 물렁뼈 속에 많이 함유되어 있는 것으로 생체결합조직 내 불가결한 물질이다.

뮤코다당단백질은 보습성이 매우 좋아 생체 중 수분을 이용한 영양분의 운반, 흡수에 관여하고 또한 피부의 노화에도 영향을 미친다. 뮤코다당단백질은 특히 연골에 있는 프로테오글리칸의 수분흡수를 도와 관절이 원활하게 움직이도록 한다.

콜라겐은 동물의 몸속에 가장 많이 들어 있는 섬유상태의 단백질로 특히 피부 뼈 연골 혈관벽, 치아, 근육 등에 다량으로 존재한다. 콜라겐은 콘드로이틴황산과 함께 연골의 주요 구성성분으로 연골에 탄력과 외부의 충격을 완화시키는 작용을 한다. 칼슘은 뼈의 생성과 유지, 근육의 이완 및 수축에 관여하고, 비타민 C는 글루코사민

과 콘드로이틴의 효과를 이끌어 내는 작용이 있기 때문에 함께 섭취하는 것을 권장하고 있다.

글루코사민은 1960년대에 독일에서 처음으로 퇴행성관절염에 효과가 있다는 임상연구결과가 발표되었는데 그 당시는 주사형 제제의 글루코사민을 사용하였다. 1980년대 들어서면서 이탈리아 제약회사인 Rotta에서 현재 사용하는 경구용 제제를 제조하였고, 그 이후 편리성에 따라 경구용 제제가 주종을 이루고 있다.

제10절 프락토올리고당식품

1 개 요

프락토올리고당(fructo oligosaccharide)은 바나나, 양파, 아스파라거스, 우엉, 마늘 등과 같은 채소나 벌꿀, 버섯, 과일류 등 다양한 식품에 다량 함유되어 있어 예로부터 많이 섭취해 온 천연물질이다. 프락토올리고당은 R 올리고당(3~6개의 단당류로 이루어진 탄수화물)이며, 자당(sucrose)을 녹여 당액을 만든 후 효소나 미생물로 분해하여 분말로 가공한 기능성 원료이다. 프락토올리고당은 자당분자에 1~3개의 프락토오스가 결합한 올리고당유로 인간의 소화효소에 의해 잘 분해되지 않는 특징이 있다.

올리고당의 유용한 효과가 알려지면서 1970년대부터 일본을 중심으로 연구가 진행되었고, 1980년대에 프락토올리고당의 상용화를 시작으로 1990년대에는 여러 올리고당제품의 출시가 활발히 이루어져 건강기호식품의 한 축을 구성하게 되었다. 최근 국내에서도 건강지향, 감미에 대한 기호의 다양화 등 소비자의 요구를 반영하여 건강기능성을 가지면서도 맛의 향상에 기여할 수 있는 소재로서 올리고당이 주목 받고 있다.

올리고당은 당류의 분류상 단당류가 2~10개 결합된 당류의 혼합물을 말한다. 일반적으로 프락토올리고당과 같이 정장작용을 하는 분지형태의 결합의 기능성 올리고당이 '올리고당'으로 알려져 있지만, 우리들에게 많이 알려진 설탕, 맥아당, 유당과 같은 이당류부터 10개 이하 단당류들이 결합된 당류의 혼합물들은 모두 올리고당의 범주에 속한다고 할 수 있다.

올리고당은 단당류의 결합수나 결합방식에 따라서 많은 종류가 존재하며, 그에 따른 다양한 물성과 생리적 기능을 가진다.

이 기능 중 말토올리고당처럼 소장에서 소화 흡수되어 에너지화되는 것도 있지만, 소장에서 소화 흡수되지 않고 대장에 도달하여 장내 세균에 의해 발효되는 올리고당도 있다. 이와 같이 소장에서 소화되지 않는 올리고당들을 '난소화성 올리고당'이라고 한다. 사람의 소화효소에 의해 분해되지 않는 이유는 독특한 분지 형태의 결합방식에 있다고 할 수 있다. 말토올리고당은 일반적인 탄수화물의 칼로리인 4kcal/g의 열량을 내지만, 장내세균에서만 발효되는 난소화성 올리고당들은 초산, 프로피온산, 낙산 등의 단쇄지방산으로 소화 흡수되기 때문에 그보다 낮은 칼로리를 내게 된다. 일본에서는 올리고당의 칼로리에 대해서 정확한 기준이 마련되어 있지만, 우리나라에서는 아직 올리고당의 정확한 칼로리가 정해져 있지 않은 상태이다.

프락토올리고당은 물리화학적으로 설탕과 유사하지만, 그 생리적인 특성은 매우 다르다. 프락토올리고당은 위산에 의해 분해되지 않고 소장에 도달하며, 설탕과는 다르게 소장 내 소화효소에 의해 가수분해되지 않고 그대로 대장에 도달한다. 프락토올리고당은 대장 내 비피더스균, 유산균 등의 장내 유익균에 의해 대사되어 초산, 프로피온산, 낙산 등의 단쇄지방산(SCFA)으로 변환된다. 프락토올리고당은 prebiotic으로서 장내유익균을 선택적으로 증식시킬 뿐만 아니라, 대사에서 생성된 단쇄지방산으로 인한 다양한 생리적 기능성을 가지게 된다.

2 기능성

1) 장건강 개선

대장에는 수백 가지의 균 등이 같이 존재하며 여러 가지 물질을 만들어 낸다. 그 중 우리 몸에 유해한 물질을 만들어내는 균을 유해균이라 하고, 유해균의 성장을 막는 균을 유익균이라고 한다. 프락토올리고당은 극히 소량이 위산에 의해 가수분해되어 프락토오스와 포도당으로 흡수되지만, 대부분은 소화효소에 의해 분해되지 않고 대장에서 발효된다. 발효의 결과로 생성된 단쇄지방산은 대장 내 환경을 산성화하며, 장내세균이 사용할 수 있는 손쉬운 에너지원을 제공한다. 따라서 산성에 약한 유해균은 감소되고 유용한 비피더스균 등이 증가되어 바람직한 장내세균총을 형성하는데 도움을 준다. 또한 유익한 균의 활동으로 간접적으로 장의 연동운동을 도와 배변활동을 원활히 하는 데 도움이 된다.

2) 칼슘흡수 증진 기능

프락토올리고당의 섭취로 대장 환경이 산성화되면 칼슘이 장에서 더 잘 녹는 상태가 되고 칼슘 흡수를 돕는 운반체가 증가하게 된다. 따라서 칼슘의 흡수에 도움을 준다.

3) 칼로리 제한

프락토올리고당은 소장 내에서 가수분해되지 않고 대장에서 미생물에 의해 생성된 단쇄지방산이 장관으로 흡수되어 대사되기 때문에 설탕(4kcal/kg)에 비해서 절반 정도 칼로리를 가지고 있다. 프락토올리고당의 액상제품은 2.9kcal/kg, 분말제품은 2.1kcal/kg의 칼로리를 가진다(일본 영양표시기준). 또한, 난소화성 특성이 있기 때문에 인슐린을 소비하지 않으며, 혈당치를 상승시키지 않는다.

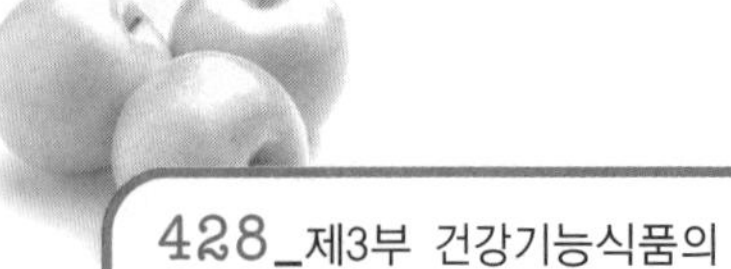

제11절 알로에식품

1 개 요

1) 알로에 역사

원래 알로에(aloe)란 이름은 아랍어의 알로에(aloeh)에서 파생된 것으로 「쓰다, 빛나다」라는 의미이다. 일반적으로 고유명사의 명명은 대부분 그 물질의 특성에서 유래한다. 따라서 언어학자들은 알로에의 특성이 알로인에서 비롯된 쓴맛과 약용으로 된 상품의 성상이 광택을 낸다는 것 때문에 「쓰다, 빛나다」의 의미로 명명되었을 것이라고 추론하고 있다.

그림 1-12 알로에 베라

알로에는 지역에 따라 여러 가지로 불리는데 아프리카 원주민은 백금, 치료용 식물, 젊음의 식물 등으로 부르며, 스페인어로는 사빌라(savila), 중국에서는 노회라고 부르며 그 밖에 그리스, 이태리, 독일, 러시아, 프랑스에서는 알로에라고 한다.

이와 같이 알로에의 긴 사용 역사를 광범위하게 서양, 동양, 우리나라의 경우로 나누어 소개하면 다음과 같다.

(1) 서양의 알로에 역사

수메리아의 한 의사가 기원전 2100년경에 기록한 점토판(clay tablet)이 수천 년 후에 발견되어 1953년에 번역되었는데, 그 시대 의사들이 높이 평가한 약용식물 중에 알로에를 예로 들고 있다. 독일의 학자 에베르스(Ebers)가 고대 이집트의 도시였던 테베 지방의 무덤속 미이라관에서 기원전 1552년에 기록된 것으로 추정되는 한 고문서가 발견되었다. 이 의서에는 미이라의 천에 알로에를 사용하였다고 기록되어 있으며 유향, 몰약, 아편, 벌꿀 등과 함께 알로에 약효가 적혀 있다. 이러한 기록들만을 보아도 실제로 알로에를 사용하기 시작한 것은 매우 오래전으로 거슬러 올라간다. 기원전 4세기에는 알로에의 사용이 보다 보편화 되었다.

알로에의 약효가 널리 일반인에게 인정되게 된 것은 12세기에 독일 약전에 수록되면서부터이며 현재는 우리나라를 비롯, 세계 20여 개국의 약전에 등재되어 있다. 15세기에는 미대륙을 발견한 컬럼버스의 항해 일지에 알로에의 의학적 효과를 기록 전파시킨 것으로 나타나고 있다.

(2) 동양의 알로에 역사

알로에가 동양에 전해진 것은 알렉산더대왕의 페르시아 원정으로 현재의 이란 지방까지 전파되었던 알로에가 실크로드를 통해 중국으로 전해지고, 중국을 통해 우리나라에 다시 전해지고 이어서 일본으로 전해진 것으로 추측된다. 서양의 각종 문물이 중국에 전해지기 시작한 것이 당나라때 부터였으니 알로에가 전해지기 시작한 것도 이 무렵일 것이라고 추측된다.

알로에가 우리나라에서 언제부터 쓰이기 시작했는지는 알 수 없으나, 일찍부터 한방치료법이 유입되고 중국으로부터 한약재가 수입되었으므로 꽤 긴 역사를 가지고 있을 것으로 추측되고 있다. 그러나 문헌에 처음 나타나기는 동의보감에서부터이다. 『동의보감』은 조선조 선조대왕과 광해군의 어의를 지낸 명의 허준의 저서인데, 이것이 처음 간행된 것은 광해군 2년(1610)이다. 그중에서 알로에에 관한 대목을 번역해 보면 다음과 같다.

「노회 : 약의 성질은 차고 맛은 쓰며 독성이 없다. 어린이의 오감(五疳 : 어린이 만성허약증)을 치료하고 삼충(三蟲)을 죽이고 치루(痔漏 : 치질의 일종)와 개선(疥癬 : 옴)과 어린이의 열경(熱驚 : 열성경련)을 다스린다.」

다음에는 고종 때의 명의 황도연이 지은 『의방활투(1869)』와 그의 아들 필수가 이를 보완한 『방약합편(1884)』, 그리고 황도연의 제자 현공령이 낸 『방약합편 증보판(1887)』 등 일련의 의서인데 이 중 증보판의 알로에에 관한 대목은 다음과 같다.

「노회 : 약성은 차고 맛은 쓰다. 어린이의 감질을 다스리고 삼충을 죽이며 전간, 경축(경기로 몸이 뒤틀림)과 치루와 개선을 다스린다〈본초〉. 위가 차서 설사가 나는 자에게는 쓰지 말라〈경소〉. 건위용은 매회 0.01~0.03g, 완하용은 매회 0.06~0.2g, 준하용(강력한 하제로 쓸 때)은 매회 0.5~1g」이다.

이 책에서 적응증은 대개 과거 중국문헌과 우리 동의보감의 내용을 따랐으나 끝에 가서 위장약에 중점을 두고 그 사용량을 처방해 놓은 것이 특징이다. 한약임상응용에서는 다음과 같이 기록되어 있다.

「노회의 성질은 맛이 쓰고 성질이 차다. 임상작용은 사하 : 알로인에는 강한 자극성이 있으며 소량의 내복으로 담즙분비를 증가시켜 장관연동을 촉진해서 배변케 한다. 다량을 복용하면 복통과 골반강의 충혈을 일으킨다.」

1958년에 제정·공포된 대한약전에 알로에가 수재된 이래 현재 제6개정판에까지 계속 수재되고 있다. 대한약전에 수재된 알로에는 알로에 잎에서 얻은 액즙으로 건조한 것 또는 그것을 빻은 가루로 규정하고 있다.

2) 알로에 종류

고대인이 의약용으로 쓰던 알로에와 현대인이 민간약으로 쓰고 있는 알로에는 생잎 그대로를 쓰는 생약 알로에이다. 생약 알로에는 그 생체구조 속에 들어 있는 모든 성분(지금까지 밝혀진 유효성분만도 60여 가지)이 파괴 또는 손실되지 않고 고스란히 체내에 흡수되기 때문에 알로에의 다양하고 복합적인 효능이 최대한 나타난다.

특히 알로에 잎의 젤리질은 생잎으로 쓰거나 특수 건조분말로 쓸 때 효능이 98% 이상 발휘된다. 그런데 근대 의약에서 가공된 알로에만을 약전에 수록함으로써 알로에

의 생잎 사용은 민간약으로서만 명백을 유지해 오다가 최근 20~30년 사이에 알로에의 효능이 재발견되면서부터 전 세계에 알로에 붐이 일어나게 된 것이다. 생약 알로에로서는 알로에 베라, 알로에 아보레센스, 알로에 사포나리아의 3종이 대표적이다.

약전 알로에 제조법

알로에 생잎을 잘라서 흘러나온 노란 액체(주로 알로인 성분)를 V자형 동기(銅器)나 토기 등의 용기(철기는 쓰지 않음)에 받아 햇볕에 말리거나 구리솥에 불을 때서 졸인다. 오늘날의 약전 알로에는 완전히 건조시켜 결정체(結晶體)로 만드는데, 옛날에는 반건조체를 약재로 수입했던 모양이다. 동의보감에서 「엿과 같다」라 한 것이나 일본의 본초강목 계몽에서 「물엿과 같다」고 한 것은 이를 시사한 것 같다.

약전 알로에는 생체 알로에가 갖고 있는 대부분의 성분은 소멸되고 알로인 성분을 주로 한 약간의 성분만이 농축된 것이므로 대다수 국가의 약전에도 그 효능을 완하제(緩下劑)·통경제(通經劑)·식욕증진제 정도로 국한하고 있는 것이다. 이러한 약전 알로에는 다시 알로에분말, 알로에 엑기스, 알로에환(丸) 등으로 가공해서 각종 의약품이나 화장품의 재료로 사용한다.

표 1-8 알로에 분류

지명에 따른 명칭	학명에 따른 명칭	약전수재			
		한 국	일 본	영 국	미 국
Cape Aloe (케이프알로에)	Aloe Ferox Miller	○	○	○	○
	Aloe Africana Miller	○	○	—	○
	Aloe Spicata Baker	○	○	—	○
Curacao Aloe (큐라소알로에)	Aloe Barbadensis Miller	—	—	○	○
	Aloe vera Linne	—	—	○	○

(1) 알로에 베라

학명은 Aloe vera Linne이다. 베라(vera)라는 말은 라틴어에서 「진실」을 뜻하는 말로서 고대인들이 가장 믿을 수 있는 약이라고 생각했기 때문에 붙여진 이름일 것으로 해석된다. 원산지는 인도, 아라비아, 북아프리카, 카나리아, 마닐라제도 등 그 분포지역이 넓고 몇 가지의 이형(異型)이 있다. 예로부터 생약 알로에의 원료로 많이 사용되었다. 지금은 지중해 연안의 여러 지방과 중남미 여러지역에 자생하고, 미국의 텍사스주 남부와 플로리다주, 소련의 우크라이나지방에서 재배되고 있다.

짧은 줄기를 둘러싸고 12~16개의 두터운 잎이 다발모양으로 돋아나는데 잎의 길이는 50~60㎝, 큰 것은 잎 하나가 1kg, 한 포기의 무게는 10㎏ 가까이에 이르는 것도 있다.

(2) 알로에 아보레센스

아보레센스라는 말은 「작은 나무모양」을 뜻하는 말에서 나왔다고 한다. 그래서 일본에서는 「목립(木立) 알로에」라고도 부른다. 원산지는 남아프리카공화국의 케이프주(州)의 각지와 트랜스발주의 동부와 북부 및 로디지아 등에 분포되어 있다. 민간약으로서 일본에서 가장 많이 사용하고 있고 우리나라에도 이 품종이 가장 많이 알려져 있다.

회록색(灰祿色)의 잎은 가늘고 길며 줄기가 나무처럼 선다. 수종의 지역변종이 있고 노란 줄무늬가 진 것도 있다. 오래되고 햇볕을 충분히 쬔 충실한 잎일수록 맛이 쓰고 약효가 좋다. 줄기 밑둥과 줄기에 새끼가 많이 돋고 삽목도 잘 되어 번식력이 왕성하다. 관리와 비배(肥培)를 잘 하면 2m까지도 자란다. 적등색(赤燈色)꽃이 늦가을에서 봄 사이에 핀다.

약용 알로에는 어느 것이나 60~80 %의 공통적인 약성분을 가지고 있으나 아보레센스는 특히 혈액순환 촉진, 혈관개선, 심장기능항진 등에 뛰어난 기능성이 보고되고 있다.

(3) 알로에 사포나리아

학명은 Aloe saponaria Haw이다. 원산지는 남아프리카공화국의 케이프주(州) 전역, 트랜스발주 동부지방에 분포되어 있다. 미국의 하와이주·플로리다주에서 민간약으로 이용되고 있다. 알로에로서는 중형에 속하고 잎에 아름다운 노랑 무늬가 있어 우리나라에서도 관상용으로 더러 길러왔다.

줄기가 매우 짧고, 50㎝ 정도까지 길게 자라는 녹색의 잎은 다소 아래로 처진다. 줄기중심에서 긴 꽃대가 올라와 적등색의 꽃이 핀다. 반점의 무늬만 없으면 용설란과 흡사하나 그보다는 색깔이 열고 부드럽다. 지하경이 사방으로 뻗어나 새끼쳐서

군생하고 성장이 빠르다. 베라종과 같이 잎이 두텁고 커서 젤리질이 많고 생잎으로 쓰는 알로에 중 약성이 가장 순해서 알로에 알레르기를 일으키는 일이 적어서 미용 재료로 적합하다.

2 기능성

1) 생잎의 구조

알로에의 가장 바깥인 표피는 외부로부터 잎을 보호하는 역할을 한다. 그 아래의 피질형성층은 엽록체가 함유되어 있어 광합성작용을 하는 울타리 세포와 투명한 엷은 외벽을 갖는 비교적 큰 세포의 스펀지상 연세포로 구성되어 있다.

투명한 중심부의 젤층과 표피층의 평행선상에 물관부와 체관부로 구성된 섬유질의 도관다발이 있으며, 그 도관다발 바깥 외층 주위에는 황색수액이 들어 있다. 이 황색수액은 태양광선으로부터 잎을 보호하며 고미(苦味)에 의한 자기방어작용을 한다. 도관다발들 사이와 그 아래층은 알로에의 대부분을 차지하고 있는 젤층은 다각체의 점액질 연세포로서 존재하며 그 연세포 사이에는 팩트 물질이 채워져 있다.

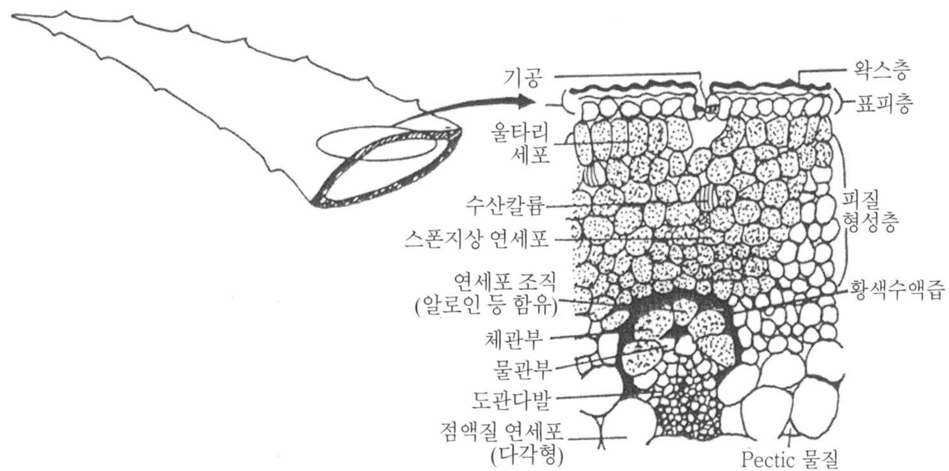

그림 1-13 알로에 생잎의 구조

표 1-10 알로에 잎의 구조

<table>
<tr><th colspan="3">구 성</th><th>성 분</th><th>작 용</th></tr>
<tr><td rowspan="6">잎</td><td rowspan="3">외피</td><td>왁스층</td><td>왁스</td><td>수분증발 방지, 표피보호</td></tr>
<tr><td>표피층</td><td>무기질, 섬유소</td><td>잎의 구조 유지</td></tr>
<tr><td>피질형성층</td><td>엽록소</td><td>광합성 작용</td></tr>
<tr><td colspan="2" rowspan="2">황색수액층</td><td>Anthrone계 물질</td><td>광차단 효과</td></tr>
<tr><td>Chromene계 물질</td><td>자기방어</td></tr>
<tr><td colspan="2">젤 층</td><td>수분, 다당류, 당단백질</td><td>수분보유</td></tr>
</table>

2) 주요성분

(1) 유효성분

고대로부터 불가사의한 천연약물로 믿어왔던 알로에의 효능이 현대에 이르러서는 세계 많은 의학자들의 연구와 실험을 통해 그 비밀이 하나 둘씩 밝혀지고 있다. 현재까지의 연구결과는 약 80여 종에 이르는 유효성분을 확인하기에 이르렀고 앞으로도 알로에의 유용한 성분을 확인·증명할 것이라고 전문가들은 예측하고 있다.

알로에의 유효성분중 인체에 중요한 영향을 미치는 것은 젤리질과 황색수액층의 안트론(anthrone)계와 크로멘(chromene)계 성분으로 구분할 수 있다. 황색수액층의 안트론계는 여러 효과를 나타내는 유효성분들이 함유되어 있다. 흔히 알로에로 변비를 치료했다는 결과가 임상으로써 다수 증명되었는데 이는 사하작용을 일으키는 안트론계 성분에 의한 것이며, 항균작용에 의한 정장효과가 있다고 밝혀져 있다.

황색수액층의 크로멘계는 미용적 측면에서 강점을 가진 성분을 다량 함유하고 있는 것으로 자외선을 차단하고 피부를 희게 하는 알로에신(aloesin)을 대표로 꼽을 수 있다. 또한 항진균작용도 크로멘계에서 보고된 바 있다. 우리가 알로에 속살이라고 부르는 두터운 젤층은 피부에 놀라운 보습력을 전달하고 인체에 면역조절과 항암작용을 하는 다당류(polysaccharides)와 당단백(glycoprotein) 등이 대표적인 유효성분이다.

(2) 알로에베라와 아보레센스의 차이점

생약 알로에를 대표하는 베라와 아보레센스는 똑같은 알로에이므로 그 성분에 있어서도 공통점이 많은 것은 당연하다. 그러면서도 이 두 가지 알로에는 생긴 모양새부터 완연히 다르듯이 임상학적으로도 뚜렷이 구별되는 부분이 있다.

알로에베라의 주성분으로서 얼른 눈에 뜨이는 것은 잎살 속에 풍부하게 들어 있는 젤리질이다. 알로에겔이라고 하는 이 젤리질의 주성분은 육탄당(六炭糖 : 글루코스·갈락토스·플락토스·만노스 등)을 함유하고 각 단당류가 결합하여 다당체(多糖體)를 형성하고 있다. 그 밖에 겔에는 소량의 우론산·피포이드·단백질·아미노산·효소·비타민·사포닌·미네랄·호스파치드 에스텔 및 생리활성물질과 육탄당 이외의 다당체가 결합되어 있다. 이 알로에베라의 다당체는 당분과 단백질이 가결합된 복합단백, 즉 당단백이고 평균 분자량이 45만이라고 알려졌다. 참고로 분자량이 큰 다당체일수록 병약한 인체의 개선, 면역기능강화, 항암작용 등에 효과가 있다고 하며 예로부터 암에 유효하다는 약용식물에는 모두 분자량이 큰 다당체가 포함되어 있다는 사실이 차츰 밝혀지고 있다.

알로에아보레센스 생잎은 위쪽의 미숙한 잎일수록 끈적한 성질이 강하고 아랫쪽의 익은 잎일수록 맹물처럼 끈기가 없다. 그런데 알로에베라는 그 반대로 잘 익은 잎일수록 끈기가 강하다. 이것은 알로에베라의 주성분이 다당체이므로 잎의 속도가 높을수록 그 다당체의 성분이 많아진다는 것을 의미하는 것이다. 물론 알로에아보레센스에도 다당체가 함유되어 있기는 하나 알로에베라에 비하면 월등히 적다.

알로에아보레센스 특유의 알로에 아보나사이드나 쓴 맛이 나는 알로인, 알로에에모딘, 혹은 알로에신과 그 에스텔류(類)들을 식물 페놀류로서 의약성분으로서는 알칼로이드라고 한다. 페놀류라는 것은 일반적으로 살균력이 강한 것이 특징이다.

표 1-10 알로에 성분과 효과

소 재	성 분	작 용
황색수액	안트론계(Anthrones) • Anthraquinones Aloe-emodin • Anthraquinones-C-glycosides Barbaloin(=aloin) Homonataloin • Anthrone mixied C-and O-glycosides Aloinoside A Aloinoside B	• 사하작용 • 항균작용 • 정장적용 * 사하작용은 glycosides가 강함
	크로멘계(Chromenes) • Aloe resines • Chromenes C-glycosides Aloesin Aloeson P-coumaric acid • Chromenes O-glycosides Aloenin Aloecarbonoside	• 피부미백작용 • 상처치유작용 • 항진균작용 • 위장장애 개선작용 (항궤양작용)
젤질	• Glycoproteins(Aloctin 등)	• 면역조절작용 • 항염작용 • 혈당강하작용
	• Polysaccharides(Acemanan 등)	• 면역증강작용 • 보습작용 • 항궤양작용(피부, 위) • 상처치유작용
	• 기타 Aloe ulcin(Magnesium lactate)	• 항궤양작용
	• Organic acids Uronic acid Galacturonic acid Glutamic acid	
	• Organic acids Malic acid Succinic acid Citric acid	
	• Sterols β-sitosterol	• 콜레스테롤 저하작용
	• 기타 Vitamins Calcium oxalate Essential oil Lignins	
피질	• 식이섬유 • Cellulose • 무기질(Ca, Mg, Na, Cu…)	

3) 기능성

알로에에 대한 연구가 세계적으로 활발히 진행되고 있어 이미 밝혀진 성분외에 유효성분이 앞으로도 더욱 많이 발견될 가능성을 가지고 있으므로 약리작용 또한 그 폭이 보다 확대되어 갈 것으로 기대되고 있다.

(1) 항염작용

위염이나 간염 등과 같은 각종 염증에 알로에는 염증억제 효과와 신속한 상처회복 효능이 있다. 즉 만성위염, 만성간염, 만성신장염, 방광염, 기관지염 등 만성적 염증에 대해 알로에의 항염작용이 보고되고 있다.

상처나 염증부위에서 bradykinin과 histamine 등이 방출되는데, 이러한 물질들에 의해 열, 발적, 통증 등이 일어난다. 알로에 젤의 Carboxypeptidase는 bradykinin을 가수분해하여 염증으로 인한 통증을 완화하고, 알로에 젤의 Magnesium lactate는 histamine의 생성을 감소시킨다.

(2) 항궤양 및 세포재생 작용

알로에는 위궤양이나 십이지장궤양 그리고 피부궤양 등의 세포손상 부위를 신속히 아물게 하고 세포를 완벽하게 재생시켜 준다. 궤양이 치유되어 가는 과정을 보면 궤양이나 근연에서 결합조직의 증식을 볼 수 있다. 알로에는 정상세포로 하여금 동질세포를 형성하게끔 하는 작용이 있어 이러한 증식에 필요한 작용을 한층 더 빠르게 하여 궤양의 치유를 촉진한다.

알로에가 특히 세포재생의 효과를 나타내는 부분은 화상, 위궤양, 당뇨로 인한 피부궤양, 탈모방지, 수술 후 상처부위의 세포재생, 여드름 상처개선 등이며 이와 같은 작용을 나타내는 대표적인 알로에 성분은 Chromene계 물질 및 겔질의 고분자 물질과 Aloe ulcin으로 보고되어 있다.

(3) 항균 및 항진균작용

알로에가 강력한 항균효과를 나타내는 균종으로는 곰팡이균, 녹농균, 포도상구균과 디프테리아균, 결핵균, 파상풍균, 폐렴균, 이질균, 대장균, 콜레라균 등 병원균들이다.

1958년 Rostotskii & Aleshian이라는 러시아의 과학자는 황색수액을 헤르페스 바이러스에 의한 환부에 발랐을 때 매우 효과적이었음을 보고하고 있다. 또한 1987년 Sydiskis & Owen이 Anthraquinone계 물질이 Herpes simplex에 의한 열성수포와 냉통에 매우 효과적이라는 발견에 대해 미국 특허가 주어졌다.

그 밖에 항세균성을 나타내는 알로에 성분은 알로미친이며 알로에 에모딘의 정장작용(장내 항세균성)을 포함한 Anthrone계의 항균작용 및 Chromene계 성분의 작용으로 곰팡이균에 의한 질환에 효과가 있음이 밝혀졌다.

(4) 건위 사하작용

알로에는 쓴맛으로 인해 식욕을 촉진하며 사하작용으로 장을 건강하게 한다.

알로에의 이러한 효능은 위를 튼튼하게 하고 장의 기능을 활성시키며 간장, 췌장, 담낭 등 소화기계의 기능을 강화시켜 신체 전반의 건강을 증진시킨다.

특히, 알로에의 사하작용은 그 효능이 뛰어나 서기 1C 로마시대의 의서인 「그리이스 본초」에도 명기되어 있으며 오늘에 이르기까지 임상적으로 널리 증명되어 대부분의 나라, 세계 20여 개국의 약전에도 수록되어 동서고금에 통용되는 변비치료제이다.

(5) 면역조정기능

알로에는 생체의 면역기능을 조절하는 작용이 있어 생체방어기전을 정상화하여 생체의 비정상상태를 정상화시키고 동시에 면역력을 증진시켜 저항력을 길러줌으로써 인체 스스로의 힘으로 병을 치유하게 하고 각종 질병을 예방하게 하는 등 생체를 가장 이상적인 상태로 유지하도록 한다.

알로에 다당류가 생체 내의 면역체계의 T임파구 활동강화 및 이상세포 등의 대식세포 활동강화에 의해 강력한 항암작용이 있는 것으로 보고되고 있다. MD Anderson 암연구소의 Dr. Klipke와 Dr. Strickland의 연구에 의하면 UV-B에 피부가 노출되면 항면역증이 떨어지는데 여기에 알로에를 처치하면 피부암 발생을 저지시킨다고 보고되고 있다.

즉, UV-B는 피부 속의 면역세포를 파괴시켜 그 수가 줄어들게 함으로써 피부의 항면역증이 떨어져 피부암을 발생시키게 된다. 이때 알로에를 처치하면 수일 내에 80% 이상으로 면역세포의 수가 환원된다. 또한 맨 피부에 UV-B조사시 보다 알로에가 처치된 피부에 있어 면역세포의 감소가 눈에 띄게 적어진다는 사실도 함께 밝혀졌다.

(6) 피부미용 효과

알로에의 피부미용에 대한 효과는 광범위하게 나타나는데 이들 효과에 관한 부분은 알로에의 미용효과로 그중 대표적인 부분만 살펴보면 아래와 같다.

① 피부보습작용
② 피부미백작용
③ 피부분비조절작용
④ 피부트러블 방지작용
⑤ 세포재생작용
⑥ 혈행촉진작용
⑦ 침투작용
⑧ 자외선 흡수작용

(7) 위건강 및 배변활동

알로에의 기능성분인 알로인(aloin)은 대장점막의 효소(Na-k-ATPase) 활성을 어렵게 하여 장에서 전체 수분 흡수량을 감소시킨다. 알로에는 대부분 소화되지 않은 상태로 대장에 이르러 대변의 수분량을 증가시켜 배변활동에 도움을 줄 수 있다. 또한 알로에 겔에 함유된 효소(carboxypeptidase)는 염증관련물질인 브래드키닌(bradykinin)의 생성을 어렵게 하고 마그네슘 락테이트(magnesiumlactate)는 염증유발물질인 히스타민(histamine)의 생성을 감소시켜 위건강에 도움을 줄 수 있다.

제12절 인삼/홍삼식품

1 개 요

고려인삼은 오가과 파낙스속 인삼종으로 학명은 파낙스 진생(Panax Ginseng C. A. Meyer)으로 표기하는데 이는 1843년 러시아의 식물학자 C. A. Meyer에 의해 명명되었다.

고려인삼의 속명인 Panax는 그리스어로서 Pan과 Axos라는 두 단어의 복합어로 Pan은 '모든'이라는 뜻이며 Axos는 '치료하다'라는 뜻으로서 '모든 병을 치료한다'라는 의미를 갖고 있다.

고려인삼이란 단어는 한국이 세계에 '고려 = Korea'로 알려짐에 따라 한국에서 재배 생산되는 인삼이 고려인삼 'Korean Ginseng'으로 불려지게 되었다.

고려인삼은 중초약학에서 '원기를 크게 보하고 폐를 튼튼하게 하며, 비장을 좋게 하고, 심장을 편안하게 해주는 효능이 나타나 있으며', 신농본초경에는 '인삼이 오장 즉, 간장, 심장, 폐장, 신장, 비장의 양기를 돋구어 주는 주약으로 사용되고, 정신을 안정시키고 오장육부로 진입하는 병사를 제거하여 주며, 눈을 밝게 하고 지혜롭게 하고 오래 복용하면 몸이 가벼워지고 장수'한다고 기술되어 있다.

인삼은 재배산지에 따라 고려인삼(Panax Ginseng C. A. Meyer), 화기삼(미국, 캐나다 : Panax Quinquefolium), 전칠삼(중국 : Panax notoginseng), 죽절삼(일본 : Panax japonicum) 등의 명칭으로 불리우며, 고려인삼은 생육환경에 따라 재배삼, 장뇌삼, 산삼으로 불리우고 있다.

표 1-11 고려인삼 생육환경에 따른 구분

구분	내용
재배삼	인삼밭에서 인공적으로 기른 인삼
장뇌삼	산삼의 씨를 자연상태의 산림 속에서 기른 인삼
산 삼	깊은 산골 자연상태에서 자생한 인삼

또한 인삼은 가공방법에 따라 인삼의 원형을 유지하고 있는 수삼, 백삼, 홍삼, 태극삼으로 크게 4가지로 구분된다. 여기에서 홍삼(red ginseng)과 백삼(white ginseng)의 기원(起源)식물은 동일한 인삼이다. 즉 홍삼과 백삼 모두 밭에서 캔 그대로의 생인삼(fresh ginseng)을 건조한 것이지만 백삼은 주로 표피를 벗겨 건조하고, 홍삼은 표피가 묻은 그대로의 생인삼을 일정한 온도와 압력하에서 수증기 처리를 한 후 건조시켜 만든다.

홍삼과 백삼을 제조하는 원료삼의 연생은 모두 4~6년생으로 제조하지만 보통 백삼의 경우는 주로 4,5년생 인삼으로 제조한다.

표 1-12 **인삼 가공에 따른 구분**

수 삼	밭에서 캐낸 후 가공을 하지 아니한 상태의 인삼. 생삼이라고도 한다.
백 삼	주로 4년근 수삼을 원료로 하여 표피를 제거하거나 제거하고 건조·가공한 것으로 직삼, 곡삼, 반곡삼, 생건삼, 태극삼, 미삼 등이 있다.
홍 삼	4~6년근 수삼을 엄격히 선별하여 껍질을 벗기지 않은 상태에서 증기로 쪄서 건조시킨 담황갈색 또는 담적갈색 인삼을 말한다. 홍삼은 증기로 찌는 과정에서 수분을 제거, 10년 이상 장기보관이 가능할 뿐 아니라 G-Rh2 및 Maltol과 같은 인체에 유익한 8가지의 새로운 성분들이 생성된다. 또한 백삼에 비해 체내 흡수력과 소화율이 좋다.
태극삼	수삼을 뜨거운 물속에 일정시간 담구어 익혀 말린 것을 말하며, 표피의 색상은 담황, 황갈색을 띠고 홍삼과 백삼의 중간형의 제품이라 할 수 있다.

인삼의 식물학적 특성의 하나는 재배지에 대한 선택성이 강하여 기후, 토양 등의 자연환경이 적당하지 않으면 인삼이 적응하여 생육이 어려우며, 생육이 가능하더라도 생산된 인삼의 형태, 품질 및 약효에서 현저한 차이를 나타낸다.

우리나라는 인삼생육의 자연조건이 최적지로 인정되고 사포닌 구성과 함량이 주요 인삼 생산국가에 비해 월등히 좋은 관계로 고려인삼은 세계적으로 최고의 품질로 높이 평가받고 있다.

지금까지 고려인삼으로부터 Ginsenoside라고 명명한 30여 종의 사포닌이 분리되어 있는데, 구조적 특징에 따라 diol계, triol계, oleanane계로 구분되며 서로의 약

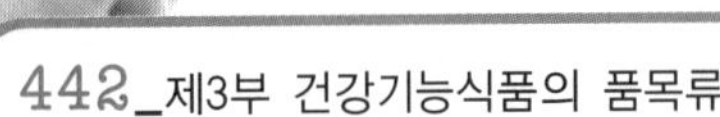

리작용이 다른 것으로 알려져 있다.

서양삼, 전칠삼, 죽절삼도 사포닌을 다량 함유하고 있지만 양과 종류가 고려인삼과 달라 약효가 다르다. 고려인삼의 사포닌 종류는 30여 종, 서양삼 14종, 전칠삼 15종, 죽절삼 8종으로 고려인삼의 사포닌 종류가 가장 많다. 특히 고려인삼의 경우, diol계와 triol계가 균형되게 함유되어 서로 상반된 성질로 신체의 균형을 잡아주는 게 큰 특징이다. 반면 외국삼은 사포닌의 종류가 한쪽으로 치우쳐 있다. 그리고 같은 인삼이라도 산지, 재배기간, 재배방법 등에 따라 사포닌의 종류가 약간씩 달라진다. 자연식물인 관계로 시험개체에 따라 약간씩 달라 일률적으로 규정할 수는 없지만 보통 1, 2년근에서는 Rb, Rc계의 진세노사이드가 많았고, Rg1계는 적으며 연수가 늘수록 Rg1계가 늘어난다.

표 1-13 고려인삼과 각국 인삼의 사포닌 성분 구성 및 함량

구 분 \ 사포닌	고려인삼		서양삼 (화기삼)	전칠삼 (중국삼)	죽절삼 (일본삼)
	홍 삼	백 삼			
총사포닌수	30	23	14	15	8
파낙사다이올계	18	15	9	6	6
파낙사트리올계	11	7	4	9	4
올레안계	1	1	1	-	1

고려인삼	화기삼	전칠삼	죽절삼
한국에서 생산된 인삼 (사람 모양)	미국, 캐나다에서 생산된 삼 (원주형)	중국 운남성, 광서성 등 남부 지방에서 생산된 삼 (소형 당근 모양)	일본에서 자생한 삼 (대나무 뿌리 모양)

출처 : 농림수산식품부 인삼관련자료(2008)

사포닌만 약용성분이 아니라 비사포닌 성분 즉, 폴리아세틸렌, 산성다당체, 게르마늄, 페놀 등도 많은 약리작용을 가지고 있다. 사포닌은 인삼의 잔뿌리에 많이 존재하고 뇌두, 굵은 뿌리, 몸통 순으로 함량이 높다. 인삼의 몸통에는 산성 다당체 등이 가장 많이 함유되어 있어 사포닌 이외에 인삼의 다양한 유효 성분에 대한 연구도 최근 들어 활발해지고 있다.

건강기능식품에는 인삼 및 홍삼을 농축액, 농축액분말, 분말로 구분하며 이중 농축액이라 함은 인삼 혹은 홍삼으로부터 물이나 주정 또는 물과 주정을 혼합한 용매로 추출하여 여과한 가용성 인삼성분으로 그대로 농축한 것을 말한다.

2 기능성

(1) 피로회복 및 운동능력 향상

인삼의 효과는 여러 생물학적 실험을 통하여 연구된 바 있으며 특히 고려인삼은 운동능력을 증진하고 피로 물질의 하나인 유산이 근육내에 생성됨을 억제하는 효과가 있음이 주장되었다. 육체적인 피로는 운동, 휴식, 영양불균형 등으로 초래되는데 보통 운동량이 많아지면 근육이나 간에 저장된 비상에너지(글리코겐)가 고갈되어 피로감을 느끼게 된다. 인삼은 시상하부–뇌하수체–부신피질에서 분비하는 에너지 생성 촉진 호르몬(catecholamine, cortisol, corticotropin)을 조절함으로써 운동능력 및 피로회복 능력이 증진되는 것으로 연구보고 되었다.

(2) 원기회복과 자양강장

원기회복은 협의로 보면 '생리적 힘 또는 에너지'의 복원으로 볼 수 있지만 포괄적으로 보면 '신체의 종합적 허약상태'에서의 회복을 의미하는데 중초약학에서 인삼이 '원기를 크게 보한다'는 개념에서 유래한 것으로 보인다. 또한 자양강장은 신체에 자양(영양)을 주어 튼튼하게 한다는 뜻으로 풀이될 수 있으며 이는 신농본초정에서 인삼이 오장의 양기를 돋구어주는 주약으로 사용하도록 한 데서 비롯된 것으로 보인다. 최근 서양에서도 인삼의 기능성을 표현할 때 'ergogenic'이라는 말로 표현하는

데 이는 'erge(힘, 에너지)'라는 말과 'genesis(생성)'을 나타내는 말이다.

(3) 항스트레스 작용

인삼이 물리적 혹은 화학적인 각종의 악조건에 대한 생체의 저항성을 증대시키는 효과는 여러 생물학적 실험을 통하여 연구되었다. 실험동물에 X-선, 저기압, 고온 및 저온 등이 물리적인 스트레스를 가하였을 때 고려인삼을 투여한 동물이 투여하지 않은 동물보다 스트레스에 대한 저항력이 월등히 높을 뿐 아니라 스트레스 후의 회복이 빠르고 사망률은 감소되었음이 보고되어 있다. 많은 임상실험을 통하여 고려인삼의 항피로 및 강장효과가 확인되었으며 스트레스로 인하여 야기되는 혈당치의 상승을 회복시키는 작용이 있음도 임상적으로 보고된 바 있다.

(4) 당뇨병에 대한 효능

인삼의 혈당강하작용은 많은 학자들의 생물학적인 연구에서 밝혀진 바 있는데 고려인삼은 당대사에 관여하는 효소의 기능을 항진함으로서 당대사를 촉진하는 것으로 추측되고 있으며, 고려인삼의 성분 중에는 당뇨병의 치료에 이용되는 인슐린과 유사한 작용을 하는 물질이 함유되어 있다는 연구보고도 있다. 한편, 많은 임상실험을 통하여 고려인삼의 투여에 의한 자가 증상의 호전과 혈당의 저하효과가 확인되었으며 당에 대한 내성이 증가되어 정상적인 당질내성을 회복할 수 있음도 보고되었다.

(5) 면역력 증진

면역조절작용으로서의 인삼은 adoptogen 또는 immunostimulant로서 분류되고 있다. 'Adoptogen'이란 우리 몸이 이화학적 또는 생물학적 자극에 대하여 저항성을 갖게하는 물질을 의미하며, 'Immunostimulant'는 면역억제제의 반대개념으로 신체의 감염물질이나 암세포에 대항하는 비특이적인 방어작용을 활성화시키는 물질을 뜻한다. 인삼의 adoptogen으로서의 효과는 면역조절기능, 항산화작용, 항피로, 항스트레스, 내분비조절작용이 바탕이 되며 이는 환자의 '상태호전(wellness)'에 기여하게 된다. 일반적으로 인삼과 같은 생약유래 면역촉진제는 정상면역작용에는 작용하지 않지만, 세포매개 면역반응(cell-mediate imunune response)을 증진시킬

수 있는 것으로 알려져 있다.

(6) 고혈압 및 동맥경화에 대한 효능

인삼사포닌은 동맥경화의 원인이 되는 콜레스테롤 및 지질대사와 관련되는 효소의 활성을 촉진하여 총콜레스테롤의 함량감소와 고지혈증의 개선 그리고 혈중콜레스테롤의 소실을 촉진하는 효과를 생물학적 실험들을 통하여 연구되었으며, 다수의 임상연구를 통하여서도 고려인삼이 동맥경화의 예방에 유효함이 보고된 바 있다. 한편, 혈압과 관련하여 고려인삼 중에는 혈압의 상승과 하강을 일으키는 성분이 공존함을 보고한 학자도 있으며 고려 인삼사포닌은 혈관 평활근을 이완시킴으로써 고혈압이 경감된다는 연구결과도 보고된 바 있다.

(7) 장기보호작용

인삼은 생체 내에서 단백질합성을 촉진하고 손상된 간조직을 재생시켜 복원하는 효과가 있으며 이물질의 대사와 배설을 촉진할 뿐 아니라 알코올이나 약물 등으로 인한 급성간상해시에 간기능을 회복시키는 효과가 있다고 보고되어 있다. 특히 고려인삼은 다량의 알코올 섭취로 인한 숙취를 해소시킬 수 있다고 주장되고 있다.

(8) 순환기계에 대한 작용

인삼의 강심작용은 약리학적으로 입증된 바 있으며 인위적을 유발시킨 심장의 기질적인 손상에 대하여 유효한 방어효과가 있음은 물론 심맥계 근육에 대한 이완효과에 따라 혈압에 대한 조절 작용이 있음이 많은 생물학적인 연구를 통하여 보고된 바 있다.

제13절 버섯식품

1 개 요

산야에 여러 가지 빛깔과 모양으로 발생하는 버섯들은 갑자기 나타났다가 쉽게 사라지기 때문에 옛날부터 사람의 눈길을 끌어 고대 사람들은 땅을 비옥하게 하는 '대지의 음식물(the provender of mother earth)' 또는 '요정(妖精)의 화신(化身)'으로 생각하였으며 수많은 민속학적 전설이 남아 있다. 또한 버섯은 그 독특한 향미로 널리 식용되거나 또는 약용으로 하는가 하면 목숨을 잃게하는 독버섯으로 두려움을 받기도 하였다. 고대 그리스와 로마인들은 버섯의 맛을 즐겨 '신의 식품(the food of the gods)'이라고 극찬하였다고 하며, 중국인들은 불로장수의 영약으로 진중하게 이용하여 왔다.

한편 한국에서도 『삼국사기』에 의하면 신라 성덕왕 시대에 이미 목균과 지상균을 이용한 사적을 찾아볼 수 있고, 『세종실록』을 보면 세종대왕 시대에 식용버섯으로 송이·표고·진이·조족이, 약용버섯으로 복령·복신의 주산지까지 기록하고 있는 것으로 보아 아주 오래전부터 버섯을 많이 이용하였음을 알 수 있다. 근래에는 식용버섯의 인공재배가 크게 발달하고 있으며 버섯의 영양가와 약용가치가 점차 밝혀짐에 따라 그 수요도 증가하고 있다.

버섯은 영양기관인 균사체와 번식기관인 자실체로 이루어지고 있다. 균사체를 구성하는 것은 균사이며 균사가 집합한 것이 균사체이다. 균사는 포자(홀씨)에서 발아해서 발육한 것으로 영양섭취의 역할을 한다. 이것은 점차 만연하여 다수의 것이 모여서 균사속으로 되어 마침내 번식기관인 자실체를 형성한다. 그러나 균사도 그 일부분은 번식하여 완전한 개체가 될 수 있는 것으로 버섯재배에 있어서 종균이 이용되는 것은 이 때문이다. 자실체는 균사의 집단으로 된 것으로 그것이 비대하여 살이 많아진 것으로 포자를 형성하는 번식기관이다.

2 기능성

버섯은 한방에서도 동맥경화증, 고혈압증, 뇌졸중 등 다른 한방약고가 배합하여 사용해 왔으며, 신생혈관이 생겨나게 하는 효과가 있다고 보고되었다. 여러 연구 결과에서 볼 수 있듯이 버섯제품은 정혈작용, 혈압조절작용, 혈압을 강하시키고 또 심박수, 심실수축력, 관상동맥 혈류량을 증가시키는 효과가 있다고 동물실험을 통하여 보고되고 있으며, 혈관신생인자들의 활성을 증가시켜 신생혈관 형성을 자극하는 효과가 있다고 한다.

버섯은 다양한 생리활성물질을 함유하고 있으며 그 물질은 일찍부터 연구대상이 되어 오고 있는데, 버섯에서 분리정제한 단백다당체 또는 다당체가 생체면역기능을 증강시키거나 억제된 면역기능을 정상으로 회복시켜 줌으로써 항암효과, 항바이러스 효과가 있다고 보고되었다.

영지버섯추출물은 간장을 보호하는 작용 및 간장중독에 대하여 현저한 개선 효과와 지질성분의 증가 억제효과가 있으며 혈중의 총콜레스테롤 함량과 총지방을 낮추는 효과가 있음이 여러 동물실험과 인체실험 결과 밝혀졌다. 또한 지방 축적 및 고지혈증을 완만하게 개선하는 효과가 있는 것으로도 보고되고 있다.

표고버섯은 간암세포를 억제하는 효과와 백혈병, 간암 등과 같은 다른 여러 가지 암에 대한 항암효과 및 β-1,3-glucan에 의한 항염작용도 있다고 일부 동물실험과 인체실험을 통한 연구에 의해 보고되고 있다.

운지버섯도 여러 가지 생리활성을 가지고 있어 운지버섯 중의 단백다당체인 PSK와 SPCV 물질은 항암성, 항독성, 항혈전 효과가 있다고 인체실험을 통한 한 연구에 의해 보고되었다.

버섯은 오래전ㅎ486

부터 향미 및 풍미 성분이 풍부하고 텍스쳐, 영양성분 등이 우수하여 건강 및 기호식품으로 널리 이용되어 왔으며, 식용의 한계를 넘어서 의약용으로도 사용되어 왔다. 버섯 중의 영양성분 즉, 당, 스테롤류, 단백질, 무기염류 등과 향미성분으로서 유기산, 지방산, 일부 스테롤류, 아미노산, 핵산 등에 관한 연구는 많이 진행되어 왔다. 그리고 버섯에 함유되어 있는 다당체들의 항암 및 면역조절 작용 등과 같은 연구

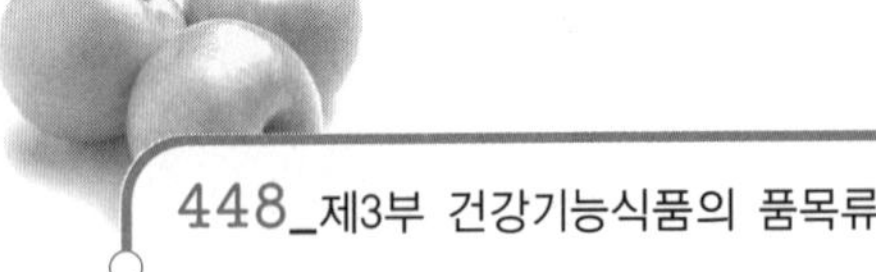

가 많이 진행되고 있다.

영지버섯의 다당체는 초기 감염 시 숙주의 1차 방어기능을 관여하는 효과와 면역세포의 증식을 억제하고 사람의 말초 혈액 단핵세포의 증식을 억제하는 효과가 있다고 한다. 그리고 임파구의 증식을 촉진하며 항체의 면역활성을 증가시키는 효과 및 면역성 간손상에 대해 확실한 보호작용이 있다고 보고하고 있다.

표고버섯의 여러 가지 성분은 다음과 같은 효과가 있다고 여러 동물실험과 인체실험을 통하여 보고되고 있다. 표고버섯 중의 렉틴은 면역력을 증가시키는 효과가 있으며 그리고 표고버섯의 추출물은 항균, 항암, 면역력 증강작용이 있다고 몇몇 연구에 의해 보고되었다. 한 연구에 의하면 표고버섯 추출물은 만성간염에 대해 치료효과가 있으며 대식세포의 활성을 증가시키는 효과가 있다고 한다.

운지버섯은 대식세포를 증가시키고 생체 고유의 방어력을 높이는 등의 면역력 증강작용이 있다고 보고되었다. 몇몇 연구에 의하면 운지버섯의 PSK, PSP 등 물질은 림프세포와 T림프세포의 활성 그리고 대식세포의 양을 증가시키며 면역력을 증가시키는 작용이 있다고 한다. 운지버섯은 면역력과 항암성을 증가시키는 효과가 있고 간장손상에 대해서도 면역작용이 있으며 면역조절효과도 있다고 보고된 적 있으며, 운지버섯의 추출물 PSP는 항균효과가 있다고 연구를 통하여 보고되었다.

제14절 클로렐라식품

1 개 요

클로렐라라고 하는 조류가 발견된 것은 현미경이 발명되고 부터이다. 발견자는 '바이링크'라는 네덜란드 학자로 1890년 그는 영국 유학 중에 이 작은 조류를 발견하여 그리스어로 「녹색」을 의미하는 「크로로스」라는 말과 라틴어의 「작은 것」을 의미하는 '에라'를 붙여서 '클로렐라'라고 이름지었다. 클로렐라가 지구상에 나타난 것은 약 30억 년 전의 일로 추정되는데 인간의 역사를 250만 년이라 해도 비교가 안되며, 클로렐라의 엽록소는 다른 식물과 비교해서 월등히 많기 때문에 그 광합성 능력은 다른 식물의 수십 배에 이른다.

클로렐라는 쉽게 생각하면 어항에 끼는 푸른 이끼인 녹색의 플랑크톤의 일종이라 할 수 있다. 어항을 햇볕이 잘드는 곳에 방치해 두면 얼마후에 조류가 생겨 선록색으로 빛나는 녹색의 플랑크톤이 현미경으로 관찰되는데 그 한 종류가 클로렐라이다. 클로렐라는 1개씩 담수 중에 떠있는 운동성이 없는 단세포식물로서 1 개의 세포로 하나의 개체가 형성되어 있다. 식물의 호족에서는 녹조網-녹색소구체目-알주머니말科-클로렐라屬에 속하며 일반적으로 얘기하는 「클로렐라」는 속의 이름이다.

클로렐라는 열대에서 한대까지 지구상에 넓게 분포되어 있고 호수, 연못, 웅덩이 등에서 채취가 가능하며, 형태는 둥글거나 또는 타원형으로 크기는 종이나 발육단계에 따라 차이가 있지만, 직경 0.002~0.01mm로서 인간의 적혈구보다 조금 작은 개체이다.

클로렐라의 표면은 그 일생을 통해서 편모 등을 갖는 단계가 없이 무성생식만으로 일생을 마친다. 클로렐라는 다른 광합성생물에는 없는 특이한 분열 메커니즘을 갖고 있다. 갓 생성된 어린 클로렐라는 수중에서 영양분을 공급받아 점점 크고 세포의 성숙이 진행되면 핵과 엽록체는 각각 4개로 분열한다. 이렇게 분열하는 데 필요한 시간은 20~24시간으로 증식이 대단히 빠르다. 이처럼 클로렐라의 세포분열은 반

그림 1-14 클로렐라

드시 4분열 형식이며 핵뿐만 아니라 엽록체도 4개로 분열하는 특징이 있다. 이와 같은 분열방식을 가진 생물은 따로 없다.

클로렐라의 이 특이한 분열방식은 클로렐라의 엽록체 중에 클로렐라엑기스를 다량으로 만들어내는 원인이 된다. 클로렐라엑기스는 세포의 소기관인 단백합성공장(라이보좀), 에너지생성공장(미토콘드리아)의 구조를 유지·복원함으로써 세포를 부활하는 성분이다. 화학적으로는 S-뉴클레오티드 펩타이드의 일종이며 클로렐라가 광합성을 계속하면서 4분열할 때 생긴다.

2) 기능성

클로렐라의 크기는 1천분의 2밀리 내지는 10밀리의 크기밖에 안된다. 그래서 현미경으로만 볼 수 있는 단세포의 미미한 생물이지만 엄연한 녹조식물로서의 특성을 갖고 있고 그뿐 아니라 놀라울 정도의 생명력으로 증식하면서 4%에 해당하는 많은 엽록소를 지니고 있고 35%의 높은 태양에너지를 축적할 뿐 아니라 다른 야채보다는 탁월하게 클로렐라 본연에 의해 생성된 단백질의 함유량이 매우 많으며, 그 필수아미노산의 조성에 있어 밸런스가 잡혀있다. 또한 그 속에는 인간의 생명유지에 없어서는 안될 핵산이 풍부하며 세포에 활기와 체액의 밸런스를 유지케 하는 다른 엽록원에서는 찾기 힘든 고유의 특성을 갖고 있다.

클로렐라에는 50% 이상 양질의 단백질, 20%의 탄수화물, 보통 푸른 채소보다 비교가 안 될 정도로 많은 5%의 엽록소, 풍부한 핵산(DNA·RNA), 그리고 베타카로틴, 비타민 B_1, B_2, B_6, 나이아신, 판토텐산, 엽산, 비타민 C, E, K 등과 칼슘, 마그네슘, 칼륨, 철, 동, 아연, 망간, 크롬, 니켈, 규소 등의 미네랄을 함유하고 있다. 이밖에 클로렐라의 특효성분으로 알려진 C.G.F(Chlorella Growth Factor)와 β-Glucan(Polysaccharides)이 있다.

C.G.F는 건조된 클로렐라를 열수로 추출한 담황색의 투명액체로 독특한 옅은 짠맛과 감칠맛을 낸다. 수용성의 S-nucleotide-adenosylpeptide complex로 배양조

건에 따라 5~12%를 함유하고 세포의 단백질합성공장인 라이보솜과 에너지생성공장인 미토콘드리아의 구조를 유지 및 복원함으로써 세포를 부활하는 성분으로 동식물의 성장촉진인자. 항균력증강, 세포부활 등의 효과가 있는 것으로 알려져 있다. β-Glucan은 식물다당체의 하나로 영지버섯이나 표고버섯에 들어있는 성분과 같은 작용을 하는 물질이다.

또 클로렐라는 담수와 해수에서 배양되는데 해수에서 배양되는 클로렐라에는 등푸른생선으로 잘 알려진 EPA가 함유되어 있다. 등푸른생선도 플랭크톤에서 EPA를 식물연쇄적으로 얻는 것이지 그 자체로서 합성하는 것은 아니다. 클로렐라의 효과는 클로렐라에 함유된 C.G.F와 식물다당체를 중심으로 한 필수아미노산, 핵산, 엽록소, 비타민, 미네랄 등의 상호작용에 의해 발현되는 것으로 생각된다.

지금까지 알려진 클로렐라의 기능성을 요약해 보면 다음과 같다.

① 클로렐라는 세포내액의 칼륨과 단백질의 수준을 일정하게 유지하는 작용으로 체액의 산성화를 방지해 준다.

② 세포의 기능을 활성화시켜 영양대사를 활발하게 함으로써 몸 전체의 질병 예방과 치료를 촉진한다.

③ 클로렐라 엑기스(C.G.F 및 식물다당체)는 세균이나 바이러스를 잡아먹는 망내계 세포의 작용을 향상시키는 효과가 있기 때문에 외부에서 침입하는 세균이나 바이러스에 대한 면역력이 강해지고 감기, 만성간염 등 바이러스에 의한 질병의 예방에 기여한다.

④ C.G.F에는 강력한 해독작용이 있다. 방사선, 중금속 등의 작용에 대하여 신체를 방어하는 작용이 보고되어 있다. C.G.F는 또한 적혈구의 회복을 촉진한다.

⑤ 혈중콜레스테롤치를 저하시킨다.

⑥ 간장, 신장 등 장기의 기능을 향상시킨다.

⑦ 단백질의 합성과 지방 대사를 원활하게 한다.

⑧ 클로렐라의 식물성 다당체에는 종양억제작용이 있음이 연구보고 되고 있다.

⑨ 클로렐라는 신진대사를 향상시키고 면역력을 증진시키며 체액의 산성화를 방지함으로써 건강증진 및 질병의 예방에 기여한다.

제15절 스피루리나식품

1 개 요

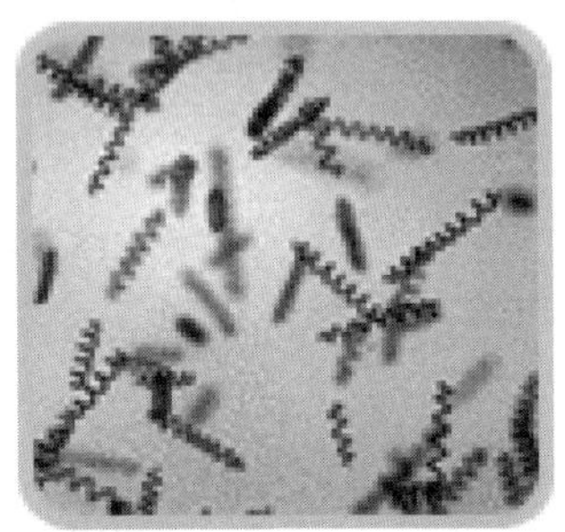

그림 1-15 스피루리나

스피루리나는 청녹색의 남조류로서 스피루리나과에 분류된 신기한 나선형태를 하고 있으며 크기는 폭 10μ, 길이 300~500μ 정도로 하나 하나의 세포를 육안으로도 관찰할 수가 있다. 스피루리나라는 말은 나선(spiral)이라는 말과 어원을 같이하며 두 가지 모두 꼬였다거나 나선형이라는 의미를 가진 라틴어로부터 유래한다. 스피루리나는 고대 아프리카 및 멕시코 지역에서 생산·이용되었지만 이 식물은 최근에 와서야 현대 산업사회에 소개되었다.

스피루리나가 미생물학자들의 관심을 끌게 된 것은 1967년 이디오피아에서 열린 응용미생물에 관한 국제회의에서 그 근처의 아랑구아디호수에서 자생하는 스피루리나에 관한 발표에서부터였다. 특히 학자들의 관심을 끌게된 점은 이 새로운 식물이 클로렐라와 비슷한 것이면서도 단백질의 함량이 많고, 소화흡수율이 좋고, 배양·수확이 용이하며 강알칼리성이라는 것이다. 해조류는 지배적인 색조에 의해서 청·녹·적 그리고 갈색으로 분류된다. 스피루리나는 청록의 일종으로 그 색은 세포 속의 엽록소(녹색)의 피코시아닌(청색)이 발산해 내고 있는데 청록색의 조류를 일반적으로 남조라고도 한다.

스피루리나는 다시마와 같은 해조류의 먼 친척에 해당되지만 바다식물은 아니다. 스피루리나는 염도가 10~20%에 달하는 대단히 짠 호수에서 자라며(바닷물의 염도는 3%이다), 최적수온 32~42℃인 강한 알칼리성 환경에서 자란다. 현재까지의 연구결과 스피루리나의 성장을 위한 최적 수소이온 밀도는 pH 8.5~11인 것으로 밝혀졌다. 이러한 조건은 대부분의 일반 박테리아가 성장할 수 없는 조건이다.

2) 기능성

스피루리나는 각종 영양소를 골고루 함유하고 있기 때문에 현대와 같이 필수 영양소가 부족되기 쉬운 시대에 살고 있는 현대인에게 좋은 건강기능식품의 하나라 할 수 있다.

스피루리나에는 단백질이 70% 가량 함유되어 있는데, 이 속에 필수 아미노산 8종이 모두 균형있게 함유되어 있다. 자연식품 중 가장 단백질이 많은 것으로 유명한 대두가 39%, 쇠고기가 20% 정도인 것에 비하면 스피루리나가 얼마나 많은 단백질을 지니고 있는지 쉽게 알 수 있다. 또한 스피루리나에는 많은 비타민과 미네랄이 함유되어 있는데, 특히 비타민 B_1, B_2, B_6, B_{12} 등의 B군이 풍부하게 함유되어 있으며, 식물이 초록색을 띠게 만들어 「녹색의 혈액」이라 불리는 엽록소, 항산화제 역할을 하는 베타카로틴을 다량 함유하고 있다.

스피루리나에는 피코시아닌이라는 성분이 함유되어 있는데, 피코시아닌은 남조류에만 함유된 청색색소로서 인간과 동물의 담즙색소와 같이 지방의 소화를 돕는 작용을 하며, 간 보호, 라디컬소거작용, 항염증작용을 한다고 최근의 연구결과에 의해 보고되었다. 이 외에 필수지방산 중 하나인 감마리놀렌산 역시 스피루리나에 함유되어 있는데 이로 인해 콜레스테롤의 축적 및 혈청 중성지방을 감소시키는 효과가 있는 것으로 연구보고가 있다.

생물학적으로 보아 스피루리나는 동물과 식물의 어느 쪽도 아니고 그 사이로 분류되는 운핵생물로서 소화흡수율이 95% 이상되어 섭취하기에 아주 적합한 식품이다.

표 1-14 스피루리나의 영양학적 조성

구 분	성 분	함량(10g당)
일반적 성분	수 분	5%
	단백질	65%
	지 방	5%
	탄수화물	18%
	ash	7%
미 네 랄	칼 슘	100.0mg
	인	90.0mg
	철	15.0mg
	나트륨	60.0mg
	구 리	120.0mg
	마그네슘	40.0mg
	망 간	0.5mg
	아 연	0.3mg
	칼 륨	120.0mg
	크 롬	28.0㎍
비 타 민	아스크로빈산	0.5mg
	베타카로틴	12.8mg
	비오틴	0.5㎍
	cobalamine	3.2㎍
	엽 산	1.0㎍
	피리독산	80.0㎍
	판토텐산	10.0㎍
	니아신	1.46mg
	티아민	0.31mg
	토코페롤	1.01IU
색 소	카로티노이드	37.0mg
	피코시아닌	1,500.0mg
	엽록소	115.0mg
	감마리놀렌산	135.0mg
	당지질	200.0mg
	sulfolipis	10.0mg

표 1-15 단백질 함량

식품의 종류	단백질 함량(%)
쇠고기	18~20
달 걀	18
밀	6~10
쌀	7
클로렐라	40~50
스피루리나	64~72

표 1-16 스피루리나의 필수아미노산 비교

아미노산	스피루리나	클로렐라	대 두	쇠고기	표 준
Isoleucine	3.3~3.9	3.90	1.80	0.93	4.20
Leucine	5.9~6.5	6.01	2.70	1.70	4.80
Lysine	2.6~3.3	3.60	2.58	1.76	4.20
Methionine	1.3~2.0	0.61	0.48	0.43	4.20
Cystine	0.5~0.7	0.48	0.48	0.23	4.20
Phenylalanine	2.6~3.3	3.00	1.98	0.86	2.80
Tyrosine	2.6~3.3	2.53	1.38	0.68	-
Threonine	3.0~3.6	2.30	1.62	0.86	2.80
Tryptophan	1.0~1.6	0.59	0.55	0.25	1.40
Valine	4.0~4.6	3.30	1.86	1.05	4.20

제16절 엽록소식품

1 개 요

엽록소란 녹색식물의 잎속에 들어 있는 화합물로 클로로필이라고도 한다. 녹색식물은 그 잎의 세포속에 타원형의 구조물인 엽록체가 많이 들어 있는 화합물이다. 엽록소는 그 빛깔이 녹색이기 때문에 엽록체가 녹색으로 보이고, 따라서 식물의 잎도 녹색으로 보인다. 엽록소는 엽록체의 그라나(grana) 속에 함유되어 있으며, 그라나를 구성하고 있는 단백질과 결합하고 있다. 엽록소에는 a, b, c, d, e와 박테리오클로로필 a와 b 등 여러 가지가 알려져 있다. 이들은 모두 그 분자의 구조식의 차이에 의하여 분류·명명된 것이다.

엽록소 중에서 가장 보편적으로 볼 수 있는 것이 a와 b이다. 대개의 식물에서는 a와 b가 약 3:1의 비로 존재하고 있다. 다른 엽록소들은 극소량씩 함유되어 있거나 특정 식물에만 존재하고 있다. 박테리오클로로필은 광합성을 하는 박테리아의 세포 속에서 발견되는 엽록소이다. 녹색식물은 태양의 빛을 이용하여 이산화탄소(CO_2)와 물(H_2O)을 화합시켜 포도당이나 녹말과 같은 탄수화물을 만든다. 이 과정이 광합성인데, 이 광합성에서 엽록소는 태양의 빛에너지를 포착하여 이를 화학에너지의 형태로 바꾸어 탄수화물을 만들게 하는 중요한 역할을 하고 있다. 이와 같이 에너지를 만드는 원동력이 되는 광합성 색소에는 여러 종류가 있다. 그중 가장 중요한 것이 엽록소이고 태양광 중 가시광선의 빛을 흡수하는데 가시광선 스펙트럼의 녹색부분은 엽록소 자신이 흡수하지 않고 반사하므로 엽록소가 우리 눈에는 녹색으로 보이게 된다.

엽록소는 포르피린 고리라고 하는 복잡한 고리구조와 긴 탄화수소 꼬리를 가진다. 이 꼬리는 소수성(hydrophobic)으로 지용성을 나타내므로 틸라코이드 막에 매몰되어 있다. 반면, 포르피린 고리는 친수성(hydrophilic)이므로 틸라코이드막 표면에 놓이게 된다. 광합성 색소 중 다음으로 중요한 것이 카로티노이드(carotenoid)

이다. 많은 형태가 있으나 기본 구조는 두 개의 탄화수소 고리에 긴 탄화수소 사슬이 연결되어 있다. 색깔은 옅은 황색에서부터 오렌지색, 적색에 이르는데 이는 탄화수소 사슬의 이중결합 수에 의하며 이중결합이 많을수록 색깔이 짙어진다. 카로티노이드의 색은 엽록소에 의해 그 색깔이 잘 드러나지 않지만 가을에 잎이 떨어질 무렵 엽록소가 파괴될 때 분명한 색깔을 드러내게 된다. 가을 단풍색깔들이 바로 카로티노이드의 색깔이라고 생각하면 된다. 카르티노이드 역시 가시광선을 흡수하며, 카로틴과 크산토필이 대표적인 두가지 카로티노이드이다. 카로틴은 당근즙에 많이 들어있으며 오렌지 색깔로서 β-카로틴이다. 이와 같이 카로티노이드계 색소는 빛에너지를 흡수하여 엽록소에게 넘겨 주어 광합성에 간접적으로 관여하고 있다.

그 밖에 조류의 광합성에 관여하는 색소로 홍조소, 갈조소, 남조소 등이 있다.

표 1-17 색소의 종류와 분포

색소 이름		분포	흡수스펙트럼 (( )속은 빛깔)
엽록소	엽록소 a 엽록소 b 엽록소 c 엽록소 d	고등식물에서는 엽록소 a와 b의 비가 3:1의 비로 분포되어 있다. 갈조류, 규조류 홍조류	적색광과 자색광 (엽록소 a는 청록색, 엽록소 b는 황록색)
전엽록소		황화 현상이 된 식물	적색광, 자색광
카르티노이드	크산토필 카로틴	식물의 종류에 따라 다르다	청색광(황색) 자색광(적황색)
피코비린	피코시아닌 피코에리드린	홍조류, 남조류	등적색광(청색) 녹색광(선홍색)

그림 1-16 광합성색소 사이의 에너지 이동

우리는 많은 에너지를 광합성을 통해 얻으므로 엽록소의 생화학적 기능은 매우 중요하다. 하지만, 엽록소는 산, 알칼리, 금속과 식물조직에 널리 분포되어 있는 클로로파제 등에 의해서 쉽게 변하며, 특히 조리하는 과정에서 엽록소의 손실이 커서 자연 그대로 섭취하기가 어렵다. 그렇기 때문에 엽록소의 기능을 그대로 갖는 알파파, 맥류약엽, 해조 등 식물류를 그대로 또는 이에 함유된 엽록소를 추출, 정체, 농축 등의 가공공정을 거쳐 엽록소함유제품을 개발하게 되었다.

2 기능성

보리잎, 귀리잎, 알팔파, 밀잎, 녹차잎, 해조류 등의 엽록소식물에는 생체의 모든 대사작용을 원활하게 해 주는 칼슘, 철, 칼륨, 인, 마그네슘 등과 비타민류를 풍부하게 함유하고 있으며, 활성산소를 억제하는 SOD(Superoxide dismetase)를 함유하고 있다.

활성산소는 우리가 호흡하는 산소와는 완전히 다르게 에너지 생산과정에서 정상적으로 아무것과도 결합하지 않은 상태의 불안전한 산소(O^-)가 생성된다. 이를 프리라디칼(free radical)이라고 일컫으며, 이를 유리기, 활성화산소 또는 유해산소라고 한다. 활성산소의 종류로는 수퍼옥사이드 라디칼(superoxide radical, O_2^-) 하이드록실 라디칼(hydroxyl radical, ·HO), 과산화수소(hydrogen peroxide, H_2O_2), 일중항산소(singlet oxygen, $^1O_2$) 등이 있다. 이러한 활성산소는 아주 불안전하기 때문에 생성 즉시 주의의 세포막, DNA, 그 외의 모든 세포 구조가 손상당하고 손상의 범위에 따라 세포가 기능을 잃거나 변질되게 한다.

또한 이들 활성산소에 의한 지질과산화 결과 생성되는 지질과산화물을 비롯하여 여러 가지 체내 과산화물도 세포에 대한 산화적 파괴로 인한 각종 기능장애를 야기함으로써 노화와 질병의 원인이 되기도 한다. 이와 같은 산화현상을 중화시키는 효소가 SOD이며 '항산화 효소'라고도 한다. 이 효소는 체내에서 합성된 유해한 '활성산소'를 제거하는 신비스러운 역할을 한다. 젊었을 때는 심한 운동이나 일광욕을 하더라도 SOD의 충분한 생성으로 과잉 발생한 활성산소를 없애 그것이 정상세포를 공격하는 것을 방지해 준다.

제17절 녹차추출물식품

1 개 요

녹차는 한국, 중국, 일본 등을 비롯한 아시아권에서 오래전부터 널리 응용되어 오던 것으로 항산화 성분을 많이 함유하고 있다고 알려져 있다. 차는 약 BC 2735년경에 중국의 센능(Shen Nung)황제가 마련한 연회에서 차나무로부터 차 잎이 끓는 물에 떨어졌을 때 처음으로 알려지게 되었다. 우리나라에 차가 처음 들어온 시기는 신라 27대 선덕여왕(AD 632~647년) 때이며, 그로부터 200년 후인 42대 홍덕왕 3년(AD 828년)에 왕명에 의해 차를 경남 지리산에 심어 음용하기 시작하였다. 녹차는 차 잎을 더운물에 우려내어 마시는 기호음료로서 애용되기 시작하였으나 약용으로도 사용되기도 하였다. 차의 약리학적 기능은 항산화 성분의 대부분을 차지하는 카테킨 성분에 있으며 현재까지도 카테킨의 다양한 기능 검증에 대한 연구가 꾸준히 진행되고 있다.

녹차의 효능을 나타내는 여러 성분 중 카테킨이 가장 유명한데 이는 탄닌이라 불리는 폴리페놀 화합물의 일종이다. 카테킨은 차의 구성 성분 중 가장 많이 차지하는 성분이며. 고리가 있는 물질로서 축합형 탄닌에 속하고 Flavan-3-ol의 기본구조를 가진다. 화학 구조상 수산기(-OH)를 많이 가지고 있어 여러 가지 물질과 쉽게 결합하는 특징을 가지고 있다. 녹차에는 크게 8가지 카테킨 성분이 존재하는데 이중 (-)-EC, (-)-EGC, (-)-ECG및 (-)-EGCG을 일반적인 차 카테킨으로 지칭한다. 이 중에서 EGCG가 차 카테킨류 중에서도 구성비율이 가장 높고 각종 기능적인 효과도 높은 것으로 알려지고 있다.

1920년대 일본의 스기무라가 차잎에서 3종의 카테킨(EC, ECG, EGC)을 분리하여 차의 폴리페놀이 카테킨류의 혼합물로 구성되어 있다는 것을 처음으로 밝힌 뒤 브래드필드가 EGCG를 분리했는데 EGCG는 차잎 중 전체 카테킨 함량 10~15% 중에서 50~60%를 점유하고 있으며, 녹차에 많고 우롱차에는 녹차의 1/2, 홍차에는 소량 함유되어 있다.

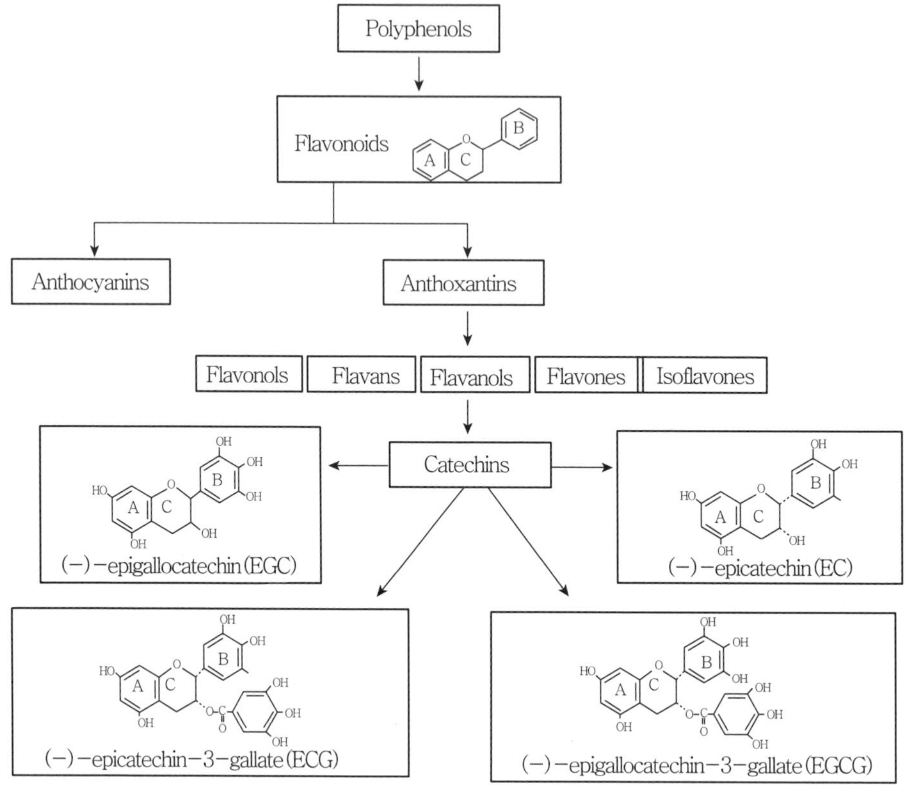

그림 1-17 카테킨

녹차 카테킨에 대한 연구는 많이 수행되어 왔으며 그 중에서도 항산화효과, 항암효과, 콜레스테롤 저하효과 등에 초점이 맞춰져 왔지만 근래에는 비만조절, 치석 제거, 항알레르기, 피부염 개선, 감기예방 등 다양한 부분까지 관심영역이 확대되고 있으며 특히 EGCG에 대한 연구가 최근에 활발하게 진행되고 있다. 이 밖에도 녹차의 동맥경화, 항종양효과 등에 관한 자료가 지속적으로 학회에서 발표되고 있어 해외에 있어서도 녹차에 대한 관심이 급속히 높아지고 있다.

2 기능성

(1) 비만 조절

EGCG의 체중감소효과 역시 최근에 연구발표 되었는데 Liao와 동료들은 EGCG (70~92mg/kg)를 복강 주사한 수컷 쥐의 음식물 섭취율이 대조군보다 50~60% 가량 감소한 것을 발견하였으며 이런 이유로 EGCG 처리한 쥐는 2~7일 이내에 대조군에 비해 30% 가량 체중이 감소되었음을 보고하였다. EGCG의 체중감소 효과는 구조적인 특이성을 가지는데 EC, ECG, EGC은 같은 양을 주사하였어도 음식물 섭취량과 체중이 감소되지 않았다. 초기에는 EGCG의 유효량이 체중 1kg당 30~50mg이나 이 쥐들은 일주일 내에 점차 적응하였고 체중을 줄이거나 증가를 막기 위해서는 더 많은 양의 EGCG가 필요한 것으로 나타났다. 그 외 7일 동안 매일 EGCG를 투여한 쥐는 수분과 단백질 함량의 변화는 없었지만, 탄수화물 함량은 약간의 감소를 보였으며 지방 함량은 EGCG를 처리하지 않은 그룹이 4.1%인 반면 EGCG를 처리한 그룹에서는 1.4%를 나타내어 큰 감소를 보였다. EGCG를 처리하고 7~8일 내에 수컷 SD 쥐와 마른 Zucker 쥐는 피하지방이 40~70%, 복부지방은 20~35% 감소했으나 부고환 지방은 감소하지 않았다. 비만인 수컷 Zucker 쥐에서는 EGCG 처리 후 4일 이내에 20%의 복부 지방감소가 관찰되었다 한다.

(2) 피부 미용

최근 국제녹차심포지엄에서는 녹차 카테킨 중 EGCG를 이용한 연구결과가 여러 편 발표되었는데 특히 피부미용관련 연구가 주목을 받았다. 랫드의 피부에 EGCG를 처리시 정상 피부세포의 성장이 촉진되었으며 자외선에 의한 홍반 반응 억제 효과, 자외선에 의한 세포사멸 억제효과, 피부기질 단백질조절효과(주름살 개선효과), 피부 조직 내 catalase 발현 증가효과가 있었다는 연구 결과가 발표되었다. 특히 사람의 피부에 EGCG(3mg/2.5cm^2)를 도포하고 4MED(minimal erythema dose : 최소홍반량)의 UVB를 조사 시 UVB에 의해 유발되는 1)백혈구의 침윤 2) 마이엘로퍼옥시데이즈(Myeloperoxidase)의 활성 3) 홍반이 현저하게 감소하는 것으로 나타났다.

(3) 감기예방

녹차 카테킨은 인플루엔자 바이러스의 침입을 막아 감기를 예방하는 효과가 있는 것으로 연구보고되어 여러 가지 살균작용이나 해독작용뿐만 아니라 인플루엔자 바이러스에도 유효하게 작용하는 것으로 보고됐다. 특히 코감기나 목감기에 좋다고 알려져 있다. 인플루엔자 바이러스의 표면에 있는 톱니모양 돌기부가 점막세포에 부착해 잘 떨어지지 않는데 카테킨이 바이러스의 톱니 모양의 돌기부를 덮어씌워 바이러스와 세포의 결합을 방해함으로써 인플루엔자 바이러스에 대한 효과를 나타낸다. Human Roatavius의 경우 EGCG의 억제효과가 가장 높은 것으로 나타났다.

(4) 항 알레르기

최근 화분에 의한 알레르기성 비염, 기관지염, 천식, 아토피성 피부염 등 알레르기로 인한 병으로 고생하는 사람이 많아지고 있다. 일본 시즈오카현립대학의 스기야마키요시 교수는 랫드를 이용한 실험에서 녹차가 알레르기에도 개선효과가 있는 것으로 연구보고하고 있다.

아토피성 피부염은 I형, IV형의 혼합형 알레르기이기 때문에 증상을 개선하기 위해선 I형의 원인인 히스타민과 IV형의 원인인 T세포에 함께 유효하게 작용해야만 한다. 연구자들은 랫드에게 체중 1kg당 약 120mg의 녹차 추출액을 투여한 경우 알레르기는 50%나 억제되는 것을 관찰하였다. 이 양을 사람이 마시는 양으로 환산하면 보통의 녹차 10잔에 해당한다. 녹차 추출액의 알레르기 억제효과는 알레르기 치료에 많이 사용되는 항알레르기제들과 거의 같은데 연구자들은 이 알레르기 억제효과는 녹차의 떫은 맛 성분인 EGCG가 랫드의 비만세포에서 히스타민이 방출되는 것을 억제하기 때문으로 추정하고 있다. 차 카테킨은 비만세포에서 히스타민이 나오는 것을 저지하기 때문에 히스타민이 방출된 다음에 억제하는 약인 항히스타민제와 달리 졸음과 같은 부작용이 없는 장점이 있다.

(5) 위궤양 조절

스트레스성 흥분에 기인하는 위궤양의 경우에도 효과가 있는데 동물실험에서 카테킨의 단회 투여로도 저온 구속 스트레스로 인한 궤양 발생이 억제되었으며, 인도

메타신 같은 소염진통제에 의한 궤양, 에탄올에 의한 궤양 발생이 용량 의존적으로 저해되었다. 이 외에도 차 카테킨은 다양한 효능을 가지고 있는데 항당뇨 효과, 노화억제, 구취와 제취 제거효과, 뇌의 노화 및 알츠하이머병 예방효과 등 계속적인 연구를 통해 많은 효능이 밝혀지고 있으며 특히 EGCG를 이용하여 연구가 계속 진행되고 있다.

제18절 매실추출물식품

1 개 요

매실은 장미나무과의 앵두나무아속에 속하는 핵과류(核果類)로서 원산지는 중국의 사천성과 호북성의 산간지로 알려져 있다. 한국, 중국, 일본 및 대만에 야생종이 분포하고 있으며 자두, 살구와 아주 가까운 과수이다.

매실은 알칼리성식품으로서 매실주, 장아찌, 엑기스, 매실차 등의 가공산업의 발달과 더불어 농산물 수출이 시작된 1980년부터 급격히 재배면적이 증가하여 현재 전체 과수 재배면적의 0.8%인 1,371ha가 재배되고 있지만 일본, 대만에 비해서는 아주 낮은 수준이다. 약 3,000년 전 중국의 고서인 『신농본초경(神農本草經 : 502~556년)』에 의하면 매실은 가장 오래된 과수의 일종으로서 약용으로 사용되어 왔으나, 살구씨, 복숭아씨, 자두씨 등과는 달리 독성이 함유되어 있어 씨앗은 사용하지 못하였다.

예로부터 매실은 장수하는 사람들의 건강식품이다. 약 3,000년 전부터 건강의 약제로 이용된 매실은 중국의 최고(最古)의 약서인 『神農本草經』과 우리나라 허준의 『동의보감』 등 여러 한방서에 그 효능이 자세히 기록되어 있다.

표 1-18 매실의 구성 성분

구 분	수분 (g)	단백질 (g)	지질 (g)	당질 (g)	섬유 (g)	회분 (mg)	칼슘 (mg)	인 (mg)	철 (mg)	나트륨 (mg)	산도 (mg)
매 실	90.1	0.7	0.5	7.6	0.6	0.5	12	14	0.6	2	90.4

(1) 동의보감

성평(性平), 미산(味酸), 무독(無毒)하다. 지갈(止渴)하고 격상(膈上)을 열(熱)하게 한다.

남방에서 나며 5월에 황숙전의 매실을 따서 화훈(火熏)하여 말리거나, 연기를 훈

(熏)하면 오매(烏梅)가 되고, 소금으로 절이면 백매(白梅)가 되며 건조하여 밀봉한 용기에 보관한다. 〈중략〉

※ 동의보감의 각종 처방에는 매실이 귀중한 약재로 사용되고 있으며 매실을 주원료로 한처방에는 매화탕(梅花湯), 제호탕(醍湯), 오매목과탕(烏梅木瓜湯), 오매탕(烏梅湯), 오매환(烏梅丸) 등이 유명하다.

(2) 본초강목

중국 명나라 때의 본초학자(本草學者)인 이시진(李時珍)이 엮은 약학서인 『본초강목』에 의하면 그 효능이 자세히 기록되어 있다.

일본에서도 매실이 약 1,500년 전후부터 이용되어 왔는데, 주로 꽃을 보기 위한 관상용으로 재배되었고 매실열매는 부수적으로 사용되었는데, 과실생산을 목적으로한 본격적인 재배는 덕천시대 중기에 시작되었고, 명치 초기까지는 절임매실 또는 건조매실로 가공되었다.

우리나라에는 신라 때부터 분재나 정원수 등 꽃을 관상할 목적으로 심었고 열매를 이용한 것은 한의학이 도입된 고려 중엽 때부터라고 알려져있다.

매실에는 칼슘, 나트륨, 인 등의 성분이 함유되어 있기 때문에 인체의 소화기에 좋다고 알려져있어 건강식품으로 인정을 받고 있으며 중국에서는 옛날부터 약재로 사용되었고 일본에서는 국내과수 생산량 제 10위의 과수로서 매실 조림(장아찌)으로 많이 소비되고있다.

(3) 크렙스 박사의 '구연산 사이클' 이론

1953년 영국의 Hans Krebs 박사는 구연산(citric acid)이 인체 내 젖산 축적을 막고, 체내로 들어온 음식물이 에너지로 변하는 과정(TCA cycle)에서 젖산의 과잉생산을 억제하고 탄산가스를 물로 분해시켜 체외로 배설하여 건강을 돕는다는 구연산 사이클 이론으로 노벨 생리학상을 받았다.

인체는 섭취한 음식물을 에너지로 만들기 위해서 단백질, 지방, 당질 등을 소화흡수하고, 구연산 사이클 과정에서 산화 환원되어 물과 탄산가스로 완전 연소된다. 그런데 만약 구연산 사이클 과정에 문제가 생기면 에너지 대사가 원활하게 이루어지지 못하게 되고, 영양성분이 불완전 연소되면서 유산과 같은 피로 물질이 발생하게 된다.

사람이 피로하다고 느끼는 것은 바로 이러한 유산이 체내에 축적된다는 것을 의미한다. 유산이 체내에 축적되면 혈액이 산성화되고, 그 흐름이 원활하게 이루어지지 못하게 된다. 그래서 쉽게 피로해지고, 머리가 무겁고, 어깨가 결리고 허리가 아픈 등의 각종 피로현상이 나타나는 것이다.

구연산이 우리 몸속의 피로물질을 씻어 내는 능력은 무려 포도당의 10배에 달한다고 한다. 특히, 산성화되고 있는 현대인의 몸은 더욱 피로하다. 육류와 인스턴트식품의 섭취가 늘어나면서 인체는 산성화되고 있고, 공해와 수질 오염, 스트레스가 그것을 더욱 부채질하고 있다.

신맛이 나는 과일의 경우 일단 구연산이 함유돼 있다고 생각해도 과언은 아니겠지만, 단연코 많이 함유되어 있는 것이 매실이다. 신맛이 강한 식품은 산성이 아닐까 오해할 수도 있지만, 매실은 알칼리성식품이다. 때문에 앞서 말했듯이 몸이 산성화되어 가는 현대인의 경우 매실을 많이 먹어주면 산성화되는 인체를 약알칼리성으로 유지할 수 있다.

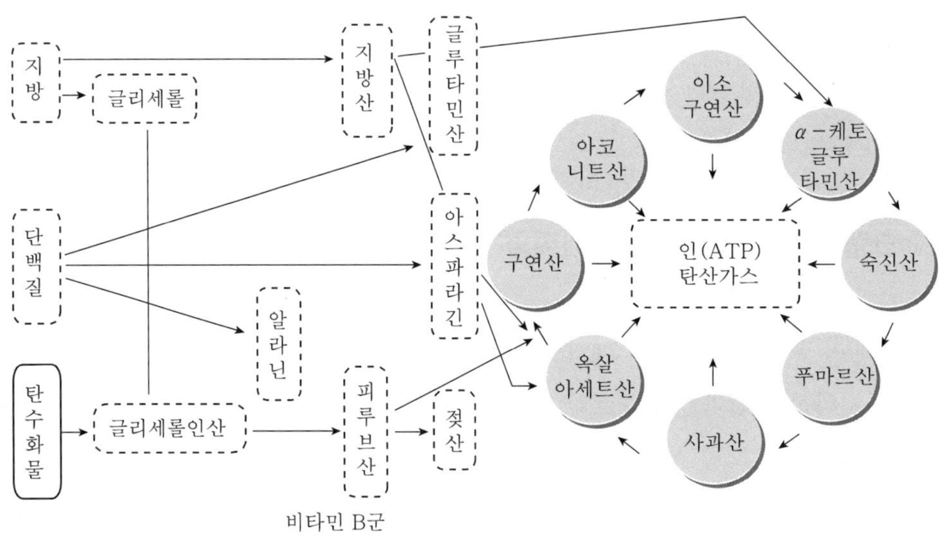

그림 1-18 Hans Krebs 박사의 TCA cycle

1) 매실의 기능성

(1) 피로회복, 정장작용

매실에는 살균과 피로회복에 뛰어나고 칼슘흡수를 촉진하는 구연산과 사과산이 풍부하다. 스트레스로 칼슘의 소모가 많아 체질이 심하게 산성화되고 이로 인해 초조감이나 불면증에 시달리는 현대인에게 매실이 좋은 것이 이 때문이다.

(2) 소화불량 및 위장장애

매실의 신맛은 소화기관에 영향을 주어 위장, 십이지장 등에서 소화액을 내보내게 한다. 또한 매실즙은 위액의 분비를 촉진하고 정상화시키는 작용이 있어 위산 과다와 소화불량에 모두 효과를 보인다.

(3) 체질개선

육류와 인스턴트 음식을 많이 섭취하면 체질은 산성으로 기운다. 몸이 산성으로 기울면 두통, 현기증, 불면증, 피로 등의 증상이 쉽게 나타난다. 매실은 신맛이 강하지만 알칼리성식품이므로 매실을 꾸준히 먹으면 체질이 산성으로 기우는 것을 막아 약 알칼리성으로 유지할 수 있다.

(4) 간장보호 및 간기능 향상

매실에는 간의 기능을 상승시키는 피루브산이라는 성분이 있다. 따라서 늘 피곤하거나 술을 자주 마시는 사람에게 좋다.

(5) 해독작용

매실에는 피크린산이라는 성분이 미량 들어있는데 이것이 독성물질을 분해하는 역할을 한다. 따라서 식중독, 배탈 등 음식으로 인한 질병을 예방하는 데 효과적이다.

(6) 변비개선

매실 속에는 강한 해독작용과 살균효과가 있는 카테킨산이 들어있다. 카테킨산은 장 안에 살고 있는 나쁜 균의 번식을 억제하고 장내의 살균성을 높여 장의 염증과 이상발효를 막는다. 동시에 장의 연동운동을 활발하게 하여 장을 건강하게 유지시켜 나간다.

(7) 피부미용

매실 속에 들어있는 각종 성분이 신진대사를 원활하게 해 준다. 각종 유기산과 비타민이 혈액순환을 도와 피부에 좋은 작용을 한다.

(8) 해열 및 염증완화

매실에는 통증을 줄여주는 효과가 있다. 매실을 불에 구운 오매의 진통효과는 『동의보감』에도 나와 있다. 곪거나 상처 난 부위에 매실농축액을 바르거나 습포를 해주면 화끈거리는 증상도 없어지고 빨리 낫는다.

(9) 칼슘 흡수율 향상

매실 속에 들어있는 칼슘의 양은 포도의 2배, 멜론의 4배에 이른다. 또한 매실 속에는 칼슘도 다량 함유되어 있다. 체액의 성질이 산성으로 기울면 인체는 그것을 중화시키려고 하는데 이때 칼슘이 필요하다. 칼슘은 장에서 흡수되기 어려운 성질이 있으나 구연산과 결합하면 흡수율이 높아진다. 따라서 성장기 어린이, 폐경기 여성에게 매우 좋다.

제19절 효모식품

1 개 요

인류가 효모라는 미생물을 알지 못한 채 식품으로 이용한 것은 5천 년 이상으로, 효모 발효에 의한 술과의 만남이 인간과 효모의 첫 만남이라 해도 좋을 것이다. 효모는 인류의 생활과 아주 밀접한 관계를 맺어 왔으며 주로 발효작용이나 촉매적인 기능으로 오늘날 효모가 만들어내는 발효식품은 아주 중요한 역할을 하고 있다. 우리 주변에 효모와 관련된 식품은 술, 빵 이외에도 여러 가지가 있는데 된장, 간장, 김치 등의 고유한 맛을 내게 해주는 것도 효모이다. 그러나 효모는 18세기 이후부터 건강에 유익한 영양으로 각광을 받기 시작했다. 효모의 균체성분에는 충분한 양의 비타민 B군과 글루타티온, β-글루칸, 구리, 망간, 셀레늄 등이 들어있어 여러 가지 효능을 발휘하는 것으로 알려졌다.

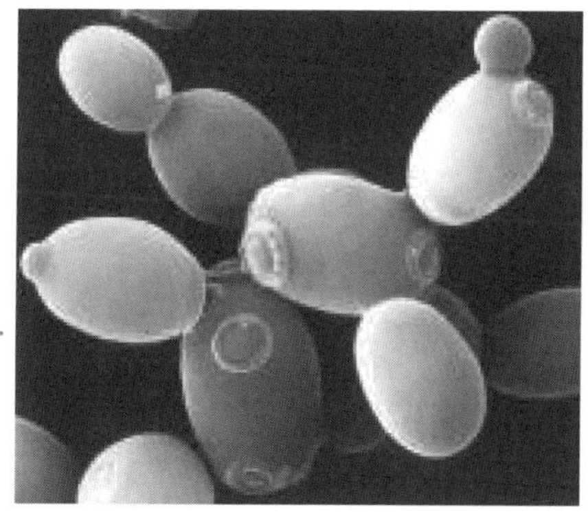

그림 1-19 Saccharomyces cerevisiae

효모「yeast」의 어원은 그리스어로「끓는다」는 뜻을 가지며, 이것은 효모에 의한 발효 중에 이산화탄소가 생겨 거품이 많이 생기는 것에서 유래한다. 효모는 진균류에 속하는 미생물의 일종을 총칭하는 말로 단세포로 되어 있고 주로 출아에 의해 생식한다.

산업적으로 가장 중요한 효모는 Saccharomyces cerevisiae로서 당류에 작용하여 알코올 발효를 일으켜 당을 에탄올과 이산화탄소로 변화($C_6H_{12}O_6 \rightarrow 2C_2H_5OH + 2CO_2$)시키는데 주류제조에 이용되고, 맥주효모, 빵효모, 유효모, 포도주효모 등이 있다.

효모를 최초로 확인하여 분리, 배양한 사람은 현미경의 발명자 A. 레벤후크(Antony van Leeuwenhoek)이며, 1680년에 맥주효모를 발견하였다. 18세기 이후에는 생화학, 영양학의 발달과 더불어 효모세포 내의 조성성분, 생화학적 의의 등이 해명되었고, 파스퇴르(L. Pasteur)는 포도주 발효가 효모에 의해 일어난다는 것을 처음으로 밝혔다. 미생물의 기초를 쌓았던 그는 맥주효모가 60℃ 이상의 온도에서는 작용하지 않는다는 이론으로 맥주양조기술 및 저온살균법(pasteurization)을 발명하였다. 1883년에는 한센(A. Hansen)이 질 좋은 효모를 골라서 순수하게 배양 증식한 효모의 순수 배양기술을 개발하였다.

효모는 현대인의 불균형한 식사에서 부족되기 쉬운 영양을 풍부하게 함유하고 있어서 유럽, 미국, 일본에서 천연으로 각종 영양소와 미네랄, 미량 원소까지 공급 받을 수 있는 대표적이고 보편화된 건강식품으로 알려져있다. 최근 미국에서는 유전공학에 의한 기술혁신으로 보다 우수한 품질의 맥주효모인 셀레늄 효모(High selenium yeast)와 GTF 효모(High yegh GTF chromium yeast)를 배양하기도 한다.

2 효모식품의 분류

효모 균류에는 유익하지 않은 것도 있으나 우리가 일반적으로 말하는 효모는 식용효모로 맥주효모, 빵효모, 유효모 등 3가지 종류가 있는데 이 중 맥주효모와 빵효모가 건강기능식품의 소재로 많이 이용되고 있다.

이처럼 효모에는 여러 종류가 있는데 어떤 효모이든 단백질과 비타민 B군의 함유량에는 큰 차이가 없다. 그 효모가 자라는 배지조건이 어떻든 단백질과 비타민 B군은 효모 자체에 의해 생합성되기 때문이다. 그러나 미네랄이나 미량원소 등 금속성 영양소의 경우는 생합성이 불가능하므로 효모가 생육되는 배지의 조건에 따라 함유량이 달라진다.

표 1-19 주원료에 따른 효모의 성분

	맥주효모	빵효모	유효모
수 분	4~8%	3~5%	4.5~5.5%
단백질	37~55%	46~50%	48~50%
탄수화물	25~40%	36~39%	27.5~32.5%
지 질	1~3%	2.8~3.0%	5.5~8.0%
염 분	6~10%	5.5~6.0%	6.5~8.5%
섬 유	1~10%	1~10%	-
비타민 B_1	10~25mg%	2~4mg%	1.3~1.8mg%
비타민 B_2	3~8mg%	6~9mg%	3.5~6.0mg%
나이아신	30~64mg%	20~70mg%	-
글루타치온	0.5~1.0mg%	0.8~1.2mg%	0.5~0.54mg%
판토텐산	2.0~35mg%	약 7.6mg%	-
엽 산	0.01~8mg%	약 2.9mg%	0.7~0.8mg%
비오틴	0.05~0.36mg%	약 0.19mg%	0.02~0.05mg%
이노시톨	270~500mg%	약 478mg%	-
핵 산	3~9mg%	-	-
글루칸	6~8mg%	6~6.6%	14mg%
만 난	4~6mg%	12~12.4%	5mg%
비타민 E	-	-	4.0~5.0mg%
비타민 C	-	-	5~70mg%

1) 맥주효모(brewer's yeast)

효모균류 중 당을 분해하여 알코올을 생성하는 힘이 뛰어난 것은 옛날부터 술 양조에 이용되어 왔다. 그 대표적인 것이 맥주인데 맥주를 발효시키는 과정 중 맥주보리와 호프(hop)를 섞어 끓인 후 여과하면 고형물은 분리되고 맑은 액즙이 남는다. 여기에 맥주효모 종자균을 넣어 발효, 증식시키면 알코올(맥주)은 밑에 가라앉고 증식된 맥주효모는 위에 뜨게 된다. 이때 가라앉은 알코올을 분리하여 숙성시킨 것이 맥주이고 위에 뜬 맥주효모를 수분 9% 이하로 특수하게 건조시킨 것이 건조맥주효모(brewer's dried yeast)이다. 다른 효모와 달리 맥주효모는 영양효모라 부르고 임상영양학적으로 이용하고 있다. 맥주효모에 들어있는 영양 성분은 단백질, 10가지의 비타민, 필수 미네랄, 식이섬유, 핵산 등으로 현대인에게 부족하기 쉬운 영양을 자연스럽게 보충할 수 있다.

2) 빵효모(baker's yeast)

빵효모는 세로 10μm, 가로 4~5μm인 미생물이며 건조 빵효모는 담황색 내지 담갈색의 분말로 효모 특유의 맛과 냄새를 지니고 있다. 빵효모의 조성을 보면 질소화합물과 탄수화물이 주를 이루고 있는데, 이것은 균체의 배양환경이나 증식기에 따라 다르다. 빵효모 속의 탄수화물로서는 글리코겐처럼 에너지원이 될 수 있는 당과 글루칸이나 만난 등의 세포벽을 구성하는 다당체가 있다.

3 기능성

일반적으로 효모는 양질의 고단백질과 균형 있는 8종류의 아미노산을 함유하고 있으며, 비타민과 미네랄 특히 비타민 B군이 풍부하고 핵산과 다당체를 풍부하게 함유하고 있어 정장작용과 소화촉진 및 식용증진제로 널리 사용되어 왔다.

1) 양질의 단백질 공급원

맥주효모는 약 50%가 양질의 단백질이고 빵효모 역시 건조중량당 단백질함량이 치즈보다 높다. 빵효모의 아미노산 조성을 동물성 단백질과 비교해 볼 때 메티오닌의 함량이 약간 적은 점 이외에는 근단백이나 카제인과 상당히 흡사하여 영양학적으로 높이 평가되고 있다.

또한 우리가 건강을 문제시 할 경우 필수아미노산의 종류와 함께 그 함량비가 중요하다. FAO(국제연합식량농업기구)는 식품으로서 이상적인 아미노산패턴을 제창하고 있는데 이것을 효모단백질의 아미노산패턴과 비교한 결과 메티오닌비율을 제외한 대부분이 이상적으로 나타났다.

표 1-20 단백질 N 1,000mg에 대한 필수아미노산의 양

필수아미노산	이상적인 비율	이상형(mg)	맥주효모(mg)
valine	3.0	270	338
leucine	3.4	306	425
isoleucine	3.0	270	350
threonine	2.0	180	325
methionine	3.0	270	213
lysine	3.2	270	400
tryptophan	1.0(기준)	90	75
phenylalanine	2.0	180	263

2) 비타민

효모는 다른 주요한 식품에 비해 비타민 B군의 함량이 높으며 특히 빵효모에는 9종의 비타민 B군이 비교적 많이 함유되어 있다. 천연 비타민 B제품은 주로 맥주효모에서 추출하거나 맥주효모를 캐리어(carrier)로 이용할 정도로 비타민 B군이 풍부하다. 비타민 B군은 사람이 생명활동을 하기 위한 에너지대사를 원활하게 촉진시키는 작용을 지니고 있다. 즉, 세포 속의 ATP 합성과 분해에 관여하는 효소반응에 비타민 B군이 보조효소로서 필수적인 역할을 하고 있으며, 결핍되면 대사이상을 일으켜 각종 비타민 결핍증을 일으키게 된다.

3) 미네랄

사람 체내에서 발견되는 주요원소는 C, H, O, N, S이며, 이 외에 영양학적으로 중요한 미량원소, 즉 미네랄로서 14종의 금속원소가 있다. 빵효모에는 14종의 필수 미네랄 중 9종이 함유되어 있다. 이러한 금속원소가 빵효모에서 존재하는 양식에는 무기염 상태와 각종 생체성분이 이온결합한 상태의 두 가지가 있으며 전자는 물에 의한 세정으로 대부분이 제거되지만 후자는 효모 세포 내에 존재하므로 간단하게 제거되지 않는다. 최근의 연구에서 빵효모로 배양한 각종 미네랄 함량을 상당히 고농도까지 높이는 배양기술이 필수금속의 공급원으로서 기대되고 있다.

맥주효모의 약 6~10%는 미네랄이고 약 80% 이상 흡수된다. 혈당내성인자(GTF)의 주성분인 크롬의 공급원이고, 모든 셀레늄 제품은 맥주효모를 이용하고 있을 정도로 셀레늄 함유량이 뛰어날 뿐 아니라 인슐린 활성의 관건이 되는 아연의 완벽한 공급원이다.

표 1-21 식품 중 Se과 Cr 함량(100g)

식 품	Se(mcg)	식 품	Cr(mcg)
생선가루	193	맥주효모	118
소맥배아	111	간	50
맥주효모	91	쇠고기	32
통 밀	63	통 밀	29
콩	30	버 섯	3
마 늘	25	우 유	1
버 섯	13		

4) 글루타티온

글루타티온은 글루타민산, 시스테인, 글리신 세 가지 아미노산으로 구성되는 트리펩티드이다. 글루타티온을 간 기능에 활력을 주고 유해물질로부터 간을 보호하며 나아가서는 생체 내에서의 산화환원작용을 지니고 있다 또한 화학제암제에 의한 부작용이나 방사선장해에 대한 보호작용이 있다는 사실도 보고되어 암의 예방으로서 일부 이용되고 있다.

빵효모 속에는 보통 산화형 및 환원형 글루타티온이 1.0% 정도 포함되어 있으며 글루타티온의 조제원료로서 알려져 있다.

5) 정장 작용

효모의 세포벽은 장내 이용도가 높은 식이섬유소로, 세포외벽의 만난(mannan)과 세포내벽의 글루칸(glucan)으로 구성되어 있다. 세포벽 다당류인 글루칸이나 만난은 수용성이지만 사람의 소화관에서 소화되기 어려운 성질을 지니고 있어서 난소

화성 식이섬유로서 기대된다.

β-글루칸은 면역기능을 향상시켜 각종 암이나 바이러스성 간염을 개선시키는 작용이 있으며 만난은 칼로리가 없고 식물성 섬유가 풍부하여 장을 깨끗이 해주고 탈콜레스테롤 작용을 일으켜 체중감량을 촉진해 준다.

제20절 효소식품

1 개 요

효소는 음식물을 분해하는 소화작용, 영양소가 인체를 구성하기 위한 합성작용, 세포를 재생시키는 신진대사 작용을 촉진하는 물질로써 원래는 체내에서 생산된다.

효소란 총체적으로 생물체 내에서 각종 화학반응을 촉매하는 단백질이라고 할 수 있다. 모든 화학반응은 반응물질 외에 미량의 촉매가 존재함으로써 반응속도가 현저히 커지는데, 생물체 내에서도 모든 화학반응이 이 촉매에 의해 속도가 빨라진다. 다만 무기질반응의 촉매와는 달리 생물체 내의 촉매는 모두가 단백질이다.

따라서 생물체 내의 촉매를 특히 효소라고 부른다. 효소는 단백질이므로 무기촉매와 달리 온도나 pH(수소이온농도) 등 환경 요인에 의하여 기능이 크게 영향을 받는다. 즉, 모든 효소는 특정한 온도 범위 내에서 활성이 가장 크게 나타난다. 대개의 효소는 온도가 35~45℃에서 활성이 가장 크다. 이것은 온도가 올라가면 화학반응속도가 일반적으로 커짐에 따라 효소의 촉매작용도 커지지만, 온도가 일정 범위를 넘으면 화학반응 속도는 커져도 단백질의 분자 구조가 변형을 일으켜 촉매기능이 떨어지기 때문이다. 또 효소는 pH가 일정 범위를 넘으면 기능이 급격히 떨어진다. 이것은 단백질의 구조가 그 주변 용액의 pH의 변화에 따라 달라지고 효소작용은 특정 구조를 유지하고 있을 때만 나타나기 때문이다.

효소는 아무 반응이나 비선택적으로 촉매하는 것이 아니고, 한가지 효소는 한 가지 반응만을 또는 극히 유사한 몇 가지 반응만을 선택적으로 촉매하는 기질특이성을 가지고 있다. 기질이란 효소에 의하여 반응속도가 커지게 되는 물질, 즉 효소에 의하여 촉매작용을 받는 물질을 말한다. 효소에 이와 같이 기질특이성이 있는 것은 효소와 기질이 마치 자물쇠와 열쇠의 관계처럼 공간적 입체구조가 꼭 들어맞는 것끼리 결합하여 그 결과 기질이 화학반응을 일으키기 때문이다.

인체 내에서 일어나는 수많은 생화학반응에 관여하는 효소의 종류는 지금까지 확

인 된 것만으로도 3천여 가지가 넘는데 이러한 효소들은 혈액의 약알칼리유지, 소화촉진, 병원균에 대한 저항력 강화 등의 체내 항상성유지와 세포생성, 혈액정화 등의 작용을 한다.

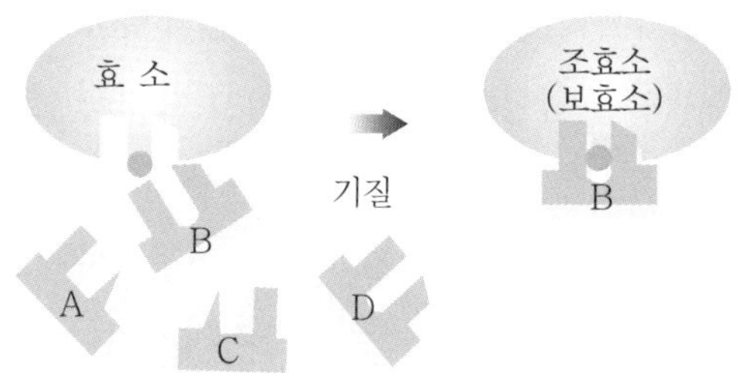

그림 1-20 효소의 기질 특이성

효소는 인간은 물론 모든 생명의 시작에서 성장, 소멸의 전 과정에 관여하는 필수 생명 물질이다. 우리가 아무리 좋은 음식을 먹어도 효소가 없으면 우리 몸의 구성분이 될 수 없다. 식사를 통해 섭취한 단백질은 가장 작은 단위인 아미노산이란 형태로 잘게 분해되어야 비로소 우리 몸의 피가 되고 살이 될 수 있는 것이다. 이렇게 우리가 먹은 영양소가 몸에서 흡수되는 형태의 영양소로 잘게 분해되지 않으면 우리 몸의 구성 성분이 될 수 없다.

즉 우리가 먹는 음식이 내 몸의 살이 되고 피가 되려면 효소가 몸속의 여러 대사에 관여하여 우리 몸에서 필요로 하는 물질을 만들고 불필요한 물질을 분해하거나 배설하고 우리를 공격하는 많은 유해물질을 효과적으로 없애주기도 해야 한다. 식품을 잘 분해하고 소화하고 흡수시켜 충분히 대사하는 이 일련의 모든 과정에 관여하는 것이 바로 효소이다. 따라서 효소는 생명을 지탱하는 중요한 것이다.

효소의 작용은 여러 가지 물질에 의하여 촉진되며 또 저해를 받는데, 전자를 부활, 후자를 저해라 한다. 위에 설명한 내용은 일반적인 효소의 특성을 기술했는데 좀더 구체적인 특성으로 살펴보면, 효소에 물질적이나 화학적인 처리를 하게 되면 효소는 효소로서의 능력을 잃어버리게 되는데 이를 '변성'이라고 한다. 하나의 예로서 음식물을 조리할 때 열을 가하게 되면 음식물 속에 들어있는 효소가 열에 의해 파괴되어 효소의 능력이 없어져 효소로서의 더 이상 작용할 수 없게 되는 것이다. 또한 한가지 효소는 한 가지 생화학 반응에만 관여 한다. 이것을 '1효소 1반응의 법칙'이라고 하는데 하나의 효소가 여러 가지 반응에 관여하는 것이 아니라 각 효소는 한가지 반응만을 맡아서 처리한다. 즉 당질의 분해에 관여하는 효소인 아밀라아제(amylase)는 당질에만 작용하며 단백질분해효소인 트립신(trypsin)은 단백질에만, 그리고 지방분해효소인 리파아제(lipase)는 지방에 대해서만 작용을 한다. 또한 피로를 유발하는 젖산의 분해만을 담당하는 효소도 있고 간에서 알코올만 분해하는 효소도 있다.

이러한 효소의 중요성 때문에 미국에서 효소치료의 선구자라고 불리는 에드워드 호웰 박사(Dr. Edward Howell)는 '효소는 삶을 유지시켜주는 물질'이라고 했다. 즉 '효소는 인체 내에서 탄수화물, 지방, 단백질을 이용해서 인체를 가동시키는 노동자와 같아서 인체에 이 같은 건축자재가 아무리 많아도 노동자인 효소가 없으면 소용이 없다'는 것이다.

인체를 연구하는 모든 과학자들에게서는 경이적으로까지 여겨지는 우리 몸의 효소는 현재 밝혀진 것만 약 2,700여 종. 고유한 기능을 통해 질병 방어, 간, 신장 등의 기관기능 활성, 감염 부위의 치유, 뼈 강화, 혈액응고방지, 노폐물질과 독성물질 정화 등 생명 유지에 필요한 필수적인 작용을 하고 있다. 이렇게 효소의 종류가 많은 것은 효소마다 각각의 특색에 맞는 한 가지 기능밖에는 없기 때문이다. 이는 수많은 효소들을 우리 몸이 계속 만들어 내거나 외부에서 보충해야 한다는 것을 뜻한다.

과일로는 배, 포도, 파인애플, 파파야 등이 좋고 야채로는 색이 화려한 토마토, 당근 등이 좋다. 신선한 음식에 포함된 효소는 섭취 후 소화될 때, 우리 몸이 분비하는 효소의 도움 없이도 스스로 5~75%를 분해시킬 수 있다. 따라서 몸 속의 효소를 사용하지 않으므로 그만큼 효소를 저장할 수 있어 좋다.

발효한 식품도 효소 섭취에 효과적이다. 김치, 된장, 식혜 등이 대표적인 식품이다. 소금은 효소에 치명적이므로 조금 싱겁게 담그는 것이 중요하다. 발효 과정은 식품을 좀더 소화되기 쉬운 형태로 바꿔준다. 이 밖에 모든 식물 중 가장 효소를 많이 함유할 때는 싹이 날 때이므로, 무순이나 브로콜리순 등은 훌륭한 효소의 제공원이다.

마지막으로 음식을 먹을 때에는 오래 씹는 것이 좋다. 침 속에 들어 있는 효소가 음식과 접촉하는 시간이 길어지기 때문이다. 특히 소화하기 힘든 섬유소가 있는 과일과 채소의 경우, 효소가 이를 분해해 소화를 돕는다.

② 기능성

효소는 예로부터 된장, 김치 등의 발효식품을 통해 이용되어 왔으나 환경오염과 현대인의 불규칙한 식습관 등으로 체내에 효소가 부족 현상을 가져오기 쉽다. 효소는 모든 동식물에 함유되어 있으나 식물의 속성재배나 농약 등으로 효소부족 식물이 많으며 식품을 열처리하여 제조하여 효소가 파괴된 식품을 섭취하며, 인스턴트식품, 가공식품을 많이 먹는 요즘은 효소의 필요성이 대두되었다.

표 1-22 효소의 종류

	효소 이름	생산 균주/장기	응용 분야
아밀라아제(amylase)	디아스타아제(distase)	누룩	소화제, 빵에 첨가, 시럽
	아밀라아제(amylase)	*Bacillus subtilis*	직물의 풀 제거, 시럽, 알코올 발효공업, 포도당 생산
	아밀로글루코시디아제(amyloglucosidase)	*Rhizopus niveus*	포도당 생산
프로테아제(protease)	트립신(trypsin)	동물 췌장	의약용, 연육용, 맥주흐림제거
	펩신(pepsin)	동물 위장	소화제, 연육용
	레넷(rennet)	송아지 위장	치즈 제조
	파파인(papain)	파파야	소화제, 의약용, 맥주흐림제거, 연육용
	프로테아제(protease)	*B. subtilis*	세제, 필름에서 젤라틴 제거(은 회수), 연육용
기 타	글루코오스 이소메라아제(glucose isomerase)	*Lactobacillus brevis*	글루코오스를 프룩토오스로 이성질체화함
	리파아제(lipase)	췌장	소화제, 우유제품 풍미첨가
		곰팡이(*Rhizopus*)	
	셀룰라아제(cellulase)	*Trichoderma koningi*	소화제
		Trichoderma viride	셀룰로오스 가수분해
	펙티나아제(pectinase)	*Sclerotina libertina*	주스 수율증가 및 청정화

효소의 적절한 섭취는 체내의 부족된 효소를 보충하고 신진대사를 촉진하여 신체의 기능을 원활하도록 도와 건강유지 및 증진에 도움을 준다. 효소는 모든 생물체의 생명을 유지하기 위해 없어서는 안 되는 필수요소로서 고분자의 유기화합물이다. 효소는 수천 종류가 있으며, 촉매할 수 있는 신진대사의 종류도 다양하다.

표 1-23 효소의 기능

효 소	기 질	가수분해 생성물
에스테르 가수분해효소(esterase): 리파아제(lipase)	-	-
포스파타아제 : 레시티나아제 (phosphatase : lecithinase)	글리세리드 (지방)	글리세린+지방산
탄수화물 가수분해효소(carbohydrase):		
푸룩토시다아제(fructosidase)	설 탕	과당+포도당
α-글루코시다아제(말타아제) (α-glucosidase 〈maltase〉)	맥아당	포도당
β-글루코시다아제(셀로비아제) (β-glucosidase 〈cellobiase〉)	셀로비오스	포도당
β-갈락토시다아제(β-galactosidase)	젖 당	갈락토오스+포도당
아밀라아제(amylases)	녹 말	맥아당 또는 포도당+말토올리고당
셀룰라아제(cellulase)	셀룰로오스	셀로비오스(cellobiose)
프로테이나아제(proteinase)	단백질	폴리펩티드
폴리펩티다아제(polypeptidase)	단백질	아미노산

1) 신진대사기능

효소는 체내에서 분해, 합성, 산화, 환원 등의 모든 과정에서 화학반응에 관여하고 이 과정에서 에너지와 몸에 필요한 여러 가지 물질을 생성한다. 효소식품은 효소의 활성화로 원료가 가진 영양성분과 미생물의 대사산물을 섭취할 수 있으므로 각종 아미노산, 섬유소, 비타민류(비타민 B_1, B_2, B_6, E), 니코틴산, 미네랄류(철, 칼슘, 나트륨, 안 등)를 기대할 수 있다. 이들 영양물질은 신체의 기능을 높이고 각종 호르몬 생성에도 도움을 주어 신진대사를 왕성하게 한다.

2) 혈청 콜레스테롤 저하작용

청국장에서 분리한 Bacillus subtilis K-54가 생성해내는 혈전용해효소는 혈전을 분해하며 혈중콜레스테롤의 함량을 낮춘다.

3) 장운동 촉진 및 배변에 도움

곡류, 야채, 과실 등의 농산물 혹은 해조류 등의 수산물 원료 중에서 영양학적으로 우수하며, 기능성이 있은 식물성원료에 효모나 유산균, 납두균 같은 세균류, 국균 같은 곰팡이류 등의 미생물을 배양하여 발효하므로 미생물의 증식을 통해 생성된 효소들이 활성화되어 인체 내의 소화흡수되기 쉬운 상태로 변화되어 흡수율이 증대되며 미량 영양소를 잘 흡수하도록 도와준다.

4) 체질개선

효소식품 자체가 함유하고 있는 아밀라아제, 프로테아제, 리파아제와 같은 인체 내 효소를 일부 직접공급하기도 한다. 즉 소화불량이나 소화해내기 어려운 식품을 잘 소화해낼 수 있도록 도와주며, 체내 피로물질인 초성 포도산, 젖산 등 산성물질을 빠르게 분해하여 몸 밖으로 배출시켜 체질의 산성화를 억제시켜 준다.

제21절 홍국식품

1 개 요

국(麴,누룩,Koji)은 쌀, 대두 등 곡류에 사상균을 번식시켜 사상균의 당화력, 단백질 분해력으로 곡류를 발효시키는 것으로 홍국(紅麴)은 이름에서 알 수 있듯이 붉은 색을 띠는 누룩이다. 홍국은 일반 쌀을 쪄서 홍국균(Monascus속)을 접종한 후 발효시켜 얻어지는 것으로, 2,000여 년 전 중국의 한(漢)나라 황제인 유방이 처음 황실 음식으로 채택하여 혈행을 개선시키는 한약재로 사용하다가 조선 중기에 우리나라에 유입되어 한방에서 산후 어혈해소제로 사용되어 왔으며 중국, 대만에서도 지금도 일반적인 보건약, 특히 여성용 대중 보건약으로서 애용되고 있다. 근래에 홍국이 관심을 끌게 된 이유는 예로부터 Koji로서는 유일하게 한방약으로 이용되어 왔다는 사실과 고문헌의 기록에도 나타나는 다양한 약리성 때문이다.

중국 명시대 농공업을 도해(圖解)한 송응성(宋應星)의 저서 『천공개물(天空開物)』에는 '어육은 가장 부패하기 쉬운 것이나 홍국을 엷게 발라놓으면 여름에도 그 질을 유지할 수 있다. 10일이 지나도 모기나 파리가 가까이 하지 않으며 색이나 맛은 원래 그대로니 신기한 약이다'와 같이 기록되어 홍국에 살균작용이 있어 어육의 잡균오염에 의한 부패를 방지하는 효과가 있음을 알 수 있다. 또한 중국 명나라 이시진(李時珍, 1518~1593)이 엮은 『본초강목[本草綱目]』에는 '소화를 돕고 피를 소생케 하며(消食活血), 비장을 강하게 하고 위를 조절하며(建脾燥胃), 여인의 피를 소생케 하여 부인병을 고친다(治女人血氣痛)' 등이 기록되어 있으며 조선시대 허준이 저술한 『동의보감(東醫寶鑑)』의 탕액편(湯液篇) 곡부(穀部)에는 '홍국은 피를 잘 돌게 하고 음식이 소화되게 하며 이질을 멎게 하는 신국(新麴, 약누룩)'이라고 기술되어 있다. 일본 동경 농공대학의 엔도 아까라 교수는 1979년에 홍국의 대산물 중에서 콜레스테롤 생합성 저해 효과를 갖는 모나콜린(Monacolin) K와 유사한 구조를 갖는 다른 활성 물질도 같은 균주에서 분리하여 특허 출원해 전 세계적으로 이용되고 있다.

2 기능성

홍국의 기능성분은 모나콜린 K로서 0.05% 이상 함유하고 있어야 한다. 홍국에 존재하는 모나콜린 K는 구조적으로 활성형(acid form)과 비활성형(lactone form) 2가지가 존재한다. 이 중 활성형이 HMG-CoA와 유사한 구조를 가지고 있으며 HMG-CoA reductase에 대한 친화력이 HMG-CoA보다 10,000배나 높기 때문에 HMG-CoA reductase에 미리 결합함으로써 콜레스테롤 생합성 반응이 일어나지 않도록 한다. 즉, 홍국의 기능성분인 모나콜린 K는 3-hydroxy-3-methylglutaryl- coenzyme A reductase(HMG-CoA 환원효소)를 저해함으로써 콜레스테롤 생합성을 억제한다. 모나콜린 K의 활성형은 비활성형의 락톤 고리(lactone ring)가 깨진 형태이며, 비활성형의 모나콜린 K(mevinolin = lovastatin)는 인체에 들어가면 효소에 의해 약 25% 정도가 활성형으로 전환되는 것으로 알려져 있다.

홍국의 대산물 중에서 콜레스테롤 생합성 저해효과를 갖는 모나콜린(Monacolin) K와 유사한 구조를 갖는 다른 활성물질도 같은 균주에서 분리하였다. 이들 물질은 모두 독성이 극히 낮으며 동시에 강한 콜레스테롤 저하작용을 갖는 것으로 HMG-CoA(3-hydroxy-3-methyl-glutaryl CoA) reductase를 길항적으로 저해하는 것이 특징이다. 모나콜린 K에 대해서는 많은 연구가 진행되어 소량투여로 각종 동물(토끼, 개, 원숭이 등) 및 사람의 혈중콜레스테롤을 저하시킬 뿐 아니라 고지혈증 환자에 대해서도 유효한 것으로 보고되어 있다.

특히 동맥경화 발생의 원인이 되는 유해한 콜레스테롤인 LDL(low density Lipoprotein) 콜레스테롤을 저하시키는 작용이 있는 것이 장점으로 미국과 일본에서는 홍국이 고지혈증 예방치료에 우수한 기능성 신소재로 인정받고 있다. 이밖에도 홍국은 혈압강하(γ-aminobutyric acid, GABA), 면역억제(Monascin, Ankaflavin), 항암(Monacolin K, Monacorubrin), 항균(Monacolin K, Rubropunctatin), 골밀도강화(Monacolin analogs), 항산화(Dimerumic acid, Flavo-noids) 등의 연구결과가 발표되고 있다.

정상적으로 쌀을 순수 고체발효할 경우, 인체 내 생물 이용도가 매우 높은 고품질의 모나콜린 K가 함유되어 콜레스테롤 저하효과를 우수하고 유해물질인 시트리닌

이 거의 존재하지 않는 안전한 기능성 홍국을 생산할 수 있다.

1) 혈중콜레스테롤 저하작용

1979년 일본의 아키라 엔도 교수가 모나스커스속의 배양물로부터 모나콜린 K라는 콜레스테롤 합성저해제를 발견한 이후 계속적으로 모나콜린 J, L 등이 발견되었다. 홍국에 함유되어 있는 모나콜린 K는 전체 모나콜린계의 80%를 차지하며 체내에서 생산되는 콜레스테롤 생합성 경로의 속도결정 단계인 HMG-CoA 환원효소를 특이적으로 억제함으로써 저밀도지질단백질(LDL)과 결합된 콜레스테롤 농도를 저하시켜 혈중콜레스테롤 수치를 낮춰주는 것으로 밝혀졌다.

모나콜린 K는 콜레스테롤 생합성 조절효소인 3-hydroxy-3-methylglutaryl-coenzyme A (HMG-CoA) Reductase에 작용하여 HMG-CoA가 Mevalonate로 환원되는 것을 억제하여 간에서 콜레스테롤의 합성을 감소시킨다.

콜레스테롤의 생성은 체내(간)에서 합성되는 내인성 80%와 체외(입)으로부터 음식물을 통해 흡수되는 외인성 20%로 이루어지는데 홍국의 모나콜린-K는 내인성 콜레스테롤에 작용한다. 모나콜린 K는 HMG-CoA reductase에 부분적으로 저해하기 때문에 생체 내에서 필요로 하는 콜레스테롤 수치가 과도하게 저해되지는 않아 정상적인 스테로이드 생합성에는 영향을 미치지 않는다.

결국, 모나콜린 K를 함유한 기능성 홍국은 인체에 해로운(LDL : 저밀도 지방단백질) 콜레스테롤은 낮추고 인체에 이로운(HDC : 고밀도 지방단백질) 콜레스테롤은 높이는 작용을 한다.

2) 혈압강하 작용

홍국의 주요 혈압강하 기작의 하나로 홍국(紅麴)이 내피세포 의존적 혈관이완 작용이라는 것이 밝혀졌다. 이 작용은 현재 중요한 혈관이완 인자의 하나로 지목되고 있는 nitric oxide에 의해 혈압이 떨어져 홍국의 협압 강화 작용을 한다.

Cholosterol synthelic mechanism

Acalyl-CoA

홍국의 기능

β-Hydroxy-β-methylglutaryl-CoA

Inhibition

HMG-CoA reductease

-합성 콜레스테롤 감소
- LDL neceptor 증가
-콜레스테롤 이동
-혈중 콜레스테롤 수치 저하

Mevalonate

Cholesterol

체내에서 정상적인 콜레스테롤 생합성 (간에서 80% 이상 합성)

홍국을 투여하면

콜레스테롤 합성 효소(HMG-CoA환원효소)가 홍국 중에 함유된 모나콜린 K에 의해 억제

간장세포 내 콜레스테롤이 감소하면 이를 보충하기 위해 혈중 콜레스테롤이 간장세포로의 이행증가

혈중 콜레스테롤의 감소

그림 1-21 모나콜린 K에 의한 혈중 콜레스테롤의 조절 작용 기전

제22절 식물추출물식품

1 개 요

발효란 미생물이 각종 효소를 분비하여 유기화합물을 산화, 환원 또는 분해, 합성시키는 반응을 일컫는다. 부패도 발효와 마찬가지로 미생물이 유기물에 작용해서 일으키는 현상이라는 점에서는 같으나 보통 우리가 이용하려는 물질이 만들어지면 발효라 하고 유해하거나 원하지 않는 물질이 되면 부패라 한다. 발효에 관여하는 미생물인 세균, 효모, 곰팡이의 종류는 매우 다양하고 재료와 계절에 따라서도 분포가 다양하기 때문에 민족, 지역에 따른 특성이 있게 마련이다. 한국인의 식단에서 김치와 장류는 빼놓을 수 없는 전통적인 발효식품이고 최근 건강식품으로서 점차 국제적인 주목을 받고 있다.

미생물의 종류, 식품의 재료에 따라 발효식품의 종류는 다양하며, 각기 독특한 특징과 풍미를 지닌다. 농산물·수산물·축산물·임산물 식품들이 재료로 쓰이는데 그 특유의 성분들이 미생물의 작용으로 분해되고 새로운 성분이 합성되어 영양가가 향상되고 기호성·저장성이 우수해진다. 주류, 빵류, 식초, 콩발효식품(간장·된장·고추장 등), 발효유제품(치즈·버터·요구르트 등), 소금절임류(김치·젓갈)가 모두 발효식품으로 오래전부터 애용되어 왔다. 발효식품은 한 가지 또는 둘 이상의 미생물을 사용하여 만든다.

오래전부터 많은 전통식품들이 발효라는 인류가 발견해낸 지혜로운 식품처리 방식으로 생산되었다. 벌써 기원전 6,000년에 효모가 맥주제조에 사용되었으며, 그리고 치즈생산에 곰팡이와 식초생산에 초산균이 역시 오래전에 이용되었다. 한국인들도 발효식품을 개발하였고, 다양하고 조화된 향을 오랜 기간 동안 즐겨왔다. 한국인이 애호하는 발효식품은 장, 김치, 젓갈, 식초, 식혜, 술 등이 있다.

우리 조상들은 오래전부터 자연환경에 알맞는 전통발효식품을 만들어 왔으며, 현재 우리의 식생활에 중요한 몫을 차지하고 있다. 이러한 발효식품은 병원성 미생물

과 유독물질을 생성하는 생물체의 발육을 억제하는 병원성 유해생물의 오염을 막아 음식의 맛과 향을 증진 시킬 수 있다. 발효된 식품은 미생물의 효소활성화에 의하여 원료보다 더 바람직한 식품으로 맛과 물성 향상 그리고 냉동이나 식품저장을 위한 다른 형태의 기술을 사용하지 않고 저장성을 증진시키기 위한 인류의 식품가공 지혜이다.

발효라는 것은 콩이 메주, 된장, 청국장으로, 배추가 김치로, 우유가 요구르트나 치즈가 되는 것이다. 같은 콩을 소재로 한 식품이라도 생콩과 청국장에는 엄청난 차이가 있다. 생콩을 먹을 경우에는 소화장애, 설사, 알레르기 등 부작용 때문에 섭취량 및 섭취대상자가 제한되지만 청국장은 섭취량 및 섭취대상자의 폭이 넓어지며, 아미노산 등 영양성분의 섭취량과 흡수율을 높일 수 있다.

발효식품의 효소는 생물이 생산하는 생화학반응의 촉매물질로 동화작용(합성 : 단백질, 지방, 탄수화물 등)과 이화작용(분해, 배설 : 소화, 흡수)에 관여하여 신진대사를 조절하고 생명을 유지하는 데 관여한다. 인체의 몸 속에 있으면서 생명활동을 유지해 나가는 존재가 바로 효소이다. 특히, 우리가 먹는 음식물의 소화흡수에 효소가 깊이 관여하여 가수분해함으로 생명유지에 필요한 생체 내 화학반응이 일어나므로 모든 것은 생명현상을 유지해 나가는 것이다. 효소가 작용을 하지 않으면 모든 음식물은 소화되지 않고 영양이 되지 않는다. 음식물 소화는 효소가 하는 일종의 극히 일부분에 지나지 않고 음식물을 소화하여 얻은 영양분의 필요한 에너지 합성 또는 몸의 구성재료를 만드는 것은 효소가 하는 일이다.

식물추출물발효식품은 채소류, 과일류, 종실류, 해조류 등 식용식물을 압착 또는 당류의 삼투압에 의해 얻은 추출물을 자체발효 또는 유산균, 효모균등의 접종에 의하여 발효시킨 것이다.

2 기능성

식물추출물발효식품은 여러 종류의 식물추출액을 발효시키는 것에 의하여 보다 많은 효소를 활성화시킨 것이라고 말할 수 있다. 식물추출물 발효식물은 체내에서 여러 가지 효소가 활발하게 반응하여 신진대사기능을 촉진하고 아미노산, 비타민 등의 영양을 보급하여 영양의 균형을 이루고 건강증진에 도움이 되어 위장, 간장, 신장등의 신체 기능을 향상시킨다. 이와 같은 식물추출물 발효식품은 현대인의 부족한 효소를 보충하는 데 큰 역할을 하고 있다.

1) 영양공급 및 신진대사 촉진

식물추출물 발효식품은 체내에서 여러 가지 효소가 활발하게 반응하여 신진대사를 촉진하고 아미노산, 비타민 등 영양을 보급하여 영양의 균형을 이루는 데 도움을 준다.

2) 정장작용

식품 미생물 중에는 병을 일으키는 것도 있고 독성물질을 생산하는 것도 있으나 유산균과 같이 우리 몸에 아주 유익한 것들도 있다. 이렇게 유익한 미생물들은 병원성이나 유독한 세균의 성장을 막아 주는 역할을 하고, 식품의 구성성분을 변화시켜서 특유한 맛과 향기를 만들어내기도 한다. 발효됨에 따라 갖게 되는 독특한 신맛과 향도를 가지며, 식품이 숙성함에 따라 증가하는 유산균은 장을 깨끗이 해준다.

제23절 대두/뮤코다당단백식품

1 개 요

콩(大豆, Soybean)은 glycine max로 불리는 콩과(一科, Fabaceae) 식물의 1년생 씨앗이다. 콩의 기원은 명확하지 않지만 4천여 년 전 북동 아시아의 야생 들콩에서 비롯된 것으로 보이며, 이 지역에 거주하는 농경민족이 이중 알이 굵은 품종을 선별 재배하여 온 것으로 보인다. 콩 재배에 대한 최초의 문서화된 기록은 기원전 2,828년 신농(神農) 황제에 의해서 발간된 중국의 식품이나 의약품에 대해서 서술한 '본초경(本草經)'이다. 이처럼 콩은 쌀, 보리, 밀 등과 함께 인간에 의해 재배된 곡물 중 가장 오래된 것으로서 우리나라에서도 예로부터 오곡의 하나로 여겨져 왔으며 쌀을 주식으로 하는 우리에게는 단백질과 지방을 보충하는 데 더할 나위 없이 좋은 공급원 역할을 해왔다. 더욱이 콩은 된장, 간장, 청국장, 고추장 등 우리 전통음식의 원료로서 그 역할이 중요하다.

콩은 주성분이 단백질(40%)과 지질(20%)로 고단백, 고지방식품이고 비타민 B, E, K가 풍부하며 칼슘, 칼륨, 아연 등의 미네랄도 다량 함유되어 있다. 또한 콩 성분들 가운데에는 생리활성기능이 보고된 대두단백, lectin, saponins, isoflavone, phytic acid 등도 함유되어 있다.

표 1-24 대두의 생리활성성분

성 분	기 능
대두단백	혈청 콜레스테롤 저하, 비만개선
lectin	생체방어
phytic acid	항암작용, 콜레스테롤 대사조절
saponin	지질대사 개선, 항산화작용
isoflavone	유사 에스트로겐 작용, 골다공증예방, 항암작용
대두올리고당	비피더스 인자, 소화관 기능조절

콩의 다양한 구성 성분 중에 상품적 가치나 영양적인 측면에서 살펴볼 때, 단백질은 콩이 지니고 있는 가장 중요한 성분이라 할 수 있다. 대두단백은 1931년 미국의 Henry Ford가 대두의 산업용도 및 식용 여부에 대한 가능성을 조사하는 프로젝트를 지원하면서 관련 연구가 시작되었다. 대두단백은 98% 이상이 자엽(cotyledon)의 단백과립(protein body) 중에 존재하는 생물활성을 갖지 않는 저장 단백질로 제분과정에서도 잘 파괴되지 않아 탈지대두가루에서도 60~70% 정도까지 온전하게 보존된다.

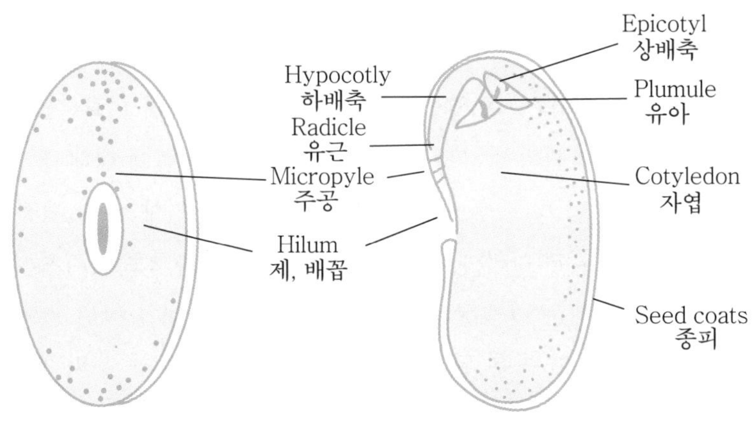

그림 1-22 대두의 단면도

콩의 단백질 함량은 대체로 33~44%인데 두류가 20~30%, 곡류가 8~15%의 단백질을 함유한 것과 비교해 볼 때 훨씬 많은 수치이다. 구성단백질의 함량은 글로불린(globulin) 84%, 알부민(albumin) 4%, 프로테오스(proteose) 4%, 기타 비단백질소화합물이 6%로 콩 단백질의 80% 이상이 글로불린으로 구성되어 있다.

특히 콩의 글로불린은 glycinin이라 하는데 필수아미노산이 골고루 함유되어 있어 영양가가 높다. 즉 콩 단백질의 주요성분은 글로불린인 glycinin과 알부민인 legumelin이며 프롤라민(prolamin)과 글루텔린(glutelin)이 주요 단백질인 곡류와 차이가 있다. 이처럼 대두 단백질은 다른 식물성 단백질보다 값싸고 양질의 단백질과 필수 아미노산을 제공한다는 점에서 중요하다. 더불어 국내외적으로 콩 관련 식품시장이 큰 폭으로 증가하고 있는데, 그 배경에는 소비자들의 콩식품에 대한 인식변화, 즉 콩을 건강식품으로 인식하게 되었다는 것이 크게 작용하고 있다.

② 기능성

1) LDL 콜레스테롤 저하

기능성식품으로서 대두의 효용이 과학적으로 최초 증명된 것은 대두단백의 혈중콜레스테롤 저하작용이다. 혈중콜레스테롤 수준은 동맥경화의 발병과 매우 높은 상관관계가 있으며 최근에 지질뿐만 아니라 식이 단백질도 혈중콜레스테롤 수준에 영향을 준다고 밝혀졌다. 1995년 동물성 단백질 대신 대두 단백질을 섭취하면 총콜레스테롤 수치를 낮추며, 특히 해로운 콜레스테롤인 LDL 콜레스테롤과 중성지방을 감소시킨다는 점이 연구를 통해 확인됐다. 종합적으로 연구내용을 분석한 결과 대두단백의 섭취로 총콜레스테롤 수치는 9.3% 감소되었으며, LDL 콜레스테롤은 12.9%, 중성지방은 10.5%가 감소된 것으로 나타났다. 또 여러 연구를 통해 콜레스테롤 수치가 높은 사람이 대두단백을 섭취하게 되면 콜레스테롤의 배출을 촉진시켜 혈액내 콜레스테롤 수치가 높아지지 않는 점도 밝혀졌다. 이를 바탕으로 1999년 10월에 미국 FDA는 '하루 25g의 대두단백을 포함하고, 포화지방산과 콜레스테롤이 낮은 식이는 심장질환의 위험 감소효과'가 있다는 대두단백의 건강강조표시(health claim)를 허가하였다.

대두단백 섭취로 인한 혈중콜레스테롤 저하의 작용기작은 담즙산 및 콜레스테롤의 배설촉진에 의한 것이다. 즉 대두단백의 비소화성 분획 중에 소수성이 강한 결합성 펩티드 분획이 함유되어 있어, 담즙산 및 콜레스테롤의 흡수를 강하게 저해하는 것이다. 또한 대두단백 섭취에 따른 글루카곤, 인슐린, 갑상선 호르몬의 분비변화가 항콜레스테롤작용에 관여할 가능성도 지적되고 있으며 특정 아미노산의 비율(lysine : arginine)이 혈장 콜레스테롤 농도를 감소시키기 때문이라는 주장도 있다.

최근의 연구에서는 대두의 7S 글로불린 유래의 펩타이드가 손상되지 않은 상태로 간세포의 세포질에 나타나서 LDL 수용체 활성과 콜레스테롤 합성을 억제하는 것이라는 보고도 있다.

2) 항암효과

대두단백과 암 발생률에 관한 연구는 국가별 식습관과 암 발생률의 관계를 조사하면서 밝혀졌다. 역학조사에 따르면 식습관이 암 발생의 위험률과 중요한 상관관계를 보이며, 동물성식품 소비가 많은 서양인들이 식물성식품 소비가 많은 동양인들보다 여러 암 발생 위험률이 높은 것으로 나타났다. 동양인이 많이 섭취하는 대두단백은 이소플라본, 사포닌, 아미노산, 피틴산 등을 함유하고 있어 암의 발생과 병의 진행을 억제하는 것으로 밝혀졌다. 항암효과를 나타내는 콩에 들어있는 생리활성물질 중 최근 가장 주목 받고 있는 것이 이소플라본(isoflavone)이다. 이소플라본은 대두의 황색을 나타내는 flavonoid계의 색소 성분으로 유방암과 전립선암의 억제효과가 여러 연구에서 확인되었다.

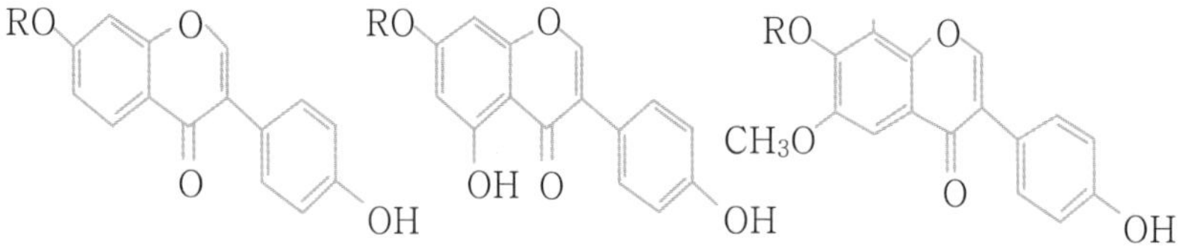

RO O O OH daidzein

RO O OH O OH genistein

RO O CH_3O O OH glycitein

그림 1-23 대두 이소플라본의 구조

콩에는 이소플라본이 1~4mg/g 농도로 함유되어 있으며, 콩에 존재하는 이소플라본은 genistein, daidzein, glycitein과 그들의 배당체가 주종을 이룬다. 콩에 존재하는 이소플라본 배당체는 에스트로겐(estrogen) 유사활성이 없으나 소화관에서 유리되면서 비교적 강한 에스트로겐 활성을 발현하게 된다. 이 가운데 genistein은 암세포의 증식 신호전달에 중요한 역할을 하는 티로신 인산화제(tyrosine kinase)의 생성을 억제하여 암발생 및 암세포 증식을 저하시키는 것으로 보고되고 있다. 또한 genistein은 암의 증식에 필요한 혈관신생을 효율적으로 저해한다. 이는 genistein의 항암효과가 단순히 암세포의 증식을 저해하기 때문이라기보다는 암세포의 증식에 필요한 영양분 및 산소공급원인 혈관 신생을 저해하여 나타나는 활성이라고 할 수 있다.

3) 골밀도 개선

골다공증을 예방하는 대두단백의 활성은 대두 이소플라본에 기인된 것이다. 대두 이소플라본은 에스트로겐 활성을 지니고 있어, 폐경기 여성들에게 골다공증 치료제로 사용되는 이소플라본을 대체하여 골다공증 예방 및 치료를 위한 에스트로겐 요법의 대체품으로 제안되었다. 지난 2000년 아이오와 주립대학 영양학 교수인 알레켈 박사(Dr. Alekel)팀이 발표한 연구 결과에 따르면 대두단백을 함유한 머핀과 분말 타입의 음료를 갱년기 후 여성에게 6개월간 지속적으로 복용시킨 결과 대두단백의 섭취가 허리척추 부위의 골밀도 보호 작용을 한다는 사실이 발견되었다.

대두단백에 함유된 이소플라본에 대한 효과가 많이 제시되고 있지만, 그 외에 대두단백 중의 아미노산 조성이 골대사에 긍정적인 영향을 준다는 연구결과도 있다. 단백질 등 산 생성식품의 섭취증가로 발생된 대사적 산증은 요중 칼슘 배설량을 증가시키고 골의 약화를 유발한다. 그러나 식물성 단백질들은 함황 아미노산이 동물성 단백질에 비해 적게 함유되어 있어 단백질로 인해 생성된 산을 효과적으로 중화시켜 골 건강에 유리한 것으로 나타났다. 대두단백은 함황 아미노산이 27~30mg/g protein 정도로 함유되어 있으나, 동물성 단백질은 우유 33mg, 달걀 57mg, 쇠고기 40mg 등으로 그 함량이 높다. 어른의 함황 아미노산 권장량이 17mg/g protein 임을 감안하면 동물성 단백질의 함황 아미노산 함량은 권장량에 비해 지나치게 높은 것이다. 따라서 대두단백은 함황 아미노산이 적게 함유되어 있어 체내 칼슘평형이 잘 유지되며 고칼슘뇨증을 유발시키지 않는다.

4) 여성호르몬 관련 질병예방

유럽과 북미 지역에서는 오랜 기간 갱년기증후군에 대한 연구를 활발하게 진행해 왔다. 연구결과 심계항진이나 현기증, 두통 등의 일반적인 갱년기증후군은 여성 호르몬의 손실로 발생하며 이를 치료하기 위해서는 호르몬을 인위적으로 투여해야 한다고 밝혀졌다. 그러나 폐경기를 겪고 있는 미국 여성의 80~85%는 유방암이나 자궁암에 걸릴 위험 때문에 호르몬 대체치료를 받는 것을 원하지 않고 있다. 이 같은 상황 때문에 유럽이나 북미 지역에서는 호르몬 대체치료를 대체할 치료법이 활발히

연구되었다. 특히 야채에서 추출된 성분을 이용한 치료법이 주목을 받고 있으며 그 중에서도 대두단백과 대두 이소플라본 성분에 대한 연구가 주를 이루고 있다. 대두에 함유된 이소플라본은 에스트로겐과 매우 흡사한 작용을 하는 성분을 포함하고 있기 때문에 대두단백 섭취가 호르몬 대체치료를 대신할 치료법으로 주목 받고 있는 것이다.

최근의 연구에 의하면 갱년기증후군을 겪고 있는 여성들에게 대두단백을 장기적으로 복용하게 한 경우 안면홍조현상(hot flashes) 발생 빈도가 현격히 줄어들었다고 한다. 따라서 대두단백은 폐경기 여성에게 나타나는 갱년기증후군(menopausal symptoms)에 효과적인 것으로 보고되고 있다.

제24절 유산균식품

1 개 요

인체의 장내에는 100종에 달하는 미생물이 100조 정도 장내균총을 구성하여 서로 공생 또는 길항관계를 유지하면서 섭취된 음식물과 분비되는 생체성분을 영양원으로 계속 증식하면서 배설되고 있다. 이들은 대장 내용물의 약 1/3을 차지하고 있으며 숙주인 인간의 건강유지와 질병 또는 노화 등에 큰 영향을 미치고 있는 것으로 알려져 있다. 이러한 장내균총이 숙주에 미치는 영향에 대해서는 유익한 면과 유해한 면이 있으므로 인체의 건강을 위해서는 유용균의 장내증식을 촉진하고 유해균의 증식을 억제하는 이상적인 장내균총의 유도가 필요하다. 유산균은 사람이나 포유동물의 소화관, 구강, 질, 각종 발효식품과 토양 등 자연계에 널리 분포되어 있으며, 이들 유산균은 인류의 생활에 직간접으로 밀접한 관계를 맺고 있는 유익한 공생체의 하나임을 알 수 있다. 이와 같이 유산균은 인간이 이용할 수 있는 유익한 미생물의 한 종류로서 오랜 역사를 두고 발효유제품을 중심으로 각종 발효식품, 장류, 주류, 김치, 의약품 등에 이르기까지 인류생활에 광범위하게 활용되어 왔다.

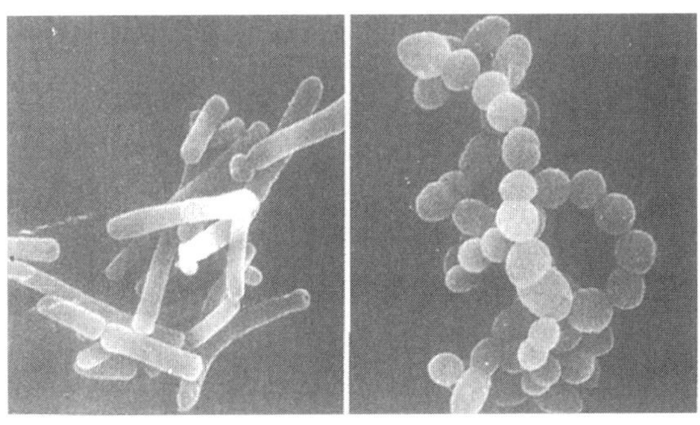

그림 1-24 유산균

1) 발효유의 역사

발효유는 페니시아시대(BC 3000년경) 이전에 동지중해지역에서 유래되어 중동부 유럽지역으로 전파되었던 것으로 알려지고 있다. 요구르트의 기원에 대한 대표적인 유래는 사막의 유목민들이 신선한 우유를 염소가죽으로 만든 용기에 넣어 사막을 횡단하면서부터 이루어졌다. 그 당시에는 젖소, 양, 염소, 낙타, 말 등에서 짠 생유가 사막의 더운 기후에서 박테리아에 의해 자연발효되어 응유(curd)가 형성되었는데 이것이 자연적인 발효유의 탄생이었으며 생유에 오염되어 발효유를 만들어 준 박테리아는 유산균이었을 것이라고 추정된다. 과학적인 분석을 통해 유산균의 존재를 알린 것은 프랑스의 유명한 미생물학자 파스테르(1807년)로 신맛이 강한 포도주에서 유산균을 추출해 냈다. 이어 1889년 파스테르연구소에 근무하던 티셔는 모유를 먹고 자란 어린이의 장에서 미생물을 분리해 바실러스 비피더스(Bacillus bifidus)라고 이름 지었는데 이 균은 특이하게도 산소가 있는 곳에서는 자라지를 못했다. 그 다음 해인 1890년 오스트리아의 과학자인 모로는 우유를 먹고 자란 어린아이의 장에서 또 다른 유산균을 발견해 바실러스 애시도필러스(Bacliius acidophilus)라고 명명했다. 그후 러시아 출신의 메치니코프(Elie Metchinikoff)가 세계적인 장수촌으로 유명한 불가리아유를 연구 「생명의 연장」이라는 논문을 발표해 유산균의 과학적인 기능성을 입증하여 그 공로로 1908년 노벨 생리의학상을 수상했으며 그 이론은 현대 유산균 연구개발의 효시가 됐다. 당시 메치니코프 박사는 파리의 파스퇴르 연구소 책임자였는데 그는 이후에도 인간의 수명에 대한 연구를 위해 여러 나라를 여행하면서 각 인종의 식생활과 수명의 관계를 조사했다. 이 연구에서 그는 물질적으로 가난하지만 발효유를 일상적으로 섭취하는 불가리아인은 장수하는 데 반해 물질적, 경제적으로 풍요로운 유럽인들은 장수자가 별로 없다는 것을 발견하고 장수를 위해 유산균발효유의 섭취를 권장했다. 또한 인간의 장내에 존재하는 변과 소화되지 않는 음식물이 인체에 해독을 주고 생명을 단축시킨다는 중독증상을 이론화했으며 불가리아 요구르트에 있는 미생물을 분리하여 락토바실러스(Lactobacillus bulgaricus)라는 유익한 유산균이 부패성 장내미생물을 대체한다는 것을 입증했다.

2) 비피더스균의 특성

비피더스균은 1899년 프랑스 파스테르 연구소의 티셔에 의해 건강한 모유영양아의 대변에 거의 순수배양상태로 존재하는 그람양성, 편성혐기성의 많은 형태를 나타내는 간균으로서 분리되었다. 이후 비피더스균에 관한 많은 연구가 이루어져 현재는 사람의 건강에 유익하게 작용하는 대표적인 유용균종으로 위치가 부여되고 있다. 비피더스균을 식품에 이용한 본격적인 보고는 1948년 유아용 비피더스우유를 제조한 메이어(Mayer)가 최초였다.

메이어의 보고가 발표된지 20년이 지난 1968년 슐러(Shuler)는 유업에 있어서 비피더스균의 이용에 관한 견해와 가능성에 대해 발표하여 비피더스균은 인간의 건강에 공헌하는 세균이며 우유제품과 함께 섭취하는 것은 건강유지의 측면에서 상당히 의의가 있다는 사실을 보고했다. 이 보고는 관계자에게 많은 흥미와 희망을 주어 이후 비피더스균의 식품에 대한 이용이 급속하게 확대되어 현재는 세계 각국에서 비피더스균을 이용한 식품을 볼 수 있다.

표 1-25 발효형식

균 속	발효형식	서식처 및 식품이용
Lactobacillus	간균, 호모, 헤테로 유산발효 호모발효 : bulgaricus, jugurti, helveticus, acidophilus casei, sarivarius, plantarum 헤테로발효 : fermentum, brevis	장내 : 김치, 발효유 Probiotics(활성제)
Streptococcus (Lactococcus, Enterococcus 포함)	쌍연쇄구균, 효모 유산발효 Lacc.lactis, Lacc.cremoris, Str.thermophilus, Lacc.faecalis, Lacc.faecium	장내 : 발효유, 치즈 유산균 제제
Leuconostoc	쌍연쇄구균, 헤테로 유산발효 meseenteroides, citrovorum	발효버터
Pediococcus	4연쇄구균, 헤테로 유산발효 cerevisiae, halophilus	김치, 생육 빠름
Bifidobacterium	간균, 헤테로 유산발효, 혐기성균	사람 장내 : 발효유

한편 비피더스균은 생균상태로 먹었을 때 많은 생리효과를 기대할 수 있으므로 식품에 대한 응용은 그 식품 속에 장기간에 걸쳐 얼마나 많이 생존하고 있는가 하는 것이 커다란 과제가 된다. 그러나 비피더스균은 동결, 산소, 저pH 등의 외적요인에 대해 비교적 약하므로 식품에 이용하기 위해서는 이러한 문제를 해결하지 않으면 안된다.

비피더스균은 *Bifidobacterium*속으로 24 균종이 등록되어 있으나 현재는 28 균종의 비피더스균이 확인되고 있다. 일반적으로 비피더스균은 사람의 장관내에 서식하는 사람 유래 균주와 소, 돼지, 닭 등의 동물장관내에 생식하는 동물 유래균주로 크게 나눌 수 있다. 비피더스균은 숙주 특이성이 비교적 강하기 때문에 사람이 먹는 비피더스균으로 B.longum, B.breve 등의 사람 유래균주가 적당하다고 여겨진다.

한편 비피더스균을 공업적으로 이용하기 위해서는 제조에 따르는 제조조건과 제품의 특성에 대해 강한 성질을 소지하는 균종을 선택하는 것도 중요하나 발효유에 비피더스균을 이용하는 데 있어서 산생성(酸生性), 풍미와 방향(芳香), 우유 속에서의 생육, 산소 감수성 등을 선택기준으로 들고 있다. 또 분말로 이용한다면 실용적인 배지에서의 증식성, 증식속도, 용이한 분리성, 건조성 등을 선택기준으로 들 수 있다. 그리고 제조조건에 따른 선택뿐만 아니라 담즙산 내성, 항생물질 내성, 장관내에서의 정착성 등을 이용 목적에 맞는 균주를 선택하는 것도 중요하다.

3) 프로바이오틱스

프로바이오틱스란 체내에 들어가서 건강에 좋은 효과를 주는 살아있는 균을 말한다. 현재까지 알려진 대부분의 프로바이오틱스는 유산균들이며 일부 Bacillus등을 포함하고 있다. 유산균을 비롯한 세균들이 프로바이오틱스로 인정받기 위해서는 위산과 담즙산에서 살아남아 소장까지 도달하여 장에서 증식하고 정착하여야 하며 장관 내에서 유용한 효과를 나타내어야 하고 독성이 없으며 비병원성이어야 한다.

전통적으로 프로바이오틱스 제품들은 *Lactobacillus* 등의 유산균을 이용하여 만들어진 발효유제품으로 섭취되어 왔으나 최근에는 *Lactobacillus* 이외에 *Bifidobacterium*, *Enterococcus* 일부 균주 등을 포함한 발효유뿐 아니라 과립, 분말 등의 형태로 판

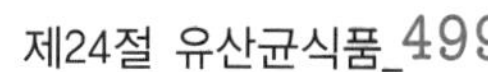

매되고 있다. 국내 건강기능식품에 프로바이오틱스로 사용할 수 있는 균주는 아래와 같다.

표 1-26 균주의 종류

균 속	종 류
Lactobacillus	*L. acidophilus, L. casei, L. gasseri,* *L. delbrueckii ssp bulgaricus,* *L. helveticus, L. fermentum, L. paracasei, L. plantarum,* *L. reuteri, L.rhamnosus, L. salivarius*
Lactococcus	*Lc. lactis*
Enterococcus	*E. faecium, E. faecalis*
Streptococcus	*S. thermophilus*
Bifidobacterium	*B. bifidum, B. breve, B. longum, B. animalis spp. lactis*

프로바이오틱스는 섭취되어 장에 도달하였을 때에 장내 환경에 유익한 작용을 하는 균주를 말한다. 즉, 장에 도달하여 장 점막에서 생육할 수 있게 된 프로바이오틱스는 젖산을 생성하여 장내 환경을 산성으로 만든다. 산성 환경에서 견디지 못하는 유해균들은 그 수가 감소하게 되고 산성에서 생육이 잘 되는 유익균들은 더욱 증식하게 되어 장내 환경을 건강하게 만들어 주게 되는 것이다. 사람의 장에는 약 1kg의 균이 서식하고 있으며 음식물의 양과 균의 양이 거의 동일하게 존재하고, 매일 배설하는 분변 내용물도 수분을 제외하면 약 40%를 균이 차지한다(Berg 등, 1996). 사람의 분변을 현미경으로 관찰하면 거의 균덩어리로 이루어져 있음을 알 수 있으며 이들 균의 99% 정도는 혐기성균이다. 모유를 먹는 건강한 아기의 경우, 분변균 중 90% 이상이 *Bifidobacterium*으로 이루어져 있으나 나이가 들면서 점차 *Bifidobacterium*은 감소하고 장내 유해균은 증가하게 된다. 이러한 정상적인 노화 과정에서 장내 균총의 분포를 건강한 상태로 유지하도록 도와주는 것이 프로바이오틱스의 기능이다.

2 기능성

유산균이란 포도당이나 유당과 같은 탄수화물을 이용하여 유산을 생성하는 세균을 통칭하여 말하는데 젖산균이라고도 한다. 이러한 유산균은 유제품이나 동물의 각종 장기 등 자연계에 널리 분포하고 있으며 오랜 역사동안 요구르트를 비롯한 각종 유제품제조 및 장류, 주류, 김치와 같은 양조제조에 이용되어 왔으며, 최근에는 의약품, 건강기능식품 등에까지 광범위하게 이용되고 있는 인간에게 매우 유익한 세균 중의 하나이다.

세균의 분리학적 측면에서는 유산균은 *Streptococcus*속, *Pediococcus*속, *Leuconostoc*속, *Lactobacillus*속, *Bifidobacterium*속과 같이 통상 5개 속으로 분류하며, 산소 존재 유무에 관계없이 생육이 가능한 통성혐기성 유산균과 산소가 미량이라도 존재하면 생육이 불가능한 편성혐기성 유산균으로 분류하기도 하는데 *Bifidobacterium* 속 만이 편성혐기성 유산균에 속한다.

1) 유산균 발효유의 영양효과

발효유의 영양적 효과로는 유당의 일부가 가수분해되어 glucose와 galactose로 되고, 일부는 유산으로 생성되어 소화흡수가 용이하다. 유산균에 의해 생성된 lactase는 인체의 장내에서도 작용하여 유당소화불량증이 있는 사람에게 유리하게 작용한다.

유단백질은 유산균의 단백질분해효소에 의하여 일부는 peptone, peptide 및 아미노산까지 분해되어 소화흡수가 쉽고, 이것이 간기능을 향상시키는 것으로 보고되고 있다. 지방도 부분적으로 유리지방산으로 분해되어 흡수되기 쉬운 상태로 되어 있다. 광물질도 pH의 저하로 칼슘, 인, 철분 등은 흡수성이 높은 것으로 나타나 있다.

유산균에 의해 생성된 유산, 초산 등과 같은 유기산은 위장에서의 위산분비를 경감시키고, 소화액의 분비를 촉진하여 섭취된 음식물의 소화촉진 및 흡수를 돕는다. 특히 유기산 및 길항물질들을 장내 병원균과 식품 부패균, 설사균 등의 각종 장내 유해균의 증식을 억제한다.

유산균 중 위산이나 담즙산에 사멸되지 않고 장내로 도달하는 것으로 알려진 L.casei, L.acidophilus 및 비피더스균들은 장내의 유용균증식을 촉진하고, 장내 유해균을 억제하며, 장내 정장작용과 노화예방에 도움이 된다. 유산균이 위장에서 살아남지 못하고 사균으로 장내에 도달한 유산균은 유산균 균체가 장으로 흡수되어 숙주의 면역기능을 활성화시키는 것으로 보고되고 있다.

2) 장내유해균 억제작용과 정장작용

유산균에 의해 생성된 다양한 유기산(젖산, 초산, 안식향산)은 장내 pH를 산성화하여 병원성세균을 무력화시키며, 장내균총 균형을 정상으로 회복하여 물, 전해질 흡수로 균형을 회복시켜 설사와 장염을 예방하며, 설사에 의한 장관 상피세포손상을 개선시킨다.

유산균에 의해 생성된 과산화수소는 세포에 강한 산화작용 및 단백질구조를 파괴하여 병원균을 사멸시킨다. 유산균에 의해 생성된 항생물질인 Bacteriocin은 노화촉진, 변비, 설사의 원인인 부패산물 생성균의 생육을 억제하며, 위염 유발균인 헬리코박터 파이로리균의 생육을 억제하여 위염을 예방할 수 있다는 보고가 있다.

3) 혈중콜레스테롤 감소기능

혈액순환기계통의 질환 발병률과 혈중콜레스테롤 함량과는 밀접한 연관성이 있다. 혈중콜레스테롤 함량이 낮아지는 효과는 유산균의 발효에 의해 생성되는 콜레스테롤을 감압인자(HMG, orotic acid, uric acid)의 작용에 의해 콜레스테롤 생성이 억제되어 콜레스테롤 수준의 감소가 일어난다는 주장이 있고 유산균이 직접 콜레스테롤을 분해효소를 생성·분해하여 혈중콜레스테롤 농도를 저하시키며 아프리카 마사이족에게 대량의 유산균을 섭취하게 하였을 때 혈중콜레스테롤 함량감소가 있었다는 보고가 있다.

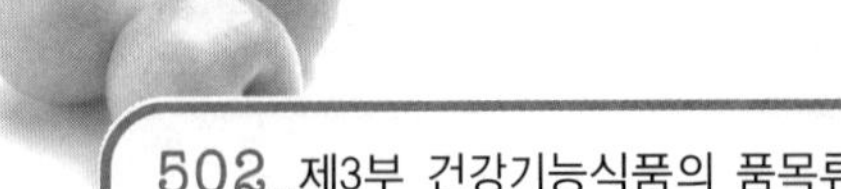

표 1-27 유산균과 발효유의 건강효과

구 분	유산균과 발효유의 건강효과
영양학적 효용	• 단백질의 소화 흡수성을 증대시킨다. • 지방의 소화 흡수성을 증대시킨다. • P, Ca, Fe의 흡수를 증대시킨다. • 비타민 B_1, B_2, B_6, B_{12}의 안전성을 높여준다. • 소화액의 분비를 왕성하게 한다. • 성장촉진효과를 가진다.
보건적 효과	• 정장효과를 가진다. • 간염에 대하여 저항성이 증가한다. • 유당불내증(不耐症)을 경감시킨다. • 혈중 콜레스테롤을 감소시킨다. • 장내 유해물질의 생성을 억제한다. • 위장장해를 억제한다. • 수명을 연장시킨다.

제25절 베타-카로틴식품

1 개 요

녹황색 채소에는 인체 내에서 비타민 A로 전환될 수 있는 카로티노이드(carotenoids)가 들어 있다. 카로티노이드는 자연계에 널리 분포하고 있는 식물성 색소로서 약 600여 종에 이른다. 주로 주황색을 나타내는 카로티노이드는 녹색 잎에서 흔히 발견되지만 짙은 녹색의 엽록소에 가려 색이 나타나지 않고 당근, 고구마, 살구, 늙은 호박 등에서 잘 드러난다. 카로티노이드에는 알파-카로틴(α-carotene), 베타-카로틴(β-carotene), 감마-카로틴(γ-carotene), 루테인(Lutein), 라이코펜(Lycopene) 등 여러 가지가 있는데 몇몇의 카로티노이드는 건강에 이로운 독특한 기능을 제공한다고 알려져 있다.

특히, 녹황색 채소와 해조류에 풍부한 베타-카로틴은 식물에 널리 분포하는 황색 또는 적색소로 생체 내에서 비타민 A로 전환할 수 있는 활성이 가장 높다. 즉 신체가 필요로 하면 비타민 A로 전환되어 시각형성, 성장, 세포분열 및 증식, 면역체계의 보존에 관여하며 비타민 A와 달리 과잉섭취에 따른 부작용이 없어 매우 안전한 형태의 비타민 A로 불린다. 또한 비타민 A로 전환되지 않은 베타-카로틴은 체내에서 독립적으로 항산화제의 역할을 수행하는데 이러한 항산화 작용은 비타민 A로서의 작용 이상으로 중요하게 대두되고 있다.

카로틴(carotene)은 1831년 Wackenroder에 의해 당근(carrot)에서 처음 발견되었고, 1922년 식물 속의 카로틴이 동물 체내에서 비타민 A로 작용한다고 보고되었다. 그 후, 1930년에 Karrer에 의해 분자구조가 밝혀졌고 당근에서 분리된 카로틴은 혼합물임을 확인(1933년)하였다. 베타-카로틴은 이중결합으로 결합된 polyisoprenoid로, isoprene 유도체 양 끝에 두 분자의 ionone ring이 결합되어 있는 형태이다.

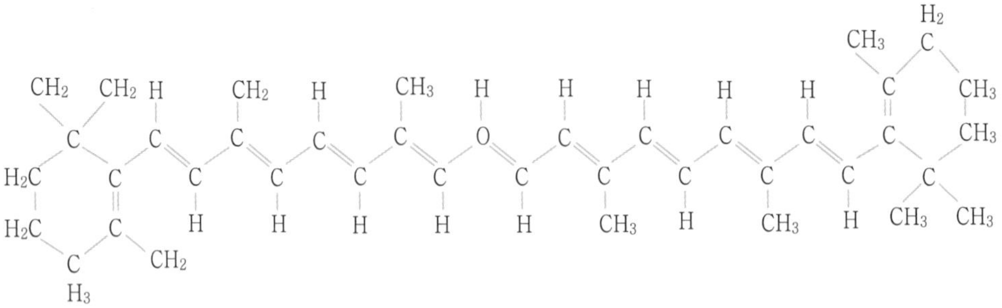

그림 1-25 베타-카로틴의 화학구조

베타-카로틴은 분자내 많은 이중결합을 가지고 있으며, 이중결합들은 완전히 공액구조(fully conjugated)로 되어 있다. 이러한 베타-카로틴의 분자구조 특징이 베타-카로틴이 친유성의 성질을 가지게 하며, 감광제(photosensitizer) 및 항산화제 역할을 가능하게 한다.

베타-카로틴은 잠정적인 필수 영양소로 비타민 A의 섭취가 불충분할 때에 필수 영양소가 된다. 카로티노이드의 비타민 A 활성을 비교하면 베타-카로틴은 알파 및 감마-카로틴의 2배이고 비타민 A(tran-retinol)를 100으로 보고 생리활성을 비교하면 다음과 같다.

표 1-28 카로티노이드의 생리활성 비교

카로티노이드	생리활성
• 베타 - 카로틴	50
• 알파 - 카로틴	25
• 감마 - 카로틴	14
• 크립토크산틴	29
• trans - 레티놀(비타민 A)	100

2 기능성

합성색소로서 식품에 사용해 온 타르 색소가 암을 유발할 가능성이 큰 것으로 보고되면서, 베타-카로틴이 고가임에도 불구하고 천연의 안전한 황색색소로서 관심이 높아졌으며 색소로서의 사용 이외에도 그 기능성에 대한 연구가 이루어지고 있다.

1) 비타민 A의 전구체

베타-카로틴의 역할은 인체의 영양적인 측면에서 비타민 A의 전구체로서 잘 정립되어 있다. 즉 베타-카로틴은 프로비타민 A로서 체내에 흡수되고 비타민 A로 전환되어 시각작용, 상피조직 보호작용, 성장, 생식기능 등의 효과를 나타낸다.

절단부위

(Ionone 고리)

β-Carotene

β-carotene 15, 15′-dioxygenase

2 Retinal aldehyde

Retinal aldehyde reduclase

2 Retionl(비타민 A)

그림 1-26 베타-카로틴의 체내 전환과정

식품을 통해 섭취된 베타-카로틴은 소장 내의 점막세포에서 흡수되는데 체내 흡수율은 10~50% 정도이며, 최대 60~75% 비타민 A로 전환되고 나머지 중 15%는 베타-카로틴 그 자체로 남아있다. 베타-카로틴이 일단 세포 내에 들어가면 세포의 외측에 이동해서 킬로마이크론(chylomicron)으로 유입되거나 dioxygenase라는 효소에 의하여 분자 중앙에서 개열되고 2분자의 비타민 A(retinol)를 생성한다.

비타민 A는 지용성 비타민으로 과잉 섭취하면 두통, 구토, 탈모 등의 임상 증상을 나타내는 문제가 있다. 반면 베타-카로틴은 비타민 A의 개인 체내 저장량과 요구량에 따라 비타민 A 전환 비율이 조절되기 때문에 비타민 A의 독성을 일으키지 않는다. 또한 과량의 베타-카로틴은 주로 체내의 지방조직에 저장되고 체내 저장된 베타-카로틴도 특별한 부작용이나 독성을 나타내지 않는다.

2) 항산화 기능

정상적인 생화학 반응이나 공해 또는 담배연기 같은 외부요인에 의해 유리기(free radical)가 형성되는데 베타-카로틴은 반응성이 큰 유리기를 중화시키는 항산화적 성질을 갖는다. 즉 베타-카로틴의 항산화작용은 생물학적인 막을 구성하는 지질 혹은 식품 속 지질의 유리기와 반응하여 산화 초기단계에 주로 일어난다.

베타-카로틴과 불포화지방은 이중결합이 많아 유리기로부터 공격을 받기 쉽다. 유리기의 비공유 전자들은 쌍을 이루고 있는 다른 전자들과 강한 상호작용을 하는 경향이 있어 반응성이 매우 높다.

베타-카로틴 + ROO• → 베타-카로틴•
베타-카로틴• + ROO• → inactive product

베타-카로틴이 과산화기(ROO•)의 공격을 받으면 베타-카로틴의 안정된 carbon-centered radical이 형성되고, 다른 과산화기와 반응하여 유해하지 않은 비활성 부산물을 생성한다. 이와 같이 베타-카로틴은 과산화기와 불포화지방이 반응하여 손상을 초래할 수 있는 연쇄반응 기전을 과산화기와 베타-카로틴의 반응으로 전환시켜, 연쇄반응을 막는 효과를 가지고 있다. 베타-카로틴은 조직에서처럼 산소의

농도가 낮을 때 항산화제로서의 역할을 가장 잘 수행할 수 있다.

3) 활성산소 제거기능

산소는 인간의 생명유지에 절대적으로 필요한 존재이지만 각종 물리적, 화학적, 환경적 요인 등에 의하여 일중항산소(singlet oxygen, $^1O_2$)와 같은 반응성이 매우 큰 활성산소(active oxygen)로 전환되면 인체에 치명적인 산소독성을 일으킨다. 이들 활성산소는 세포구성 성분들인 지질, 단백질, 당, DNA 등에 대하여 비선택적, 비가역적인 파괴 작용을 함으로써 노화는 물론 암을 비롯하여 뇌졸중, 심장질환, 동맥경화, 피부질환 등의 각종 질병을 일으킨다.

베타-카로틴은 산화로 인한 스트레스(oxidative stress) 즉 활성산소를 방어하는데 중요한 역할을 한다. 일중항산소(singlet oxygen, $^1O_2$)는 세포기능에 필수적인 특수한 효소를 불활성화시키고 더 반응성이 높고 치명적인 수산화기를 발생시키는 활성산소이다. 베타-카로틴은 이 일중항산소로부터 에너지를 받아 에너지가 높은 베타-카로틴 분자를 생성하며, 이때의 에너지는 단순히 열 형태로 발산한다. 더욱이 베타-카로틴 자체가 산화물질과 반응할 수 있으므로 산화물질을 저지하고 초기의 손상을 막을 수 있는 잠재성을 갖고 있다.

4) 질병 예방학적 효용

비타민 A 전구체로서의 베타-카로틴의 역할은 밝혀진 바 있지만, 비타민 A로 전환되지 않고 체내에 존재하는 베타-카로틴 자체의 역할에 대한 연구는 최근에 집중되고 있다. 새로운 연구들에서 베타-카로틴은 암과 만성퇴행성질환에 대한 체내 방어기전을 도와주며 이러한 기능은 비타민 A 전구체의 활성과 완전히 무관한 것으로 나타났다.

사람에게 있어 활성산소와 유리기는 지질 과산화를 통하여 세포막에 손상을 주고 세포 유전물질에 손상을 주는 것으로 알려져 있다. 이 두 과정 모두 실제적으로는 암을 유발할 수 있으며, 베타-카로틴은 활성산소를 불활성화시키고 유리기를 포획함으로써 암에 대한 방어역할을 나타낸다.

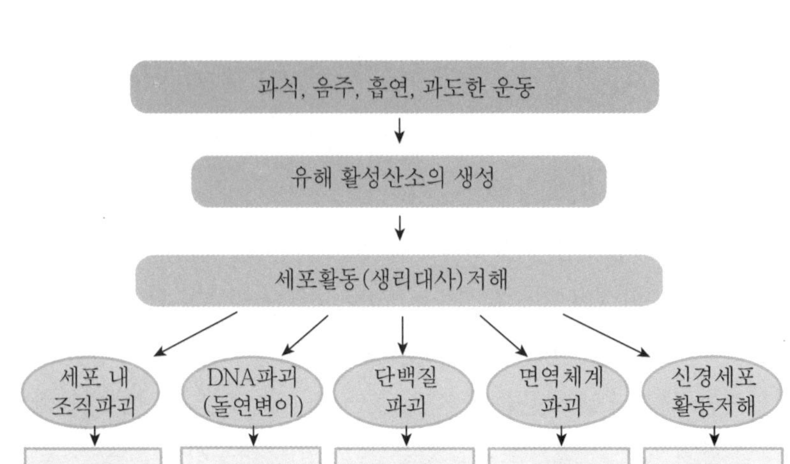

그림 1-27 활성산소의 영향

지난 수십 년 동안 과일과 녹색채소의 섭취가 암, 특히 폐암의 발생빈도 저하와 관련이 있다고 많은 역학적 연구조사를 통하여 보고되었다. Western Electric에 의한 식단조사에서 폐암으로 사망하게 되는 상대적 위험도는 베타-카로틴의 섭취량이 낮은 그룹에서 7배 높았다.

현재로서는 베타-카로틴의 섭취 자체만으로 암 예방 효과를 기대하기는 어렵지만, 베타-카로틴이 많이 함유된 야채나 과일을 충분히 섭취함으로써 베타-카로틴과 함께 함유된 다른 인자들에 의한 질병예방효과를 기대하는 것이 더 합리적일 것이다.

제26절 자라식품

1 개 요

자라는 지금으로부터 2억 년 전 빙하시대에서 현재까지 그 형태 그대로 살아남은 몇 안되는 수중동물 중의 하나이다. 이는 몸 전체가 등껍질로 보호되어 있고, 저온이나 고온에도 견디어 낼 수 있으며, 1년 이상 먹지 않아도 살아갈 수 있는 끈질긴 생명력을 가지고 있기 때문이다.

자라는 동물학적으로 분류하면 척추동물(內)-파충(綱)-거북(目)-자라(科)에 속하며 전 세계에 7속 25종이 있으며 한국에는 1종이 분포한다. 학명은 원래 *Amyda Sinensis*였다가 뒤에 *Trionyx Sinensis*(wiegmann)로 개정되었다. 우리말 「자라」의 어원은 확실치는 않지만 성장기간이 20년 이상이나 계속 자란다고 해서 동사 「자라다」의 어간만이 따로 떨어져 명사가 된 것으로 추측된다.

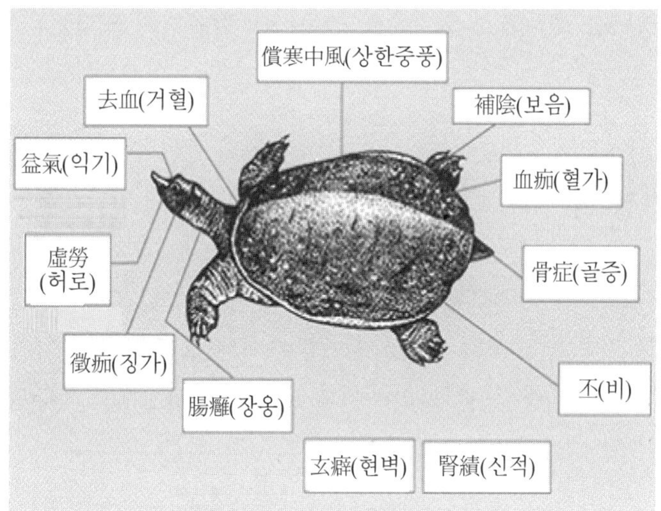

그림 1-28 자라

중국에서는 약식동원(藥食同源)으로 음식의 재료이자 약의 재료로 자라를 이용하여 왔다. 『산농본초경』에는 자라의 등껍질(별갑), 『명의별록』에는 자라고기에 대한 효능이 기록되어 있다. 자라는 생리기능을 활성화시키고 체력을 향상시켜 주는 조양(助陽)작용을 함과 동시에 신체의 각 기관을 안정시켜 주는 보음(補陰)작용을 함으로써 음양을 아울러 조화시킨다. 또한 인체에 기와 혈을 보호해 주는 기혈제(氣血劑) 역할을 하기 때문에 체력을 향상하고 강장(强壯)하게 하는 데 효과가 있어, 자라라고 하면 곧 정력제를 연상할 정도로 스테미너 식품으로 널리 알려져 있다.

자라는 우리나라에서도 예로부터 맛이 좋고 보혈(補血)효과가 있는 동물로 전하는데, 한약재와 섞어 보약원료로 이용되어 왔다. 『규합총서』에 자라요리에 대한 이야기가 나오고 『동의보감』에는 등껍질과 살의 약성, 약효, 용법 등이 자세히 적혀 있다. 자라의 살은 질 좋은 단백질이고 맛이 좋아 보신제로, 허약한 사람의 회복 음식으로 추천된다.

자라의 지방은 식물성 기름에 가까운 불포화지방산이어서 콜레스테롤 과다의 염려도 없고, 비타민, 양질의 단백질, 칼슘이 많이 함유되어 있다. 따라서 생식 기능을 포함한 신장과 간장의 기능을 높이고 호르몬의 활동을 활발하게 해서 정력감퇴로 부터 우리 몸을 지켜 준다. 게다가 무엇보다도 중요한 사실은 현대 영양학에서 말하는 영양소와는 다른 생리활성 영양소를 풍부하게 함유하고 있다.

2 기능성

자라는 예로부터 기(氣)를 왕성하게 하고, 혈(血)을 보강하고, 열(熱)을 내리는 작용을 하는 것으로 알려져 왔다. 자라를 분석해 보면 단백질 53.5%, 지방 24.9%, 칼슘을 비롯한 미네랄 성분과 비타민류 등을 함유하고 있어 자양강장식품으로 평가된다.

1) 콜레스테롤 저하

자라는 동물성 식품에는 적은 불포화지방산을 총지방산의 70% 이상 함유하고 있다. 특히 콜레스테롤 수치를 낮추고 혈전을 예방하는 EPA 5.3%, DHA 10% 등의 고도불포화지방산과 함께 콜레스테롤을 저하시키는 올레인산 및 팔미트올레인산을 비교적 많이 함유하고 있다.

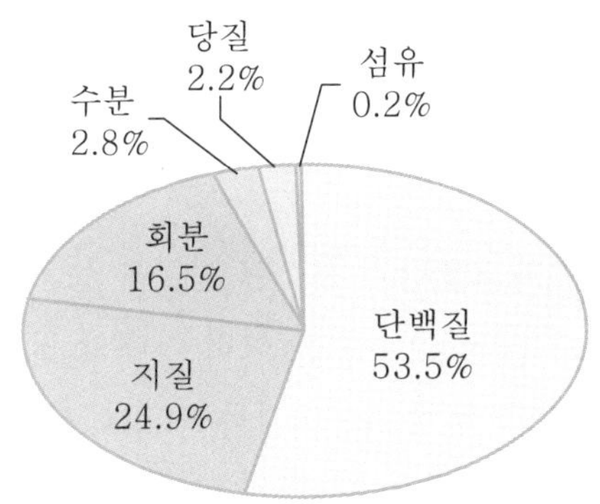

그림 1-29 자라원말의 함유 영양가

표 1-29 자라의 주요 지방산 함량

포화지방산		%	불포화지방산		%
C_{14}	myristic acid	3.0	$C_{16:1}$	palmitoleic acid	12.1
C_{16}	palmitic acid	18.3	$C_{18:1}$	oleic acid	30.2
			$C_{18:2}$ (ω−3)	linoleic acid	3.2
C_{18}	stearic acid	5.5	$C_{18:3}$ (ω−6)	linolenic acid	0.6
			$C_{20:4}$ (ω−3)	arachidonic acid	2.3
C_{20}	arachidic acid	0.3	$C_{20:5}$ (ω−6)	EPA	5.3
			$C_{22:6}$ (ω−6)	DHA	10.0

고도불포화지방산 외에 자라에는 레시틴이나 타우린도 함유되어 있다. 레시틴은 중성지방이나 콜레스테롤을 단백질과 결합시키는 작용이 있고, 타우린은 담즙산과 결합하여 담즙분비를 촉진하기 때문에 콜레스테롤을 저하시킨다. 또한 EPA, DHA

와 레시틴, 타우린의 상승효과에 의하여 지방의 대사분해를 촉진하여 혈중콜레스테롤의 정상화, 혈소판 응집, 동맥수축의 억제, 혈액의 점착성을 낮추어 혈압을 떨어뜨리고 뇌졸중, 뇌혈전이나 심근경색을 예방한다.

2) 단백질 공급원

자라는 체내에서 합성될 수 없는 필수아미노산을 균형 있게 함유하고 있을 뿐만 아니라 18가지의 아미노산을 함유하고 있는 이상적인 단백질 공급원이다. 따라서 신체의 각 기관, 장기의 기능, 세포의 활성, 대사의 활성화, 피로회복, 전신의 활력 유지를 해준다.

함황아미노산과 관련된 메티오닌과 시스틴은 근육 등의 단백질로 생합성되는 것 외에 호르몬이나 포르피린(porphyrin) 등 여러 가지의 필수성분 합성에 이용된다. 메티오닌은 콜린, 이노시톨과 함께 지방대사를 도와 레시틴을 만들어 콜레스테롤의 축적을 방지하고 시스틴에는 면역을 강화하여 DNA를 수복하는 기능이 있다.

표 1-30 자라분말의 아미노산 성분 (g/100g)

필수 아미노산	g	불필수 아미노산	g
이소루신(isoleucine)	1.57	알라닌(alanine)	3.42
루신(leucine)	2.93	아르기닌(arginine)	3.38
라이신(lysine)	2.86	아스파라긴(asparagine)	3.84
메티오닌(methionine)	1.01	시스테인(cysteine)	0.35
페닐알라닌(phenylalanine)	1.80	티로신(tyrosine)	1.22
트레오닌(threonine)	1.86	글루타민(glutamine)	6.34
트립토판(tryptophan)	0.36	글리신(glycine)	6.81
발린(valine)	1.94	프롤린(proline)	4.16
히스티딘(histidine)	1.10	세린(serine)	2.43

뮤코단백은 인체를 구성하는 물질인데 연골이나 뼈, 인대, 각막, 혈관벽 등의 조직에 분포되어 있으며 조직의 탄력을 유지해 준다. 자라에는 뮤코단백이 풍부하게 함유되어 있어서 건강의 토대를 튼튼히 하고 영양을 충분히 흡수할 수 있도록 한다.

3) 항산화 작용

자라의 분말에는 여러 종류의 항산화성분이 자연의 형태로 균형 좋게 함유되어 상승효과를 발휘한다. 자라분말은 항산화 성분으로 최근 주목되고 있는 SOD(super oxide dismutase)의 성분인 아연, 망간을 함유하고 있어 이상적인 항산화식품이다. 유리기(free radical)를 제거하여 세포의 산화적 손상을 방지하는 SOD는 아연을 함유한 효소이며 보조인자로 망간을 필요로 한다.

자라의 내장과 혈액에는 비타민 E가 대량 함유되어 있어 불포화지방산이 산화하는 것을 방지하고 함황아미노산인 시스틴과 글루타티온은 체내에서 과산화지질이나 중금속, 약물 등과 킬레이트(chelate)를 형성함으로써 해독하는 기능이 있다. 글루타티온 과산화효소(glutathione peroxidase)는 셀렌을 함유한 효소로 과산화물을 물과 알코올 유도체로 전환시켜 과산화물에 의해 세포막이나 세포가 파괴되는 것을 방지하는 항산화성분이다. 또한 글루타티온은 비타민 C의 환원작용이 있어 비타민 C의 이용을 효율적으로 한다.

4) 미네랄

일반적인 식품 특히 가공식품에는 인이 많아 칼슘과의 밸런스를 무너뜨릴 뿐만 아니라 과잉의 인이 부족한 칼슘과 결합하여 체외로 배설된다.

자라의 Ca : P 비는 사람과 같은 2 : 1의 이상적인 비율로 매우 풍부하게 함유되어 있고, 칼슘의 흡수를 돕는 비타민 D_3와 아미노산, 펩타이드까지 균형 있게 들어 있다. 이들 이외에도 각종 미네랄이 풍부하게 함유되어 있는 종합 알칼리식품으로 산성식품을 자주 섭취함으로서 일어나는 혈액의 산성화를 방지하기 때문에 칼슘이 뼈로부터 유출되는 것을 방지한다. 칼슘이 많으면 아연, 망간 부족을 일으키는 경우가 있지만, 아연, 망간을 모두 함유하고 있는 것이 이상적이다. 뼈의 성분과 칼슘의 흡수를 도와주는 성분이 종합적으로 함유된 자라는 성장기의 치아 치료, 폐경 이후의 여성에게 많은 칼슘 대사이상 예방에 적합한 식품이라 할 수 있다.

표 1-31 자라의 미네랄 성분 함량

미네랄	mg%	미네랄	ppm
칼슘(Ca)	6.96	아연(Zn)	68.2
인(P)	3.14	셀렌(Se)	0.71
칼륨(K)	418	망간(Mn)	3.43
나트륨(Na)	361	구리(Cu)	5.34
마그네슘(Mg)	127	코발트(Co)	0.14
철(Fe)	16.1	몰리브덴(Mo)	1.00

자라에는 뼈나 치아의 성장뿐만 아니라 일상의 대사에 필요한 미네랄이나 비타민이 균형 있게 함유되어 있고, 식품의 미네랄에 비해서 펩타이드 등에 결합된 형태로서 흡수 및 대사 활성이 좋으며 함유 비율도 매우 높은 것이 특징이다.

제27절 로열젤리식품

① 개 요

로열젤리는 왕유(王乳)라고도 한다. 꿀벌 중 일벌이 유충을 기르는 시기에만 타선(唾腺)이 포육선(哺育腺)으로 발달하여 분비되는 유상물질로서 일벌의 유충에게 4일 간만 먹이고 여왕벌은 평생 로열젤리만 먹고 살며, 이로 인해 그들은 엄청나게 크고 장수하게 되는 것이다. 여왕벌은 일벌보다 평균 42% 더 크며 몸무게는 평균 60% 더 무겁다. 놀랍게도 아래의 그림에서와 같이 여왕벌과 일벌은 똑같은 알에서 태어난 유충이라도 6일간의 먹이에 의해 엄청난 차이가 생긴다. 벌은 부화 후 초기 3일간은 모두 로열젤리를 먹게 되나 후반 3일간은 꽃가루와 꿀만 먹으면 일벌이 되고 로열젤리를 먹으면 여왕벌이 되는데 3일간의 먹이에 따라 상대적으로 몸집이 작고 45일밖에 살지 못하는 일벌이 되기도 하고, 일벌에 비해 30배 이상 오래 살며 몸집도 2배 이상 크며 일생 동안 200만 개의 산란능력을 갖는 경이적인 생명력, 여왕벌이 되는 것이다. 꿀벌은 농약에 매우 약해서 미량의 농약에도 곧 죽게 되므로 꿀벌의 체내에서 만들어지는 로열젤리는 농약에 오염되어 있지 않다.

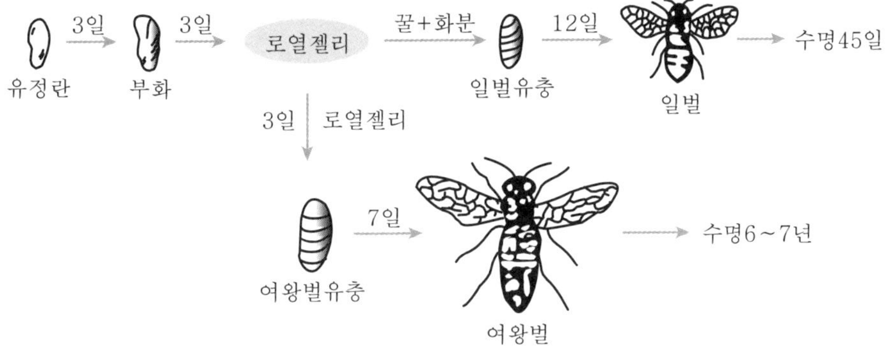

그림 1-30 꿀벌의 성장과정

로열젤리는 젊은 일벌이 꿀과 꽃가루를 섭취하여 소화흡수한 후 몸속에서 순환하여 머리에 있는 인두 아래 샘에서 분비되는 진하고 아주 영양이 풍부한 우유빛 흰색의 크림타입 액체로 톡 쏘는 신맛과 매운맛을 내며 독특한 향기를 가지고 있다. 공기에 접촉하면 유효성분이 변화하여 효능이 저하된다고 한다. 성분으로는 단백질이 20~30%, 탄수화물 15%, 지방 10~15%, 수분 50~60%를 함유하고, 그 밖에도 여러 종류의 비타민을 풍부하게 함유하고 있다. 여왕벌의 유충을 기르는 왕대(王臺) 1개에 0.1~0.5g의 로열젤리가 저장되어 있다.

로열젤리가 세계적으로 알려진 것은 1954년 로마교황 비오12세가 80세가 넘는 고령으로 폐렴의 악화와 노쇠로 절망적인 상황에서 교황의 주치의가 신에게 비는 기분으로 로열젤리를 투여하여 기적적으로 혈색도 좋아지고 완쾌되었으며 다음해에 이 사실을 국제학회에 발표하여 세계적으로 주목을 받게 되었다.

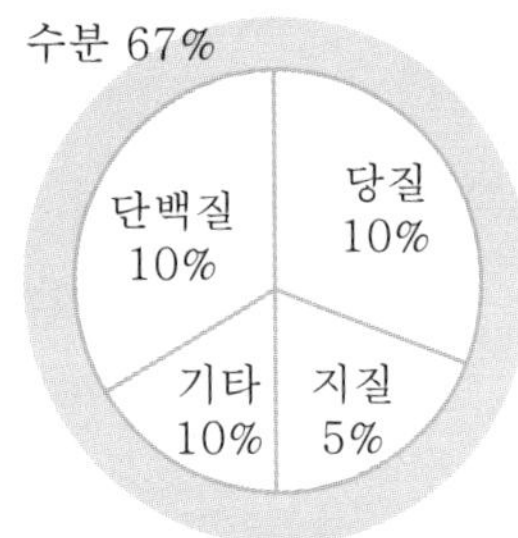

생로열젤리의 성분

> 생로열젤리 중에는 비타민류나 풍부한 영양소가 많이 함유되어 있는데 특히 여성의 피부를 윤택케 하는 아세틸콜린의 신경전달물질과 근육, 뼈, 치아 등을 젊게 하며 노화방지를 하는 타액선 호로몬인 파로틴유사물질이 다량 함유되어 있다.
>
> 암세포의 성장을 억제하는 10-HDA의 성분과 미지의 물질인 R-물질 등을 함유하고 있다.

② 기능성

로열젤리는 매우 풍부한 단백질 공급원이며, 8가지 필수 아미노산, 중요한 지방산, 당분, 스테롤 및 아세틸콜린뿐만 아니라 인화합물도 함유하고 있다. 아세틸콜린은 세포와 세포 사이의 신경전달에 있어 필수적이다. 이 화합물이 너무 적으면 알츠하이머병(치매)에 걸리기 쉽다. 로열젤리에는 면역체계를 자극하여 감염균을

퇴치하는 것으로 알려진 감마 글로불린이 들어있다. '로열젤리는 뛰어난 영양 공급원이며 조직에 부드럽게 작용한다.'라고 의학박사 Steve Schechter는 말한다. 로열젤리는 비타민 A, B 복합체, C, D, 그리고 E를 포함하고 있다. 로열젤리는 특히 B_1, B_2, B_6, B_{12}, 비오틴, 엽산, 이노시톨이 들어 있는 비타민 B 복합 함유물로도 이용가치가 있다. 또한 스트레스를 해소하는 데 효과가 있다고 알려진 B 비타민 판토테닉산도 많이 들어있다. 그리고 미네랄, 칼슘, 구리, 철, 인, 칼륨, 규소, 황도 포함하고 있다.

표 1-33 로열젤리 중의 필수아미노산

조단백질(crude protein)×6.25	12.7(12.7=100%)
알기닌	5.1
히스티딘	2.2
이소로이신	5.3
로이신	7.7
리진	6.7
메티오닌	1.9
페닐알라딘	4.1
트레오닌	4.0
트립토판	1.3
발린	6.7

표 1-34 로열젤리의 비타민 함유량 (㎍/100g)

비타민 종류	로열젤리	벌 꿀
비타민 B_1	690	5.5
비타민 B_2	1,390	20
니코틴산	5,980	100
판토텐산	22,000	100
비타민 B_6	1,220	300
비타민 B_{12}	-	-
비타민 C	-	240

일본의 구시마 박사는 '인체의 노화는 뇌에서 시작된다'고 했다. 인간의 뇌는 대뇌, 간뇌, 소뇌로 나뉘어지고 그 중에서 대뇌는 사고 판단, 추리력, 기억력 등과 관련되고 생명에는 직접 관련이 없다. 인간의 생명활동과 직접 관련된 것이 바로 간뇌이다. 간뇌는 내장, 분비선, 혈관에 작용해 물질대사를 지배하는 인체의 총본부다. 간뇌의 시상하부는 자율 신경중추(소화, 생식, 정서, 체온중추)로 구성되어 있고 시상 하부와 연결된 뇌하수체에서는 신체 전반의 호르몬 분비를 조절한다. 대뇌와 간뇌는 서로 상반된 작용을 하는데 이 대뇌와 간뇌의 발란스를 자연스럽게 유지시켜 주는 것이 바로 로열젤리이다. 신경을 전선이라하면 아세틸콜린은 이전선을 흐르는 전류의 역할을 한다. 이 물질은 간뇌에 작용하는 매우 중요한 역할을 하는데 벌의 몸속과 로열젤리에 다량 들어있다.

1) 항균·항염증 작용

로열젤리는 한 연구에서 로열젤리가 그람양성 박테리아에 있어서 항균효과가 있으나, 그람음성에 대해서는 나타나지 않았다고 한다. 로열젤리는 항체생성을 자극하여 면역능력을 가진 세포들을 확산시켜 항염증작용과 상처치료의 효과가 있으며, 피부가 벗겨지는 상처 치유시간을 단축시켜 준다.

2) 고지혈증 예방

로열젤리는 총혈청지질과 콜레스테롤, 고지방혈증의 감소를 나타냈고, α, β-lipoprotein을 감소시킴으로 인해 HDL-콜레스테롤과 LDL-콜레스테롤을 정상화시키는 데 도움을 준다는 연구결과가 있다.

3) 항암작용

로열젤리 성분인 10-hydroxy-2-decanoic acid가 tranceplantable mouse leukemia을 보호하여 항암작용에 효과가 있다는 연구보고가 있다.

제28절 화분식품

1 개 요

화분을 꽃가루라고도 한다. 수술은 꽃실과 그 선단에 달리는 꽃밥으로 이루어지며, 꽃밥은 보통 4개의 포자낭(胞子囊)이 모여서 된 것이다. 때로는 1개의 포자낭으로 된 것, 2개로 된 것, 8개로 된 것도 있다. 화분은 종자식물의 웅성배우체이고 꽃의 수술에 있는 꽃밥에서 만들어지는 당립을 말한다. 꽃밥이 숙성하면 열리면서 화분을 내어놓는다. 화분 안의 세포는 분열해서 미숙한 웅성배우체가 되고 수술 안에서 성숙하여 정자 또는 정세포를 만든다. 웅성배우체의 건조를 막기 위해 화분의 외막은 튼튼하게 되어 있고 수정을 위해 안전하게 운반되도록 되어 있다. 화분은 스스로 이동이 불가능하기 때문에 바람이나 곤충을 통해 수정하는 데 도움을 받고 있는데 바람에 의한 화분을 풍매화분, 곤충에 의한 화분을 충매화분이라고 한다. 그 외에 화분이 운반되는 방법으로 작은 동물에 의한 동물매, 물에 의한 수매가 있다. 풍매화분은 화분의 생산량이 많고 외막은 바람에 운반되기 쉽도록 현저한 돌기나 점착물이 없이 광범위하게 산포될 수 있도록 되어 있다. 충매화분은 생산량이 적고 곤충 등에게 부착되기 쉽도록 외막표면에 돌기나 점착물질이 발달되어 있는 경우가 많다.

꿀벌에 의해 운반되는 것을 꿀벌화분 혹은 화분경단(bee pollen)이라 부른다. 벌화분은 벌의 타액과 식물체의 꿀, 꽃가루 등 세 가지로 구성되며, 화분은 식물, 꽃, 나무 꽃의 수컷 배아로 이루어져 있다. 벌화분은 단백질(약 25~30%), 탄수화물(약 30~55%), 지질(약1~20%), 미네랄, 비타민 및 미량의 다른 유기물질을 포함한다. 화분제품은 꿀벌화분이나 풍매화분을 채취해서 공급되는 것이다. 또는 꿀벌이 수림에서 채취해 오는 프로폴리스가 꿀벌화분 안에 포함되어 있기도 하다. 화분의 모양은 식품의 종류에 따라 특이하며, 전자 현미경을 통해서 보면 껍질에 둘러쌓여 있으며 그 껍질에는 보통의 식품 세포벽과는 비교도 안 될 정도의 단단한 외피와 내피로 구성된 세포벽을 갖고 있어서 금을 녹이는 왕수나 불화수소에도 잘 녹지 않는 특수성이 있다. 그래서 채취된 화분을 더 잘 습수되는 산물로 만들기 위해 추출과 발효 과정을 거친다. 이런 산물에서 나온 물질들은 비타민, 카로틴, 미네랄, 아미노산, 지질, 효소, 플라보노이드, long-chain alcohol, 식물스테롤을 함유한다.

예로부터 꿀벌과 사람의 유대관계가 깊다는 것은 성서에도 기록되어 있다. 스페인의 고대 유적 동굴 BC 6000경에 들어가면 벌과 함께 화분이 등장하는데 화분이 언제부터 식용으로 이용되어 왔는지 알 수 있다. 또 고대 이집트(BC 5000년)의 고적으로부터도 수많은 벌꿀과 사람과의 유대관계를 확인할 수 있다. 중국의 본초강목에는 벌꿀과 화분이 중요한 식자원이라고 기록되어 있다. 본초강목을 보면 '그 맛이 달고 무독하며 심폐를 윤택하게 해 기를 높여주고 감기를 막아주고 피를 멈추고 오래된 피를 맑게 한다. 오랫동안 먹으면 신체를 가볍게 하고 기력을 높여 천 년을 누려 신선이 된다'고 기록되었다. 벌꿀 10g 안에는 수천에서 10만 개의 화분이 있으며, 평균 5만 개의 화분이 혼입되어 있고 화분의 함유량이 높은 꿀일수록 예로부터 귀중하게 취급받아 왔다.

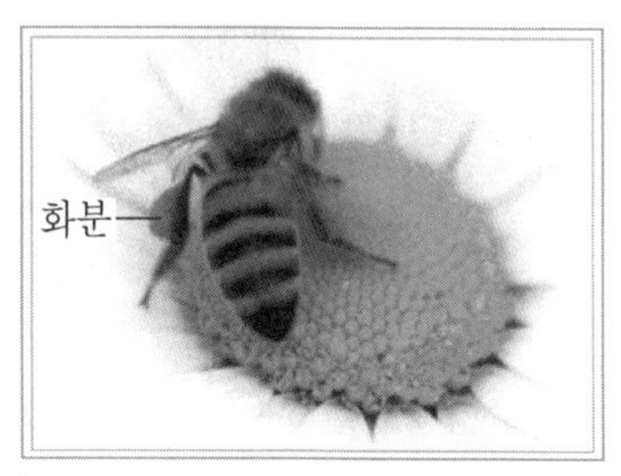

그림 1-31 화분

화분제품은 미국뿐만 아니라 스웨덴에서도 예로부터 화분이 영양제, 강장 등에 사용되어 왔는데 화분채집기가 발명된 후 순수한 화분만을 모으는게 가능해졌고, 1962년에는 특정 화분에서 엑기스를 추출하는 방법이 확립되었고, 건강유지, 영양보충을 목적으로 하는 제품이 개발되었다.

2 기능성

화분에는 수분이 약 10~15%, 조단백질 20~25%, 조지방이 약 7~15%, 화분 약 2~5%, 조섬유 약 3~6%, 탄수화물 약 20~40% 정도 함유되어 있다. 아미노산은 라이신 등 14종 이상의 아미노산이 로열젤리의 약 10배 정도 함유되어 있고, 비타민 A, B, B_3, B_6, 니코틴산, 판토텐산 등이 벌꿀이나 로열젤리보다 약 50~400배 이상 함유되어 있다. 이 밖에 기타 칼슘, 칼륨, 인 등 미량 미네랄도 많이 함유되어 있다.

표 1-34 화분의 성분

성 분	함 량
단백질, 탄수화물, 미네랄, 아미노산, 비타민류 기타	23~25%, 25~27%, 2.5~3.0%, 필수아미노산 8가지 외 10가지 다량 함유 10여 가지 비타민류 다량 함유 20~25%

화분에 존재하는 폴리페놀성분은 인간의 노화를 촉진하는 활성산소나 free radical 제거하는 등의 항산화 효과와 함께 신진대사 기능에 활력을 줌으로서 각종 원인에 의한 피부노화 현상에 도움을 준다. 화분제품은 간의 신진대사에 영향을 미치고, 간의 지질대사나 알코올대사에 작용하여 간독성 예방 효과를 가지고 있다.

1) 영양보급

화분은 인체가 필요로 하는 기본 영양물질을 골고루 함유하고 있어, 유효성분으로 비타민 A, 비타민 B_1, 비타민 B_2, 판토텐산, 니코틴산, 비타민 B_6, 엽산은 비타민 C, 루틴 등과 미네랄로 칼슘, 칼륨, 인 등이 풍부하게 함유되어 있어 영양보급에 도움을 준다.

2) 면역조절 효과

벌화분을 식이와 함께 섭취하면 헤모글로빈 농도, 혈청 내 철, albumin 농도가 향상되어 면역조절을 한다.

제29절 프로폴리스식품

1 개 요

프로폴리스는 자연이 주는 신비의 천연항생물질(natures antibiotic)이라고 말할 수 있다. 프로폴리스는 꿀벌들이 다양한 식물들로부터 수지상 물질을 모아 온 지성의 물질이다.

프로폴리스는 꿀벌들이 수많은 식물의 꽃이나 잎, 그리고 수목들의 생장점을 보호하기 위해서 분비되는 물질과 나뭇가지의 껍질 등이 벗겨져 상처난 곳을 오염으로부터 예방하고 미생물을 막기 위하여 분비하는 보호물질들을 모아들인 것이다. 수집해 온 프로폴리스는 육아봉의 대시선에서 만들어 내, 박테리아와 균류의 일반적인 항생물질로서 작용하는 꿀벌 타액의 효소와 혼합하여 약효가 있는 교상물질로 만들어진 천연항생물질인 것이다.

천연항생물질인 수지는 식물들이 자신의 생명을 유지 발전시키기 위하여 스스로 분비하는 물질이다. 우리가 산에 올라 나무에 상처가 나 있는 곳에 하얀 분비물이나 송진같은 물질을 흔히 발견하게 되는데 이것이 수지라는 것이다. 이것은 항바이러스성 천연물질로서 꿀벌들은 이것을 통하여 자신의 건강을 해충 바이러스로부터 지키는 천연적 지혜를 수천 년 전 이미 터득하고 있었던 것이다.

꿀벌 중에 수지만을 전문적으로 수집하는 노련한 벌이 매우 끈적 끈적한 점액질의 물질을 뒷다리에 붙여 벌집으로 돌아와서는 3시간 내지 4시간에 걸쳐 떼어내서 꿀벌자신의 침을 섞어 씹었을 때 비로소 프로폴리스가 되는 것이다.이 씹은 물질을 벌집의 입구나 여왕벌이 사는 곳에 집중적으로 발라 어떠한 세균도 침입치 못하도록 막는다.

옛 로마 병사들은 전쟁에 출전할 때는 반드시 프로폴리스를 몸에 휴대하였다가 전쟁에서 입은 상처를 치료하는 데에 사용해 왔다. 창이나 칼 또는 화살로 입은 상처는 제때 치료하지 않으면 곪아 썩어 버리기 마련인데 프로폴리스는 화농방지는 물론 천

연물질의 치료제로서 약보다 빠른 조직재생 작용을 하였던 것을 알 수 있다.

이러한 프로폴리스는 기원전 약 300년 이집트에서 사용했다는 기록이 있을 정도로 오래전부터 화농방지제로서 사용되어왔다. 최근에는 1965년 프랑스의 의사 레미쇼방이 꿀벌의 몸에 박테리아가 없음을 연구하던 중 프로폴리스가 천연항생물질임을 알아냈다.

동양 최고의 의서라는 『동의보감』에도 '노봉방(露蜂房)'이라는 이름으로 나와 있는데 해소, 천식에 노봉방을 사용하라고 나와 있으며, 우리나라에서는 이것들을 봉교라고 한다. 꿀벌은 이것을 봉군의 보호를 위해서 봉상 내 오염되기 쉬운 곳에 싸발라 오염균류나 바이러스 및 외적을 방어하는 데 활용한다. 따라서 프로폴리스(propolis)의 'pro'는 '방어'를 위해서, 'polis'는 '도시'로 도시앞에 있으면서 도시 전체를 안전하게 지킨다는 뜻이며, 결국 벌집의 봉군을 안전하게 지키는 물질을 뜻하는 그리스어이다.

특히 중요한 것은 여왕봉이 산란하기 전에 미리 벌방에다 프로폴리스로 엷게 코팅(varnished)하여 알과 유충을 미생물들로부터 안전하게 보호하여 안전하게 키우는데 있다. 이 같은 프로폴리스의 특성은 수지를 합성한 식물체 및 꿀벌의 타액에 미생물을 방어하는 물질이 있기 때문이라고 한다.

일반적으로 꿀벌들이 그들의 보호를 위해 수집하여 오는 프로폴리스는 다양한 식물류로부터라고 생각된다. 벌들은 프로폴리스를 주로 항생물질을 포함하고 있는 포플러나무에서 얻는다고 한다. 외국의 경우 프로폴리스는 주로 전나무, 포플러, 소나무, 칠엽수, 너도밤나무, 참나무, 자작나무, 버드나무, 가문비나무, 오리나무와 우리나라에는 없는 유가리나무 등 여러 종류의 나무로부터 벌이 수집해 오는 것으로 알려졌다. 특히 남미제국은 주로 유가리나무이며, 미국은 포플러 및 소나무 등이 주종을 이루고 있다.

그리고 동유럽에서는 주로 포플러, 자작나무, 느릅나무, 침엽수, 그리고 마로니에 등에서 수집한다. 우리나라의 프로폴리스 생산 수목류는 아직 명확히 밝혀지지는 않았으나 주로 소나무, 포플러, 참나무, 자작나무 및 느릅나무, 이 외에도 여러 나무들로부터 수집되는 것으로 본다. 특히 이른 봄 포플러의 꽃봉오리를 싸고 있는 포에 교질성 보호물질(프로폴리스)과 생장점 보호를 위하여 무더운 한여름 7월 중순경 포플러의 새순에 샛노란 플라보노이드류의 분비물이 분비된 것을 볼 수가 있다.

꿀벌들은 이 물질들을 화분과 같이 이른 봄부터 늦은 여름과 가을에 이르기까지 이들 수목의 생장점이나 약아나 껍질이 벗겨진 나뭇가지 등을 찾아가 진득진득한 수지가 흘러내리고 있는 것을 화분롱에 담아서 귀소한다. 소상에서 이 물질들은 육아봉의 대시를 이용한 처리과정을 거친 후, 그것이 필요한 곳에 붙이는 일벌에 의하여 얻어진다.

2 기능성

프로폴리스는 자연나무의 수지만의 집합물질이 아니라, 벌자신이 분비하는 소화액을 섞는 과정에서 생기는 점성류 수지 50%, 밀납 30%, 정유 등의 유성성분 10%, 화분 5%, 유기물과 미네랄로 구성되어 있는 화합물이다. 많은 성분 중에서 미네랄·비타민·아미노산·지방·유기산·플라보노이드 등은 세포대사에 중요한 역할을 한다. 특히 100종류가 넘는 플라보노이드(flavonoid)가 프로폴리스의 주요성분으로 건강 증진에 큰 도움을 준다.

플라보노이드는 그리스어로로 황색을 의미하는 플라부스(flavus)에서 유래된 말로, 플라본(flavone)을 기본 구조로 갖는 식물색소를 일컫는다. 비타민 P(투과성 비타민) 또는 비타민 C_2(비타민 C의 상승제)라고도 한다. 동물에는 비교적 적고 식물의 잎·꽃·뿌리·열매·줄기 등에 많이 들어 있다. 특히 건조된 녹차잎의 경우 플라보노이드가 녹차잎 무게의 30% 정도 함유되어 있는 것으로 알려져 있다. 또한, 플라보노이드는 안토크산틴류(anthoxanthins)와 안토시아닌류(anthocyanins), 카테킨류(catechins)를 포함하지만, 좁은 의미에서는 안토크산틴류만을 말한다. 안토크산틴은 꽃잎이 노란색을 띠게 하고, 가을에 잎이 자색이나 적자색을 띠게 하는 주원인이 된다.

이런 플라보노이드는 항균·항암·항바이러스·항알레르기 및 항염증 활성을 지니며, 독성은 거의 나타나지 않는 것으로 보고되고 있다. 또한 모든 질병의 원인이 되는 생체 내 산화작용을 억제한다는 사실이 알려지면서 플라보노이드계 물질의 개발

및 활용에 관한 관심이 지속적으로 커지고 있다.

벌집에는 세균이나 곰팡이, 바이러스가 침투하지 못하는데 바로 프로폴리스 때문이다. 프로폴리스는 알려진 것만 약 20~30여 종류의 플라보노이드가 함유되어 있어 다양한 치유효과를 발휘하고 있다.

꿀벌들은 식물이 새싹과 새잎을 세균이나 바이러스로부터 보호하기 위하거나 나뭇가지의 껍질이 벗겨진 곳을 보호하기 위해 분비하는 식물의 수지를 모아들이는데, 이것을 바로 프로폴리스라고 한다.

벌들은 이 프로폴리스를 벌집으로 물어와 타액과 효소를 결합하여 벌집 입구와 외벽에 발라 벌집 내부를 항상 무균상태로 유지한다. 일반적으로 딱딱한 밤색덩어리 상태의 이 물질을 일반적으로 알코올로 추출하여 엑기스로 만들어 사용한다. 기존에는 식물의 수지와 벌의 타액이 결합해야만 효능을 발휘하는 것으로 여겼는데, 어떤 실험결과에서는 벌의 타액은 별다른 작용을 하지 않는 것으로 추측되고 있다.

'자연의 페니실린'이라 불리기도 하는 프로폴리스는 항균, 항바이러스, 소독약제, 항진균성, 항생 물질의 원료로 쓰여진다.

1) 항균 · 함염증작용

수만 마리의 벌들이 살고 있는 벌집의 온도는 34℃ 전후로 여러 균이 서식하기에 적합한 조건이지만 프로폴리스 때문에 항상 무균상태를 유지하고 있다. 꿀벌들은 벌집 입구와 내벽에 프로폴리스를 발라 병원균의 번식을 막고 있고, 다른 생물의 침입시 프로폴리스로 코팅하여 부패를 막는다. 여러 연구결과 고초균, 포도상구균, 백선균, 대장균, 트리코모나스균, 살모네라균 등에 여러 균에 효과가 있는데, 이는 프로폴리스가 염증작용의 최종산물인 arachidonic acid의 lipoxygenase 경로를 제지하며, 핵전사요인인 NF-Kappa B의 활성화를 억제하여 항균작용을 담당하는 것으로 밝혀져 있다.

2) 면역작용

사람이 가지고 있는 자연 치유력은 면역기능 외에는 없다. 면역기능을 높이는 하나는 대식세포(macrophage)의 활성화이다. 대식세포(macrophage)에 프로폴리스를 처리하면 이 대식세포(macrophage)는 시간이 경과함에 따라 세균 등을 먹는 기능이 상승하며 움직임도 활발해지는 것으로 밝혀있다.

세균(항원)이 체내에 들어오면 대식세포(macrophage)가 먼저 그것을 먹고, 그 정보가 T세포에 전달되면 임파구가 만들어지고 바이러스 감염세포를 파괴하거나 항원과 반응한다. 또 B세포에 전달되면 항체가 생산되고 다시 항원이 체내에 들어오면 항체가 항원과 결합하여 독소를 중화하거나 세균을 용해한다. 이러한 면역기능에 의해 감염이나 알레르기를 막고 있다.

3) 항산화작용

사람이 마시는 산소 중 일부 과도한 운동, 스트레스, 과음, 과식 등으로 인해 체내에서 활성산소로 변한다. 이 활성산소가 과잉 생산되어 질병을 일으킬 때 유해산소라고 하며, 활성산소의 산화작용에 의해 과산화지질이 만들어진다.

체내에서 활성산소와 싸워줄 수 있는 유일한 방어물질은 SOD효소이다. SOD (Super oxid dismutase) 효소가 활발히 생성되어 활성산소와 합성하여 중화시키면 우리 몸에 활성산소가 생성되어도 아무런 문제가 없다. 그러나 사람이 나이 40세 이후가 되면 세포 내의 합성능력이 급격히 떨어지므로 노화가 촉진되고, 세포의 손상도 있게 된다.

SOD 효소의 기능을 높여 줌으로써 활성산소의 분해 및 억제작용에 기여할 수 있는 물질이 녹황색 야채와 씨앗, 나무의 껍질 등에 많이 함유되어 있다. 그중에서도 가장 많이 함유되어 있는 것이 프로폴리스이다.

4) 항바이러스작용

암 치료에 쓰이는 인터페론은 α형, β형, γ형의 3가지 형이 알려져 있다. 인터페론이 직접 바이러스를 공격하는 것은 아니다. 생체 각 세포에는 바이러스 침입을 기회로 삼아 인터페론을 만드는 유전자를 갖고 있으므로 세포대사계 상태를 일시적으로 변화시켜서 세포 쪽으로만 작용하는 방법으로 하여 바이러스의 감염을 방어한다.

바이러스, 세균 등 인터페론을 유발하는 물질을 인터페론 유도자라고 하는데, 바로 프로폴리스에 함유되어 있는 플라보노이드도 이러한 유도자의 하나이다. 또 인터페론은 표적 세포항원에 반응하지 않더라도 출현하는 자연 항체 NK세포 (Natural Killer)를 활성화하여 항바이러스 작용을 발휘하는 것으로 알려져 있다.

프로폴리스 중의 플라보노이드 종류는 백혈구를 자극하여 인터페론(항바이러스 물질)을 대량 생산하여 세포 내로 들어오는 바이러스 등을 방어한다.

제30절 영양보충용식품

1 개 요

동양 문화권에서는 예부터 의식동원(醫食同源)이라고 하여 우리가 섭취하는 음식이 건강을 유지하고 질병을 치료하는 데 밀접한 관련성이 있다고 믿어왔다. 따라서 현대인의 최대관심사인 삶의 질을 높이는 것은 건강한 삶을 영위하는 것으로 이를 위해 무엇보다도 올바른 식생활을 실천하는 것이 필수적인 전제요인이 될 것이다. 그러나 사람들이 균형 잡힌 식생활에 대한 필요성을 인식하여 올바른 식생활을 하는 데는 어려움이 많다. 또한 최근에는 과거와는 달리 풍요로운 식생활 환경에 처해 있어 생존만을 위해 필요한 열량과 영양소를 얻는 단계에서 벗어나 식품에 대한 의식도 건강 지향적으로 바뀌고 있으며 '어떻게 하면 보다 건강에 좋은 식품을 섭취하며 건강하게 장수할 수 있을까' 하는 문제에 수많은 관심이 모아지고 있다. 이런 시대적 상황 때문에 1990년대 들어서면서 식품의 기능을 이용한 각종 질병의 예방 및 치료에 대한 소비자의 관심이 높아지고 식품업체들은 이러한 조건을 만족시키는 제품개발에 관심을 기울이게 되었다. 특히 다양한 종류의 식품섭취가 어려운 유아, 비만치료자, 환자의 경우는 영양을 골고루 섭취할 수 없으므로 특정영양성분을 가감하여 필요영양소의 균형을 유지하도록 한 특수영양성분의 섭취가 요구되었다.

식품의 영양 강화를 크게 두 가지 측면으로 분류하면 첫째는 일반식품에 특정 영양소를 단순히 강화하여 그 영양소를 보급하는 차원이고, 둘째는 소비계층을 분명히 하고 식품을 제조·가공하는 단계에서 이들의 특수한 영양요구량을 충족시키기 위하여 일정한 함량 범위 내에서 첨가되어 조제되는 경우이다. 식품의 영양 강화는 1920년대 초반에 미국이 갑상선종을 방지하기 위하여 공중소금에 요오드를 첨가한 것을 시작으로 1936년에는 구루병 예방을 위하여 우유에 비타민 D를 강화하였다. 1940년대는 주로 곡류제품에 가공하는 동안 손실된 영양소를 복원하거나 원래 있던 수준보다 더 높은 수준으로 첨가하기도 하였고 그 결과 특정영양소의 결핍증 발현율

이 크게 감소하였다.

1960년대 이후 지속된 경제발전은 우리나라의 질병양상과 식생활 양상에 큰 변화를 가져왔다. 질병의 발생 유형은 감염성질환 위주에서 만성퇴행성 질환으로 변화되었으며, 주요 영양문제의 양상은 이전의 영양결핍 문제에서 과도한 식품의 섭취로 인한 영양과잉섭취 문제로 바뀌게 된 것이다. 이러한 변화는 비만인구와 여러 가지 만성퇴행성질환의 발병률을 증가시키는 주요 원인으로 지목되었다. 만성질환의 경우 식이요인이 질병의 발현과 진행에 중요한 변수로 작용하기 때문에 식생활 관리의 중요성이 예방의학 차원에서 강력히 부각되었다.

우리나라 국민의 식품군별 섭취량의 변화추이를 살펴보면, 식물성 식품군에서는 곡류 및 그 제품의 섭취량은 감소된 반면, 음료 및 조미료류의 섭취량은 계속 증가되는 것으로 나타났고 동물성 식품군에서는 육류의 섭취량은 크게 증가되었으나, 어패류의 섭취량은 1990년대 이후 계속 감소 추세로 나타났다.

표 1-34 영양소별 섭취량의 주요 급원식품

	단백질	지 방	칼 슘	철	비타민 A
1	백미 (20.2%)	돼지고기 (9.2%)	우유 (16.8%)	백미 (8.0%)	당근 (9.4%)
2	쇠고기 (6.1%)	콩기름 (8.8%)	멸치 (9.0%)	배추김치 (6.0%)	고춧가루 (8.9%)
3	돼지고기 (5.3%)	돼지삼겹살 (8.1%)	배추김치 (8.3%)	무청 (5.2%)	시금치 (6.3%)
4	닭고기 (5.1%)	쇠고기 (6.6%)	두부 (5.1%)	쇠고기 (3.8%)	배추김치 (6.3%)
5	달걀 (3.6%)	우유 (6.0%)	무청 (3.0%)	달걀 (3.3%)	달걀 (5.6%)

영양소별 섭취량의 주요 급원식품을 살펴보면 단백질의 많은 양이 곡류로부터 공급되며 육류도 단백질 공급에 상당한 부분을 차지하는 것을 볼 수 있다. 칼슘은 우유가 주요 공급원으로, 철분은 곡류로부터, 비타민 A는 식물성인 채소류, 과실류, 해조류 등으로부터 공급된다고 조사되었다. 곡류는 비타민 B_1과 B_2 그리고 나이아신의

주요 공급원으로도 조사되어 우리 국민의 영양소공급원으로서 중요한 식품으로 나타났다.

국민에게 공급되는 식품으로부터 영양공급량의 연차적 추이를 살펴보면 전반적으로 모든 영양소의 공급량이 증가하는 추세인 것을 볼 수 있다. 특히 이 중에서도 철분은 과거 15년 전에는 섭취권장량에도 미치지 못하는 수준으로 공급되어 철분섭취부족의 요인이 됐지만 지금은 그 공급량이 섭취권장량에 근접하여 철분 섭취 상황의 개선에 어느 정도 기여한 것으로 짐작할 수 있다.

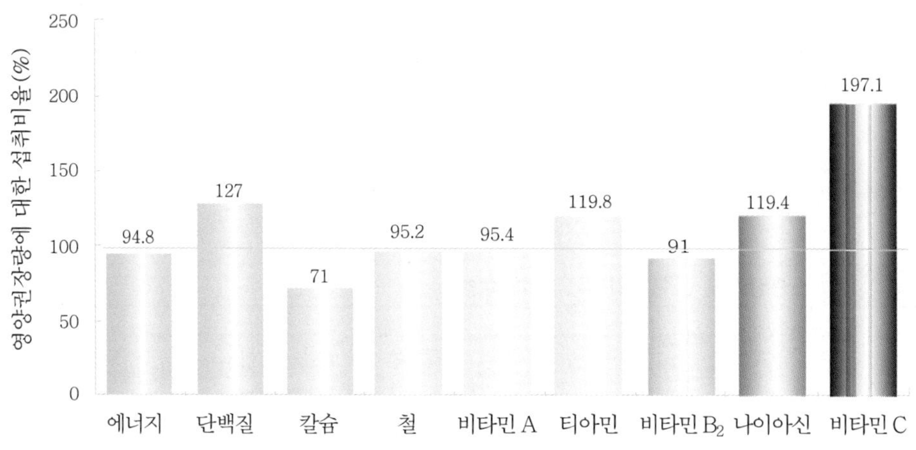

그림 1-32 **영양소별 영양권장량에 대한 섭취비율(%)**

그러나 영양소 섭취량을 한국인 영양권장량(제7차 개정)과 비교한 결과, 에너지, 칼슘, 철, 비타민 A 및 비타민 B_2의 섭취량이 권장량보다 낮았으며, 평균 칼슘 섭취량은 영양권장량의 71.0%로 가장 낮은 수준이었다. 특히 13~19세 청소년의 칼슘 섭취량은 권장량의 54.8%에 불과해 심각하게 부족한 것으로 나타났다. 칼슘과 철의 공급량은 과거와 비교하면 증가하는 추세지만 아직도 섭취권장량에 미치지 못하는 수준이므로 섭취상황을 개선하기 위하여 이들 영양소의 공급측면에서 개선될 필요성이 있다.

최근에는 여러 비타민이나 무기질 정제가 시판되고 있어, 일반식품 이외에 보충제 등을 통한 영양소 섭취가 용이하게 되었고, 이에 따라 '영양보충제'의 복용이 널리 확산되었다.

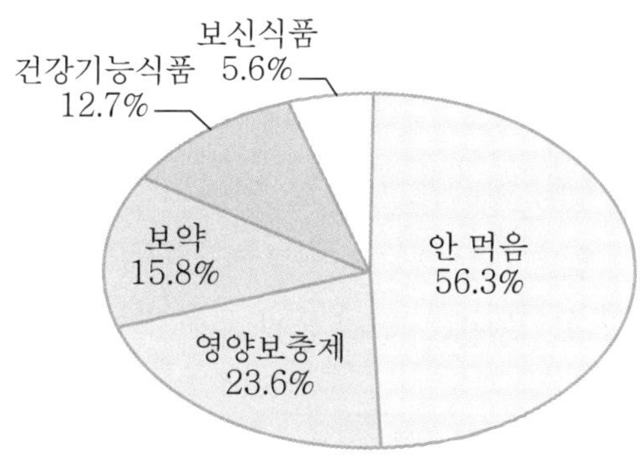

그림 1-33 영양보충제 섭취실태

2001년 국민건강영양조사에 따르면 조사대상자의 43.7%가 지난 1년간 비타민, 건강기능식품, 보신식품 및 보약을 섭취한 적이 있는 것으로 나타났다. 비타민을 섭취한 대상자는 전체의 23.6%로 가장 많아서 이들 보충제/식품을 섭취한 조사대상자의 54%에 달했다. 복용동기를 살펴보면 52.5%가 친지나 주위사람 권유로, 32.7%는 자신의 판단에 의해 섭취한다고 응답하였다. 따라서 영양보충제의 사용은 개인의 영양 필요에 의해서가 아닌 건강관심도나 기타 요인에 의해 결정되는 것으로 보인다.

산업이 발달하고 경제수준이 향상되면서 건강과 질병에 미치는 영양의 잠재적 역할에 대한 관심이 높아져왔다. 영양보충제의 복용은 실제로 임신 등의 특수 상황이거나 채식주의자이거나 질병이 있어 영양소가 부족한 사람들에게 영양소를 공급하고, 일반인들이 섭취하는 경우에는 전문가등과의 상담을 통하여 자신에게 부족한 영양소를 정확히 파악한 후에 섭취하여 건강을 유지하고 증진시키는 데 도움이 되어야 한다. 즉, 식생활에 대한 올바른 인식을 통하여 영양보충제를 남용 혹은 오용하지 않고 바르게 사용함으로써 건강한 삶을 영위할 수 있도록 해야 한다.

2 영양소함량에 관한 기준

영양보충용제품은 단백질, 비타민, 미네랄, 아미노산, 지방산, 식이섬유 중 영양소 1종 이상이 주원료이며, 이러한 영양소의 보충이 목적인 건강기능식품을 말한다. 식사를 대신하거나 영양소 이외의 다른 성분의 섭취가 목적인 것은 제외한다.

표 1-35 비타민과 미네랄의 함량 기준

영양소		1일 섭취량 최소함량	1일 섭취량 최대함량	규 격
비타민	비타민 A(μgRE)	210	700	표시량의 80~150%
	비타민 D(μg)	1.5	5	
	비타민 B(mg)	0.3	25	표시량의 80~180% (함량이 최대함량 권장기준을 초과한 경우 90~150%)
	비타민 B(mg)	0.36	12	
	비타민 B(mg)	0.45	10	
	비타민 B(μg)	0.3	60	
	비타민 C(mg)	16.5	1000	
	비타민 E(mgα-TE)	3	150	
	비타민 K(μg)	16.5	-	
	나이아신(mgNE)	3.9	13	
	비오틴(μg)	9	500	
	엽산(μg)	75	250	
	판토텐산(mg)	1.5	30	
미네랄	구리(mg)	0.45	1.5	
	마그네슘(mg)	66	220	
	망간(mg)	0.6	2	
	몰리브덴(μg)	7.5	25	
	셀렌(μg)	15	50	
	아연(mg)	3.6	12	
	요오드(μg)	22.5	75	
	철(mg)	4.5	15	
	칼륨(mg)	1050	-	
	칼슘(mg)	210	700	
	크롬(μg)	15	-	

비타민과 미네랄 보충이 목적인 경우 최종제품의 1일 섭취량당 비타민과 무기질의 최소함량(영양소기준치의 20% 이상), 최대함량은 위의 표와 같다. 단, 섭취 대상을 특별히 정하는 경우에는 한국인의 1일 영양권장량에서 정한 대상 연령군의 영양권장량의 30.0% 이상이어야 하며, 대상 연령군에 해당하는 영양권장량이 2개 이상인 경우 그중 높은 값을 사용한다.

신소재 기능성식품

chapter 01

기능성 원료

제1절 가르시니아 캄보지아(Garsinia Canbogia : G.C)

1 개 요

가르시니아 캄보지아(Garsinia Canbogia : G.C)는 Guttifera Garcinia종의 하나로 과피에는 HCA(Hydro Citric Acid)가 10~30%(건조중량) 함유되어 있다. HCA는 오렌지나 다른 밀감류에 존재하는 구연산(citric acid)과 매우 비슷한 물질로서 가르시니아는 남아시아 서식 나무의 마른 과일 껍질로부터 추출되어진다.

HCA를 가장 많이 함유하고 있는 종은 가르시니아 캄보지아이다. 이것은 오랫동안 돼지고기 및 생선의 souring agent로서 남부 인디아 해안지역에서 사용되어 왔으며, 전통적으로 이 과일의 조추출물은 소화를 돕는 데 보다 많은 음식물을 섭취할 수 있도록 하기 위해 사용되어 왔다. 식물 화학물질의 전문가들은 1960년대 후반에 HCA의 뛰어난 성질을 인식하기 시작하여 이때부터 구연산의 신체 내에서 탄수화물로부터 지방생성을 감소시킨다는 사실을 연구하기 시작하였다. 이러한 연구는 수년 동안 행해졌고 그 결과 HCA 사용특허를 취득하여 의약품으로서의 생리활성효과 등에 관해서 연구를 거듭하여 급속하게 발전하게 되었다.

HCA는 4가지의 이성체(수소원자와 산소원자가 네 가지의 다른 배치를 취하고 있다)가 발견되어 있는데, 가르시니아 캄보지아에 함유되어 있는 HCA는 그중 하나로

이 상태의 HCA가 다이어트 메커니즘에 작용하는 기능성성분이다. 이것을 자연 그대로 방치해 두면 수소원자 하나를 잃은 락토형으로 변화한다. 그러나 락토형에서는 앞에서 말한 다이어트 메커니즘에서 HCA 자연상태를 락토형으로 변화시키지 않게 할 필요가 있다.

HCA의 메커니즘은 체내와 탄수화물의 칼로리가 지질대사를 방해하고 글리코겐의 합성으로 전화시켜 에너지를 산출하는 것이다. 그것에 의해 여분의 지방 축적이 감소하여 다이어트 효과가 얻어진다.

2 기능성

1) 지방합성 차단

체내에서 사용하고 남은 당질은 간의 lipoxygenesis 대사를 통해 지방으로 축적되는데, 당은 미토콘드리아에서 구연산(citric acid) 형태로 전환되어 cytosol로 들어가 ATP-구연산리아제라는 효소에 oxaloacetate로 전환되어 최종적으로 지방으로 전환되어 지방세포 내에 쌓이게 된다. HCA는 이러한 ATP-구연산리아제와 결합(citric acid)보다 100배 정도 친화도를 가지고 있어 이의 활성을 방해하고 최종적으로 지방합성을 차단한다. 체내에서 구연산은 ATP구연산리아제라는 효소에 의해 분해되어 지방산이 된다. HCA는 ATP구연산리아제가 결합하여 구연산 분해를 막아 지방합성 경로를 차단하게 된다.

2) 에너지 생산

지방합성에 사용되지 못한 구연산은 그대로 장시간에 걸쳐 체내에 축적되어 글리코겐으로 합성된다. 운동 시에는 이 에너지를 사용할 수 있으므로 글리코겐의 절약효과를 얻을 수 있고 운동 수행시간을 연장할 수 있다.

3) 식욕억제

HCA에 의해 글리코겐의 축적이 증가하면 당질의 과잉이 뇌의 시상하부에 전달되어 식욕이 억제된다.

4) 지방분해

HCA에 의해 구연산이 분해되지 않기 때문에 마로닐-CoA(Malonyl-CoA)가 감소하여 체내 농도가 저하된다. 마로닐-CoA는 지방산을 합성하고 분해하는 양쪽 작용이 있어, 농도가 저하하면 지방합성보다도 분해작용이 활발해지기 때문에 결과적으로 지방분해가 촉진된다. 이는 운동 중에도 동일하며 운동 중 지방산화가 억제되는 이유 중 하나가 세포질 내에서 마노닐-CoA의 증가한다. 따라서 운동 전에 HCA를 섭취하면 운동 중 지방산화를 촉진시키기 때문에 운동 효과를 증가시킬 수 있다.

5) 체단백 보호

체내의 당질이 감소하면 그것을 채우기 위해 지방과 단백질을 원료로 당을 만들어 내는 「新糖生」이라고 불리는 작용이 일어난다. HCA가 존재하면 당질이 지방산으로 변화하지 않고, 그대로 에너지가 글리코겐으로 변화하기 때문에 체내의 단백질은 분해되지 않는다. 그 결과로 단백질은 보호된다.

HCA의 직접적 작용은 간세포에서 지방합성을 블록하는 것이며, 그 이외는 연쇄적으로 생기는 것이다. 임신중·수유중인 여성과 성장기의 어린이(비만아는 제외) 간장·신장·심장 등의 기능에 이상이 있는 사람 이외에는 HCA의 섭취에 별다른 문제가 없는 것으로 보고되고 있다.

제2절 세인트존스워트(St. John's wort)

1 개 요

그림 1-1 세인트존스워트

St. John's wort는 유럽과 서아시아 등이 원산지인 허브의 한 종류로 그 이름은 예수그리스도에게 세례를 베푼 밥스테마 성요한의 이름에서 유래했다고 한다. 고대 그리스와 로마 사람들 사이에서는 신비한 힘을 지닌 식물로 알려져 있어 이런 이름이 붙은 것으로 보인다. 종속명인 'perforatum'은 '구멍이 뚫린'이라는 뜻을 가진 라틴어에서 비롯되는데, 이것은 잎에 있는 반투명한 반점이 마치 구멍이 뚫린 것처럼 보이기 때문이다.

다년초로 키는 30~60cm 가량 자라고, 6~8월에 노랑색의 5판화가 많이 피며, 꽃이 진 후 작고, 둥근 검은 씨가 들어 있는 열매가 열린다.

고대 유럽 사람들은 잎과 꽃에 많이 포함된 히페리신이라는 형광물질이 피처럼 적색을 띠고 있는 것 때문에 신성한 물질로 인식하여 귀신을 쫓는 데 사용했다고 한다. 유럽에서는 전통적으로 마음의 어두움을 비추는 「선샤인 허브」로 불면증이나 우울증에 이용되었고, 올리브 오일에 담근 빨간 기름은 상처나 타박상 등 외용약으로도 사용되었다.

최근 들어 St. John's wort의 항우울작용이 주목을 받아 1996년에 British Medical Journal에서 임상시험의 총설이 발표되고부터는 미국에서는 기존의 항우울약의 대용으로 많은 판매를 올렸다.

St. John's wort의 항우울작용으로 뇌내 신경전달물질인 모노아민류의 조절이 관찰되고 있으나 아직 명확하지는 않다. 최근 대량 섭취에 따른 광과민증이 1건 보고되었으나, 통상의 섭취량으로는 광과민증의 가능성은 낮다고 보고되고 있다.

2 기능성

1) 신경전달물질조절

항우울작용의 메커니즘으로서 신경전달물질인 모노아민류의 농도조절이 관찰되고 있다. 이전에 하이페리신(hypericin)의 모노아민 분해저해(MAO, COMT저해)에 의한다고 여겨졌으나, 최근에는 세로트닌의 재수용저해 등에 의해 세로트닌 농도를 올린다는 설이 일반적이다. St. John's wort를 투여한 쥐에게서 뇌내 신경종말에서의 세로트닌, 놀아드레날린, 드파민 등의 신경전달물질 모노아민의 농도상승이 보고되어 있다.

활성성분으로서는 하이페포린(hyperforin)이라는 보고와 아멘토플라본(amentoflavone)이 아미노낙산(GABA) 수용체를 저해한다는 보고도 있다.

2) 항바이러스작용

St. John's wort의 후라보노이드에는 항인플루엔자 바이러스 작용, 항헬페스바이러스 작용이 보고되어 있다. 또 HIV 바이러스에의 효과도 시험되고 있다.

제3절 로즈마리(rosemary)

1 개 요

그림 1-2 로즈마리

Rosemary(Rosemarinus officinalis L)의 속명은 옅은 청의 작은 꽃이 이슬처럼 보인다는 것에서 라틴어의 ros(이슬)와 marine(바다)에서 이름지어졌다. 지중해 연안의 건조한 지역에서 자생하고, 원예용, 관상용으로도 인기가 높아 전세계에서 재배되고 있다. 내한성, 반내한성의 원예종 등도 많이 만들어지고 있다.

약용으로서의 이용은 진통, 진정, 소화촉진, 혈액순환개선으로 특히 관절통, 신경성에 기인하는 불면, 두통, 위통 등의 증상에 좋다고 되어 있다. 서양에서는 신경통, 류마티스, 심장질환의 외용제(만넨로정, rosmarin, spiritus)로서, 독일 약국방 DAB에서는 복합 만넨로연고(Ungt. Rosmarini conposerum)가 기재되어 있다. Kincipp에 의하면 그의 배합에 의한 Kineipp-Heilmittel werk로 제조되는 rosemary 와인을 낮과 저녁 식사 후 1잔 마시는 것으로 아토니성 위염증상에 의한 전신적인 순환쇄약이 개선된다고 한다. 중국에서는 풀 전체를 미질향이라 부르고, 약용으로서 이용되고 있다. 그 외 입욕제로도 사용되어 전신의 피로를 풀어준다. 생잎 또는 건조한 잎을 요리용 허브로서 냄새가 심한 고기나 스튜, 우스터소스의 향미료, 식품보존 시 살균, 산화방지에 이용하고 있다. 건조해도 향이 사라지지 않으므로 보존이 가능한 귀중한 허브이다. 또 아로마테라피 오일로서도 인기가 높다. 꽃말은 '정절, 성실, 변치않는 사랑과 기억'이다.

② 기능성

1) 혈당저하작용

Rosemary 추출물을 고혈당 쥐와 정상 쥐에게 투여한 결과, 고혈당 쥐에서만 현저한 혈당치 저하가 보였다.

2) 종양유발저해

0.5~2% 정도의 rosemary를 쥐에게 부여하였더니 발암물질(B(a)P, AOM, DMBA)에 의한 위 상부, 폐, 결장, 유방의 종양형성이 대조군에 비해 명확하게 억제되었다.

3) 항염증작용

Rosemary 중의 carnosol이나 ursolic acid 성분으로 인해, TPA나 아라키돈산에 의해 유발되는 쥐의 귀 안의 피부염이 억제되었다. 또 쥐 표피에서 TPA에 의해 유발되는 피부비후, 내피세포의 부종형성, 백혈구의 세포외삼출 등도 저해되었다.

4) 항경련작용

모르모트에게 rosemary 오일을 부여함과 동시에 몰핀을 투여한 결과, 항경련작용이 관찰되었다.

5) 세균성독소의 쇼크억제

동물에게 세균성내독소 엔드토키신을 투여하면 혈압 저하, 혈소판 감소 등의 쇼크 증상이 관찰된다. 토끼에게 우선 엔드토키신을 투여하고 그 후 rosemary 중의 로즈마린산(rosemarinic acid)을 투여한 결과, 명확하게 엔드토키신 쇼크가 억제되었다.

제4절 아가리쿠스 버섯

1 개 요

그림 1-3 아가리쿠스 버섯

아가리쿠스 버섯은 피에다데(Piedade)라고 하는 곳에서 자생하고, 이 지역은 브라질의 남동부에 위치하고 있으며, 브라질의 수도인 상파울로에서 200km 정도 떨어진 산간지역이다.

원래 이 지방은 야생마들의 서식지로서 마분이 비료가 되어 만들어진 토양이 아가리쿠스 버섯을 자랄 수 있게 하였고, 산지의 습도는 80%, 낮 기온 35℃, 밤 기온 20~25℃로 대단히 높으며, 정기적으로 열대지방 특유의 소나기가 내리는 지역이다.

아가리쿠스 버섯은 이러한 특이한 토양과 기상조건에서만 자생하는 희귀한 버섯으로서 이 지역 주민들은 옛날 잉카시대부터 식용하여 왔다고 한다. 그러나 환경의 변화로 인하여 지금은 야생마가 급감하였으므로 아가리쿠스 버섯은 거의 자연생산되지 않는 실정이다.

아가리쿠스 버섯의 학명은 '아가리쿠스 블라제이(Agaricus blazei Murill)'인데 이 버섯의 원산지가 브라질이기 때문에 붙여진 이름이며, 원래 브라질에서는 '로열 아가리쿠스(Royal agaricus)'또는 '태양의 버섯'이라고 부르고 있다.

우리나라에서는 '흰들버섯' 또는 '신령버섯'이라고 부르며 식품공전의 식품원재료 분류표에는 '흰들버섯(아가리쿠스 블라제이)'이라고 기재되어 있다.

아가리쿠스 버섯이 주목받기 시작한 것은 1960년대에 아메리카의 펜실베니아 주립대학 신든박사와 램버트 연구소의 램버트 박사를 주축으로 하는 연구팀에 의해 1965년 성인병 예방과 치료에 매우 효과적이라는 사실이 발표되면서부터였다. 그 후 일본에서 30여 년간의 연구를 통해 1992년부터 인공재배되어 현재 일본에서는 많은 환자들이 치료에 활용하여 매우 큰 효과를 보고 있고 각종 질병의 예방차원으로도 상용되고 있다.

2 기능성

아가리쿠스 버섯의 성분에는 단백질 39.64%, 칼륨 3.36%, 섬유질 7.35%, 지방 3.68%, 회분 7.89%, 탄수화물 41.40%, 인 1.01%, 식이섬유 28.14%, 나트륨 46.1mg, 칼슘 19.7mg, 철분 19.7mg, 비타민 B_1 0.52mg, 비타민 B_2 0.37mg, 나이신 44.2mg, 에르고스테롤 383mg이 함유되어 있다.

아가리쿠스는 일반 버섯에 비해 탄수화물, 단백질, 식이섬유 등이 풍부하고 비타민류로는 비타민 B_1, B_2, 나이신 및 비타민 D_2의 전구물질인 에르고스테롤을 다량함유하고 있다. 뿐만아니라 각종 미네랄을 비롯, 리놀산을 주성분으로 한 불포화지방산 및 핵산, 아미노산 등도 매우 풍부하다.

특히 다당류의 일종인 베타글루칸은 인간의 정상적인 세포조직의 면역기능을 활성화시켜 암세포의 증식과 재발을 억제하고 면역세포의 기능을 활발하게 하는 인터글루칸, 인터페론의 생성을 촉진시킨다.

아가리쿠스에는 β-글루칸 외에 암세포의 증식을 억제하는 스테로이드, 발암물질을 흡착하고 체외로 배출시키는 것으로 기대되는 식물 섬유 등이 풍부하게 함유되어 있다.

1) 다당류 활성 β-글루칸

버섯류에는 원래 양질의 다당류가 많이 포함되어 있으나, 아가리쿠스는 다른 버섯과는 비교할 수 없을 정도로 많은 활성 β-글루칸이 함유되어 있다고 보고되고 있다. 활성 β-글루칸은 인간의 정상적인 세포조직의 면역기능을 활성화시켜 신체 내에 침입한 세균이나 이물질을 격퇴시키거나 감염이 되었더라도 발병을 억제해주는 효과가 있다. 체내의 암세포에 β-글루칸을 투입하면 면역세포가 활성화되어 암의 진행을 늦추거나 전이를 막는 중요한 역할을 한다.

2) 스테로이드

아가리쿠스의 자실체는 6종류의 스테로이드를 얻을 수 있는데 이 중에 세레비스테롤 유도체와 에르고스테롤 산화 유도체에 암세포의 증식을 막는 효과가 있는 것으로 보고되고 있다. 이것은 자궁경부 암세포를 사용한 HeLa 실험에서 증명된 결과로 각 8ppm, 6ppm, 32ppm이라는 저농도의 스테로이드가 암세포의 증식을 억제하는 것으로 보고되고 있다.

3) 식물섬유

아가리쿠스에는 키틴질, 헤테로 다당 등에 속하는 식물 섬유를 다량 함유하고 있는데 이 식물 섬유는 장내에서 발암물질을 흡착하여 인체에의 흡수를 막고 배출을 빠르게 한다. 이것은 직장암, 결장암의 예방에 중요한 요소이다. 그 외에 위암, 폐암, 간장암, 자궁암, 유암 등에 대해 아가리쿠스가 효과가 있다고 보고되고 있다.

4) 불포화지방산과 인지질

불포화지방산은 암 억제효과가 있고 탈콜레스테롤 작용, 항혈전활성이 강력한 성분으로 의학계에서 주목받고 있는 물질로 심근경색이나 동맥경화를 방지하고 인지질은 노화를 예방되는 것으로 보고되고 있다.

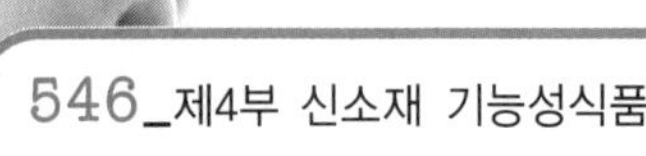

제5절 상황버섯

1 개 요

「상황」이라는 말은 중국에서 유래된 말로 「桑黃(뽕나무 상, 누를 황)」이라 쓰며, 소나무 비늘 버섯과에 속하는 버섯으로 진흙버섯(phellinus)에 속하는 흰색 부후균이다. 이 버섯은 주로 뽕나무와 활엽수 줄기에서 자생하며 보통명으로 목질 진흙버섯(phellinus linteus)이라고도 하며, 동의보감에서는 상목이(桑木耳)라는 이름으로 탕액편에 기록되어 있다. 갓은 지름 6~12cm, 두께 2~10cm로, 반원 모양, 편평한 모양, 둥근 산 모양, 말굽 모양 등 여러 가지 모양을 하고 있다. 표면에는 어두운 갈색의 털이 짧고 촘촘하게 나 있다가 자라면서 없어지고 각피화한다. 검은빛을 띤 갈색의 고리 홈이 나 있으며 가로와 세로로 등이 갈라진다. 가장자리는 선명한 노란색이고 아랫면은 황갈색이며 살도 황갈색이다. 자루가 없고 포자는 연한 황갈색으로 공 모양이다.

다년생으로 뽕나무 등에 겹쳐서 나는 목재부후균이다. 초기에는 진흙 덩어리가 뭉쳐진 것처럼 보이다가 다 자란 후에는 나무 그루터기에 혓바닥을 내민 모습이어서 수설(樹舌)이라고도 한다. 항암 효과가 뛰어난 것으로 알려져 있으며, 귀중한 약재로서 한국에서는 대량으로 재배하고 있다.

그림 1-4 상황버섯

2 기능성

1) 면역체계의 강화

상황버섯으로 항암 치료를 함에 있어서 화학 요법 및 방사성 치료로 인해 약해진 생체 내의 여러 가지 기관들의 기능을 부활시키거나 면역기능을 활성화시키고 화학 요법제의 치료에서 따르는 구토, 체중 감소, 오심, 탈모 등과 같은 부작용을 최소화 시키고 및 암 부위의 절제 수술 같은 외과적인 처치로 생체내의 약해져 있는 면역기능을 강화시키는 것으로 보고되었다.

상황버섯의 주요 항암작용은 자연세포독성세포(Neutral killer cell)의 활성을 증가시키고, 면역반응의 보조, 암세포와 같은 항원보유 세포 파괴 및 면역반응을 T 세포의 활성을 증가시키며, 외부 물질이 침투하였을 때 이에 대항하기 위한 물질을 생산하는 항체 생산을 하는 B 세포의 활성을 증가시킨다. 그리고 생체 내에 이물질이 침입하면 최전방에서 싸우는 대식세포(Macrophage)의 활성도 증가시키는 것으로 보고되어 있다.

2) 혈당개선

특히 생체 내의 혈당량을 조절하는 인슐린을 생산하는 췌장 내의 베타세포에 대한 자가 면역반응으로 생기는 제1형 당뇨병(IDOM)에 유효하다는 연구결과가 보고되었다. 상황버섯은 이러한 환경에의 자극으로 인한 면역 기능의 감소와 약화를 막아 성인병을 예방하고 치료에 도움을 주어 삶의 질을 향상시켜 줄 자연에서 채취한 신비한 약용버섯이라고 할 수 있다.

제6절 동충하초

1 개 요

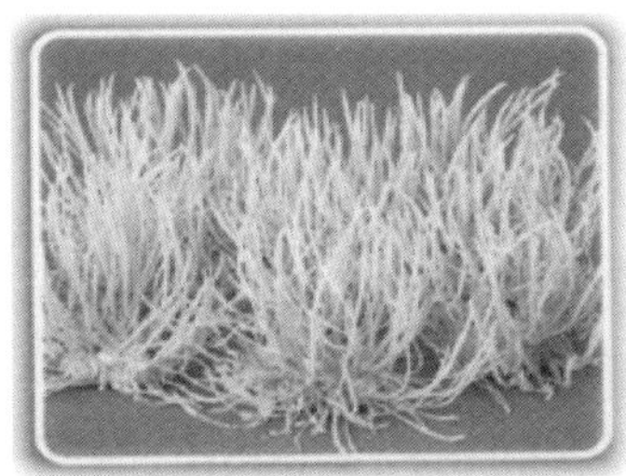

그림 1-5 동충하초

동충하초라는 이름은 원래 겨울에는 곤충의 몸에 있다가 여름에는 풀처럼 나타난다는 데서 나온 말이다. 즉, 동충하초균은 곤충의 몸에 침입하여 죽게 한 다음 그 기주(寄主)의 양분을 이용하여 자실체를 형성하는 일종의 약용버섯이다. 원래는 박쥐나방과(hepialidae)의 유충에서 나온 동충하초(cordyceps sinensis)를 지칭하는 것이지만 오늘날에는 곤충뿐만 아니라 거미, 균류 등에서 나오는 버섯을 모두 총칭하여 부른다. 최초의 기록은 1082년 중국의 문헌 『증류본초(證類本草)』에 선화(蟬化 : 매미동충하초)가 등장한다.

1727년 중국에 선교 온 프랑스 선교사 한 분이 시중에서 입수하여 본국에 송부, 연구한 것을 과학아카데미에 발표함으로써 서양에 알려지게 되었고 그 후 1892년 Cooke란 사람이 동충하초에 관한 전서를 출간하면서 제목을 'Vegetable Wasps and Plant Worms'라고 하여 동충하초의 영어명칭이 되었으니, 코디셉스(cordyceps)란 어가 현재는 널리 사용되고 있다.

오늘날 동충하초란 명칭은 곤충이나 절지동물, 균류 또는 고등 식물의 종자에 기생하는 모든 균류를 총칭하며, 균학적으로는 자낭균강(子囊菌綱), 불완전균강(不完

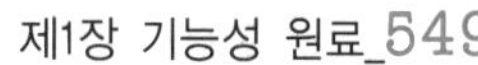

全菌綱), 접합균강(接合菌綱)에 속한다. 지금까지 알려진 곤충을 침입하는 곰팡이균은 약 800여 종으로 이들 중 버섯을 형성하는 것으로 알려진 대표적인 균은 대부분 자낭균류의 동충하초속에 속하는 균들로서 약 300여 종이 보고되었으며, 한국에서도 번데기동충하초 등 현재까지 76종이 채집되어 분리 동정(同定)되었다. 동충하초는 기생하는 곤충에 따라, 같은 곤충일지라도 유충과 성충을 침입하는 동충하초의 종류가 다른 경우도 있다,

곰팡이의 일종인 동충하초균이 주로 온·습도가 높아지는 시기에 살아 있는 곤충의 몸속으로 들어가 발육증식하면서 자낭포자(子囊胞子)나 분생포자(分生胞子)를 형성하여 곤충들의 활발한 활동 시기인 봄, 여름, 가을에 살아 있는 곤충의 호흡기, 소화기, 관절 등의 부드러운 부분에 부착하여 침입한다. 곤충에 부착하여 발아한 포자는 발아관(發芽管)을 형성하여 곤충 체내로 침입하고, 충체 내 영양분을 섭취하면서 균사를 뻗어 결국 곤충을 죽음에 이르게 한다. 일단 균사가 곤충의 체내를 완전히 메우게 되면 균사는 딱딱한 균핵을 형성하여 곤충의 형태를 그대로 유지하다가 다음 해에 동충하초를 형성한다. 버섯이 나오는 부분을 일률적으로 말할 수는 없지만, 주로 곤충의 입, 가슴, 머리, 배에서 자좌(子座)를 형성하고 자좌가 성숙하여 자낭포자나 분생포자를 방출, 다시 곤충에 접촉하여 침입하는 과정을 반복한다.

좀 더 자세히 말하면, 동충하초의 침입 단계를 셋으로 나눌 수 있다. 균핵의 형태로 월동한 균의 포자가 기주의 외피에 부착, 발아하는 것이 그 첫째 단계이다. 공기 중의 기주에 포자를 형성하는 경우 곤충에 포자가 부착할 활률은 외부 환경 조건, 병원성을 가진 감염원(感染源)의 양, 기주 곤충의 밀도 등에 상당한 영향을 받는다.

병원성 발현의 둘째 번 단계로는 발아한 포자가 기주의 외피로 들어가는 단계이다. 감염 기관이 곤충의 체내로 들어가는 데는 전적으로 충체의 외피와 상피 세포를 뚫고 들어갈 수 있는 발아관의 능력에 의존하는데, 발아관이 딱딱한 외피를 뚫고 충체 내로 들어가는 데는 발아관의 기계적·효소적 작용이 관련된다.

병원성 발현과 관련된 마지막 단계는 일단 곤충의 체내로 침투하는 데 성공한 균이 곤충의 체내에서 성장, 증식하는 단계를 들 수 있다. 침투한 곰팡이균은 병원성을 가진 포자 또는 균사와 같은 전염기관을 신속하게 복제함으로써 기주 곤충의 면역 체계를 파괴시킨다. 이렇게 생장한 병원균은 충체 내에 퍼져 기주를 죽게 하는

데, 기주 곤충의 죽음은 병원균이 충체 내에서 생장하는 단계의 종료를 의미하며, 이어 병원균은 기주의 장관(腸管) 내에서 사는 세균에 대항하는 항생물질을 생산하며 살아가게 된다. 적합한 환경 조건에서는 충체 외피 밖으로 자실체를 형성하지만, 불리한 환경하에서는 균에 따라 휴면기관(休眠器官)인 균핵(菌核), 후막포자(厚膜胞子), 접합포자(接合胞子)와 난포자(卵胞子)를 생산하여 월동하고, 기주가 없는 상태에서도 생장을 지속하게 된다.

동충하초는 수분 10.84%, 지방 8.4%, 조단백 25.32%, 탄수화물 28.9%, 회분 4.1%로 구성되어 있으며, 지방 성분으로는 포화 지방산이 13%, 불포화 지방산이 82.2%, 비타민류로는 비타민 B_{12}가 100g당 0.29mg 정도 함유되어 있는 것으로 보고되고 있다. 그 외 동충하초의 생리활성성분은 코디세핀, 코디세픽 폴리사카라이드, 코디세픽 산, 아미노산, 비타민 전구체 등이 함유되어 있다고 알려져 있다.

그 결과 밀리타리스 동충하초에서만 코디세핀이 검출되었으며 특이한 사항은 동충하초 중에서 가장 효과가 좋다고 알려진 중국의 시넨시스 동충하초에서는 코디세핀이 발견되지 않았다는 것이다. 하지만 일부 중국 논문에서는 시넨시스 동충하초에서도 미량의 코디세핀이 검출되었다는 보고가 학계에 전해진다.

유용성분	영문명	중국명	기 능
Cordycepin	코디세핀	충초소(蟲草素)	천연항생제,면역증강물질
Cordycepic	코디세픽 폴리사카라이드	충초다당(蟲草多糖)	면역증강물질,생리활성물질
Cordycepic acid = Mannitol	코디세픽 산(만니톨)	충초산(蟲草酸)	혈관확장물질
Amino acid	아미노산		생리활성물질
Vitamin 전구체	비타민 전구체		생리활성물질

2 기능성

일찍이 동충하초의 다양한 약리활성 성분에 의해 중국에서는 불로장생의 비약으로 알려져 왔으며, 중국의 청나라에서도 동충하초를 약재로 최초로 사용했다는 기록이 전해진다. 또한 녹용, 인삼과 함께 3대 한방 약재로 여겨져 왔으나, 그 희귀성으로 인하여 대중적인 약재는 되지 못하였다고 전해진다.

최초 동충하초의 효능에 관한 기록은 중국 청나라 『본초종신(本草從新)』에 폐를 보호하고, 신장을 튼튼하게 하며, 출혈을 멈추게 하고, 담을 삭이고, 기침을 멋게 한다고 인용되어 있으며, 중국 고의서 『증류본초』에는 용충초, 아향봉충초 등 여러 종의 동충하초가 종별로 다양하게 광범위한 질병효능을 나타낸다고 기록되어 있다. 또한 1801년 에도시대(江戶時代)의 『본초서』에는 폐병이나 늑막염의 특효가 있다고 기록 되어 있으며, 그 외에도 '동충하초는 폐를 보호하고 신장을 튼튼하게 하는 영양 강장제로 면역 기능을 강화한다'고 보고되어 있다.

동충하초의 면역력 강화 효과는 인체 내 면역기능이 향상되면서 저항력이 증가하여 병에도 잘 걸리지 않을 뿐만 아니라, 회복 속도 또한 증가시켜 준다는 연구보고가 있다.

chapter 02

기능성 성분

제1절 라이코펜(lycopene)

1 개 요

우리나라의 식생활이 서구화되고 노년층 인구가 늘어남에 따라 전립선암의 발생이 증가하고 있다. 전립선암과 식생활에 대하여 밝혀진 바로는 총에너지 섭취, 지방, 특히 동물성 지방의 과다섭취는 전립선암의 발생을 증가시키는 경향이 있고, 섬유질이 풍부한 음식, 셀레늄, 비타민 D, 비타민 E, 콩, 차 그리고 토마토 등의 섭취는 전립선암을 예방하는 것으로 알려져 있다. Giovannucci 등의 코호트 연구(cohort study)를 계기로 전립선암의 예방과 관련하여 토마토와 라이코펜에 대한 관심이 증가하고 있다.

라이코펜은 토마토 유래의 카로티노이드 계열 물질로 토마토뿐 아니라 수박이나 파파야, 자몽 등에서 얻어지는 붉은 색소의 본체를 이루고 있는 물질이다. 다른 카로티노이드처럼 식물과 동물에서 발견되는 천연 지용성 색소이며 산소와 빛의 유해한 영향으로부터 미생물을 보호하는 작용을 한다.

라이코펜의 분자식은 $C_{40}H_{56}$로 40개의 탄소 원자를 갖고 11개의 공유 이중결합을 가지는 긴 열린 형태의 사슬 구조이다. 자연 상태의 토마토는 trans 입체 이성질체 형태로 존재하는데 이 자체로는 체내 흡수성과 안정성이 낮아 생체 이용률이 대단히

낮다. 반면 토마토 가공품은 가공 과정 중 가해지는 열에너지에 의해 trans 형태가 생체 이용률이 높은 cis 형태(5-cis, 9-cis, 13-cis, 15-cis)의 이성질체로 변환한다. 따라서 천연 토마토보다는 토마토 페이스트, 소스, 케첩 등의 가공식품 형태로 섭취할 때 영양적 가치 면에서 우수한 형태의 라이코펜 섭취가 가능하다.

그림 2-1 라이코펜의 구조

사실 라이코펜을 비롯한 카로티노이드 계열 물질들은 이미 수십여 년 전부터 천연물 화학 학자들에 의해 수많은 연구가 행해졌던 기본적인 물질들이다. 특히 베타-카로틴, 루틴 등과 더불어 라이코펜은 상업적으로 가치가 있는 물질로 평가받고 있다. 그동안은 주로 착색에 관한 용도 이상으로 평가되지 못했으나, 지난 2000년 일본시장에서 게 및 새우 등의 껍질 색깔을 구성하는 카로티노이드 물질인 astaxanthin이 가지고 있는 강력한 항산화 활성이 주목을 받으며 색소 카로티노이드 물질들의 잠재 기능성이 갖는 연구가 활발해졌다.

최근 연구에서 라이코펜을 함유한 토마토를 많이 섭취할 경우 유방암과 전립선암을 낮출 수 있을 뿐만 아니라 혈중 콜레스테롤 수치를 낮출 수 있다고 보고된 바 있다.

2 기능성

1) 항암 작용

동물이나 암세포를 이용한 실험에서 라이코펜은 폐암, 간암, 위암, 유방암, 자궁경부암, 대장암, 방광암 등에 효과를 보였다. 특히 전립선암에 관한 한 라이코펜은 단순히 예방을 넘어 치료에도 일부 도움을 주는 것으로 평가된다.

Giovannucci 등의 코호트 연구(cohort study) 결과를 살펴보면 비타민 C, 비타민 E, 엽산, 섬유소 등이 풍부한 토마토를 제외한 과일과 채소의 섭취는 전립선암과의 어떠한 상관관계도 보이지 않았으나, 토마토나 토마토 가공식품의 섭취는 전립선암 예방 효과가 있는 것으로 나타났다. 이들은 6년 동안의 추적연구(follow-up study)를 통하여 1일 6.4mg 이상의 라이코펜 섭취는 전립선암의 발생 위험을 약 21%까지 낮춘다고 보고했다. 이들의 연구를 종합해 볼 때, 전립선암 환자와 건강한 사람들의 식습관의 주요한 차이는 토마토의 섭취량에 있었다. 토마토 섭취는 혈중 라이코펜의 농도를 직접적으로 증가시켰고, 따라서 라이코펜이 토마토 성분들 가운데 전립선암 예방 효과가 있는 생리활성물질로 추정되고 있다. 항암작용 기전은 Kucuk 등의 임상실험을 통해 라이코펜이 세포의 생성-소멸 주기를 조절하는 분자를 변화시킴으로써 전립선의 전암세포와 암세포의 자연소멸을 유도하는 것으로 추정된다. 또한 라이코펜은 통제능력을 잃고 무한 증식하는 암세포를 정상적인 수명을 지닌 세포로 전환시키는 작용을 하는 것으로 생각된다.

2) 항산화 작용

활성산소는 혈액 속에 있는 콜레스테롤을 산화시켜 동맥을 굳게 하거나, 세포를 손상시켜 암이나 노화를 유발한다. 토마토의 라이코펜은 여타 카로티노이드와 더불어 이런 활성산소의 작용을 억제한다.

표 2-1 카로티노이드의 항산화 작용 비교

Carotenoid	Rate Constant for Quenching of $O_2\cdot-$ Kq×109
lycopene	31
α-carotene	19
β-carotene	14
γ-carotene	25
lutein	8
astaxanthin	24

라이코펜은 베타-카로틴에 비해 이중결합이 두 개 더 존재하므로 매우 쉽게 산화되고, 체내에서 유해한 산소(singlet oxygen, $O_2^{\cdot -}$)를 제거하는 능력이 베타-카로틴의 2배, 토코페롤의 10배의 효능을 지닌 매우 강한 항산화제로 작용한다. In vivo 연구에서 라이코펜은 항산화성을 가짐으로써 혈청 지질과 LDL-콜레스테롤의 산화를 유의적으로 감소시켜 주는 것으로 나타났다.

3) 항동맥경화성

최근의 역학조사에 따르면 조직과 혈청에서 라이코펜의 수치가 높을수록 관상동맥 질환의 위험이 감소한다고 한다. 즉 토마토 가공품에 함유되어 있는 라이코펜이 심장혈관 질병의 주요 원인이 되는 lipid peroxidation을 예방하는 효과를 가진다는 것이다.

라이코펜의 항동맥경화성에 대한 기전은 아직 확실하지 않다. 하지만 라이코펜은 콜레스테롤의 합성을 저해하고, HMG-CoA reductase 활성을 저해하며, 대식세포의 LDL receptor를 증진시킨다. 또한 사람을 대상으로 한 연구에서 라이코펜은 LDL-콜레스테롤을 저하한다고 보고되었다.

제2절 콜라겐(collagen)

1 개 요

인간의 몸에는 약 500만 종류의 단백질이 존재하는데 그 중 약 30~40%를 차지하는 것이 콜라겐이다. 콜라겐은 인간과 동물의 신체를 구성하는 섬유상태의 경단백질(albuminoid)로 교원질이라고도 한다. 인간의 몸을 구성하는 데 가장 중요한 물질 중 하나인 콜라겐은 뼈, 피부, 연골, 장기, 혈관 등 결합조직의 주성분으로서 특히 피부조직에 있어서는 진피의 70%가 콜라겐으로 형성되어 있다. 또한 뼈를 구성하고 있는 단백질 중 90%는 콜라겐이다. 우리 주위에서는 요리한 생선이나 고기가 식었을 때 엉겨 붙는 물질로 흔히 볼 수 있는데, 동물의 뼈와 껍질을 열처리 하면 조직으로부터 콜라겐 분자가 추출된다.

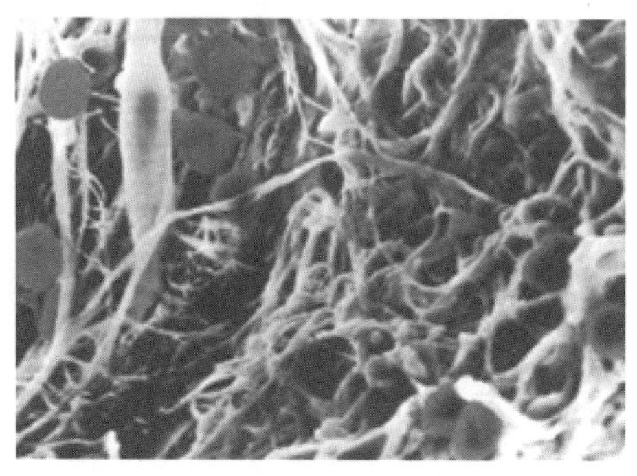

그림 2-2 콜라겐 섬유의 망상 구조

인체 내에서 콜라겐의 역할은 세포들 간의 접착제, 몸과 장기의 구조체, 세포기능의 활성화, 세포의 증식작용 등이 있다. 콜라겐은 프롤린, 하이드록시프롤린, 글리신, 글루탐산 등 여러 가지 아미노산이 꼬여서 3선의 나선형 사슬형태를 띠며 트립토판과 시스테인이 없어 폴리펩티드 중에서 가장 강력한 접착력을 나타낸다. 또한

다른 단백질은 대부분 세포 내의 수분에 용해되어 있지만 콜라겐은 세포외에 존재하며 섬유와 막의 구조체를 가지고 있다.

콜라겐이 주목을 받기 시작한 것은 최근 10년 정도의 일이다. 초기에 콜라겐은 화장품에 함유되는 보습 성분으로서 알려져 있던 소재였으나, 최근에 동물체의 노화에 따른 피부 및 뼈 등의 탄력 저하와 근육의 경직 현상이 콜라겐 분자의 변화 때문이라고 알려지고 있다. 인간은 20세가 넘으면 체내에서 생성되는 콜라겐의 양이 급격히 줄어들거나 콜라겐 자체 노화가 일어난다. 콜라겐이 부족하면 피부에서는 탄력과 보습력이 떨어지고 주름이 생기는 등 피부노화가 나타나고 연골의 수분이 부족하게 되어 관절의 통증을 느낀다. 또한 콜라겐이 부족한 뼈에서는 칼슘이 빠져나가 뼈가 약해지게 되며 노폐물이 체내에서 막혀 건강상 문제를 가져오게 된다.

콜라겐의 활용도는 점차 커지고 그 기능성이 널리 활용되고 있는 실정인데, 그동안 콜라겐은 분자량이 커서 소화와 흡수율이 매우 낮은 식품으로 분류되어 그 자체를 식품으로 이용하기가 어려웠다. 일반적으로 의료용이나 화장품용으로 사용되고 있는 콜라겐은 동물의 피부와 뼈에서 추출한 것으로 분자량 약 10만 가량의 폴리펩티드 사슬이 3개 모여 나선구조로 이루어진 고분자단백질이다. 상온에서 콜라겐은 추출한 직후부터 분해가 되는 지극히 불안정한 성분으로 콜라겐의 불안정한 상태를 안정화하기 위해 콜라겐을 가열하여 용해시켜 산과 효소로 세분화한 것이 콜라겐 펩티드이다. 분자량이 다른 여러 가지의 조합으로 인하여 뛰어난 보수력을 발휘하며 현재 식품업계에서 말하는 콜라겐은 대부분 콜라겐 펩티드를 가리킨다.

2 기능성

1) 단백영양효과

콜라겐의 아미노산은 18종류의 아미노산으로 구성되어 있고 글리신이 전체의 약 1/3이며, 프롤린, 옥시프롤린을 첨가하면 전체의 절반 이상을 차지하는 것이 특징이다. 트립토판을 제외한 모든 필수아미노산이 들어 있어 콜라겐은 우수한 단백질공급원이 되며 체내 필요한 단백질을 공급해 주는 단백영양원으로서 가치가 있다.

칼슘의 섭취에 관해서는 오래전부터 동물성 단백질이 일반적으로 칼슘의 흡수를 촉진한다는 사실이 알려져 있다. 특히 글리신, 아르기닌, 리신을 다량으로 함유하는 것에 그 효과가 높다고 알려져 있는데 콜라겐에 이러한 아미노산이 많이 함유되어 있어 뼈대 형성에 기여할 가능성이 높다. 또한 콜라겐은 미네랄과의 킬레이트율(chelate-rate)이 높아 70%의 콜라겐은 칼슘을 30%까지 동반할 수 있어 칼슘을 뼈조직에 정착시켜 튼튼하면서도 유연한 골격을 만들어 준다.

2) 면역증강작용

일본에서 실시한 동물실험 결과 콜라겐을 주사한 쥐에게는 암세포를 이식해도 체내에서 암이 잘 증식되지 않는다는 사실이 밝혀졌다. 추출한 콜라겐을 1주 간격으로 세 번 되풀이하여 실험쥐에게 투여한 후에 치사량의 암세포를 실험쥐에 투여했더니 쥐들의 83%가 암에 걸리지 않고 정상적으로 건강을 유지했다.

콜라겐은 18종의 아미노산 집합체이며 생물에 따라 조성되는 즉 아미노산이 연결되는 순서가 다르다. 그렇기 때문에 실험에서 사용한 콜라겐은 쥐에게 있어서는 이물질인 셈이다. 쥐의 체내에 다른 동물의 콜라겐이 들어오게 되면 이물질을 배제하려는 반응이 강해진다. 이런 상태에서 암세포를 이식했을 경우, 쥐의 몸은 암에 대해 강한 거부반응을 나타내는 것으로 생각된다. 따라서 암이 잘 증식되지 않는 것은 콜라겐에 의해 면역능력이 높아졌기 때문이며 콜라겐을 섭취하면 질병을 호전시키거나 예방할 수 있다.

3) 피부 건강

우리의 피부는 크게 나누어 표피와 진피로 나눌 수가 있다. 진피의 70%를 차지하고 있는 것이 콜라겐으로 표피 보습력의 열쇠를 쥐고 있다. 그러나 18세 이후부터는 콜라겐의 생산이 점점 감소하여 40세가 되면 콜라겐은 18세에 비해 절반 이하가 되면서 피부는 물론 뼈와 관절, 그리고 혈관과 머리카락까지 영향을 주게 된다. 즉, 젊은 사람의 피부에는 수분이 많이 포함되어 있지만 나이가 들면 젊을 때와 비교해 남자는 50%, 여자는 45%까지 줄어든다. 수분의 감소는 피부가 느슨해지고 버석거리

는 현상을 가져오는데 진피 안에서 그물과 같이 둘러싸인 콜라겐은 수분을 유지해 피부의 탄력을 만들어주는 역할을 한다.

4) 연골 건강

인간의 뼈는 주로 칼슘과 콜라겐으로 만들어져 있다. 또 뼈와 뼈 사이에 있는 관절을 만들고 있는 것이 연골인데, 이 연골에도 콜라겐이 많이 존재한다. 따라서 이들 기관의 기능을 활성화하기 위해서는 체내의 콜라겐을 만드는 데 충분한 재료를 마련해 둘 필요가 있다. 특히 연골은 신체부분의 발육뿐만 아니라 노화과정이나 골관절염과 같은 질병에도 관련이 있다.

연골의 장력과 탄력성은 콜라겐에 의한 것으로 어떠한 경우에도 콜라겐은 글리신, 프롤린, 하이드록시프롤린으로 이루어져 있다. 프롤린과 하이드록시프롤린은 비틀림 작용을 가지고 있어 연골의 장력을 만든다. 또한 연골이 탄력성을 유지하기 위해서는 수분을 많이 보관하고 유지할 필요가 있다. 그 역할을 담당하고 있는 것이 연골의 50%를 차지하는 콜라겐이다. 콜라겐이 노화하면 수분을 보관할 수 없게 되어 연골은 딱딱해져 마모된다. 연골이 마모하면 딱딱한 뼈끼리 서로 부딪치므로 뼈의 형태가 변해 통증을 유발하는데, 이것이 퇴행성관절염이다. 탄력성 있는 연골로 만들기 위해서는 노화된 콜라겐을 새로운 것으로 바꾸어 넣을 필요가 있으며 콜라겐의 보급은 연골의 강화로 이어진다.

제3절 핵산(nucleic acid)

1 개 요

인간은 대략 60조 개의 세포로 구성되어 있으며, 개개의 세포 중심에는 세포핵이 있다. 핵산은 세포핵 속에 들어있는 DNA와 주로 세포질 속에 존재하는 RNA를 일컫는 것으로서, 이들이 세포핵 속에서 산성을 띠는 물질이기 때문에 「핵산」이라고 부른다. DNA는 생물 생존의 유전자 현상을 담당하며 단백질의 합성을 지시하고, RNA는 DNA 정보에 따라 단백질을 합성하는 역할을 한다. 미국의 제임스 왓슨과 영국의 프란시스 클릭이 세포 속에 있는 핵산(DNA)의 분자구조를 규명하여 1962년 노벨의학 생리학상을 받은 이래로 DNA 이론은 의학, 생명공학, 영양학의 발전에 새로운 전기를 마련해 주었다.

핵산은 사람 몸속에 고분자 상태로 존재하며 단위 성분은 뉴클레오티드(nucleotide, 염기+당+인산) 구조를 가지고 있다. DNA를 구성하는 염기는 아데닌(A), 구아닌(G), 시토신(C), 티민(T) 4종류이고, DNA에서 당은 deoxyribose이다. 반면 RNA를 구성하는 염기는 아데닌(A), 구아닌(G), 시토신(C), 우라실(U) 4종류이고, RNA에서 당은 ribose이다.

표 2-2 DNA와 RNA의 비교

핵 산	염기의 종류	당의 종류	분자 구조
DNA (deoxyribonucleic acid)	A, G, C, T	디옥시리보오스 (deoxyribose)	이중 나선
RNA (ribonucleic acid)	A, G, C, U	리보오스 (ribose)	단일 사슬

DNA는 2개의 사슬이 서로 바라보고 결합한 이중나선 구조로 아데닌은 티민과 구아닌은 시토신하고만 결합한다. 모든 생물은 DNA 4개의 염기 배열에 의하여 신체

의 모습, 크기, 수명 등 모든 것이 결정된다. 결국 A, T, G, C라고 하는 4종류의 염기의 배열방법이 유전정보 그 자체인 것으로 이들 염기로 구성되는 DNA는 생물의 설계도인 것이다. 한편, RNA는 DNA의 설계도에 근거하여 단백질의 구성성분인 아미노산을 모아 실제로 단백질을 합성하는 역할을 한다.

핵산은 체내에서 두 가지 방법으로 만들어진다. 첫 번째 방법은 아미노산 등을 원료로 하여 간에서 합성되는 데누보(de novo) 합성이고 두 번째 방법은 섭취한 핵산을 재이용하는 샐비지(salvage) 합성이다. 그러나 인간은 20세가 넘으면 간 기능이 쇠퇴하기 때문에, 데누보 합성력도 쇠퇴한다. 따라서 합성력이 감퇴한 만큼 핵산을 보급해 주지 않으면 체내에는 만성적으로 DNA와 RNA가 부족하게 되고 세포 자체도 노화되므로 질병과 노화가 촉진된다.

핵산은 세포 내에 존재하고 있으므로 세포를 함유한 식품이라면 어떤 것을 먹어도 체외로부터의 핵산 보급이 가능하다. 그러나 문제는 섭취효율이며 영양소가 많은 달걀이나 우유에는 핵산이 거의 포함되어 있지 않다.

2 기능성

핵산은 생명의 근본 물질로서 세포의 분열, 성장, 유전기능 등 생명체의 탄생부터 사멸에 이르는 모든 과정을 지배하며, 질병과 노화를 예방하는 매우 중요한 물질이다.

1) 신진대사 촉진

성인의 경우 증식하지 않는 뇌신경세포 등 특수한 세포를 제외한 거의 대부분의 세포는 신진대사에 의해 새롭게 탄생되고 있다. 세포 하나하나는 평균 120~200일을 주기로 재생되는데, 부위에 따라서는 더욱 빠른 사이클로 신진대사가 행해지고 있다. 예를 들면 피부세포는 약 20일마다 새롭게 되고, 머리카락은 매일 50~60개가 새로 자란다. 핵산을 보급할 때 가장 빨리 효과가 나타나는 것도 바로 이러한 부위들이다.

피부세포는 세포 중에서도 신진대사 사이클이 빠른 편으로 핵산이 부족하면 그만큼 노화도 빨리 진행된다. 핵산 부족은 케라틴(keratin)이라는 단백질 합성에 지장을 초래하여 피부가 새 세포로 바뀌는 속도가 늦어져 주름, 피부 처짐의 원인이 된다. 콜라겐이나 엘라스틴 합성에도 RNA가 관여하고 있으므로 핵산을 많이 함유한 식품을 먹으면 제일 먼저 얼굴과 피부에서 그 효과가 나타난다고 할 정도로 핵산은 피부의 건강 유지에 큰 역할을 담당한다. 뿐만 아니라, 핵산은 기미와 주근깨의 원인인 자외선을 흡수하는 역할도 하므로 피부노화 예방에 도움을 준다.

2) 항산화 작용

유해한 활성산소는 체내에서 연쇄반응을 일으키며 계속 증가하여 산소를 대량으로 소비한다. 그래서 세포에 필요한 산소가 부족하거나 당질을 완전히 연소시킬 수 없게 되어 에너지 부족이나 노폐물 축적이라는 결과를 부른다. 항산화 기능을 갖는 핵산은 이러한 악순환을 방지하는 데 도움을 준다.

또한 활성산소에 의해 손상당한 유전자를 회복시켜 손상에 의해 발생하는 유전자의 결함을 미연에 방지하는 것도 핵산의 기능이다. 백내장의 원인도 활성산소라는 지적이 있으므로 핵산 보급은 백내장을 비롯한 각종 노화성 질환에 효과적이라고 할 수 있다.

3) 프로타민(protamine)에 의한 지방 흡수억제

DNA 핵산식의 원료로 가장 바람직한 연어 엑기스에는 고분자 DNA가 30~40%, 프로타민이라는 단백질이 50~60% 함유되어 있다. 프로타민(protamine)이라는 염기성 단백질에는 비만의 근원이 되는 중성지방이나 콜레스테롤이 소장에서 흡수되는 것을 억제하는 기능이 있는 것으로 알려져 있다. 결국, 핵산이 많이 함유된 식품을 먹게 되면 지방흡수 억제와 다이어트 효과를 얻게 되며 고지혈증이나 동맥경화의 예방에도 도움이 된다.

제4절 헴철(heme iron)

1 개 요

철분은 모든 생명체에서 발견되고, 체중 kg당 45mg을 함유하고 있어 성인의 경우 체내에 약 3~4g 존재하는 미량 영양소이다. 체내에 존재하는 철분의 약 70%는 적혈구에서 헤모글로빈의 헴(heme) 성분을 형성하는 데 사용되고, 5%는 근육의 미오글로빈 성분으로 존재한다. 나머지 20%는 간, 지라, 골수에 페리틴(ferritin)의 형태로 저장되어 있고 5%는 산화효소의 구성성분으로 존재한다. 헤모글로빈 속에 함유되어 있는 철은 헤모글로빈이 산소와 결합하는 데에 중요한 역할을 한다. 즉, 철분은 체내에서 산소를 조직으로 이동, 저장하는 데 관여하고, 여러 효소의 보조인자로 작용하는 등 그 중요성이 오래전부터 알려져 왔다.

철의 흡수는 섭취한 식품의 종류에 따라 큰 차이가 있어 육류식품에 함유된 철의 흡수율은 10% 이상이고 쌀과 시금치에 함유된 철의 흡수율은 5% 이하로 낮다.

또한 개인의 철분 영양상태에 따라서 흡수율은 영향을 받는다. 여성과 어린이들과 같이 체내 보유량이 적으면 흡수율은 높아지고 남성처럼 철 저장량이 높으면 낮아진다. 이와 같이 철분의 흡수율은 섭취한 철분의 형태 및 다른 식이인자의 존재, 체내 철분 저장상태에 영향을 받으며 보통 식이에서 섭취한 철분의 약 15% 정도만을 흡수하는 것으로 알려져 있다.

표 2-3 철분 흡수에 영향을 주는 요인

철분 흡수 증진인자	철분 흡수 방해인자
헴철, 저장 철분량의 저하	피틴산, 옥살산 등 식물성 식품의 성분
육류, 어류, 가금류	차의 탄닌 등 폴리페놀 성분
비타민 C, 위산	다른 미네랄, 위장질환, 감염,

철의 결핍은 전 세계적으로 가장 흔한 영양문제로 구미에서는 철의 결핍에 대하여 정부의 지도하에 주식에 철을 첨가하는 방법이 실시되고 있다. 스웨덴에서는 1944년부터 밀가루에 100g당 3mg의 철을 첨가하도록 했지만, 1970년부터는 더욱 양을 증가시켜서 6.5mg을 첨가하도록 하였다.

철 결핍의 위험이 높은 시기는 급격한 신체성장이 이루어지는 영유아기, 사춘기, 가임기 여성, 철의 요구가 증가하는 임신기이며 특히 영유아와 임산부는 철 결핍성 빈혈이 되기가 쉽다. 철결핍을 예방·치료하기 위하여 염화 제2철(ferric chloride), 구연산철(ferric citrate), 젖산철(ferrous lactate), 헴철 등의 철 화합물이 식품의 철 강화제 및 제약 원료로 사용되고 있다. 철 화합물 중 헴철을 제외한 나머지는 무기철 성분으로 철 함량이 높고 경제적으로 저렴한 장점이 있으나 생체에서 흡수율이 낮고 과잉 섭취 시 철 중독을 유발할 수 있는 단점이 있어 점차 헴철의 사용량이 증가하고 있다.

2 기능성

헴철은 위생적 환경하에서 소, 돼지 등의 도축 혈액 중 헤모글로빈 부분을 식품용 단백질분해효소로 처리하여 단백부분(globin)의 일부분을 제거해서 얻은 철 함량이 높은 포르피린(porphyrin) 철단백제이다. 헤모글로빈은 헴기(heme group)를 포함하고 있는 4개의 폴리펩티드 사슬로 이루어진 단백질로 1몰의 헤모글로빈에는 4몰의 철이 함유되어 있다.

식이 내의 철분은 주로 헴철과 비헴철의 두 가지 형태로 존재하며, 이 두 형태에 따라 철분의 흡수율이 다르다. 동물성 식품의 철분 중 40%는 헴철이고 나머지 60%는 비헴철이다. 반면 곡류, 채소 등의 식물성 식품에는 모두 비헴철의 형태만 존재한다. 헴철의 흡수율은 약 20% 정도로 비헴철이라고 분류되는 원자 형태의 철분이나 이온형(3가철 : $Fe,^{3+}$ 2가철 : Fe^{2+})에 비해 약 2배 이상 높다.

헴철은 천연가공식품이이기 때문에 다른 식품첨가물의 철 화합물이나 의약분야에서 사용되고 있는 경구철제하고는 철 결핍성빈혈의 예방이나 증상의 개선을 위하여 섭취된다고 하는 점에서는 같지만 그 흡수되는 방법과 안전성에는 커다란 차이가

(a) 헤모글로빈

```
           CH3        CH=CH2
            |           |
            C --------- C
            |           |
      HC -- C           C -- CH
      ||       \     /
CH3 -- C -- C      N      C -- C -- CH3
       |     \     |     /     |
       |       N - Fe - N      |
       |     /     |     \     |
CH2 -- C -- C      N      C -- C -- CH=CH2
 |           \    /  \   
CH2     HC == C          C == CH
 |            |          |
COO-          C -------- C
              |          |
             CH3        CH3
              |
             CH2
              |
             COO-
```

(b) 헴

그림 2-3 헤모글로빈 및 헴(heme)의 구조

있다. 이들의 서로 다른 점은 흡수기구의 차이에 의하는 바가 커서 비헴철의 경우는 경구적으로 섭취된 것이 70%가량이 위산에 의하여 유리의 2가 또는 3가의 철로 변화한다. 또한 3가의 철은 2가로 환원된 후에 일부가 장관의 표면부근에서 아포트랜스페린(apo-transferrin)과 결합하여 장관 내로 받아들여진다. 이 때문에 위산과다등에 의하여 철 흡수가 변화한다. 또 비헴철은 탄산, 인산, 수산, 식이섬유나 피틴산으로도 철분흡수가 저해된다. 식물성 식품 속의 철이 흡수되기 어려운 이유도 이 때문이다.

한편 헴철은 장관 내에 헴의 형태로 그대로 흡수된다. 장관점막세포 속에서 크산틴옥시다아제(xanthine oxidase)에 의해 분해되어 비헴철과 마찬가지로 2가의 철로 혈액 내에 옮겨져서 트랜스페린과 결합하여 골수, 간장 등으로 운반된다. 헴철은 헴의 형태인 채로 흡수되기 때문에 흡수저해물질의 영향을 받지 않는다. 철분의 수요증가나 출혈 등에 의한 배출증가는 예방이 곤란하기 때문에 철 결핍상태 개선에는 식사에 의한 철분의 보급이외에는 방법이 없다. 헴철은 직접 장관에 흡수되므로 흡수저해나 부작용도 없고 효과적으로 철 결핍을 방지할 수 있다.

제5절 타우린(taurine)

1 개 요

타우린은(2-aminoethane sulfonic acid) 분자구조에 유황을 함유하는 아미노산으로서 1827년 Tiedemann과 Gmelin에 의해 황소의 담즙에서 최초로 발견되어졌으며, 그로부터 11년 후 Demarcay에 의해 「타우린(taurine)」이란 명칭이 처음으로 붙여지게 되었다. 타우린에 대한 영양학적 연구가 활발하게 된 것은 불과 30여 년 전으로, 1975년 Hayes이 고양이를 대상으로 타우린이 결핍된 식이를 섭취시킨 결과 망막의 광수용체 세포에 구조적 변화가 초래되었음이 발견되면서 부터였다.

타우린은 일반 아미노산의 카르복실기 대신에 술폰(sulfonic)기를 가진 β-아미노산으로서 다른 아미노산과는 구별되는 특이한 화학적, 생물학적 특성을 지니고 있다.

일반 아미노산:

$$\begin{array}{c} COOH \\ | \\ H - C - R \\ | \\ NH_3^+ \end{array}$$

타우린:

$$\begin{array}{c} SO_3^- \\ | \\ CH_2 \\ | \\ H - C - H \\ | \\ NH_3^+ \end{array}$$

그림 2-4 타우린의 구조

α-아미노산이 생체 내에서 여러 가지 경로(단백질 합성, 포도당 합성, urea cycle)로 대사되는 것과 달리, 타우린은 그 자체가 함황아미노산 대사의 최종 산물로서 단백질 합성에 사용되지 않을 뿐 아니라 다른 물질로도 전환되지 않는다. 즉 체내에서 더 이상 대사되지 않으므로 타우린의 모든 체내 작용은 타우린 분자 그 자체의 작용

이다.

타우린은 포유류의 조직에서 황 함유 아미노산인 시스테인(cysteine)으로부터 합성되며 주로 두뇌와 간에서 활발한 생합성이 일어나고 있다. 포유류의 조직 특히, 두뇌, 심장, 근육, 간, 신장 등의 장기와 골격근육, 혈구세포 등에 고농도로 존재하며, 오징어(0.355%), 문어(0.52%) 등의 어패류에 유리아미노산으로 다량 존재하지만 식물성 식품에는 존재하지 않는다.

사람에게 타우린은 조건적 필수영양소(conditionally essentiality)이다. 즉, 보통 성인은 타우린을 생합성하는 능력은 적으나, 동물성 식품을 섭취함으로써 충분한 양의 타우린을 공급받을 수 있다. 하지만 신생아, 특히 미숙아의 경우에는 신체의 급성장으로 체내의 타우린 요구도가 증가하므로 타우린 섭취가 불충분한 경우 타우린 결핍이 일어날 수 있다. 특히 모유에는 타우린이 다량 함유되어 있으나 우유에는 타우린 함량이 매우 낮다.

2 기능성

1) 담즙산의 포합(conjugation)

오래전부터 알려진 타우린의 기능은 간에서 담즙산을 포합(conjugation)시켜 장으로 배설시킴으로써 섭취된 지방의 유화와 흡수를 도와주는 역할이다. 글리신도 담즙산염 형성에 사용되기는 하지만 사람은 글리신보다 타우린을 담즙산염 형성에 우선적으로 사용하는 경향이 있다. 담즙산의 포합 및 배설에 미치는 타우린의 역할은 담즙산의 생성율 및 분비속도, 콜레스테롤의 장내 배설이 증가하는 것으로 보고 있다.

2) 망막의 광수용체 활성

타우린은 임신중반기 태아의 뇌 조직에 가장 풍부하게 함유되어 있는 유리아미노산이고, 성숙된 망막의 총아미노산의 40~50%를 차지한다. 망막 및 광수용체

(photoreceptor)부분에 다량 함유되어 있는 타우린은 광수용체 세포막의 안정제로 작용한다. 망막의 광수용체 세포막에 존재하는 인지질에는 다른 세포막에 비해 특히 다가불포화지방산이 다량 존재하며, 타우린은 이러한 다가불포화지방산이 자외선이나 기타 산화제에 의해 과산화되는 것을 억제시킴으로써 결과적으로 막 구조를 안정화시키게 된다.

3) 심장근육의 보호

타우린은 심근세포 내에 칼슘이 과잉 축적되는 것을 막아줌으로써 심장근육을 보호해주는 기능을 담당하는 것으로 알려져 있다. 심장 세포에는 타우린이 아미노산 중 두 번째로 많은 고농도로 존재한다. 심장 수축력은 칼슘 이온이 좌우하는데 칼슘 이온이 적으면 심장 수축도 덜 일어나 심장 내 혈액이 남아 있어 울혈성 심부전 상태와 비슷해지고 많으면 과도한 수축으로 심근 세포의 손상이 오게 된다. 즉 타우린은 심장에서 칼슘이온 농도를 조절하는 조절자 역할을 한다. 심근 보호기능에 관한 또 다른 기전으로는 망막기능에서와 마찬가지로 타우린의 항산화기능에 의한 것으로써 타우린이 활성산소를 제거시키고 지질과산화를 억제함으로써 세포막을 안정화시키기 때문인 것으로 보고 있다.

4) 생식 및 발달

거의 모든 동물세포에서 고농도로 발견되는 타우린은 주요 조직 또는 기관의 정상적인 발달과 밀접한 연관이 있다. 특히 임신기간 중의 타우린 결핍은 유산과 사산의 확률을 높이고 태아의 두뇌 및 망막 등을 비롯한 주요기관의 정상적인 발달을 저해하며 구조적인 변화를 초래할 수 있음이 밝혀졌다. 임신기간 중에는 태반의 타우린 운반체를 통해 다량의 타우린이 모체에서 태아로 전달되며, 두뇌개발이 진행되는 어린 나이에는 성인의 뇌에서보다 4배나 많은 타우린을 갖고 있다고 한다.

참고문헌

건강보조식품과 기능성식품, 허석현 외, 도서출판 효일(1999)

현대인의 건강과 건강보조식품, 허석현 외, 홍익제(1997)

세계 건강기능식품의 관련제도와 식품기능의 과학적 평가방법, 허석현, 한국건강기능식품협회(2000)

건강기능식품 평가의 과거·현재·미래, 식약청 영양기능식품기준과(2008)

건강기능식품 안전성평가 해설서, 식약청 영양기능식품기준과(2008)

건강기능식품의 기능성평가, 식약청 영양기능식품기준과(2008)

건강기능성 식품학, 임병우 외, 도서출판 효일(2004)

기능성식품 강의, 곽재욱, 신일상사(2005)

식품과 건강, 김일성 외, 신광문화사(2004)

현대인의 식생활과 건강, 홍희옥, 맹원재 공저, 건국대학교출판부(2005)

건강을 위한 기초 영양, 장유경 외, 형설출판사(2004)

식생활과 건강, 강근옥 외, 보문각(2004)

식생활과 건강, 박현서 외, 도서출판 효일(2006)

건강기능식품강의, 곽재욱, 도서출판 신일상사(2005)

Obesity Preventing and the Global Epidemic-Report of a WHO Consultation On Obesity, WHO(1997)

만성질환 예방을 위한 생활습관 및 식사지침, 미국 만성질환위원회(National Commission on Chronic Illness(2006)

Kim JS, Kim SJ, Jones DW, Hong YP, Hypertension in Korea: A National Survery AM J Prev Med 1994;10:200-204)

생리학, Stuart Ira Fox, 라이프사이언스(2003)

인체생리학, 김기환, 의학문화사(2002)

손쉽게 배우는 인체구조와 기능, 강현숙, 군자출판사(2002)

신비로운 인체의 구조, 송문석, 도서출판 홍경(2005)

쉽게 배우는 병태 생리학, 박지원, 군자출판사(2004)

해부학 총론, 백상호, 군자출판사(2002)
인체의 구조와 기능, 최명애, 서울대학교출판부(1995)
인체의 구조와 기능 Ⅰ,Ⅱ, Elaine N. Marieb, 계측문화사(2001)
인체해부생리학, 정영태 외, 청구문화사(2003)
최신영양생리학, 강남이, 지구문화사(2000)
최신영양학, 이혜성 외, 도서출판 효일(2004)
인체영양학, 장순옥 외, 효일문화사(1999)
진료실에 꼭 필요한 영양치료가이드, 박용우, 도서출판 한미의학(2003)
최신고급영양학, 김숙희, 신광출판사(1999)
영양생화학, 황안국, 한옥출판사(1998)
영양과 건강, 김일성 외, 신광문화사(2005)
최신영양학, 이기열 외, 수학사(1999)
21세기영양학원리, 최혜미 외, 교문사(2003)
식품화학, 김재욱 외, 문운당(2002)
생리활성 펩타이드의 개발 및 시장동향, 남희섭, 식품산업과 영양 4권 2호(1999)
건강기능성 식품 펩타이드 및 그 응용, 손동화, 식품과학과 산업 30권 1호(1997)
기능성식품학, 김동청 외, 도서출판 한창(2001)
영양소로서의 지질, 이종호, 연세대학교 식품영양학과
올리고당의 종류와 식품이용, 한남수, 충북대학교 식품공학과
오메가-3계 지방산의 영양생화학적 기능, 이양자, 연세대학교 식품영양학과
유지의 생리활성적인 기능성, 안명수, 성신여자대학교 식품영양학과
자라의 모든 것, 김정문 장순하 지음, 도서출판 가리내(1993)
비타민, 한국비타민정보센터(1997)
노화억제를 위한 항산화제 연구, 김종평, 유익동, 생명공학연구소
베타카로틴과 건강, 이양자(1994)
영양보충제 복용에 영향을 미치는 인자에 관한 연구, 김미경 외, 한국영양학회지(1992)
2005년 국민건강 영양조사, 보건복지가족부 질병관리본부
서울지역 성인들의 비타민, 무기질 보충제 섭취실태에 관한 연구, 유양자 외, 한국식품영양과학회지(2001)
콩 단백질과 건강기능성, 김정상, 경북대학교 동물공학과
콩의 기능성, 송영선, 인제대학교 식품과학연구소
기능성 성분을 가진 식품의 인체건강 유용성에 대한 연구, 한명규, 한국식품영양학회(2003)
대두단백질의 특성과 그 이용, 박양원, 동신대학교 식품영양학과, 한국영양식량학회지(1993)

기준 규격 고시형 건강기능식품의 품목확대를 위한 연구, 한국보건산업진흥원(2003)
콩의 생리활성물질과 혈관신생조절, 권호정, 한국콩연구회지(1999)
질병의 예방과 치료에서 대두의 생리적 기능에 대한 최근의 연구, 손헌수 외, 한국콩연구회지(2000)
타우린의 생리활성과 영양학적 의의, 박태선, 한국영양학회지(2001)
유전자 영양학, 마쓰나가 마사지 외, 교학사(2004)
DNA핵산 건강법, 마쓰나가 마사지 외, 살림(1998)
헴철의 생산공정, 강인규 외, 식품산업과 영양(2003)
토마토와 라이코펜이 전립선암의 예방과 치료에 미치는 영향, 황은선 외, 한국식품영양과학회지 (2004)
Lycopene : Biochemistry and Functionality, John Shi, Food Science and Biotechnology(2002)
간을 보호하고 암을 이기는 버섯균사체, 손의섭, 북스토리(2002)
우리 몸에 좋은 인삼과 홍삼, 유태종, 아카데미북(2000)
완전식품 스피루리나, 스피루리나연구회, 한가람서원(2005)
한국의동충하초, 성재모, 교학사(1996)
기능성식품학, 윤신 외, 라이프사이언스(2006)
암 잡는 상황버섯, 김하원, 가리온(2006)
발효식품학, 이삼빈 외, 신광(2006)
건강발효식품 나또와 청국장, 유주현, 동문(2007)
프로폴리스의 위력, 김해용, 두리원(2005)
영양학, 임정교, 신정(2002)
식품학, 조신호 외, 교문(2004)
일본건강산업신문(2001~2007)
http://www.mhlw.go.jp/ 일본후생성
http://www.jhnfa.org/ 일본건강영양식품협회
http://www.fda.gov/ 미국FDA
http://www.naturalproductsassoc.org/site/PageServer 미국 식품영양협회
http://www.mw.go.kr/front/main.jsp 보건복지가족부
http://hfoodi.kfda.go.kr/index.jsp 식품의약품안전청 건강기능식품정보
http://www.kahp.or.kr/ 한국건강관리협회
http://www.diabetes.or.kr/ 대한당뇨병학회
http://www.koreanhypertension.org/ 대한고혈압학회
http://www.cancer.or.kr/ 대한암학회
http://www.ncc.re.kr/ 국립암센터

http://www.stressfree.or.kr/ 대한스트레스학회

http://lipid.or.kr/ 한국지질·동맥경화학회

http://www.circulation.or.kr/ 대한순환기학회

http://www.who.int/ 세계보건기구

http://www.kash.or.kr/ 금연운동협의회

http://www.ginsengsociety.org/ 고려인삼학회

http://www.asa.or.kr 미국대두협회

http://www.smc.or.kr/ 삼성의료원

http://www.korapis.or.kr 양봉협회

http://alric.org/apiculture 양봉학회

http://www.pharmstoday.com

http://www.hyomo.com

http://www.jarafarm.com

http://www.geltech.co.kr

http://www.bio.com/newsfeatures

http://www.ijoypia.com

http://user.dankook.ac.kr/~enerdine/chem/chap5/5-1(4).htm

http://myhome.naver.com/yang24112000/yugeun9.htm

http://home.pusan.ac.kr/%7Ehuman/Cyb_lect/MolDx/NucleicAcid.htm

http://www.prnewswire.com

http://family119.com.ne.kr

http://www.daewoong.com/webzine

http://myhome.naver.com/neosavina

http://jakphysiology.co.kr/physiology/class/

http://www.dgedu.net/teacher

찾아보기

가

자

차

카

타

파

하

S

β

γ

저자소개

◆ 허석현

· 동국대학교 식품공학과 학사 · 석사
·「현대인의 건강과 건강보조식품」 저술
·「건강보조식품과 기능성식품」 저술
· 건강기능식품심의위원('04~현재, 보건복지가족부)
· 식품위생심의위원('03~현재, 보건복지가족부)
· 고려대학교 생명과학대학 겸임교수('06)
· 민주평화통일자문위원(헌법기구)
· (사)한국건강기능식품협회 사무국장

◆ 양주홍

· 동국대학교 식품공학과 학사 · 석사 · 박사
· 건강기능식품심의위원(현재, 보건복지가족부)
· 식품위생심의위원('96~'08, 보건복지가족부)
· 우송대학교 겸임교수('99~'02)
· (사)한국건강기능식품협회 부설 한국기능식품연구원 원장

◆ 하혜진

· 이화여자대학교 언론홍보영상학부 광고홍보학과 학사
· (사)한국건강기능식품협회

◆ 강은주

· 경상대학교 식품공학과 학사
· (사)한국건강기능식품협회

◆ 장문정

· 연세대학교 생활과학대학 식품영양학과 학사
· (사)한국건강기능식품협회

건강기능식품학 개론

2009년 5월 1일 초판 인쇄
2009년 5월 10일 초판 발행

지 은 이 • 허석현 · 양주홍 · 하혜진 · 강은주 · 장문정
발 행 인 • 김홍용
펴 낸 곳 • **도서출판 효 일**
주 소 • 서울시 동대문구 용두2동 102-201
전 화 • 02) 928-6644
팩 스 • 02) 927-7703
홈페이지 • www.hyoilbooks.com
e-mail • hyoilbooks@hyoilbooks.com
등 록 • 1987년 11월 18일 제 6-0045 호

값 24,000 원

ISBN 978-89-8489-263-7